普通高等院校食品专业系列教材

果蔬贮运加工学

王鸿飞　主编

科学出版社

北　京

内 容 简 介

本书分为三部分：第一部分为果蔬原料特性，第二部分为果蔬贮运保鲜，第三部分为果蔬加工工艺。内容涵盖了果蔬原料品质、果蔬贮运生理生化特性和果蔬加工工艺，既有传统的果蔬贮运加工方法，又有一些新技术在果蔬贮运加工中的应用。本书内容系统全面、可操作性强，力求让学习者掌握果蔬贮运加工方面的理论和加工原理。

本书可供高等院校食品科学与工程、食品质量与安全和园艺等相关专业师生使用，也可作为科研院所科技人员、农业推广人员及食品加工企业从业人员的技术参考。

图书在版编目(CIP)数据

果蔬贮运加工学/王鸿飞主编. —北京：科学出版社，2014.8

普通高等院校食品专业系列教材

ISBN 978-7-03-041413-7

Ⅰ. ①果… Ⅱ. ①王… Ⅲ. ①水果–贮运–高等学校–教材②蔬菜–贮运–高等学校–教材③果蔬加工–高等学校–教材 Ⅳ. ①S609②TS255.3

中国版本图书馆CIP数据核字(2014)第164301号

责任编辑：朱 灵 / 责任印制：黄晓鸣

封面设计：殷 靓

科学出版社 出版

北京东黄城根北街16号

邮政编码：100717

http://www.sciencep.com

南京展望文化发展有限公司排版

广东虎彩云印刷有限公司印刷

科学出版社发行 各地新华书店经销

*

2014年8月第 一 版 开本：889×1194 1/16

2024年1月第十一次印刷 印张：19 1/4

字数：600 000

定价：58.00元

普通高等院校食品专业系列教材

《果蔬贮运加工学》编委会

主　编　王鸿飞

副主编　邵兴锋　陈发河

编　者　（以姓氏笔画为序）

王　雅（兰州理工大学）
田晓菊（宁夏大学）
刘亚琼（河北农业大学）
李湘利（济宁学院）
邵兴锋（宁波大学）
周鸣谦（淮海工学院）
程文健（福建农林大学）
王鸿飞（宁波大学）
任亚梅（西北农林科技大学）
许　凤（宁波大学）
陈发河（集美大学）
金　鹏（南京农业大学）
姜　丽（南京农业大学）
阚　娟（扬州大学）

普通高等院校食品专业系列教材
筹备专家组

前言

果蔬贮运加工产业是食品工业重要的组成部分。我国是世界上果蔬第一生产大国，但不是果蔬加工强国。随着我国经济的飞速发展，果蔬的生产、贮运与加工也将保持高速发展的态势。

在过去的几十年里，尽管果蔬贮运加工产业取得了可喜的成绩，但距世界上发达国家还有一定的差距，主要表现在果蔬品种单一、腐烂率高、加工转化率和果蔬产品附加值低等几个方面。为了提高果蔬贮运加工产业的经济效益，要在保证果蔬供应量的基础上，努力提高其品质并调整品种结构，加大果蔬采后贮运和加工力度，使我国果蔬产业由数量效益型向质量效益型转变；培育果蔬加工骨干企业，加速果蔬产、加、销一体化进程，形成果蔬生产专业化、加工规模化、服务社会化和科工贸一体化；按照国际质量标准和要求规范果蔬加工产业，在"原料—贮运—加工—流通"各个环节中建立全程质量控制体系，用信息、生物等高新技术改造、提升果蔬加工业的工艺水平；加快我国果蔬精深加工和综合利用的步伐，从而提高果蔬资源利用率。

《果蔬贮运加工学》是食品科学与工程、食品质量与安全和园艺等相关专业的一门专业课程。通过对本课程的学习，要求学生掌握《果蔬贮运加工学》的基本理论和原理，以便学生能够运用已学的基础知识和专业知识进行果蔬贮运加工的基础理论研究及果蔬加工产品的开发，具备食品科技人员的基本素养。本课程从教学实践和科技人员的要求等方面出发，以果蔬原料、果蔬贮运、果蔬加工一条龙生产为基础，参考国内外已有的贮藏方法及加工技术，并以增加新知识、新技术为总体思路，组织编写了《果蔬贮运加工学》，力求理论联系实际、学以致用，以满足高等院校食品科学与工程、食品质量与安全和园艺等相关专业师生的需要，也可作为科研院所科技人员、农业推广人员及食品加工企业从业人员的技术参考。

本书由宁波大学王鸿飞教授负责编写大纲、修改和统稿，邵兴锋博士、许凤博士进行校稿。参加编写的人员有(以编写章节前后为序)：宁波大学邵兴锋编写第一章，扬州大学阚娟编写第二章，宁波大学许凤、集美大学陈发河编写第三章，南京农业大学姜丽编写第四章，南京农业大学金鹏编写第五章，济宁学院李湘利编写第六章，淮海工学院周鸣谦编写第七章，河北农业大学刘亚琼编写第八章，宁夏大学田晓菊编写第九章，河北农业大学刘亚琼编写第十章，兰州理工大学王雅编写第十一章，福建农林大学程文健编写第十二章，宁波大学王鸿飞编写第十三章，西北农林科技大学任亚梅编写第十四章，宁波大学邵兴锋编写第十五章，宁波大学王鸿飞编写第十六章。本书在编写过程中得到了科学出版社上海分社、宁波大学教务处的大力支持，在此表示衷心的感谢。向所引用参考文献的作者表示深深的谢意。同时，感谢宁波大学教材建设项目资助。

由于本书编写时间紧、任务重，也限于编者的水平，书中难免有疏漏和不足之处，恳请广大师生、专家、读者批评指正。

编　者

2014年3月于宁波大学

目录

第二篇 果蔬贮运保鲜

第四章 果蔬采后商品化处理

第五章 果蔬保鲜技术及原理

第六章 果蔬贮藏方法及原理

第七章 果 蔬 物 流

第三篇 果蔬加工工艺

第八章 果蔬加工原料要求及预处理

第九章 果 蔬 罐 藏

第十章 果 蔬 制 汁

第十一章 果 蔬 干 制

第十二章 果 蔬 糖 制

第十三章 蔬菜腌制

第十四章 果酒与果醋的酿造

第十五章 果蔬速冻

第十六章　果蔬综合利用及其他加工技术

第一篇　果蔬原料特性

第一章

果蔬原料

果品和蔬菜是人类生活中必不可少的重要食物，对保证机体健康起到了重要的作用。从营养上来讲，果品蔬菜主要提供各种维生素、矿物质和膳食纤维，且所含的热量很少；果品和蔬菜还提供多种植物化学物质，如花青素、番茄红素等，能够延缓衰老、减少某些癌症和心血管疾病的发病率，具有较好的保健价值。本章介绍了我国果蔬生产和消费的现状，重点介绍了果蔬原料的分类及其品质特性。

第一节　果蔬的生产与消费

一、果蔬原料的生产

我国是世界上果品、蔬菜第一生产大国。蔬菜、果品分别是我国仅次于粮食的第二大和第三大产业。

多年来，我国蔬菜生产持续稳定发展，种植面积由1995年的9.52×10^6 hm^2增加到2011年的1.96×10^7 hm^2，产量由1990年的1.95×10^8 t增加到2011年的6.79×10^8 t。从种植面积来看，山东、河南、江苏、广东和四川的蔬菜种植面积列全国前5位。被誉为“中国蔬菜之乡”的山东寿光全市蔬菜种植面积已达5.60×10^4 hm^2，总产达3×10^6 t；主要的栽培品种有番茄、茄子、黄瓜、芸豆、洋香瓜、辣椒、丝瓜、苦瓜、豆角等。蔬菜生产不仅满足了国内消费，而且扩大了出口。我国的蔬菜出口量居于世界第一位，2011年出口9.73×10^6 t。今后的一段时期，我国蔬菜生产仍将保持稳中有增的态势。

在果品种植方面，果园面积由1995年的9.52×10^6 hm^2增加到2011年的1.18×10^{10} hm^2，产量从1995年的4.21×10^7 t增加到2.27×10^8 t(含瓜果类产量)；我国果品种植面积和产量分别占世界果品总量的20%和15%左右。其中，苹果和梨的产量连续居世界首位，柑橘产量在巴西和美国之后位居第三，荔枝产量占世界的70%。从种植面积来看，陕西、广东、河北、新疆和广西的果园面积位列全国前5位。其中，苹果、柑橘、梨、葡萄和香蕉这5大果品的产量分别为3.60×10^7 t、2.94×10^7 t、1.58×10^7 t、0.91×10^7 t和1.04×10^7 t。2011年，我国果品出口0.48×10^7 t。

二、果蔬的消费

随着消费者对饮食健康的重视，全球范围内果蔬消费量越来越大。从2005年FAO(Food and Agriculture Organization，联合国粮食及农业组织)数据来看，我国果蔬产值前12位、从大到小排列分别是甘薯、马铃薯、芦笋、大蒜、番茄、西瓜、苹果、花生、甘蓝、芹菜、黄瓜、辣椒。显然蔬菜占了主要的地位。我国果蔬人均消费量：甘薯82 kg、马铃薯56 kg、大蒜9 kg、番茄24 kg、西瓜53 kg、苹果19 kg、花生11 kg、甘蓝(包括白菜)26 kg、芹菜9 kg、黄瓜20 kg、辣椒10 kg，其他小种蔬菜109 kg。

在果品消费方面，以浙江省宁波市为例，2011年，市民消费最多的10种果品分别是苹果、西瓜、橘子、柚子、甜瓜、哈密瓜、梨、芒果、草莓和橙子。其中，“冠军”苹果的销量达到3.88×10^4 t，平均每个宁波市民消费6 kg。

当前，我国蔬菜和果品的刚性需求呈现不断增长的趋势，但是保障稳定供给任务依然艰巨。今后，我国主要通过以下几个方面来确保果蔬产量。

1）面积是产业基础，要满足国内外市场需求，稳定种植和产量是前提。可发展西部地区、城市郊区果蔬种植。

2）加快选育一批高产、优质、多抗的新品种，特别是选育适宜设施栽培、耐贮运、加工和出口的专用品种。

3）调整种植品种结构、避免结构失调。如我国的苹果和梨种植面积过大，而市场热销的优质果品比例过小。

4）加强田间管理，提高产量和产品品质。

5）加快生产标准化或标准园建设，加快示范带动生产标准化和质量效益的提升，实现绿色生产，确保产品安全性。

第二节 果品的分类及主要种类

一、概述

果品是水果和干果的总称，也可以定义为那些具有或潜在具有商品价值的果实及其相关产品。果品营养丰富、种类繁多、来源广泛，是人类膳食中的必需食品之一。《中国居民平衡膳食宝塔》中所推荐的每日果品摄入量为100～200 g，再加上其特有的色、香、味和保健作用，深受消费者的喜爱。

目前我国栽培的果树分属50多科、300多种，品种上万。不仅果品的种类繁多，而且分类方法有多种。比较常见的生物学分类依据有：果实形态结构、果树植株形态、冬季叶幕特性、果树生态适应性等。下面主要介绍较为通用的前2个分类依据。

（一）果实的形态结构

1. 核果类 核果类属于肉果，常见于蔷薇科、鼠李科等类群植物中，多为落叶的乔木或灌木，很少常绿。果实通常由单雌蕊发育而成，子房上位，由一个心皮构成。子房的外壁形成外果皮，中壁发育成柔软多汁的果肉（中果皮），食用部分是中果皮和外果皮，内果皮硬化成为核，故称核果。如桃、李、杏、樱桃、梅等。

2. 仁果类 仁果类又称梨果，常见于蔷薇科植物。这些果树多数为高大乔木或灌木，寿命很长。果实不是由单一子房发育而成，而是由子房和花托膨大形成，植物学上也称假果。子房下位，包被在花托内，由5个心皮构成，果实内有数个小型种子。子房内壁革质，中果皮、外果皮与花托肉质，为可食部分。如苹果、梨、山楂、木瓜、海棠等。

3. 浆果类 浆果类由一个或几个心皮形成的果实，包括多种不同属的植物，如葡萄属、猕猴桃属、桑属、无花果属、草莓属、柿属等。这些果树多为矮小的落叶灌木或藤木。此类果实的果皮除外面几层细胞外，中果皮与内果皮均为肉质，多柔软多汁并含有多枚小型种子，故称浆果。但果实在产生和结构上不大相同，有些浆果由一朵花中一个雌蕊子房形成单果，有的由一朵花中的多个雌蕊形成聚合果或多心皮果，也有由整个花序中的多数花朵合成的复果或多花果。如葡萄果实由子房发育而成，子房上位，由一个心皮构成，子房的外壁形成果皮，中壁、内壁形成柔软多汁的果肉，为可食部分。草莓的可食部分为肥大的花托。其余种类的果实大多由子房发育而成。这类果实大多不耐贮藏和运输，但是是加工的重要原料，尤其是葡萄，它是酿造业的重要原料。

4. 坚果类 闭果的一个分类，果皮坚硬，内含1粒种子，也称壳果类，在商品分类上被列在干果类。坚果是植物的精华部分，一般都营养丰富，含蛋白质、油脂、矿物质、维生素较高，对人体生长发育、增强体质、预防疾病有极好的功效。果实果皮多坚硬，成熟时干燥开裂，含水分较少，食用部位多为种子及其附属物。因其富含淀粉和油脂，所以有"木本粮油"之称，部分也可作为油料。常见的种类有板栗、核桃、银杏、松子、香榧等。

5. 柑橘类 柑橘类是芸香科柑橘属、金柑属和枳属植物的总称，我国和世界其他国家栽培的柑橘主要是柑橘属。柑橘类植物多分布于热带、亚热带和温带地区，果实多肉多浆，但也不同于浆果类，结构比浆果要复杂。果实是由子房发育而成，子房上位，由5～8个心皮构成。子房外壁发育成具有油胞的外果皮，含有色素和很多油胞；子房中壁形成白色海绵状的中果皮；子房内壁发育形成内果皮，形成囊瓣。囊瓣内生有纺锤状的多汁突起物，称为汁胞，是柑橘的主要食用部位。此类果实包括柑、橘、橙、柚、柠檬等。果实可供鲜食，也可制成罐头、果汁等加工产品；还可从中提取柠檬酸、香精油、果胶等，这些提取物可作食品和医药工业原料。

6. 其他类 此类主要是分布于热带及亚热带的果树，多为常绿乔木或灌木，少数为常绿木质藤木，也有少数为多年生草本。果实多样，如香蕉、荔枝、龙眼等。

（二）果树的植株形态

1. 乔木果树 乔木是指树身高大的树木，由根部发生独立的主干，树干和树冠有明显区分。常见乔木果树有苹果、梨、银杏、板栗、橄榄、木菠萝等。

2. 灌木果树 灌木是指那些没有明显的主干、呈丛生状态的树木，一般可分为观花、观果、观枝干等几类，矮小而丛生的木本植物。常见灌木果树有树莓、醋栗、刺梨、余甘、番荔枝等。

3. 藤木果树 藤木是指植物体茎干缠绕或攀附他物而向上生长的木本植物。常见藤木果树有葡萄、猕猴桃、罗汉果、西番莲等。

4. 草本果树 草本是具有木质部不甚发达的草质或肉质的茎，而其地上部分大都于当年枯萎的植物体。但也有地下茎发达而为二年生或多年生的和常绿叶的种类。与草本植物相对应的概念是木本植物，人们通常将草本植物称为"草"，而将木本植物称为"树"。常见的草本果树有草莓、菠萝、香蕉、番木瓜等。

二、主要鲜果种类

（一）仁果类

1. 苹果(*Malus pumila*) 苹果又名超凡子、天然子、平波、苹婆等。古代别名为柰、频婆，是双子叶植物，蔷薇科，落叶乔木，叶子椭圆形，花白色带有红晕。果实圆形，味甜或略酸，是常见果品，具有丰富的营养成分和多种植物化学物质(如色素、多酚等)，有食疗、辅助治疗功能，西方有句谚语："每天一苹果，医生远离我。"苹果原产于欧洲、中亚、西亚和土耳其一带，于19世纪传入我国。我国是世界最大的苹果生产国，在东北、华北、华东、西北和四川、云南等地均有栽培。由于苹果产量高、品质好，富含糖分和有机酸，味美可口，又适于加工贮藏，因而备受消费者喜爱。苹果种类很多，我国现有苹果400余种，其中商品量较多的有30余种，均属于西洋苹果，按其成熟度不同可分为伏苹果和秋苹果，或早熟种、中熟种和晚熟种。

(1) 早熟种(伏苹)：成熟期为6月中旬至7月下旬，生长期短、肉质松，味酸，不耐贮藏，产量较少。主要品种有'甜黄魁'、'早金冠'等。新引进的品种有'早捷'、'红夏'、'珊夏'等。

(2) 中熟种(早秋苹)：成熟期在8～9月，较耐贮藏，主要品种有'金冠'、'祝光'、'红玉'、'红星'等，其中'金冠'、'红星'的质量较好。新培育和引进的品种有'玉华早富'、'秋红嘎拉'、'昌红'等。

以'嘎拉'苹果为例，该果实由新西兰培育，果实中等大，单果重180～200 g，短圆锥形，果面金黄色。阳面具浅红晕，有红色断续宽条纹，果型端正美观。果顶有五棱，果梗细长，果皮薄，有光泽。果肉浅黄色，肉质致密、细脆、汁多，味甜微酸，十分适口。每年8月上市，正好满足市场对新鲜苹果的需求，颇受消费者欢迎。

(3) 晚熟种(晚秋苹)：成熟期在10～11月上旬，质量好，耐贮藏，供应时间长，在产销中占的比例最大。主要品种有'国光'、'青香蕉'、'甜香蕉'(又名'印度苹')、'鸡冠'、'倭锦'、'胜利'、'秦冠'、'富士'等。新引进和培育的有'金富'等品种。

其中，'富士'苹果由日本选育，1966年引入我国，每年10月中下旬采收。果实大型，平均单果重220 g，最大果重650 g；果形扁圆至近圆形，偏斜肩。果面光滑，无锈，果粉多，蜡质层厚，果皮中厚而韧；底色黄绿，着色片红或鲜艳条纹红；果肉黄白色，致密细脆，多汁，酸甜适度，食之芳香爽口，可溶性固形物含量14.5%～15.5%，品质极上，果实极耐贮藏，现在可全年销售。

2. 梨(*Pyrus* spp.) 梨可分为中国梨和西洋梨两大类。我国是梨属植物中心发源地之一，亚洲梨属的梨大都源于亚洲东部，日本和朝鲜也是亚洲梨的原始产地；国内栽培的白梨、砂梨、秋子梨都原产我国。西洋梨原产于欧洲中部、东南部和中亚等地。梨属植物约有35个种类，我国梨的种类有14～15种，目前作为主要果树栽培的有秋子梨、白梨、沙梨和洋梨4个系统。

(1) 秋子梨系统：本系统有近200个品种，主产区在辽宁、吉林、河北、京津地区、内蒙古及西北各省，优良的品种有'南果梨'、'京白梨'等。此类梨果实近球形，果皮呈黄绿色或黄色，果柄短，萼片宿存，果肉石细胞多，品质较差，但耐贮运，绝大多数品种需经后熟方可食用。

(2) 白梨系统：本系统约有 450 个品种，优良品种也最多。主要产区在辽宁南部、河北、山西、陕西、山东、甘肃及黄河故道等地，优良品种有'鸭梨'、'酥梨'、'雪花梨'、'秋白梨'、'库尔勒香梨'等。该种类的梨果实大，倒卵形或长圆形，果皮黄色，果柄长，萼片脱落或间有宿存，果肉细脆，石细胞少，不需后熟即可食用。

(3) 沙梨系统：本系统共有 420 余个品种，沙梨系品种喜温暖、潮湿气候，多分布于华中、华东沿长江流域各省。优良品种有四川的'苍溪梨'、'新世纪'等，浙江义乌的'三花梨'，重庆的'六月雪'、'黄花梨'等，台湾'蜜梨'等。果实多为圆形，果皮呈褐色或绿色，果柄特长，萼片脱落，果肉脆，味甜而多汁，石细胞较多，不需后熟即可食用，但耐贮性较差。

(4) 洋梨系统：原产于欧洲，品种较少，引入我国的有 20 余个品种。主要分布在山东半岛、辽宁的旅大、河南的郑州等地。果实多为瓢形，果梗粗短，萼片宿存，果实经后熟方可食用，但肉质变软而不耐贮藏。优良的品种有'巴梨'、'大红巴梨'、'拉·法兰西'等。

3. 枇杷[*Eriobotrya japonica* (Thunb.) Lindl] 枇杷又称芦橘、金丸、芦枝等，是蔷薇科枇杷属常绿小乔木植物的果实，主要产于我国东南部的浙江、福建等省，因其叶形似琵琶乐器而得名。枇杷秋冬开花，春末夏初果实成熟，其肉柔软多汁，味甜适口，是果品淡季的精品。枇杷的品种很多，其分类方法也各不相同。按果肉颜色可分为红果(红砂)类和白果(白砂)类。

(1) 红肉类：红肉类枇杷果实为圆形或倒卵形，果皮橙红色或浓红色，较厚，易剥离，味甜质细，品质较好。较之于白肉果实，耐贮运性能好，但是在低温条件下易发生冷害。主要优良品种有浙江的'大红袍'、'尖脚'、'洛阳青'，福建的'解放钟'、'圣钟'、'早黄'、'泰城 4 号'，安徽的'大红袍'和湖北的'华宝 2 号'等。

(2) 白肉类：白肉类枇杷果实呈圆形或稍扁，果皮薄，易剥离，果面淡黄或微带白色，果肉洁白或微带黄色，汁多味甜，果肉质细而鲜美，核小。与红肉比较，易受机械损伤而发生褐变，贮运性能差，但低温下耐冷性强。主要优良品种有福建的'白梨'，江苏的'白玉'，浙江的'软条白砂'、'宁海白'等。

4. 山楂(*Crataegus pinnatifida* Bunge) 山楂又名红果、山里红、胭脂果等，是蔷薇科落叶灌木或小乔木植物野山楂或山楂的成熟果实。山楂原产于我国，是我国特有的果品。品种很多，辽宁、山东、河北、河南、北京和天津的部分地区为山楂的主要产地，其中以北方的大山楂质量最好。每年 9 月、10 月成熟上市。山楂既是果品，又是中药，生食、熟食均可。

(1) 大山楂：大山楂又称方果山楂、大楂，主要产于辽宁。果个大，果皮深红，有果点，近萼部细密。肉紧密，粉红色，近梗凹处青黄色，味酸味甜，汁多。

(2) 小山楂：小山楂又称面楂，主要产于山东。果个小，浓红色，密布褐色细斑点，萼开张。肉紧密，粉红色，酸甜适度，贮放后果肉变面。

(3) 野山楂：野山楂又称南山楂、小叶山楂、红果子等。果实较小，类球形，直径 0.8～1.4 cm。山楂果表面棕色至棕红色，并有细密皱纹，顶端凹陷，有花萼残迹，基部有果梗或已脱落。质硬，果肉薄，味微酸涩。

(二) 核果类

1. 桃(*Amygdalus persica* L) 桃是蔷薇科桃属植物的果实，形状各异，包括扁圆、椭圆、卵圆、尖圆、圆等，表面有绒毛，中果皮肉厚多汁，是食用的主要部位。桃原产于我国，和李一样是我国古老果品之一，并且分布广泛，在全国各地都有栽培，其中以浙江栽培最多，河南次之，再则为山东、河北、陕西、甘肃和云南等地。我国栽培的有 800 余种，主要品种群可分为北方桃品种群、南方桃品种群和黄桃品种群。

(1) 北方桃品种群：北方桃品种群主要分布在黄河流域的华北、西北地区，以山东、河北、山西、河南、陕西、甘肃和新疆等地较多。果形圆，果实顶部尖而突起，缝合线深而明显，皮薄而难与果肉剥离，果肉致密。其中，蜜桃类柔软多汁，如'肥城桃'、'深州桃'、'五月鲜'、'白凤'、'大久保'、'冬宝'等；硬桃类肉质硬脆，如'鹰嘴'、'中华寿桃'等；油桃类果皮无茸毛，如'华光'、'曙光'、'艳光'等。

(2) 南方桃品种群：南方桃品种群主要分布在长江流域的华东、华中、西南地区，以江苏、浙江、云南等地较多，果实顶部平圆，果肉柔软多汁，不耐贮运。其中江苏无锡和浙江奉化的水蜜桃较为著名，果肉柔软，果汁特别多，如'玉露'、'蜜露'等品种；蟠桃类，果形扁平，两端凹入，肉软多汁，如'白芒蟠桃'、'陈圃蟠桃'、'瑞蟠 8 号'等；硬肉桃类，果肉硬脆致密，果汁较少，但较耐贮运，如'平碑子'、'吊枝白'、云南呈贡的'二早桃'等。

(3) 黄桃品种类：黄桃品种类主要产于西北和西南地区，果皮、果肉呈黄色至橙黄色，肉质紧密，为不溶质(non-melting flesh)，含酸较高，黏核，适于制作罐头。我国用于罐藏的黄桃有'黄露'、'丰黄'、'连黄'、'橙香'、'橙艳'、'爱保太黄桃'和日本引进的'罐桃5号'、'罐桃14号'等。

2. 李(*Prunus salicina* Lindl)　李又称嘉庆子，为蔷薇科植物李的果实，是我国最古老的栽培果品之一，分布很广，在我国各地均有栽培。李的果实多为圆形或长圆形，皮为绿色、黄色、红色或紫红色，而果肉则为黄色、红色或青色。果实一般在夏秋季节成熟，形态美艳，口味甘甜，也是人们喜食的传统果品之一。

李的种类很多，主要栽培品种有4种，即中国李、杏李、欧洲李与美洲李，其中以中国李的栽培最为普遍。李也可以根据其果皮和果肉的颜色进行分类，包括红皮红肉、红皮黄肉、青皮红肉、青皮青肉和黄皮黄肉等种类。常见的品种有'槜李'、'朱砂红李'、'玉皇李'、'西安大黄李'、'济源黄甘李'、'绥德转子红李'等。

3. 杏(*Armeniaca vulgaris* Lam)　杏又名甜梅杏实，为蔷薇科植物杏的果实。原产于我国和中亚地区，迄今已有4 000多年的栽培史。杏的成熟期一般在6月、7月，迟于草莓、樱桃，而早于李，是果品淡季的主要供品，但耐贮性较差。杏有家杏和山杏两种。

(1) 家杏：以食果实为主，果肉黄软，酸甜多汁，是夏季的主要果品之一。主要品种如'兰州大接杏'、'仰韶黄杏'、'沙金红杏'等。

(2) 山杏：以食杏仁主，又称仁用杏，习惯上将其划分为甜杏仁和苦杏仁两大类。甜仁的俗称大扁杏或杏扁，都是园艺栽培品种。苦仁的则是以西伯利亚杏或山杏为主的野生或半野生种类。

4. 樱桃(*Prunus pseudocerasus* G. Don)　樱桃又名荆桃、含桃、莺桃、朱樱及朱果等，是蔷薇科李属樱亚属植物樱的果实，包括樱桃亚属、酸樱桃亚属、桂樱亚属等。果实可以作为果品食用，色泽鲜艳，晶莹美丽，红如玛瑙，黄如凝脂，营养特别丰富，果实富含糖、蛋白质、维生素及钙、铁、磷、钾等多种元素。樱桃于春末夏初即可应市，是我国长江流域和淮北地区果实成熟最早的一种果树，被誉为"开春第一果"。樱桃的种类很多，目前我国作为果树栽培的品种主要有中国樱桃、欧洲甜樱桃(甜樱桃)、欧洲酸樱桃(酸樱桃)和毛樱桃4种，其中又以中国樱桃和甜樱桃栽培为主。

(1) 中国樱桃：中国樱桃原产于我国，迄今已有3 000多年的栽培史，果实呈球形，色泽艳丽，果肉甜中带酸，营养丰富，以江苏、浙江、山东、河北、北京栽培较多。主要优良品种有安徽太和的'金红樱桃'、'大鹰嘴甘樱桃'，山东龙口的'黄玉樱桃'，江苏南京的'东塘樱桃'，浙江诸暨的'短柄樱桃'等。

(2) 甜樱桃：甜樱桃又称"西洋樱桃"，果实成熟早，且色、香、味俱佳，营养也很丰富。主要优良品种有'大紫'、'水晶'、'那翁'、'鸡心'等。

(三) 浆果类

1. 葡萄(*Vitis vinifera*)　葡萄又称提子、草龙珠、山葫芦、李桃等，属于葡萄科(Vitaceae)葡萄属(*Vitis*)落叶藤本植物，果实呈穗状，多为圆形或椭圆形，果皮颜色可分为红、黑紫、白3种，果肉多为无色透明，果皮厚而富有蜡质层的品种较耐贮运。人类在很早以前就开始栽培这种果树，迄今已有5 000多年的种植历史，其产量几乎占全世界果品产量的1/4。其营养价值很高，除鲜食外，还可制成葡萄汁、葡萄干和葡萄酒。我国古时在陕西、敦煌的山谷原野中早就有野生的葡萄，但正式栽培是在汉朝张骞出使西域后引种传入的，距今已有2 000多年历史，主要产区分布在新疆、山东、河北、辽宁、安徽、四川、山西、吉林等地。葡萄品种繁多，世界上有万余种，我国有700多种，用于生产的仅数十种。按用途不同可分为鲜食和工业加工两大类。

(1) 鲜食类：一般果粒较大，外形美观，味甜而浓香，皮薄，种子少，适于运输和贮藏，如'巨峰'、'白香蕉'、'玫瑰香'、'龙眼'、'牛奶'、'吐鲁番红葡萄'等。

(2) 工业加工类：加工品种主要用于酿酒，果粒含糖和鞣质较多，如酿制红葡萄酒的品种有'赤霞珠'、'北玫'、'北红'、'法国蓝'、'晚红蜜'等。加工果汁用的品种，果粒颜色鲜艳，果汁澄清后仍能保持葡萄的原有风味，如'玫瑰香'、'佳利酿'、'柔丁香'等。加工罐头的品种，以'无核白'、'无核红'等无籽品种为最好。而用于制干品种，果粒含糖量高，无籽，贮藏不粘连为最好，如新疆产的'无核红'和'无核白'等品种最适于制葡萄干。

2. 猕猴桃(*Actinidia chinensis*)　猕猴桃也称猕猴梨、藤梨、羊桃、阳桃、木子与毛木果等，是原产于我国的野生藤本果树的果实，迄今已有4 000多年的栽培历史。果实一般是椭圆形的，深褐色并带毛的表皮一般不食用，而其内则是呈亮绿色的果肉和一排黑色的种子。猕猴桃质地柔软，维生素C含量丰富。猕猴桃属的植物种类很多，全世界约有63个品种，我国占了59个，其中果实最大、经济价值最高的当属中华猕猴桃和美味猕猴桃两个种。

（1）中华猕猴桃：果实上的茸毛短而柔，果实成熟时几乎完全脱落，故皮较光滑。果肉多为金黄色或浅绿色。

（2）美味猕猴桃：果实上的毛较长、较粗硬，脱落晚，果熟时硬毛犹存，故果皮较粗糙，一般耐贮性较好。多为绿色果肉。

猕猴桃原本野生于山林，我国栽培较晚。近年已陆续从野生猕猴桃及引入品种中选出一批优良的株系和品种，主要有'庐山香'、'魁蜜'、'金丰'（'江西79-3'）、'武植3号'、'湖北通山5号'、'怡香'、'皖蜜'、'秋魁'、'金魁'、'徐香'、'琼露'，以及从新西兰引入的'海沃德'、'布鲁洛'、'蒙蒂'等。我国现在广为栽培的为中华猕猴桃，北方的陕西、甘肃和河南，南方的两广和福建，西南的贵州、云南、四川，以及长江中下游流域的各省都有，尤以长江流域最多。

3. 草莓（*Fragaria ananassa*） 草莓别名洋莓、地莓、草果、红莓、士多啤梨（粤语叫法）、高粱果、地桃、蔄藨儿。草莓是对蔷薇科草莓属植物果实的泛称，全世界有50多种。草莓原产于欧洲，20世纪初传入我国。草莓果实是由花托发育而成的肉质聚合果，表面着生多枚种子状瘦果。外观呈心形，鲜美红嫩，果肉柔软多汁、酸甜可口、香味浓郁，不仅色彩鲜艳，而且有一般果品所没有的芳香，是果品中难得的色、香、味俱佳者，被誉为"果中皇后"。世界上栽培的草莓品种不少于2 000种，且更新换代时间短。目前我国栽培面积较大的自产品种主要有'鸡心'、'大鸡冠'、'明晶'、'紫晶'、'狮子头'、'新明星'、'丰香'、'红颜'等。

4. 柿子（*Diospyros kaki*） 柿子又名米黄、猴枣。是柿科属植物柿的果实，浆果类果品，成熟季节在10月左右，果实扁圆，不同的品种颜色从浅橘黄色到深橘红色不等，大小2～10 cm，质量为100～350 g。原产于我国，品种资源丰富，各地分布较广，以河北、河南、北京、山东、山西、陕西等地栽培较多，迄今已有2 000多年的栽培历史。柿子的品种很多，有1 000多个，根据其在树上成熟前能否自然脱涩分为涩柿和甜柿两类。

（1）涩柿：在软熟前不能脱涩，采后必须经过人工脱涩和后熟后才能食用，引起涩柿涩味的物质基础是鞣酸（又称单宁酸）。脱涩的方法一般有放置一段时间、用温水或石灰水浸泡等。我国上市的柿子大多数属于此类。

（2）甜柿：在树上软熟前即能完全脱涩，果实由于采后在较短时间内即软化，不耐贮运，因此贮藏难度较大。著名品种有河北一带的'磨盘柿'、'莲花柿'、'甜心柿'，山东的'牛心柿'、'镜面柿'，陕西的'鸡心柿'，浙江的'铜盆柿'，以及来自日本的'富有柿'和'次郎柿'等。

（四）柑橘类

柑橘根据形态特征在我国可分为6大类，用于栽培的有4类：橙类中的甜橙及宽皮柑橘类（其中有柑类和橘类），柚类中的柚和葡萄柚及枸类中的柠檬。

1. 甜橙（*Citrus sinensis*） 甜橙为世界各国主栽品种，产量最大。依季节可分为冬橙和夏橙，按果顶和肉色不同可分为普通甜橙、脐橙、血橙3类。果实近于球形或卵圆形，皮薄而光滑，充分成熟时呈橙色、橙红色、橙黄色；果皮与果肉连接紧密，难剥离；果心柱充实，种子呈楔状卵形，胚白色。果实汁液多，味酸甜可口，品质佳，耐贮藏，是适于大量发展的品种。普通甜橙类果顶光滑，无脐，果肉为橙色或黄色，著名的品种有广东的'新会橙'、'血柑'、'香水橙'，重庆的'先锋橙'、'锦橙'、'渝红橙'，福建的'改良橙'等，以'鹅蛋柑'品质最佳。脐橙类果顶开孔，内有小瓤囊露出而形成脐状，故名脐橙，果肉为橙色。著名的品种有四川的'石棉脐橙'、浙江的'华盛顿脐橙'等。血橙类，果实无脐，果肉赤红色或橙色带赤红色斑条，故名血橙，著名的品种有四川的'红玉血橙'、湖南的'血橙'等。

2. 宽皮柑橘类（*Citrus reticulata*） 柑橘类是我国柑橘属果实中产销较多的品种。柑和橘的共同特点是果实扁圆或圆形，果皮黄色、鲜橙色或红色，薄而宽松，易于剥离，种子小，胚绿色。它们的不同点如下所述。

（1）柑类：果实大而近于球形，果皮略粗厚，橘络较多，种子呈卵圆形，耐贮藏。著名的品种有'芦柑'、'蕉柑'、'瓯柑'、'温州蜜柑'等，其中'蕉柑'更适于贮藏。

（2）橘类：果实小而扁，皮薄宽松，比柑类易剥离，橘络较少，种子尖细，胚深绿色，不耐贮藏，但能早熟。其中依果皮颜色可分为橙黄色品种和朱红色品种两类。橙黄色品种有‘早橘’、‘天台山蜜橘’、‘乳橘’、‘南丰蜜橘’等；朱红色品种有‘福橘’、‘朱橘’、‘衢橘’、‘大红袍’等。除‘福橘’质量较佳外，一般红橘的滋味均较酸，瓤皮较厚，且不耐贮藏。

3. 柚类［*Citrus maxima*（Burm.）Mern］

（1）柚：柚又名文旦、抛、栾。袖子外形美观，果实很大，皮比较厚，油包大，难剥离，成熟时为淡黄色或橙黄色。果肉白色或粉红色，种子大而多。柚果汁少，富有维生素C和糖分，味甜，有的品种带苦味，极耐贮藏。除鲜食外，柚皮可提制果胶或制作蜜饯。著名的品种，‘沙田柚’主产于广西、广东、湖南，‘楚门文旦柚’主产于浙江玉环县，‘坪山柚’主产于福建，‘垫江白柚’主产于重庆垫江、江津，‘五布红心柚’主产于重庆巴南区，‘晚白柚’主产于台湾、四川、福建，‘官溪蜜柚’主产于福建等。

（2）葡萄柚：葡萄柚主产于美国、巴西等国，果实扁圆或圆形，常呈穗状，且有些品种有类似葡萄的风味，因此得名。果实大，果皮颜色嫩黄，按果肉色泽品种区分为白色果肉品种，如‘邓肯’、‘马叙’；粉红色品种，如‘福斯特粉红’、‘马叙粉红’；红色果肉品种，如‘路比红’、‘红晕’；深红色果肉品种，如‘路比明星’、‘布尔冈迪’等。果实含维生素C高，具有苦而带酸的独特风味，耐贮运，是鲜食和制汁原料，是世界果品市场上的重要产品。

（3）柠檬：柠檬有四季开花结果的习性，其鲜果供应期特长，是世界重要果品，在国际果品市场上价值很高，占有一定的经济地位，我国生产很少，主要产于四川、重庆、台湾和广东等地，以四川省安岳县栽培最多，种植面积、产量均居全国首位。柠檬果皮色鲜黄，呈椭圆或圆形，顶端有乳头状突起，果汁极酸，含维生素C和柠檬酸很丰富，并有浓香，主要用作果汁饮料，又可提取柠檬酸和柠檬油。著名的品种有‘尤力克’、‘里斯本’、‘香柠檬’（‘北京柠檬’）、‘维尔娜’、‘菲诺’、‘麦尔柠檬’等。

（五）其他类

1. 香蕉（*Musa nana* Lour.） 香蕉为芭蕉科芭蕉属多年生常绿草本植物的果实，我国主要产地在广东、广西、台湾、福建、海南、云南等地，其中广东产量为全国之冠。

香蕉是由花托发育而成的无籽果实，果肉软嫩而滑腻，味甘美、芳香，富含淀粉和糖分，主要为鲜食，也可以加工成果干或果粉。我国的香蕉可分为香蕉、大蕉和粉蕉（包括龙牙蕉）3类。

（1）香蕉：香蕉又名芎蕉、芭蕉、天宝蕉、中国矮脚蕉等，主要产于广东。果形略小、弯曲，成熟后果皮带有“梅花点”，故又称“芝麻香蕉”，果肉黄白色，味甜，香浓，著名品种有‘大种高把’、‘油蕉’、‘天宝蕉’、‘贵妃蕉’等。

（2）大蕉：大蕉又名鼓锤蕉，主要产于广东。果实大而直，皮厚易剥离，成熟时果皮呈黄色，肉柔嫩，甜中带酸，无香气，著名品种有‘牛奶蕉’、‘暹罗大蕉’等。

（3）粉蕉类：粉蕉类包括龙牙蕉，主要产于广东和福建，果肉柔软而甜滑，乳白色，水分少，含淀粉多，充分成熟后才适于食用，具有特殊香气，著名品种有‘糯米蕉’、‘西贡蕉’等。

香蕉采收后，需经催熟方可食用。香蕉以果实肥大、皮薄肉厚、色厚、香味浓的为上等佳品。

2. 菠萝（*Ananas comosus*） 菠萝为多年生常绿草本植物凤梨科植物凤梨的果实，别名凤梨、黄梨、番梨、露兜子等。我国主要产于台湾、广东、海南、广西、福建、云南等地，是我国南方热带地区重要果品之一，其中广东产量最多。

菠萝的果实为圆锥形，外有鳞片状小果约百个以上。当花序轴上的小花脱落后，花苞、萼片、子房、花柱和花序轴便膨大而成肉质化的松球状复果。果肉为淡黄色，成熟后肉质松软，稍有纤维，味酸甜，多汁，有特殊的香气。果汁不仅含有糖和有机酸，而且含有丰富的菠萝蛋白酶，有助于人体对蛋白质的消化吸收。菠萝经济价值高，除供应市场鲜销外，还是加工罐头和果汁的重要原料。

菠萝的品种很多，我国栽培的品种有30余种，其中台湾就有20余种，有杂交改良的，也有引进的。菠萝根据其果实、叶片和植株形状的差异可分为4个类型。

（1）皇后类：果实较小，卵圆形，适宜鲜食，成熟时果皮呈金黄色，果肉金黄色至深黄色，汁少，含糖量高，香味浓郁，主要品种有‘巴西’、‘神湾’、‘金皇后’等。

（2）卡因类：果实较大，圆筒形，适宜制罐，成熟时果皮呈橙黄色，果肉淡黄色，汁多，糖酸含量中等，香味较淡，主要品种有'无刺卡因'（沙捞越、夏威夷）、'意大利'、'中国台湾无刺'、'粤脆'等。

（3）西班牙类：果实中等大小，呈球形，果肉黄色，纤维较多，汁少，含酸量高，香味浓，主要品种有'红西班牙'、'有刺土种'等。

（4）波多黎各类：为三倍体，果实较大，果肉黄白色，本类只有'卡伯宗纳'一个品种。

3. 芒果（*Mangifera indica* L） 芒果又名杧果、檬果、漭果、闷果、蜜望子、望果、面果和庵波罗果等，为漆树科植物芒果的果实。原产于印度和马来西亚。我国台湾栽培最多，广东、广西、福建、云南、海南等地也有栽培。果实呈肾脏形，成熟前果皮淡绿色或淡黄色，成熟时为绿色或鲜黄色，并带有橙黄色红晕。果肉深黄色，汁多，香甜柔滑，果核扁平，较大，一般外带纤维。

芒果由于栽培历史悠久，分布范围较广，且过去多采用实生繁殖，因而产生了不少的变异，形成的品种、品系很多，全世界有1 000余个品种，我国目前也有100多个。根据其种子特征的不同可分为两个类群，即单胚类群和多胚类群。著名品种有'青皮芒'、'象牙芒'、'香蕉芒'、'大头芒'、'鹰嘴芒'、'秋芒'、'留香芒'、'香芒'和'桃芒'等。

4. 荔枝（*Litchi chinensis*） 荔枝又名丹荔、丽枝、离枝、火山荔、勒荔、荔支，是无患子科植物荔枝树的果实。原产于我国南部，至今已有2 000多年的栽培历史，荔枝与香蕉、菠萝、龙眼一同号称"南国四大果品"，为热带果品中的珍贵果品之一。

荔枝果实为心形、椭圆形、卵形或圆形，外果皮革质，呈鳞斑状突起，熟时鲜红或紫红。假种皮（果肉）有白色、乳白色、淡黄色、蜡黄色等，厚薄与风味随品质不同而不同，汁多味甘，半透明，与种子极易剥离。种子光亮，内含淀粉。荔枝每年6月、7月成熟，味香美，但不耐贮藏，有"一日色变、二日香变、三日味变"之说。

三、干果类

1. 板栗（*Castanea mollissima*） 板栗又名栗、中国板栗，为山毛榉科板栗属果树的果实，原产于我国，分布于我国、越南，生长于海拔370～2 800 m的地区，多见于山地，已人工广泛栽培。我国板栗质量优良，在国际市场上享有很高的声誉。我国板栗主产于河北，其次在山东、湖北、浙江、河南、安徽、云南等省。板栗的种仁肥厚甘美，含有丰富的淀粉和糖（62%～70.1%）、蛋白质（5.7%～10.7%）及脂肪（2%～7.4%），因此，营养价值较高，是我国重要的出口果品。

我国板栗的优良品种很多，按产区的分布不同可分为北方栗和南方栗两类。北方栗，果实个小，每千克120粒左右，种皮极易剥离，果肉含糖量高，含淀粉较低，多为黏质，品质优良，适于作糖炒栗子，著名品种有'红油皮栗'、'红光栗'、'大油栗'、'虎爪栗'等；南方栗，果实个大，每千克60粒左右，种皮稍难剥离，果肉含糖量低，含淀粉量高，多为粉质，适于菜用，著名品种有'九家种'、'魁栗'、'迟栗子'等。

2. 核桃（*Juglans regia*） 核桃又称胡桃、羌桃，是核桃科核桃属果树的果实，共有20多个种，我国栽培的主要有普通核桃和铁核桃两种，又按结果早迟分为早实核桃和晚实核桃，每一类中又包括许多品种。其优良品种的主要特点是：果大，壳薄，仁饱满，取仁容易，出仁率达50%以上，含油率60%以上。我国核桃产区分布较广，以河北、山东、山西、陕西、云南、贵州、甘肃、四川等省出产较多。核桃的营养价值很高，特别富有脂肪，除作果品食用外，还是良好的中药材和油料。我国出产的核桃出仁率高（23.84%～65.36%），含油量大（68.10%～76.95%），并且含有钙、磷、铁等矿物质，以及核黄素和烟酸等。著名的品种有：'光皮绵核桃'（出仁率40%～56%、含油量70%左右）、'隔年核桃'（出仁率52.3%、含油量68%～73%）、'露仁核桃'（出仁率60%以上、含油量70%以上）、'鸡爪绵核桃'（出仁率50%、含油量72%）、'纸皮核桃'（出仁率65%～69%、含油量74.42%）等。核桃与扁桃、腰果、榛子并称为世界著名的"四大干果"。既可以生食、炒食，又可以榨油、配制糕点、糖果等，不仅味美，而且营养价值很高，被誉为"万岁子"、"长寿果"。

3. 白果（*Ginkgo biloba*） 白果又名银杏、灵眼、佛指柑、鸭脚子。民间有"公公种树，孙子得果"之说，故又称"公孙树"。白果为银杏科植物银杏的果实，外观为核果状，外种皮为肉质，中种皮为骨质，内种皮为膜质，内有种仁，它们均有不同的药用价值，其可食部分为果实中的核仁。银杏是史前的古老树种，寿命极长，可达千余年，固有"活化石"之称。

4. 松子（*Pinus koraiensis*） 松子又名海松子、罗松子、红松果等，为松科植物红松的种子，其种仁为松仁。松子形状为倒三角锥形或卵形，外包木质硬壳，壳内为乳白色果仁，果仁外包一层薄膜。松子含脂肪、蛋白质、碳水化合物等。松子既是重要的中药，又有很高的食疗价值，久食健身心，滋润皮肤，延年益寿。松子主要产区集中在东北、西南、西北地区。

第三节 蔬菜的分类及主要种类

一、概述

蔬菜即“可以做菜食用的草本植物”，是指可供佐餐的草本植物的总称。主要以十字花科和葫芦科的植物居多，如白菜、甘蓝、油菜、萝卜、黄瓜、南瓜等。也包括少数木本植物的茎、嫩芽(竹笋、香椿)，以及真菌、藻类和蕨类植物。其食用器官有根、茎、叶、花、果实、种子及它们的变态器官。

我国的蔬菜种类繁多，栽培蔬菜有近百种，其中大多数为陆地栽培，也有一些水生蔬菜生长在浅滩、湖泊或近海领域。在同一种中，有许多变种，每一变种又有不同的种，而且科学界和消费者的认识往往有不同，分类方法也多样。按植物学分类，我国栽培的蔬菜有 35 科 180 多种；按农业生物学分类可分为白菜类、甘蓝类、根菜类、绿叶菜类、葱蒜类、茄果类、豆类、瓜类、薯芋类、水生蔬菜、多年生蔬菜、野生蔬菜和食用菌类 13 类；按食用器官可分为根菜类、叶菜类、茎菜类、花菜类和果菜类 5 类；按对温度的要求分为耐热、喜温、耐寒、半耐寒、耐寒而适应广 5 类；按光周期反应则可分为长光性、中光性和短光性蔬菜等。

蔬菜是植物，因此绝大部分的蔬菜均具有根、茎、叶、花和果实等器官，本节按照食用器官不同将蔬菜分为 5 大类：叶菜类、根菜类、茎菜类、果菜类和花菜类。这个分类方法是被食品行业普遍接受的分类方法。

(一) 根菜类

根是植物的一种营养器官。它能使植物体固定在土壤中，吸收养分、水分和贮藏营养物质，有的根还可以进行无性繁殖。在蔬菜中有些根菜类产品属于根的变态。肉质的直根是肥大的肉质根，由胚根和胚轴共同发育而成。这些肥大根的可食部分是薄壁细胞或韧皮薄壁组织或维管束的薄壁组织，它们中贮藏着大量营养物质。块根是由主根或不定根或侧根经过增粗而生长成的肉质根。其可食部分是薄壁细胞组织，主要贮藏淀粉类营养物质。据此，根菜分为如下两类。

1. 直根类 萝卜、芜菁、胡萝卜、根甜菜、根用芥菜、芜菁甘蓝等。

2. 块根菜 甘薯、葛、豆薯等。

(二) 茎菜类

植物的另一种营养器官，由胚芽发育而来。茎下部和根相连，上部着生叶、花和果实，有输送和贮存水分、养料，并支持植物体的作用，茎由表皮、皮层和中柱构成。木本和草本植物地上茎有很大区别，可食用的多为草本植物的茎。有些蔬菜部分枝条生长在土壤中，变为贮藏或营养繁殖的器官，称为地下茎，虽然仍保持枝条的特征，但茎的形态结构常发生明显变化。

1. 根茎类 根茎类蔬菜具有明显的节和节间，在节上有腋芽或产生不定根。如姜、莲藕等。

2. 块茎 一种变态的地下茎，地下茎顶端积累大量养分，膨大成为地下块茎，地下块茎顶端有顶芽，在芽眼内还有腋芽，在适当条件下可萌发成新植株。如马铃薯、菊芋等。

3. 鳞茎 一种变态茎缩短成扁平或圆盘状，茎盘上着生多数贮有养料的鳞叶，最外层鳞叶干燥成膜状。如洋葱、大蒜、百合等。

4. 球茎 一种肥而短的地下茎，内贮养分，外部有明显的节、节间，节上有芽，基部有很多不定根。如慈姑、芋、荸荠等。

5. 肥茎 蔬菜地上茎的变态。叶卷须是枝条或叶的变态；腋芽形成的小块茎；花芽形成的小鳞茎；缩短的茎；膨大茎；节间伸长形成花苔或花茎等。如莴笋、茎用芥菜(青菜头)、球茎甘蓝等。

6. 嫩茎 由柔嫩的地上茎所形成的食用器官。嫩茎并不特别膨大或变态。如石刁柏、竹笋、香椿等。

(三) 叶菜类

叶是植物的主要营养器官，生长在茎节上一般为绿色(也有少量为白色、黄色或紫红色)，叶一般由叶片、叶柄和托叶3部分组成。具有3部分的称为完全叶，若缺少其中任何部分的叶则称为不完全叶。叶片是由表皮、叶肉、叶脉构成。叶菜是指以叶、叶丛或叶球为食用部分的蔬菜，又可细分为以下3类。

1. 普通散叶菜类 白菜、乌塌菜、叶芥菜、菠菜、苋菜、油菜等。

2. 香辛叶菜类 大葱、韭菜、芹菜、香菜、芫荽、茴香等。

3. 结球叶菜类 结球白菜、结球甘蓝、结球莴苣、孢子甘蓝等。

（四）花菜类

花是种子植物的生殖器官，典型的花通常由花梗、花托、花萼、花瓣、雌蕊群和雄蕊群等几部分组成。花菜类以花器或肥嫩的花枝为产品。

1. 花器类 黄花菜、朝鲜蓟等。

2. 花枝类 花椰菜、青花菜等。

（五）果菜类

植物受精以后，胚珠发育为种子，子房发育成果实，果实由果皮和种子组成，是高等植物的繁殖和贮藏器官。由于科技水平的不断提高，也有仅有果实无种子的蔬菜。

1. 瓠果类 如黄瓜、南瓜、西瓜、葫芦、冬瓜、甜瓜、丝瓜、苦瓜、瓠瓜等。

2. 茄果类 如茄子、番茄、辣椒等。

3. 豆类 如菜豆、豇豆、扁豆、菜用大豆、豌豆、蚕豆等。

4. 杂果类 以上3种以外的果菜如甜玉米、菱角等。

另外，还可以依照生活周期长短对蔬菜进行分类：一年生蔬菜、两年生蔬菜和多年生蔬菜。一年生蔬菜是指其从种子发芽到成熟可以在一个生长季节内完成，如豆类、瓜类和茄果类等；二年生蔬菜是指其从种子发芽到成熟需要经过两个生长季节和一个冬天，如白菜、甘蓝、萝卜等；多年生蔬菜是指栽培在同一个地方可连续生存数年，每年能完成一个生长周期，如韭菜、藕和百合等。

二、常见的蔬菜种类

（一）根菜类

1. 萝卜（*Raphanus sativus*） 又名莱菔，属植物界、十字花科、萝卜属。一、二年生草本，原产于我国，又称为中国萝卜。食用肉质根，根有各种形状，如圆锥形、圆球形、长圆锥形、扁圆形等；按根皮色泽可分为白色萝卜、绿色萝卜、红色萝卜或紫色萝卜；按收获季节可分冬萝卜、春萝卜、夏萝卜、秋萝卜和四季萝卜，是我国的主要蔬菜之一，也具有一定的药用价值。可生食、腌渍和干制，主要品种秋萝卜中有'青圆脆'、'心里美'、'卫青萝卜'、'潍县青'、'大红袍'、'灯笼红'、'太湖晚'、'长白萝卜'，四川的'粉团萝卜'、'酒罐萝卜'、'浙农大红萝卜'、'浙大长'、'广东火车头'，广西的'融安晚'等；春夏萝卜有'南京泡黑红'、'五月红'、'云南沾益'、'青岛刀把萝卜'、'泰安伏萝卜'、'杭州小钩白'等；四季萝卜有'小寒萝卜'、'四缨萝卜'、'扬花萝卜'、'上海红萝卜'。有些萝卜脆甜多汁可当果品，并含有淀粉酶，能帮助消化。萝卜除炒、炖之外，可制作咸菜、酸菜等。

2. 胡萝卜（*Daucus carota*） 又称甘荀，是伞形科胡萝卜属二年生草本植物。以肉质根作蔬菜食用。原产亚洲西南部，阿富汗为最早演化中心，栽培历史在2 000年以上，元朝时传入我国。胡萝卜适应性强，易栽培、耐贮藏，是冬、春季主要蔬菜之一。普通栽培的有橙红、紫红、黄色之分，其品种有圆锥形，如'北京鞭杆红'、'蜡烛台'、'雁脖胡萝卜'、'二金胡萝卜'、'鲜红五寸'、'烟台三寸'；圆柱形，如'常州胡萝卜'、'西安红胡萝卜'、'一支蜡'等。胡萝卜含有蔗糖、葡萄糖及丰富的维生素A原（β-胡萝卜素），营养丰富，除鲜食烹饪外，还可糖制、干制、腌制、制汁和罐藏。

3. 芜菁（*Brassica rapa*） 芜菁属十字花科芸薹属，芜菁亚种能形成肉质根的二年生草本植物。别名蔓菁、圆根、盘菜等，又称大头菜、大头芥，外形颇似萝卜，但不宜生食，可分为饲用种及食用种两类。食用种包括3种：扁圆种，如浙江永嘉、瑞安等县的'盘菜'，上海的'海萝卜'；圆形种，如北京的'光头蔓菁'；短圆锥种，如北京的'两道脸蔓菁'及济南的'红蔓菁'等；以及长圆锥种，如山东安邱、高密所产的'猪尾巴蔓菁'。

4. 根用芥菜（*Brassica juncea*） 根用芥菜属十字花科，是生成肥大根部的芥菜变种，其不同于芜菁的主要特点为辛辣味重，肉质紧密，直根外皮较粗糙等。从根形上可分为圆筒种，如四川的'花叶子大头菜'、

‘大叶子大头菜’；圆锥种，如山东的‘辣疙瘩’。

5. 根甜菜(*Beta vulgaris* L. var. *rapacea* koch)　根甜菜又称为甜菜根、红菜头、紫菜头等，原产欧洲地中海沿岸，是一种二年生草本块根生植物，肉质根呈球形、卵形、扁圆形、纺锤形等。分为食用种、饲用种及制糖种三大类。在蔬菜中所讲的为食用种，根的外皮及肉质皆为深紫红色，肉质有同心环纹，根有扁圆形、圆球形及圆锥形 3 类。

(二) 叶菜类

1. 白菜类[*Brassica campestris* ssp. *pekinensis* (Lour.) G. Olsson]　白菜类属十字花科，芥属(*Brassica*)，是蔬菜中最重要的一类，原产于我国。大白菜亚种可分为“散叶”、“半结球”、“花心”和“结球”4 个变种。结球白菜是北方秋季、冬季最主要的蔬菜。不结球白菜是江南最主要的绿叶蔬菜，生长期短，可随时供应，并可在秋季、冬季大量腌制及干制。

(1) 结球白菜：结球白菜一般在生长前期，生长十几片肥大的外叶，至生长后期，在适宜的环境下，生长的叶片重叠包被，有的越过叶球的半径，形成叶球，其外部的叶子呈浅绿色。按照叶球形态又分为卵圆形、平头形、直筒形，农业生产中所说的大白菜主要是指结球大白菜变种。

(2) 不结球白菜：不结球白菜的叶直立生长，不结球，叶片多有光泽，并无茸毛。普遍栽培的又可分为普通白菜、塌地白菜和苔用白菜 3 类。

(3) 芥菜类：芥菜类叶片为绿色及深绿色，叶面多皱缩，多数种类的叶片带有紫色，并都有酸辣味。其中又包括叶用芥菜、茎用芥菜和根用芥菜 3 类。

2. 结球甘蓝(*Brassica oleracea* L. var. *capitata* L.)　结球甘蓝又称甘蓝，别名包心菜、洋白菜、莲花白菜。属十字花科甘蓝类蔬菜，叶球供食。原产于地中海。300 多年前引入我国。品种很多，依叶部形状和色泽可分为普通甘蓝、赤甘蓝和皱叶甘蓝，我国多为普通甘蓝。按结球形状可分尖头、圆头和平头 3 个基本类型。主要品种有‘夏光’、‘中甘 8 号’、‘京丰 1 号’、‘西圆 3 号’、‘西圆 4 号’、‘秋丰’、‘春丰’等。甘蓝适应性强、产量高、品质好、营养丰富，含胡萝卜素、维生素 C、钙、磷、硒较高，耐贮运、供应期长。全国普遍栽培，如若在各地区排开播种，几乎可做到周年供应。

3. 菠菜(*Spinacia oleracea* L.)　菠菜为藜科菠菜属一年生或二年生草本，又称菠薐、波斯草。以叶片及嫩茎供食用。同时主根发达，肉质根红色，味甜可食。菠菜原产波斯，2000 年前已有栽培。品种分有刺变种型，如‘双城尖叶’、‘青岛菠菜’、‘唐山牛舌菠菜’；无刺变种型，如‘西安春不老’、‘沈阳大叶菠菜’、‘法国菠菜’等。菠菜耐寒性强，是我国北方主要越冬蔬菜，也是南北方冬、春、秋主要蔬菜之一。菠菜含有丰富的维生素 A 及维生素 C，大量的铁和钙等矿物质，但含有草酸，能破坏人体对钙等无机元素的吸收。

4. 芹菜(*Apium graueolens* L.)　芹菜别名芹、旱芹、香芹、蒲芹、药芹菜、野芫荽，为伞形科芹属中一年生、二年生草本植物。通常所说的芹菜是旱芹、香芹、水芹的总称。原产于地中海沿岸的沼泽地带，世界各国已普遍栽培。我国芹菜栽培始于汉代，至今已有 2 000 多年的历史。起初仅作为观赏植物种植，后作食用，经过不断地驯化培育，形成了细长叶柄型芹菜栽培种，即本芹(中国芹菜)。本芹在我国各地广泛分布，而河北遵化、山东潍县和桓台、河南商丘、内蒙古集宁等地都是芹菜的著名产地。芹菜富含蛋白质和铁，并含有挥发香油，食用叶、叶柄，种子可作香料。

5. 韭菜(*Allium tuberosum*)　韭菜属百合科多年生草本植物，原产于我国。既耐热又耐寒，适应性强，我国普遍栽培，是一种高产稳产蔬菜。品种分为宽叶韭，如‘天津大黄苗’、‘汉中冬韭’、‘寿光马兰’；窄叶韭，如‘北京铁丝苗’、‘三棱韭’。韭菜经遮光后的产品称为韭黄。韭菜富含维生素 A、维生素 C 和钙、磷、铁等矿物质。可食用叶片、苔茎及花。

6. 大葱(*Allium fistulosum* L. var. *giganteum* Makino)　大葱属百合科，是多年生草本植物葱的茎与叶，上部为青色葱叶，下部为白色葱白。原产于西伯利亚，我国栽培历史悠久，分布广泛，以山东、河北、河南等省为重要产地。大葱耐寒抗热，适应性强，四季均可上市。品种有‘章丘大葱’、‘龙爪葱’、‘盖平大葱’、‘鸡腿葱’等。食用葱白或绿叶，也可药用。

7. 雍菜(*Ipomoea aquatica*)　雍菜属旋花科一年生草本，又名藤藤菜、蕹菜、蓊菜、通心菜、无心菜、瓮菜、空筒菜、竹叶菜，开白色喇叭状花，其梗中心是空的，故称“空心菜”。原产于我国，主要栽培区为长江以南地区。除旱地外，还可在水田或池沼中栽培，食用叶及嫩梢，富含维生素C。

（三）茎菜类

1. 茎用芥菜（*Brassica juncea* Coss var. *tsatsai* Mao） 芥菜的一个变种，又称榨菜、青菜头。原产我国西南，以膨大的肉质茎供食用，其加工产品是榨菜。主要品种：'草腰子'、'三层楼'、'鹅公包'、'王转子'，浙江海宁的'碎叶'、'米碎叶'。

2. 洋葱（*Allium cepa* L.） 洋葱别名圆葱、葱头，属百合科，为二年生草本植物，起源于中亚，20世纪初传入我国。现我国各地均有栽培，食用肥大的肉质鳞茎。我国主要栽培普通洋葱，其品种主要有'荸荠扁'、'黄玉葱'、'红皮洋葱'、'紫皮洋葱'、'熊岳圆葱'。较耐贮，也可作药，还适宜干制、制汁等。

3. 大蒜（*Allium sativum* L.） 二年生草本植物，属百合科葱属。原产于欧洲南部和中亚，汉代张骞出使西域引入我国，已有2 000年栽培历史。在我国栽培普遍，大蒜的嫩叶称蒜苗，花苔称蒜薹、鳞茎称蒜头，均可食用。蒜薹还可制作腌渍品、速冻品，蒜头可制作多种调味品、腌渍品。大蒜按蒜头的皮色和每头蒜瓣数多少而分品种，主要有'基山'、'白皮马牙'、'拉萨白皮'、'蔡家坡'、'苏联红皮'、'海城'、'阿城'等大蒜。大蒜具有特殊的辛辣和气味，可入药，所含大蒜素对病菌有抑制和杀灭作用。

4. 石刁柏（*Asparagus officinalis*） 石刁柏又名芦笋，属百合科宿根性草本植物，原产于欧洲及西亚地区。芦笋以嫩茎供食用，质地鲜嫩，风味鲜美，柔嫩可口，可烹饪或加工，品种主要有'玛丽华盛顿'、'玛丽华盛顿500号'。

5. 竹笋（*Phyllostachys* spp.） 竹的幼芽，也称为笋。竹为多年生常绿草本植物，食用部分为初生、嫩肥、短壮的芽或鞭。我国是世界上产竹最多的国家之一，尤其以长江和珠江流域盛产。竹笋按采掘的时间不同，有冬笋、春笋及鞭笋之分，可供食用、加工制罐或制作干制品的有大竹笋，如'大南竹笋'、'孟宗竹笋'、'茅竹笋'；吊丝单，如'甜竹笋'；龙须笋，如'龙丝笋'；淡竹笋，如'早竹笋'、'乌壳笋'；大头典，如'大竹笋'等种类。竹笋组织细嫩、蛋白质和氨基酸含量颇丰、味极鲜美。

6. 荸荠（*Eleocharis dulcis*） 荸荠属莎草科浅水性宿根草本，以地下膨大扁圆紫褐色球茎作蔬菜食用。古称凫茈(因凫鸟喜食而得名)，俗称马蹄，又称地栗，因它形如马蹄，又像栗子而得名。在我国华东、华南水域盛产，主要品种有'桂花马蹄'、'苏州荸荠'、'黄岩荸荠'。荸荠组织色白、嫩脆、味甜，适宜制罐头、制汁或提取淀粉。

7. 莲藕（*Nelumbo nucifera* Geartn） 莲藕属睡莲科水生蔬菜，又称菡萏、芙蕖。它的根茎是藕，果实是莲，生长在湖泊塘池。藕的品种有两种，即七孔藕与九孔藕。山东、河北、河南一带较多栽培九孔藕，该品种质地优良，其根茎粗壮，肉质细嫩，鲜脆甘甜，洁白无瑕。其荷叶、荷花可供观赏；莲子更是珍贵食物；莲心、莲蓬、荷叶、藕节均可入药。

（四）花菜类

1. 黄花菜（*Hemerocallis fulva* L.） 百合科多年生草本植物，原产于我国，又称金针菜、萱草、黄花。在我国各地均有栽培，主要品种有'沙苑金针菜'、'苯黄花菜'、'荆州花'、'大鸟嘴'等。食用花蕾，以制作干菜为主，复水后作菜肴。也可作鲜菜、观赏植物。鲜黄花菜中含有一种"秋水仙碱"的物质，有毒，经过肠胃道的吸收，在体内氧化为"二秋水仙碱"，具有较大的毒性。食用时，应先将鲜黄花菜用开水焯过，再用清水浸泡2 h以上，捞出用水洗净后再进行炒食；食用干品时，消费者最好在食用前用清水或温水进行多次浸泡后再食用。

2. 花椰菜（*Brassica oleracea* var. *botrytis* L.） 花椰菜为十字花科芸薹属一年生或二年生草本植物，甘蓝的一个变种。原产于地中海东部海岸，约在19世纪初清光绪年间引进中国。又名花菜、椰花菜、甘蓝花、洋花菜、球花甘蓝。有白、绿两种，绿色的叫西兰花、青花菜。青花菜的维生素C含量非常丰富，且具有抗癌功效。主要品种有'澄海早花'、'芥兰雪球'、'荷兰早春'、'白峰'、'杂交5号'、'洁丰70天'、'冬花240'等。食用花球，可烹饪，制作罐头、速冻食品、泡菜等。

（五）果菜类

1. 番茄（*Lycopersicon esculentum* Mill.） 番茄为茄科番茄属以多汁浆果为产品的一年生草本植物，别名西红柿、洋柿子，古名六月柿、喜报三元。在秘鲁和墨西哥，最初称之为"狼桃"。果实营养丰富，具特殊风味。可以生食、煮食，加工制成番茄酱、汁或整果罐藏，是全世界栽培最为普遍的果菜之一。它的品种极多，按果的形状可分为圆形的、扁圆形的、长圆形的、尖圆形的；按果皮的颜色分，有大红的、粉红的、橙红的和黄色的。番茄含有丰富的维生素C及具有良好抗氧化能力的番茄红素。美国康奈尔大学的研究表明，煮熟的番茄比生番茄具有更好的抗氧化能力。

2. 茄子(*Solanum melongena* L.)　茄科茄属一年生草本植物，热带为多年生。原产于印度及东南亚，我国南北朝时已有栽培，又称落苏。果实为食，颜色多为紫色或紫黑色，也有淡绿色或白色品种，形状上也有圆形、椭圆、梨形等各种。茄子有3个变种。① 圆茄：植株高大、果实大，圆球、扁球或椭圆球形，我国北方栽培较多。皮黑紫色，有光泽，果柄深紫色，果肉浅绿白色，肉质致密而细嫩。② 长茄：植株长势中等，果实细长棒状，我国南方普遍栽培。果为细长条形或略弯曲，皮较薄，深紫色或黑紫色，果肉浅绿白色，含子少，肉质细嫩松软，品质好。③ 矮茄：植株较矮，果实小，卵或长卵。皮黑紫色，有光泽，果柄深紫色，果肉浅绿白色，含子较多，肉质略松。

3. 辣椒(*Capsicum frutescens* L.)　茄科辣椒属一年生或多年生草本植物。果实通常呈圆锥形或长圆形，未成熟时呈绿色，成熟后变成鲜红色、黄色或紫色，以红色最为常见。辣椒的果实因果皮含有辣椒素而有辣味。能增进食欲。辣椒中维生素C的含量在蔬菜中居第一位，原产墨西哥，明朝末年传入我国，是我国夏秋重要蔬菜之一。我国西北、西南及湖南等地喜欢栽培辛辣味强的辣椒，北方各地甜椒面积不断扩大。辣椒品种可分为5个变种，以灯笼椒(甜椒型)中茄门甜椒、巴彦甜椒为佳，长角椒(辛辣型)中以陕西线椒、咸阳线椒、益都平角椒、成都二金条、七星椒、长沙牛角大椒为佳，是干制辣椒的主要品种。

4. 南瓜(*Cucurbita moschata* Duch ex poiret)　葫芦科南瓜属的植物。因产地不同，叫法各异。又名麦瓜、番瓜、倭瓜、金冬瓜，我国台湾俗称为金瓜。南瓜在我国各地都有栽种，嫩果味甘适口，是夏秋季节的瓜菜之一；南瓜瓜子可以作零食。果实长圆、扁圆、圆形、瓢形或枕头形。果肉营养丰富，富含胡萝卜素、蛋白质、糖类等。

5. 西瓜(*Citrullus lanatus*)　葫芦科西瓜属一年生蔓性草本植物，原产于非洲热带草原，我国已有1 000多年的栽培历史。它所结出的果实是瓠果，为葫芦科瓜类所特有的一种肉质果，是由3个心皮具有侧膜胎座的下位子房发育而成的假果。西瓜主要的食用部分为发达的胎座。果实外皮光滑，呈绿色或黄色有花纹，果瓤多汁为红色或黄色(罕见白色)。全国均有栽培，华北和西北栽培的西瓜产量高、品质好。西瓜中分为饲用西瓜、子用西瓜和普通西瓜，后者为鲜果用。

6. 冬瓜[*Benincasa hispida* (Thumb.) Cogn]　葫芦科冬瓜属一年生草本植物，原产我国南部，我国普遍栽培。果呈圆、扁圆或长圆形，皮绿色，多数果实成熟表面有白粉，就像冬天所结的白霜，故称冬瓜。冬瓜作蔬菜和加工糖制品原料，种子和皮可作药。冬瓜经发酵后制成的臭冬瓜是浙江宁波等地的传统风味菜。

7. 黄瓜(*Cucumis sativus* L.)　黄瓜也称胡瓜、青瓜，属葫芦科植物，广泛分布于我国各地。生食或熟食的主要品种有春黄瓜，如‘北京大刺瓜’、‘新泰小八杈’、‘津研6号’；夏黄瓜，如‘津研2号’、‘津研7号’；秋黄瓜，如‘唐山秋瓜’、‘汉中秋瓜’。以加工为主的有‘扬州乳黄瓜’、‘寸金黄瓜’、‘哈尔滨小黄瓜’。黄瓜有的品种果梗附近含有糖苷，食用时有苦味。

8. 甜瓜(*Cucumis melo* L.)　葫芦科甜瓜属一年生草本植物。甜瓜因味甜而得名，由于清香袭人故又名香瓜。甜瓜是夏令消暑瓜果，其营养价值可与西瓜媲美。我国栽培已有1 000多年历史，主产在华北、西北地区。果形有扁圆形、卵圆形、圆筒形、橄榄形等，皮色为白、绿、黄、褐等，其上还具有各种斑点或条纹。品种有‘麻醉瓜’、‘新疆蜜极甘’、‘花皮哈密瓜’、‘益都银瓜’、‘南昌梨瓜’、‘金塔寺甜瓜’、‘白兰瓜’、‘白糖罐’、‘黄金瓜’、‘哈蟆酥’、‘芝麻粒甜瓜’等，甜瓜以生食代替果品，也有部分品种制作干制品、糖渍品等。

(六) 豆菜类

1. 蚕豆(*Vicia faba* L.)　蚕豆又称胡豆、佛豆、川豆、倭豆、罗汉豆。属一年生或二年生草本。可作为粮食、蔬菜和饲料、绿肥兼用作物。起源于西南亚和北非，相传西汉张骞自西域引入我国。以四川种植最多，次为云南、贵州、湖南、湖北、江苏、浙江、青海等地。蚕豆含8种必需氨基酸，营养丰富，可烹调食用，也可制酱、酱油、粉丝等。

2. 菜豆(*Phaseolus vulgaris* L.)　菜豆又称芸豆，俗称四季豆，豆科菜豆属。芸豆原产美洲的墨西哥和阿根廷，我国在16世纪末才开始引种栽培，是我国南北方春、夏、秋季主要蔬菜。主要品种有蔓生类型的

‘丰收1号’、‘青岛架芸豆’、‘老来少’、‘九粒白’等,矮生类型有‘嫩荚菜豆’、‘施美娜’、‘黑法兰豆’等。芸豆营养丰富,尤其是蛋白质含量较高;但是,其籽粒中含有皂苷,一定要加热充分,以免食物中毒。加工制罐的品种有‘白子长箕’、‘棍儿豆’、‘十刀豆’、‘沙克沙’等。

3. 青豌豆(*Pisum sativum* L.) 青豌豆为豆科一年生缠绕草本,又称雪豆、寒豆、青豆。起源于亚洲西部和地中海地区,后传入印度北部,经中亚细亚传至我国,早在汉朝我国就开始种植。现在栽培的豌豆可分为粮用豌豆和菜用豌豆两大类型。菜用豌豆又分3类:一类是粒用豌豆,荚不宜食用;一类是荚用豌豆;还有一类是粒荚兼用豌豆。嫩豌豆可作为蔬菜炒食或加工制罐,子实成熟后又可磨成豌豆粉。

4. 豇豆(*Vigna unguiculata*) 蝶形花科一年生缠绕草本植物,果实为圆筒形长荚果,俗称角豆、姜豆、带豆。据传原产于印度和中东,但很早就栽培于我国,我国各地普遍种植。食用嫩长豆荚,作凉拌、炒食蔬菜,也作为腌渍品或干制品原料。

(七)薯芋类蔬菜

薯芋类既是粮食作物,又是蔬菜。且营养价值极为丰富,逐渐被消费者认识,身价不断升高,成为消费者喜爱的菜肴。在《中国居民平衡膳食宝塔》结构中,同主粮一起作为最底层的重要食物。

1. 甘薯[*Ipomoea batatas* (L.) Lamarck] 属旋花科,一年生或多年生蔓生草本。又名山芋、红芋、番薯、红薯、白薯、白芋、地瓜、红苕等,因地区不同而有不同的名称。原产于美洲热带地区,16世纪传入我国。在我国主要分为5个栽培区:南方秋冬薯区、南方夏秋薯区、长江流域夏薯区、黄淮流域春夏薯区、北方春薯区。甘薯含大量淀粉和丰富的类胡萝卜素,甘薯嫩叶可作菜肴,块根除作菜肴之外,大量用于提取淀粉,制作乙醇、白酒,近年甘薯制作的方便食品和糖制品也在大力发展。

2. 马铃薯(*Solanum tuberosum* L.) 茄科植物马铃薯的块茎,又名土芋、土豆、洋芋。属茄科一年生草本,原产于南美洲秘鲁与智利的高山区,17世纪传入我国。地下块茎呈圆形、卵形、椭圆形等,有芽眼,皮红、黄、白或紫色。马铃薯富含蛋白质、维生素和淀粉,营养价值高,是国内外消费者主要的菜肴,加工成食品的花色品种在不断增加;也是食品基础工业原料,可提取淀粉。但是,发芽的马铃薯由于龙葵碱的大量积累易引起食物中毒。

3. 芋[*Colocasia esculenta* (L.) Schott] 芋又名芋艿、芋头,天南星科,多年生草本植物,作一年生植物栽培。原产于东南亚,我国南方栽培较多。球茎富含淀粉及蛋白质,供菜用或粮用,也是生产淀粉和乙醇的原料。芋耐运输贮藏,能解决蔬菜周年均衡供应。依生态条件不同,芋分为水芋和旱芋;依食用部位不同,分为叶用变种及球茎变种。江淮流域多数属于球茎变种,球茎变种又可分为下列3类:魁芋类、多子芋类、多头芋类。

4. 魔芋(*Amorphophallus konjac*) 魔芋为天南星科魔芋属多年生草本植物的泛称,又名鬼芋、鬼头、花莲杆、蛇六谷等,主要产于东半球热带、亚热带,我国为原产地之一,我国四川、湖北、云南、贵州、陕西、广东、广西、台湾等地山区均有分布。魔芋种类很多,据统计全世界有260多个品种,我国有记载的为21种,其中9种为我国特有。除我国外,日本也是世界另一大魔芋生产国,此外东南亚几个国家有少量种植。魔芋食用地下部缩短的膨大的块茎,块茎含有丰富的葡甘露聚糖,蛋白质含量在薯类中居首,还含有铁、钙、磷、维生素A和维生素B等。现已大量工业化生产魔芋精粉,由其制作的各种食品,对降脂、减肥有明显作用。也可作为工业黏合剂、浆料等。芋角也可入药。

5. 山药(*Dioscorea opposita*) 薯预科多年生缠绕藤本植物,亦称薯蓣,原产于我国,由野山药进化而来,在我国中部和北部栽培较多。主要品种类型有扁根种,如‘佛掌薯’、‘脚板苕’、‘瑞安红薯’;块根种,有‘黄岩药薯’、‘赤圆薯’、‘牛尾苕’;长根种,有‘济南长山药’、‘怀山药’、‘细毛长山药’、‘白长薯’等。食用地下块茎,作蔬菜,也可入药。

思考题

1. 查资料综述我国果蔬生产与消费的状况。
2. 果品分几大类?各类有什么特点?
3. 蔬菜分几大类?各类有什么特点?

第二章

果蔬原料贮运加工特性

果蔬品质的好坏是影响产品贮藏寿命、加工品质及市场竞争力的主要因素。优质的产品是指产品的品质特征符合一定标准或规范的产品。保持果蔬产品的良好品质是贮运加工的最终目标，为了达到这一目标，首先，必须明确果蔬原料的组织结构和化学组成；其次，产品品质受多种因素的影响，采前因素和采收环节对品质的影响深刻，是品质形成的决定因子，也是品质构成的源头和基础。本章主要介绍了果蔬组织结构、果蔬主要化学成分、采前因素对果蔬贮运加工的影响、采收成熟度及其品质对果蔬贮运加工的影响等。

第一节　果蔬组织结构与贮运加工

一、果蔬的组织结构

果蔬产品的组织是由数以百万计的具有特殊功能的细胞组成的多细胞生物体，细胞的形状、大小随产品种类和组织结构而有所不同。细胞的细胞壁、细胞膜、液泡和原生质体的性质在一定程度上决定了该产品的贮运加工特性。

1. 细胞壁　细胞壁(cell wall)是在细胞分裂、生长和分化过程中形成的，是细胞的外层，在细胞膜的外面，其厚薄常因组织、功能不同而异。细胞壁主要成分是纤维素、半纤维素和果胶，可用于支撑和维持植物细胞的形状。细胞壁分为3层，初生壁(primary wall)和次生壁(secondary wall)，中间以胞间层(intercellular layer)分隔。所有植物细胞都有初生壁，位于胞间层两侧。次生壁在初生壁的里面，是在细胞停止生长后分泌形成的，可以增加细胞壁的厚度和强度，不易受到病原物多糖降解酶的直接攻击，但不是所有的细胞都具有次生壁。次生壁的主要成分也是半纤维素、纤维素和木质素(lignin)，极少含果胶，久之会开始进行不同程度的木质化，木聚糖逐渐分布于整个次生壁中，而木葡聚糖则局限分布于初生壁和胞间层，另外，角质(cutin)和木栓质(suberin)通常会埋入次生壁中。细胞壁中含有多种酶类，它们在细胞的物质吸收、转运和分泌等生理过程中起主要作用。

2. 细胞膜　细胞膜(cell membrane)是每个细胞把自己的内容物包围起来的一层界膜，又称质膜(plasma membrane)。细胞膜使细胞与外界环境有所分隔而又保持种种联系，由磷脂双分子层和蛋白质及外表面糖蛋白组成，蛋白质镶嵌在双分子层中，细胞膜位于细胞壁内。细胞壁具有全透性，允许水和营养物质自由进出，细胞膜为半透性，维持正常生理代谢作用。因此，细胞液保持较高的浓度，具有一定渗透压。利用细胞膜的半透性，将组织置于高浓度或低浓度的外界溶液中，细胞内外的水分就会产生渗透现象，或者原生质失水、细胞体积缩小、质壁分离；或者原生质吸水使细胞壁产生膨压。细胞的这些特性可以利用在园艺产品的干制、糖渍和速冻加工中。

3. 细胞质　细胞质包括胞基质和细胞器两大部分。生活细胞的胞基质，在细胞内经常流动，胞质运动对于细胞内物质的转运、气体的交换、创伤的恢复具有重要的作用，运动的速度常因植物体生理状况和环境条件的变化而变动。

细胞质中具有一定形态、结构和功能的微结构，称细胞器，包括质体、线粒体、液泡、内质网、高尔基体、溶酶体、微体、核糖体和细胞骨架。质体是一类合成和积累同化产物的植物细胞特有的细胞器，根据其所含的色素和功能的不同，可分为白色体、有色体和叶绿体3种。在一定条件下，不同的质体之间可以相互转化，如萝卜的根，在光照的条件下会变绿，这就是白色体向叶绿体的转化，柑橘幼嫩时为绿色，而成熟时则转变成橙色，即是叶绿体转变成有色体的缘故。线粒体是呼吸作用的主要场所，细胞内糖、脂肪、蛋白质等物质的最终氧化都在线粒体中进行，因此是能量代谢的中心。一般代谢越旺盛，细胞中线粒体数目越多。植物细胞中活性氧（reactive oxygen species，ROS）的产生主要来源于线粒体、叶绿体和过氧化物体等，其中线粒体是产生ROS的主要部位。液泡是植物细胞质中的泡状结构，由一层单位膜围成，具有半透性。其中主要成分是水。不同种类细胞的液泡中含有不同的物质，如无机盐、糖类、脂类、蛋白质、酶、树胶、单宁、花色素、生物碱等。液泡不仅能调节细胞的内环境，充盈的液泡还可以使细胞保持一定的渗透压，而且能贮藏和消化细胞内的一些代谢产物，液泡的存在有利于产品保持一定的风味和颜色，例如，甜菜中的蔗糖就是贮藏在液泡中，而许多种花的颜色就是色素在花瓣细胞的液泡中浓缩的结果。

二、果蔬组织种类

植物细胞形成后，不断进行成长和分化，形成执行同一功能的一种或多种类型的细胞群，即为植物组织。按生理功能不同，植物组织可分为分生组织、保护组织、薄壁组织、输导组织、机械组织5类。这些组织对产品的贮运加工特性会产生一定的影响。

1. 分生组织 具有持续分裂能力的细胞群称为分生组织，位于根、茎顶端，是果蔬加工可利用的一部分材料。

2. 保护组织 保护组织分布于植物体表面，由一层或数层细胞组成，其功能是减少水分蒸发、防止机械损伤和其他生物的侵害，常发生角质化、木栓化，食用价值低。

3. 薄壁组织 薄壁组织是构成植物体的基础，担负吸收、同化、贮藏、通气、传递等功能，均由薄壁细胞组成。根据薄壁组织的主要生理功能可将其分为吸收组织、同化组织、贮藏组织、通气组织、传递细胞等。大多数食用器官均由薄壁组织构成，营养价值高，是果蔬加工利用的主要原料部分。

4. 输导组织 输导组织是植物体内担负物质长途运输功能的管状结构，它们在各器官间形成连续的输导系统，有导管和筛管两种，可以食用，在果蔬加工时可以保留，但其食用品质不如薄壁组织。

5. 机械组织 细胞壁发生不同程度加厚，起巩固和支持作用的一类成熟组织，称为机械组织，可分为厚角组织和厚壁组织两种。在果蔬加工利用时，一般应去除机械组织。

总之，不同的果蔬类型，组织结构也是不同的，因此，其贮运加工特性也有差异，应根据不同的工艺要求对组织进行去留的选择。

第二节 果蔬主要化学成分与贮运加工

果蔬的化学组成是决定其品质的最基本的成分，同时它们又参与生理代谢过程，这些化学成分在贮运加工过程中的变化会直接影响产品质量、贮运性能及加工品质。果蔬中所含有的各种维生素、矿物质和有机酸，是从粮食、肉类和禽蛋中难于摄取的，而且是具有特殊营养价值的物质，因此，果蔬作为保健食品有很大的功效。

果蔬的化学组成，由于种类、品种、栽培条件、产地气候、成熟度、个体差异及采收后的处理等因素的影响而有很大变化，这些反映果蔬品质的各种化学物质，在果蔬成长、成熟、贮运加工过程中不断发生着变化，了解这些化学成分的变化规律对保持果蔬应有的品质具有重要的意义。

一、水分

水分是果蔬的主要成分，其含量依果蔬种类和品种而异，一般果品含水量为70%～90%，蔬菜含水量为75%～95%，少数果蔬如黄瓜、番茄、西瓜、草莓的含水量高达95%以上。含水分较低的如山楂也占65%左右。水分的存在是植物完成生命活动过程的必要条件，也是影响果蔬嫩度、鲜度和味道的重要成分，与果蔬的风味品质有密切关系。含水量高的果蔬细胞膨压大，果蔬具有饱满鲜亮的外观和口感脆嫩的质地。同时，果蔬含水量高也是其耐藏性差、容易腐烂变质的重要原因。果蔬采收后，随着贮藏时间的延长会发生不同程度的失水而引起萎蔫、失重和失鲜，使商品价值下降。其失水程度与果蔬种类、品种及贮运条件有密切关系。

二、碳水化合物

碳水化合物是果蔬中除水分外最主要的干物质成分，果蔬中碳水化合物的种类很多，包括低分子的糖和高分子的多聚物，主要有糖、淀粉、纤维素、半纤维素及果胶物质等。

（一）单糖和寡糖

植物体中的单糖包括丙糖（甘油醛、二羟丙酮）、丁糖（赤藓糖）、戊糖（核糖、脱氧核糖、木糖、阿拉伯糖）、己糖（葡萄糖、果糖、半乳糖、甘露糖）和庚糖（景天庚酮糖）。果蔬中葡萄糖、半乳糖、果糖、阿拉伯糖、木糖、甘露糖等的含量较高。单糖在植物代谢中能相互转化。由于植物体中存在催化磷酸化和形成磷酸酯的酶，可以活化单糖，形成各种各样物质，参与糖类的代谢。

植物体中的寡糖包括双糖（蔗糖、麦芽糖、纤维二糖）、三糖（棉子糖、麦芽三糖）和四糖（水苏糖）等，其中最主要的是蔗糖。在所有双糖中蔗糖最为重要，因为它在植物界中分布广泛，并且在代谢功能上也十分重要。蔗糖是植物体中有机物运输的主要形式，也是高等植物组织中最通常的成分，又是糖类贮藏和积累的主要形式。甘蔗、甜菜和水果中蔗糖较多。

多数果蔬中含蔗糖、葡萄糖和果糖，各种糖的多少因果蔬种类和品种等而有差别。而且果蔬在成熟和衰老过程中，含糖量和含糖种类也在不断变化。例如，杏、桃和芒果等果品成熟时，蔗糖含量逐渐增加。成熟的苹果、梨和枇杷，以果糖为主，也含有葡萄糖，蔗糖含量也增加。未熟的李子几乎没有蔗糖，到黄熟时，蔗糖含量有一个迅速增加的过程。

另外，一些常见蔬菜，如胡萝卜主要含蔗糖，甘蓝含葡萄糖。蔬菜中含糖量较果品为少，一般的蔬菜，随着逐渐成熟含糖量日益增加，而块茎、块根类蔬菜，成熟度越高，含糖量越低。

（二）多糖

多糖是由许多单糖分子脱水缩合而成的高分子化合物。多糖占植物体很大的部分，根据其功能可将多糖分为两大类。第一类是形成植物骨干结构的不溶性多糖，如纤维素、半纤维素、木质素等；第二类是贮藏的营养多糖，如淀粉、菊糖等。

1. 淀粉 淀粉是植物最重要的贮藏多糖，虽然果蔬不是人体所需淀粉的主要来源，但某些未熟的果实含有大量的淀粉，例如，香蕉的绿果中淀粉含量占20%～25%，而成熟后下降到1%以下。块根、块茎类蔬菜中含淀粉最多，有藕、菱、芋头、山药、马铃薯等，其淀粉含量与老熟程度成正比增加。凡是以淀粉形态作为贮藏物质的蔬菜种类大多能保持休眠状态，有利于贮藏。对于青豌豆、甜玉米等以幼嫩籽粒供食用的蔬菜，其淀粉含量的多少，会影响食用及加工产品的品质，对这些品种而言，淀粉含量的增加将导致品质的下降。

淀粉不溶于冷水，在热水中极度膨胀，成为胶态，易被人体吸收，在植物体内淀粉转化为糖，是依靠酶的作用进行的。在磷酸化酶和磷酸酯酶的作用下，转变是可逆的。马铃薯在不同温度贮藏时，就有这种表现。如贮藏在0℃下，块茎还原糖含量可达6%以上，而贮于5℃以上，往往不足2.5%。在淀粉酶和麦芽糖酶活动的情况下，淀粉转变为葡萄糖是不可逆的。

2. 果胶物质 果胶物质（pectic substance）存在于植物的细胞壁与中胶层，是由多聚半乳糖醛酸脱水聚合而成的高分子多糖类物质。果胶物质主要存在于果实、块茎、块根等植物器官中，果蔬的种类不同，果胶的含量（表2-1）和性质也不相同。水果中的果胶一般是高甲氧基果胶，蔬菜中的果胶一般多为低甲氧基果胶。在果蔬组织中存在3种状态的果胶物质，即原果胶、果胶和果胶酸。

原果胶（protopectin）是可溶性果胶与纤维素缩合而成的高分子物质，不溶于水，具有黏结性，它们在胞间层和蛋白质及钙、镁等形成蛋白质—果胶—阳离子黏合剂，使相邻的细胞能紧密地黏结在一起，赋予果蔬脆硬的质地。

未熟果实组织坚硬就是与原果胶存在有一定的关系，原果胶含量越高，果肉硬度也越大，随着果实成熟度提高，原果胶逐渐分解为果胶或果胶酸，黏结作用下降，使细胞间结合力松弛，果实硬度也就随之而下降。果胶易溶于水，存在于细胞液中，是果胶酸的甲酯，因为在果胶中某些羧基被甲基化。此外，还有一些羧基与

表 2-1 几种果蔬的果胶含量

果品类	果胶含量(以干物质计)/%	蔬菜类	果胶含量(以干物质计)/%
山楂	6.4	胡萝卜	8.0~10.0
柑橘(白皮层)	1.5~3.0	成熟番茄	2.0~2.9
苹果	1.00~1.91	甜瓜	1.7~5.0
梨	0.5~1.40	甘蓝	5.0~7.5
桃	0.56~1.25	甜菜	3.8
杏	0.50~1.20	南瓜	7.0~17.0
李	0.20~1.50	马铃薯	0.2~1.5
草莓	0.70	芜菁	11.9

钙结合,形成果胶酸钙。果胶主要成分是半乳糖醛酸甲酯及少量半乳糖醛酸通过α-1,4-糖苷键连接而成的直链高分子化合物。果胶的降解是由两种酶所引起的。多聚半乳糖醛酸酶(PG)[果胶酶(pectinase)]能把半乳糖醛酸与半乳糖醛酸之间的α-1,4-糖苷键打断,在半乳醛酸甲酯部分,经果胶酯酶(pectin methylesterase)作用水解成果胶酸和甲醇(图2-1)。这两种酶常存在于微生物中,特别是致病的细菌和真菌中,它们就是利用这些酶去分解植物细胞壁,以便侵入细胞。高等植物的幼苗中也发现这些降解果胶的酶,可能也是有助于幼苗突破种皮。在叶柄的离层中也有果胶酶,在这种酶的作用下分解胞间层的果胶,细胞相互分离,叶片就脱落。水果成熟时,果胶酶和果胶酯酶作用而使果肉细胞分离,果肉就松软。

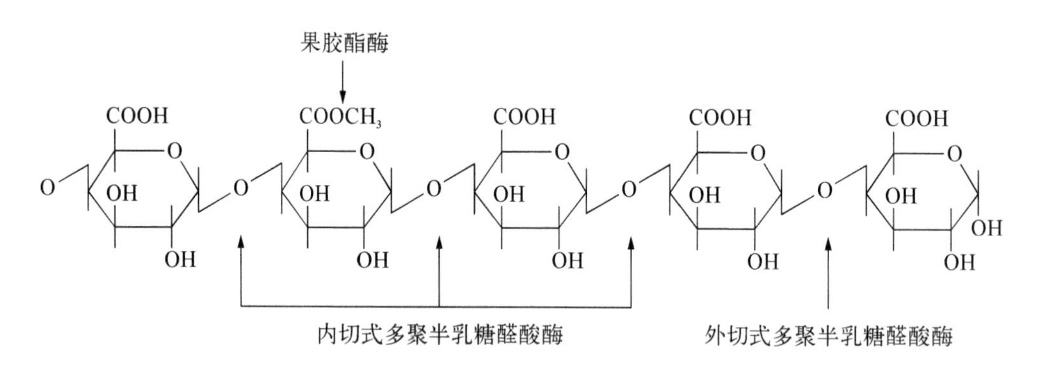

图 2-1 果胶链图解(箭头表示果胶酯酶和果胶酶的作用位置)

果胶酸由许多个半乳糖醛酸链通过α-1,4-糖苷键连接结合而成,是一种多聚半乳糖醛酸。果胶酸可与钙、镁等结合成盐,不溶于水。当果实进一步成熟衰老时,果胶继续分解成果胶酸和甲醇。果胶酸无黏结性,相邻细胞间没有了黏结性,组织变软。果胶酸进一步分解成为半乳糖醛酸,果实解体。

在不同的生长发育阶段,果胶物质的形态会发生变化,可简单表示如下。

原果胶 —原果胶酶/成熟阶段→ {纤维素; 果胶 —果胶酶/成熟阶段→ {果胶酶 —果胶酸酶/过熟阶段→ {半乳糖醛酸; 其他}; 甲醇}}

3. 纤维素 纤维素是由以β-1,4-糖苷键结合的β-D-葡萄糖组成的,含2 400~240 000个葡萄糖单位,分子质量为400~4 000 kDa,没有分支,不溶于水,无还原性。纤维素在果蔬皮层中含量较多,与木质素、栓质、角质、果胶物质等形成复合纤维素,对果蔬有保护作用,对果蔬的品质和贮藏有重要意义。果蔬贮藏过程中组织老化后,纤维素会木质化和角质化,果蔬组织变得坚硬粗糙,不易咀嚼,品质下降。

香蕉果实初采时含纤维素2%~3%,成熟时略有减少,蔬菜中纤维素含量为0.2%~2.8%,根菜类为0.2%~1.2%,西瓜和甜瓜为0.2%~0.5%。

4. 半纤维素 半纤维素在化学上与纤维素无关,只是与细胞壁的纤维素分子在物理上相连而已。半纤维素包含葡萄糖、半乳糖、甘露糖、木糖、阿拉伯糖、葡萄糖醛酸、半乳糖醛酸和甘露糖醛酸等,其中以木糖为最多，但各种物质的比例、连接和排列都不太清楚，不同组织半纤维素的组成物质的数目和类型也不同。果品中半纤维素含量为0.7%～2.7%，蔬菜中半纤维素含量为0.2%～3.1%。半纤维素在植物体中有着双重作用，既有类似纤维素支持组织的功能又有类似淀粉的贮存功能。

可溶性糖是果蔬的呼吸底物，在呼吸过程中分解放出热能，果蔬糖含量在贮藏过程中趋于下降，但有些种类的果蔬，由于淀粉水解，糖含量有所升高。

果蔬中的糖不仅是构成甜味的物质，而且是构成其他化合物的成分。如某些芳香物质常以苷的形式存在，果实中的维生素C也是由糖衍生而来，许多果实的鲜艳颜色来自糖与花青素的衍生物。

三、有机酸

有机酸(organic acid)类是分子结构中含有羧基(—COOH)的化合物。果蔬的酸味主要来自一些有机酸，果蔬中的有机酸主要有柠檬酸、苹果酸、酒石酸等，统称为果酸，此外还有少量的草酸、琥珀酸、延胡索酸、醋酸、乳酸和甲酸等，蔬菜中的含酸量相对较少。几种果实中有机酸种类和含量见表2-2。

表2-2　几种果实中有机酸种类和含量(周山涛，1998)

果实种类	pH	总酸量/%	柠檬酸含量/%	苹果酸含量/%	草酸含量/%
苹果	3.00～5.00	0.2～1.6	+	+	—
梨	3.20～3.95	0.1～0.5	0.24	0.12	0.03
杏	3.40～4.00	0.12～2.6	0.1	1.30	0.14
桃	3.20～3.90	0.2～1.0	0.2	0.50	—
李		0.4～3.5	+	0.36～2.90	0.06～0.12
甜樱桃	3.20～3.95	0.3～0.8	0.1	0.5	—
葡萄	2.50～4.50	0.3～2.1	0	0.22～0.9	0.08
草莓	3.80～4.40	1.3～3.0	0.9	0.1	0.1～0.8

注：+表示存在，-表示微量，0表示缺乏。

虽然有机酸是果蔬酸味的主要来源，但是酸的浓度与酸味之间不是简单的相关关系。因为有些酸可能不处于游离状态，而处于结合状态。酸味与酸根种类、pH、可滴定的酸度、缓冲效应及其他物质，特别是糖的存在都有关系。通常果品的风味常以糖酸比来衡量。

不同的果蔬所含有机酸种类、数量及其存在形式不同。如许多水果的有机酸特点是游离酸比结合酸多，很少有例外(如葡萄)，叶子中常以结合酸占优势，菠菜就是一例。

通常幼嫩的果蔬含酸量较高，随着成熟或贮藏期的延长逐渐下降。有机酸的代谢具有重要的生理意义。果蔬中的苹果酸和柠檬酸在三羧酸循环中占有重要地位。在采后贮运过程中，这些有机酸可直接作为呼吸底物而被消耗，使果蔬的含酸量下降，有机酸的消耗较可溶性糖降低更快。由于酸的含量降低，使糖酸比提高，贮藏温度越高有机酸消耗越多，糖酸比也越高，果蔬风味变甜、变淡，食用品质和贮运性也下降，故糖酸比是衡量果蔬品质的重要指标之一。此外，糖酸比也是判断部分果蔬成熟度和采收期的重要参考指标。

四、维生素

维生素(vitamin)是维持人体正常生命活动不可缺少的营养物质，它们大多是以辅酶或辅因子的形式参与生理代谢。维生素缺乏会引起人体代谢的失调，诱发生理病变。大多数维生素必须在植物体内合成，因此果蔬等园艺产品是人体获得维生素的主要来源。维生素的种类很多，根据它们的溶解性质可分为水溶性维生素(hydrosoluble vitamin)和脂溶性维生素(liposoluble vitamin)两大类，前者包括维生素C和B族维生素(维生素B_1、维生素B_2等)，后者包括维生素A、维生素D、维生素E和维生素K。

(一) 水溶性维生素

1. 维生素C　又称抗坏血酸，分子内具有烯酸结构，容易离解出H^+，呈酸性，易脱氢氧化形成脱氢抗坏血酸，脱氢抗坏血酸在一定条件下又可还原成抗坏血酸。由于这种可逆反应，维生素C在植物体内具有电子传递和氢传递作用，可以还原醌，阻止变色反应，脱氢抗坏血酸可进一步氧化成 2，3－二酮基古罗糖酸，即完全失去功效。维生素 C 是与人体关系最为密切的主要维生素之一，据报道人体所需维生素 C 的 98%左右来自果蔬。

不同果蔬维生素 C 含量差异较大，含量较高的果品有鲜枣、山楂、猕猴桃、草莓及柑橘类。在蔬菜中辣椒、绿叶蔬菜、花椰菜、嫩茎花椰菜等含有较多量的维生素 C。维生素 C 的营养价值不仅决定于其含量，而且决定于其类型，通常还原型维生素 C 含量多，其营养价值则较高，氧化型维生素 C 含量多，其营养价值则较低。柑橘果实中的维生素 C 大部分是还原型，而苹果、柿子中氧化型维生素 C 较多。一般维生素 C 在果蔬生命活动活跃的部位含量较多，因此叶片的含量比果实多，而果实中果皮较果肉丰富。相反，在生命期较短或生理活动缓慢的部位，维生素 C 的含量较少。

维生素 C 容易氧化，一般低温、低氧可有效降低或延缓果蔬贮藏中维生素 C 的损耗。维生素 C 在酸性条件下比较稳定，在中性或碱性介质中反应快。由于果蔬本身含有抗坏血酸氧化酶，它可以催化抗坏血酸的氧化，因而在贮藏过程中果蔬本身含有的维生素 C 会逐渐被氧化减少，减少的快慢与贮藏条件有很大关系。

2. 维生素 B_1（硫胺素）　维生素 B_1 在豆类蔬菜、芦笋、干果类中含量最多。维生素 B_1 是维持神经系统正常活动的重要成分之一。

维生素 B_1 是水溶性的，在酸性条件下稳定、耐热；在中性和碱性条件下加热易被氧化或还原。贮存应避光，减少环境中的氧气。

3. 维生素 B_2（核黄素）　维生素 B_2 在甘蓝、番茄、豌豆、板栗等果蔬中含量较多。维生素 B_2 耐热，在果蔬贮运加工中不易被破坏，但在碱性溶液中遇热不稳定。维生素 B_2 是一种感光物质，存在于视网膜中，是维持眼睛健康的必要成分，在氧化作用中起辅酶作用。

（二）脂溶性维生素

1. 维生素 A　天然果蔬中并不存在维生素 A，但在人体内可由胡萝卜素转化而来。胡萝卜素本身不具有维生素 A 的生理活性，但胡萝卜素进入人体后，在肠壁、肝脏中能转化成维生素 A，因此胡萝卜素又被称为维生素 A 原。新鲜果蔬中含有大量的胡萝卜素，如胡萝卜、南瓜、番茄、黄瓜、柑橘类、杏、枇杷、芒果、柿子中含量较多。

维生素 A 及维生素 A 原的性质相对稳定，热烫、高温杀菌、碱性、冷冻等处理变化也不大，但由于其分子的高度不饱和性，在果蔬加工中容易被氧化，加入抗氧化剂可以得到保护。在果蔬贮运时，冷藏、避免日光照射有利于减少胡萝卜素的损失。

2. 维生素 D　维生素 D 为固醇类衍生物，均为不同的维生素 D 原经紫外线照射后的衍生物。植物不含维生素 D，但维生素 D 原在动植物体内都存在。维生素 D 是一种脂溶性维生素，有 5 种化合物，与健康关系较密切的是维生素 D_2 和维生素 D_3。

3. 维生素 E 和维生素 K　这两种维生素性质稳定，存在于植物的绿色部分，莴苣富含维生素 E，菠菜、花椰菜、甘蓝、青番茄中富含维生素 K。维生素 E 对热、酸稳定，对碱不稳定，对氧敏感，但油炸时维生素 E 活性明显降低。所有维生素 K 的化学性质都较稳定，能耐酸、耐热，正常烹调中只有很少损失，但对光敏感，也易被碱和紫外线分解。

五、色素

色泽是人们评价果蔬质量的一个重要因素，在一定程度上也可以反映果蔬的新鲜程度、成熟度及品质的变化。果蔬中的天然色素（pigment）是果蔬赖以呈色的主要物质。天然色素一般对光、热、酸、碱和某些酶均比较敏感，从而影响产品的色泽。色素物质的含量及其采后贮运加工过程中的变化对于果蔬产品的品质有重要影响。

构成果蔬的色素种类很多，有时单独存在，有时几种色素同时存在，或显现或被掩盖。不同的生长发育阶段、不同的环境条件及贮藏加工方式，各种色素也会有所变化。果蔬产品的色素物质主要包括叶绿素类（绿）、类胡萝卜素（红、黄）、花色素（红、青、紫）和黄酮类色素（黄）等。

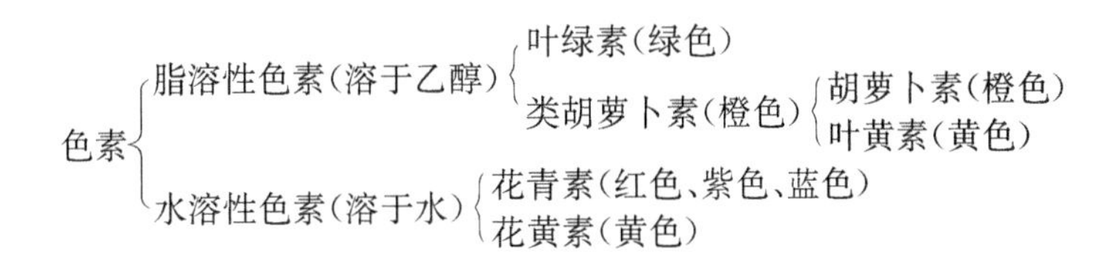

(一) 叶绿素类

果蔬显现绿色是由于叶绿素的存在。普通绿叶中含有叶绿素0.28%,叶绿素是由叶绿酸、叶绿醇和甲醇3部分组成的酯,高等植物中由叶绿素a(蓝绿色)($C_{55}H_{12}O_5N_4Mg$)和叶绿素b(黄绿色)($C_{55}H_{70}O_6N_4Mg$)混合而成,叶绿素a与叶绿素b的含量比为3∶1。在生长发育的果蔬中,叶绿素的合成作用占主导,使得未成熟的果蔬呈现绿色。果蔬进入成熟期或采收以后,叶绿素的合成停止,果蔬中的绿色逐渐减退。叶绿素不溶于水,性质不稳定,在空气中和日光下易被分解而破坏。

采后果蔬在常温下叶绿素分解迅速,低温可抑制叶绿素分解,香蕉、番茄、甜椒果实在12℃以下,叶绿素分解受到明显抑制,苹果和梨贮藏于0～1.3℃条件下,经2个月果皮仍保持绿色。

气调贮藏的实践证明降低贮藏环境空气的氧分压,增加CO_2分压可抑制叶绿素分解,对苹果、梨、番茄都具有良好的保绿效果。抑制番茄果实叶绿素分解的"阈值"约为6% O_2。高温和乙烯可加速叶绿素分解。

在常温空气中经8 d贮藏的番茄果实叶绿素完全消失,在相同温度的空气中增加乙烯可加速叶绿素分解。在12℃气调贮藏环境中没有乙烯,经过两周后叶绿素才开始明显下降,6周后下降到50%,当果实从气调贮藏环境移出之后,叶绿素几乎完全分解,说明气调贮藏可延缓叶绿素分解,在没有乙烯的气调贮藏环境中叶绿素也可缓慢分解。

(二) 类胡萝卜素

类胡萝卜素是从浅黄到深红的脂溶性色素,分子中含有4个异戊二烯单位。主要包括胡萝卜素、番茄红素、叶黄素等,构成果蔬的黄色、红色、橙色或橙红色。类胡萝卜素在植物体中多与脂肪酸相结合成酯,常与叶绿素并存,通常叶绿素存在较多时,类胡萝卜素含量也较多。类胡萝卜素可分为两类。

1. 胡萝卜素类　这类色素为碳氢化合物($C_{40}H_{50}$),呈红色、红黄色,易溶于石油醚等有机溶剂,不溶于水。这类色素包括α-胡萝卜素、β-胡萝卜素、γ-胡萝卜素和番茄红素。番茄红素为胡萝卜素的异构体,存在于番茄、西瓜中。

2. 叶黄素类　胡萝卜素类的含氧衍生物,呈黄色或橙黄色,以醛、酸、醇和环氧化合物等形式存在。

果蔬成熟过程中叶绿素逐渐分解,类胡萝卜素的颜色显现。杏、黄桃、番茄、胡萝卜成熟后表现的橙黄色都是类胡萝卜素的颜色。类胡萝卜素对热、酸、碱具有一定的稳定性,但光照和氧气能引起它的分解,使果蔬退绿。

番茄果实成熟所生成的类胡萝卜素主要为番茄红素,呈红色,还有少量的β-胡萝卜素和叶黄素。番茄红素合成的适温为19～24℃,绿熟番茄果实贮放在30℃以上变红减慢,10～12℃以下变红也非常缓慢。番茄红素的形成需要氧气,气调贮藏可完全抑制番茄红素的生成,而外源乙烯则可加速番茄红素的形成。番茄红素的合成直接依赖于乙烯的刺激,因为只有番茄果实从气调贮藏环境移至普通空气中,在内源乙烯开始合成以后,番茄红素才迅速累积。

(三) 花色素类

花色素类又称花青素苷。花色素与糖以苷的形式存在于植物细胞液中,它是使果蔬呈现红、蓝、紫等颜色的水溶性色素,总称花色素苷,构成花、叶、茎及果实的美丽色彩。天然的花色素苷呈糖苷形态,经酸或酶水解后,则生成花色素和糖。

花色素是一类非常不稳定的水溶性色素,是一种感光色素,充足的光照有利于其形成,在背光处生长的果实色泽的显现就不够充分。加热对花色素有破坏作用。

葡萄、李、樱桃,草莓等果实的色彩以花色素为主,不同果蔬的花色素受遗传因子控制,在田间发育期间必须有可溶性碳水化合物积累,昼夜温差大,光照充足才能形成良好的花色素。通常草莓在花色素开始着色以后才采收,在成熟期间温度越高着色越快。

（四）花黄素类色素

花黄素类色素也称为黄酮化合物，具有2-苯基苯并喃酮的结构。植物中花黄素种类、数量都比花青素多得多，是潜在的植物色素来源。此类色素广布于植物花、果实和茎、叶中，是水溶性的黄色色素，它与葡萄糖、鼠李糖、云香糖等结合成配糖苷类形式而存在。

比较重要的黄酮类色素有圣草苷、芸香苷、橙皮苷，它们存在于柑橘、芦笋、杏、番茄等果实中，是维生素P的重要组分。维生素P又称柠檬素，具有调节毛细血管透性的功能。柚皮苷存在于柑橘类果实中，是柑橘皮苦味的主要来源。

果实成熟期间叶绿素迅速降解，类胡萝卜素或花色素增加，表现出黄色、红色或紫色是成熟最明显的标志。红色番茄品种成熟期间累积胡萝卜素，其中番茄红素所占比例为75%～85%，有少量β-胡萝卜素，也有全为番茄红素的品种。

六、芳香物质

果蔬的香味，是其本身含有的各种芳香物质的气味和其他特性的结合的结果，也是决定其品质的重要因素。果蔬芳香物质以酯类（乙酸乙酯、乙酸异戊酯等）、醇类（甲醇、乙醇等）、萜类（有机化合物的一类，多为有香味的液体，松节油、薄荷油等都是含萜的化合物）为主，其次为醛类（乙醛等）、酮类（丙酮、乙烯酮）及挥发酸等。由于含量很少，又称精油，它可以使果蔬具有特殊的芳香气味。

由低级饱和脂肪酸与脂肪醇所形成的酯具有各种果香。醇类的气味随分子质量增加而增强。C1～C3具有愉快的香味，是水果醇香的主体。具有双键的醇类比饱和的醇类气味强。羰基化合物多具有强烈的气味，丙酮有类似薄荷的香气，低级脂肪醛具有强烈的刺鼻气味。随分子质量增加刺激性的程度减弱，并逐渐出现愉快的香气。低分子脂肪酸具有较强刺激气味如甲酸。醋酸有刺鼻气味。丁酸有腐坏的不愉快气味。上述的酯醇、醛、酮及低分子挥发酸总合表现出果实的香味。但各种果实的芳香物质成分及主体成分有很大差异。

在不同产品及产品的不同部位含量是不同的，柑橘类以果皮较多；仁果类果肉和果皮中较多；核果类以核中为多；蔬菜种子中含量高；芳香植物以开花期的茎、叶及种子中较多。芳香物质在产品加工中具有越来越广泛的利用价值，如作为天然香味剂添加到制成品中，增强某些香气不足制品的香味；可以作为抗氧化剂添加到食品中，替代人工合成的抗氧化剂，据研究芳香物质的抗氧化性高出维生素E 4倍，且具有许多人工合成抗氧化剂所不具备的功能。不论各种果实释放的挥发性物质组分差异如何，只有成熟或衰老时才有足够的数量累积，显示出该品种特有的香气。可以说挥发性物质是果实成熟或衰老过程的产物，具有呼吸跃变的果实在呼吸高峰后挥发性物质才有明显的积累，而在植株上正常成熟的果实远比提前采收的果实芳香物质累积得多。例如，市场上出售的哈密瓜、香瓜、甜瓜、桃等香气味道远不如正常成熟采收果。

无呼吸高峰的果实挥发性物质积累可作为成熟或衰老的标志。通常产生挥发性物质多的品种耐藏性较差，如耐藏的'小国光'苹果在上窑中贮藏210 d，乙醇仅为7.89 mg/100 g，检测不出乙酸乙酯，同期'红元帅'乙醇积累达到14.5 mg/100 g，乙酸乙酯4.6 mg/100 g。

芳香物质易氧化且热敏感，加工中时间长会使芳香物质逸出，产生其他风味或异味，影响制成品质量。而且，制成品中芳香物质含量也不能太高，否则不仅影响风味，而且易氧化变质。

七、单宁物质

单宁（tannin）也称鞣质、鞣酸、单宁酸，属于多酚类化合物，是一类由儿茶酚、焦性没食子酸、根皮酚、原儿茶酚和五倍子酸等单体组成的复杂混合物，其结构和组成也因来源不同而有较大的差异，具有收敛性涩味，对果蔬及其制品的风味起重要作用。

一般蔬菜中含量较少，果实中较多。成熟的涩柿，含有1%～2%的可溶性单宁，具有强烈的涩味。当人为采取措施使可溶性单宁转变为不溶性单宁时，涩味减弱，甚至完全消失。生产上常通过温水浸泡和高浓度二氧化碳等方式诱导柿果产生无氧呼吸而达到脱涩的目的。

青绿未熟的香蕉果肉也具有涩味，但果实成熟后，单宁占青绿果肉含量的近1/5，单宁含量以皮部位最多,比果肉多3～5倍。

单宁物质在贮运过程中的变化主要是易发生氧化褐变,生成暗红色的根皮鞣红,影响果蔬的外观色泽,降低产品的商品品质。去皮或切开后的果蔬在空气中变褐色,即是由单宁氧化所致。在加工过程中,对含单宁的果蔬,如处理不当,常会引起各种不同的变色。单宁遇铁变黑色(没食子酸单宁呈微蓝的黑色,儿茶素类单宁呈发绿的黑色),与锡长时间共热呈玫瑰色,遇碱则变蓝色。这些特性直接影响制品的品质,有损制品的外观,因此,果蔬加工所用的工具、器具、容器设备等的选择十分重要。

单宁与糖和酸的比例适当时,能表现良好风味。果酒、果汁中均应含有少量单宁,因它具有强化酸味的作用。单宁很容易溶于热水中,也部分溶于凉水中,生成胶体溶液。当压榨果汁时,单宁溶于果汁中。单宁可与果汁中的蛋白质相结合,形成不溶解的化合物,有助于汁液的澄清,这在果汁、果酒生产中有重要意义。

八、矿物质

矿物质(mineral)又称无机质,是构成动物机体、调节生理机能的重要物质。果蔬中矿质元素的量与水分和有机物质比较起来,虽然非常少,但在果蔬的化学变化中,却起着重要作用,因此也是重要的营养成分之一。主要有钙、镁、磷、铁、钾、钠、铜、锰、锌、碘等,它们少部分以游离态存在,大部分以结合态存在,如以硫酸盐、磷酸盐、碳酸盐、硅酸盐、硼酸盐或与有机质如有机酸、糖类、蛋白质等结合存在。由于新鲜果蔬含水量可达80%～95%,因此矿物质的含量似乎不高,但如果以干物质计,它们的矿物质含量是相当丰富的,含量为干重的1%～5%。蔬菜中矿物质的含量高于水果。蔬菜中雪里蕻、芹菜、油菜等不仅含钙量高,而且易被人体吸收利用;菠菜、苋菜、空心菜等由于含较多的草酸,影响其中钙、铁的吸收。

部分果蔬中矿物质的含量见表2-3。

表2-3　果蔬中(可食部分)主要矿物质含量(钟立人,1999)　单位:mg/100 g

果实名称	矿物质含量			蔬菜名称	矿物质含量		
	钙	磷	铁		钙	磷	铁
苹果	11	9	0.3	番茄	8	37	0.4
梨	5	6	0.2	甘蓝	62	28	0.7
桃	8	20	1.0	大白菜	33	42	0.4
杏	26	24	0.8	豌豆	13	90	0.3
葡萄	4	15	0.6	马铃薯	14	59	0.9
甜橙	26	15	0.2	菠菜(茎)	71	34	2.5
枣	14	23	0.5	花菜	85	82	1.2
山楂	85	25	2.1	芹菜	151	61	8.5
草莓	32	41	1.1	芦笋	82	14	14
香蕉	10	35	0.8	蘑菇	8	86	1.3

在果蔬中,矿物质影响果蔬的质地及贮藏效果。如钙是植物细胞壁和细胞膜的结构物质,在保持细胞壁结构、维持细胞膜功能方面有重要意义,可以保护细胞膜结构不易被破坏,能够提高果蔬本身的抗性,预防贮藏期间生理病害的发生。近年来的研究又肯定了钙在延缓果蔬采后的成熟衰老过程中的重要性,研究主要涉及苹果、梨、草莓、葡萄、柑橘、香蕉、芒果等果实。钙、钾含量高时,果实硬,脆度大,果肉致密,贮藏中软化进度慢,耐贮藏。矿物质较稳定,在贮藏中不易损失。矿物质在果蔬加工中一般也比较稳定,其损失往往是通过水溶性物质的浸出而流失,如热烫、漂洗等工艺,其损失的比例与矿物质的溶解度呈正相关。矿质成分的损失并非都有害,如硝酸盐的损失对人体健康是有益的。

九、含氮化合物

果蔬中存在含氮物质的种类很多,其中主要是蛋白质,其次是氨基酸、酰胺及某些铵盐和硝酸盐等。果蔬中蛋白质含量差别较大,水果中主要存在于坚果中,其他果实含量较少。蔬菜中含量相对水果来说较为丰富,一般在0.6%～9%。果蔬特别是蔬菜含有丰富的氨基酸,氨基酸种类较多。果蔬中游离氨基酸为水溶性,存在于果蔬汁中。一般果实含氨基酸都不多,但对人体的综合营养却具有重要价值。氨基酸含量多的果实有桃、李、番茄等,含量少的有洋梨、柿子等。蔬菜的20多种游离氨基酸中,含量较多的有14～15种,有些氨基酸具有鲜味。绿色蔬菜中的9种氨基酸中以谷氨酰胺最多。叶菜类中有较多的含氮物质，如莴苣的含氮物质占干重的20%～30%，其中主要是蛋白质。蔬菜中的辛辣成分如辣椒中的辣椒素、花椒中的山椒素，均为具有酰胺基的化合物。生物碱类的茄碱、糖苷类的黑芥子苷、色素物质中的叶绿素和甜菜色素等也都是含氮的化合物。

果实在生长和成熟中，游离氨基酸的变化与生理代谢变化密切相关。游离氨基酸的含量与生理代谢变化密切相关。果实成熟时氨基酸中甲硫氨酸是乙烯生物合成的前体。不同种类的氨基酸，在果实成熟期间的变化并无同一趋势。

在正常贮藏条件下，其蛋白质变化缓慢。随贮藏时间的延长呈下降的趋势。蛋白质在贮藏过程中的变化主要是水解或变性，蛋白质在蛋白酶的作用下逐渐水解成多肽、氨基酸，使得蛋白质溶解度增加，蛋白态氮减少。随着温度的进一步上升，蛋白质就会部分甚至完全变性，使得果蔬的营养价值大大下降。果蔬加工后，制成品的游离氨基酸含量由于蛋白质水解而增加；氨基酸或蛋白质与还原糖易发生美拉德反应，生成褐色聚合物，引起制成品非酶促褐变；蛋白质与单宁可以发生沉淀反应，可用于果汁、果酒的澄清；不同的原料，含有不同的氨基酸，形成制成品特定的风味。

十、酶类

果蔬细胞中含有各种各样的酶，结构十分复杂。果蔬中所有的生物化学作用都是在酶的参与下进行的。果蔬成熟衰老中物质的合成与降解涉及众多的酶类，但主要有两大类：一类是氧化酶类，包括抗坏血酸氧化酶、过氧化氢酶、过氧化物酶、多酚氧化酶等；另一类是水解酶，包括果胶酶、纤维素酶、淀粉酶、蛋白酶等。

果蔬在生长与成熟及贮藏后熟中均有各种酶进行活动，在加工过程中，酶也是影响制品品质和营养成分的重要因素。

第三节 采前因素对果蔬贮运加工的影响

果蔬的贮藏质量受到很多因素的影响，除了果蔬采收后贮藏的环境条件之外，果蔬的内在因素及果蔬在采收之前生长的自然环境条件、栽培中的农业技术措施等对其生长发育、化学成分、理化性质的形成及所表现出的耐贮性、抗病性也有着重要的影响。只有优质、耐贮性、抗病性良好的产品在适宜的贮藏环境条件下，给予科学的管理，才可能获得较好的贮藏质量。因此，采前因素对产品品质和贮藏特性有着重要的影响。影响果蔬耐贮性的采前因素很多，主要包括产品本身因素（种类和品种等）、自然环境条件（生长环境条件）和农业技术因素等（图2-2）。

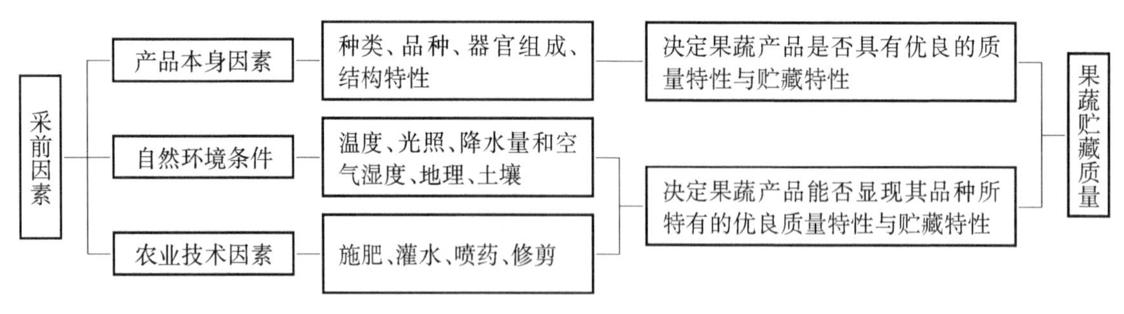

图2-2 采前因素对果蔬贮藏的影响

一、产品本身因素

（一）种类和品种

果蔬种类品种不同，生物学特性不同，新陈代谢的强弱不同，表现出的耐藏特性也不同。

1. 种类 蔬菜有叶菜、茎菜、果菜、根菜、花菜5种类型，而且可食部分可以来自植物的根、茎、叶、花、果实和种子，由于它们的组织结构和新陈代谢方式不同，因此耐贮性也有很大的差异。

叶菜类(结球叶菜除外)食用器官表面积大，采收时组织幼嫩，保护组织不发达，含水量高达90%以上，是蔬菜中耐贮性最差的一种。叶球为营养贮藏器官，是在营养生长停止后才收获的，新陈代谢已经有所降低，是较耐贮藏的类型。

果菜类包括瓜果、豆类，它们大多原产于热带和亚热带地区，不耐寒，贮藏温度低于8～10℃以下会发生冷害。其食用部分为幼嫩果实，表层保护组织不发达，容易失水和遭受微生物侵染。采后易发生营养物质的转移，会使果实变形和果肉组织纤维化，如黄瓜变成大头瓜、豆荚变老等，因此很难贮藏。但有些瓜类蔬菜是在充分成熟时采收的，如南瓜、冬瓜，其新陈代谢水平低，表层保护组织发达，表皮上形成了厚厚的角质层、蜡粉或茸毛等，因此比较耐贮藏。花和果实是植物的繁殖器官，新陈代谢也比较旺盛，成熟过程中还会形成乙烯，因此花菜类是很难贮藏的。如新鲜的黄花菜，花蕾采后1 d就会开放，并很快腐烂，因此必需干制。花椰菜是成熟的变态花序，蒜薹是花茎梗，它们都较耐寒，可以在低温下较长期贮藏。块茎、球茎、鳞茎、根茎类都属于植物的营养贮藏器官，有些还具有明显的休眠期或被控制在强迫休眠状态，使其新陈代谢降低到最低程度，因此比较耐贮藏。

对于水果来说，不同种类的果实耐藏性差异也很大。水果中以保护组织发达、营养物质贮存充分、食用器官为成熟种子的坚果类贮藏性能最好；仁果和核果类(桃、李、杏等)，采后季节为夏季高温季节，较难贮藏。热带和亚热带生长的香蕉、菠萝、荔枝、芒果等采后贮藏时间短，而温带生长的苹果和梨耐贮性强，但桃、杏等却不耐贮藏。

只有了解不同种类水果和蔬菜的特性，才可以对不同的产品进行不同贮藏期的安排，既保证质量又不浪费人力和物力。

2. 品种 同一种类不同品种的果蔬，品种间的贮藏性也有很大差异。一般早熟品种采收时营养物质积累较少，保护组织不发达，而中熟和晚熟品种，生长时间长，营养物质积累充分，保护组织相对较发达。因此，一般来说，不同品种的果蔬以晚熟品种最耐贮藏，中熟品种次之，早熟品种最不耐贮藏。例如，苹果中的早熟品种耐贮性差，如‘黄魁’、‘祝光’等在自然降温库中不宜长期贮藏；‘金冠’、‘红星’、‘元帅’、‘红玉’等中熟品种用冷藏或气调冷藏方法可以贮藏到第二年5月；‘青香蕉’、‘鸡冠’和‘小国光’等晚熟品种是耐藏品种。一些新品种如‘秦冠’、‘红富士’等都是品质优良、耐贮性强的品种。

我国梨的耐藏品种很多，鸭梨、雪花梨、库尔勒香梨等都是品质好且耐贮藏的品种。柑橘中的宽皮橘品种耐贮性都差。广东的蕉柑是耐藏品种，甜橙的耐贮性较好，在适合的贮藏条件和精心管理下，可以贮藏5～6个月。桃不能长期贮藏，‘橘早生’、‘五月鲜’、‘上海水蜜’和‘琛州蜜桃’等，采后只能存放几天，‘冈山白’、‘大久保’、‘14号’等品种耐贮性稍强，一些晚熟品种如‘冬桃’、‘绿化九号’比较耐贮藏。一般来说，非溶质性的桃比溶质性的桃耐贮藏。

大白菜中，直筒形比圆球形的耐贮藏，青帮系统的比白帮系统的耐贮藏，晚熟的比早熟的耐贮藏，如‘小青口’、‘青麻叶’、‘抱头青’、‘核桃纹’等的生长期都较长，结球坚实，抗病耐寒。又如天津的‘白庙芹菜’、陕西的‘实秆绿芹’、北京的‘棒儿芹’，都很耐贮藏，而空秆类型的芹菜贮藏后容易变糠，纤维增多，不堪食用。菠菜中尖叶菠菜耐寒，适宜冻藏，圆叶菠菜虽叶厚高产，但耐寒性差，不耐贮藏。

(二) 结构部位

植株上不同部位着生的果实，其生长发育情况和贮藏性也存在一定的差异。一般来说，向阳面的苹果果实较大，着色比阴面的好，风味佳，肉质硬，在贮藏中不易萎蔫皱缩。内膛果实容易失水萎蔫，易发生虎皮病。据Wallace观察，被树叶遮盖的苹果与直接受阳光照射的果实比较，干物质、总酸、还原糖和总糖含量较低，而总氮量则比较高。广东蕉柑树上的顶柑，含酸量较少，味道较甜，果实皮厚，果汁少，贮藏中易发生枯水病。番茄、茄子、辣椒、菜豆等无限花序植物具有由下至上陆续开花、连续结果的特性，实践发现，植株下部的顶部果实的商品品质及耐藏性都不及中部的果实。不同部位果实的生长发育及贮藏性的差异与田间光照、温度、空气流动，以及植株生长过程中的营养状况相关。

二、自然环境条件

(一) 温度

与其他的生态因素相比，温度对果蔬品质和耐贮性的影响更为显著。每种果蔬在生长期内都有一定的适温和积温，温度过高或过低都会对其生长发育、产量、品质和耐贮性产生影响。在适宜温度范围内，温度高，作物生长快，产品组织幼嫩，营养物质含量低，可溶性固形物含量低，表皮保护组织发育不好，有时还会产生高温伤害。温度过低，特别是在开花期连续出现数日低温，就会使苹果、梨、桃、番茄等授粉受精不良，落花落果严重，使产量降低，形成的苹果果实易患苦痘病和蜜果病，而番茄果实则易出现畸形果，降低品质和耐贮性。昼夜温差大，作物生长发育良好，可溶性固形物高。

大量的生产实践和研究证明，采前温度和采收季节也会对果蔬的品质和耐贮性产生深刻影响。同一种类或品种的蔬菜，秋季收获的比夏天收获的耐贮藏，如秋末收获的番茄、甜椒较夏季收获的容易贮藏。不同季节采收的甜椒忍受低温时间的长短不同，夏天采收的甜椒比秋季采收的对低温更敏感，较早发生冷害。

不同年份生长的同一蔬菜品种，耐贮性也不同，不同年份气温条件不同，会影响产品的组织结构和化学成分的变化。例如，马铃薯块茎中淀粉的合成和水解与生长期中的气温有关，而淀粉含量高的耐贮性强。北方栽培的大葱可露地冻藏，缓慢解冻后可以恢复新鲜状态，而南方生长的大葱，却不能在北方露地冻藏。甘蓝耐贮性在很大程度上取决于生长期间的温度和降雨量，低温下（10℃）生长的甘蓝，戊聚糖和灰分较多，蛋白质较少，叶片的汁液冰点较低，耐贮藏。

梨在采前 4～5 周生长在相对凉爽的气候条件下，可以减少贮藏期间的果肉褐变与黑心。桃是耐夏季高温的果树，夏季温度高，果实含酸量高，较耐贮藏。但夏季温度超过 32℃时，会影响果实的色泽和大小，如果夏季低温高湿，桃的颜色和成熟度差，也不耐贮运。番茄红素形成的适宜温度为 20～25℃，如果长时间持续在 30℃以上的气候条件下生长，则果实着色不良，品质下降，贮藏效果不佳。

（二）光照

光照是果蔬生长发育获得良好品质的重要条件。光照的时间、强度和质量，直接影响植株的光合作用及理化性质。绝大多数的果蔬都属于喜光植物，特别是它们的果实、叶球、块根、块茎和鳞茎的形成，都必须有一定的光照强度和光照时间。光照直接影响果蔬的干物质积累、风味、颜色、质地及形态结构，从而影响果蔬的品质和耐贮性。

光照充足时，果蔬的干物质含量明显增加，但过强的光照会导致番茄等普遍日灼，严重影响耐贮性。光照不足会使果实含糖量低，叶片生长得大而薄，贮藏中容易失水萎蔫和衰老。如在苹果的生长季节，连续阴天会影响果实中糖和酸的形成，果实容易发生生理病害，缩短贮藏寿命。树冠内膛的苹果因光照不足易发生虎皮病，贮藏中衰老快，果肉易粉质化。光照与色素的形成密切相关，有人发现，晴朗的天气和夜间低温，紫外光对果实的照射多，能促进花青素的形成，因而果实着色好。红色品种的苹果在阳光照射下，果实颜色鲜红，而树膛内的果实，接触阳光少，果实成熟时不呈现红色或色调不浓。在晴天多和稍干旱的年份，果品品质与色泽都好，也较耐贮藏。光照对果实着色发生影响是有条件的。Magness 认为，苹果颜色的发展首先受果实化学成分的影响，只有在果实有足够的含糖量时，天气因素才会对颜色的形成发生作用。因此果实的成熟度也是着色的重要条件，在达到一定成熟度之前，即使外界环境条件适宜，花青素也不能迅速形成，果实着色仍然缓慢。

蔬菜生长期间如光照不足，往往叶片生长得大而薄，贮藏中容易失水萎蔫和衰老。如大白菜和洋葱在不同的光照强度下，含糖量和鳞茎大小明显不同，如果生长期间阴天多，光照时间少，光照强度弱，则蔬菜的产量下降，干物质含量低，贮藏期短。大萝卜在生长期间如果有 50%的遮光，则生长发育不良，糖分积累少，贮藏中易糠心。此外，光照长短也影响贮藏器官的形成，如洋葱、大蒜等要求有较长的光照，才能形成鳞茎。

除了光照时间和强度外，光质（红光、紫外光、蓝光和白光）对果蔬生长发育和品质都有一定的影响。许多水溶性色素的形成都要求有强红光，特别是紫外光（360～450 nm）与果实红色的发育有密切的关系。如蓝光和红光对叶绿素、胡萝卜素合成影响不同，在光照强度较低时，红光有助于色素的形成；在强光下，蓝光照射能积累大量色素，一般短波和紫外线对果实着色和耐贮性有利。

随着栽培技术的发展，目前很多水果产区，为了提高果实的品质，增加红色品种果实的着色度，在果树行间铺设反光塑料薄膜以改善果实的光照条件，或采用果实套袋的方法改善光质，都取得了良好的效果。

(三) 降水量和空气湿度

降水量与土壤、空气湿度有关系,影响着土壤水分、土壤 pH 及土壤可溶性盐类的含量,降雨也增高了空气的相对湿度,减少了光照时间,对于果蔬的化学组成和组织结构有影响,从而影响耐贮性。如阳光充足、降雨量又适当的年份所结苹果的耐贮性比阴天多雨年份所结苹果的要强,因为雨水会使土壤中的可溶性元素减少,影响果树的生长和果实的品质,苹果中的维生素 C 含量下降,阴天也减少了光合作用,因此降低果实的耐贮性。生长在潮湿地区的苹果容易裂果。裂果常发生在下雨之后,此时蒸腾作用很低,苹果除了从根部吸收较多水分外,也可以从果皮吸收水分,促使果肉细胞迅速膨大,果实内部向皮层产生很大的压力,造成果皮开裂。

对柑橘果实来说,生长期多雨和过高的空气湿度会造成柑橘果汁糖和酸含量降低。此外,高湿有利于真菌的生长,容易引起果实腐烂。如果空气的相对湿度在幼果期长期过低,果实会因大量失水而落果。甜橙在贮藏过程中的枯水与生长期的降雨量有关,干旱后遇多雨天气,短期内生长旺盛,果皮组织疏松,枯水就会严重。

在干旱缺水的年份或轻质土壤上种的萝卜,贮藏中容易糠心,而在水分充足和黏质土中栽培的萝卜糠心较少,糠心出现的时间也晚。生育期冷凉多雨的黄瓜,耐贮性降低,因为空气湿度高时,蒸腾作用受阻,从土壤中吸收的矿物质减少,使得有机物的生物合成、运输及其在果实中的累积受到阻碍。

阳光充足、空气湿度适宜,有利于提高果蔬的耐贮性。如果在产品采收前一周,阴雨天较多,空气湿度大,容易造成裂果、腐烂,降低果蔬的品质和耐贮性。

(四) 地理条件

果蔬生长地区的纬度、海拔、地形、地势等地理因素与其生长发育过程中的温度、光照强度、降雨量、空气湿度都是相互关联的。地理条件通过影响果蔬的生长发育条件而对果蔬的品质和耐贮性产生影响。同一品种的果蔬生长在不同的地理条件下,其生长发育状况、质量和耐贮性都有一定的差异。

高海拔地带,日照强,特别是紫外线增多,昼夜温差大,有利于果实的着色及糖分的积累,果实色泽、风味和耐贮性都较好。如同一品种的苹果,在高纬度地区生长的比在低纬度地区生长的耐贮性要好,辽宁、甘肃、陕北生长的'元帅'苹果较山东、河北生长的'元帅'苹果耐贮藏。我国西北地区生长的苹果,可溶性固形物高于河北、辽宁的苹果,西北虽然纬度低,但海拔较高,凉爽的气候适合于苹果的生长发育。海拔对果实品质和耐贮性的影响十分明显。

生长在山地或高原地区的蔬菜,体内碳水化合物、色素、抗坏血酸、蛋白质等营养物质的含量都比平原地区生长的要高,表面保护组织也比较发达,品质好,耐贮藏。在高纬度生长的蔬菜,其保护组织比较发达,体内有适于低温的酶存在,适宜在较低的温度贮藏,如北方生长的大葱。生长在高海拔地区的番茄比生长在低海拔地区的品质明显要好,耐贮性也强。由此可见,充分发挥地理优势,发展果蔬生产,是改善果蔬品质,提高贮藏效果的一项有力措施。

三、农业技术因素

果蔬栽培管理中的农业技术因素如施肥、灌溉、病虫害防治、植物生长调节剂处理、整形修剪、疏花疏果等,通过影响果蔬干物质的积累、化学性质及抗性等对果蔬的产品品质和耐贮性产生影响。

(一) 施肥

果蔬生长发育中需要的养分主要是通过施肥从土壤中获得。合理施肥是形成优良产品的重要条件。土壤中有机肥料和矿物质的含量、种类、配合比例、施肥时间对果蔬的产量、质量及贮藏特性都有一定的影响。

氮肥是果蔬生长和保证产量不可缺少的矿质营养元素,然而过量施用氮肥,产品耐贮性常常明显降低。过量施用氮肥时,产品细胞排列松散,机械组织不发达,果实着色差,采后产品呼吸代谢强度高,物质的消耗快,极易发生生理失调和机械损伤,在贮藏中硬度和糖、酸含量下降快,导致品质败坏且易发生生理病害。如苹果虎皮病、苦痘病等均与施氮过多有关。增施钾肥,能明显促使果实产生鲜红的颜色和芳香。钾可以促进番茄的完熟过程,加快茄红素的形成,着色好,贮藏中不易发生表皮皱缩现象,但过量钾肥会阻止花芽分化和发育，影响开花和结实，对花卉品质产生不良作用。缺钾时，苹果颜色发暗，成熟差，含酸量低，贮藏中易萎蔫皱缩。过多施用钾肥，又会使果肉变松，产生苦痘病和果心褐变等生理病害；过多施用钾肥会与钙和镁的吸收相对抗，使果实中钙的含量降低。缺 Ca^{2+} 对产品品质和贮藏影响很大，如苹果苦痘病、低温溃疡病，芒果花端腐烂，大白菜烧心病，番茄脐腐病均是生长期间缺 Ca^{2+} 造成的。磷可以促进花芽分化、开花、结实，有利于花形饱满和花色艳丽及茎秆坚韧，而土壤中缺磷时，果实色泽不鲜艳，果肉带绿色，含糖量降低，在贮藏中易发生果肉褐变和烂果等生理病害。

施用有机肥料，土壤中微量元素缺乏的现象较少。在果蔬贮藏中，因生理失调导致的贮藏损失最为严重，其主要原因是矿质营养的不适宜，如钙、氮、磷、钾、镁和硼元素的含量及其比例不当。因此，应特别注意施肥管理与果蔬贮藏密切结合，运用科学的施肥技术增进果蔬的耐贮藏能力。

（二）灌溉

灌溉的方法和时期，是影响果蔬生长发育、化学组成和耐贮性的重要因素。合理的灌溉可提高产品质量，改进品质。采前应分别根据果蔬的特性和贮藏需求掌握灌水。如对贮藏的叶菜，注意控制生长期灌水，避免水分过多引起徒长，植株柔嫩，含水量高而不耐贮藏；严格控制在采收前 1 周内不浇水。洋葱在生长中期如果过分灌水会加重贮藏中的颈腐、黑腐、基腐和细菌性腐烂。多雨年份或久旱骤雨，会使番茄果肉细胞迅速膨大，从而引起果实开裂。在干旱缺雨的年份或轻质土壤上栽培的萝卜，贮藏中容易糠心；而在黏质土上栽培的，以及在水分充足年份或地区生长的萝卜，糠心较少，出现糠心的时间也较晚。大白菜蹲苗期，土壤干旱缺水，会引起土壤溶液浓度增高，阻碍钙的吸收，易发生干烧心病。

桃在采收前几周内对水分要求特别敏感。若采收前几周缺水，果实就难以增大，果肉坚硬，产量下降，品质不佳；但如果灌水太多，又会延长果实的生长期，果实着色差、不耐贮藏。葡萄采前不停止灌水，虽然产量增加了，但因含糖量降低会不利于贮藏。水分供应不足会削弱苹果的耐贮性，苹果的一些生理病害如软木斑、苦痘病和红玉斑点病，都与土壤中水分状况有一定的联系。水分过多，果实过大，果汁的干物质含量低，而不耐长期贮藏，容易发生生理病害。柑橘果实的蒂缘褐斑（干疤），在水分供应充足的条件下生长的果实发病较多，而在较干旱的条件下生长的果实褐斑病较少。

果蔬在生长期中雨水不足时灌溉是必需的，但灌溉应适当，采收前的灌溉会大大降低果蔬的耐贮性。

（三）喷药

1. 杀菌剂和杀虫剂 病虫害不仅可以造成果蔬产量下降，而且对果蔬品质和耐贮性也有不良影响，因此为了减少贮藏、运输、销售中的腐烂损失，做好田间病虫防治十分重要。

目前，杀菌剂和杀虫剂种类很多，常见的有苯并咪唑类、有机磷类、有机硫类、有机氯类等，这些都是生产上使用较多的高效低毒农药，对防治多种果蔬病虫有良好的效果。只要用药准确、喷洒及时、浓度适当，就能有效地控制病虫害的侵染危害。虽然果蔬采后用某些杀菌灭虫药剂处理有一定的效果，但这种效果是建立在田间良好的管理包括病虫害防治的基础之上的。如果田间病虫害防治不及时，尤其对潜伏侵染性病害，采后药剂处理的收效甚微。因此，控制果蔬贮运病虫害工作的重点应放在田间管理上。

2. 植物生长调节剂处理 植物生长调节剂对果蔬的品质影响很大。采前喷洒生长调节剂，是增强果蔬产品耐贮性和防止病害的有效措施之一。果蔬生产上使用的生长调节剂种类很多，根据其使用效果，可概括为以下 4 种类型：① 促进生长，促进成熟。如生长素类的吲哚乙酸、萘乙酸和 2,4－D(2,4－二氯苯氧乙酸)等。这类物质可促进果蔬的生长，防止落花落果，同时也促进果蔬的成熟。② 促进生长，抑制成熟衰老。如细胞分裂素、赤霉素等。细胞分裂素可促进细胞的分裂，诱导细胞的膨大，赤霉素可以促进细胞的伸长，二者都具有促进果蔬生长和抑制成熟衰老的作用。③ 抑制生长，促进成熟。如乙烯利、丁酰肼(D9)、矮壮素(CCC)等。乙烯利是一种人工合成的乙烯发生剂，具有促进果实成熟的作用，一般生产的乙烯利为 40%的水溶液。此外，乙烯利还可以用于柑橘的退绿，香蕉、番茄的催熟和柿子的脱涩，但是用乙烯利处理过的果实不能长期贮藏。④ 抑制生长，延缓成熟。如矮壮素(CCC)、青鲜素(MH)、多效唑等。巴梨采前 3 周用 0.5%～1%的矮壮素喷洒，可以增加果实的硬度，防止果实变软，有利于贮藏。西瓜喷洒矮壮素后所结果实的可溶性固形物含量高，瓜变甜，贮藏寿命延长。

第四节　采收成熟度及其品质对果蔬贮运加工的影响

采收是果蔬在大田生产中的最后一个环节，也是果蔬进行商品化处理的第一个环节，采收是连接生产与流通的纽带。果蔬的采收时期、采收成熟度和采收的方法，在很大程度上影响果蔬的产量、品质和商品价值，直接影响贮运流通。

一、成熟度的分类和标准

（一）采收成熟度

果实到这个时期基本上完成了生长和物质的积累过程，母株不再向果实输送养分，果实体积停止增长，种子已经发育成熟，但本品种应有的色、香、味还未充分表现出来，虽然已经达到可采收的程度，但还不完全适于食用。一般具有明显后熟作用的果蔬，如苹果、香蕉、番茄等，只要达到此阶段即可采收。因为经过一段贮藏，在适宜的环境中，可以自然完成后熟过程，达到本品种固有的食用质量和风味要求。

（二）食用成熟度

食用成熟度是指果蔬充分成熟，表现出特有的色、香、味，风味和质地均最好，具有最佳食用价值的阶段。它是以产品的品质转变为标准。缺乏或无后熟作用的果蔬，如大多数蔬菜和桃、李、杏、葡萄等果品，都适于到此阶段采收，采收后即可上市销售，但不适于长期贮藏或长途运输。

（三）过熟

果实生理上已达到充分成熟的阶段，果肉中的分解过程不断进行使风味物质消失，变成淡而无味，质地松散，营养质量大大降低，这种状态称为过熟。以种子供食用的干果都需要在此时或接近过熟时采收，留种果实也应在此时采收。

采收成熟度对于不同品种的果蔬、不同的采收季节、不同的用途都是不同的。果蔬品种及供食部位不同，判断果蔬成熟度的标准也不同。国外制定了许多水果蔬菜的成熟标准，见表2－4。

表2－4　部分果蔬成熟标准

指　　标	实　　例
盛花期至收获的天数	苹果、梨
生长期的平均热量单位	豌豆、苹果、玉米
薄层是否形成	某些瓜类、苹果、费约果
表层形态及结构	葡萄类和番茄角质层的形成、甜瓜类网层、蜡质形成
产品大小	所有水果和多数蔬菜类作物
比重	樱桃、西瓜、马铃薯
形状	香蕉栓角、芒果饱满度、青花菜和花菜紧密度
坚实度	莴苣、包心菜、甘蓝
硬度	苹果、梨、核果
软度	豌豆
颜色（外部）	所有水果及大部分蔬菜
内部颜色和结构	番茄中果浆类物质的形成，某些水果的肉质颜色
淀粉含量	苹果、梨
糖含量	苹果、梨、核果、葡萄
酸含量、糖酸比	石榴、柑橘、木瓜、瓜类、猕猴桃
果汁含量	柑橘类水果
油质含量	鳄梨
收敛性单宁含量	柿子、海枣
内部乙烯浓度	苹果、梨

二、果蔬成熟度判断指标

果蔬成熟度的判断要根据种类和品种特性及其生长发育规律，从果蔬的形态和生理指标上加以区分。不同产品，利用器官、商品要求及本身生物学特性不同，采收时的成熟度要求也不同，因此很难用一个统一标准进行规定。一般来说，判断果蔬成熟度有以下几项指标。

（一）色泽变化

果蔬成熟时，大多首先表现出表皮色泽的变化，绿色消退同时显露出果蔬固有的颜色。果实成熟过程中叶绿素含量逐渐减少，底色便呈现出来（如类胡萝卜素、花青素等）。通常人们把直观最容易判断的色泽作为鉴别成熟度的重要标志。根据色泽的变化，番茄的成熟度可分为绿熟期、微绿期、半熟期、坚熟期、完熟期和过熟期几个阶段。成熟度高低与果蔬的颜色浓淡呈正相关，达到充分成熟时应是色泽最鲜艳、色彩最浓。

（二）蒂梗脱落的难易度

有些种类的果实，在成熟时果柄与果枝间常产生离层，稍一振动就可脱落，此类果实离层形成时为采收的适宜时期，如不及时采收就会造成大量落果。如苹果和梨就属此类。

（三）质地和硬度

果实的硬度是指果肉抗压能力的强弱。一般未成熟的果实硬度较大，达到一定成熟度后才变得柔软多汁，只有掌握适当的硬度，在最佳时间采收，产品才能够耐贮藏和运输，如番茄、辣椒、苹果、梨等要求在果实有一定硬度时采收。一般情况下，蔬菜不测其硬度，而是用坚实度来表示其发育状况。有些蔬菜坚实度高，表示发育良好、充分成熟和达到采收的质量标准，如甘蓝和花椰菜。但也有一些蔬菜坚实度高表示品质下降，如莴笋、芥菜应该在叶变坚硬之前采收，黄瓜、茄子、凉薯、豌豆、菜豆、甜玉米等都应在幼嫩时采收。

质地也是判断果蔬成熟度的依据之一。一般未熟果蔬质地坚实，硬度大，达到一定成熟度后即变得松软多汁，如甘蓝叶球、花椰菜花球都应在致密硬实时采收才能品质好、耐贮性强。茄子、黄瓜、豌豆、四季豆、甜玉米等应在幼嫩时采收，质地变硬就意味着组织粗老，鲜食和加工品质低劣。

（四）主要化学物质含量的变化

果蔬中的主要化学物质有淀粉、糖、酸和维生素类等。可溶性固形物含量可以作为衡量果蔬品质和成熟度的指标。可溶性固形物中主要是糖分，其含量高标志着含糖量高，成熟度也高。总含糖量与总酸含量的比值称“糖酸比”，可溶性固形物与总酸的比值称为“固酸比”，它们不仅可以衡量果实的风味，而且可以用来判断其成熟度。

（五）其他方法

1. 果实的形态 果实的形态也可以作为判断成熟度的指标，因为不同种类、品种的果蔬都有其固定的形状大小。例如，香蕉未成熟时，果实横切面呈多角形，充分成熟时，果实饱满，横切面为圆形。

2. 生长状况 一些蔬菜可根据植株的生长状况来确定成熟度。如莴笋在茎顶与最高叶片尖端相平时为采收时期，这时茎已充分肥大，品质良好；大蒜头应在叶枯萎、蒜头顶部开裂之前采收。又如洋葱、芋头、姜、马铃薯在地上部枯黄后开始采收合适，耐贮性强。

3. 果实表面保护组织形成 果实表面保护组织形成也是判断成熟的依据，如南瓜、冬瓜在果皮硬化、蜡质白粉增多时采收，有利于贮藏。除此以外，种子颜色的变化、果核的硬化等都是判断果蔬成熟的依据。

总之，果蔬种类品种繁多，成熟特性各异，在判断成熟度时，应根据果蔬的特性，综合考虑各种因素，并抓住其主要方面，判断其采收期，从而达到长期保鲜、贮运的目的。

思考题

1. 试述果蔬的主要化学成分在成熟衰老期间的变化及对果蔬贮藏性的影响。
2. 简述果胶物质在果蔬成熟和衰老过程中的变化？
3. 试述采前因素对果蔬品质及耐贮性的影响。
4. 影响果蔬贮藏性的产品本身、自然环境条件、农业技术因素各有哪些？

第三章

果蔬采后生物学特性

活的畜禽宰杀后失去了生命,没有呼吸作用,没有生理过程,而果蔬在采收之后,仍然是具有生命活动的生命体,其呼吸作用和蒸腾作用依旧进行,但由于离开母体,失去了母体和土壤的水分及养分供应,其同化作用基本结束,因此,呼吸作用就成为新陈代谢的主体和其生命活动的重要标志。呼吸代谢集物质代谢与能量代谢为一体,是果蔬生命活动得以顺利进行的物质、能量和信息的源泉,是代谢的中心枢纽。研究果蔬采后呼吸代谢,对于了解采后生理和调控果蔬成熟衰老具有重要意义。本章主要介绍果蔬的呼吸代谢、果蔬的乙烯代谢、果蔬的成熟与衰老、果蔬的蒸腾作用、果蔬休眠与生长、果蔬采后生理病害及侵染性病害等。

第一节　果蔬的呼吸代谢

一、呼吸作用

呼吸作用(respiration)是生物界非常普遍的现象,是生命存在的重要标志。果蔬的呼吸作用是在一系列酶的催化下,把复杂的有机物逐步分解成简单的物质(二氧化碳、水等),同时释放能量,以维持其正常生命活动的过程。依据呼吸过程中是否有氧参与,可将呼吸作用分为有氧呼吸和无氧呼吸两大类型。

(一) 有氧呼吸

有氧呼吸(aerobic respiration)是在有氧参与的情况下,将本身复杂的有机物(糖、淀粉、有机酸及其他物质)逐步分解为简单物质(水和 CO_2),并释放能量的过程。

有氧呼吸的总反应式:

$$C_6H_{12}O_6 + 6O_2 \longrightarrow 6CO_2 + 6H_2O + \text{大量能量}$$

呼吸作用释放的能量,少部分以 ATP、NADH 和 NADPH 形式贮藏起来,为果蔬体内生命活动过程所必需,大部分以热能形式释放到体外。在正常情况下,有氧呼吸是高等植物进行呼吸的主要形式,然而,在各种贮藏条件下,大气中的氧气量可能受到限制,不足以维持完全的有氧代谢,植物也被迫进行无氧呼吸。

(二) 无氧呼吸

无氧呼吸(anaerobic respiration)是指在无氧气参与的条件下,把某些有机物分解成不彻底的氧化产物,同时释放出部分能量的过程。这时,糖酵解产生的丙酮酸不再进入三羧酸循环,而是生成乙醛,然后还原成乙醇。这个过程在微生物中称为发酵(fermentaion),酵母菌的发酵产物为乙醇,其反应式是

$$C_6H_{12}O_6 \longrightarrow 2C_2H_5OH + 2CO_2 + \text{少量能量}$$

高等植物中,香蕉、苹果贮藏久了产生的酒味,便是乙醇发酵的结果。

乳酸菌的发酵产物是乳酸,其反应式是

$$C_6H_{12}O_6 \longrightarrow 2CH_3CHOHCOOH + \text{少量能量}$$

胡萝卜、甜菜块根和青贮饲料在进行无氧呼吸时也产生乳酸。

无氧呼吸对于果蔬贮藏是不利的,无氧呼吸提供的能量少,以葡萄糖为底物,无氧呼吸产生的能量约为有氧呼吸的 1/32,在需要一定能量的生理过程中,无氧呼吸消耗的呼吸底物更多,加速了果蔬的衰老过程。同时,无氧呼吸产生的乙醛、乙醇等物质在果蔬中积累过多会对细胞产生毒害作用,导致果蔬风味的劣变,生

理病害的产生。

正常情况下，有氧呼吸是植物细胞进行的主要代谢类型，环境中 O_2 的浓度决定呼吸类型，一般高于3%～5%进行有氧呼吸，否则进行无氧呼吸。

果蔬采收前在田间生长时，氧气供应充足，一般进行有氧呼吸；而采后的贮藏条件下，通常放在封闭的包装中，或埋藏在沟中，或通风不良，或其他氧气供应不足，这些都容易产生无氧呼吸。因此，在贮藏过程应防止无氧呼吸，但当产品体积较大时，内层组织气体交换差，部分无氧呼吸也是对环境的适应，即使在外界氧气充足的情况下，果实中可能也在进行一定程度的无氧呼吸，这也是植物适应生态多样性的表现。

二、果蔬采后呼吸模式

（一）呼吸强度、呼吸商、呼吸热和呼吸温度系数

呼吸强度（respiration rate），也称呼吸速率，指一定温度下，一定量的产品进行呼吸时所吸入的氧气或释放二氧化碳的量，一般单位用 O_2 或 CO_2 mg (ml)/(kg・h)（鲜重）来表示。由于无氧呼吸不消耗 O_2，用 CO_2 生成的量来表示更确切。呼吸强度是评价果蔬新陈代谢快慢的重要指标之一，根据呼吸强度可估计果蔬的贮藏潜力。果蔬呼吸强度高，说明呼吸旺盛，消耗的呼吸底物（糖类、蛋白质、脂肪、有机酸）多而快，贮藏寿命不会太长。例如，不耐贮藏的菠菜在20～21℃条件下，其呼吸强度约是耐贮藏的马铃薯呼吸强度的20倍。常见果蔬的呼吸强度见表3-1。

表3-1 不同温度下各种果蔬的呼吸强度 单位：CO_2 mg/(kg・h)

产品	不同温度					
	0℃	4～5℃	10℃	15～16℃	20～21℃	25～27℃
夏苹果	3～6	5～11	14～20	18～31	20～41	—
秋苹果	2～4	5～7	7～10	9～20	15～25	—
甘蓝	4～6	9～12	17～19	20～32	28～49	49～63
草莓	12～18	16～23	49～95	71～62	102～196	169～211
菠菜	19～22	35～58	82～138	134～223	172～287	—
青香蕉	—	—	—	21～23	33～35	—
熟香蕉	—	—	21～39	27～75	33～142	50～245
荔枝	—	—	—	—	—	75～128

呼吸商（respiration quotient，RQ），也称呼吸系数，是指一定质量的果蔬，在一定时间内所释放的二氧化碳同所吸收氧气的容积比，即 $RQ = V_{CO_2}/V_{O_2}$，RQ的大小与呼吸状态（有氧呼吸、无氧呼吸）和呼吸底物有关。不同呼吸底物有着不同的RQ值，以糖为呼吸底物时，RQ=1.0；以有机酸（苹果酸）为底物时，RQ=1.3>1.0；以脂肪为呼吸底物时，RQ=0.69<1.0。在正常情况下，以糖为呼吸底物，当RQ>1时，可以判断出现了无氧呼吸，这是因为无氧呼吸只释放 CO_2 而不吸收 O_2，因此整个呼吸过程的RQ值就要增大。

RQ还与贮藏温度有关，在冷害温度下，果实发生代谢异常，RQ值杂乱无规律，例如，黄瓜在13℃时RQ=1；在0℃时，RQ有时小于1，有时大于1。'夏橙'或'华盛顿脐橙'在0～25℃内，RQ值接近1或等于1；在38℃时，'夏橙'RQ接近1.5，'华盛顿脐橙'RQ接近2.0；这表明，高温下可能存在有机酸的氧化或有无氧呼吸，也可能二者兼而有之。

呼吸热（respiration heat），果蔬呼吸过程中所释放的热量，只有一小部分用于维持生命活动及合成新物质，大部分都以热能的形态释放至体外，使果蔬体温和环境温度升高。在夏季，当大量产品采后堆积在一起或长途运输缺少通风散热装置时，由于呼吸热无法散出，产品自身温度会升高，进而又刺激了呼吸，放出更多的呼吸热，加速产品腐败变质。因此，贮藏中通常要尽快排除呼吸热，降低产品温度。但在北方寒冷季节，环境温度低于产品要求的温度时，产品可以利用自身释放的呼吸热进行保温，防止冷害和冻害的发生。

在生理温度范围内，温度升高10℃时呼吸速率与原来温度下呼吸速率的比值即为温度系数，用 Q_{10} 来表示。它反映了呼吸速率随温度变化而变化的程度。温度是影响鲜活植物产品代谢水平、水分散失、病原微生物繁殖和侵染的重要因子。一般来说，随着温度的降低，植物代谢水平也降低，营养损耗小，释放呼吸热少；

水分蒸发慢，失水相对较轻；微生物繁殖慢，侵染力弱，有利于贮藏。但是温度过低，可能导致生命体代谢混乱，出现低温伤害或冻害。一般果蔬 $Q_{10}=2\sim2.5$，这表示温度升高 10℃时，呼吸速率增加了 1～1.5 倍；该值越高，说明产品呼吸受温度变化影响越大。研究表明，园艺产品的 Q_{10} 在低温下较大。

（二）果蔬采后呼吸模式

在果实的发育过程中，呼吸强度随发育阶段的不同而不同。有一类果实的呼吸强度在幼果发育阶段不断下降，此后在成熟开始时，呼吸强度急剧上升，达到高峰后便转为下降，直到衰老死亡，这种现象被称为呼吸漂移(respiration drift)，也称为呼吸跃变(respiration climacteric)，这一类果实被称为跃变型或呼吸高峰型果实。另一类果实在发育过程中没有呼吸高峰，呼吸强度在采后一直下降，被称为非跃变型果实。根据果实呼吸曲线的变化模式(图 3－1)，按照在其成熟过程中是否出现呼吸高峰被分为跃变型和非跃变型。

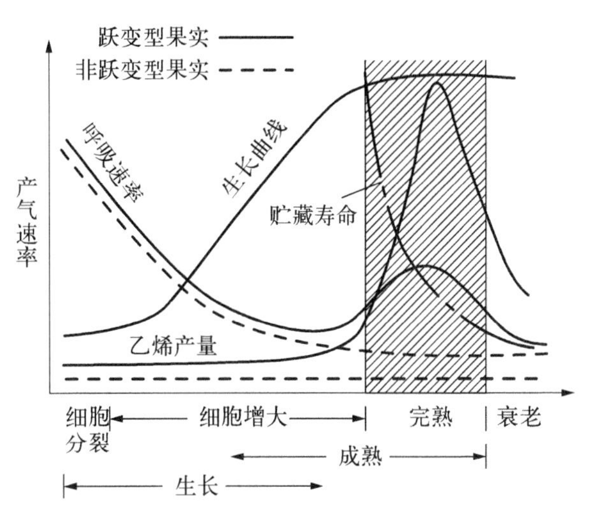

图 3－1　果实呼吸曲线的变化模式

（三）呼吸模式的特点

果蔬的典型呼吸模式一般分为跃变型和非跃变型。跃变型果蔬在成熟过程中呼吸强度逐渐下降，在成熟前又急剧升高，到达一个小高峰后，再次下降，如梨、苹果、香蕉等。非跃变型果实无明显的呼吸高峰和乙烯释放高峰，其成熟过程缓慢，但其成熟衰老过程也同样受到外源乙烯的促进。以柑橘为例，果实成熟过程中呼吸强度逐渐下降，成熟前没有上升趋势或者上升趋势不明显，如果在成熟前采收，呼吸强度下降更快。通过比较发现跃变型和非跃变型果蔬具有如下 4 个特点。

1. 呼吸跃变的存在与否　① 跃变型果实：在成熟过程中存在明显的呼吸跃变。属于这一类的果实有苹果、梨、桃、杏、无花果、香蕉、番茄等。不同果实的呼吸跃变有很大差异。苹果呼吸高峰值是初始速率的 2 倍，香蕉几乎是 10 倍，而桃却只上升约 30%。多数果实的跃变可发生在母体植株上，而鳄梨和芒果的一些品种连体时不完熟，离体后才出现呼吸跃变和成熟变化。② 非跃变型果实：在成熟过程中不存在呼吸跃变。这类果实又可分为呼吸渐减型(如柑橘、葡萄、樱桃等)和呼吸后期上升型(如菠萝)。

2. 内源乙烯的产生量不同　① 所有的果实在发育期间都产生微量的乙烯。然而在完熟期内，跃变型果实所产生乙烯的量比非跃变型果实多得多，而且跃变型果实在跃变前后的内源乙烯的量变化幅度很大。非跃变型果实的内源乙烯一直维持在很低的水平，没有产生上升现象。② 对跃变型果实来说，外源乙烯只在跃变前期处理才有作用，可引起呼吸上升和内源乙烯的自身催化，这种反应是不可逆的，虽停止处理也不能使呼吸回复到处理前的状态。而对非跃变型果实来说，任何时候处理都可以对外源乙烯发生反应，但将外源乙烯除去，呼吸又恢复到未处理时的水平。③ 对外源乙烯浓度的反应不同。提高外源乙烯的浓度，可使跃变型果蔬的呼吸跃变出现时间提前，但不改变呼吸高峰的强度，乙烯浓度的改变与呼吸跃变时间呈对数关系；而对非跃变型果蔬来说，提高外源乙烯浓度，可提高呼吸强度，两者呈函数关系。跃变型果蔬中乙烯能诱导乙烯自我催化，不断产生大量乙烯，从而促进成熟。

3. 不同的采后生理变化　跃变型果蔬在呼吸跃变前后有明显的品质变化过程，组织成分发生了巨大变化，如原果胶变成果胶、芳香物质形成、淀粉水解为糖等，另外还存在明显的后熟现象。而非跃变型果蔬在成熟过程中内部的生理变化不明显，没有明显后熟现象，从成熟到完熟过程中的变化缓慢，不易划分。跃变型与非跃变型果实在采后生理上的区别见表 3－2。

4. 温度　温度越高，跃变型果实的呼吸跃变出现得越早，贮藏寿命或货架寿命越短。

（四）判断果蔬呼吸模式的方法

呼吸模式的判断、呼吸代谢特点的分析是研究果蔬成熟生理的基础。目前已研究确定了一些果蔬的呼吸类型，见表 3－3，很多果蔬呼吸类型尚不明确，有待进一步研究。

表 3-2 跃变型与非跃变型果实在采后生理上的区别

特性	跃变型果实	非跃变型果实
呼吸变化	具有明显的呼吸高峰，有跃变现象	无明显呼吸高峰出现，呼吸强度逐渐降低
体内淀粉含量	富含淀粉	淀粉含量极少
内源乙烯产生量	多	极少
采收成熟度要求	一定成熟度时采收	成熟时采收

表 3-3 两种呼吸类型的果蔬

跃变型果实		非跃变型果实	
苹果	罗马甜瓜	甜橙	菠萝
鳄梨	桃	枣	蒲桃
香蕉	梨	葡萄柚	草莓
中华猕猴桃	柿	黄瓜	树番茄
番石榴	芒果	枇杷	葡萄
番茄	番木瓜	橄榄	荔枝
南美番荔枝	蜜露甜瓜	柠檬	山苹果

果蔬呼吸模式不能单纯从呼吸强度的高低和呼吸峰的出现与否加以判断，一些果实，如油梨，只有采后才能成熟和出现呼吸跃变，如果留在植株上可以维持不断的生长而不能成熟，当然也不出现呼吸跃变；某些未成年的幼果（如苹果、桃、李）采摘或脱落后，也可发生短期的呼吸高峰。甚至某些非跃变型果实，如甜橙的幼果，在采后也出现呼吸上升的现象，而长成的果实反而没有。此类果实的呼吸上升并不伴有成熟过程，称为伪跃变现象。因此，应该从多方面因素综合评价，如呼吸变化趋势、呼吸跃变的出现与否、内源乙烯的变化规律、外源乙烯和其他激素对呼吸作用和内源乙烯合成的影响、采后生理代谢变化趋势等（淀粉的转化、糖酸变化、果胶物质变化等）。

呼吸跃变期是果实发育进程中的一个关键时期，对果实贮藏寿命有重要影响。它既是成熟的后期，同时也是衰老的开始，此后产品就不能继续贮藏。生产中要采取各种手段来推迟跃变型果实的呼吸高峰以延长贮藏期。

三、影响呼吸强度的因素

（一）内部因素

1. 种类与品种 不同果蔬种类，呼吸强度存在很大差异。水果中的呼吸强度，以浆果呼吸强度最大，其次是桃、李、杏等核果，苹果、梨等仁果和葡萄呼吸强度较小。一般来说，夏季成熟的果实比秋季成熟的果实呼吸强度要大，南方水果比北方水果呼吸强度大。热带水果番荔枝的呼吸强度显著高于亚热带水果芦柑和温带水果红地球葡萄和黄金梨。同一种类果实，不同品种之间的呼吸强度也有很大的差异。例如，同是柑橘类果实，柑橘的呼吸强度约是甜橙的 2 倍。在蔬菜中，叶菜类和花菜类的呼吸强度最大，果菜类次之，作为贮藏器官的根和块茎蔬菜如马铃薯、胡萝卜等的呼吸强度相对较小，也较耐贮藏。

2. 同一器官的不同部位 果蔬同一器官的不同部位，其呼吸强度的大小也有差异。如蕉柑的果皮和果肉的呼吸强度有较大的差异。

3. 发育年龄和成熟度 在果蔬的个体发育和器官发育过程中，幼嫩组织处于细胞分裂和生长阶段，其代谢旺盛，且保护组织尚未发育完善，组织内细胞间隙也较大，便于气体交换而使组织内部供氧充足，呼吸强度较高。随着生长发育，呼吸逐渐下降。成熟的瓜果和其他蔬菜，新陈代谢强度降低，表皮组织和蜡质、角质保护层加厚并变得完整，呼吸强度较低，则较耐贮藏。一些果实如番茄在成熟时细胞壁中胶层溶解，组织充水，细胞间隙被堵塞而使体积缩小，这些都会阻碍气体交换，使得呼吸强度下降，呼吸系数升高。块茎、鳞茎类蔬菜在田间生长期间呼吸作用不断下降，进入休眠期，呼吸降至最低点，休眠结束，呼吸再次升高。

（二）外部因素

1. 温度 温度是影响果蔬呼吸作用最重要的环境因素。在一定的温度（0～35℃）内，温度与呼吸作用的强弱成正比关系，可以用呼吸温度系数 Q_{10} 来表示。当果蔬的温度高到 45℃时，呼吸强度明显下降。通常促进果蔬呼吸作用的最佳温度为 25～30℃。当温度高于一定的程度(35～45℃)时，呼吸强度在短时间内可能增加，但稍后呼吸强度很快就急剧下降，这是由于温度太高导致酶钝化或失活。反之，当温度降低时，酶蛋白的活力也很低，呼吸作用减慢，营养消耗很少，有利于延长采后寿命。同时，细菌不易在果蔬体内繁殖，更有利于果蔬保鲜。但是如果温度太低，导致冷害，反而会出现不正常的呼吸反应。例如，黄瓜在不出现冷害的临界温度(13℃)以上时，随温度降低呼吸强度逐渐下降，但是，如将黄瓜贮藏在冷害温度下(5℃)，其呼吸强度逐渐增加，5 d 后黄瓜出现冷害症状。果蔬受冷害后，再转移到正常温度下，呼吸强度上升则更为突出，受冷害的时间越长，移到高温后呼吸变化越剧烈，呈"V"形曲线，冷害症状表现更为明显。

不同果蔬要求不同的贮存温度，因而，确定贮藏温度应遵循如下两条原则：一是以不出现低温伤害为限度，通常采用正常呼吸的下限作为贮存温度；二是绝对不可以将不同种类的果蔬放在同一温度条件下贮存。在贮藏中要避免库体温度的波动。

2. 湿度　正常的蔬菜组织中 90%左右是水，大白菜体内 95%是水。果蔬在水分充足时，呼吸旺盛并处于植株的挺直状态；而在水分不足时呼吸减弱，整个植株也处于萎蔫状态。湿度对果蔬呼吸强度也有一定的影响，稍干燥的环境可以抑制呼吸，如大白菜采后稍为晾晒，使产品轻微失水有利于降低呼吸强度。相对湿度过高，可促进宽皮柑橘类的呼吸，因而有浮皮果出现，严重者可引起枯水病。另外，湿度过低对香蕉的呼吸作用和完熟也有影响。香蕉在相对湿度(RH)90%以上时，采后出现正常的呼吸跃变，果实正常完熟；香蕉在 RH 低于 80%时，不产生呼吸跃变，不能正常完熟，即使能勉强完熟，但果实不能正常黄熟，果皮呈黄褐色而且无光泽。

3. 气体成分　在正常的空气中，O_2 大约占 21%，CO_2 占 0.03%。适当降低贮藏环境 O_2 浓度或适当增加 CO_2 浓度，可有效地降低呼吸强度和延缓呼吸跃变的出现，并且可抑制乙烯的生物合成，因此可延长果蔬的贮藏寿命。这是气调贮藏的理论依据。

改变空气中氧分压的大小，会直接影响果蔬的呼吸强度。一般空气中氧气是过量的，当 $O_2>16\%$ 而低于大气中的含量时，对呼吸无抑制作用；当 $O_2<10\%$ 时，呼吸强度受到显著的抑制；当 $O_2<5\%\sim7\%$ 时，呼吸强度受到较大幅度的抑制；但当 $O_2<2\%$ 时，会出现无氧呼吸，产生生理伤害，时间长，细胞就会死亡，由此将引起寄生菌或腐生菌的滋生而使果蔬腐烂。贮藏中 O_2 浓度常维持在 2%～5%，一些热带、亚热带产品需要在 5%～9%内。

CO_2 是呼吸作用的最终产物，当外界环境中 CO_2 浓度增高时，脱羧反应减慢，呼吸作用受到抑制。CO_2 浓度越高，呼吸代谢强度越低。近年来，高浓度 CO_2 在果蔬保鲜中已广泛应用，并取得了较好的效果。CO_2 对果蔬的保鲜功能表现在它能保持蔬菜的绿色和维持果实的硬度等方面。大量的实验证明，在利用高于空气的 CO_2 含量贮存果蔬时，要特别注意控制 CO_2 的浓度，不要超过该类果蔬的 CO_2 要求的上限值，超过此值会出现 CO_2 伤害。对于多数果蔬来说，适宜的浓度为 1%～5%，过高会造成生理伤害，但产品不同，差异也很大，如鸭梨在 $CO_2>1\%$ 时就受到伤害，而蒜薹能耐受 8% CO_2 以上，草菇耐受 15%～20% CO_2 而不发生明显伤害。

同时，O_2 和 CO_2 有拮抗作用，CO_2 毒害可因提高 O_2 浓度而有所减轻，而在低 O_2 中，CO_2 毒害会更为严重；另外，当较高浓度的 O_2 伴随着较高浓度的 CO_2 时，对呼吸作用仍能起明显的抑制作用。低 O_2 和高 CO_2 不但可以降低呼吸强度，还能推迟果实的呼吸高峰，甚至使其不发生呼吸跃变。

4. 机械损伤与病虫害　果蔬在采收、采后处理及贮运过程中，很容易受到机械损伤。果蔬受机械损伤后，呼吸强度和乙烯的产生量明显提高。在运输过程中受伤严重的马铃薯，在贮存时会发热，这就是呼吸增强的表现。组织因受伤引起呼吸强度不正常的增加称为"伤呼吸"。机械损伤引起呼吸强度增加的可能机制是：开放性伤口使内层组织直接与空气接触，增加气体的交换，可利用的 O_2 增加；细胞结构被破坏，从而破坏了正常细胞中酶与底物的空间分隔；乙烯的合成加强，从而加强对呼吸的刺激作用；果蔬表面的伤口给微生物的侵染打开了方便之门，微生物在产品上发育，也促进了呼吸和乙烯的产生。果蔬通过增强呼吸来加强组织对损伤的保卫反应和促进愈伤组织的形成等。病虫害与机械损伤影响相似，果蔬受到病虫侵害时，呼吸作用明显加强。

因此，在果蔬的贮存过程中，包括采摘、包装、运输和加工等过程都应尽可能地避免机械损伤和病虫害的侵染，这是最经济有效的提高果品贮藏质量的方法之一。

5. 植物激素及其他 植物激素有两大类，一类是生长激素，如生长素、赤霉素、细胞分裂素等，有抑制呼吸、防止衰老的作用；另一类是成熟激素，如乙烯、脱落酸，有促进呼吸、加速成熟的作用。在贮藏中控制乙烯生成，降低乙烯含量，是减缓成熟、降低呼吸强度的有效方法。

对果蔬采取涂膜、包装、避光等措施，以及辐照等处理，均可以不同程度地抑制产品的呼吸作用。

综上所述，影响呼吸强度的因素是多方面的、复杂的。这些因素之间不是孤立的，而是相互联系、相互制约的。由于果蔬贮藏中，外界环境中多种因素同时共同作用于果蔬，影响果蔬的呼吸强度，因此，在贮藏中不能片面强调哪个因素，而要综合考虑各种因素的影响，抓住关键，采取正确而灵活的保鲜措施，才能达到理想的贮藏效果。

四、呼吸与果蔬耐藏性和抗病性的关系

蔬菜的耐藏性是指经过一段时间贮藏后，食用价值和风味特点无显著降低，质量损耗小。抗病性是指抵抗腐烂病菌侵害的能力。生命消失，新陈代谢停止，果蔬耐藏性和抗病性也就不复存在。新采收的黄瓜、大白菜等产品在通常环境下可以存放一段时间，而炒熟的菜的保质期则明显缩短，说明产品的耐藏性和抗病性依赖于生命。

水果、蔬菜采后同化作用基本停止，呼吸作用成为新陈代谢的主导，它直接联系着其他各种生理生化过程，也影响和制约着产品的寿命、品质变化和抗病能力。随着贮存时间的延长，果蔬体内的这些物质将越来越少，果蔬呼吸越强则衰老得越快。因此，控制和利用呼吸作用这个生理过程来延长贮藏期是至关重要的。

呼吸作用是果蔬采收之后具有生命活动的重要标志，是果蔬组织中复杂的有机物质在酶的作用下缓慢地分解为简单有机物，同时释放能量的过程。这种能量一部分用来维持果蔬正常的生理活动，一部分以热量形式散发出来。因此，呼吸作用可使各个反应环节及能量转移之间协调平衡，维持果蔬其他生命活动有序进行，保持耐藏性和抗病性。通过呼吸作用还可防止对组织有害中间产物的积累，将其氧化或水解为最终产物；但同时也使营养消耗，导致果蔬品质下降、组织老化、质量减轻、失水和衰老。

在逆境条件下，呼吸和抗病性的关系更明显：① 对于病原菌，采收的伤口需要合成新细胞进行愈伤，抵御病原菌的感染；② 对于寄生性的病原菌，果蔬通过加厚细胞壁、分泌植保素类物质，来抵抗这些病原菌的侵入和扩展，这都需要呼吸以提供新物质的合成；③ 腐生微生物侵害组织时，要分泌毒素，破坏寄主细胞的细胞壁，这些毒素其实就是一些水解酶，植物的呼吸作用可以分解、破坏、削弱这些毒素，从而抑制或终止侵染过程。

因此，延长果蔬贮藏期首先应该保持产品有正常的生命活动，不发生生理障碍，使其能够正常发挥耐藏性、抗病性的作用，在此基础上，维持缓慢的代谢，才能延长产品寿命，延长贮藏期。

五、果蔬采后呼吸代谢的调控

呼吸作用是果蔬成熟衰老过程中重要的基础代谢，对于了解采后生理和调控果蔬成熟衰老具有重要意义。

(一) 气调技术对呼吸代谢的调控

气调贮藏是在低温冷藏基础上，通过改变贮藏环境的气体组分来有效延长贮藏期的一种保鲜方法。与其他方法相比，气调贮藏更有效地抑制果蔬的呼吸作用，延缓其生理代谢过程，推迟后熟和衰老，抑制病原菌生长和延长果蔬的贮藏保鲜时间。

(二) 高氧技术对呼吸代谢的调控

高氧处理作为一种全新概念的气调贮藏技术，在果蔬贮藏中发挥着重要的作用。高氧对果蔬呼吸作用的影响取决于果蔬的品种、成熟度，氧气的浓度，贮藏的温度和时间，CO_2和C_2H_4的浓度。在研究用40%、60%、80%和100% O_2，以及空气气流连续处理‘Duke’蓝莓和‘Allstar’草莓果实在5℃下14 d和35 d贮藏期

间呼吸作用和乙烯产生的影响时发现，60%～100% O_2处理显著抑制蓝莓果实的呼吸速率和乙烯释放速率，并且O_2浓度越高，呼吸速率和乙烯释放速率越低，而40%O_2对蓝莓果实呼吸速率和乙烯释放速率无明显影响(郑永华，2005)。植物线粒体具有一条对氰化物不敏感的电子传递链途径，即抗氰途径。各种环境胁迫可以诱导抗氰途径的运行。Janes等(1981)发现高氧诱导马铃薯抗氰呼吸的增强。纯氧可通过诱导抗氰途径呼吸作用，从而使马铃薯块茎贮藏组织的呼吸作用显著提高(Theologis and Laties et al.，1982)。

(三) 热处理与呼吸代谢

热处理是指在采后以适宜温度(35～50℃)处理果蔬，以杀死或抑制病原菌的活动，改变酶活性，改变果蔬表面结构特性，诱导果蔬的抗逆性，从而达到贮藏保鲜的效果。果蔬经热处理其呼吸速率迅速增加，但随后几天呈下降趋势。采后以35℃热处理可以显著降低贮藏前期桃的呼吸速率(黄万荣等，1993)。一般植物乙烯生成的最适温度在30℃左右，高于35℃时，乙烯释放量显著减少，40℃下完全受到抑制，在一定温度范围内，随着温度的升高，乙烯释放量减少。热处理对乙烯生成量也有重要影响。香蕉于40℃贮藏时，最初乙烯发生量增多，5 d后几乎不产生乙烯，并抑制随后置于室温条件下的乙烯合成，同时降低对外源乙烯的感受性(郭时印等，2004)。

(四) 1-MCP与呼吸代谢

乙烯受体抑制剂1-甲基环丙烯(1-MCP)能竞争性地与乙烯受体结合，且这种结合是非可逆的，因此可以有效地抑制跃变型果实的呼吸和乙烯的作用。1-MCP目前被广泛应用于园艺产品贮藏保鲜实践之中。研究表明，1-MCP处理不仅能降低‘红富士’苹果果实的呼吸速率，而且能抑制果实贮藏15 d后体内ACS(1-氨基环丙烷-1-羧酸合酶)活性，增加ACC(1-氨基环丙烷-1-羧酸)含量的积累，延迟ACO(1-氨基环丙烷-1-羧酸氧化酶)活性高峰的出现，并抑制果实乙烯跃变期间蛋白激酶活性的升高(李富军等，2004)。同样，1-MCP能显著降低香蕉乙烯释放与呼吸速率，还可不同程度地延迟乙烯峰与呼吸峰的出现，推迟衰老的启动，延长果实的贮藏期与货架期(Jiang et al.，1999；Tian et al.，2000)。

(五) NO和N_2O与果蔬呼吸代谢

NO可在植物中合成，与植物的形态发育、线粒体活性、叶片的伸展、气孔关闭、衰老及离子的新陈代谢都有关。研究证实，NO和N_2O通过抑制乙烯的合成来延缓果蔬的衰老过程，从而增强果蔬在贮藏过程中抵御逆境的能力，有利于延长货架寿命和改善其贮藏品质。NO也能抑制线粒体呼吸链上复合体Ⅰ和复合体Ⅱ及细胞色素C氧化酶的活性，与氧可逆性竞争而抑制呼吸链，导致线粒体产能过程受阻，从而抑制呼吸作用(宋丽丽等，2005)。NO可以抑制草莓的呼吸速率和乙烯释放量(Wills et al.，2000)。Sowa等(1991)报道，外施N_2O能显著抑制荔枝和龙眼种子线粒体的呼吸作用，增强种子的贮藏活力。

(六) 低氧处理对呼吸代谢的调控

超低氧(ultro low oxygen，ULO)是指将贮藏环境中氧气的体积分数降至1%或更低程度，它是在传统气调贮藏基础上发展起来的一种果蔬贮藏保鲜方式，也是气调贮藏研究的一个新热点。目前应用在果蔬贮藏上的超低氧处理主要有两种方式：一种为短期的超低氧胁迫处理，主要通过短期充氮气处理来实现；另一种为长期的超低氧贮藏处理。前者是一种比较常见的处理方法，果蔬产品采后经超低氧短期处理后，转入普通冷藏或气调冷藏。短期超低氧胁迫可以抑制果实呼吸作用和乙烯生成，延缓果实后熟和衰老进程。例如，9 h氮气处理引起的超低氧胁迫可以显著抑制香蕉的软化，延长货架寿命(Yi et al.，2006)。超低氧贮藏极易引起果蔬发生无氧呼吸，导致果蔬内部乙醇和乙醛含量大量增加，影响果实的风味和品质。甜橙果实对低氧浓度比较敏感，不宜长期贮藏在超低氧的环境下。采用0.5%或更低浓度的氧气对苹果进行低氧处理9～14 d，然后再进行气调贮藏(1%O_2、3%CO_2、1℃)，可以有效控制苹果虎皮病的发生(苑克俊和梁东田，2002)。

(七) 减压技术对呼吸代谢的调控

减压贮藏(hypobaric storage)也称为低压贮藏(low pressure storage，LP)，指将产品置于密闭环境中，通过真空泵使此环境中的气压降低到一定的程度，从而延缓产品的新陈代谢，延长保鲜期。减压不仅通过促进果蔬内气体的移动，直接降低果蔬内部乙烯的浓度，而且减压形成的低氧、低二氧化碳环境也影响乙烯的生成及功能，此气体环境对呼吸作用有明显的抑制作用，此作用甚至超过气调的作用。在低温下，减压贮藏可显著抑制草莓和生菜的呼吸作用，而且该抑制作用随气压降低而增强，在抑制呼吸作用的同时，减压贮藏可明显延缓草莓的衰老，保持果实的新鲜和营养价值，但对叶菜类生菜的保鲜效果不明显，反而引起较严重的失重(An et al.，2009)。

乙醛、乙醇是果蔬无氧呼吸产物，如果在果蔬细胞内积累就会造成细胞中毒死亡或腐烂。有研究表明，减压条件下番茄果肉的乙醇含量显著低于常压，说明减压贮藏能有效抑制番茄内乙醇含量的积累，并促使番茄内积累的乙醇排出，延缓了番茄成熟衰老的进程，降低了番茄果实软化的速率，改善了番茄的流通品质，并且延长了其流通期限。

(八) 辐照对呼吸代谢的调控

辐照(irradiation)技术是利用辐射对物质产生的各种效应来达到辐照保鲜，包括常见的X射线、γ射线、电子束等。辐照可以通过降低果蔬呼吸强度等来保持和改善果蔬的品质，从而延长其货架期，达到保鲜的目的。香梨经γ射线处理后，不仅贮藏效果明显提高，而且还推迟了其呼吸高峰的出现，减少了呼吸代谢等因素造成的自然损耗，达到了延长贮藏的目的(童莉等，2004)。青花菜在2.5 kGy处理后期呼吸强度最低，而且此时的乙烯含量也最低，可以较好地延长其货架寿命(庄荣福等，2002)。

(九) 光照与呼吸代谢

采后果蔬在低温贮藏保鲜过程中，通常是在黑暗或弱光条件下存放。果蔬的呼吸强度与贮藏环境的温度、气体条件及包装等因素有关，而光照条件对果蔬的呼吸强度也有重要影响。研究表明，在同一贮藏温度下，番茄、西兰花和芦笋置于光照条件下比黑暗条件下的呼吸强度低，光照降低，呼吸代谢的效果明显；而花椰菜则受光照的影响较小，光照抑制呼吸强度的效果不显著；同时，光照对呼吸代谢的影响还与温度有关，一般情况下，贮藏温度越低，光照对呼吸强度的影响越小(陈存坤等，2010)。

(十) 高压静电保鲜技术对呼吸代谢的调控

高压静电场保鲜是一种无污染的物理保鲜方法，其保鲜机制是利用高电压静电电离空气，使之产生离子雾和一定量的臭氧，其中的负离子具有抑制果蔬新陈代谢、降低其呼吸强度、减慢酶的活性等作用，而臭氧是一种强氧化剂，除具有杀菌能力外，还能与乙烯、乙醇和乙醛等发生反应，间接对果蔬起保鲜作用。高压静电对果蔬呼吸强度的降低和乙烯释放的抑制有着重要的作用。经高压静电处理的果蔬其呼吸强度低于未经处理组，'红元帅'苹果是呼吸跃变型果实，若每天用100 kV/m的高压静电场处理，苹果在贮藏的20～35 d，处理组果实的呼吸强度明显低于对照组果实。并在采后第30天出现呼吸高峰，其呼吸强度比对照组降低了15.3%。高压静电处理也可在一定程度上减少乙烯的释放。经高压静电处理的青椒，乙烯释放量小于对照组。高压静电场处理鸭梨后，将其乙烯释放高峰推迟了60 d，并且处理组峰值不到对照组的1/2。Palanimuthu等(2009)采用高压静电场对越橘果实处理后，果实的呼吸强度比对照明显下降，货架期相应延长。研究证实，在一定温度和湿度下，经适宜的电场处理后，果蔬的呼吸强度降低，贮藏时间延长，色泽、硬度和腐烂率都有明显改善。

第二节 果蔬的乙烯代谢

一、乙烯的生物合成

乙烯是一种不饱和烃类化合物，是一种植物体本身存在的引起果实成熟的内源植物激素。它以极微量的作用阈值影响着果蔬的呼吸生理和成熟与衰老，从而影响着果蔬在贮藏期间的生理及品质变化。

几乎所有高等植物的组织都能产生微量乙烯，乙烯最主要的生理作用是促进果实、叶片等植物器官和组织的成熟、衰老、凋萎和脱落。干旱、水涝、极端温度、化学伤害和机械损伤都能刺激植物体内乙烯增加(称为逆境乙烯、伤乙烯)，从而加速器官衰老和脱落。例如，一个碰伤的黄瓜可能引起一筐黄瓜的腐烂。其原因一方面是由于碰伤的黄瓜本身病菌感染引起的腐烂；另一方面是腐烂黄瓜产生大量乙烯使附近的黄瓜很快衰老，加速了病菌的生长，这些腐烂黄瓜又产生乙烯继续作用于其他健康黄瓜。

结合众多前人的研究成果，发现1-氨基环丙烷-1-羧酸(ACC)是乙烯的直接前体，从而确定了植物体内乙烯生物合成途径(图3-2)：Met(蛋氨酸)→SAM(S-腺苷蛋氨酸)→ACC→C_2H_4。SAM→ACC是乙烯合成的关键步骤，催化这个反应的酶是ACC合成酶，因为该酶的出现能使ACC在果实中大量生成，并进而氧化生成乙烯。果蔬一旦产生少量乙烯，就会反过来诱导ACC合成酶的活性，启动乙烯的迅速合成。果实成熟、果实受到伤害、吲哚乙酸和乙烯都能刺激ACC合成酶活性。

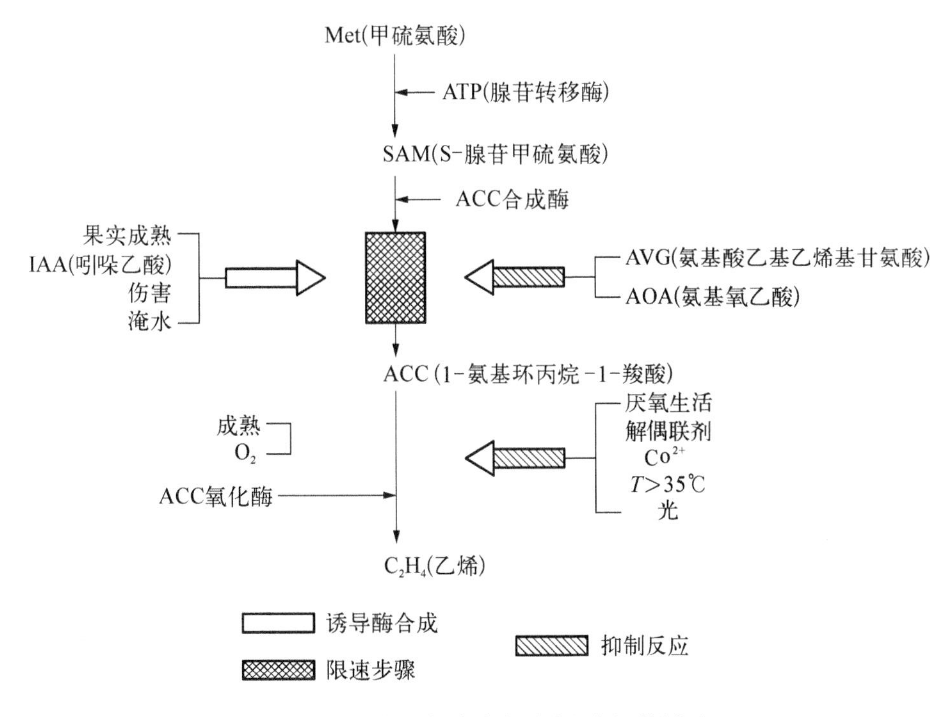

图3-2 乙烯生物合成主要途径与调控因子

二、乙烯在组织中的作用

(一) 对呼吸作用的影响

果实成熟时可以自身产生乙烯并向外释放，空气中乙烯浓度增大，又反过来促进果实的呼吸代谢。乙烯影响呼吸作用的机制可能是：乙烯通过受体与细胞膜结合，增强膜透性，气体交换加速，氧化作用加强，乙烯可诱导呼吸酶的mRNA的合成，提高呼吸酶含量，并可提高呼吸酶活性，对抗氰呼吸有显著的诱导作用，可明显加速果实成熟和衰老进程。

若采用贮藏措施抑制了乙烯的产生，呼吸跃变就可被推迟，后熟衰老得以延缓，果实贮藏期延长。跃变型果实成熟期间自身能产生乙烯，只要有微量的乙烯，就足以启动果实成熟。空气中的外源乙烯能刺激进入成熟阶段的跃变型果实的呼吸高峰提前到来，提前的时间与乙烯浓度有关，在一定范围内乙烯浓度越大，呼吸跃变出现得越早。例如，绿熟的番茄用100 mg/L乙烯处理，呼吸高峰提前10 d出现；若乙烯浓度为1 000 mg/L，则提前15 d。但对未进入成熟阶段的跃变型果实不发生作用，对已过跃变高峰的果实作用也不明显。非跃变型果实在整个生长时期供给外源乙烯后，都会刺激呼吸暂时上升，增加物质消耗，且呼吸强度的增大与乙烯量有关，但不会改变果实的呼吸类型。

(二) 对果蔬品质的影响

乙烯促进淀粉转化为可溶性糖，果实变甜，使淀粉含量下降；促进果胶酶的活性增加，使原果胶含量下降，水溶性果胶含量增加，果实变软；使叶绿素减少，有色物质增加。此外，乙烯对非跃变型植物组织也有不利影响，可使绿叶菜和食用嫩绿果失绿、失鲜，例如，0.2 mg/L乙烯就能使嫩黄瓜失绿变黄；乙烯还引起叶片脱落，1 mg/L乙烯能使大白菜、甘蓝脱帮，加速腐烂。此外，乙烯还加速马铃薯发芽；使萝卜积累异香豆素，造成苦味；刺激芦笋老化，合成木质素而变硬等。

(三) 对生物膜的透性及酶蛋白合成的影响

生物膜通常是由蛋白质和类脂质组成的，乙烯容易与类脂质发生作用，因而能使半透膜的渗透性增大好几倍，从而加快了酶和底物在组织中的接触。同时，乙烯还能调节酶的分泌和释放，增强其活性，这些都大大地促使果蔬的成熟与衰老。很多果实成熟时果皮由绿色逐渐变黄，是由于释放的乙烯刺激了叶绿素酶的合成并提高了其活性，从而加速了叶绿素的分解而显现出类胡萝卜素特有的颜色；苯丙氨酸解氨酶使果实具有香味；纤维素酶、果胶酶和过氧化物酶促进了离层的形成和胞壁的分解，导致了器官脱落；淀粉酶促使淀粉转化为可溶性糖，果实甜味增加；果胶酶、纤维酶促使细胞松散，果实由硬变软，最终使成熟的果实色、香、味俱全。

（四）对核酸合成作用的影响

果蔬在衰老发生时，组织内会有一种特殊酶蛋白产生，这种特殊酶蛋白的合成是受核酸控制的。而乙烯促进了核酸的合成，并在合成的转录阶段上起调节作用，导致了组织内特殊酶蛋白的合成，加速了果蔬的衰老。

（五）乙烯受体与乙烯代谢

乙烯可通过多方面的作用途径降低植物体内的生长素浓度，因而导致器官的衰老、脱落、生长受抑制等一系列生长发育的变化。现认为，乙烯对生长素水平的影响可能是：① 抑制 IAA（吲哚乙酸）的生物合成；② 阻碍了 IAA 的运输；③ 增强 IAA 氧化酶、过氧化物酶的活性，加速了 IAA 的分解。

三、影响乙烯作用的因素

（一）成熟度

具有呼吸跃变的果实未成熟时乙烯生成量很低，成熟的果实内部乙烯浓度增加，达到 0.1 mg/L 时就促进呼吸，导致呼吸高峰到来。采后的果实对外源乙烯的敏感程度也是如此，随成熟度的提高，对乙烯越来越敏感。因此，用于贮运的果蔬成熟度要一致，避免因成熟果实大量释放乙烯而启动未成熟的果实很快成熟衰老。非跃变果实乙烯生成速率相对较低，变化平稳，这类果实只能在树上成熟，采后呼吸一直下降，直到衰老死亡，因此应在充分成熟后采收。

（二）机械损伤、病虫害

无论是机械损伤还是病虫害，都会使果蔬产生伤乙烯。贮藏前要严格去除有机械损伤、病虫害的果实，这类产品不但呼吸旺盛，传染病害，还由于其产生伤乙烯而刺激成熟度低且完好果实很快成熟衰老，缩短贮藏期。有些伤害的外观表现并不明显，如柑橘类跌落、苹果和梨受震动等，但此时的伤乙烯已经产生，并对以后的保鲜造成不利影响。

（三）贮藏温度

乙烯的合成是一个复杂的酶促反应，一定范围内的低温贮藏会大大降低乙烯合成。在 0℃左右，乙烯合成能力极低，随温度上升，乙烯生成加快。因此，采用低温贮藏是控制乙烯的有效方式。但是，多数果实在 35℃以上时，高温抑制了 ACC 向乙烯的转化，乙烯合成受阻，有些果实如番茄则不出现乙烯峰。近来发现用 35～38℃热处理能抑制苹果、番茄、杏等果实的乙烯生成和后熟衰老。

（四）贮藏气体条件

乙烯合成的最后一步是需氧的，低 O_2 可抑制乙烯产生。但是，过低的氧分压和长时间的低氧环境，会使一些水果不能合成乙烯，达不到后熟的能力。提高环境中 CO_2 浓度能抑制 ACC 向乙烯的转化和 ACC 的合成，CO_2 还被认为是乙烯作用的竞争性抑制剂，因此，适宜的高 CO_2 从抑制乙烯合成及乙烯的作用两方面都可推迟果实后熟。在贮藏中，需创造适宜的温度、气体条件，既要抑制乙烯的生成和作用，也要使果实产生乙烯的能力得以保存，才能使贮后的果实正常后熟，保持特有的品质和风味。

对于自身产生乙烯少的非跃变果实或其他蔬菜、花卉等产品，绝对不能与跃变型果实一起存放，以避免受到这些果实产生的乙烯的影响。同一种产品，特别对于跃变型果实，贮藏时要选择成熟度一致的果实，以防止成熟度高的产品释放的乙烯刺激成熟度低的产品，加速后熟和衰老。

（五）化学试剂

一些药物处理可抑制内源乙烯的生成。如银离子、多胺、解耦联剂、铜螯合剂、自由基清除剂等都可以控制乙烯的合成或形成乙烯作用竞争抑制剂。最近发现 1 - MCP（1 -甲基环丙烯）也能阻止乙烯与酶结合，效果非常好，已经用于花卉保鲜。

（六）乙烯与其他激素共同作用

乙烯和脱落酸都可以促进组织衰老和器官脱落，但乙烯的存在可以加强脱落酸促进脱落的生理效应。脱落酸可以通过刺激乙烯的合成参与调控跃变型果实的成熟。生长素对乙烯生物合成的调节作用主要是生长素通过调节乙烯生物合成关键酶——ACC 合成酶的表达来诱导乙烯的生物合成，从而增加乙烯效应。

四、乙烯合成调控在果蔬采后贮藏中的应用

为什么在植物不同发育阶段乙烯的合成速率会有所不同？植物应对外界刺激时如何产生异常的乙烯信号？系统Ⅱ乙烯的高峰又是如何产生的？为了进一步了解乙烯的合成过程，揭示果实成熟、逆境反应机制，越来越多的研究关注果蔬采后乙烯生物合成的调控。控制乙烯生物合成的关键酶是 ACS，目前已知多种因素诱导植物体内乙烯生成都与 ACS 蛋白的表达和诱导有关。

目前，基因工程主要通过调节乙烯生物合成相关酶的含量或活性来阻断或减少果蔬中乙烯的产生，最终达到延缓果蔬成熟与衰老的目的。乙烯生物合成的基因工程调控主要目的就是降低乙烯合成速率，减缓果蔬成熟、衰老过程，延长货架期。其中包括两种方法：一是抑制乙烯合成关键酶（ACS 和 ACO）的基因表达，降低它们的催化活性；二是引入并过量表达降解乙烯合成前体的酶（如 ACC 脱氨酶和 SAM 水解酶）基因，减少乙烯合成前体，从而减少乙烯合成。

（一）乙烯合成抑制剂在延缓果蔬成熟衰老中的应用

乙烯合成抑制剂的作用原理是基于乙烯生物合成途径和信号转导等生理过程来起作用的。品种有 AVG（minoethoxyvinyl glycine，氨基酸乙基乙烯基甘氨酸和 AOA（amino-oxyacetic acid，氨基氧乙酸）等。AVG 具有强烈的刺激性气味，能够通过抑制 SAM 向 ACC 的转化，减少乙烯的生物合成。AOA 也具有强烈的刺激气味，两者都能抑制 ACS 活性，并在鲜切花的保鲜中有很多应用。而在果蔬等农产品的应用中，多集中于对采前果实品质的影响。研究表明，AVG 能提高苹果果实采收时的品质，减少葡萄的落果率，并能延迟桃果实的采收时间。AVG 通过对 ACS 的抑制，阻碍了 SAM 向 ACC 的转化，从而减少了乙烯的释放，通过对乙烯合成和释放的调节，AVG 还对肥城桃果实内控制果实硬度的纤维素酶活性产生了抑制，从而延缓了果实贮藏期间硬度的下降（李富军等，2006）。

（二）转基因技术在延缓果蔬成熟衰老中的应用

转基因技术的应用给果蔬保鲜带来了全新概念和手段。通过反义转入促进乙烯合成的基因，或者正向转入促进乙烯合成前体减少的酶的基因，来抑制乙烯的合成。前者就是转正义技术，而后者为反义 RNA 技术。

反义 RNA 技术是根据碱基互补原理，利用人工或生物合成特异互补的 DNA 或 RNA 片段（或其修饰产物），即在适宜的启动子和转录终止子之间反向插入一段靶基因，从而阻断由 DNA 经过 RNA 到蛋白质的信息流：mRNA 和反义 RNA 能形成复合物，然后这种复合物或者被迅速降解，或者在核内加工过程中被破坏，或者使 mRNA 的翻译受到阻碍，从而发挥调节基因表达的功能。利用反义 RNA 技术可有针对性地控制细胞内某种特异基因的表达及蛋白质合成，而其他不相关基因的表达并不受影响。

Hamilton 等（1990）采用反义 RNA 技术抑制转基因番茄果实中的 ACO 活性，实现了对乙烯生物合成和果实成熟的控制，是世界上首次获得减少乙烯生成的转基因植株，其乙烯的合成抑制率达 97%，果实的着色时间同正常果实相同，但是红色变淡，贮藏实验表明它比正常果实更耐过熟及皱缩。研究表明，ACC 合成酶活性与其 mRNA 含量上升及果实成熟时乙烯产量的增加密切相关。番茄中表达 ACC 反义 mRNA，使得乙烯的生物合成大大降低。转基因番茄的纯合子后代中乙烯合成的 99.5%受到抑制，果实不能正常成熟，不出现呼吸峰，在空气中放置 90～120 d 也不变红变软。

ACC *N*-乙酰胺转移酶与 SAM 水解酶能够促进乙烯合成的前体降解，但植物体内并不存在这两种酶。因此，可以用转正义基因的方法把这两个基因转入目的农产品，从而控制农产品的乙烯合成。Klee 等（1991）将细菌 ACC *N*-乙酰胺转移酶基因插入含有 CaMV35 启动子的载体，导入番茄得到转基因植株，该基因在转基因植株的各种组织中均得到了表达，表达最强的组织中该酶含量可占总蛋白质的 0.5%。乙烯生成被严重

抑制，抑制率高达97%。果实成熟明显被推迟，在保持相同硬度上比正常对照贮藏期长42 d，但营养生长无明显形态上的变化，且没有干扰果实对乙烯的感受能力。当用外源乙烯处理果实时，还能正常启动成熟。

（三）基因沉默技术在延缓果蔬成熟衰老中的应用

由于目前对转基因技术发生了越来越多的争议，Fu等(2005)首次在活体番茄果实中建立了病毒诱导的基因沉默技术(virus induced gene silencing, VIGS)。生物体中特定基因不表达或表达减少的现象被称为基因沉默，这是一种转录后基因沉默现象，可引起内源mRNA序列特异性降解。病毒诱导的基因沉默具有研究周期短、不需要遗传转化、可在不同的遗传背景下生效，以及能在不同的物种间进行基因功能的快速比较等优点。将番茄*LeEILs*片段插入烟草脆裂病毒(tobacco rattle virus, TRV)载体，然后转入脓杆菌，用果柄注射的方法导入活体的绿熟期番茄中。番茄果实被沉默部分不能正常转红，相关生理指标表明不变红部分未成熟。

同时，将VIGS技术运用于离体番茄果实，用真空渗透的方法导入采后的绿熟期番茄中，获得的番茄果实在常温贮藏条件下，乙烯高峰的出现比未处理果实延迟了8 d，大大延长了果实的贮藏期。

第三节 果蔬的成熟与衰老

一、果蔬成熟与衰老

（一）果蔬成熟

果实发育过程可分为3个主要阶段：生长、成熟和衰老(图3-3)。这3个阶段没有明显的界限。但一般来说生长包括细胞分裂和以后的细胞膨大，到产品达到大小稳定这一时期，果实内部物质发生极明显的变化，从而使产品可以食用。肉质果实(如苹果、番茄、菠萝等)的生长一般和营养器官的生长一样，具有生长大周期，呈"S"形曲线；但也有一些核果(如桃、杏、李、柿子、樱桃)及某些非核果(如葡萄等)的生长曲线呈双"S"形，这类果实具核，可能是生长中期养分主要向核内的种子集中，使果实生长减慢而造成的。

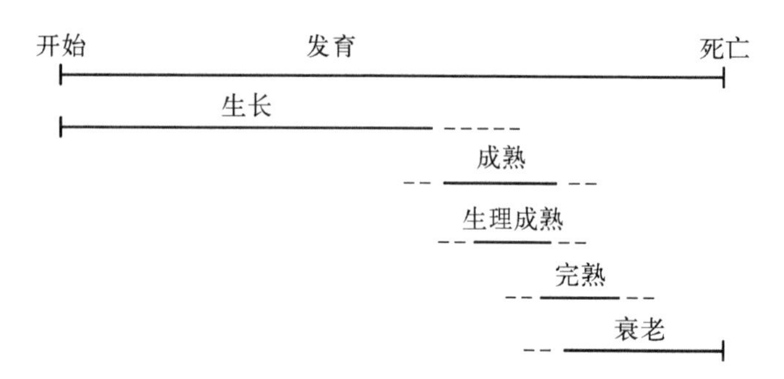

图3-3 果实的生长、成熟、完熟和衰老阶段示意图(Watada et al., 1984)

生长和成熟阶段合称为生长期。成熟通常在生长停息之前就开始了。当果实完成了细胞、组织、器官分化发育的最后阶段，充分长成时，便达到生理成熟(maturation，有的称为"绿熟"或"初熟")。果实停止生长后还要进行一系列生物化学变化，逐渐形成本产品固有的色、香、味和质地特征，然后达到最佳的食用阶段，称完熟(ripening)；通常将果实达到生理成熟到完熟的过程都称为成熟(包括了生理成熟和完熟)。有些果实，如巴梨、京白梨、猕猴桃等，虽然已完成发育达到生理成熟，但果实很硬、风味不佳，并没有达到最佳食用阶段；完熟时果肉变软、色香味达到最佳食用品质，才能食用。香蕉、菠萝等果实通常不能在完熟时才采收，因为这些果实在完熟阶段的耐藏性明显下降。达到食用标准的完熟过程既可以发生在植株上，也可以发生在采摘后，采后的完熟过程称为后熟。生理成熟的果实在采后可以自然后熟，达到可食用品质，而幼嫩果实则不能后熟。例如，绿熟期番茄采后可达到完熟以供食用，若采收过早，果实未达到生理成熟，则不能后熟着色而达到可食用状态。

（二）果蔬衰老

衰老(senescence)是植物体生命周期的最后阶段，由合成代谢(同化)的生化过程转入分解代谢(异化)的过程，是成熟的细胞、组织、器官和整个植株自然地终止生命活动的一系列衰败过程。果实中最佳食用阶段以后的品质劣变或组织崩溃阶段称为衰老。果蔬在很长的生理时期内，从成熟开始之前很久的时候起一直到衰老开始都可以收获。采收后的果蔬逐步走向衰老和死亡。

植物的根、茎、叶、花及变态器官在生理上不存在成熟，只有衰老问题。

果蔬还可能出现发芽或再生长的情况。在发芽期间，除了明显的解剖学上的变化以外，常常还发生重要的营养成分的化学变化。首先是脂肪和淀粉迅速转变成糖；其次是维生素C的增加，这在维生素C的摄取量不够丰富的饮食中是极有价值的；还有大量的有机酸的生成及提供丰富的柔软纤维。

自然衰变是果蔬采收后生理变化的主要表现，是一系列不可逆的生理变化。衰老是果蔬生命史中一个活跃的生理阶段，常常表现为叶柄、果柄、花瓣等器官的脱落，叶绿素的消失，组织硬度的降低，种子或芽长大，释放特殊芳香气味，萎蔫，凋谢，腐烂等，所有这些现象都是由其内部的生理生化变化所引起的。

1. 颜色的变化　未成熟的果实的果皮大多为绿色，是因为果皮中含有大量的叶绿素。随着果实的成熟，果皮中的叶绿素逐渐分解，而类胡萝卜素含量仍较多且稳定，故呈现黄色，或由于形成花色素呈现红色。如苹果、香蕉、柑橘等在成熟时，果皮颜色由绿逐渐转变为红、黄和橙色。光照可促进花色素苷的合成，因此树冠外围果实或果实的向阳面色泽鲜艳。

蔬菜采收前通过叶绿素捕捉阳光进行光合作用以制造有机物；采收后的蔬菜因为叶绿体自身不能更新而被分解，叶绿素分子遭到破坏而使绿色消失。此时，其他色素如胡萝卜素、叶黄素等显示出来，蔬菜由绿色变为黄色、红色或其他颜色。要使贮存的蔬菜保鲜、保绿色，必须防止叶绿体被破坏。有报道过氧化物酶和脂氧合酶参与了叶绿素的分解代谢。

2. 叶柄和果柄的脱落　器官在脱落之前往往先在叶柄、花柄、果柄及某些枝条的基部形成离层。脱落是叶柄或果柄的离区形成特殊细胞层的结果。叶片行将脱落之前，离层细胞衰退，变得中空而脆弱，纤维素酶与果胶酶活性增强，细胞壁的中层分解，细胞彼此离开，叶柄只靠维管束与枝条相连，在重力与风力等的作用下，维管束折断，于是叶片脱落。叶柄脱落后，在叶柄残茎上形成一层木栓以防止果蔬组织受微生物侵染，以及减少水分蒸发。如大白菜贮藏中脱帮现象。所有的植物在衰老时都会发生这些变化，而且有严格的周期性。

3. 组织变软、萎蔫　一些果蔬，采收后，随着时间延长，其组织出现变软发糠现象。这在果菜类中尤为显著。例如，茄子、黄瓜、萝卜、番茄、蒜薹等。一般来说，果蔬变软和发糠是在一定时间的贮存后发生的。例如，冬前刚采收的萝卜则水分多，吃起来清脆鲜嫩；过冬后，萝卜切开后没有多少水分，组织疏松，好似多孔的软木塞。果蔬的这种组织变软现象是由复杂的生物化学过程引起的。

果蔬组织内水分约占90%，叶菜类植物的挺直全靠细胞内水的膨胀压力。膨胀压力是由水和原生质膜的半渗透性来维持的。如果膨压降低，这类植物就会萎蔫。

4. 风味的变化　果蔬达到一定的成熟度，会现出它特有的风味。而大多数果蔬由成熟向衰老过渡时会逐渐失去风味。衰老的蔬菜，味变淡，色变浅，纤维增多。采收时淀粉含量较高(1%～2%)的果蔬(如苹果)，采后淀粉水解，含糖量暂时增加，果实变甜，达到最佳食用阶段后，含糖量因呼吸消耗而下降。果实香味由许多物质组成，包括醇类、酸类、酯类、酚类、杂环化合物等。在果蔬的贮存中，能否保持其特有的风味是检验贮存效果的重要指标。

5. 生物膜结构变化　正常情况下，细胞膜为液晶态，流动性大。果蔬采后劣变的重要原因是组织衰老或遭受环境胁迫时，细胞膜的结构和特性发生改变。研究发现，在细胞趋向衰老的过程中，膜脂的脂肪酸饱和程度逐渐增高，脂肪链加长，使膜由液晶态逐渐转变为凝固态，磷脂尾部处于“冻结”状态，完全失去运动能力，膜失去弹性。衰老细胞另一个明显特征是生物膜结构选择透性功能丧失，透性加大，膜脂过氧化加剧，膜结构逐步解体。另外，一些具有膜结构的细胞器如叶绿体、线粒体、核糖体、细胞核等，在衰老期间其膜结构发生衰退、破裂，甚至解体，从而丧失其有关的生理功能，并释放出各种水解酶类及有机酸使细胞发生自溶现象，加速细胞的衰老解体。

6. 果实软化　果实成熟的一个主要特征是果肉质地变软，这是由于果实成熟时，细胞壁的成分和结构发生改变，使细胞壁之间的连接松弛，果实由未熟时的比较坚硬状态变为松软状态。由纤维素、半纤维素和果胶质构成的细胞壁结构被破坏发生较早，同时原果胶分解。主要的酶有果胶甲酯酶(pectin methylesterase, PME、PE)、多聚半乳糖醛酸酶(polygalacturonase, PG)和纤维素酶(endo β-1,4-D-glucanase)。PE能从酯化的半乳糖醛酸多聚物中除去甲基,PG水解果胶酸中非酯化的1,4-α-D-半乳糖苷键,生成低聚的半乳糖醛酸。由于PG作用于非甲基化的果胶酸,故在PE、PG共同作用下便将中胶层的果胶水解。纤维素酶能水解纤维素、一些木葡聚糖和交错连接的葡聚糖中的β-1,4-D-葡萄糖苷键。

7. 内源激素的变化 在果实成熟的过程中,各种内源激素都有明显变化。一般在幼果生长时期,生长素、赤霉素、细胞分裂素的含量增高,到了果实成熟时,都下降至最低点,而乙烯、脱落酸含量则升高。

8. 病菌感染 新鲜的果蔬抗病菌感染的能力很强,例如,用刀切割新鲜的马铃薯块茎,在切面会很快形成木栓层以防止块茎组织干燥及真菌的侵袭。然而随着果蔬贮存时间的延长,病菌浸染率直线上升,感病率高达80%,可见果蔬贮存时的病菌感染以至腐烂是与果蔬的衰老程度密切相关的。

二、衰老机制及假说

有关植物衰老发生原因的假说有多种,如营养竞争假说、DNA损伤假说、自由基损伤假说、植物激素调节假说、程序性细胞死亡理论等。

(一) 营养亏缺理论

“生殖器官从其他器官获取大量营养物质,以致使其他器官缺乏营养而死亡”这一观点,经修改、补充后统称营养亏缺理论。营养亏缺可能来自两方面原因:一是营养物质从不同的衰老器官转向生殖器官(营养分流或营养转移);二是从营养供应器官(根和叶)获得维持生存和生长必需的营养,转运给生殖器官,或从营养器官中运出(营养分流)。但一些实验结果难于用该理论解释。

(二) DNA损伤假说

该学说认为,植物衰老是由于基因表达在蛋白质合成过程中引起差误积累所造成的。当错误的产生超过某一阈值时,机能失常,出现衰老、死亡。这种误差由于DNA的裂痕或缺损导致错误的转录、翻译,可能在蛋白质合成轨道一处或几处出现并积累无功能的蛋白质(酶)。无功能蛋白的形成是由氨基酸排列顺序的错误,或者是由多肽链折叠的错误而引起。这些差误可以自我增值,使差误指数性地增加,进而导致“差误”灾难并造成细胞的衰老和死亡。

在一些物理化学因子,如紫外线、电离辐射、化学诱变剂等因素的作用下DNA受损伤,同时DNA结构功能遭到破坏,DNA不能修复,使细胞核合成蛋白质的能力下降,造成细胞衰老。研究认为,紫外线照射能使DNA分子中同一条链上两个胸腺嘧啶碱基对形成二聚体,影响DNA双螺旋结构,使转录、复制、翻译受到影响。

(三) 自由基损伤假说

在对植物衰老的研究中,自由基假说受到重视。该学说认为植物衰老是由于植物体内产生过多的自由基,对生物大分子如蛋白质、核酸、膜生物及叶绿素有破坏作用,使器官及植物体衰老、死亡。在生物体正常的物质代谢过程中,自由基的产生与清除的平衡对生物体起重要作用,这一平衡的紊乱将导致生物体衰老,甚至死亡。

但生物在长期进化过程中在体内形成了一套抗氧化保护系统,通过减少自由基的积累与清除过多的自由基两种机制来保护细胞免受伤害。生物体内的抗氧化剂主要有两大类:一是抗氧化酶类,主要包括超氧化物歧化酶(SOD)、过氧化氢酶(CAT)、过氧化物酶(POD)等;二是非酶类抗氧化剂,主要有维生素E、维生素C、谷胱甘肽(GSH)等。许多研究表明,在缺氧条件下,生物体内SOD、CAT活性下降。对莱豆子叶超氧化物歧化酶活性研究发现,其SOD活性随组织衰老而下降,表明植物组织酶的清除能力随年龄增加而下降。自由基、活性氧对植物的损害作用主要表现在生物膜损伤、呼吸链损伤、线粒体DNA损伤等。脂氧合酶(LOX)则催化膜脂中不饱和脂肪酸加氧而使膜损伤,衰老时往往伴随着SOD活性的降低和LOX活性的升高,从而导致自由基增加,同时伴随着丙二醛(MDA)含量的上升,即膜脂过氧化的加剧,衰老加速。

(四) 植物激素调节假说

该学说认为植物营养生长阶段,地上部和地下部器官所合成的激素,通过运输在体内形成一个反馈环,相互协调，维持植物正常的生长和代谢。当顶端开始花芽分化时，这种反馈环被破坏，果实生长成熟中释放的乙烯或衰老因子进一步促进衰老。

植物激素对衰老过程有重要的调节作用。细胞分裂素、赤霉素及生长素类，具有延缓衰老的作用，而脱落酸、乙烯、茉莉酸和茉莉酸甲酯具有促进衰老的效应。植物衰老进程受多种植物激素综合调控。如低浓度的IAA(吲哚乙酸)可延缓衰老，但浓度升高到一定程度时，可诱导乙烯合成，从而促进衰老。细胞分裂素是最早被发现具有延缓衰老作用的内源激素，其延缓衰老作用首先是影响RNA合成，然后是提高蛋白质合成能力，并通过影响代谢物的分配、调动而推迟衰老进程。赤霉素和生长素对衰老的延缓作用有一定的局限性。而脱落酸和乙烯对衰老有明显的促进作用。研究表明，脱落酸可抑制核酸和蛋白质的合成，加速叶片中RNA和蛋白质的降解，并能促使气孔关闭。乙烯不仅能促进果实呼吸跃变，提早果实成熟，而且可以促进叶片衰老。这与乙烯能增加膜透性、形成活性氧、导致膜脂过氧化、抗氰呼吸速率增加及物质消耗多有关。但脱落酸对衰老的促进作用可为细胞分裂素所拮抗。茉莉酸类可加快叶片中叶绿素的降解速率，促进乙烯合成，提高蛋白酶与核糖核酸酶等水解酶的活性，加速生物大分子的分解，因而促进植物衰老。

(五) 程序性细胞死亡理论

植物在长期进化和适应环境的基础上有选择性地使某些细胞、组织和器官有序死亡，称之为程序性死亡(programmed cell death, PCD)。植物PCD是指整个原生质(有细胞壁或无细壁)在植物某个生命时期主动撤退、消化过程，它在去除不需要细胞质或整个细胞时主要通过以下机制：自溶、裂解和木质化。植物衰老是涉及PCD的生理过程，两者在发生机制和信号转导上存在较多的共性：① 植物衰老和PCD都是由基因控制的主动的过程，它们的发生都依赖新基因的转录和蛋白质的合成。② PCD和植物衰老都是一种程序性事件。③ 植物衰老与PCD都可以受许多内部发育信号和外部环境信号的影响，从而调节进程的快慢。④ 植物衰老和PCD过程中都存在物质的运转，这在衰老器官中表现为维管束周围组织最后衰老。但植物衰老的过程不完全是PCD。完整的植物衰老过程应包括两个阶段：第一阶段为可逆衰老阶段，细胞以活体状态存在；第二阶段为不可逆衰老阶段，细胞器裂解，细胞衰退，PCD发生，其中液泡的裂解和染色质降解形成的DNA片段是PCD开始发生的标志。众多研究表明植物衰老过程中存在着PCD的发生和调控。

(六) 衰老基因调控学说

该假说认为，衰老是植物发育过程中的一个组成部分，必须和其他发育过程一样受遗传因子的控制，植物的衰老是衰老基因表达的结果。衰老是一种基因编码的程序性事件，衰老期间有新蛋白质的合成和原有蛋白质种类的增减。人们已从拟南芥、大麦、玉米、番茄等植物中克隆出许多与衰老有关的基因。在衰老过程中正调节表达的基因，称衰老上调基因，如*SAG12*、*SAG13*、*LSC54*。将叶片衰老定义为基因在环境条件下顺序表达所引起的一系列生理生化代谢的衰退过程。然而许多实验结果表明，衰老明显受环境因子影响，衰老遗传机制似乎是通过其他因子如CTK(细胞分裂素)水平下降或ABA(脱落酸)水平上升的影响来起始衰老程序以发挥作用的。

(七) 密码子限制学说

有人发现，在衰老组织中DNA和RNA含量都下降较多，其中RNA含量比DNA降低得更多；细胞中翻译作用的精确性，取决于对mRNA中密码子的解释能力，其中与精确阅读有关的是tRNA和氨基酰-tRNA合成酶，因此氨基酸同tRNA的数量发生变化，可改变解释速率，从而影响转译作用。研究发现种子DNA形成裂痕或缺损，种子活力减低。

综上所述，衰老的原因可能由多种因素引起，因此存在多种有关衰老的理论，这些理论彼此并不完全孤立。目前对植物衰老机制的认识还很肤浅，在许多方面需进一步深入研究，只有应用分子生物学和细胞生物学等当代最新技术，在分子水平、亚细胞水平上深入揭示不同器官、组织及不同细胞衰老机制及其与衰老关系，尤其是揭示衰老的启动、发生、发展规律等，才能彻底了解植物衰老的机制。

三、乙烯对果蔬成熟与衰老的作用

(一) 乙烯与果蔬成熟

果蔬的成熟是一个复杂的遗传调控过程，伴随着颜色、结构、风味和香气成分等的巨大变化。研究发现，幼嫩果实的乙烯含量极微，随着果实的成熟，乙烯合成加速。与此同时，由于乙烯增加细胞膜的透性，使呼吸作用加速，引起果实的果肉内有机物的强烈转化，达到可食程度。

根据不同生理时期乙烯合成量的多少，人们把乙烯合成系统分为系统Ⅰ和系统Ⅱ。从种子发育、幼苗生长开始，植物就会不断合成乙烯。这种乙烯是持续的、少量的，称之为系统Ⅰ乙烯。系统Ⅰ乙烯可以抑制植株过度生长，参与植物对生物和非生物的抗逆反应。系统Ⅰ负责跃变前果实中低速率合成的基础乙烯，如草莓、葡萄、柑橘等果实在发育和成熟的整个过程中，都一直有低量的乙烯合成，这部分乙烯属于系统Ⅰ乙烯。系统Ⅱ负责成熟过程中跃变时乙烯自我催化大量生成，番茄、葫芦、香蕉、梨、桃、李子和苹果等都是典型的跃变型果实，这类果实在成熟前会产生大量的乙烯，即系统Ⅱ乙烯，伴随着呼吸高峰的出现，之后果实的颜色、质地和风味发生巨大变化，果蔬趋于成熟。有些品种在短时间内系统Ⅱ合成的乙烯可比系统Ⅰ增加几个数量级。系统Ⅱ乙烯是跃变型果实成熟所必需的，非跃变果实乙烯生成速率相对较低，变化平稳，整个成熟过程只有系统Ⅰ活动，缺乏系统Ⅱ，这类果实只能在树上成熟，采后呼吸一直下降，直到衰老死亡，因此应在充分成熟后采收。

（二）乙烯与果蔬衰老

当空气中乙烯浓度相当低时，植物叶片和果实即可脱落。研究表明，乙烯具有加速植物组织器官衰老和脱落的作用。将乙烯利水溶液喷在葡萄上，能促进落叶而对果实没有影响，以此提高收获时的工作效率。在果树栽培的盛花期和末花期，用一定浓度的乙烯利喷施，可达到疏果的效果。在果蔬中，成熟与衰老密不可分，果实成熟后，不可避免地要发生衰老。内源乙烯的大量合成加速了桃果实的软化衰老速度，低温处理可以通过抑制内源乙烯合成来延迟其高峰期的出现，从而延缓果实衰老进度。

四、其他植物激素对果蔬成熟衰老的影响

果蔬的发育与成熟过程是一个复杂的生理生化过程，果实经历了一系列生理生化的变化，包括乙烯的生物合成，细胞壁的降解，色素、有机酸及糖含量的变化等，使果蔬在色泽、质地和风味上发生转变，最终导致果蔬品质形成。植物激素在果蔬品质形成过程中，发挥着重要的调控作用，是决定果蔬品质的重要因子。

（一）生长素(auxin)

在果实形成和发育中发挥着重要作用，外源施加生长素能够改善果实形成和发育过程，这已经在番茄、柑橘和葡萄等植物中得到证实。生长素可抑制果实成熟，可能影响着组织对乙烯的敏感性。幼果中IAA(吲哚乙酸)含量高，对外源乙烯无反应。自然条件下，随幼果发育、生长，IAA含量下降，乙烯增加，最后达到敏感点，才能启动后熟。同时，乙烯抑制生长素合成及其极性运输，促进吲哚乙酸氧化酶活性，使用外源乙烯(10～36 mg/kg)会引起内源IAA减少。因此，成熟时外源乙烯也使果实对乙烯的敏感性更大。外源生长素既有促进乙烯生成和后熟的作用，又有调节组织对乙烯的响应及抑制后熟的效应。生长素对跃变型果实获得成熟能力，启动正常成熟具有重要作用。

（二）赤霉素(gibberellin, GA)

在开花、结果和种子发育等过程中发挥着重要的作用。幼小的果实中赤霉素含量高，种子是其合成的主要场所，果实成熟期间水平下降。研究证明，豌豆授粉子房中内源GA含量和豆荚生长发育速度呈正相关。在很多生理过程中，赤霉素和生长素一样，与乙烯和ABA有拮抗作用，在果实衰老中也是如此。采后浸入外源赤霉素明显抑制一些果实的呼吸强度和乙烯的释放，GA处理减少乙烯生成是由于其能促进MACC(丙二酰基－ACC)积累，抑制ACC的合成。外源赤霉素对有些果实的保绿、保硬有明显效果。GA处理树上的橙和柿能延迟叶绿素消失和类胡萝卜素增加，还能使已变黄的脐橙重新转绿，使有色体重新转变为叶绿体。GA能抑制甜柿果顶软化和着色，极大延迟橙、杏和李等果实变软，显著抑制后熟。但GA推迟完熟的效果可被施用外源乙烯所抵消。

（三）脱落酸(ABA)

乙烯在跃变型果实成熟中的作用已被普遍认可，脱落酸在非跃变型果实的成熟过程中起重要作用。许多非跃变果实(如草莓、葡萄、茯苓夏橙、枣等)在后熟中ABA含量剧增，且外源ABA促进其成熟，而乙烯则无效。在苹果、杏等跃变果实中，ABA积累发生在乙烯生物合成之前，ABA首先刺激乙烯的生成，然后再间

接对后熟起调节作用。在苹果、杏、白兰瓜等跃变型果实的成熟过程中，内源 ABA 含量峰值出现在乙烯跃变之前，抑制 ABA 则可以降低乙烯生成量。研究发现，果实的耐藏性与果肉中 ABA 含量有关。猕猴桃 ABA 积累后出现乙烯峰，外源 ABA 促进乙烯生成，加速软化，用 $CaCl_2$ 浸果显著抑制了 ABA 合成的增加，延缓果实软化。人们认为 ABA 可能作为一种果实成熟的"原始启动信使"，通过刺激乙烯的合成参与调控跃变型果实的成熟。贮藏中减少 ABA 的生成能更进一步延长贮藏期。

(四) 细胞分裂素(CTK)

细胞分裂素是影响果实发育过程中细胞分裂、同化物运输和蛋白质合成的一种激素。它也是一种衰老延缓剂，明显推迟离体叶片衰老，但外源细胞分裂素对果实延缓衰老的作用不如对叶片那么明显，且与产品有关。它可抑制跃变前或跃变中苹果和鳄梨乙烯的生成，使杏呼吸下降，但均不影响呼吸跃变出现的时间；抑制柿采后乙烯释放和呼吸强度，减慢软化(但作用均小于 GA)，但却加速香蕉果实软化，使其呼吸强度和乙烯含量都增加，对绿色油橄榄的呼吸、乙烯生成和软化均无影响。用 6-苄基腺嘌呤(6-BA)处理香蕉果皮、番茄、绿色的橙，均能延缓叶绿素降解和类胡萝卜素的变化。甚至在高浓度乙烯中，细胞分裂素也延缓果实变色，如用激动素渗入香蕉切片，然后放在足以启动成熟的乙烯浓度下，虽然明显出现呼吸跃变、淀粉水解、果肉软化等成熟现象，但果皮叶绿素消失显著被延迟，形成了绿色成熟果。

果实发育及成熟过程中同时存在多种植物激素，不同植物激素存在功能上的相关性，以协同调节果实发育、成熟过程及对逆境的适应等。激素之间可以相互促进增效，也可以相互拮抗。例如，果实采后，GA、CTK、IAA 含量都高，组织抗性大，虽有 ABA 和乙烯，却不能诱发后熟，随着 GA、CTK、IAA 逐渐降低，ABA 和乙烯逐渐积累，组织抗性逐渐减小，ABA 或乙烯达到后熟的阈值，果实后熟启动。

第四节 果蔬的蒸腾作用

一、蒸腾作用

水分从植物体内散失到大气中的方式有两种，一种是以液态形式溢出体外，如吐水；另一方式是以气态形式逸出体外，即蒸腾作用，这是植物失水的主要方式。

蒸腾作用(transpiration)是指植物体内的水分以气态方式从植物的表面向外界散失的过程。蒸腾作用对果蔬保鲜影响特别大。一般果蔬的含水量在 80%以上，由于果蔬组织中含有丰富的水分，其显现出新鲜饱满和脆嫩的状态，显示出鲜亮的光泽，并具有一定的弹性和硬度。

蒸腾作用在植物生命活动中具有重要的生理意义。第一，蒸腾作用失水所造成的水势梯度是植物吸收和运输水分的主要驱动力，即蒸腾拉力是植物被动吸水的主要动力。第二，蒸腾作用能够降低植物体和叶片温度。叶片在吸收光辐射进行光合作用的同时，吸收了大量热量，通过蒸腾作用散热，可防止叶温过高，避免热害。第三，蒸腾作用引起木质部的液流上升，有助于根部吸收的无机离子及根中合成的有机物转运到植物体的各部分，满足生命活动需要。第四，蒸腾作用正常进行时，气孔是开放的，有利于 CO_2 吸收和同化。

二、蒸腾作用对果蔬的影响

在采收前，由于蒸发而损失的水分可以通过根系从土壤中得到补偿，采收之后，则无法继续得到补偿。采摘后果蔬的水分蒸腾不仅使果蔬质量减少、品质降低，而且使其正常的代谢发生紊乱，过分的失水对果蔬品质产生影响。

(一) 失重

又称自然损耗，是指贮藏过程中蒸腾失水和干物质损耗所造成质量的减少。失水是失重的重要原因，例如，苹果在 2.7℃冷藏时，每周由失水造成的质量损失约为果品重的 0.5%，而呼吸作用仅使苹果失重 0.05%；柑橘贮藏期失重的 75%由失水引起，25%是呼吸消耗干物质所致。

(二) 失鲜

失鲜是产品品质的损失，许多果实失水高于 5%，就引起失鲜。表面光泽消失、形态萎蔫，失去外观饱满、新鲜和脆嫩的质地，甚至失去商品价值。例如，萝卜失水，外表变化不大，内部糠心；苹果失鲜不十分严重时，外观也不明显，表现为果肉变沙。叶菜失水很容易萎蔫、变色、失去光泽。而黄瓜、柿子椒等幼嫩果实失水造成外观鲜度下降很明显。

1. 破坏正常的代谢过程 水分蒸发使细胞组织膨压降低，组织发生萎蔫，导致细胞的分布状态发生改变，从而使正常的呼吸受到干扰，破坏正常的生理代谢。水分的过分蒸发还会使叶绿素酶、果胶酶等水解酶的活性增强，造成果蔬干黄、变软。过度的水分蒸发作为一种胁迫还会刺激果蔬中乙烯和脱落酸的合成，从而加快果蔬的成熟衰老进程。当细胞失水达一定程度时，细胞液浓度增高，其中有些物质和离子，如氢离子、氨根离子等，当这些物质浓度积累到有害程度时，则会引起细胞中毒。

2. 降低耐藏性和抗病性 蒸腾萎蔫引起正常的代谢作用被破坏，水解过程加强，以及由于细胞膨压降低而造成机械结构特性改变等。这些都会影响果蔬的耐藏性及抗病性。例如，萎蔫的甜菜腐烂率显著增加，萎蔫程度越高，腐烂率越大。失水严重时，还会破坏原生质胶体结构，干扰正常代谢，产生一些有毒物质。细胞液浓缩，某些物质和离子（如 NH_4^+）浓度增高，也能使细胞中毒。

但某些果蔬产品采后适度失水可抑制代谢，并延长贮藏期。例如，大白菜、柑橘等，收获后轻微晾晒，使组织轻度变软，利于码垛、减少机械伤。采后轻度失水还能减轻柑橘果实的浮皮病。洋葱、大蒜等采收后进行晾晒，使其外皮干燥，也可抑制呼吸。

三、影响蒸腾失水的因素

产品采后蒸腾受本身的内在因素和外界环境条件的影响。

（一）果蔬自身的因素

1. 果蔬的表面积比 表面积比指果蔬单位质量（或体积）所占表面积的比例（单位为 cm^2/g），果蔬的表面积比越大，蒸发作用越强。叶的表面积比最大，超过其他器官很多倍，因此叶菜类在贮运中最易脱水萎蔫。同一条件下，同等质量的果蔬，小个头产品容易蒸发水分（表 3-4）。

表 3-4 一些果蔬的表面积比

表面积/体积/（cm^2/cm^3）	材料
500～1 000	食用叶类（细胞间隙表面）
50～100	食用叶类（外露表面）
10～15	较小的软果实
2～5	豆科果实、坚果（椰子除外）、葱、大小软果实（草莓等）、大黄
0.5～1.5	块茎、块根、仁果、硬果、柑橘类、葫芦类果实（南瓜类除外）、香蕉、洋葱
0.2～0.5	密植甘蓝、大芜菁、萝卜、山药、椰子

2. 果蔬的种类、品种、成熟度 果蔬水分蒸腾失水有两个途径：一是通过气孔、皮孔等自然孔道，二是通过表皮层直接扩散蒸腾。气孔蒸发的速度比表皮蒸发快得多。对于不同的种类、品种和成熟度的果蔬，它们的气孔、皮孔和表皮层的结构不同，因此失水的快慢不同。叶菜极易萎蔫是因为叶片是同化器官，叶片上气孔多，保护组织差，成长的叶片中 90%的水分是通过气孔蒸发的。

许多果蔬和贮藏器官只有皮孔而无气孔，皮孔是一些老化了的、排列紧凑的木栓化表皮细胞形成的狭长开口，它不能关闭，皮孔使内层组织的细胞间隙直接与外界接触连通，从而加速水分蒸发。皮孔通常存在于根、茎、果实上，因此它们水分蒸发的速度就取决于皮孔的数量、大小和蜡层的性质。

梨和金冠苹果容易失水是因为它们的果皮上皮孔数目多，果实失重率与果面上皮孔覆盖率成正比，而角质层的厚度并不是影响失水的主要因素。

3. 细胞的保水力 细胞中可溶性物质和亲水性胶体的含量与细胞的保水力有关，原生质亲水胶体和固形物含量高的细胞有高渗透压，可阻止水分向细胞壁和细胞间隙渗透，利于细胞保持水分。例如，洋葱的含水量一般比马铃薯高，但在相同的贮藏条件下失水反而比后者少，这与其原生质胶体的保水力和表面保护层的性质有很大关系。细胞间隙大，水分移动时阻力小，移动速度快，也容易失水。除了组织结构外，新陈代谢也影响产品的失水速度，呼吸强度高、代谢旺盛的组织失水较快。

4. 机械伤　机械伤、虫伤、病伤等会破坏产品表皮保护组织的完整性，因此受伤部位的水分蒸发会更明显。

（二）环境因素

1. 温度　温度影响空气的饱和湿度，温度升高，空气中的饱和湿度增加。温度变化导致果蔬（果蔬体内由于含水量高，湿度往往接近饱和）与空气中（饱和湿度）蒸汽饱和差改变，从而影响果蔬失水快慢。

当温度升高时，空气中可以容纳更多的水蒸气，这就必然导致产品更多地失水。温度高，水分子移动快，同时由于温度高，细胞液的黏度下降，水分子所受的束缚力减小，因而水分子容易自由移动，这些都有利于水分的蒸发。

2. 湿度　空气湿度是影响植物产品表面水分蒸腾的主要因素。表示空气湿度的常见指标包括：绝对湿度、饱和湿度、饱和差和相对湿度。

绝对湿度是单位体积空气中所含水蒸气的量（g/m^3）。

饱和湿度是在一定温度下，单位体积空气中所能最多容纳的水蒸气量。若空气中水蒸气超过了该量，就会凝结成水珠，温度越高，容纳的水蒸气越多，饱和湿度越大。

饱和差是空气达到饱和尚需要的水蒸气量，即绝对湿度和饱和湿度的差值，直接影响产品水分的蒸腾。

贮藏中通常用空气的相对湿度（RH）来表示环境的湿度，RH是绝对湿度与饱和湿度之比，反映空气中水分达到饱和的程度。

一定的温度下，一般空气中水蒸气的量小于其所能容纳的量，存在饱和差，也就是其蒸汽压小于饱和蒸汽压。鲜活的园艺产品组织中充满水，其蒸汽压一般是接近饱和的，高于周围空气的蒸汽压，水分就蒸腾，其快慢程度与饱和差成正比。因此，在一定温度下，绝对湿度或相对湿度大时，饱和差小，蒸腾就慢。

3. 气压　气压降低，沸点降低，越容易蒸发。气压也是影响蒸散的一个重要因素。在一般的贮藏条件之下，气压是正常的一个大气压，对产品影响不大。采用真空冷却、真空干燥、减压预冷等减压技术时，水分沸点降低，很快蒸散。此时，要加湿以防止失水萎蔫。

4. 光　光照对蒸腾起着决定性的促进作用。太阳光是供给蒸腾作用的主要能源，叶子吸收的辐射能，只有一小部分用于光合作用，而大部分用于蒸腾作用。同时光直接影响气孔的开闭。气孔在黑暗中关闭，故蒸腾减少。光使气孔张开，利于蒸发。光照使果蔬自身温度升高，提高内部蒸汽压，水蒸气分子的扩散力加强，促进蒸发。

5. 空气流速　在靠近果蔬产品的空气中，由于蒸腾作用而使水气含量较多，饱和差比环境中的小，蒸腾减慢。在空气流速较快的情况下，这些水分将被带走，饱和差又升高，就不断蒸腾。

6. 土壤条件　植物地上蒸腾和根系的吸水有密切的关系。因此，凡是影响根系吸水的各种土壤条件，如土温、土壤通气、土壤溶液浓度等，均可间接影响蒸腾作用。

四、控制蒸腾失水的措施

（一）提高湿度

贮藏中可以采用地面洒水、库内挂湿帘的简单措施，或用自动加湿器向库内喷迷雾和水蒸气的方法，以增加环境空气中的含水量，达到抑制蒸腾的目的。

最普遍而简单有效的方法是用塑料薄膜或其他防水材料包装产品，使小环境中产品依靠自身蒸腾出的水分来提高绝对湿度，从而减轻失水。用包裹纸和瓦楞纸箱包装比不包装堆放失水少得多，一般不会造成结露。用塑料薄膜或塑料袋包装后的产品需要在低温贮藏时，在包装前，一定要先预冷，使产品的温度接近库温，然后在低温下包装；否则，高温下包装，低温下贮藏，将会造成结露，加速产品腐烂。

（二）低温贮藏

一方面，低温抑制代谢，对减轻失水起一定作用；另一方面，低温下饱和湿度小，产品自身蒸散的水分能明显增加环境相对湿度，失水缓慢。但低温贮藏时，应避免温度较大幅度地波动，因为温度上升，蒸散加快，环境绝对湿度增加，在此低温下（特别是包装于塑料袋内的产品），本来空气中相对湿度就高，蒸散的水分很容易使其达到饱和，这样，当温度下降，达到过饱和时，就会造成产品表面结露，引起腐烂。

(三) 控制空气流速

空气流速较快,容易带走水分。降低空气流速,可以有效地保持水分,减缓蒸腾速度。

(四) 包装、打蜡或涂膜

用给果蔬打蜡或涂膜的方法在一定程度上阻隔水分从表皮向大气中蒸散,在国外也是常用的采后处理方法。

(五) 使用夹层冷库和微风库

夹层冷库库体由两层墙壁组成,中间有冷空气循环,外层墙壁既隔热又防潮,内层墙不隔热,将蒸发器放置在两层墙之间,通过传导作用与库内进行热交换。由于蒸发器不在冷库内,不会夺取产品中的水分而结霜,库内的湿度也很高,可防止产品失水。微风库可使冷风经过库顶上的多孔送入或使冷空气先经过加湿再送到库中,可以有效地防止失水。

第五节 果蔬休眠与生长

一、果蔬的休眠现象

(一) 休眠的定义

休眠是植物长期进化过程中,为了适应周围的自然环境而产生的一个生理过程,即在生长、发育过程中的一定阶段,有的器官会暂时停止生长,以渡过高温、干燥、严寒等不良环境条件,达到保持其生命力和繁殖力的目的。

一些块茎、鳞茎、球茎、根茎类蔬菜,在结束生长时,产品器官积累了大量的营养物质,原生质内部发生了剧烈的变化,新陈代谢明显降低,水分蒸腾减少,生命活动进入相对静止状态,这就是所谓的休眠。休眠使产品更具有耐藏性,一旦脱离休眠,耐藏性迅速下降。对果蔬贮藏来说,休眠是一种有利的生理现象,贮藏中需要利用产品的休眠延长贮藏期。

不同种类果蔬的休眠期长短不同,大蒜的休眠期一般为 60~80 d,通常夏至收获到 9 月中旬芽才开始萌动;马铃薯的休眠期为 2~4 个月;洋葱的休眠期为 1.5~2.5 个月;板栗采后有 1 个月的休眠期。此外,休眠期的长短在同种类蔬菜的不同品种间也存在着差异。蔬菜的根茎、块茎借助休眠渡过高温、干旱环境,而板栗借助休眠渡过低温条件。

(二) 休眠的原因

植物的休眠现象与植物激素有关。休眠一方面是由于器官缺乏促进生长的物质 GA(赤霉素,防止器官脱落和打破休眠)、CTK(细胞分裂素,调节植物细胞生长和发育的植物激素。在促进细胞分裂中起活化作用);另一方面是器官积累了抑制生长的物质——ABA(脱落酸),一种抑制生长的植物激素,因能促使叶子脱落而得名,可能广泛分布于高等植物,还有使芽进入休眠状态、促使马铃薯形成块茎等作用。对细胞的延长也有抑制作用。

如果体内有高浓度 ABA 和低浓度外源赤霉素(GA)时,可诱导休眠;低浓度的 ABA 和高浓度 GA 可以解除休眠。马铃薯解除休眠状态时,生长素、细胞分裂素和赤霉素的含量也增长,使用外源激动素和玉米素能解除块茎休眠。深休眠的马铃薯块茎中,脱落酸的含量最高,休眠快结束时,脱落酸在块茎生长点和皮中的含量减少 4/5~5/6。

(三) 休眠的生理生化特性

1. 休眠期的 3 个阶段

(1) 休眠前期(准备期):休眠前期是从生长到休眠的过渡阶段。此时产品器官已经形成,但刚收获,新陈代谢还比较旺盛,伤口逐渐愈合,表皮角质层加厚,属于鳞茎类产品的外部鳞片变成膜质,水分蒸散下降,从生理上为休眠做准备。此时,产品如受到某些处理可以阻止下阶段的休眠而萌发生长或缩短第二阶段。一般进行 1~4 周。

(2) 生理休眠期(真休眠、深休眠):产品的新陈代谢显著下降,外层保护组织完全形成,此时即使给予适宜的条件，也难以萌芽，是贮藏的安全期。这段时间的长短与产品的种类和品种、环境因素有关。如洋葱管叶倒伏后仍留在田间不收，有可能因为鳞茎吸水而缩短生理休眠期；低温（0～5℃）处理可解除洋葱休眠。

（3）*休眠苏醒期（强迫休眠期）*：第三阶段为休眠苏醒期（强迫休眠期），果蔬渡过生理休眠期后，产品开始萌芽，新陈代谢逐步恢复到生长期间的状态，呼吸作用加强，酶系统也发生变化。此时，生长条件不适宜，就生长缓慢，给予适宜的条件则迅速生长。实际贮藏中采取强制的办法，给予不利于生长的条件如温度、湿度控制和气调等手段延长这一阶段的时间。因此，又称强迫休眠期。

2. 休眠期间的生理变化

（1）*细胞结构的变化*：在生理休眠期，组织的原生质和细胞壁分离，脱离休眠后原生质重新紧贴于细胞壁上。正处于生理休眠状态的细胞呈凸形，已经脱离休眠的呈凹形，正在进入或脱离休眠的为混合形。胞间连丝起着细胞之间信息传递和物质运输的作用，休眠期胞间连丝中断，细胞处于孤立状态，物质交换和信息交换大大减少；脱离休眠后胞间连丝又重新出现。

（2）*酶活性的变化*：休眠时体内形成大量ABA，休眠解除时形成GA。GA能促进休眠器官的酶蛋白合成，如淀粉酶、蛋白酶、脂肪酶、核糖核酸酶等水解酶和异柠檬酸合成酶等呼吸酶。

（3）*贮藏物质的变化*：在休眠准备期，合成大于水解，低分子化合物（如糖、氨基酸）合成高分子化合物（淀粉和蛋白质等）。休眠期贮藏物质（淀粉）很少变化，但发芽期变化剧烈，水解过程加强。

（四）延长休眠期的措施

植物器官休眠期过后就会发芽，使得体内的贮藏物质分解并向生长点运输，导致产品质量减轻、品质下降。因此，贮藏中需要根据休眠不同阶段的特点，创造有利于休眠的环境条件，尽可能延长休眠期，推迟发芽和生长以减少这类产品的采后损失。

1. 温度、湿度的控制　为了延长果蔬贮藏期，对具有休眠特性的品种进行休眠控制，防止其发芽。最有效方法是低温贮藏。在低温下，可抑制果蔬整个生理活动。例如，洋葱0℃贮藏时可延长发芽4～6个月。板栗的休眠是由于要渡过低温环境，采收后就要创造低温条件使其延长休眠期，延迟发芽。一般要低于4℃。

2. 气体成分　适当的低O_2和高CO_2的气体成分并在低温下果蔬休眠期更长。如洋葱可以利用气调贮藏。但由于各果蔬种类的气体成分与休眠期关系并不一致，生产上较少采用。

3. 辐射　辐射可破坏芽的生长点，抑制发芽。马铃薯、洋葱等用γ射线辐射而延长休眠期，辐射后的品种，可在常温下贮藏（山东烤蒜）。一般用60～150 Gyγ射线照射可防止发芽。

4. 药物处理　用化学药剂也可抑制马铃薯、洋葱的发芽，在收获前，在叶片上喷洒青鲜素（MH），常温下存放也不发芽。抑芽剂CIPC（氯苯氨灵）对防止马铃薯发芽有效。美国将CIPC粉剂分层喷在马铃薯中，密闭24～48 h，用量为1.4 kg/kg（薯块）。苯乙酸甲酯（MENA）可防止马铃薯发芽，它具有挥发性，薯块经它处理后10℃下一年不发芽，在15～21℃下也可以贮藏好几个月，它不仅能抑制发芽而且可以抑制萎蔫。

二、果蔬采后生长与控制

采后生长指不具休眠特性的蔬菜采收以后，其分生组织利用体内的营养继续生长和发育的过程。采后生长会导致产品内部的营养物质由食用部分向非食用部分转移，造成品质下降，并缩短贮藏期。

1. 采后生长现象的类型　果蔬的采后生长现象主要表现为以下几类。

（1）*幼叶生长*：胡萝卜、萝卜收获后，利用直根的营养进行新叶的生长，由于利用了薄壁组织中的营养物质和水分，组织变糠，最后无法食用；小白菜、生菜、葱等的幼叶生长而外部叶片衰老。

（2）*幼茎伸长*：竹笋、石刁柏是在生长初期采收的幼茎，顶端生长点活动旺盛，贮藏期间会利用体内的营养不断进行伸长生长，导致产品长度增加，木质化加快。

（3）*抽薹开花*：大白菜、甘蓝、花椰菜、萝卜、莴苣等二年生蔬菜，在贮藏中常因低温而通过春化阶段，开春以后由于贮藏温度回升，内部生长点很容易发芽抽薹开花，导致外部组织干瘪失水，食用品质降低。

（4）*种子发育*：黄瓜贮藏中内部幼嫩种子不断成熟老化，导致果实梗端部分萎缩，花端部分膨大，原来两端均匀的瓜条变成了棒槌形。豆类蔬菜在贮藏中幼嫩种子不断成熟老化而变得越来越硬，豆荚部分则严重纤维化。

(5) *种子发芽*：番茄、甜瓜、西瓜、苹果、梨等果实在贮藏的后期内部的种子会利用体内的营养进行发芽，导致果实品质下降。

2. 抑制采后生长的方法 产品采后生长与自身的物质运输有关，非生长部分组织中贮藏的有机物通过呼吸水解为简单物质，然后与水分一起运输到生长点，为生长合成新物质提供底物，同时呼吸作用释放的能量也为生长提供能量来源。因此，低温、气调等能延缓代谢和物质运输的措施可以抑制产品采后生长带来的品质下降。此外，将生长点去除也能抑制物质运输而保持品质，蒜薹去掉茎苞后薹梗发空的现象减轻；胡萝卜去掉芽眼，减少了糠心，但形成的刀伤容易造成腐烂，实际应用时应根据具体情况采取措施。

有时扩大采收范围也能有效延长贮藏期。如菜花采收时保留2～3个叶片，贮藏期间外叶中积累养分并向花球转移而使其继续长大、充实或补充花球的物质消耗，保持品质。

第六节 果蔬采后生理病害

果蔬采后由于果蔬本身的生理代谢紊乱而引起的病害，称为生理性病害。生理性病害的症状因病害种类而异，大多是在果蔬表面或内部出现表皮凹陷、组织褐变、异味、水渍状及失去后熟能力等，使果蔬的商品性和食用价值下降，增加腐烂发生，其发生的原因主要是成长条件及果实采收后贮运环境中的温度、湿度、气体环境条件不良。

一、低温伤害

低温伤害(low temperature injury)是果蔬在不适宜的低温下贮藏时产生的生理失调，可分为冷害(chilling injury)和冻害(freezing injury)两种。

(一) 冷害

冷害是果蔬组织冰点以上的不适宜低温(一般0～15℃)对果蔬产品造成的伤害，它是一些冷敏果蔬在低温贮藏时常出现的一种生理失调。一些热带和亚热带果蔬，由于系统发育处于高温的环境中，对低温较敏感，采后在低温贮藏时易遭受冷害。原产温带的一些果蔬种类也会发生冷害。冷害不同于冻害，冷害在贮藏过程中更容易发生，而且经常发生。如果技术管理不当，冷害带来的损失就会在某种程度上大于冻害，故应当引起足够重视。

不同品种、成熟度、形状、大小的农产品的冷害症状各异，如有的腐烂，有的变色，有的凹陷，有的则不能正常完熟(表3-5)。受冷害的柑橘、茄子和甜瓜等果蔬，最常见的症状是果皮凹陷，它是由表皮下层细胞的塌陷引起的。表面凹陷几乎是冷害产品普遍的早期症状，不适低温使细胞受伤死亡，进而低湿条件又使细胞脱水导致组织塌陷，因此高湿虽然能减轻或避免出现凹陷，但并不能避免冷害的产生。果皮凹陷处常常变色，蒸腾失水会加重凹陷程度。在冷害的发展过程中，凹陷斑点会连接成大片洼坑。黄瓜和番茄等受冷害后表面会出现水渍状。

表3-5 几种果蔬发生低温病害的温度及症状

种类	临界温度/℃	症状
苹果(部分品种)	2.2～3.3	内部褐变，水渍状崩溃，表面烫伤
梨(部分品种)	5.0～8.0	果肉(果心)褐变
香蕉	11.7～13.3	果皮变黑，后熟不良
葡萄柚	10	果皮凹陷，水渍状腐烂
柠檬	10～15.4	果皮凹陷，红褐色斑点，囊瓣膜变红
橙	2.8～5.0	果皮凹陷，褐变
柑橘	3.0～9.0	果皮凹陷及腐烂，水肿
芒果	4.0～12.8	果皮变黑，后熟不良
菠萝	6.1～10.0	后熟异常，果肉变褐
番木瓜与木瓜	6.1～7.0	果皮凹陷，果肉水渍状，后熟不良，失去香味
茄子	7.2	烫伤病，腐烂，种子发黑

续 表

种　类	临界温度/℃	症　状
黄瓜	7.2	凹陷，水渍状斑点，腐烂
西瓜	4.4	凹陷，异味
柿子椒	7.2	凹陷，种子变褐
土豆	3.3～4.4	褐变，糖分增加
南瓜	10.0	腐烂
甘薯	12.8	凹陷，内部变色
成熟番茄	7～10	水渍状软化，腐烂
未熟番茄	12.8～13.9	后熟不良，腐烂
扁豆	7.2～10.0	凹陷，变色
荔枝	0.0～1.0	果皮变黑

表面和内部组织褐变也是一种常见的冷害症状，如苹果、桃、梨、菠萝和马铃薯等。褐变常发生在输导组织周围，其可能是冷害发生后，从维管束中释放出来的多酚物质与多酚氧化酶反应的结果。有些褐变在低温下就表现出来，有些褐变则需在升温后才表现。组织内部的褐变有的在切开时立即可见，有的则需要在空气中暴露一段时间后才会明显褐变。

腐烂的直接原因不是冷害，而是冷害削弱了细胞组织对病原物的抵抗力，引起代谢产物渗漏，氨基酸、糖和无机盐等从细胞中流失，以及阻碍了组织愈伤作用。

未成熟的果实受到冷害后，将不能正常成熟，达不到食用要求。如绿熟番茄不能转红，柑橘退绿转慢，芒果不能转黄等。

防止冷害的最好方法是掌握果蔬的冷害临界温度，不要将果蔬长时间地置于临界温度以下的环境中。另外，减轻冷害要加强果蔬在改变温度时的适应能力或者采用各种处理以防止冷害的发生或使冷害降到最低限度。

1. 温度预处理　入库前要将果蔬放在略高于冷害的临界温度中一定时间，可增加以后低温贮藏时对冷害的抗性。如甜椒在10℃中放5～10 d，可减轻在0℃冷藏时的受害程度。逐渐降温的贮藏方法也可减少或防止冷害。

2. 中途加温　中途加温也称间歇加温或中途暖处理。即在冷藏期间进行一次或数次短期的升温以减少冷害。仁果类、核果类及茄科蔬菜均可采用。桃的暖处理温度为18.3℃，每3周升温一次，时间每次2 d，共进行2次，可在0℃的气调贮藏9 d。

3. 提高贮藏环境的湿度　提高湿度并配合使用杀菌剂，用100%的湿度可减轻贮藏中果蔬的冷害；利用特殊的贮藏技术如气调、减压、薄膜包装、果面涂蜡或成膜剂等。如7%的O_2可防止冷害，用10%的CO_2可减少冷藏中葡萄柚和油梨的冷害。

4. 化学处理　利用化学的方法处理冷藏的果蔬以减少冷害。效果较好的为乙氧喹和氯化钙。前者是苹果表面烫伤病的抑制剂，后者可减轻番茄、油梨的冷害；植物生长调节物质，如多胺、茉莉酸及其甲酯、水杨酸及其甲酯等都可以减轻冷害的发生。

（二）冻害

环境温度低于细胞液冰点温度而使果蔬细胞组织内结冰，从而对果蔬产品造成冻害。冻害的症状主要表现为组织呈透明或半透明状，有的组织产生褐变，解冻后有异味等。由于新鲜果蔬的含水量比较大，达70%～98%或更大，但果蔬细胞组织内含有一定量的碳水化合物及无机盐等，因而细胞的冰点低于0℃，一般为−1.5～−0.7℃。常见果蔬的冰点见表3-6。

大多数果蔬冻结首先是胞间冻结，胞间小晶核不断长大，使细胞内水分不断从细胞中迁移出来，在胞间隙中结晶，最终使细胞内结冰，称胞内冻结，胞内冻结对细胞质和细胞器的破坏性强，几乎是毁灭性的。冻害的发生需要一定的时间，如果受冻的时间很短，细胞膜尚未受到损伤，则细胞间结冰危害不大，通过缓慢升温解冻后，细胞间隙的水还可以回到细胞中去，组织不表现冻害。但是，如果果蔬长时间处于其冰点以下的温度环境中，细胞间冻结造成的细胞脱水已经使膜受到了损伤，产品就会发生冻伤。

表 3-6 常见果蔬的冰点温度

品种	含水量/%	冰点温度/℃	品种	含水量/%	冰点温度/℃
‘金冠’苹果	84.1	−1.5	杏	85.4	−1.1
‘国光’苹果	85.4	−1.1	樱桃	83.0	−1.8
洋梨	82.7	−1.6	胡桃	3～6	−5.0
葡萄	81.9	−1.3	李子	85.7	−0.8
菠萝	85.3	−1.1	草莓	89.9	−0.8
甜瓜	92.0	−1.2	树莓	80.6	−1.1
哈密瓜	92.6	−0.9	无花果	78.0	−2.4
西瓜	92.1	−0.4	甘蓝	92.4	−0.9
柿子	78.2	−2.2	萝卜	90.9	−1.1
橙	87.2	−0.8	莴苣	94.8	−0.2
蜜橘	87.3	−1.1	菜花	91.7	−0.8
香蕉	74.8	−0.7	西红柿	94.7	−0.5
椰子	46.9	−0.9	甜椒	92.4	−0.7
芒果	81.4	−0.9	桃	86.9	−0.9

为了防止冻害的发生，应将果蔬放在适温下贮藏，并严格控制环境温度，避免果蔬长时间处于冰点以下的温度中。在采用通风库贮藏时，当外界环境温度低于0℃时，应减少通风。冷库中靠近蒸发器的一端温度较低，在产品上要稍加覆盖，以防止产品受冻。如果冻结程度不很深，注意选择解冻方式，如缓慢升温，不搬动、移动，解冻后就不会呈现失水、褐变或异味等冻害症状。若冻害达到胞内结冰的程度，则无论采取何种解冻方式，都将表现冻害症状。

二、气体伤害

气体伤害(gas injury)是贮藏环境中不适宜的气体成分对果蔬产生的伤害，主要有低 O_2 伤害、高 CO_2 伤害、氨伤害和 SO_2 伤害等。

(一) 低 O_2 伤害

指果蔬在气调贮藏时，由于气体调节和控制不当，造成 O_2 浓度过低而发生无氧呼吸，导致乙醛和乙醇等挥发性代谢产物的产生和积累，毒害细胞组织，使产品风味和品质恶化。低氧伤害的主要症状是果蔬表皮组织局部塌陷，褐变，软化，不能正常成熟，产生乙醇和异味。果蔬周围1%～3%的 O_2 浓度一般是安全浓度，但产品种类或贮藏温度不同时，O_2 的临界浓度可能不同。例如，菠菜和菜豆的 O_2 临界浓度为1%、芦笋为2.5%、豌豆和胡萝卜为4%。

苹果低氧的外部伤害为果皮上呈现界线明显的褐色斑，由小条状向整个果面发展，褐色的深度取决于苹果的底色。低氧的内部伤害是褐色软木斑和形成空洞，内部损伤的地方有时与外部伤害相邻，而且常常发生腐烂，但总是保持一个小的轮廓。此外低氧症状还包括乙醇损伤，果皮有时形成白色或紫色斑块。鸭梨在0℃和浓度为1%的 O_2 下2个月或浓度为2%的 O_2 下4个月可引起果肉褐变。

(二) 高 CO_2 伤害

由于贮藏环境中 CO_2 过高而导致果蔬发生的生理失调。高 CO_2 伤害症状与低氧伤害相似，主要表现为果蔬表面或内部组织或两者都发生褐变，出现褐斑、凹陷或组织脱水萎蔫等。伤害机制主要是高浓度 CO_2 抑制了线粒体中琥珀酸脱氢酶的活性，对末端氧化酶和氧化磷酸化也有抑制作用。各种果蔬对 CO_2 的敏感性差异很大，例如，贮藏环境中 CO_2 浓度超过1%时，鸭梨就会受到伤害，出现内部褐变结球；莴苣在浓度为1%～2% CO_2 中短时间就可受害；芹菜、菜豆、胡萝卜对 CO_2 也较敏感；青花菜、洋葱、蒜薹等较耐 CO_2，短时间内 CO_2 超过10%也不会受害。另外，如表3-7所示，二氧化碳伤害与处理温度及贮藏天数密切相关。

果蔬的气体伤害会造成果蔬品质劣变，引起较大的经济损失。要防止气体伤害，只需将果蔬贮藏环境的氧气与二氧化碳浓度控制到一定范围内即可。应该提到的是，短期而且并不很高的二氧化碳或极低的氧气环境，如果及时换气则不会出现伤害，目前，超低 O_2 及高 CO_2 短期处理作为一种有效的采后处理已有大量研究与应用。对于气调库来说，要经常检测库内气体浓度，防止气体浓度失控。对于采用MA(自发气调)贮藏方法的果蔬，一定要注意选择适宜透气性的保鲜袋，并注意管理，以防止保鲜袋内产生不适宜气体浓度而造成果蔬气体伤害。

表 3-7　不同温度下部分蔬菜的 CO_2 伤害的临界浓度(CO_2 %)

种　类	贮藏天数	0℃	4℃	10℃	15℃
芹菜	7	50	50	25	25
莴苣	7	13	13	—	—
菜豆	7	30	30	20	18
菠菜	7	30	20	20	20
番茄	7	10	10	10	6

(三) 氨伤害

以氨作制冷剂的大型冷库，由于制冷系统出现故障，或系统本身密闭性差，会出现氨泄漏。因为氨溶解于水中后为强碱性，有较强的破坏作用，氨与果品蔬菜接触将引起果蔬明显色变和中毒。轻微氨伤害的果蔬，开始是组织发生褐变，进一步是其外部变为黑绿色(表 3-8)。

表 3-8　一些果蔬氨伤害症状

产　品	氨伤害症状
苹果和梨	组织中产生褪色的凸起，受害严重的内部组织褪色，显著变软
洋葱	红色洋葱呈黑绿色，黄皮则呈棕黑色，白皮变成绿黄色
甘薯	黑褐色凹陷斑，薯块内部也发生色变和水肿
番茄	不能正常转红且组织破裂
蒜薹	不规则的浅褐色凹陷斑，氨浓度高的情况下，会导致蔓条黄化

不同品种的果蔬对氨的敏感性有很大差别，苹果、香蕉、梨、桃和洋葱在氨浓度为 0.8%存放 1 h 时就会产生严重伤害；扁桃、杏只要半小时就会产生伤害。桃对氨更敏感。冷库内相对湿度高时，果蔬变色加快且更显著，氨浓度为 1%时经 1 h 即会变色。

氨的气味可以用通风或洗涤的方法从库内排除，二氧化硫可以中和氨，但应用时必须注意浓度，以免引起二氧化硫伤害。轻度受害的果蔬当去掉氨之后就可以恢复到原来的生理状态。

(四) SO_2 伤害

SO_2 常作为杀菌剂被广泛用于果蔬贮藏时库房的消毒和产品的防腐处理。但使用不当，容易引起果蔬的中毒。用 SO_2 处理果蔬时(用于葡萄最多)，常常会因 SO_2 浓度过大造成伤害。葡萄 SO_2 伤害的症状为：当剂量达到一定水平后，损伤首先发生在果梗、浆果与果梗连接处，以及浆果机械伤口和自然微裂口处，症状表现为果梗失水萎蔫，果实形成下陷漂白斑点，进而果肉和果皮组织受损，果粒出现刺鼻气味，损伤处凹陷变褐。耐 SO_2 的葡萄品种伤害发生在果梗附近的果皮和果肉处，不耐 SO_2 的葡萄品种伤害发生在果梗及果梗附近的果皮和果肉处，同时果面其他部位也有漂白斑出现。目前，解决 SO_2 伤害的根本方法是在减少 SO_2 用量的基础上辅以其他防腐保鲜方法。

三、高温障碍

当果蔬采后放在 30℃以上高温下经一定时间后，形成和释放乙烯及对外源乙烯的反应能力都显著下降，从而不能正常地后熟，这种生理病害称为高温障碍。番茄贮藏在 30℃以上时，番茄红素的形成受到抑制。利用番茄受热伤害后不能正常后熟的原理，可通过 33℃高温处理使番茄在室温下贮藏期大大延长。夏秋季日光暴晒会引起香蕉的热伤害，受热伤害的果实即使利用乙烯催熟也不能后熟，因而失去商品价值。因此在催熟香蕉时，应控制产品温度上升的速度，每小时不能超过 1～1.5℃。

四、营养失调

营养物质亏损也会引起果蔬的生理失调。因为营养元素直接参与细胞的结构和组织的功能，如钙是细胞壁和膜的重要组成部分，缺钙会导致生理失调、褐变和组织崩溃。苹果苦痘病、番茄花后腐烂和莴苣叶尖灼伤等都与缺钙有关。苹果缺硼会引起果实内部木栓化，其特征是果肉内陷，与苦痘病不易区别。内部木栓化可以用喷硼来防治，而苦痘病则不行。此外，内部木栓病只在采前发生，苦痘病则在采后发生。甜菜缺硼要产生黑心。钾含量低可以抑制番茄红素的生物合成，从而延迟番茄的成熟。因此，加强田间管理，做到合理施肥、灌水，采前喷营养元素，对防治营养失调(nutritional disorder)非常重要。同时，采后浸钙对防治苹果的苦痘病也非常有效。表 3-9 为部分水果常见生理病害。

表 3-9　水果常见生理病害及症状

产　品	生　理　病　害	症　　　状
苹果	红玉斑点病	以皮孔为中心的表皮斑点在贮藏温度较高时发生
	褐果病(果心发红)	果心处褐变
	水心病(蜜病)	果肉出现半透明区域，在贮藏过程中变为褐色
梨	果心崩溃	贮藏过期的果实果心变褐、变软
	颈腐病、维管束腐烂	连接果柄与果心的维管束颜色由褐变黑
	果皮褐斑	果皮上的灰色斑转为黑色，贮藏早期发生
	贮藏斑	贮藏期过长果实上有褐色斑
	褐心病	果肉中有明显的褐色区域，可发展为空洞
葡萄	贮藏褐斑	白葡萄果皮上出现
柑橘	贮藏褐斑	果皮上褐色凹陷状斑
桃	毛绒病	赤褐色，果肉干枯
李子	冷藏伤害	果皮和果肉出现褐色凝胶

第七节　果蔬采后侵染性病害

侵染性病害是由不同的病原菌侵染危害所致，最终导致果蔬的腐烂变质，它能相互传播，有侵染过程，是引起果蔬采后损失的主要因素。自然界中能够侵染引起果蔬腐烂变质的病原微生物中，危害最严重、数量最多的是真菌，其次是细菌。果蔬贮运中的微生物病害，属于植物病害的一部分，它具有 3 个特点：① 病原菌主要是真菌和细菌；② 除了采后感病的以外，相当多的病害是田间感病(或带病)而采后发病；③ 与采前的自然环境相比，采后贮运环境对发病可控制的程度更大。

一、果蔬采后微生物病害的病原及症状

引起新鲜果蔬采后腐烂的病原微生物主要有真菌(fungi)和细菌(bacteria)两大类。

(一) 真菌病害

果蔬采后的腐烂主要由真菌病原引起的。常见的病原真菌只有几个属，大部分为弱寄生，只有个别属或种寄生能力较强。常见的果蔬采后真菌病原如下。

1. 青霉属(*Penicillium*)　青霉属不同的种造成采后多种果蔬的青霉病(blue mould rot)和绿霉病(green mould rot)。初期果皮组织呈水渍状，迅速发展，腐烂表皮靠近斑点中心出现白霉，以后开始产生孢子，孢子区为蓝色、淡绿色或橄榄绿色，通常外面一圈为白色菌丝带，环绕菌丝周围是一条水浸状组织。青霉属的种类很多，对寄主有一定的专一性，如指状青霉(*P. digitatum*)和意大利青霉(*P. italicum*)是引起柑橘果实采后腐烂的病菌；扩展青霉(*P. expansum*)主要侵染苹果、梨、葡萄和核果；而鲜绿青霉(*P. viridicatum*)只侵染甜瓜。

2. 葡萄孢属(*Botrytis*)　葡萄孢属造成果蔬田间及采后的灰霉病(gray mould rot)，几乎没有一种新鲜果蔬在贮藏期间不被葡萄孢所侵害。果实上病斑呈水渍状，褐色，不规则形，大小不一。如发生在受冷害的果实上，病斑呈灰白色，病斑上生灰色霉状物，发展极快，被害果实迅速腐烂。病菌可通过伤口/裂口或自然开口侵入寄主，也可从果蔬表面直接侵染。灰霉病菌可广泛地存在于菜筐内、工具上，甚至贮藏场所的墙上都可存在。只要果实有损伤，病菌便可迅速侵入。有些果蔬如生菜、番茄、柑橘、洋葱、草莓、梨、苹果和葡萄等在田间接近成熟阶段就被侵染。

3. 链格孢属(*Alternaria*)　此病多发生在果实裂口处或日灼处，也可发生在果实的其他部位，通过伤

口、衰老组织的自然开孔或冷害损伤等入侵。受害部位首先变褐，呈水浸状圆形斑，后发展变黑并凹陷，有清晰的边缘，病斑上有短绒毛状黄褐色至黑色霉层。该病在成熟番茄和青椒贮藏中极为常见，在黄瓜、西葫芦、苹果上也有发生。在番茄、甜椒、甜瓜等遭受冷害的情况下尤其容易发病，一般是从冷害引起的凹陷部位侵染，进而造成腐烂。

4. 镰刀菌属(*Fusarium*)　可引起洋葱和大蒜蒂腐，生姜、黄瓜和甜瓜白霉病。镰刀菌侵染多发生在田间生长期或收获期间，但危害可发生在田间，也可发生在贮藏期间。受害组织开始为淡褐色斑块，上面出现白色的霉菌丝，逐渐变成深褐色的菌丛，病部组织呈海绵软木质状。组织较软的蔬菜，如番茄、黄瓜镰刀菌发病较快，其特征是有粉色菌丝体和粉红色腐烂的组织。

5. 地霉属(*Geotrichum*)　造成柑橘、番茄、胡萝卜和其他果蔬的酸腐病。在采收期或采收时黏附在果蔬表面，从伤口、裂口和茎疤处侵入组织。症状开始为水渍状褐斑，果皮破裂，病斑表面有一层奶油色黏性菌层，果肉腐烂酸臭，溢出酸味水状物，产生白霉。地霉喜欢高温(25～30℃)和高湿，但在温度低至2℃时仍然可以活动。

6. 盘长孢属(*Gloeosporium*)和刺盘孢属(*Colletotrichum*)　引起水果炭疽病的主要病原菌。盘长孢属的特点是分生孢子盘盘状或垫状，可引起香蕉和桃的炭疽病、苹果的苦腐病。可以从皮孔侵入呈休眠状态，在贮藏期间或生长期发展为轮纹腐烂斑。开始果面上出现淡褐色圆形小病斑，迅速扩大成褐色或深褐色，最后呈黑褐色。随着病斑扩大，果面稍下陷。当直径扩大到1～2 cm时，病斑中心生出突起小粒点，初为褐色，随即便成黑色，这是病原菌的分生孢子盘。黑色粒点很快突破表皮，湿度大时，溢出粉红色黏液。有时数小斑融合，形成大斑，高温高湿下传染迅速。柑橘果实炭疽病多以果蒂或靠近果蒂部开始腐烂，初为淡褐色水浸状，后变成褐色而腐烂。病斑边缘整齐，先果皮腐烂而后引起全部果实腐烂。

（二）细菌病害

细菌是原核生物，单细胞不含叶绿素，属于异养。细菌不能直接入侵完整的植物表皮，一般是通过自然孔口和伤口侵入。最主要的是欧氏杆菌属(*Erwinia*)，其次是假单胞杆菌属(*Pseudomonas*)。

1. 欧氏杆菌(*Erwinia* spp.)　侵染大白菜、甘蓝、生菜、萝卜等十字花科蔬菜，引起软腐病。马铃薯、番茄、甜椒、大葱、洋葱、胡萝卜、芹菜、莴苣、甜瓜、豆类等也被侵害。由欧氏杆菌引起的病害症状基本相似，感病组织开始为小块的水浸状，变软，薄壁组织浸解，在适宜的条件下腐坏面积迅速扩大，引起组织完全软化腐烂，并产生不愉快的气味。

2. 假单胞杆菌(*Pseudomonas* spp.)　可引起黄瓜、芹菜、莴苣、番茄和甘蓝的软腐病。假单胞杆菌引起的软腐症状与欧氏杆菌很相似，但不愉快的气味较弱。

这两种细菌侵染果蔬引起软腐的原因，主要是病菌能分泌各种浸解组织的胞外酶，如果胶水解酶、果胶酯酶和果胶裂解酶等，引起果蔬细胞死亡和组织解体。软腐病部表皮常常开裂，汁液外流，使病菌侵染相邻果蔬，造成成片腐烂。常见果蔬采后侵染性病害及与之相关的微生物见表3-10。

表3-10　果蔬常见采后侵染性病害及病原菌

作物	病名	病原菌
苹果、梨	青霉病	扩展青霉
	灰霉病	灰霉葡萄孢
	黑腐病	仁果囊孢壳
	褐腐病	果生链核盘菌
	轮纹病	果生囊孢壳
	皮孔病	盘长，孢状刺盘孢，异名为果生盘长孢，有性阶段为小丛壳孢
	炭疽病	恶疫霉、丁香疫霉
	疫腐病	米根霉、匍枝根霉
	根霉软腐	链格孢、分红单胞菌和串珠链孢
香蕉	冠垫腐	可可球二孢、芭蕉刺盘孢、粉红镰刀孢、可可轮枝孢
	炭疽病	香蕉盘长孢
柑橘	青霉病	意大利长孢

续 表

作 物	病 名	病 原 菌
	绿霉病	指状青霉
	酸腐病	白地霉
	黑腐病	柑橘链格孢
	茎端腐	柑橘茎点霉、蒂腐色二孢
葡萄	灰霉病	灰葡萄孢
	青霉病	青霉菌
	软腐病	黑根霉
	绿霉病	多主枝孢
	黑腐病	链格孢
核果类	褐腐病	果生链核盘菌
	软腐病	黑根霉
	灰霉病	灰葡萄孢
	青霉病	青霉菌
	酸腐病	白地霉
	黑腐病	链格孢
凤梨	黑腐病	奇异长喙壳
马铃薯	干腐病	腐皮镰孢
	软腐病	假单孢杆菌
甘薯	黑斑病	甘薯长喙壳
	软腐病	根霉
草莓	软腐病	灰葡萄孢
	灰霉病	根霉
番茄、辣椒	黑斑病	链格孢
	褐腐病	疫霉
	灰霉病	灰葡萄孢
	软腐病	黑根霉
	酸腐病	白地霉
	细菌性软腐	欧式杆菌及假单胞杆菌
甜瓜	软腐病	黑根霉、米根霉
	白斑病	半裸镰孢
	黑斑病	链格孢
	青霉病	鲜绿青霉
西瓜	炭疽病	葫芦科刺盘孢
	白绢病	齐整小核菌
其他蔬菜(叶菜、根菜、豆类)	细菌性软腐病	胡萝卜欧式杆菌
	灰霉病	灰葡萄孢
	水渍状软腐病	核盘菌
	软腐病	黑根霉
	白斑病	镰刀孢
	炭疽病	刺盘孢
	霜霉病	霜霉菌

二、果蔬采后病害的侵染过程

病原物侵染过程(infection process)就是病原物与寄主植物可侵染部位接触,并侵入寄主植物,在植物内繁殖和扩展,然后发生致病作用,显示病害症状的过程,也是植物个体遭受病原物侵染后的发病过程。

侵染过程一般分为 4 个时期:接触期、侵入期、潜育期、发病期。病原物的侵染过程受病原物、寄主植物和环境因素的影响,而环境因素又包括物理、化学和生物等因素。

(一) 接触期

接触期是指从病原物与寄主植物接触或达到能够受到寄主外渗物质影响的根围或叶围后,开始向侵入的部位生长或运动,并形成某种侵入结构的一段时间。

病原物的休眠体大多是随着气流或雨水的飞溅落在植物上，还可随昆虫等介体或田间操作工具等到植物上。根部分泌物可在植物根系周围积聚许多病原物和其他微生物，也可刺激或诱发土壤中的有些病原真菌、细菌和线虫等或其休眠体的萌发，有利于产生侵染结构和进一步侵入。但有些腐生的根围微生物能产生抗菌物质，可抑制或杀死病原物；有些腐生菌或不致病的病原物变异菌株占据了病原物的侵染位点，使病原物不能侵入。

病原物的生长阶段，包括真菌的休眠体萌发所产生的芽管或菌丝的生长、释放的游动孢子的游动、细菌的分裂繁殖、线虫幼虫的蜕皮和生长等。

(二) 侵入期

从病原物侵入寄主到建立寄主关系的这段时间，称为病原物的侵入期(penetration)。病原体进入寄主是经过自然开孔(如气孔、水孔等)和伤口，或是主动地借助自身分泌的酶和机械力入侵植物的过程称为侵染，前者称为被动侵染，后者称为主动侵染。

病原真菌大多是以孢子萌发后形成的芽管或菌丝侵入。典型的步骤是，孢子的芽管顶端与寄主表面接触时，膨大形成附着器，附着器分泌黏液将芽管固定在寄主表面，然后从附着器产生较细的侵染丝入侵寄主体内。

(三) 潜育期

病原物从与寄主建立寄生关系，到表现明显的症状为止，这一时期就是病害的潜育期(incubation period)。症状的出现就是潜育期的结束。

(四) 发病期

植物被病原菌侵染后，经过潜育期即出现症状，便进入发病期。

三、病害的入侵途径

病原菌侵入寄主的途径有直接侵入、自然孔口侵入和伤口侵入三种。

(一) 直接侵入

病原菌直接穿透果蔬器官的角质层或细胞壁的侵入方式称直接侵入。孢子萌发产生芽管，芽管顶端膨大形成附着器并分泌黏液，先把芽管固定在可侵染的寄主表面，然后再从附着器上产生纤细的侵入丝穿透被害体的角质层；此后，有的菌丝加粗后在细胞间蔓延，有的再穿透细胞壁而在细胞内蔓延，如炭疽病菌和灰霉病菌等。

(二) 自然孔口侵入

寄主的自然孔口包括气孔、皮孔、花器和水孔等，其中以气孔和皮孔最重要。真菌和细菌中相当一部分都是从自然孔口侵入。如柑橘溃疡病细菌能从气孔、水孔和皮孔侵入，马铃薯软腐病菌从皮孔侵入，苹果花腐病菌从柱头侵入，葡萄霜霉病和蔬菜锈病病菌的孢子从气孔浸入。

(三) 伤口侵入

果蔬表面的各种创伤都可能成为病原菌入侵的途径，如收获时造成的伤口，采后处理、加工包装以至贮运装卸过程中的擦伤、碰伤、压伤、刺伤等机械伤，脱蒂、裂果、虫口等。这是果蔬采后病害的重要侵入方式。青绿霉病、酸腐病、黑腐病真菌及许多细菌性软腐病细菌都是从伤口侵入的。

四、果蔬采后侵染性病害防治的原则

(一) 减少田间潜伏侵染

果蔬在田间生长期间发生的侵染，在采后用通常的杀菌剂彻底消灭是十分困难的，因为这些杀菌剂不能渗透到病原侵染的部位并达到有效抑菌浓度。因此应该在果蔬生长期间使用保护剂或灭菌剂以控制采前侵染。

(二) 减少环境及果蔬表面病原微生物数量

污染采后果蔬的病原微生物主要来源有：① 包装车间及贮藏室内的空气中存在大量的孢子；② 用于清洗、冷却、传递或进行化学处理的水被污染；③ 用于运输产品的容器、传送带或涂蜡的毛刷等被污染。因此，保护环境卫生，减少病原微生物污染果蔬是必要的措施。

(三) 延缓果蔬衰老，保持果蔬的抗病性

调节和控制果蔬贮藏的环境条件是预防果蔬腐烂的基础。其中低温贮藏是推迟果蔬腐烂的最有效的方法。因为低温可以延缓果蔬衰老，保持抗性，同时直接抑制病原微生物的生长，但需注意防止亚热带作物发生冷害，遭受冷害的果蔬病害发展更快。另外，在低温条件下，通过调节空气成分，降低氧气或增加二氧化碳，可以保持果实的抗性，减轻果蔬的腐烂。但应防止低氧和高二氧化碳伤害。

(四) 使用化学防腐剂

通过低温贮藏，改变空气成分，或使用生长调节剂等进行处理，保持果蔬的抗病性，在一定程度上可以减轻病原腐烂。但这些措施并不能充分地保护果蔬免于微生物的侵染，尤其是在市场系统中运转或长期贮藏的产品更是如此。新鲜果蔬只有在适宜的贮运条件下，结合防腐剂处理才能达到最长的贮藏寿命。采用防腐剂处理主要目的是在损伤处沉积有效浓度的灭菌剂，阻碍侵染过程，使病原在寄主体内发展受到限制，并控制已建立的侵染。

五、果蔬抗病性及机制

植物在遭遇病原菌侵染的过程中，为了自我保护，常常激活一套防御机制，以抵御病原菌的入侵。植物对病原物侵染的抵御能力就是抗病性(disease resistance)。从植物生理学的观点来看，植物的抗病性是植物在形态结构和生理变化等方面综合的时间和空间上表现的结果，它是建立在一系列物质代谢基础上，通过有关抗病基因表达和抗病调控物质产生来实现的。

(一) 果蔬诱导抗病性

植物包括采后果蔬，经过预先接种或采用一些物理的、化学的因子处理后，从而改变植物对病害的反应，使得原来的感病部位对病害产生局部的或系统的抗性，减少病害发生，称为诱导抗病性。

这主要通过引起植物亚细胞、细胞或组织水平的形态结构发生改变，使植物细胞壁木质化、木栓化，形成乳突和钙离子沉积等；以及引起植物正常生理代谢发生改变，酚类、萜类和类黄酮等次生物质代谢发生变化；防御反应酶和抗病相关蛋白表达量升高；植保素的积累等途径阻遏病原物扩展或危害。诱导抗病性为植物病害防治开辟了一条安全无毒的途径，是当前植物病理学、植物生理学和生物化学交叉学科的研究热点。

植物对病原菌侵染产生的抗性应答一般分为两类，一类为系统获得抗性(systemic acquired resistance, SAR)，植物经过弱毒性或另一个病原物的接种或一些化学物质诱导，可以产生新的、广谱的系统抗性，从而对病原物再次侵染及其他病菌的侵染均具有很强的抗性，并且可以扩展到整个植株，不涉及病程相关蛋白(pathogenesis-related protein, PR)的表达。另一类为诱导系统抗性(induced systemic resistance, ISR)，由植物根部聚集的非致病菌所引起的病原菌侵袭的抗性提高，植物中还可表现非寄主抗性，它可以激活在专一性抗性中所伴随发生的多数防御反应。研究发现拟南芥接种根瘤细菌后，其典型的 ISR 反应包括激活 PR，合成酚类、木质素和植保素等并无明显表现，但随着接种病原菌后，拟南芥的 ISR 反应立刻启动，从而赋予了植物体很强的抗病性。这种把植物不表现任何可检测的生理生化反应，而仅在受到病原菌攻击后才表现出抗病性的特性称为"priming"，意指"植物敏化过程"或者"防御准备过程"(Conrath et al.，2002)。

(二) 植物诱导抗病性的特点

1. 非特异性 植物经诱导因子处理后，能诱导出针对各种挑战病菌物抗性。烟草经诱导后，对 7 种病原引起的病情有明显的减轻现象，包括多种真菌性病原、2 种细菌性病原和 2 种病毒。用烟草坏死病毒诱导处理黄瓜后，能使黄瓜抵抗 10 余种病害。诱导抗性的广谱性可以保护植物抵御多种病原菌的侵染。

2. 相对性 用诱导因子处理后，植物产生的诱导抗性不能够完全抑制病原菌的侵染，而只是侵染程度的减轻，对植物的保护作用是相对的、不完全的。一般来说，在一定范围内诱导因子的浓度与诱导效果之间存在着正相关的关系。

3. 滞后性 诱导处理到植物产生抗性，显示出它对挑战接种物的抗性要有一个时间间隔。诱导抗性表达的滞后性在不同诱导系统中是不同的。例如，菜豆在炭疽病菌诱导处理 24～36 h 后显示出对玉米圆斑病菌和链格孢属的过敏性反应。另外，植物并不是一经诱导，就能永久地保持抗性的。在黄瓜上，由炭疽菌

或烟草花叶病毒侵染第一片真叶而诱导出的抗性可持续3～6周，期间再次加强接种，抗性可持续到开花和结果。

4. 传导性　植物的诱导抗病性是可以传导的。例如，用瓜类刺盘孢(*Colletotrichum lagenarium*)接种哈密瓜第1片真叶，2周后发现，新生出的第2～5片叶也有了抗病性。把感病的黄瓜接穗嫁接在经免疫的黄瓜砧木上，结果使原来感病的黄瓜接穗变为抗病，黄瓜植株获得抗性是诱导部分输出免疫信息物质的结果。

5. 耗能性　诱导植物抗性的产生是一个需要能量的过程。在烟草上，对矮于20 cm的植株注射烟草霜霉菌(*Peronospora abacina*)以诱导对霜霉病的抗性，会引起植株的矮化。当然也有诱导植物的生长和产量都不受影响的报道，这可能涉及其他更为复杂的原因。

6. 安全性　诱抗剂本身对病原物不产生毒杀作用，其作用机制是诱导植物体内在抗病潜力，因而对病原物没有选择压力，不易产生抗药性，因此对环境也不产生副作用。

诱导处理的时间以幼苗期为好，成株期处理效果较差。如在幼苗期用非致病的炭菌病诱导处理黄瓜，可使黄瓜产生对炭疽病较好的诱抗效果，但开花后再进行诱导处理，这种效果就很差。诱导抗病性的产生，一般需要一定的温度和光照条件。

(三) 植物诱导抗病性的机制

1. 细胞壁的保卫反应　病原菌侵染或诱导因子激发可以引起植物细胞壁的木质化、木栓化，产生酚类物质和钙离子沉积等多种防卫反应。木质化作用是在细胞壁、胞间层和细胞质等不同部位产生和积累木质素的过程。木质素沉积使植物细胞壁能够抵抗病原侵入的机械压力。大多数病原微生物不能分解木质素，木质化能抵抗真菌酶类对细胞壁的降解作用，中断病原菌的侵入。木质素的透性较低，还可以阻断病原真菌与寄主植物之间的物质交流，防止水分和养分由植物组织输送给病原菌，也阻止了真菌的毒素和酶渗入植物组织。

在木质素形成过程中还产生一些低分子质量酚类物质和对真菌有毒的其他代谢产物。如绿原酸、丹宁酸、儿茶酚和原儿茶酚等，这些酚类物质对病原菌具一定毒性，感病或受伤后，在多酚氧化酶和过氧化酶的催化下氧化成毒性更强的醌类物质。这些醌类物质对病原菌的磷酸化酶、纤维素酶等的活性有明显的抑制作用。

木栓质在细胞壁微原纤维间积累，增强了细胞壁对真菌侵染的抵抗能力。

2. 植保素的产生和积累　广义的植保素(phytoalexin)是指所有与抗病有关的化学物质，狭义的植保素指植物受病原物侵染后产生的一类低分子质量的对病原物有毒的化合物，其产生的速度和累积的量与植物抗病性有关。至今已在17科植物中发现了200多种植保素，其中包括酚类植保素(绿原酸、香豆素等)、异黄酮类植保素(豌豆素、菜豆素、大豆素等)和萜类植保素等。

植保素的诱导生成是非专一性的，植保素只局限在受侵染细胞周围积累，起屏障隔离作用，防止病菌进一步侵染。一般来说，抗病及感病植株中均可积累植保素，但在抗病植株中形成速度快、数量大，故能起到及时防止病菌侵染的效果。

植保素的合成与积累是抗病性形成的一个重要方面，通常以较低速率积累植保素的寄主表现为较高的感病性，并且随着成熟或贮藏期延长，植保素积累能力逐步下降，感病性也逐步增加。

3. 病程相关蛋白的作用　受病原菌侵染时，随着病程的发展，在植物体内会出现一种或多种新的蛋白质，这些蛋白质是在专一的病理条件下诱导合成的，故称为病程相关蛋白(pathogenesis related protein, PR)。PR的种类很多，如在烟草中已分离了33个，可以降解病原菌的胞壁。PR有直接杀伤或者抵抗病原物活性的作用，在某些植物中，PR诱导表达被认为是植物抗病反应的生化指标之一。研究最多的主要是几丁质酶和β-1,3-葡聚糖酶，主要功能是降解真菌细胞壁。病毒、真菌和细菌的侵染或激发子、胁迫、激素、乙烯处理都能诱导植物产生这两种酶。

4. 诱导相关酶活性的变化　植物中的苯丙氨酸解氨酶(PAL)、多酚氧化酶(PPO)、过氧化物酶(POD)、超氧化物歧化酶(SOD)和过氧化氢酶(CAT)在植物受到病原菌侵染或者诱导因子处理后，活性会发生变化。POD参与木质素的聚合，催化酚类转变为醌类，还能催化木质素与多糖、羟脯氨酸糖蛋白(HRGP)等形成共价键，加固细胞壁等；PAL是苯丙烷类代谢途径的关键酶和限速酶，它可催化L-苯丙氨酸直接脱氨产生反式肉桂酸，从而有利于木质素合成。PPO可以氧化酚类化合物，促进类似木质素物质的聚合从而抑制病原菌的生长。SOD和CAT是细胞抵御活性氧伤害的保护酶系统，能够减轻病原菌侵染造成的氧化胁迫。此外，几丁质酶和β-1,3-葡聚糖酶的活性在诱导后升高，可以通过降解真菌细胞壁，抑制真菌生长，减轻植物病害。

（四）抗病性诱导因子的种类

能引起植物产生抗病性的因素根据其来源分为生物型和非生物型激发子。生物型激发子主要包括病原微生物的拮抗菌、脱毒微生物、寄主—病原物相互作用过程中细胞壁组分被修饰后产生的天然化合物等。非生物型激发子包括具有激发子性质的物理性因子如紫外线、射线、热，以及化学性因子如O_3、CO_2、茉莉酸、茉莉酸甲酯、水杨酸、赤霉素和乙烯等。

1. 生物因子 ① 真菌类。真菌类的病原菌，非病原菌及菌丝体、细胞壁片段及分泌蛋白等都可以作为诱抗剂诱导植物抗病性。用病原菌的弱致病力的菌系预先处理植物，经过诱导迟滞期再进行挑战接种强菌系，在多种作物上获得了诱导抗性。同时，非致病病原真菌作为诱导因子也可以诱导寄主对本身病原真菌产生抗性。真菌的不同结构有机组分中的不饱和脂肪酸和氧化脂肪酸也可诱导系统获得抗性。② 细菌类。细菌诱抗剂包括死体和活体、病原细菌和非病原细菌及细菌的不同成分。其中研究最多的是细菌的过敏素harpin，其可以诱导非寄主植物产生过敏性而获得系统抗性。它是由革兰氏阴性植物病原细菌*hrp*基因编码的蛋白质激发子。harpin可诱导多种植物产生抗病性，如可增强番茄对旱疫病、烟草对烟草花叶病毒（TWV），以及其他作物的抗病性。③ 病毒类。病毒本身或病毒外壳蛋白都可作为诱抗剂诱导植物的抗病性。报道比较多的是烟草花叶病毒。有研究表明，将TMV接种烟草，发现烟草对霜霉病产生了抗性。④ 植物类。植物中半乳糖醛酸化合物及果胶多糖是组成植物细胞壁的重要成分，它由1,4连接的半乳糖醛酸残基构成，在病原物攻击植物时，可释放寡聚半乳糖醛酸苷作为内源激发子。许多研究表明，寡聚半乳糖醛酸的聚合度为10～15时活性最高。另外多种植物的组织提取物对植物病害有一定的诱抗作用。⑤ 拮抗菌。生物防治是利用微生物之间的拮抗作用，选择对寄主不造成危害，但对病原菌致病力有明显抑制作用的微生物来防治寄主病害的一种有效方法。利用拮抗菌是生物防治的途径之一，它可代替化学杀菌剂有效地控制采后病害。

2. 非生物因子 ① 物理因子。物理诱导剂包括紫外线照射、金属离子、低温、高温、低湿、机械损伤、电磁处理、X射线。研究证实，UV-C可诱导葡萄、葡萄柚和橙等果实抗病性形成。38℃处理番茄、苹果后，由灰霉菌（*B. cinerea*）、青霉菌（*P. expansum*）等引起的烂果率大大减少。将青霉菌（*P. expansum*）的孢子置于热处理果皮的粗提物中培养，发现孢子芽管的生长被明显抑制，芽管壁变厚，表明热处理果皮中形成了抑菌物质。黄瓜幼苗经一定时间低湿处理后，对霜霉病（*Pseudoperonospora cubensis*）的抗性明显增强。② 化学因子。一些化学物质，如水杨酸（SA）、乙烯（ET）、茉莉酸（JA）、茉莉酸甲酯（MeJA）、草酸（OA）、BTH等，本身没有杀菌的作用，但能够诱导植物产生抗病性。目前对于SA、ET、JA、OA及BTH等研究得比较多。

水杨酸，又称为邻羟基苯甲酸，是一种天然的酚类化合物，广泛存在于自然界的多种植物中，在激活一系列植物抗病防卫反应的过程中扮演内源信号分子的角色。SA是植物产生SAR所必需的信号分子，因为水杨酸羟化酶基因（*nahG*）的异常表达将阻碍SAR的启动。如把细菌中编码水杨酸羟化酶（salieylate hydmxylase）的*nahG*基因转入烟草和拟南芥后发现，转基因植物在病原物侵染后SA的积累受到了抑制，使它们限制病原物扩展和产生SAR的能力减弱。此外，SA预处理也可以增强植物多种防卫反应机制，如植保素的积累，PR表达量增加和各种活性氧的产生，提高了植物的抗病性。用SA处理甜樱桃果实后，诱导了果实PPO、PAL及β-1,3-葡聚糖酶活性的增强。

茉莉酸（jasmonic acid，JAs）自1971年从真菌培养中被分离鉴定出来之后，人们发现它还有许多异构体，这些物质广泛存在于高等植物体内，总称为茉莉酸类物质（jasmonates，JAs），主要代表物质是茉莉酸（JA）和茉莉酸甲酯（MeJA）。大量研究表明，JA及其酯化物MeJA在植物病原物互作的信号转导途径中扮演了重要的角色。外源施用JA和MJ能够诱导植物产生一系列对病原微生物的抗性。用JA和MeJA处理桃果实、苹果果实，可以提高它们的抗病性。MeJA处理可以提高组织中的CAT活性，这可能与MeJA提高黄瓜的抗冷性直接相关。MeJA处理还可以通过调节桃果实果肉细胞壁中钙的分布和含量，从而保护细胞壁的结构以减轻冷害的发生。JA诱导的抗性蛋白（PR蛋白）主要是一些植物的防御酶，包括几丁质酶、β-1,3-葡聚糖酶、PPO、POD和PAL等。

JAs等激发子诱导寄主植物对外来病原菌进行初次识别反应，植物体发生一系列的生理结构及代谢变化后，产生凝集素等分泌物，与病原菌激发子进行相互识别，最后产生一系列防御反应机制，如堵塞皮孔，果实细胞壁加厚，产生木质素、植保素及其他的抗菌物质(如酚类，脂肪酸等)或病程相关蛋白等，从而阻碍病原菌的侵袭，同时JA也可以作为一种信号分子影响植物细胞内外的信号转导途径。

植物受病原菌侵染或其他生物因子刺激后在局部组织发生过敏反应(HR)，诱导植物抗毒素等物质的产生，并伴随SA含量的升高，激发下游病程相关蛋白的表达，使植物产生系统获得抗性。乙烯作为重要的信号分子在植物的抗病途径中，与JA一起发挥了重要作用。研究显示，SA主要参与诱导植物对活体营养型病原菌的抗性，而JA和乙烯则协同发挥作用，与诱导植物对营养坏死型病原菌的抗性有关，并且SA信号系统与JA/乙烯信号系统之间往往相互拮抗。JA/乙烯信号系统更多的是参与了植物另外一种抗性反应——ISR，ISR是植物的一种依赖于JA/乙烯信号而非SA信号的系统性抗性。

草酸(oxalic acid, OA)是一种有机酸，广泛存在于自然界中，在不同的生物中发挥各异的生物学功能。草酸是一种有效的非生物诱抗剂，可诱导植物对多种真菌病害产生抗性，也可诱导植物对细菌和病毒病害的抗性。据研究，草酸诱导植物对真菌、细菌和病毒的系统抗性与草酸诱导植物POD活性升高、产生新的POD同工酶等生理效应相关。OA预处理黄瓜可以提高对霜霉病的抗性，可诱导黄瓜对细菌和病毒的抗性，也可以提高黄瓜叶片几丁质酶的活性。另外，用草酸处理芒果果实可以抑制乙烯释放，降低果实的腐烂率，可以延缓冬枣果实的衰老和提高果实的抗病性。

BTH中文通用名为活化酯，是第一个人工合成并且商品化的化学诱抗剂。BTH对病原菌生长繁殖不具有直接的抑制作用，而是通过激活植物抗性来增强植物对病原菌侵染的抵抗能力。采前田间喷施BTH能有效抑制果蔬采后病害的发生。例如，在开花初期和座果期两次喷施75 μg/mL BTH能有效防治甜瓜白粉病和细菌性角斑病，降低果实采后病害的发生率。采前多次叶面喷施BTH有效地减少了草莓的采后灰霉病。此外，BTH采后处理可有效控制多种果实病害的发生。如采用0.5 mmol/L BTH浸泡处理能有效减轻鸭梨果实青霉病(*P. expansum*)和黑霉病(*A. alternata*)的病害扩展。BTH可能是通过启动果实的抗性系统来增强果实对病原菌侵染的抵抗能力。BTH诱导的抗病性具有高度的生物安全性，可有效减少化学杀菌剂的使用量，部分替代杀菌剂对采后病害的控制。BTH单独处理仍难以像杀菌剂那样高效地控制果蔬采后病害。因此，需要考虑BTH与其他采前和采后处理措施的结合，筛选处理浓度、方法和影响处理效果的采前和采后关键因素，深入探讨诱导抗性的作用机制及其对果蔬品质及成熟的影响。

(五) 诱导抗病性在果蔬采后病害防治上的应用

采后果蔬自脱离母体开始就逐步走向衰老死亡，经历着机体生理劣变、防御机制减弱及病原菌侵染等变化过程。尽管采后果蔬产品品质损失的诱因很多，但由病原菌引起的腐烂是最主要的原因。病原菌通常在采前或采收期和采后的贮、运、销过程中的侵染寄主，而病害的发生与发展又取决于环境条件和寄主的抗病性。要减少采后腐烂有两种途径，一是通过直接杀灭病原，二是通过提高自身的免疫力间接减少病原的侵染。由于化学杀菌剂逐步受到严格限制使用，第二种途径对延长果蔬贮运期至关重要。从能量角度上看，采后果蔬能量补给不能继续从母体获得，在抗病反应中需要的能量需尽可能减少，而诱导抗病性是采后果蔬保存能量的重要机制之一。

近年来，利用诱导抗病性防治植物病害已经开始受到国内外的关注。大量的研究表明，植物包括采后果蔬，经过预先接种或采用一些物理的、化学的因子处理后，可诱导产生抗病性，从而减少病害发生。诱导抗病性为果蔬病害防治开辟了一条安全无毒的途径，有利于农业的可持续发展。植物总是需要在生存与生长这一矛盾中寻求能量的合理分配，过多地激活防御机制既不能承受，也没有必要。植物遇到某种刺激时，原来处于蛰伏状态的防御机制就有可能得到激活而重新发挥作用。由于诱导抗性活化的是植物潜在的抗性机制，因此是安全和持久的。而且还具有广谱性，即单一的诱导因子能对多种病原真菌、细菌和病毒引起的病害起到抵抗作用。

筛选安全有效的诱导因子防治果蔬采后病害成为人们研究的热点，并取得了一些进展。例如，用紫外线诱导处理葡萄柚后，使得葡萄柚对青霉菌的抗性提高。把葡萄果实预先经紫外线处理后再接种灰霉菌孢子，果实发病程度明显减轻。热处理采后番茄果实，可以增加果实对灰霉病的抵抗能力。热处理还可以有效地控制油桃褐腐病和葡萄果实灰霉病的发病程度。

生物型诱导因子如 harpin 蛋白及酵母拮抗菌也被广泛应用于果蔬采后病害的防治。使用 harpin 处理哈密瓜，能够诱导果实对病原菌 *Trichothecium roseum* 产生抗性从而减轻病害发生程度。酵母拮抗菌 *Pichia membranaefaciens* 和 *Candida guilliermondii* 能够诱导油桃果实抗病性，增加几丁质酶和 β-1,3-葡聚糖酶的活性。

目前，植物诱导抗病性在实际应用中存在一些局限性，如品种少、使用的作物范围没有化学农药那么广、诱导获得的抗病性不太稳定、抗性程度还不能完全解决危害的防治、诱导植物抗病需要消耗能量从而影响作物产量等问题，因此还需要加强研究。采后诱导抗病性处理结合其他采后处理措施对采后病害的控制可能会有理想的效果，对这方面进行研究具有重要的实践意义。

思考题

1. 果蔬呼吸的两种模式，以及影响呼吸强度的因素有哪些？
2. 乙烯在果蔬采后中的作用，以及影响乙烯作用的主要因素有哪些？
3. 果蔬成熟与衰老的主要生理生化变化有哪些？举出两种衰老机制及学说的例子。
4. 乙烯合成调控在果蔬采后贮藏中的应用，试举一个例子说明。
5. 蒸腾作用对果蔬的影响，以及影响蒸腾作用的因素有哪些，如何来控制蒸腾失水？
6. 果蔬休眠的原因是什么？休眠时的生理生化变化有哪些？如何延长休眠期？
7. 果蔬采后生长的类型有哪些？抑制采后生长的方法有哪些？
8. 果蔬发生冷害的主要症状是什么？如何防止果蔬冷害的发生？
9. 果蔬采后的气体伤害有哪些类型，试举例说明。
10. 果蔬采后侵染性病害的病原有哪些？其入侵途径与方式是什么？如何进行采后侵染性病害的防治？
11. 什么是植物的诱导抗病性？说明诱导抗病性的特点和机制。

第二篇　果蔬贮运保鲜

第四章

果蔬采后商品化处理

果蔬采后商品化处理是为了保持或改进果蔬产品质量并使其从果蔬产品转化为商品所采取的一系列措施的总称，主要包括果蔬采后所经过的挑选、修整、清洗、分级、预冷、愈伤、药物处理、吹干、打蜡抛光、催熟、精细包装等技术环节。本章主要介绍果蔬采收、分级、预冷、被膜、包装、催熟及脱涩等技术。

第一节　果 蔬 采 收

采收(harvesting)是果蔬生产上的最后一个环节，也是采后商品化的第一个和关键环节。其目标是使果蔬产品在适当的成熟度时转化为商品，采收时力求做到适时、迅速、损伤小、花费少。

据联合国粮食及农业组织的调查报告显示，发展中国家在采收过程中造成的果蔬损失达8%～10%。其中，主要原因是采收成熟度不当，田间采收容器使用不当，采收方法选择不当等造成机械损伤严重，此外，采后的果蔬从贮运到包装处理过程中缺乏有效的保护也是重要原因。

水果和蔬菜的采收成熟度与其产量、品质有着密切的关系。采收过早，不仅产品的大小和质量达不到标准，且风味、色泽和形状等品质性状均不好，达不到贮藏、加工的要求，使生产和销售受损；采收过晚，产品过熟、衰老而不耐贮运或纤维素增加等而丧失商品价值。

在确定水果和蔬菜的成熟度、采收时间时，应该考虑水果和蔬菜的采后用途，结合其本身的品种特点、食用部位、贮藏时间、贮藏方法和设备条件、运输距离、销售期及产品的类型等因素。采收工作具有很强的时间性和技术性，必须及时迅速，作为鲜销的产品应由经过培训的工人采收，才能有效减少损失，利于贮藏。采收之前，必须做好人力、物力上的安排和组织。因产品而异，选择适当的采收期和采收方法。

果蔬产品的表面结构是其天然的保护层，当其被破坏后，组织就失去了天然的抵抗力，易被病菌感染而造成腐烂。采收过程中产生的机械损伤在以后的各环节中无论如何进行处理也不能修复，并且会加重采后运输、包装、贮藏和销售过程中的产品损耗，以及降低产品的商品性，大大影响贮藏保鲜效果，降低经济效益。因此，果蔬产品的采收过程应尽量避免一切机械损伤。如四川地区习惯用针划法进行蒜薹的破薹采收，这种方法会造成组织大面积的创伤，在产品新鲜时伤口不显现，常温下贮藏2～3 d后，或者在冷库中冷藏20～30 d后就会出现褐变，同时发生皱缩症状，并且很容易遭受病菌侵染而发生腐烂，严重影响产品外观品质和风味。

果蔬产品采收的原则是及时无伤、保质保量、减少损耗、提高贮藏加工性。

一、采收期

果蔬的采收期取决于它们的成熟度和果蔬采收后的用途。一般当地销售的产品，采收后立即销售，可适当晚采收；需长期贮藏和远距离运输的产品，应适当早采收；具有呼吸高峰的果实应该在达到生理成熟时(果实离开母体植株后可以完成后熟的生长发育阶段)或发生呼吸跃变以前采收。不同果蔬品种其供食部位不同，判断果蔬成熟度的标准也不同。判别果蔬产品采收期的方法有以下6个方面。

(一) 产品表面色泽变化

许多果实在成熟时果皮都会显示出特有的颜色变化，一般未成熟果实的果皮中含有大量的叶绿素，随着果实成熟逐渐降解，而类胡萝卜素、花青素等色素逐渐合成，使果实的颜色显现出来。因此，色泽是判断果蔬产品成熟度的重要标志，如番茄仔果顶呈奶油色时采收；茄子应在果皮亮而有光泽时采收；甜橙由绿色变成红色时采收；黄瓜在深绿色尚未变黄时采收。但绿色和红色不能代表成熟度，如蜜柑之类的果皮在尚为青绿时采收，其味已甜；四川红橘果实全部红色，其味仍酸。根据不同的目的采收期的选择又有所不同，以番茄果实为例，作为远距离运输或贮藏的，要在绿熟时采收；就地销售的，应在粉红色时采收；加工用的，则在红色时采收。目前，生产上大多根据颜色变化来决定采收期，此法简单可靠且容易掌握。

（二）饱满程度和硬度

饱满程度一般用来表示发育的状况。一般来说，许多蔬菜的饱满程度大，表示发育状况良好、成熟充分或已达到采收的质量标准。如结球甘蓝、花椰菜应在叶球或花球充实、坚硬时采收，品质和耐贮性好。而有些蔬菜的饱满程度高则表示品质下降，如莴笋、荠菜、芹菜应该在叶变坚硬（纤维化或木质化）前采收。对于黄瓜、茄子、豌豆、菜豆、甜玉米等蔬菜，应在果实幼嫩时采收。

有些果实合适的采收成熟度常用硬度表示。果实硬度是指果肉抵抗外界压力的强弱，抗压力越强果实的硬度就越大。一般来说，未成熟的果实硬度较大，达到一定成熟度时才变得柔软多汁。这是由于果实成熟和完熟时，细胞壁间的原果胶分解，硬度也逐渐下降。因此，生产中可根据硬度判断果实的成熟度。供贮藏用的莱阳梨在硬度为7.5～7.9 kg/cm^2时采收、鸭梨在硬度为7.2～7.7 kg/cm^2时采收，青香蕉苹果在硬度为8.2 kg/cm^2时采收、红元帅系和金冠苹果适宜在硬度为7.7 kg/cm^2以上时采收。

（三）果实形态与大小

果蔬产品成熟后，产品本身会表现出其固有的生长状态（品种性状），可以根据经验来判别成熟度和采收期。例如，香蕉未成熟时果实的横切面呈多角形，达到完熟时，果实饱满、浑圆，横切面呈圆形；黄瓜在膨大之前就应采收。有时果实的大小也可成为成熟的判定依据，但其适用范围比较有限，如同一品种和产地的瓜类，大的表示成熟、小则表示未熟。

（四）生长期和成熟特征

不同品种的果蔬从开花到成熟都具有一定的生长期，不同地区可根据当地的气候条件结合多年的经验得出适合当地采收的平均生长期。如山东元帅系列苹果的生长期为145 d左右，'国光'苹果生长期为160 d左右，四川青苹果生长期为110 d左右，重庆青苹果生长期为100～110 d。

不同的果蔬产品在成熟过程中会表现出许多不同的特性，如瓜果类可以根据其种子的变色程度来判断成熟度，种子从尖端开始由白变褐（黑）是瓜果类充分成熟的标志之一；豆类蔬菜在种子膨大硬化之前采收，其使用和加工品质才较好，但留种则应在充分成熟时采收。另外，黄瓜、丝瓜、茄子、菜豆应在种子膨大、硬化之前采收，品质较好，否则易发生木质化（纤维化）而影响品质；南瓜应在果皮形成白粉并硬化时及时采收，冬瓜果皮上的茸毛消失，出现蜡质白粉时采收。洋葱、大蒜、姜等蔬菜，在地上部分枯黄时采收为宜。

（五）果梗脱离的难易程度

有些种类的果实，其成熟时果柄与果枝间常产生离层，稍稍振动果实就会脱落，因此常根据其果梗与果枝脱离的难易程度来判断果实的成熟度。离层形成时，成熟度较高，果实品质较好，此时应及时采收，以免大量脱落，造成经济损失。对于需要贮运的果实来讲，当形成离层时采收已过了最佳采收期，故以此法来判断采收期有一定的局限性。

（六）化学成分

果蔬产品在生长、成熟过程中，其主要化学物质如糖、淀粉、有机酸、可溶性固形物和抗坏血酸等物质的含量都在不断发生变化。这些物质含量的动态变化和比例情况可以作为衡量产品品质和成熟度的标志。可溶性固形物中主要是糖分，其含量高低与含糖量和成熟度均成正比。可溶性固形物与总酸的比值称为"固酸比"，总含糖量与总酸含量的比值称为"糖酸比"，它们均可用于衡量果实的风味及判别果实的成熟度。猕猴桃果实在果肉可溶性固形物含量6.5%～8%时采收较好。苹果糖酸比为30～35时采收，果实酸甜适宜，风味浓郁，鲜食品质好。四川甜橙以固酸比不低于10∶1作为采收成熟度的标准，美国将甜橙糖酸比8∶1作为采收成熟度的低限标准。

果蔬产品成熟过程中体内的淀粉不断转化成为糖，使糖含量增高，但有些产品的变化则正好相反。因此，掌握各种产品在成熟过程中糖和淀粉变化的规律，就可以推测出产品的成熟度。已在生产实践中广泛应用的典型的案例：根据淀粉遇碘液会呈现蓝色，观察果肉变色的面积和程度，初步判断果实的成熟度。苹果淀粉含量会随着成熟度的提高而下降，果肉变色的面积会越来越小，颜色也逐渐变浅；不同品种的苹果成熟过程中淀粉含量的变化不同，因此其相应的成熟采收标准也有所不同。糖和淀粉含量的变化也可作为蔬菜成熟采收的指标，青豌豆和菜豆以实用幼嫩组织为主，应以糖多、淀粉少时采收品质较好；马铃薯、甘薯在淀粉含量较高时采收，不仅产量高、营养丰富、更耐贮藏，而且加工淀粉则出粉率也高。

果蔬产品由于种类、品种繁多，特性各异，其成熟采收标准难以统一，在生产实践中应根据产品的特点、生长情况、气候条件、采后用途等方面进行全面的评价，从而判断出最适的采收期。在获得良好产品品质同时，达到长期贮藏、加工或销售的目的。表 4－1 列举了部分成熟度指标和应用实例。

表 4－1 果蔬成熟标准

指标	实例
盛花期至收获的天数	苹果、梨等
生长期的平均热量单位	豌豆、苹果、玉米等
离层是否形成	某些瓜类、苹果、费约果等
表层形态及结构	葡萄类和番茄角质层的形成，甜瓜类蜡层形成
产品大小	所有水果和多数蔬菜类作物
相对密度	樱桃、西瓜、马铃薯等
形状	香蕉棱角，芒果饱满度，西兰花和花椰菜紧密度
坚实度	莴苣、包心菜、甘蓝等
硬度	苹果、梨、核果等
软度	豌豆
颜色（外部）	所有水果及大部分蔬菜
内部颜色和结构	番茄中果浆类物质的形成；某些水果的肉质颜色
淀粉含量	苹果、梨等
糖含量	苹果、梨、核果、葡萄等
酸含量、糖酸比	石榴、柑橘、木瓜、瓜类、猕猴桃等
果汁含量	柑橘类水果
油质含量	鳄梨
收敛性单宁含量	柿子、海枣等
内部乙烯浓度	苹果、梨等

二、采收方法

果蔬产品的采收方法（harvesting method）可分为两种：人工采收和机械采收。发达国家投入了大量的资金和技术在果蔬产品机械化采收方面，以此来解决劳动力昂贵和提高劳动效率的问题，但到目前为止，真正在生产中应用机械化采收的产品大多是以加工为目的的，如制番茄酱的番茄、制造罐头的豌豆和制蓝莓汁的蓝莓等，鲜销、鲜食并进行运销的产品基本以人工采收为主。

（一）人工采收

鲜销和长期贮藏的果蔬产品最好采用人工采收，原因有三：① 人工采收灵活性很强。可以针对不同的产品、不同的形状、不同的成熟度，及时进行分批分次采收和分级处理；且同一棵植株上的果实，因成熟度不一致，分批采收可提高产品的品质和产量。② 可以减少机械损伤，保证产品质量。③ 便于调节控制。只要增加采收工人就能加快采收速度。④ 便于满足一些种类的特殊要求。

具体的采收方法要根据果蔬产品的种类而定。苹果和梨成熟时，果梗与果枝间产生离层，采收时以手掌将果实轻轻向上一托，果实即可自然脱落，进行带梗采收。黄瓜顶花带刺采收，葡萄、荔枝应带穗采收。桃、杏等果实成熟后果肉特别柔软，容易造成伤害，人工采收时应剪平指甲或戴上手套，小心用手掌托住果实，左右轻轻摇动使其脱落。采收香蕉时，应先用刀切断假茎，紧护母株让其轻轻倒下，再按住焦穗切断果轴，注意不要使其擦伤、碰伤。柑橘、葡萄等果实的果柄与枝条不易分离，需要用采果剪采收。为使柑橘果蒂不被拉伤，此类产品多用复剪法进行采收，即先将果实从树上剪下，再将果柄齐萼片剪平。同时在一棵树上采收时，应按从外向内、由下向上的顺序进行。有些蔬菜如石刁柏、甘蓝、大白菜、芹菜、西瓜和甜瓜等在采收时，可以用刀割。南瓜、西瓜和甜瓜采收可保留一段茎以保护果实。木质茎或带刺茎在采果时应尽量在近果实处剪切以免在运输中误伤其邻近的部位。

为达到较好的果蔬产品采收质量,采收时应注意以下4点。

1)选用适宜的采收工具。针对不同的产品选用适当的采收工具如采收刀等,防止从植株上用力拉、扒产品,可以有效减少产品的机械损伤。

2)戴手套采收。戴手套采收可以有效减少采收过程中人的指甲对产品所造成的划伤。

3)用采收袋或采收篮进行采收。采收袋可以用布缝制,底部用拉链做成一个开口,待袋装满产品后,把拉链拉开,让产品从底部慢慢转入周转箱中,这样就可大大减少产品之间的相互碰撞所造成的伤害。

4)周转箱大小适中。周转箱过小,容量有限,加大运输成本;周转箱过大容易造成底部产品的压伤。一般15~20 kg为宜。同时周转箱应光滑平整,防止对产品造成刺伤。我国目前采收的周转箱以柳条箱、竹筐为主,对产品伤害较重。国外主要用木箱、防水纸箱和塑料周转箱。今后应推广防水纸箱和塑料周转箱在果蔬产品采后处理中的应用。

目前国内劳动力价格相对便宜,果蔬产品的采收绝大部分可采用人工采收。就现阶段来讲,国内的人工采收仍存在许多问题,主要表现为工具原始、采收粗放、缺乏可操作的果蔬产品采收标准。需要对采收人员进行非常认真的管理,对新上岗的工人需进行培训,使他们了解产品的质量要求,尽快达到应有的操作水平和采收速度。

(二)机械采收

机械采收适于那些成熟时果梗与果枝间形成离层的果实,一般使用强风或强力振动机械,迫使果实从离层脱落,在树下铺垫柔软的帆布垫或传送带承接果实并将果实送至分级包装机内。目前,用于加工的果蔬产品或能一次性采收且对机械损伤不敏感的产品多选用机械采收。美国使用机械采收葡萄、苹果、柑橘、番茄、樱桃、坚果类等。根茎类蔬菜(如马铃薯、萝卜、胡萝卜等)使用大型犁耙等机械采收;豌豆、甜玉米均可采用机械采收,但要求成熟度一致;加工用果蔬产品也可采用机械采收,大大提高了采收效率。机械采收前常喷洒果实脱落剂如乙烯利、萘乙酸等以提高采收效果。此外,采后及时进行预处理可将机械损伤减小到最低限度。有效地进行机械采收需要许多与人工采收不同的技术。美国李子采收常用一个器械夹住树干并振动,使果实落到收集帐上,再通过运输带装入果箱。

采收时产品必须达到机械采收的标准,蔬菜采收时必须达到最大的坚实度,结构紧实。目前各国的科技人员正在努力培育适于机械采收的新品种,并已有少数品种开始用于生产。机械采收较人工采收效率高,节省劳动力,减少采收成本,在改善采收工人工作条件的同时减少因大量雇佣和管理工人所带来的一系列问题。第一,机械采收需要可靠的、经过严格训练的技术人员进行操作,以防设备损坏和大量机械损伤的发生。第二,机械设备必须进行定期的保养维修。第三,采收机械设备价格昂贵,投资较大,因此必须达到相当的规模才能具有较好的经济性。第四,机械采收不能进行选择采收,造成产品的损伤严重,影响产品的质量、商品价值和耐贮性,因此大多数新鲜果蔬产品的采收,目前还不能完全采用机械采收。

三、采收时间

采收时间对产品的品质和贮藏性具有重要影响。新鲜果蔬采收尽可能避免在高温(高于27℃)和高光照下采收,防止过多的田间热和呼吸热的产生是确定一天中最佳采收时间的根据。采收最好在清早进行,使果蔬保持较低的温度,利于贮运。

采收时及采收后应避免将产品直接暴露于太阳下。太阳直射下,产品会吸收热量,温度升高和伤口的呼吸加强,会加速产品的失水和衰老。如产品不能立即从田间运走或进行预冷,应在现场使用一些遮阴物或运送到树荫下。采收后的葡萄置于树荫下比阳光直射下品温要低2~3℃。大连5月采收的大樱桃,采用反光膜遮阴处理比对照要低1℃,贮藏3个月后腐烂率较对照组可减少20%。

采收时还要注意,要在露水、雨水或其他水分干燥后再进行采收,尤其是采后失水快和用于长期贮藏的果蔬要特别注意。刚下雨后果皮太脆,果面水分高,极易被病菌侵染,如在此时进行采收,表皮细胞易开裂,腐败的概率增大。因此,采收不要在雨露天进行,且采收前3~7 d不要灌溉。

第二节　果蔬分级

果蔬产品作为生物产品，在生产栽培期中受自然、人为诸多因素的影响和制约，产品间的品质存在较大差异。收获后产品的大小、质量、形状、色泽、成熟度等方面很难达到一致要求。采后产品经过整理与挑选后，进行分级处理则可针对性解决这一问题。

一、分级

分级(grading)是果蔬提高商品品质和实现产品商品化、标准化的重要手段，是根据果蔬的大小、质量、色泽、形状、成熟度、新鲜度和病虫害、机械伤等性状，按照一定的标准进行严格挑选、分级，除去不满意的部分，并便于产品包装和运输的一种商品化处理技术。产品收获后将大小不一、色泽不均、感病或受到机械损伤的产品按照不同销售市场所要求的分级标准进行大小或品质分级。产品经过分级后，等级分明，规格一致，商品品质大大提高，优质优价。分级具有以下优点和作用。

1. 通过分级可区分产品的品质，为其食用性和价值提供参数。
2. 等级标准在销售中作为一个重要的工具，给生产者、收购者和流通渠道中各个环节提供贸易语音。
3. 分级有助于生产者和经营管理者在产品上市前进行准备工作和标价。
4. 等级标准还能够为优质优价提供依据，推动果蔬产品栽培管理技术的发展。
5. 能够以同一标准对不同市场上销售的产品的品质进行比较，有利于引导市场价格及提供信息。
6. 有助于解决买卖双方赔偿损失的要求和争论。
7. 产品经挑选分级后，剔除掉感病和机械损伤产品，减少了贮藏中的损失，减轻病虫害的传播，残次品则及时加工处理减少浪费，标准化的产品便于进行包装、贮藏、运输、销售，产品附加值大，经济效益高。

二、分级标准化

国外将等级标准划分为国际标准、国家标准、协会标准和企业标准 4 种。1954 年，水果的国际标准在日内瓦由欧洲共同体(欧共体，即现在的欧盟)制定。1961 年颁布的苹果和梨的标准是第一个欧洲国际标准，目前已有 37 种产品有了标准，每一种均包括 3 个贸易等级，每级允许一定的不合格率。特级——特好，1 级——好，2 级——销售级(包括可进入国际贸易的散装产品)。这些标准或要求在欧共体国家果蔬产品进出口贸易中被强制执行，需由欧共体进出口国家负责检查品质并出具证明。国际标准属于非强制性标准，但标龄长、要求高。国际标准和各国的国家标准是世界各国均可采用的分级标准。

美国果蔬产品的等级标准由美国农业部(USDA)和食品安全卫生署(FSQS)制定。分级标准为批发商交易提供了一个共同基准，也提供了定价方法。美国对新鲜水果和蔬菜的正式分级标准为：特级——品质最上乘的产品；一级——主要贸易级，大部分产品属于此范围；二级——产品介于一级和三级之间，品质显著优于三级；三级——产品在正常条件下包装，是可销售的品质最次的产品。美国有些州如加利福尼亚州还有自己的果蔬产品分级标准，美国的一些行业也设立了自己的质量标准或某一产品的特殊标准，如黏核桃、杏、加工核桃和番茄等。这些标准由生产者和加工者协商制定，检查工作由加州干果协会和国际检查部门等独立部门进行。

我国以《中华人民共和国标准化法》为依据，根据标准适用的领域和有效范围，将标准分为 4 种：国家标准、行业标准、地方标准和企业标准。我国主要果品都有质量标准，其中鲜苹果、鲜梨、柑橘、香蕉、鲜龙眼、核桃、板栗、红枣等都已制定了国家标准。此外，还制定了一些行业标准，如香蕉的销售、梨销售标准，鲜苹果出口检验标准，出口鲜甜橙、鲜宽皮柑橘、鲜柠檬标准。

我国台湾省也制定了相应的鲜果质量标准，有苹果等级、桃等级、香蕉等级及包装、凤梨(菠萝)等级及包装、枇杷等级、柠檬等级及包装、柑橘和温州蜜柑等级及包装、桶柑和温州蜜柑检验法、葡萄等级和梨等级，另有多种蔬菜等级标准，如菜豆(外销)、芹菜、甜椒、辣椒、冬笋、冬瓜、茭白笋、丝瓜、苦瓜、甜椒(外销)、莲藕(外销)、马铃薯、槟榔芋(外销)、白芋(外销)等。

三、分级方法

果蔬产品种类及供食部分不同、成熟度标准不一致，其产品分级均有较大的差异。一般是在产品的新鲜度、颜色、形状、品质、病虫害及机械损伤等方面符合要求的基础上，再按大小进行分级。许多国家果蔬的分级通常是根据坚实度、清洁度、大小、质量、颜色、形状、成熟度、新鲜度及病虫感染和机械损伤等多方面综合考虑。目前，手工分级仍然占有很大比例。

（一）质量分级

质量分级标准主要以质量这一物理量进行单指标判定，对各种形状不规范的产品都能分级。机械分级通常是将一个一个产品装在料斗上进行称量，产品在分级时不滚动，不通过狭缝，因此比较适于如柠檬、芒果、梨、苹果等果形不正和易伤产品的分选。

（二）大小分级

大小分级主要用于表皮较结实或加工用产品的分级。在小型包装厂常常使用大小分级机进行分级。首先分出小径果实、然后把最大的果实分出来。此类分级机有构造简单、效率高等优点，缺点是不适用于不耐磨、易产生机械伤的果实。

大小分级机有很多种，也有一些适用于易伤产品。其中包括打孔带和带孔滚筒分级机、料斗孔径自动扩大分级机、可调高度分级机、横行和纵行滚轴分级机、叉式分级机和可调底边狭缝分级机等 6 种，适用于圆形产品、长形产品和不规则产品的分级。

（三）光电分级

光电分级又称光线式分级机，不仅可对产品大小进行分级，而且可对产品外观品质和颜色及内部品质和颜色进行分级，这是目前最先进的分级设备，许多发达国家常常用此分级。它可对柑橘、苹果等果实进行分级。

我国的水果分级标准是在果形、新鲜度、颜色、品质、病虫害和机械伤方面已符合要求的基础上，再按横径大小进行分级。我国出口'红星'苹果横径 69～90 mm，每差 5 mm 为一等，共 6 个等级。甜橙 50～70 mm，每差 5 mm 为一等，共分 5 个等级；蕉柑 50～85 mm，每差 5 mm 为一等，共分 7 个等级。我国现有的鲜果质量标准有苹果、梨、柑橘、香蕉、猕猴桃等 20 多个。我国出口鲜苹果的等级规格见表 4-2，出口鲜苹果各品种、等级的最低着色度见表 4-3。

表 4-2 出口苹果的等级规格

等级	格规要求	限度
AAA（特级）	1. 有本品种果形特征，果柄完整 2. 具有本品种成熟时应有的色泽，各品种最低着色度应符合表 4-3 规定 3. 大型果实横径不低于 65 mm，中型果实横径不低于 60 mm 4. 果实成熟，但不过熟 5. 红色品种微碰伤总面积不超过 1.0 cm^2，其中最大面积不超过 0.5 cm^2。黄、绿品种轻微伤总面积不超过 0.5 cm^2，不得有其他缺陷和损伤	总不合格果不超过 5%
AA（一级）	1. 有本品种果形特征，果柄完整 2. 具有本品种成熟时应有的色泽，各品种最低着色度应符合表 4-3 规定 3. 大型果实横径不低于 65 mm，中型果实径不低于 60 mm 4. 果实成熟，但不过熟 5. 缺陷与损伤：轻微碰伤总面积不超过 1.0 cm^2，其中最大面积不超过 0.5 cm^2。轻微枝叶摩伤，其面积不超过 1.0 cm^2。'金冠'品种的锈斑面积不超过 3 cm^2。水锈和蝇点面积不超过 1.0 cm^2。未破皮雹伤 2 处，总面积不超过 0.5 cm^2。红色品种桃红色的日灼伤面积不超过 1.5 cm^2，黄绿品种白色灼伤面积不超过 1.0 cm^2。不得有破皮伤、虫伤、病害、萎缩、冻伤和瘤子	总不合格果不超过 10%
A（二级）	1. 有本品种果形特征，带有果柄，无畸形 2. 具有本品种成熟时应有的色泽，各品种最低着色度应符合表 4-3 规定 3. 大型果实横径不低于 65 mm，中形果实横径不低于 60 mm 4. 果实成熟，但不过熟 5. 缺陷与损伤总面积、摩伤、水锈和蝇点、日灼面积标准同 AA 级。轻微药害面积不超过 1/10，轻微雹伤总面积不超过 1.0 cm^2。干枯虫伤 3 处，每处面积不超过 0.03 cm^2。小疵点不超过 5 个。不得有刺伤、破皮伤、病害、萎缩、冻伤、食心虫伤和已愈合的其他面积不大于 0.03 cm^2	总不合格果不超过 10%

注：本表适用于'元帅'系、'富士'、'国光'和'金冠'苹果（参见 GB/T 10651—2008）。

表 4-3 出口鲜苹果各品种、等级的最低着色度

品 种	AAA	AA	A
元帅类	90%	70%	—
富 士	70%	50%	40%
国 光	70%	50%	40%
其他同类品种	70%	50%	40%
金 冠	黄或金黄色	黄或黄绿色	黄、绿黄或黄绿色
青香蕉	绿色不带红晕	绿色,红晕不超过果面 1/4	绿色,红晕不限

注:参见 GB/T 10651—2008。

蔬菜由于供食的部分不同,成熟标准不一致,因此没有一个固定、统一的规格标准,只能按照各种蔬菜品质的要求制定个别的标准。不同蔬菜品种所依据的分级原则见表 4-4。日本黄瓜按品质分级,可分为 A、B 两级,见表 4-5。日本大白菜在品质达到标准后再按质量进行分级。我国制定的蒜薹分级标准是按其质地鲜嫩、粗细长短、成熟度等分为特级、一级和二级,此标准适用于鲜蒜薹的收购、调运、贮藏、销售及出口,等级规格见表 4-6。

表 4-4 不同蔬菜种类所依据的分类原则

分级依据	适用原则
最大直径	番茄、花椰菜、马铃薯、菊苣、鲜豆粒、石刁柏
总量大小	莴苣、甘蓝、大白菜
最大直径或质量	胡萝卜、西瓜、甜瓜、草莓
最大横截面积和长度	婆罗门参、辣根、葱、芹菜、黄瓜、西葫芦

表 4-5 黄瓜外观品质等级

A 级	B 级
具有本品种的特征(形状、颜色、刺),色泽鲜艳	具有本品种的特征(形状、颜色、刺),色泽鲜艳
瓜条生长时间适中(适时采收)	瓜条生长时间适中(适时采收)
瓜条弯曲度在 2 cm 以内	瓜条弯曲度在 2 cm 以内
无大肚、蜂腰和尖嘴	有轻微大肚、蜂腰和尖嘴
无腐烂、变质	无腐烂、变质
无病害、虫害和损伤	无病害、虫害,有轻微损伤
外观清洁,无其他附着物(如残留农药)	外观清洁,无其他附着物(如残留农药)

表 4-6 蒜薹等级

等 级	格规要求	限 度
特级	质地脆嫩,色泽鲜绿,成熟适度,不萎缩糠心,去两端保留嫩茎,每批样品整洁均匀 无虫害、损伤、划薹、杂质、病斑、畸形、霉烂等现象 蒜薹嫩茎粗细均匀,长度 30~45 cm 扎成 0.5~1.0 kg 的小捆	不合格率不得超过 1%(以质量计)
一级	质地脆嫩,色泽鲜绿,成熟适度,不萎缩糠心,薹茎基部无老化,薹苞绿色,不膨大,不坏死,允许顶尖稍有黄色 无明显的虫害、损伤、划薹、杂质、病斑、畸形、腐烂等现象 蒜薹嫩茎粗细均匀,长度≥30 cm 扎成 0.5~1.0 kg 的小捆	每批样品不合格率不得超过 10%(以质量计)
二级	质地脆嫩,色泽淡绿,不脱水萎蔫,薹茎基部无老化,薹苞稍大允许顶尖稍有黄色干枯,但不分散 无严重虫害、斑点、损伤、腐烂、杂质等现象 蒜薹嫩茎粗细均匀,长度≥20 cm 扎成 0.5~1.0 kg 的小捆	每批样品不合格率不得超过 10%(以质量计)

注:本表摘自 GB 8866—88。

第三节 果蔬预冷

一、预冷的作用

预冷(pre-cooling)是将新鲜采收的产品在运输、贮藏或加工以前迅速除去田间热,将产品温度降至适宜温度的过程,其是创造良好温度环境的第一步。大多数果蔬产品都需要预冷,恰当的预冷可以有效减少产品贮运过程中的腐烂,最大限度地保持产品的新鲜度和品质。

果蔬产品采收后,高温对品质的保持十分不利,特别是在热天或烈日下采收的产品,造成的采后损失率更大。为保持果蔬产品的新鲜度、优良品质和货架寿命,最好在产地采收后立即进行预冷。尤其是一些组织娇嫩、营养价值高、采后寿命短或有呼吸高峰的果蔬,若不能及时降温预冷,贮运过程中很快就会达到成熟状态,甚至腐烂变质,大大缩短贮藏寿命。另外,未经预冷的产品在运输贮藏过程中要降低其温度就要加大制冷剂的热负荷,这在设备能耗和动力及商品上都会遭受更大的损失。采后的及时预冷,会减少产品的采后损失,同时抑制腐败微生物的生长,抑制酶活性和呼吸强度,有效保持产品的品质和商品性。因此,预冷是果蔬产品低温冷链保藏运输中必不可少的环节。

二、预冷方法

目前果蔬预冷的方式一般分为自然预冷和人工预冷。人工预冷主要包括水冷、冰接触预冷、风冷和真空预冷等方式。

(一) 自然降温冷却

自然降温预冷(nature air cooling)是最简便易行的预冷方法,只要将采后的果蔬产品放在阴凉通风的地方,使其自然散热即可。这种方式受环境条件影响大,冷却的时间较长,且难以达到产品所需要的预冷温度。当预冷条件有限时,自然降温冷却仍是一种应用较普遍的预冷方法。

(二) 水冷却

水冷(hydrocooling)却是以冷水为介质,冲、淋产品或者将产品浸在冷水中,使产品降温的一种冷却方式。冷却水有低温水(0~3℃)和自来水两种,前者冷却效果好,后者生产成本低。由于在冷却时会发生热交换,因此会导致水温上升。在不使产品受冷害的情况下,冷却水的温度要尽量低一些(多为 0~1℃)。可使用的水冷却方式有流水系统和传送带系统两种,如果冷却水需循环使用的,应在其中加入一些化学药剂(如次氯酸或用氯气消毒),可以减少病原微生物的交叉感染。同时,水冷却器也应经常清洗。需要注意的是,水冷却降温速度快,产品失水少,但产品的包装箱要具有防水性和坚固性。流动式的水冷却常与清洗和消毒等其他处理结合进行;固定式则多在产品装箱后才进行冷却。

适合于水冷却的果蔬通常为组织紧实、采收后在高温下易变质的产品,或者表面积小、采用真空预冷效果差的品种。可水冷却的果蔬有胡萝卜、芹菜、甜玉米、菜豆、甜瓜、柑橘、茄子,香芹、桃等。研究表明,在 1.6℃水中,直径 5.1 cm 的桃在 15 min 内可以冷却到 4℃,直径 7.6 cm 的桃放置 30 min,可以将其温度从 32℃降至 4℃。

(三) 包装加冰冷却

包装加冰冷却(ice cooling)是一种比较古老的方法,它是在装有产品的包装容器内加入碎冰,多采用顶端加冰法。虽然冰融化可以将热量带走,但加冰冷却降低产品温度的幅度和保持产品品质的作用仍是很有限的。因此,包装内加冰冷却只能作为其他预冷方式的辅助措施。包装加冰冷却适于那些与冰接触不会产生伤害的产品或需要在田间立即进行预冷的产品,如菠菜、花椰菜、抱子甘蓝、萝卜、葱等。

(四) 冷库空气冷却

冷库空气冷却(room cooling)是将产品放在冷库中降温的一种冷却方法,是较为简单的预冷方法。当冷库的制冷量足够大及冷空气以 1~2 m/s 的流速在库内和容器间循环时,冷却效果最好。冷库的制冷量确定后,冷空气的循环就显得很重要。因此,产品堆码时要规范,包装容器间应留有适当的间隙,保证气流通过,如有需要可以使用有强力风扇的预冷间。目前，国外的冷库均有单独的预冷间，产品的冷却时间一般为18～24 h。冷库空气冷却时容易造成产品的失水，保持冷库中或容器中的相对湿度维持在95%及以上，可以有效减少失水量。大多的果蔬产品(需包装)均可在冷库中进行短期预冷。苹果、梨、柑橘等都可以在短期或长期贮藏的冷库内进行预冷。

(五) 强制通风冷却

强制通风冷却(forced-air cooling or pressure cooling)是在包装箱堆或垛的两侧造成空气压力差而进行的一种冷却。不属于热交换，是当压差不同的空气经过货堆或集装箱时，将产品散发的热量带走的冷却方式。通过配合机械制冷和加大气体流量，可加快冷却速度。强制通风冷却所需的冷却时间比一般冷库预冷要快4～10倍，但比水冷却和真空冷却所需的时间至少长2倍。强制通风冷却在甜瓜、葡萄、草莓、红熟番茄上使用效果显著。0.5℃的冷空气在75 min内可以将草莓的品温从24℃降到4℃。大部分果蔬均适合采用强制通风冷却。

(六) 真空冷却

真空冷却(vacuum cooling)是将果蔬产品放入坚固、气密的容器后，迅速抽出空气和水蒸气，使产品表面的水在真空负压下蒸发而达到冷却降温目的的一种冷却方式。其原理是，水在标准气压下(760 mmHg①)100℃沸腾，气压下降会使水分蒸发加快，沸点随之下降，当压力下降为533.29 Pa(4 mmHg)，水在0℃即沸腾。当压力减小到613.28 Pa(4.6 mmHg)时，产品就会连续蒸发，有可能冷却至0℃。真空冷却产品的失水1.5%～5%，由于被冷却产品的各部分失水较均衡，因此产品不会萎蔫。真空冷却中，果蔬温度每降低5.6℃，失水量约为1%。

真空冷却的速度和温度很大程度上受产品的比表面积、组织失水的难易程度和抽真空的速度等因素影响，因此不同果蔬产品的真空冷却效果差异很大。叶菜类如生菜、菠菜、苦苣等最适合于真空冷却。抱心不紧的生菜(纸箱包装)用真空冷却在25～30 min内可从21℃冷却至2℃，石刁柏、甘蓝、蘑菇、芹菜、花椰菜和甜玉米等也可采用真空预冷。水果、根菜类和番茄等表面积小的产品，最好采用其他冷却方法。真空冷却特别适用于那些包装在能够通风、便于水蒸气散发的纤维板箱或塑料薄膜中出售的蔬菜。

以上这些预冷方法各有优缺点，在选择预冷方法时，必须要根据产品的种类和特性，结合现有的设备、包装类型、成本、距销售市场的远近等因素综合考虑。各类预冷方法的特点见表4-7。

表4-7　几种预冷方法的优缺点比较

预冷方法		优缺点
空气冷却	自然对流冷却	操作简单易行，成本低廉，适用于大多数园艺产品，但冷却速度较慢，效果较差
	强制通风冷却	冷却速度稍快，但需要增加机械设备，园艺产品水分蒸发量较大
水冷却	喷淋或浸泡	操作简单，成本较低，适用于表面积小的产品，但病菌容易通过水进行传播
碎冰冷却	碎冰直接与产品接触	冷却速度较快，但需冷库采冰或制冰机制冰，碎冰易使产品表面产生伤害，耐水性差的产品不宜使用
真空冷却	降温、减压，最低气压可达613.28 Pa (4.6 mmHg)	冷却速度快，效率高，不受包装限制，但需要设备，成本高，局限于适用的品种。一般以经济价值

三、预冷的注意事项

果蔬产品预冷受到多方面因素的影响，为达到预期效果，需注意以下几个方面。

1) 预冷要及时，即采收后要尽快进行预冷，则需在产地或邻近产地建设降温冷却设施。

2) 根据果蔬产品的形态结构和生物学特性，在可选范围内选用适当的预冷方式，一般体积越小，冷却速度越快，并利于连续作业，冷却效果好。

3) 为了提高冷却效果，要掌握适当的预冷温度和速度，冷却要及时，更要快速。预冷温度以接近最

① 1 mmHg=1.333 22×10^2 Pa。

适贮藏温度为宜,冷却后的终温应在产品的冷害温度以上,否则易造成冷害和冻害,影响产品品质和贮藏性。预冷速度受多方面因素的影响,如制冷介质与产品接触的面积与冷却速度成正比;产品与介质之间的温差越大,冷却速度越快,而温差越小冷却速度越慢。此外,介质的种类及周转率的不同也会影响冷却速度。

4)预冷后的处理要跟上,即果蔬产品预冷后要在适宜的贮藏温度下及时进行贮运。若贮运条件有限,仍在常温下进行贮运,不仅达不到预冷的目的,甚至会加速腐烂变质。

第四节 果 蔬 被 膜

20世纪30年代,国外有人研究发现,在水果和蔬菜的表面人工涂一层膜,可以起到调节生理、保护组织和美化产品的作用,这标志着被膜处理的开始。30~50年代,此项研究进展很快,先后在采后的柑橘、苹果、番茄、黄瓜、辣椒等果蔬上普遍应用,取得了良好的保鲜效果。因此,被膜成为一个重要的商业竞争手段,并很快被发展和推广起来。自20世纪50年代起,美国、日本、意大利及澳大利亚等国都相继进行被膜处理,使被膜技术得到迅速发展。目前,它已成为发达国家果蔬产品商品化处理中的必要措施之一,并在水果、果菜类蔬菜及其他蔬菜上广泛使用,有效延长了货架寿命和提高了商品质量。我国由于经济、技术水平的发展限制,至今仍未在生产中普及。

一、被膜的作用

果蔬产品表面有一层天然的蜡质保护层,但在采后处理或清洗中会受到破坏。被膜即人为地在果产品表面涂一层膜。首先,被膜处理能减少果蔬水分的蒸发,增加产品光泽,改善外观品质,利于保藏和提高商品价值。其次,被膜能够适当堵塞果蔬表面上的气孔和皮孔,对气体交换起到一定的阻碍作用,可以在一定程度上调节产品表面微环境的O_2和CO_2浓度,从而抑制产品的呼吸,延缓新陈代谢,减缓养分损耗,达到延缓产品后熟和衰老的目的。再次,被膜能减轻表皮的机械损伤。最后,被膜可以作为防腐剂的载体,起到抑制病原微生物浸染的作用。

二、被膜的种类和应用效果

商业上使用的大多数被膜剂都以石蜡和巴西棕榈蜡混合作为基料。石蜡可以有效地控制水分蒸发,而巴西棕榈蜡能使果实产生诱人的光泽。近年来,含有聚乙烯、合成树脂物质、乳化剂和润湿剂的蜡涂料逐渐普遍起来,常作为杀菌剂的载体或作为防止衰老、生理失调和发芽抑制的载体。

我国在果蔬采后应用被膜技术始于20世纪60年代,当时在引进了国外的洗果打蜡设备后,由于缺乏涂料等其他原因未能投产使用。70年代起,一些科研院所开发研制了紫胶、果蜡等涂料,在西瓜、黄瓜、番茄、苹果、梨等瓜果上使用,取得了良好的效果。此外,研制的虫胶2号、虫胶3号等涂料在柑橘上使用效果良好,但在蔬菜上使用效果并不稳定。后来研制出的CFW果蜡(吗啉脂肪酸盐果蜡),经过全国食品添加剂标准化技术委员会审定,批准作为食品添加剂使用。CFW果蜡是一种水溶性的果蜡,可作为果蔬采后商品化处理的保鲜剂,特别适合于柑橘和苹果,以及芒果、菠萝、番茄和橙等果蔬产品的应用,其质量已经达到国外同类产品的水平。

近年来,随着人们健康意识的不断增强,以无毒、无害、天然物质为原料的涂料日益受到人们的青睐。不断有新型产品产生,例如,在涂料中加入中草药成分、抗菌肽、氨基酸等天然防腐剂,制成各种配方的混合制剂,在保鲜的同时兼具防腐的作用。此外,我国还积极研究用多糖类物质作为被膜剂,如海藻酸钠、葡甘聚糖、壳聚糖等。国外也有很多相关研究,日本用淀粉、蛋白质等高分子溶液结合植物油制成混合涂料,喷在新鲜柑橘和苹果上,涂料干燥后可在产品表面形成薄膜(具直径为0.001 mm小孔),从而抑制果实的呼吸作用,使果实的贮藏寿命延长3~5倍。涂料处理后的香蕉、番木瓜等不必用冷藏车运输,故使用涂料可简化产品的运输方法和降低成本。OED(oxyethylend dowsanol)是日本用于蔬菜的一种新涂料,处理浓度为30~60倍液。它可在菜体表面形成一层膜,防止水分和病菌侵入,有研究显示,它的表现效果不如塑料薄膜包装好。

美国用粮食作为原料，研制成一种防腐乳液，无毒、无味、无色，浸涂番茄可延长货贺寿命。处理 1 t 番茄成本大约为 9 美元。

一般来说，只对短期贮运的果蔬进行被膜处理，且在贮藏后或上市前被膜处理效果最好。被膜处理在一定的期限内起辅助作用，而果蔬自身的成熟度，受到的机械损伤，贮藏环境中的温度、气体成分和湿度等其他因素，对果蔬贮藏寿命和产品品质的保持，共同起作用。

三、被膜处理方法

(一) 浸涂法

浸涂法是将被膜剂配成一定浓度的溶液，将果蔬产品浸入溶液中一定时间后，取出晾干。优点是对机械设备的要求不是很高，但此法较费蜡液，且被膜厚度不易掌握和控制。

(二) 刷涂法

刷涂法是用细软的毛刷或用柔软的泡沫塑料，蘸上被膜剂在果实表面涂刷至形成均匀的薄膜，毛刷还可以安装在涂蜡机上使用。

(三) 喷涂法

喷涂法是在清洗干燥后的果蔬表面上喷涂一层均匀的薄层被膜剂。打蜡被膜处理的方法均可以分为人工和机械。人工打蜡是将洗净、干燥后的产品放入预配好的蜡液中，浸涂 30～60 s 后取出，再用醮有适量蜡液的软质毛巾将产品表面的蜡液涂抹均匀，晾干即可。机械涂蜡是将蜡液通过加压并经过特制的喷嘴后，以雾状喷至产品表面，再通过转动的马尾刷将表面蜡液涂抹均匀、抛光，并在干燥机械装置内进行烘干。两者比较，机械涂蜡效率较高，涂抹均匀，产品光洁度好，蜡层厚度易于控制。

世界发达国家和地区被膜生产已形成商品化、标准化、系列化，被膜技术也与分级相结合，实现了机械化和自动化。如美国机械公司生产的打蜡分级机，可实现柑橘的被膜、分级和装箱的自动化生产，每小时涂果 4～5 t。我国现在也有少量蜡液和涂蜡机械的生产，如湖南产的柑橘分组机，由倒果槽、涂果机、干燥器和分组机 4 部分组合，每小时可处理果实 1.1～1.5 t。总的来说，我国机械处理在质量和性能方面较差，有待进一步提高。

四、被膜处理的注意事项

1) 涂被厚度均匀，适量。过薄，效果不明显；过厚，会引起呼吸代谢失调，引发一系列生理生化变化、产生异味及品质下降。

2) 涂料本身必须安全、无毒，并无损于人体健康。

3) 涂料成本应低廉，材料易得，使用方法简便，易于推广。

4) 被膜处理仅是果蔬采后商品化处理的一种辅助措施。只能在上市前进行处理或作短期贮运，以改善产品的外观品质，具有一定的期限性，否则会给产品的品质带来不良影响。

第五节　果 蔬 包 装

果蔬产品包装(packaging)是标准化、商品化，保护产品、保证安全贮运和销售的重要措施。国外发达国家果蔬产品都具有良好的包装，正向着标准化、规格化、美观、经济等方向发展，以达到质量轻、易冷却、耐湿、无毒等要求。国内果蔬包装则形式混杂，各地使用的包装材料、方式也不相同，给商品流通造成了一定的困难。我国的包装技术、水平虽与国外相比还存在一定差距，但已制定了适合国情的蔬菜通用包装技术国家标准(GB 4418—1988)。相信随着经济发展和重视程度的提高，我国的包装材料和技术将会迅速发展。

一、包装的作用

果蔬产品含水量高，组织柔软多汁，易受机械损伤和微生物侵染而降低商品的价值和品质。良好的包装，就能使果蔬产品在运输途中保持良好的状态，减少产品间因相互摩擦、碰撞、挤压而造成的机械损伤，防止微生物的侵染，减少病害蔓延和水分蒸发，缓冲外界温度剧烈变化引起的产品损失。因此，包装可以使果蔬产品在流通中保持良好的稳定性，提高商品率和卫生质量。

包装是商品的一部分，也是贸易的辅助手段，为市场交易提供标准的规格单位，免去销售过程中的产品过秤或计数，便于流通过程中的标准化，也有利于机械化操作和充分利用仓储空间。适宜的包装不仅对于提高商品质量和信誉是十分有益的，而且对流通也十分重要。因此，发达国家为了增强商品的竞争力，特别重视产品的包装质量。我国在商品包装方面，尤其是果蔬包装的重视程度还有待提高。

二、包装容器的要求

作为果蔬的包装容器应具备的基本条件有以下几点。

1）保护性　在装饰、运输、堆码过程中，包装容器要具有足够的机械强度，防止果蔬产品受挤压碰撞而影响品质。

2）通透性　利于氧、二氧化碳、乙烯等气体的交换，以及产品呼吸热的排出。

3）防潮性　避免由于容器的吸水变形而导致包装内产品的腐烂。

4）美观与环保性　清洁、无污染、无异味、无有害化学物质。此外，在保持容器内壁光滑的同时，容器还需卫生、美观、质量轻、成本低、便于取材、易于回收。

5）包装外应注明商标、品名、等级、质量、产地、特定标志及包装日期等。

从经济效益方面来说，包装投资应结合经营者自身的资金实力、产品利润率的大小和市场的需求等方面来进行衡量，防止因盲目投资而导致的资金浪费。包装还可以从一定程度上引导消费，提高产品的附加值。

三、包装的种类和规格

果蔬产品的包装可分为外包装和内包装。最早的包装容器多为植物材料，尺寸、大小不一，以便于人或牲畜车辆运输。随着科学的发展，外包装材料已多样化，如高密度聚乙烯、聚苯乙烯、纸箱、木板条等都可以用于外包装。我国目前外包装容器的种类、材料、特点、适用范围见表4－8。各种包装材料各有优缺点，如塑料箱轻便防潮，但造价高；筐价格低廉，大小却难以一致，而且容易刺伤产品；木箱大小规格便于一致，能长期周转使用，但较沉重，易致产品碰伤、擦伤等。纸箱的质量轻，可折叠平放，便于运输，能印刷各种图案，外观美观，便于宣传与竞争。

表4－8　包装容器种类、材料、适用范围及优缺点

种类	材料	适用范围	优缺点
塑料箱	高密度聚乙烯 聚苯乙烯	任何果蔬 高档果蔬	轻便防潮，但造价高
纸箱	板纸	果蔬	质量轻，可折叠平放，但吸潮后易变形，不能承重
钙塑箱	聚乙烯、碳酸钙	果蔬	防潮不怕水，韧性好，但透气性差
板条箱	木板条	果蔬	大小规格便于统一，能长期周转使用，但较沉重，且易擦伤产品
筐	竹子、荆条	任何果蔬	价格低廉，大小难以统一，易刺伤产品
加固竹筐	筐体竹皮、筐盖木板	任何果蔬	价格较低廉，但易刺伤产品
网、袋	天然纤维或合成纤维	不易擦伤、含水量少的果蔬	价格较低廉，易获得，但此类包装易变形，会使产品受挤压而产生擦伤和碰伤

纸箱通过上蜡，在一定程度上改善了其防水防潮性能，受湿受潮后仍具有很好的强度而不变形。目前的纸箱几乎都是瓦楞纸制成，常用的有单面、双面及双层瓦楞纸板3种。箱内的缓冲材料多用单层纸板，而双面及双层瓦楞纸板主要用来制造纸箱。纸箱的形式和规格可多种多样，经营者可根据自身产品的特点及经济状况进行合理选择。

为进一步防止产品因受震荡、碰撞、摩擦而引起机械伤害，在良好的外包装基础上加入内包装。常见的内包装材料及作用见表4-9。可以通过在底部加浅盘杯、薄垫片、衬垫或改进包装材料，减少堆叠层数来解决。除防震作用外，内包装还具有防失水、调节微环境中气体成分浓度的作用。聚乙烯薄膜或聚乙烯薄膜袋，可有效地减少蒸腾失水，防止产品萎蔫；但其透气性不好，不利于气体交换，容易引起二氧化碳伤害。尤其对于呼吸跃变型果实来说，还会造成乙烯的大量积累，进而加速果实的后熟、衰老和加速品质下降。因此，采用膜上打孔法可以解决以上透气性问题。打孔的数目及大小根据产品自身特点加以确定，以利于果蔬产品的贮运。应注意合理选择作为内包装的聚乙烯薄膜的厚度，一般膜的厚度以0.01～0.03 mm为宜。膜过薄达不到气调效果，过厚则易于引起生理的伤害。内包装便于零售，可为大规模自动售货提供条件，但不易回收，难以重新利用而污染环境。

表4-9　果蔬产品常见内包装材料及作用

种　类	作　用	举　例
纸	衬垫、包装及化学药剂的载体，缓冲挤压	鸭梨
纸或塑料托盘	分离产品及衬垫，减少碰撞	蔬菜
瓦楞插班	分离产品，增大支撑强度	苹果
泡沫塑料	衬垫，减少碰撞，缓冲震荡	荔枝
塑料薄膜袋	控制失水和呼吸	柑橘
塑料薄膜	保护产品，控制失水	提子

四、包装方法与堆码

果蔬在包装前应进行修整，使产品新鲜、清洁、无机械伤、无病虫害、无腐烂、无畸形、无各种生理病害，参照国家或地区标准化方法进行分级。包装需在阴凉处进行，防日晒、风吹、雨淋。果蔬产品在容器内的排列形式以既有利于通风透气，又不会引起产品在容器内滚动、相互碰撞为宜。包装量则需适度，根据产品自身特点采取散装、捆扎包装或定位包装以防止过满或过少而造成损伤。包装容器中可放置乙烯吸附剂，而一些熏硫产品还可加入SO_2吸附剂。纸箱容器可在外面涂抹一层石蜡、树脂防潮。包装加包装物的质量根据产品种类、搬运和操作方式可略有差异，一般不超过20%±5%kg。用以销售的小包装应美观、吸引消费者和便于携带，并在一定程度上起到延长货架期的作用。此外，销售包装上应标明产品的质量、品名、价格和生产日期等。

果蔬产品常用的包装方法主要有罐头式包装、无菌包装、塑料热收缩包装、塑料拉伸包装、泡罩包装、贴体包装和气调包装等。根据产品的品种特性和贮运、销售性等，选择适宜的包装方式，以延长保鲜期和货架期。

产品装箱时应轻拿轻放，一些果蔬对3种类型机械伤害的敏感值见表4-10。各种产品抗机械伤能力的不同，为了避免上面产品将下面的产品压伤，应选取不同的装箱深度，如以下为几种果蔬可采用的最大装箱深度：柑橘35 cm，番茄40 cm，苹果和梨各为60 cm，胡萝卜75 cm，洋葱、甘蓝、马铃薯均为100 cm。

表4-10　不同产品对伤害的敏感性

产品名称	损伤类型			产品名称	损伤类型		
	挤　压	碰　撞	震　动		挤　压	碰　撞	震　动
桃	S	S	S	杏	I	I	S
香蕉(熟)	S	S	S	香蕉(青)	I	I	S
苹果	S	S	I	油桃	I	I	S
西葫芦	I	S	S	葡萄	R	I	S
番茄(红)	S	S	I	梨	R	I	S
番茄(绿)	S	I	I	草莓	S	I	R
硬皮甜瓜	S	I	I	李子	R	R	S

注：S—敏感；R—有抗性；I—中等。

产品装箱完毕后，还需对质量、品质、等级、规格等指标进行检验，检验合格者方可捆扎、封订成件。对包装箱的封口原则为简便易行、安全牢固。纸箱多采用黏合剂封口，木箱则采用铁钉封口，此外，木箱、纸箱封口后还可在外面捆扎加固，常用的材料为铝丝、尼龙编带。上述步骤完成后需对包装进行堆码。目前多采用"品"字形堆码以充分利用空间，垛应稳固、箱体间和垛间及垛与墙壁间应留有一定空隙，以便通风散热。垛高根据产品特性、包装容器质量、可操作性及堆码机械化程度来确定。若为冷链贮运，产品堆码时应采取相应措施防止低温伤害。

第六节 果蔬催熟与脱涩

一、催熟

催熟是指销售前用人工方法促使果实成熟的技术。果蔬采收时，往往成熟度不够或不够一致，食用品质不佳或虽已达食用程度但色泽不好，为使这些产品在销售时以最佳成熟度和风味出现在市场上，以获得最佳经济效益，常需采取催熟措施促进其后熟。因此，催熟可使产品提前上市或使未充分成熟的果实达到销售标准、最佳食用成熟度及最佳商品外观。一般采后需进行后熟和人工催熟或脱涩的产品有香蕉、苹果、梨、番茄等果实，还有菠萝、柑橘等产品中的部分品种和柿子等，应在果实接近成熟时应用。

（一）生理催熟剂

许多物质燃烧后释放的气体都具有催熟的作用，例如，燃烧石油、煤炭等产生的气体，因气体中含有乙烯而能够催熟水果和蔬菜。一般来说，乙烯、丙烯、燃香等都具有催熟作用，尤其以乙烯的催熟作用最强，但因乙烯是一种气体而使用不便。人工合成的乙烯利是一种液体，在微碱条件下，它即可释放出乙烯发挥作用。因此，生产上常采用乙烯利(2-氯乙基磷酸)进行催熟。其他与乙烯作用类似的催熟剂有乙炔、丙烯、丁烯，均有促进果蔬成熟的作用。

（二）催熟的条件

为了催熟剂能充分发挥作用，催熟过程必须在一个气密性良好的环境中进行，且催熟剂应达到一定的浓度。大规模处理时用专门的催熟室，小规模处理时采用塑料密封帐。需要注意的是，待催熟的产品堆码时需留出通风道，使乙烯分布均匀。一般来说，实际使用的催熟剂浓度要略高于理论值，因为催熟室的气密程度达不到要求，不能保证催熟室完全不漏气。此外，催熟处理还需考虑微环境中的气体条件。因 CO_2 对乙烯的催熟效果有抑制作用，所以处理时要注意通风。为使催熟效果更好，可选用气流法，用混合好的浓度适当的乙烯不断通过待催熟的产品，保证 O_2 的供应，减少 CO_2 的积累。同时，温度和湿度是催熟的重要条件。不同种类产品的最佳催熟温度不同，一般以 21～25℃的催熟效果较好。湿度过高容易感病腐烂，湿度过低容易萎蔫，催熟效果不佳，一般相对湿度 90%左右为宜。处理 2～6 d 后即可达到催熟效果。

（三）各类果蔬的催熟方法

1. 香蕉催熟 为便于贮运香蕉，一般在绿熟坚硬期采收，此时的香蕉质硬、味涩、品质差，不能食用，需在销售前进行催熟处理，使香蕉皮色转黄，果肉变软，脱涩变甜，产生其特有的风味。如在 20℃和相对湿度 80%～85%的条件下，向装有香蕉的催熟室(密闭)中加入 100 mg/L 的乙烯利，处理 1～2 d，当果皮稍黄时即可取出；也可用一定温度下的乙烯利稀释液喷洒或浸泡，然后将香蕉放入密闭室内，3～4 d 后果皮也可变黄。若上述条件不具备，也可将香蕉直接放入温度 22～25℃、相对湿度 90%左右的密闭环境，通过自身释放乙烯利达到催熟的目的。

2. 番茄的催熟 由于夏季温度过高，番茄在植株上很难着色，或者为了提早上市，常在绿熟期采收，销售前进行人工催熟。催熟后不但色泽由绿变红，而且品质进一步改善。常用的催熟方法是在室温 20～28℃时，用 100～150 mg/L 的乙烯利处理番茄 1～4 d。此外，温度较高的地区，果实可自然成熟，但需时间较长，且果实容易萎蔫，甚至腐烂。

3. 柑橘类果实的催熟 柑橘类果实，特别是柠檬，如在黄熟期采收，果实的含酸量会下降，果实减少而导致风味劣变。因此，柠檬多在果实成熟前，果皮呈绿色时采收。但此时的柠檬商品性差，需人工处理使果皮褪绿变黄。美国和日本等国家，多采用 20～300 mg/L 乙烯利处理催熟。柑橘用 200～600 mg/L 乙烯利浸果,20℃室温下2周可褪绿。

4. 芒果的催熟　芒果在成熟后柔软多汁,容易产生机械损伤和腐烂,因此,一般在其绿熟时期进行采收,可以延长其采后寿命和便于运输。在常温下,绿熟期的芒果在5～8 d可自然黄熟,但为了使其转黄速度抑制,并尽快达到最佳外观品质,可采用人工催熟处理。目前国内外多用电石加水稀释释放乙炔的方法催熟,1 kg果实需电石2 g,密闭24 h后,将芒果取出,可在自然温度下很快转黄。

5. 菠萝的催熟　冬菠萝采用1 000～2 000 mg/L的乙烯利浸果,可使其提前3～5 d成熟。

二、脱涩

涩味产生的主要原因是单宁物质与口舌上的蛋白质结合,使蛋白质凝固,味觉下降。脱涩的原理为:将可溶性单宁物质变为不溶性,涩味即可脱除。这种溶解性的改变是由于,可涩果进行无氧呼吸产生一些如乙醛、丙酮等中间物,它们可与单宁物质结合,使其溶解性发生变化,变为不溶性。

常见的脱涩方法有温水脱涩、石灰水脱涩、混果脱涩、乙醇脱涩、高二氧化碳脱涩、脱氧剂脱涩、冰冻脱涩、乙烯及乙烯利脱涩,这几种方法脱涩效果良好,经营者可根据自身资金状况选择适当的脱涩方式。

1. 温水脱涩　利用较高的温度和缺氧条件,使果实产生无氧呼吸而脱涩的方法。一般将涩柿子浸泡在40℃左右的温水中20 h即可。此法脱涩后的柿子肉质较硬,颜色美观,风味可口,但存放时间不长,易败坏。

2. 石灰水脱涩　此法脱涩的原理与温水法相似,是利用石灰水放出的热量来达到高温的效果。一般将涩柿子浸入7%的石灰水中,3～5 d可脱去涩味。此法脱色后,柿子质地脆硬,不易腐烂。

3. 混果脱涩　利用其他品种果蔬在贮藏期间所产生的乙烯,来达到催熟涩柿子的目的。一般是将苹果、梨、木瓜等果实或新鲜树叶如柏树叶、榕树叶等和涩柿子混装在密闭容器中,在20℃室温中,经4～6 d后不仅可以脱涩,而且其他果蔬中的芳香物质还能改善柿子的风味。

4. 乙醇脱涩　此法是利用乙醇蒸汽脱涩。一般直接将35%～75%的乙醇溶液或白酒直接喷洒于柿子果面上,室温下密闭3～5 d即可脱涩。此法多用于运输途中,将处理过的柿子用塑料袋等密封包装运输,到达目的地后即可销售。

5. 高二氧化碳脱涩　使用高二氧化碳浓度,降低氧气浓度,以造成涩柿子的无氧呼吸,促进脱涩。密闭环境下,70%～80% CO_2处理,4～5 d即可。此法脱涩成本较低,柿子质地脆硬,贮藏时间也较长。

6. 脱氧剂密封法　与高二氧化碳法类似,用脱氧剂除去密闭环境中的氧气,造成果实无氧呼吸进行脱涩的方法。脱氧剂种类很多,可以用连二亚硫酸盐、亚硫酸盐、硫代硫酸盐、草酸盐、铁粉等还原性物质为主剂的混合物。

7. 冻结脱涩法　冻结一段时间后,可将涩柿子的可溶性单宁物质变为不溶性物质,从而自然脱涩。冻柿子吃起来别具特色,但需注意其冻结后不宜移动或震动,食用时要缓慢解冻,防止果肉解体变质。

8. 乙烯基乙烯利脱涩　利用乙烯的催熟作用达到脱涩的目的。1 000 mg/L乙烯利处理的柿子在18～21℃和80%～85%相对湿度下2～3 d可成熟脱涩。

思考题

1. 阐述果蔬产品成熟度的辨别方法。
2. 采收的方法及应注意的问题有哪些?
3. 叙述果蔬产品采后商品化处理的主要方法及流程。
4. 分级的依据及其优点和作用有哪些?
5. 简述果蔬产品预冷的主要方式和各自适用的产品品种。
6. 阐述预冷的作用和不同预冷方式的主要优缺点。
7. 阐述被膜保鲜原理和应用。
8. 阐述包装的作用。
9. 阐述催熟和脱涩的目的和主要方法。

第五章

果蔬保鲜技术及原理

我国果蔬产品采后腐烂损失十分严重，每年有20%～40%的新鲜果蔬产品在采收后变质腐烂。加之果蔬采后商品化处理、保鲜技术、贮运设施仍比较落后，采后贮藏保鲜的果蔬产品不足产量的20%，而发达国家已超过80%。贮藏保鲜技术的发展对延长果蔬采后贮藏寿命，减少果蔬采后腐烂损失起到决定性的作用。本章将从物理、化学、生物保鲜技术3个方面逐一介绍。

第一节　果蔬物理保鲜

一、热处理

热处理是采用35～60℃的热水、热空气或热蒸汽处理果蔬产品一段时间，通过杀灭或抑制病原菌生长，延缓产品成熟衰老进程，达到延长保鲜期目的的一种物理方法。早在20世纪20年代，热处理技术就有用于控制甜橙的采后腐烂。但随着20世纪60年代化学杀菌剂的广泛使用，热处理技术已被取代。如今，随着消费者对食品安全、环境污染、化学残留等问题的日益关注，果蔬采后热处理技术又重新登上历史舞台，已广泛用于多种果蔬产品采后病虫害控制。采后热处理技术以其无化学残留、安全和简便易行等优点，在果蔬保鲜中显示了较好的应用前景，随着热处理方法的不断改进和完善，已在多种水果采后处理中实现商业应用。

（一）果蔬采后热处理方法

1. 热空气处理　热空气处理是采用一定温度的高速热空气处理果蔬产品，热主要通过空气对流进行传递，要求热空气的温度具有精准的控制能力。热空气处理过程中，热首先由空气传导至果蔬表面，然后通过对流达到果蔬中心部位，初期热传导速度较慢，后期则逐渐加快。热空气处理操作简便，易于控制，但处理时间相对较长，处理效率偏低，生产上在38～46℃条件下处理需要12～96 h。此外，由于热空气湿度太低，长时间处理会导致产品失水、表面皱缩，因此需要在热空气处理的过程中对环境湿度进行控制。热空气处理对苹果、番茄、柑橘等多种果蔬的青霉病、灰霉病、软腐病等都具有很好的控制效果。

2. 热蒸汽处理　热蒸汽处理是采用40～50℃的饱和水蒸气处理果蔬产品，达到杀灭果蔬表面病原微生物和寄生虫的目的。商业生产上主要采用换气扇强制循环热蒸汽的方法处理果蔬产品，在芒果、西葫芦、葡萄、番木瓜等果蔬上得到了较好的应用。热蒸汽处理包括3个温度控制阶段：第一，预热期温度控制阶段。该阶段主要控制热蒸汽处理的温度和时间，这两个因素与果蔬产品的耐热性密切相关，温度过高或时间过长都会导致果蔬产品受到热伤害。第二，恒温期温度控制阶段。该阶段要求果蔬产品的内部温度恒定至一定时间，以保证病原微生物的有效杀灭。第三，冷却期温度控制阶段。该阶段要求通过冷空气或者冷水使处理过的果蔬产品温度迅速下降，从而适应后期的贮藏过程。

3. 热水处理　热水处理是采用一定温度的热水通过浸泡、喷淋、冲刷等方式处理果蔬产品的方法。与上述两种方法相比，热水处理效率高、时间短、成本低廉，在商业化生产中可与果蔬清洗相结合，更利于连续化作业。热水处理过程中，热首先从热水传递至果蔬表面，随后传到产品中心部位。热水处理的热传导速度更快，温度更容易精准控制。高压喷淋热水处理方式是近年来使用较为广泛的热水处理方法，通常采用40～55℃的高压热水喷淋处理，更好地提高了热水处理的效果，目前已在葡萄柚、芒果、胡萝卜等产品上取得较好的应用效果。

(二) 热处理对果蔬采后病害的控制

热处理对苹果、柑橘、香蕉、葡萄、芒果、番茄等20多种果蔬采后腐烂病害有很好的控制，对扩展青霉、灰霉葡萄孢属、炭疽菌、交链孢属、镰刀菌属等多种病原微生物有很好的杀灭作用。

目前普遍认为热处理控制果蔬采后病害，主要是通过以下几种方式：① 热处理对病原微生物具有直接杀灭作用，抑制病原微生物芽孢繁殖和菌丝生长，从而阻断病原微生物的扩展和传播。② 热处理促进果蔬表皮木质素的合成，促进伤口的愈合，提高香豆素、柠檬醛等抗菌物质的合成，形成了抵御病原微生物入侵的天然屏障，从而控制病原微生物的侵染。③ 热处理可诱导提高果蔬抗病相关蛋白(如几丁质酶、β-1,3-葡聚糖酶、苯丙氨酸解氨酶等)的合成，增强果蔬自身的抗病能力。

(三) 热处理对果蔬采后虫害的控制

热处理不仅对果蔬采后病原微生物有很好的杀灭作用，而且对于寄生在果蔬上的昆虫及其虫卵、幼虫也具有很好的控制效果。热处理作为一种无公害的处理方式，在热带和亚热带果蔬采后检疫中得到了很好的商业应用。热处理的杀虫效果受昆虫种类、虫龄和热处理方法等诸多因素的影响。成虫对高温的耐受能力要强于虫卵和幼虫，因此较难杀死。

(四) 热处理对果蔬采后冷害的控制

热处理对诸多热带、亚热带果蔬采后冷害也具有很好的控制作用。经过适宜热处理后的果蔬产品，在低温贮藏过程中能很好地控制冷害的发生。热处理控制果蔬采后冷害，主要通过以下几种方式：① 热处理可诱导提高果蔬中抗氧化酶活性，维持活性氧代谢平衡，从而抑制活性氧对组织和细胞膜的损伤，达到减轻冷害发生的目的。② 热处理可诱导果蔬产品热激蛋白(HSP)的基因表达，提高HSP的合成与积累，对生物大分子(如核酸、蛋白质)和细胞器的保护起到积极作用。③ 热处理对果蔬内源激素的代谢有一定调控作用，如抑制乙烯的生物合成、提高内源多胺的含量等，这些植物激素对果蔬采后衰老，以及对低温胁迫的反应都起到了重要的调节作用，从而减轻了冷害的发生。

二、短波紫外线照射

紫外线按其波长大小可分为短波紫外线、中波紫外线、长波紫外线。短波紫外线(UV-C)波长小于280 nm，中波紫外线(UV-B)波长为280～320 nm，长波紫外线(UV-A)波长为320～390 nm。多年来人们将紫外线照射处理作为一种杀菌消毒的方法，应用于医院、餐厅、宾馆及食品厂生产车间。然而在20世纪90年代，研究人员发现低剂量的短波紫外线(UV-C)照射一段时间，可显著减少果蔬贮藏病害的发生，提高了贮藏寿命。随后，诸多科学家开始探索采后UV-C处理控制果蔬腐烂病害的方法。

UV-C的辐照源通常采用普通低压汞蒸气紫外线放电杀菌灯，灯管长88 cm、直径2.5 cm、输出功率30 W、电流强度0～36 A，灯管最大垂直照射强度为2.66 mW/(cm^2·s)，需要95%的紫外光在254 nm波长处发射波能。生产过程中，可将UV-C辐照源安装在传动装置的暗箱中，果蔬产品果蒂向上摆放，根据一定辐照强度下处理时间的长短来确定对产品的辐射剂量。UV-C的照射剂量因果蔬产品种类、品种、成熟度、照射后贮藏温度等因素而异，照射剂量大小与产品腐烂率的降低不呈线性关系。例如，葡萄柚果实采用3.2 kJ/m^2 UV-C照射24 h后损伤接种青霉菌，1周后发病率为13%，而采用1.6 kJ/m^2 UV-C处理后发病率高达60%。采后UV-C处理对苹果、柑橘、桃、草莓、马铃薯等多种果蔬的腐烂病害均有较好的效果。UV-C抑制果蔬采后病害的主要机制包括延缓成熟衰老和诱导提高抗病性，此外UV-C也具有直接抑菌的效果。UV-C照射处理可抑制果蔬采后呼吸作用，减少乙烯释放，降低果实体内细胞壁代谢酶活性，能够保持果实较高的硬度。通过延缓果蔬采后的成熟与衰老维持产品自身的抗病能力。UV-C处理可诱导果蔬合成植保素，提高多种抗病相关酶活性，从而提高产品的抗病能力。番茄果实经UV-C照射后，果皮中PPO、POD、PAL等酶活性显著提高。UV-C处理后的桃果实几丁质酶和β-1,3-葡聚糖酶活性也显著升高。UV-C处理还可诱导果蔬细胞壁的区域化和木质化程度，形成物理屏障，阻止病原菌的入侵。UV-C能穿透寄主表面50～300 nm厚的数层细胞，可破坏病原物DNA的结构，干扰细胞分裂，引起蛋白质变性。由于大部分病原微生物不能对UV-C造成的伤害进行修复，最终导致死亡的发生。因此UV-C对果蔬采后病原微生物具有直接杀菌的作用效果。虽然UV-C具有较好的抑菌作用，可提高果蔬产品的贮藏寿命，但其处理效果还远不及化学杀菌剂，并且对适宜的果蔬产品种类及其采后病害种类仍有一定局限性，对于个体较大的果蔬产品还存在照射剂量不均的问题。因此对于 UV－C 处理的广泛应用还需进一步探索并开发出适用于商业生产的设备。然而与其他采后处理方法相比，UV－C 处理具有操作简便、安全性高、无残留、生产成本低等优点，如与其他采后处理方法配合使用必将成为减少果蔬采后腐烂、延长贮藏寿命的有效新技术。

三、辐射处理

（一）辐射处理的起源和发展

辐射处理起源可以追溯到 19 世纪末。1895 年，伦琴发现 X 射线，1896 年，Minck 提出了 X 射线对细菌有杀灭作用，并有望应用于食品生产中。随后逐渐证实了 X 射线对病原细菌有致死性效应，对原生虫有致死作用。辐射处理很快应用于杀死食品中的病原微生物和昆虫，后来将其应用于粮食和其他农产品的贮藏保鲜。虽然早在 19 世纪末就发现了辐射处理具有杀菌作用，但用辐射处理延长果蔬贮藏寿命的研究和应用，也仅有 40 多年的历史。在一些国际组织如联合国粮食及农业组织（FAO）、国际原子能机构（IAEA）、世界卫生组织（WHO）等的支持和组织下，很多研究机构进行了国际协作研究。尤其是 WHO 在 1983 年和 1998 年指出辐射食品无毒理学、营养学及微生物方面的安全问题，国际食品法典委员会（CAC）于 1984 年通过“辐射食品通用标准”、“辐射食品推荐规程”等标准以后，引起了各国际组织和各国政府的广泛关注，目前许多国家已经批准了包括马铃薯、洋葱、大蒜、花生、谷物、蘑菇等 80 多种辐射食品的上市，辐射处理技术得到迅速发展。

美国最早于 20 世纪 40 年代开始进行食品辐射处理的研究，当时主要用于军用产品供给。1965 年，加拿大建成了世界上最早的马铃薯辐射工厂，用于马铃薯抑芽保鲜。1980 年 12 月辐射食品卫生安全联合专家委员会得出如下结论：“用 10 kGy 以下的最大平均剂量照射的食品，在毒理学、营养学及微生物学上完全没有问题，并且今后在此剂量下的食品不再需要进行毒理实验。”1984 年，食品法典委员会（CAC）向成员国建议辐射食品 CAC 标准及辐射食品设施推荐规程。20 世纪 90 年代是辐射处理的商业化起步阶段。目前全球已公认辐射处理是一种安全的、无污染的物理处理过程。如今全球已超过 40 个国家批准了几百种食品的辐射处理，尤其是美国、荷兰、法国等发达国家辐射处理的应用已越来越广泛，处理的量也呈逐年增加的趋势。

（二）辐射处理的定义和特点

辐射处理是利用一定剂量的射线照射果蔬产品，起到灭菌、杀虫，抑制后熟等生理活动，从而达到防虫、抑菌、延长果蔬贮藏寿命的一种保鲜处理方法。

1. 辐射处理贮藏技术的优点

1）处理效率高，杀菌效果好，可按处理目的进行剂量调整，辐射过程可以精确控制，实现整个工序的连续化、自动化、控制化。

2）一定的剂量（<5 kGy）照射不会使果蔬产品发生感官上的明显变化，即使使用高剂量（>10 kGy）照射，果蔬产品中总的化学变化也极其微小。

3）无化学残留，不污染环境，食用安全性高。

4）处理方法简便，辐射过程不受温度、湿度、产品包装形式的影响。

2. 辐射处理贮藏技术的缺点

1）对微生物、昆虫的致死剂量对人来说是相当大的，因此，操作人员的防护必须采取万全之策。必须遮蔽放射源，并且必须经常地对作业区域和作业人员进行连续监护。

2）辐射处理并不适用于所有的果蔬产品，因此要有选择性地应用。

（三）辐射处理的基本概念

1. 辐射类型 辐射是能量传递的一种方式，在电磁波谱中根据能量大小，可将电磁波分成无线电波、微波、红外、可见光、紫外线、X 射线和 γ 射线。通常根据辐射的频率和其作用形式可将辐射分为电离辐射和非电离辐射两种类型：① 电离辐射，是高频辐射线（$\mu>10^{15}$），频率较高，能量大。有激发和电离两种作用，当 μ 在 $10^{15}\sim10^{18}$ Hz（如紫外线的能量）时不仅能使被照射物质的原子受到激发（使电子从低能态到高能态)，而且可以起到抑菌杀菌的作用。② 非电离辐射，是低频辐射线($\mu<10^{15}$)，频率较低，能量小，如微波、红外线的能量，仅能使物质分子产生转动或振动，从而产生热量。

2. 辐射源 用于果蔬产品辐射处理的辐射源主要有以下两种：① 人工放射性同位素，通常采用放射性同位素^{60}Co(钴，半衰期5.26年)和^{137}Cs(铯，半衰期30.3年)作为辐射源。在果蔬产品辐射时电离辐射产生β射线和γ射线等放射线。② 电子加速器，又称静电加速器或范德格拉夫加速器，主要利用电磁场作用，使电子获得较高能量，即将电能转变成辐射能，这种仪器设备装置有静电加速器、高频高压加速器、绝缘磁芯变压器等。

(四) 辐射处理的生物学效应

在果蔬产品中的辐射处理不会产生特殊毒素，但在辐射后某些机体组织中有时会发现带有毒性的不正常代谢产物。辐射处理对果蔬产品的损伤主要表现在代谢反应，其辐射效应取决于机体组织受辐射损伤后的恢复能力，还取决于辐射总剂量的大小。辐射的生物学效应主要表现在以下几方面。

1. 抑制根茎类蔬菜发芽 蔬菜中的马铃薯、洋葱等根茎类蔬菜，主要是通过控制其休眠过程延长贮藏期。在休眠期结束后，遇到适宜的温度和湿度，这些根茎类蔬菜便会发芽，继续生长。辐射处理抑制植物器官发芽是由于分生组织遭到破坏，生长点上的细胞不能发生分裂，组织中的核酸和植物激素代谢受到干扰等。

2. 抑制果实后熟作用 辐射处理可以抑制果实的后熟作用，达到延长贮藏寿命的效果。尤其在跃变型果实中，辐射处理可延迟呼吸高峰出现，减缓叶绿素降解，达到保绿的效果。在呼吸跃变前进行辐射处理，可以干扰果实体内乙烯的生物合成，延缓果实衰老。

3. 抑制病原微生物侵染，有杀虫作用 辐射处理对多种果蔬腐败菌有一定的杀灭作用，可用于控制采后病害的发生。昆虫细胞，尤其是幼虫，对辐射十分敏感。因此，采用辐射处理对杀灭果蔬上的果蝇、实蝇等效果明显。成虫细胞对辐射敏感性较差，但其性腺细胞对辐照很敏感，因此使用低剂量辐射会造成昆虫遗传紊乱(如雄性不育等)，而用稍高的辐射剂量即可将成虫杀死。表5-1列举了辐射处理及其剂量对多种果蔬产品采后保鲜效果。

表5-1 辐射处理对不同水果贮藏效果

水果名称	辐射源	辐射剂量/Gy	辐射效果
		400	延长保藏时间8 d
芒果	$^{60}Co\gamma$射线	600～800	减少霉烂，营养成分变化小
		1 500	可完全杀死果实的害虫
杨梅		1 000	延长保藏时间5 d
橄榄	$^{137}Cs\gamma$射线	2 000	延长保藏时间7 d，质量优于鲜果
		500～1 000	提高耐机械损伤的能力
桃子	^{60}Co、$^{137}Cs\gamma$射线	1 000～3 000	促进C_2H_4生成，对糖、抗坏血酸无不良影响，对色、味有好的结果
柑橘	$^{60}Co\gamma$射线	20～200	可在低温下长期保藏，但有辐射异味
	0.5～1 MeV电子射线	150～250	表面杀菌好，提高保藏性能，味不受影响
胡桃	γ射线	40	杀虫
红玉苹果	$^{60}Co\gamma$射线	5	延长保藏时间
香蕉	$^{60}Co\gamma$射线	20～30	延长保藏时间
葡萄	$^{137}Cs\gamma$射线	150～300	耗氧量增加，出汁量提高
柠檬	γ射线	50	延长保藏时间25 d
广柑	γ射线	200	防止成熟和鲜果腐烂，保藏时间42 d
菠萝	HRH辐射器	30～50	显著延长保藏时间，不影响色、味
番石榴	γ射线	30	延长保藏时间
甜樱桃	γ射线	200	防止鲜果腐烂，延长保藏时间3～6 d
无花果	γ射线	200	延长保藏时间5～60 d
梨	γ射线	10～50	不耐辐射，延长保藏时间效果不佳
树莓	γ射线	3～4	微生物显著减少，延长保藏时间3～4 d
枣	γ射线	100～200	延长保藏时间，对色味无不良影响

（五）影响辐射处理贮藏效果的因素

对果蔬产品进行辐射处理，其贮藏效果受到以下几个因素的影响。

1. 放射线种类 可用于果蔬采后辐射的离子化放射线有高速电子流、X射线及γ射线。射线的种类不同，其作用效果也会发生相应的变化。一般认为γ射线与高速电子流照射虽然是两种不同的放射线，但其杀菌效果是一样的，其电离密度越大，杀菌效果越好。γ射线是一种穿透力极强的电磁射线，当其透过生物时，会使机体中的水分子和其他物质发生电磁作用，产生游离基或离子，从而影响机体的新陈代谢，严重时则引起细胞死亡。

2. 辐射剂量 根据不同种类果蔬产品的自身特点及贮藏目的，选取不同的适宜辐射剂量。例如，采用^{137}Cs的γ射线处理草莓，1 kGy可贮藏5 d，当辐射剂量提高到2 kGy时可延长贮藏期至9 d。由于选取照射剂量的不同，所起的作用也有差别，例如，1 kGy以下的低剂量辐射，可抑制块茎、鳞茎类蔬菜的发芽，杀死寄生虫；1～10 kGy的中剂量辐射，可抑制果蔬采后呼吸代谢，延缓后熟衰老，延长贮藏寿命，对病原真菌具有杀灭作用；10 kGy以上的高剂量辐射，则具有彻底灭菌的效果。

3. 果蔬产品特性 果蔬产品自身特点（如品种、成熟度、呼吸类型）、采收后表面受病原菌的污染程度，以及寄生虫含量的多少等都对辐射处理后果蔬产品的贮藏效果有较大的影响。而对于呼吸跃变型果实而言，辐射处理只有在呼吸跃变之前进行，才能有效抑制后熟作用，延长保鲜期。因此，对于辐射处理要选择适宜的果蔬品种才能达到预期的效果。

4. 贮藏环境因素 在果蔬贮藏过程中，贮藏温度、湿度、气体成分等因素也能影响辐射处理的效果。

（1）*温度效应*：果蔬产品的辐射敏感性随辐射温度的提高而增强。在辐射生物效应发生过程中，温度主要影响自由基的产生、扩散和重组。

（2）*水分效应*：在放射线辐射的作用下，水分子电离生成H^+和OH^-。如果没有水分子的存在，产生的放射线间接作用效果就会变小，生成的游离基也不能自由移动。已有研究表明果蔬含水量高低对辐射敏感性有较大影响。

（3）*氧气效应*：在有氧气存在的情况下可提高果蔬产品的辐射敏感性，并且对于果蔬表面病原微生物的杀灭有增强的作用。

四、高压电场处理

高压电场处理是近年来备受科学研究人员关注的贮藏保鲜新技术，虽然它的商业应用程度及人们对它的认识还远不及前面所述的各类贮藏保鲜技术，但它特有的优势、潜在的应用前景，以及与其他保鲜方式的复合应用将影响果蔬贮藏保鲜领域。

果蔬产品经高压电场处理后，受到带电离子的空气作用时，自身的电荷就会起到中和作用，对采后生理代谢产生一定影响，引起呼吸强度减慢，有机物消耗相对减少，从而达到贮藏保鲜的目的。高压电场处理的作用形式主要包括以下4个方面。

（一）高压电场下产生的空气离子对果蔬产品的作用

空气离子是气体分子形成的带电颗粒，在外界提供的能量作用下，空气分子失去电子成为空气正离子，或者得到电子成为空气负离子。一般采用高压电晕的方式使空气电离。由于空气中各种气体的电离能不同，在电场作用下被电离的程度也不同。几种主要气体电离破坏电位差见表5-2。如表所示，H_2的电离能最低，其次为CO_2，但二者在空气中含量极少。N_2含量最多但电离能较大，O_2含量仅次于N_2，且电离能较低，因而电晕放电主要将O_2电离，形成正负离子，同时一部分O_2分子形成3个原子的O_3。

表5-2 几种主要气体的电离破坏电位差

气　体	分 子 式	电离破坏电位差/(kV/cm)	空气中体积/%
氢气	H_2	13.9	极微量
二氧化碳	CO_2	22.6	0.03
氧气	O_2	23.1	21
氮气	N_2	27.0	78

经高压电场产生的空气离子具有较强活性，能与生物细胞膜及生物大分子（如蛋白质、核酸等）发生反应，使蛋白质变性、DNA和RNA的结构和性质发生变化，从而导致对外界环境敏感的酶失活，导致一系列的机体代谢受阻。果蔬产品采收后发生的一系列生理生化变化及衰老过程，其实质是电荷不断积累和作用的过程，空气离子通过对产品表面电荷平衡的干扰，进而影响整个代谢过程并延缓其衰老。此外，经高压电场离子化的气体具有良好的保湿性能，能维持细胞的渗透压，可防止果蔬产品采后失水萎蔫，保持其良好的新鲜度。空气离子作用于果蔬产品上的微生物，具有一定的抑菌效果。因此，高压电场产生的空气离子可用于果蔬产品采后的防腐处理，以减少腐烂损失。

（二）高压电场下产生 O_3 对果蔬产品的作用

在高压电场电晕放电过程中，产生空气离子的同时也形成 O_3。其过程如下：

$e+O_2 \longrightarrow O_2\uparrow$（激发态）　　$O_2\uparrow \longrightarrow O+O$　　$O+O_2+M \longrightarrow O_3+M$（M为第三者能量传递体）

此外，利用无声放电和紫外线照射也可产生 O_3，前者更为常用。其原理是，当两个电极间外加交流高压时，就会在间隙内稳定地部分放电，若在放电间隙中通过空气，这些气体中的一部分 O_2 便臭氧化。O_3 是一种强氧化剂，也是一种良好的杀菌剂，能杀灭果蔬产品上的微生物及其分泌的毒素，能有效地抑制代谢产物ACC和 C_2H_4 的形成，降低 C_2H_4 释放，并且可对贮藏环境中释放 C_2H_4 进行氧化，达到脱除乙烯作用，从而延缓果蔬产品的采后衰老，延长贮藏寿命。

（三）高压电场下产生的离子水对果蔬产品的作用

在高压电场作用下，由于电离作用使水成为具有化学活性的离子水，离子水的表面张力和渗透压力增大，不易蒸发，能抑制霉菌孢子的生长。与电离辐射的水解产物类似，离子水可作用于生物体，产生大量的自由基，与生物大分子作用形成原初损伤，通过新陈代谢使损伤扩大，从而导致呼吸减弱，机体代谢减缓，达到保鲜的效果。

（四）高压电场对果蔬产品的直接作用

在高压电场作用下，果蔬内部的细胞结构特别是细胞膜结构易发生变化，使膜上的电性物质发生重排、激发、电离等作用。高压电场产生一些活性离子作用于膜上的酶系统，并可使酶钝化。此外，高压电场也能使细胞内的自由水发生电离、激发等作用，产生具有化学活性的自由基，作用于生物大分子，引起损伤，进而干扰其代谢过程。

高压电场处理的效果受许多因素的影响，如果蔬产品的种类，有效剂处理量与时间，贮藏温度、湿度及气体成分等。因此，在进行大规模的商业性应用之前，对高压电场处理对果蔬保鲜效果的影响还有待于进一步深入研究。

第二节　果蔬化学保鲜

果蔬化学保鲜是减少采后腐烂病害的重要方法，由于化学药剂对诸多采后病原微生物有直接的毒杀作用，因此其保鲜效果更为显著。化学保鲜可以弥补低温贮藏的不足，对不耐低温贮运的果蔬更有明显的优势。常见的化学保鲜剂包括化学杀菌剂、乙烯抑制剂、吸附剂、气体发生剂、湿度调节剂、植物天然提取物等。

一、化学杀菌剂

化学杀菌剂由于其生产成本低、价格便宜、保鲜效果好、使用方便等特点，在果蔬化学保鲜方法中占有主导地位。化学杀菌剂的使用主要通过喷洒、浸果、浸纸垫、熏蒸等方式直接杀死果蔬上的病原菌。以下为几种生产上常用的化学杀菌剂。

（一）脂肪胺类

常用的有仲丁胺（橘腐净），是一种脂肪族胺类化合物。仲丁胺既可作为熏蒸剂，又可作为喷淋和浸果剂，在柑橘类水果生产上还常与打蜡制剂混合使用。仲丁胺对青霉属病原菌（如橘青霉、扩展青霉、点青霉等）有强烈的抑制作用，一般使用浓度为0.5%～2%，有效浓度在空气中达到100 μL/L时，对柑橘果实的青霉病害有较好的抑制效果。

(二) 苯并咪唑类及其衍生物

苯并咪唑及其衍生物的化学杀菌剂有多种产品，主要包括多菌灵、托布津、苯来特、噻苯唑等，这类杀菌剂具有内吸性，一般使用浓度为500～1 500 mg/L，对青霉菌、拟茎点霉、刺盘孢、链核盘菌都有很强的杀死力，可广泛用于苹果、梨、柑橘、桃、李等水果采后病害的防治。

(三) 抑菌唑

抑菌唑是第一个麦角甾醇($C_{28}H_{40}$)的生物合成抑制剂。自20世纪80年代以来，抑菌唑是在世界许多柑橘产区被广泛使用的化学杀菌剂，其防腐效果优于苯并咪唑类，特别对苯来特、特克多(TBZ)及仲丁胺产生抗性的青霉菌株和链格孢菌有很强的抑制作用。抑菌唑的使用方法可采用喷淋、浸果、洗果等，其使用浓度一般为1 000～2 000 mg/L。

(四) 抑菌脲

其商品名为扑海因，化学名称为3-(3,5-二氯苯基)-*N*-异丙基-2,4-二氧咪唑烷-1-羧酰胺。抑菌脲可有效抑制根霉和链格孢等苯并咪唑类药剂所不能抑制的病原菌，此外还可抑制灰霉葡萄孢和链核盘菌，而对青霉菌的抑制效果与抑菌唑相似。

(五) 瑞毒霉

又称甲霜安，化学名称为甲基-*N*-(2-甲氧乙酰)-*N*-(2-甲氧乙酰)-*N*-(2,6-二甲基苯基)-DL-丙氨酸甲酯。瑞毒霉有较强的内吸性能，对鞭毛菌亚门有较强的抑制效果，可控制由疫霉引起的柑橘褐腐病。此外瑞毒霉可与三唑化合物混合使用，能有效控制青霉病、酸腐病和褐腐病等多种采后病害，其使用浓度一般为1～2 g/L。

(六) 乙膦铝

其商品名为霜霉净，化学名称为三乙膦基磷酸铝。乙膦铝是良好的内吸药剂，对人畜基本安全无毒。生产上采用2～4 g/L的40%～90%可湿性粉剂对疫霉及抗瑞毒霉菌株均有抑制作用。

目前果蔬化学保鲜常用的杀菌药剂主要有以下几种(表5-3)。

表5-3 水果蔬菜采后常用的化学杀菌药剂

名　称	使用浓度/(mg/L)	使 用 方 法	应 用 范 围
仲丁胺(2-AB)	200	洗、浸、喷果及熏蒸	柑橘青霉、绿霉、蒂腐、炭疽等病
联苯酚(SOPP)	0.2%～2%	浸纸垫、浸果	柑橘青霉、绿霉、蒂腐、炭疽等病
多菌灵	1 000	浸果	柑橘青霉、绿霉
甲基托布津	1 000	浸果	柑橘青霉、绿霉
抑霉唑	500～1 000	浸果	青霉、绿霉、蒂腐、焦腐等病
特克多(TBZ)	750～1 500	浸果、喷洒	灰霉、褐腐、青霉、绿霉、蒂腐等
乙膦铝(疫霉灵)	500～1 000	浸果、喷洒	霜霉、疫霉等病
瑞毒霉(甲霜灵)	600～1 000	浸果、喷洒	对疫病有特效
扑海因(咪唑霉)	500～1 000	喷洒、浸果	褐腐、黑腐、蒂腐、炭疽等病
普克唑	1 000	喷洒、浸果	青霉、绿霉、黑腐等病
二氧化硫(SO_2)	1%～2%	熏蒸、浸纸或纸垫	灰霉、霜霉等病

长期使用同一种化学杀菌剂，往往会出现药效降低的现象，即抗药性。病原菌的抗药性存在“交叉抗性”的现象，即病原菌如果对某一杀菌剂产生抗性，那么对作用机制相同的其他药剂也会产生抗性。例如，病原菌对多菌灵产生抗性，也就对硫菌灵、苯菌灵、噻菌灵等产生抗性，因为它们同属苯并咪唑类化合物。为了克服抗药性的产生，生产上可以选择作用机制不同的杀菌剂交替使用，或者采用混配的方法，将单方改为复方。

此外，化学杀菌剂的残留也越来越受到消费者、政府机构及世界贸易组织的广泛关注，已经成为制约果蔬商品流通、出口贸易和市场竞争的关键因素。在果蔬化学保鲜的商业使用中，应尽量控制化学杀菌剂的使用浓度。此外，配合其他保鲜方法综合使用，尤其是使用低毒安全的天然化学防腐剂将是今后的发展方向。

二、涂膜保鲜剂

果蔬涂膜保鲜处理是将成膜物质(包括可食用蜡、天然树脂、明胶、淀粉、壳聚糖等)制成适当浓度的水溶液或者乳液，通过浸渍、涂抹、喷洒等方法均匀涂布于果蔬表面，达到延长果蔬保鲜期、提高商品性的过程。近年来，涂膜保鲜剂中以动植物多糖类、蛋白质类等高黏度成膜保鲜剂在果蔬保鲜研究中发展最快，其应用也最为广泛。

(一) 多糖类涂膜保鲜剂

主要以动物、植物中多糖类物质为基质制成的具有一定黏度的可成膜天然保鲜剂。常用的多糖材料有淀粉、纤维素衍生物、动植物胶、壳聚糖等，其中壳聚糖涂膜保鲜剂对于果蔬类保鲜具有显著效果。

壳聚糖又名乙酰几丁质、甲壳素，是由蟹虾、昆虫等甲壳质脱乙酰后合成的多糖类物质，是氨基葡萄糖和*N*-乙酰氨基葡萄糖通过β-1,4糖苷键连接而成的一种高分子多糖。由于壳聚糖具有安全无毒、高效、价廉、无异味等优点，既可以被水洗掉，又可以被生物降解，不存在残留毒性问题，已成为有较好应用前景的涂膜保鲜材料。目前欧美、日本等国家已由专门的研究机构生产壳聚糖商品用于果蔬保鲜，我国也已有商品化生产的壳聚糖产品。一般将0.7%～2%的壳聚糖溶液喷洒或涂抹在果蔬的表面即可在果蔬表面形成一层薄膜，达到保鲜效果。壳聚糖形成的薄膜可调节果蔬呼吸作用，对内源乙烯的产生也具有一定的抑制作用，从而延缓果蔬衰老，延长保鲜期。另外，壳聚糖对病原微生物具有抑制作用，其抗菌机制主要在于能作用于微生物细胞表层，影响物质通透性，损伤细胞。壳聚糖的脱乙酰程度越高，即氨基越多，其抑菌活性越强。壳聚糖还可以作为诱导因子，增强果蔬采后抗病能力。主要通过增强果蔬细胞壁厚度，提高细胞壁木质化程度，调节抗病相关酶活性变化，产生植保素、酚类化合物等抗菌物质及诱导病程相关蛋白，达到抵抗病原微生物侵染的过程。

(二) 蛋白质类涂膜保鲜剂

主要以从动物、植物中分离的蛋白质为原料制成的具有一定黏度的可成膜保鲜剂。常用的蛋白质材料有大豆分离蛋白、小麦面筋蛋白、玉米醇溶蛋白、胶原蛋白、乳清蛋白等，其中磷朊类高分子蛋白质膜较适于果蔬类涂膜保鲜。

磷朊类高分子蛋白质广泛存在于动植物体中，由于该蛋白质分子含有大量的亲水基团，溶水后具有较高黏性，成膜后具有适宜的透气性和透水性，对气体的通过具有较好的选择性，能显著抑制果蔬的呼吸强度，具有较好的保鲜效果。由于其安全性高、无异味、成膜效果好，具有较好的商业应用前景。

(三) 脂类涂膜保鲜剂

主要以蜂蜡、石蜡、硬脂酸、软脂酸等为原料制成的可成膜保鲜剂。由于这类涂膜保鲜剂具有极性弱、易形成致密分子网状结构、成膜阻水能力强、膜强度较低等特点，商业上很少单独使用。通过不同配方制成复合涂膜保鲜剂具有较好的成膜性和保鲜效果。我国广西化工所研制的复方卵磷脂涂膜保鲜剂，在鲜橙涂膜保鲜中具有较好的保鲜效果。

三、乙烯抑制剂

这类保鲜剂主要通过与果蔬发生生理生化反应，从而阻止内源乙烯的生物合成或抑制其生理作用，因此分为乙烯生物合成抑制剂和乙烯作用抑制剂两类。

(一) 乙烯生物合成抑制剂

主要通过抑制乙烯生物合成中的两个关键酶：ACC合成酶(ACS)和ACC氧化酶(ACO)，而达到抑制乙烯产生的目的。具有这种作用效果的保鲜剂有氨基酸乙基乙烯基甘氨酸(AVG)、氨基氧乙酸(AOA)、Co^{2+}、Ni^{2+}、自由基清除剂、多胺、解耦联剂等。

(二) 乙烯作用抑制剂

主要通过自身作用于乙烯受体而阻断乙烯的正常结合，从而抑制乙烯所诱导的一系列成熟衰老过程。目前该类保鲜剂具有很好的保鲜效果，并在多种果蔬产品中得到广泛应用。其中以丙烯类物质最为常见，主要包括环丙烯(CP)、1-甲基环丙烯(1-MCP)和3,3-二甲基环丙烯(3,3-DMCP)等。它们都是乙烯反应的有效抑制剂，是阻断乙烯信号的有机分子，均具有抑制活性，并且在常温下都为气体，无色、无味、无毒。其中，CP、1-MCP是3,3-DMCP活性的1 000倍，但由于1-MCP稳定性高于CP，目前绝大多数商品化产品主要有效成分均为1-MCP。1-MCP在我国已商业化生产，并在'红富士'苹果和'库尔勒'香梨上都有很好的保鲜效果,并得到产业化应用。

四、生理活性调节剂

这类保鲜剂通过调节果蔬生理活性,达到延缓果蔬成熟衰老、延长贮藏寿命的目的。目前研究应用的生理活性调节剂主要分生长素类、赤霉素类、细胞分裂素类等。柑橘、葡萄采用生长素类物质浸果,可降低果实腐烂率,防止落果。赤霉素类物质可抑制细胞衰老,延缓果皮褪绿变黄、果肉变软等后熟症状。细胞分裂素具有保护叶绿素,抑制衰老的作用,可用来延缓绿叶蔬菜(如甘蓝、青菜、花椰菜)及食用菌的衰老。此外,茉莉酸及其甲酯、水杨酸、多胺、油菜素内酯、甜菜碱等生理活性物质在延缓果蔬衰老,提高果蔬采后抗病能力,延长保鲜期等方面都有很好的效果,并且具有潜在应用前景。但由于这些生理活性调节剂的使用剂量还不规范,对人体健康、环境污染等方面仍存在争议,还不能得到广泛的商业化使用。

五、气体发生保鲜剂

这类保鲜剂通过自身挥发或化学反应产生气体,具有杀灭病原菌或脱除乙烯的效果,从而达到延长保鲜期的目的。常用的气体发生保鲜剂包括二氧化硫发生剂、乙醇蒸汽发生剂、一氧化氮发生剂和卤族气体发生剂等,其中以二氧化硫发生剂最为常见。生产应用中大多数葡萄保鲜剂主要是利用亚硫酸盐(如亚硫酸氢钠、亚硫酸氢钾或焦亚硫酸钠等)缓慢释放的二氧化硫气体杀灭潜伏侵染在果实上的病原菌。这类保鲜剂使用时将亚硫酸氢钠或焦亚硫酸钠,加入一定量的黏合剂制成药片,按葡萄鲜重0.2%~0.3%将药剂放在包装箱内,不直接与葡萄接触,用纸张隔开,亚硫酸氢钠吸水后会释放出二氧化硫,起到防腐作用。但必须控制贮藏期间的温度(一般为-0.5~0℃)和湿度(相对湿度为85%~95%),防止因二氧化硫浓度过高而对葡萄产生伤害。

六、吸附性保鲜剂

这类保鲜剂主要通过吸附清除贮藏环境中的乙烯,降低氧气含量,脱除过多的二氧化碳,从而达到较好的气调效果,抑制果蔬后熟,延长贮藏寿命。常用的吸附性保鲜剂主要包括乙烯吸收剂、吸氧剂和二氧化碳吸附剂。

(一) 乙烯吸收剂

主要有物理吸附型、氧化吸收型和触媒型3种。

1. 物理吸附型 乙烯脱除剂主要采用活性炭、天然或人造沸石、硅藻土、活性白土、Al_2O_3等多孔结构的吸附体。这类乙烯脱除剂具有价格便宜、使用方便等特点,但其吸附量有限,受环境影响较大,达到饱和后有解吸的可能。

2. 氧化吸收型 乙烯脱除剂的作用原理是以强氧化剂与乙烯发生化学反应,从而清除乙烯。由于氧化剂自身表面积较小,且没有吸附能力,脱除乙烯速度缓慢,因此一般不单独使用,而是将氧化剂涂膜于表面积较大的多孔质吸附体表面,利用吸附体的吸附作用与表面积大的特点及氧化剂的氧化作用,集吸附、氧化、中和3种作用于一体,显著地提高了吸附效率,适用于脱除低浓度的乙烯,通常采用的氧化剂为高锰酸钾。

3. 触媒型 乙烯脱除剂是用特定的有选择性的金属、金属氧化物[如Al_2O_3、$Ca(ClO)_2$、ZnO、$Ba(ClO)_2$]或无机盐($CoSO_4$等)催化乙烯氧化分解。这类乙烯脱除剂的特点是用量少、速率快,作用时间持久,适用于低浓度乙烯的脱除,具有良好的发展前景。

(二) 吸氧剂

主要是以氧化还原反应为基础,与贮藏环境中的氧气发生反应,生成新的化合物,从而消耗掉体系中的氧气,达到脱氧的目的。按其吸氧速度分为速效性、一般性和缓效性。按原料成分可分为无机类和有机类,其中无机类包括铁系脱氧剂、亚硫酸盐脱氧剂、加氢催化性脱氧剂等;有机类包括抗坏血酸类、维生素E类、儿茶酚类等。目前商业使用的大部分脱氧剂为铁系脱氧剂。

(三) 二氧化碳吸附剂

主要是利用物理吸附和化学反应两种作用模式,脱除、消耗贮藏环境中的二氧化碳,以达到保鲜的目的。常用的二氧化碳吸附剂有活性炭、焦炭分子筛、消石灰和氯化镁等，其中焦炭分子筛既可吸收乙烯又可吸收二氧化碳。

七、湿度调节保鲜剂

果蔬产品在贮藏过程中，需要保持一定的湿度，当贮藏环境中湿度过大（尤其在自发气调包装中）时会产生薄膜袋结露等现象。通常采取在塑料薄膜包装内施用水分蒸发抑制剂和防结露剂的方法来调节湿度，以达到延长贮藏期的目的。商业生产中最常用的方法是将聚丙乙烯酸钠包装在透气性的小袋内，与果蔬一起封入塑料薄膜内，当袋内湿度过高时，可以吸附环境中的水分；当袋内湿度降低时，它能放出已捕集的水分，从而达到调节湿度的目的，其使用量一般为果蔬质量的0.06%～2%。这类保鲜剂适用于苹果、梨、柑橘、桃、李、葡萄等水果，此外在番茄、青椒、菜花、菠菜、蘑菇、蒜薹等蔬菜上同样能有较好的保鲜效果。

第三节　果蔬生物保鲜

一、生物拮抗菌保鲜

生物拮抗菌保鲜方法是利用生防菌与病原微生物之间的拮抗作用，选择对果蔬产品本身没有伤害、安全的微生物来抑制由病原微生物引起的腐烂、败坏、变质等的生物保鲜方法。

由于近年来化学保鲜剂对食品安全、环境污染等问题的日趋凸显，生物拮抗菌保鲜技术将有望成为新型的保鲜方法。为此，世界各国的科研单位都在探索安全、高效、方便的新型生物保鲜技术。

（一）拮抗菌的选用

果蔬采后生物保鲜方法的研究始于20世纪80年代，诸多研究结果都证明利用拮抗菌控制果蔬采后病害是一项具有发展潜力和发展前景的新兴生物保鲜技术。经过多年的研究，拮抗菌生物保鲜方法已从实验室走向工厂，开始进行商业化生产应用。目前已经从植物和土壤中分离出许多具有拮抗作用的微生物，包括细菌、酵母菌和小型丝状真菌。细菌主要是通过产生抗生素来抑制病原菌的生长，而酵母菌则主要是通过在伤口处快速繁殖和营养竞争来抑制病原菌的生长，达到控制腐烂病害。

近年来的研究表明，用不产生抗生素的拮抗酵母菌，来代替产生抗生素的细菌，对果蔬采后病害的控制也具有同样的效果，而且还可以避免因病原菌对抗生素产生抗性而降低抑菌效果。已有研究表明，季也蒙假丝酵母能在接种果实伤口迅速繁殖，在25℃培养3 d后，酵母数量可增加45.6倍，有效抑制腐烂发生，并对果实不产生任何伤害。丝孢酵母也能在苹果伤口迅速繁殖，在25℃条件下培养最初的48 h内增殖最快，酵母数量增加了50倍以上。

一般来说，理想的拮抗菌应具有以下几个特点：① 使用浓度低，拮抗菌喷洒在果蔬表面具有较强的生长和繁殖能力；② 能与其他采后处理方法和化学药物相适应，并且在低温和气调环境下也具有同样的效果；③ 能利用低成本培养基进行大规模生产；④ 遗传性稳定；⑤ 具广谱抗菌性，不产生对人有害的代谢产物；⑥ 抗杀虫剂，对寄主不致病。

（二）拮抗菌的作用机制

拮抗微生物对引起果蔬采后腐烂的许多病原菌都具有明显的抑制作用，其作用机制主要有抗生、竞争、寄生及诱导抗性等4个方面。

1. 抗生作用　抗生作用主要是通过拮抗微生物自身分泌抗生素来抑制病原菌，达到减少腐烂发生的目的。例如，枯草芽孢杆菌分泌伊枯草菌素，洋葱假单胞杆菌产生吡咯烷酮类抗生素，木霉产生吡喃酮等。能够产生抗生素的微生物主要是细菌，且抗生素种类繁多，不仅同一种细菌可以产生多种抗生素，而且一种抗生素也可由多种细菌产生。细菌素也是由拮抗菌产生的一种重要抗菌物质，其主要成分包括蛋白质、多肽、核苷酸、生物碱类。能产生细菌素的细菌主要有：土壤放射杆菌、丁香假单胞菌、密执安棒形杆菌、菊欧氏杆菌、甘蓝黑腐黄单胞菌等。此外，木霉菌通过产生木霉素、胶霉素、绿木霉素、抗菌肽等抗菌物质来抑制病原菌引起的腐烂。

2. 竞争作用 竞争作用是指拮抗菌与病原菌在物理位点、生态位点的抢占，以及营养物质和氧气的竞争。在果蔬采后病害生物防治中，竞争作用也是主要的作用机制，由于引起果蔬采后病害的病原菌多数为致腐真菌，孢子萌发及致病活动需要大量的外源养分，拮抗菌通过与病原真菌竞争果实表面的营养物质及侵染位点，从而降低果蔬表面病原真菌数量，达到抑制腐烂的效果。在已发现的拮抗菌中，大部分的酵母菌和类酵母菌主要以此方式作为生物保鲜的机制，酵母菌繁殖速度快，可迅速扩大种群数量，占据病原真菌的侵染位点，阻止病原菌的侵入，从而很好地控制果蔬采后病害的发生。

3. 寄生作用 寄生作用是指拮抗菌以吸附生长、缠绕、侵入、消解等形式抑制病原菌的生长。例如，拮抗酵母菌分泌胞外水解酶[几了质酶(chitinases)和β-1,3-葡聚糖酶(β-1,3-glucanases)]，将真菌细胞壁的主要成分几丁质和β-1,3-葡聚糖分别降解为几丁质单糖、二糖和寡糖，从而破坏病原菌细胞骨架，达到抑制病原菌生长的目的；木霉菌通过侵入或穿透寄主菌丝细胞，产生几丁质酶、葡聚糖酶(包括β-1,3-葡聚糖酶、β-1,4-葡聚糖酶、β-1,6-葡聚糖酶)，以及蛋白酶、脂酶等一系列水解酶类，以此消解病原菌的细胞壁。

4. 诱导抗性 诱导植物抗性是生物保鲜的一个重要作用。植物在生物和非生物诱导因子的作用下，会产生对病原微生物的抗性。常常通过木质素生成、胼胝体积累、羟脯氨酸糖沉积、植保素合成等方式提高对病原微生物的抵抗作用。此外，通过提高抗病相关酶活性[包括几丁质酶、脱乙酰几丁质酶、苯丙氨酸解氨酶(PAL)、过氧化酶(POD)、多酚氧化酶(PPO)与超氧化物歧化酶(SOD)等]来达到对病原微生物入侵的抑制作用。

拮抗菌对果蔬采后抗病性的诱导主要产生3方面的效果：① 抗病性次生代谢物的大量产生。② 细胞组织结构发生变化。③ 诱导植物产生抗病性。

果蔬采后生物拮抗菌保鲜的作用机制非常复杂，涉及分子识别、信号转导、基因表达等一系列过程。要想了解其明确的作用机制必须在分子水平上深入研究。

(三) 生物拮抗菌保鲜应用和发展

1. 建立有效的拮抗菌筛选方法 寻找和筛选高效的拮抗菌是生物保鲜的首要任务。由于拮抗菌的筛选工作量大、成功率低、时间周期长，制约了新型生物拮抗菌保鲜剂的研发，今后应从分子水平上揭示采后病害生防机制，建立快速、有效的离体方法，筛选更为有效的拮抗菌。

2. 利用遗传工程手段构建新拮抗菌 利用基因工程方法将胞外水解酶(几丁质酶和β-1,3-葡聚糖酶等)或抗真菌蛋白基因等导入拮抗菌中，从而提高拮抗菌的活性及抑菌谱，是一重要发展方向。

3. 添加低剂量化学杀菌剂及其他物质 在商业应用中，拮抗微生物会受各种因素影响而降低其对病害的防效，探讨拮抗微生物间、拮抗微生物与低剂量化学杀菌剂混用，以及与诱导抗性和采后保鲜处理等方法复合使用的防治效果，对生物保鲜技术走向商品化具有重要意义。例如，Calventz等在研究红酵母对苹果采后青霉菌的抑制作用时发现，在制备红酵母的培养基中添加铁离子，制备的含铁细胞红酵母对霉菌的抑制效果强于不含铁细胞的红酵母。此外，田世平等报道丝孢酵母菌液与1%～2%的$CaCl_2$配合可显著提高丝孢酵母对苹果灰霉病和青霉病的抑制效果。丝孢酵母与扑海因复合使用对苹果采后灰霉病和青霉病的抑制效果也明显好于单独使用相同剂量的拮抗菌和杀菌剂。

随着人们环保意识的加强，对食品安全的日益关注，果蔬采后生物保鲜技术也越来越受到国内外科研人员的密切关注，随着生物保鲜机制的不断探索，果蔬采后生物防治技术将日趋完善。

二、天然提取物保鲜处理

天然提取物防腐剂按其提取来源可分为植物源、动物源和微生物源防腐剂。天然提取防腐剂以其安全无毒、抗菌性强、溶解性好、稳定性好、作用范围广等优点，越来越受到果蔬采后保鲜领域的青睐。

(一) 植物源天然保鲜剂处理

自然界生长的植物中富含多种具有抗菌活性的物质，例如，植物精油、茶多酚等。植物精油是从植物组织(如花、蓓蕾、种子、叶、嫩枝、树皮、药草、木材、果实、根等部位)中提取的具有挥发性的芳香油。一般来说，植物精油的组成成分、结构及功能性基团决定了它们抑菌能力的大小，通常含有苯酚结构的植物精油具有良好的抗菌能力。另外，也有一些精油不含苯酚结构，而含烯丙醇异硫氰酸盐或是大蒜油成分，这类精油对各种霉菌、革兰氏阴性菌也具有较好的抑制效果。

天然提取的植物精油一般是多种成分的混合物，其中丁香酚含量在很大程度上决定了其抗菌能力，丁香酚含量越高，其抗菌能力越高。另外，含柠檬醛高的植物精油也具有较强的抗菌能力。采用植物精油提取物进行熏蒸、喷涂等处理方式，控制果蔬采后腐烂发生已有诸多报道。采用适当浓度的茶树精油能显著抑制草莓灰霉病的发生，另外，香芹酚、肉桂醛、紫苏醛、沉香萜醇、异硫氰酸烯丙酯等对杨梅、树莓、枇杷等果实的采后腐烂均有较好的防治效果，并且还能够诱导提高浆果果实的抗氧化活性。从柑橘果皮中提取的柠檬醛精油、从丁香叶中提取的丁香酚精油对番茄、葡萄、柑橘等果实都具有很好的防腐效果。

茶多酚是从茶叶中提取的30多种酚类化合物的复合体，包括黄烷醇、黄烷双醇、类黄酮和酚酸等4类物质，其主要成分是儿茶素及其衍生物。茶多酚对各种细菌如金黄色葡萄球菌、伤寒沙门氏杆菌、普通变形杆菌、志贺氏痢疾杆菌、枯草芽孢杆菌、铜绿色假单胞杆菌、大肠杆菌都有很好的抑制效果，其最低抑制浓度为0.01%～0.1%，是一种良好的天然抗菌剂。

（二）动物源天然保鲜剂处理

目前研究报道较多来源动物的生物防腐剂有壳聚糖、昆虫抗菌肽及鱼精蛋白等。

1. 壳聚糖　壳聚糖是蟹虾、昆虫等甲壳质脱乙酰后合成的多糖类物质，具有较好的成膜性和防腐抑菌作用，关于壳聚糖保鲜的有关内容在上一节中已经介绍，这里不再赘述。

2. 昆虫抗菌肽　昆虫抗菌肽主要是昆虫血淋巴细胞中形成的一类小分子肽，在昆虫受到外界微生物的刺激时，可大量迅速地合成。迄今为止，已发现的昆虫抗菌肽多达100种。昆虫抗菌肽分子质量小，只有4 kDa左右，具有热稳定性强、抗菌谱广、使用浓度低等优点。对霉菌、细菌均有较好的抗菌活性，甚至对病毒和肿瘤细胞均具抗性。一般认为抗菌肽的抗菌机制是由于它能影响细胞膜的通透性，使细胞膜通透性增强或是在细胞膜上形成通道，引起细胞质溢流导致细胞死亡。由于昆虫抗菌肽具有水溶性好、无免疫原性、对人体无副作用、生物活性广泛等特点，在果蔬保鲜领域中逐渐显示出其潜在的应用前景。通过喷涂、浸泡等处理方式可减少诸多果实采后腐烂的发生。

3. 鱼精蛋白　鱼精蛋白是在鱼类精子细胞中发现的一种细小而简单的含高精氨酸的强碱性蛋白质，它具有安全性高、防腐性能好、热稳定性高等优点，并且还具有一定的营养性和功能性。根据作用于微生物细胞的部位不同，鱼精蛋白的抑菌机制分为两种：一是作用于微生物细胞壁，破坏细胞壁的合成以达到抑菌效果；二是作用于微生物细胞质膜，通过破坏细胞营养物质的吸收实现抑菌作用。它对枯草杆菌、巨大芽孢杆菌、地衣型芽孢杆菌、凝固芽孢杆菌、干酪乳杆菌、胚芽乳杆菌、粪链球菌等均有较强抑制作用，但对革兰氏阴性细菌抑制效果不明显，可能是由于两者细胞壁组成不同。此外，对酵母和霉菌也有明显的抑制效果。因此，采用鱼精蛋白处理果蔬产品有望成为一种新型的生物保鲜方法。

（三）微生物源天然保鲜剂处理

1. 乳酸链球菌素　乳酸链球菌素（nisin）是由乳酸链球菌分泌的由34个氨基酸残基组成的多肽类化合物，食用后在消化道内很快被胰凝乳蛋白酶消化成氨基酸，不影响肠道内的正常菌群，是一种比较安全的抗菌剂。nisin能有效抑杀革兰氏阳性细菌，尤其对细菌的芽孢有很好的抑制效果，能有效抑制肉毒梭状芽孢杆菌、金黄色葡萄球菌、溶血性链球菌、枯草芽孢杆菌、嗜热脂肪芽孢杆菌等引起的食品腐败。一般认为nisin对霉菌、酵母菌和革兰氏阴性细菌是无效的。但近期的研究表明，在一定条件下（如冷冻、加热、降低pH和EDTA处理），一些革兰氏阴性菌（如沙门氏菌、大肠杆菌、单胞菌、拟杆菌、放线杆菌、克雷伯氏菌）同样对nisin敏感。

2. 纳他霉素　纳他霉素又称游链霉素（pimaricin）或霉克，是纳他尔链霉菌（*Streptomyces natalensis*）经过发酵得到的一种次级代谢产物，属于多烯大环内酯类抗真菌剂，是一种高效、安全的新型生物保鲜剂。纳他霉素是目前国际上唯一的抗真菌微生物保鲜剂。纳他霉素对人体无害，很难被人体消化道吸收，而且微生物很难对其产生抗性，1997年，我国卫生部正式批准纳他霉素作为食品保鲜剂，目前该产品已经在50多个国家得到广泛使用。纳他霉素能够抑制酵母菌和霉菌，且具有专一性，能够阻止丝状真菌中黄曲霉毒素的形成，其抑菌作用比山梨酸强50倍左右。其抗菌机制在于它能与细胞膜上的甾醇化合物反应，由此引发细胞膜结构改变而破裂，导致细胞内容物渗漏，使细胞死亡。然而维他霉素对细菌和病毒无效，因此它在以细菌发酵为基础的食品行业有着广泛的应用前景。

3. 聚赖氨酸 聚赖氨酸是由赖氨酸的残基通过α-羧基和ε-氨基形成的酰胺键连接而成的均聚物，由白色链霉菌经发酵制备得到的一种具有抑菌功效的多肽，进入人体后可以完全被消化吸收，不但没有任何毒副作用，而且可以作为一种赖氨酸的来源。它的研究在国外特别是在日本已经比较成熟，在我国只刚刚起步。ε-聚赖氨酸具有广谱抗菌性，对革兰氏阳性菌和革兰氏阴性菌都有抑制作用，其中作用明显的有金黄色葡萄球菌、枯草芽孢杆菌和红酵母，然而对霉菌的抑制作用较小。ε-聚赖氨酸呈高聚合多价阳离子态，可以破坏微生物的细胞膜结构，引起细胞的物质、能量和信息传递中断，并可与胞内的核糖体结合影响生物大分子的合成，最终导致细胞死亡。在日本聚赖氨酸已用于快餐、奶制品、面点、酱类、饮料、果酒类、肉制品、海产品、肠类、禽类的保鲜防腐。在果蔬产品采后保鲜上还有待进一步研究应用。

思考题

1. 果蔬热处理保鲜技术的原理是什么？
2. 简述果蔬辐照保鲜的生物学效应。
3. 简述高压电场保鲜技术主要原理。
4. 果蔬化学保鲜剂有哪几个种类？各自的优缺点有哪些？
5. 果蔬生物拮抗菌保鲜的原理是什么？
6. 天然提取生物保鲜剂的种类有哪些？各自的特点是什么？

第六章

果蔬贮藏方法及原理

根据果蔬采后生物学特性，可以选择不同的贮藏方法和设施。各贮藏方法都是通过采取综合的措施，创造适宜的环境条件，使果蔬的呼吸、后熟和衰老过程延缓并防止微生物造成的腐烂，从而达到长期贮藏的目的。本章主要介绍果蔬简易贮藏、低温贮藏、气调贮藏及其他贮藏的方法及原理。

第一节　果蔬简易贮藏

我国地域辽阔，南北气候条件不同。劳动人民在长期的生产实践中结合当地气候、土壤特点和条件，总结创造出了一些简单易行的贮藏方法，称简易贮藏。它们的共同特点是以自然低温为冷源，虽然受季节、地区、贮藏产品等因素的限制，但其操作容易、设施结构简单、取材方便、价格低廉，在我国北方秋冬季节贮藏果蔬使用较多。常见的简易贮藏方法包括堆藏、沟藏、窖藏、假植贮藏和冻藏等。

一、堆藏

堆藏又称垛藏，是将采收后的果蔬在果园、菜地或场院荫棚下的空地上进行堆放的一种利用气温调节贮藏温度的简易贮藏方法。一般只适用于价格低廉或自身较耐贮藏的果蔬产品，如大白菜、洋葱、甘蓝、冬瓜、南瓜等，也可用于苹果、梨和柑橘的临时贮藏。

（一）堆藏的特点

选择地势较高的地方，将果蔬直接堆放在田间浅沟或浅坑里，也可将部分产品先装袋(筐)，做成围墙，然后将其余部分散堆在里面。前者适用于个体较大的产品，如大白菜、冬瓜、南瓜等；后者适用于个体较小的产品，如马铃薯等。一般堆宽 1.5～2 m、高 0.5～1 m。堆码过高，堆易倒塌，造成大量机械伤；过宽则堆太大，中部温度过高，容易引起腐烂。堆的长度不限，一般根据贮量来定。贮藏环境的温度高时，堆要小，以利于散热；环境温度低时，堆可适当加大，但过大则中部和外层温差大，温度不易调节。产品个体小时，空隙度也小，不利散热，堆就要小；质地比较脆嫩或柔软的，堆要小，以防受压而产生机械伤；质地较坚硬或弹性较大的，堆可适当大些。

堆的方向，在东北地区一般为南北延长，以减少冬季的迎风面，使堆两侧接收的直射阳光较一致，堆内温度比较均匀。而在冬季不太冷的华北地区，堆的方向多为东西延长，以增大北面的迎风面，加强产品入贮初期的降温效果。堆藏产品全部或大部分在地面上，主要受气温的影响，秋季容易降温而冬季保温较困难，不宜在气温高的地区采用，但可用于温暖地区的晚秋和越冬贮藏，而寒冷地区，一般只在秋冬之际作短期贮藏时采用。

（二）堆藏的管理

果蔬入贮前必须经过严格的挑选，剔除病、伤、烂的产品。品种不同及成熟度不同的产品最好分开堆藏。适时入贮是堆藏的重要环节，具体入贮期应根据当地气候情况和产品对温度的要求来决定。果菜类和其他喜温蔬菜一般在霜前采收入贮，叶球类和根菜类蔬菜可在田间经受几次轻霜延迟到上冻前采收。已经采收的果蔬，如气温尚高，可将产品在阴凉处稍加覆盖，预贮一段时间待气温下降后再行入贮。

堆藏的管理主要是通风和覆盖。堆藏初期，气温和果蔬的体温均较高，产品呼吸代谢旺盛，此时堆要小；为防日晒，应在白天盖席遮阴，夜间揭席通风。大堆贮藏时，应设若干通气装置，最简单的是用高粱秆捆成小捆，插入堆中，便于空气流通、散发热量。必要时，还要进行翻倒(如大白菜)，及时通风散热，并除去已开始腐烂的个体。深秋季节，随着气温的降低，果蔬体温下降，代谢减缓，此时可将堆加大，利用自身呼吸保持体温；同时，应分次加厚覆盖以进行保温防寒。由于堆内温度不均一，中央温度一般较高，覆盖物在周缘部位应厚一些，中央顶部应薄一些。如遇天气不好，应注意防雨防雪。根据需要，堆的北侧可设置风障，以阻挡寒风吹袭，利于保温；也可在堆的南侧设置荫障，以遮挡阳光直射，利于降温和保温。荫障主要在入贮初期设置，在严冬可拆除或移至北面改为风障。风障和荫障均应有一定的高度和厚度，以便起到遮挡作用。

二、沟藏

沟藏又称埋藏，是我国北方常用的一种简易贮藏方法。我国北方地区秋季气温下降很快，而土温下降较慢，在冬季气温很低时，土温高于气温，而且土壤越深温度越高，冻土层以下的土温可达到0℃以上。因此，冬天在地面堆藏时产品会受冻的冷凉地区，采用沟藏可使果蔬产品能够越冬贮藏而不会受冻。到第二年春天，气温和土温逐渐回升时，土温上升速度比气温缓慢，土壤还能保持一段低温，这对果蔬的贮藏是有利的。沟藏除了利用土温维持贮藏温度外，土壤的保水性还能减轻产品失水萎蔫。由于土层的阻隔作用，果蔬呼吸释放的CO_2会有一定积累，形成了一个自发的气调环境，起到降低呼吸和抑制微生物活动的作用。这种方法特别适合于根茎类蔬菜的产地贮藏，板栗、核桃、山楂等也常采用沟藏，有些地区苹果、梨、柑橘等水果也可沟藏。若管理恰当，产品可由秋季贮藏到第二年2～3月。

（一）沟藏的特点

沟藏可在晚秋和早春充分利用土温，在不同地区通过调整沟深、沟宽和覆盖来创造适宜果蔬贮藏的温湿度条件。

选择地势高燥、土质较黏重、排水良好、地下水位低的地方，从地面挖沟，将果蔬产品堆放其中，上面用土壤覆盖，利用沟的深度和覆土的厚度调节贮藏环境的温度。气候较冷的地区，或要进行沟藏的产品所需温度较高时，沟应深些；反之，则浅些。由于产品要贮藏于0℃以上，沟深应根据当地冻土层的厚度而定。适合于0℃贮藏的产品，一般为当地冻土层厚度与埋藏产品的堆高之和。例如，某地冻土层为1 m深，埋藏产品的堆高0.5 m，则沟深应在1.5 m左右，以使埋藏的产品不受冻，同时又可得到较低的贮温。如果温度在3～5℃，沟需要再深些。沟的宽度一般为1～1.5 m，不宜过大。

沟的方向，在较寒冷地区，为减少冬季寒风的直接袭击，以南北方向为宜；在较温暖地区，以东西方向为宜，并将沟土堆放在沟的南面，以增大迎风面和减少阳光对沟内的照射，增加初期沟内的降温速度。

（二）沟藏的管理

果蔬采收时，一般气温、土温都比最适贮藏温度高，且产品本身的温度高、呼吸较强。此时进行沟藏，则沟内温度高，田间热和呼吸热散发不出去，容易造成腐烂。入沟时间过晚，气温下降又会使产品受冻。因此，产品采后要在沟边或其他地方临时预贮，使其充分散除田间热；土温和产品体温都降低到接近适宜贮藏的温度时，再入沟贮藏。一天当中，应在早、晚冷凉时入沟埋土。

沟藏主要是利用分层覆盖、通风换气和设置风障、荫障等措施控制贮藏温度的。产品入沟后，随温度的下降要逐渐分层加厚覆盖，以防产品受冻。覆盖物一般是土壤和就地取材的禾秸类。沟的北侧设置风障，以阻挡寒风，防止沟内产品受冻并保持适宜稳定的低温。沟的南侧设置荫障，以减少阳光照射沟面，降低地温和减缓春季沟中地温的上升速度。开春以后可以继续保持沟内稳定的低温，延长贮藏期。

为了解沟内贮藏温度的变化，入沟贮藏时，可在堆内倾斜插入数支空心的测温管，内径以能插入普通的玻棒温度计为宜，这可用细竹竿打通竹节或模板条做成。测温管的上端要露出覆盖层，下端埋入堆的中部偏下一些（此处可作为沟内温度的代表点）。用绳子系住温度计放入测温管的底部，上端管口塞住以防寒风侵入。放置温度计前，在温度计球部套一小段胶皮管或几层布，如用石蜡封住更好。这样，温度计在抽出观察时，可以避免由于外界气温导致读数的迅速变化，使结果更加准确。

三、假植贮藏和冻藏

（一）假植贮藏

假植贮藏是我国北方秋冬季节贮藏蔬菜的一种方法，即在蔬菜充分长成之后，连根收获，密集假植于田间沟或窖中，利用外界自然低温，使其处于极其微弱的生长状态，根还能从土壤中吸收少量水分和营养物质，甚至进行微弱的光合作用，能较长时间保持蔬菜的生命力和新鲜的品质。

假植贮藏最普遍用于绿叶菜和幼嫩的蔬菜，如油菜、芹菜、芫荽、大葱等用一般方法贮藏时，极易失水萎蔫，贮藏期短。莴苣、花椰菜、小萝卜等也可以采用这种方法贮藏。

假植贮藏的管理原则是使假植沟内或窖内维持冷凉但又不能发生冻害的低温环境，一般在0℃左右、蔬菜的冰点以上最好，还可适当浇水。假植贮藏时，要在露地气温明显下降时收获带根蔬菜，单株或成簇栽植于沟内，只植一层，不能堆积，株行间应留有通风空隙。一般菜上有木条或竹条制成的顶架，覆盖物不接触蔬菜，留有一定的空隙层。贮藏初期，要避免气温过高或栽植过密引起的叶片黄化、脱帮，或莴苣的抽薹现象，一般在夜间通风降温，白天用草席覆盖保温，遮挡阳光，防止温度回升。夜间降温时要注意观测，以防受冻，可将温度计放在沟内，温度不低于0℃，或看到蔬菜叶上出现白霜时，盖上草席。气温下降后，露天的假植沟内的蔬菜用多层草席或其他物品覆盖，还可以在北面设置风障保护，避免蔬菜受冻。

（二）冻藏

冻藏是在入冬上冻时，将收获后的果蔬产品放在背阴处的浅沟内，稍加覆盖，利用自然气温下降使其迅速冻结，并保持冻结状态的一种贮藏方法。上市前几天，再将产品解冻恢复新鲜状态。由于温度在冰点以下，比0℃以上的低温贮藏能更好地抑制产品的新陈代谢和微生物活动，可以贮藏更长的时间，品质能得到更好的保持。

冻藏主要应用于我国北方的耐寒果蔬，如菠菜、芹菜、柿子等，这些果蔬能够经受一定的低温冻结而不产生冻害，到出售前取出置于0℃左右的环境或就地缓慢解冻即可恢复新鲜状态。冻藏蔬菜的收获时间、覆土厚度等应结合当地气候条件灵活掌握。菠菜、芫荽忍受的冻结低温也有一定限度，温度过低也会产生伤害，温度以－6～－5℃为宜。不耐寒的果蔬不能采用冻藏，否则，解冻后会软烂、变色、变味，失去食用和商品价值。

冻藏的冻结速度越快越好，且要始终保持冻结状态，切忌忽冻忽化。沟挖的宜浅一些，超过蔬菜高度即可。宽度为0.3～0.5 m，超过1 m时，要在沟底设置通风道，以便散热降温。在沟边还要设置荫障，以遮挡阳光，避免直射。这样冬季冻结快，春季开化慢，贮藏期长。

四、窖藏

窖藏窖的种类很多，以棚窖和井窖最具代表性。窖藏既可利用稳定的土温，又可利用简单的通风设备调节和控制窖内温度，并能及时检查贮藏情况和随时将产品放入或取出，贮藏期间的操作管理也比较方便。

（一）棚窖贮藏

棚窖是一种临时性或半永久性的贮藏设施，在我国北方秋季的果蔬贮藏中应用比较普遍，有地下式、半地下式两种。东北等冬季严寒地区多为地下式棚窖，而华北冬季气候不会过分寒冷的地区多为半地下式棚窖。

1. 棚窖的特点 选择地势高燥、地下水位较低和空气通畅的地方，在地面挖一长方形的窖身，以南北长为宜，窖顶用木料、秸秆、土壤作棚盖，并设置天窗和辅助通气孔。地下式棚窖入土深度为2.5～3 m，半地下式的为1～1.3 m，地上部分高1 m左右；窖宽多为3～5 m，长度根据贮量确定。

天窗一般设在窖顶中央，宽度为0.5～0.6 m。半地下式窖一般还在窖上半部的侧面开设辅助通气孔，通气孔口径为0.25 m×0.25 m。窖门设在窖的南侧或东侧，也有将天窗兼作门用而不另设窖门的，此时作窖门的天窗的宽与长应满足产品和人员进出的要求。

2. 棚窖贮藏的管理 棚窖的温湿度调节主要通过控制通风进行。因此，产品的堆垛应与窖墙、窖顶、地面留出一定的距离，才能使空气通畅，保持窖内各部位温度均匀稳定。窖内湿度不足时，可以通过向地面喷水或挂湿麻袋等方法进行调节。

产品的不同贮藏阶段的通风要求不同。果蔬入窖初期以降温为主。此时产品温度高、呼吸快，秋季昼夜温差大，应在夜间将天窗、窖门、辅助通气孔全部打开，以排出呼吸热及产品所带田间热，降低窖内温度，并带走水气；白天关闭，保持温度不再上升。寒冷季节则以保温防冻为主。此时，应将天窗关闭，并用草席等物覆盖,用草或土堵塞辅助通气孔,窖门上要挂草帘或棉帘等物防寒。但冬季也必须通风换气,以防窖内积累的二氧化碳、乙烯等对产品产生气体伤害,可在气温较高的中午打开天窗进行短时间的通风换气,注意不能通风过度,以免产品受冻。第二年春季应保持窖内较低的温度,防止回升。随着气温逐渐升高,应在夜间通风,白天关闭。

(二) 井窖贮藏

在地下水位低、土质黏重的地区可修建井窖,窖体深入地下,颈细、身大,利用土壤控制环境温度,创造冬暖夏凉的贮藏条件。

1. 井窖的特点 井窖一般由窖盖、窖颈、窖身 3 部分构成。其特点是保温能力强、通风差,窖内温度较高,适用于贮藏温度高、易产生冷害的果实(如柑橘、生姜、甘薯等)。井窖深度根据当地的气候条件和贮藏产品要求的温度而定。窖越深,窖内温度越高也越稳定。如四川南充贮藏甜橙的窖深为 1.5 m 左右,湖北贮藏甘薯的窖深则可达 3~4 m。其中,窖颈深度一般占全窖深度的 1/3 左右。窖身的直径或长宽为 2~4 m,窖的类型和贮藏量不同,窖颈直径也不同,一般为 0.5~1 m,有的在窖盖上设置通风口。

井窖有室内窖、室外窖和套窖之分。室外窖温度变化比室内窖大(即秋季降温和第二年春季升温较快),适合短期、第二年春季气温升高前就销售的果蔬。套窖上层窖温度的变化大于下层窖,可在秋季将产品贮藏于上层,第二年春季上层窖温度回升时,再将产品移至下层窖中。

2. 井窖贮藏的管理 井窖主要是通过控制窖盖的开闭进行适当通风来管理的,将窖内的热空气和积累的 CO_2 排出,使新鲜空气进入,防止气体伤害。管理人员要经常下窖,观察产品的贮藏状况,及时捡出腐烂产品,以防腐烂蔓延。管理人员进窖前,特别是下到较深的窖中,应先打开窖盖通风,升高 O_2 含量,降低窖内 CO_2 含量,以防缺氧和 CO_2 等气体的伤害。

(三) 窑窖贮藏

在陕西、山西等黄土高原地区,在土质坚实的山坡或土丘上向内挖窑洞进行果蔬贮藏。窑身多是坐南朝北或坐东朝西,以避免阳光直射、保持窑内稳定的温度。窑窖一般高 2~2.5 m,宽 1~2 m。窑顶呈拱形,窑上土层 5 m 以上,以保证结构稳定。窑长多为 6~8 m,窑门比窑身稍缩小。窑窖的管理与井窖相似,通过控制门窗的开闭调节温度,冬季寒冷时可用草帘或棉帘进行保温。

(四) 土窑洞贮藏

土窑洞是在窑窖的基础上发展起来的,多建在丘陵山坡处,具有结构简单、造价低、不占或少占耕地、贮藏效果好等优点。与其他简易贮藏方式相比,土窑洞有比较完整的通风系统,贮藏空间处于深厚的土层之中,有较好的降温和保温性能,其贮藏效果可相当或接近于普通冷库贮藏。土窑洞贮藏是我国北方水果的重要贮藏方式。

与窑窖贮藏相比,土窑洞结构得到改善,不但能充分发挥深厚土层的隔热作用,而且科学设置了通风系统,提高了贮藏效果。在山西、陕西、河南等黄土高原地区用于贮藏苹果、梨、大枣等产品能得到好的效果。

土窑洞主要有大平窑、母子窑及地下式砖窑等类型。前两种是选择土质紧密坚实(以黏性土最好)的山区、丘陵地带,根据地形、地势在崖边或陡坡处掏洞、挖窑建成。一般选择迎风背光的崖面或陡坡,特别是秋冬季的风向,与窑门相对时利于通风降温。与窑窖一样,窑顶上部土层应在 5 m 以上才能达到结构稳定和保温要求。相邻窑洞的间距一般保持 5~7 m,这样利于窑洞坚固性的维持。平原地区没有傍崖靠山的条件时,根据土窑洞的结构和原理开明沟建造砖窑洞。

1. 土窑洞的结构

(1) 大平窑:大平窑主要由 3 部分构成。

1) 窑门 窑门是窑洞前端较窄的部分,与窑身高度一致,门高约 3 m,宽 1.2~2 m,门道长 4~6 m。为了进出库方便,门道可适当加宽。门道前后设两道门。第一道门为实门,关闭时能阻止窑洞内外空气的对流,以防产品受热和遭冻。门的内侧可设一栅栏门,以供通风,可做成铁纱门,以保证通风时起到防鼠作用。铁纱门纱孔大小以挡住老鼠为宜,过密则影响通风效果。第二道门前要设棉帘,以加强隔热保温效果。冬季气候寒冷时,第一道门外也可加设门帘。在两道门的最高处分别留一个长约 50 cm、宽约 40 cm 的气窗,保证窑门关闭时热空气排出。条件允许时,门道最好用砖璇以提高窑门的坚固性。

2）窑身 窑身是贮存果蔬的部分，长 30～60 m，过短则窑温波动较大，贮果量少；过长则窑洞前后温差大，管理不便。一般窑身宽 2.6～3.2 m，过宽会影响窑洞的坚固性，应依据土质情况确定适宜的窑宽，土质差时窑洞窄些为宜。窑身高度要与窑门一致，一般为 3.0～3.2 m。窑身的横断面要筑成尖拱形，两侧直立墙面高约 1.5 m。这样的结构较为坚固，洞内的热空气便于上升集中于窑顶而排放。

3）通风筒 通风筒设于窑洞的最后部。从窑底向上垂直通向地面。筒的下部直径为 1.0～1.2 m。上部直径为 0.8～1.0 m，高度不低于 10.0 m。通风筒地面出口处应筑起高约 2.0 m 的砖筒。在通风筒下部与窑身连接处设一活动通风窗，以控制通风量。为了加速通风换气，可在活动窗处安装排气扇。

通风筒的作用主要是促使窑洞内外冷热空气对流，达到通风降温的目的。在窑温较高而外温较低时，打开窑门和通风筒进行通风，窑内的热量会随着通风排出窑外。适当增加通风筒的高度和内径，会提高通风降温的效果。

(2) 母子窑：母子窑又称侧窑，它由大平窑发展而成，由下坡道、母窑、子窑和通气孔 4 部分组成。母窑的结构与大平窑相似，是通风和运输产品的通道。在母窑的一侧或两侧要打许多子窑，母窑窑身的宽度一般为 1.6～2.0 m，不能随意加大，否则会影响窑洞的坚固性。

1）母窑通气孔 子窑一般不设通气孔，只在母窑窑身后部设一个通气孔。通气孔结构和大平窑通气孔相似，由于母窑贮量较大，其内径要加大至 1.4～1.6 m，高度保持 15 m 以上。子窑的通风降温主要是利用子窑和母窑的位差，使子窑与母窑热冷空气对流。

2）子窑窑门 一般子窑窑门宽 0.8～1.2 m，高约 2.8 m。窑门部分应设置门道，长约 1.5 m。子窑窑门的顶点应比母窑窑身的顶低约 40 cm，以保证子窑热空气的排放。热空气比例小，向上集中在子窑窑身顶部，从子窑窑门顶部排放到母窑后，又继续上升集中到母窑窑身顶部，再通过母窑通气孔排走。子窑窑门一般不设置门扇。

3）子窑窑身 这是母子窑的贮果部位，一般宽 2.5～2.8 m，高约 2.8 m，长不超过 10 m。窑身断面也为尖拱形，窑底、窑顶平行，由外向内缓慢下降，比降约 1%。子窑窑顶的最高点应在子窑窑门外侧与母窑相接之处。同侧子窑的距离（土层）要求相距 5～6 m，相邻子窑的窑身要保持平行。两侧子窑的窑门不能对开，应该相间排列，以增加母子窑整体结构的坚固性。

(3) 地下式砖窑：建造时在地面开明沟，用砖砌成高宽各为 4 m，窑墙直高为 2 m 的拱形顶窑洞，然后在窑上覆土，窑顶土层厚度需在 4 m 以上，排气筒设在窑洞顶端。其他的结构与大平窖和母子窖相似。

2. 土窑洞贮藏的管理

(1) 温度管理

1）秋季管理 在秋季贮藏产品入窑至窑温降至 0℃这段时间，白天气温高于窑温，夜间气温低于窑温。随着时间推移，外界温度逐渐降低，白天高于窑温的时间逐渐缩短，夜间低于窑温的时间逐渐延长。此期应利用一切可利用的外界低温进行通风降温。当外温降到低于窑温时，随即开启窑门和通风窗口进行通风。尽量排除一切气流障碍，迅速导入冷空气和排出窑内的热空气。

这一时期的窑温是一年中的高温期，入贮产品又带入大量的田间热，果蔬呼吸强度高，还产生大量的呼吸热，因此，要排除的热量是整个贮藏期最多且最为集中的。能否充分利用低温气流尽早把窑温降下来，是关系整个贮藏能否成功的关键。该期的外界低温出现在夜晚和凌晨日出之前。当外界气温等于或高于窑温时，要及时封闭所有的孔道，减少高温对窑温的不利影响。这一时期会偶尔出现寒流和早霜，应抓住这些时机通风降温。

2）冬季管理 窑温降至 0℃到第二年回升到 4℃的这一时期，是一年内外界气温最低的时期。在果蔬产品不发生冻害的前提下，尽可能地通风，在维持贮藏要求的适宜低温的同时进一步降低窑洞四周的土温，加厚冷土层，尽可能地将自然冷蓄存在窑洞四周土层中。这些自然冷对外界气温回升时维持窑洞适宜的温度起着十分重要的作用。此期的合理管理会使窑温逐年降低，为产品的贮藏创造越来越有利的温度条件。据山西农业科学院果树研究所的测定，建窑的第一年，果实入库时窑内温度为 15～16℃，第二年为 12～13℃，第三年为 10～11℃。甚至有的窑温可低至 8℃左右。

3）春、夏季管理 从第二年窑温上升到 4℃至产品全部出库的时间。开春后，外界气温逐渐上升，可利用的自然低温逐渐减少;至外温全日高于窑温,窑温和土温也开始回升,这一时期主要是防止(或减少)窑内外的气体对流(或热量的交流),最大限度地抑制窑温的升高。在外温高于窑温时,紧闭窑门、通气筒和小气窗,避免或减少窑门的开启,减少窑内蓄冷流失;当有寒流或低温出现时,应抓住时机通风降温,排除窑内的有害气体。在可能的情况下,在窑内积雪积冰也是很好的蓄冷形式。

(2) 湿度管理:果蔬贮藏要求适宜的环境湿度,以抑制产品的水分蒸腾,减少生理和经济上的损失。窑壁土层也要保持一定的含水量,以防窑壁土层裂缝和塌方。窑洞经过连年的通风管理,土中的大量水分会随气流而流失。因此,土窑洞贮藏必须有可行的加湿措施。

1) 冬季贮雪、贮冰　冰雪融化可以吸热降温的同时也可以增加窑洞的湿度。

2) 窑洞地面洒水　地面洒水在增湿的同时,由于水分蒸发吸热,兼起降温作用。

3) 产品出库后窑内灌水　窑洞十分干燥时,先用喷雾器向窑顶及窑壁喷水,然后在地面灌水。这样,水分可被窑洞四周的土层缓慢吸收,基本抵消通风造成的土层水分亏损,避免开裂和塌方。土层水分的补充,可以恢复湿土较大的热容量,为冬季蓄冷提供条件。

(3) 其他管理

1) 窑洞消毒　窑洞内存留着大量有害微生物,尤其是引起果蔬腐烂的真菌孢子,是果蔬发生侵染性病害的主要病源。因此,窑洞的消毒工作对于减少贮藏中的腐烂损耗至关重要。这就要做到不在窑内随便扔果皮果核,清除有害微生物生存的条件。产品出库后或入贮前,对窑洞和贮藏所用的工具、设施进行彻底的消毒。可在窑内燃烧硫磺,每 100 m^3 容积用硫磺粉 1.0～1.5 kg,燃烧后密封窑洞 2～3 d,开门通风后即可入贮;也可用 2%的甲醛或 4%的漂白粉溶液进行喷雾消毒,喷雾后 1～2 d 稍加通风即可入贮。

2) 封窑　产品出库后,如果外界尚有低温气流可供利用,要在外温低于窑温时,打开通风孔道通风降温。当无低温气流时,要及时封闭所有的孔道。窑门最好用土坯或砖及麦秸泥等封严,尽量与外界隔离,减少蓄冷的高温季节损失。

母子窑和砖砌窑等是由大平窑发展而来的,其原理及管理方式与大平窑基本相同。

3. 土窑洞的改造　土窑洞是利用外界自然低温来进行温度管理的,这会受到大自然的约束,影响贮藏效果。在苹果入贮的 9～10 月和贮藏后期的 3～4 月,外界气温均比较高,仅靠通风换气难以把窑温降到理想范围,由此出现了机械制冷辅助的土窑洞改造形式。

(1) 改造的方法:在原土窑洞的洞体之内安装配套的制冷设施。例如,在外界年均温 10℃的陕西关中地区,采用两台 16 744 kJ/h 的制冷机,可将容量 40～50 t 的土窑洞年均温控制在−1℃左右,比非机械制冷约低 5℃。每台制冷机的蒸发管管道面积为 15.1 m^2,安装用 10 cm 厚聚苯乙烯板制作的隔热门。采用风冷机组可获得和水冷机组相当的降温效果。在开机过程中,窑壁土壤吸收的冷量并未完全浪费,在停机的过程中,可以释放部分冷量用来维持窑内低温。另外,由于窑壁土层总热阻大,机械冷不易传出,这些冷在土层中不断蓄积,降低了窑壁土温,缩小了开机过程中窑温与窑壁土温的差值,这有利于维持稳定的库温。

(2) 改造后的管理

1) 降温阶段　即从开机到库温降到 0℃左右。对于设计合理的改造后的土窑洞,开机前库温在 8～10℃,连续开机 8～12 d,库温即可降到 0℃左右。蒸发器除霜采用间隔开机自动除霜,即连续开机 12～24 h,停机 15～60 min。

2) 恒温阶段　从库温进入最适贮温到可以利用自然冷源通风降温为止。该阶段产品呼吸强度较低,释放呼吸热减少。库容 50 t 的库,需冷量约 5 232 kJ/h,加上窑壁传热,需冷量约 12 540 kJ/h。单机运行 15～20 h/d,即可维持所需库温。

3) 通风蓄冷阶段　外温每天低于 0℃的时间达到 5 h 以上时,即可停机,利用通风降温,并给窑壁蓄冷。停机时将制冷剂回收到贮液器中;水冷式机组要将冷凝器中的水及时排净,防止因结冰等原因造成机器破损或制冷剂泄漏。

4) 保温阶段　保温阶段是指外温每天低于 0℃的时间少于 5 h 的贮藏阶段,必要时短时开机,以维持库温。前述普通土窑洞的管理方法基本适应于改造后的土窑洞,可供参考实施。

五、通风库贮藏

通风库是棚窖的发展形式，比棚窖有更合理的通风系统，可更好地引入库外的低温空气和排除库内的热量；库体也具有更良好的隔热性能，能使库温维持在较为稳定的状态。通风库贮藏仍然是依靠自然温度调节库温，库温的变化随着自然温度的变化而变化，如在高温和低温季节，不附加其他辅助设施，很难维持理想的贮藏温度。

1. 通风库的设计和建造　通风库是永久性贮藏建筑，建造前需考虑库型、建库地点、库容及平面配置等几个方面的问题。

(1) 库型选择：通风库可分为地上式、半地下式和地下式3种类型，选用何种类型的通风库应根据当地的气候条件和地下水位的高低来确定。一般温暖地区建成地上库，库体全部建在地面上，受气温的影响最大，通风效果好但保温性能差。半地下式库约有一半的库体在地面以下，增大了土壤的保温作用，华北地区多建成半地下式。地下式库体全部深入土层，仅库顶露于地面，保温性能最好，多建在东北、西北等冬季寒冷的地区，有利于冬季的防寒保温。在地下水位高的地方，无法建造半地下库时也可建成地上库。

(2) 库址选择：应选择在地势高燥，最高地下水位低于库底1 m以上，四周旷畅，通风良好，空气清新，靠近产销地，水电通畅的地方。库的方向在北方以南北长为好，以减少冬季北面寒风的袭击面，避免库温过低；在南方则采用东西长，以减少冬季阳光向墙面照射的时间，并加大迎风面，以利于降低库温。实际操作中，要结合地形地势灵活掌握。

(3) 库容与平面配置：根据通风库容量计算整座库的面积和体积。计算面积时，要考虑盛装果蔬的容器间、容器与墙壁的间距，以及走道、操作空间所占的面积；除贮藏间外还应考虑防寒套间等设施的面积。例如，用三层式贮藏柜贮马铃薯，每层厚0.5 m，3层共1.5 m；以走道和通风隙道占库房总面积的25%(即实贮面积占75%)计，马铃薯容量以675 kg/m^{3}计，则每平方米平均贮量约750 kg，一座300 m^{2}的库房可贮马铃薯2.25×10^{5}kg。部分果蔬的单位容重见表6-1。

表6-1　部分果蔬的单位容重　单位：kg/m^3

名　称	马铃薯	洋　葱	胡萝卜	芜　菁	甘　蓝	甜　菜	苹　果
容　重	1 300～1 400	1 080～1 180	1 140	660	650～850	1 200	500

通风库多建成长方形或长条形。为了便于使用管理，库房不宜太大，每个库房贮藏量为100～150 t较好。贮量较大时，可按一定的排列方式，建造通风库群。建造通风库群时，要进行合理的平面布置。我国北方较寒冷的地区，多将库房分成两排，中间设中央走廊，库房方向与走廊相垂直，库门开向走廊。中央走廊有顶及气窗，宽度为6～8 m，可对开汽车，两端设双重门。中央走廊主要起缓冲作用，防止冬季寒风直接吹入库内使库温急剧下降，也可兼作分级、包装及临时存放果蔬的场所。库群中的各个库房也可单独向外开门而不设共同走廊，这样在每个库门处必须设缓冲间。温暖地区的库群，每个库房以单设库门为好，以利通风、增大通风量，提高通风效果。

通风库除以上主体建筑外，工作室、休息室、化验室、器材室和食堂等也需要统一考虑。

库群中库房之间的排列有两种形式。一种是分列式(图6-1)，每个库房各自独立，互不相连，库房间有一定的距离，其优点是每个库房都可以在两侧的库墙上开窗作为通风口，以提高通风效果；缺点是每个库房都需有两道侧墙，建筑费用较高，增加了占地面积。另一种是连接式(图6-2)，相邻库房共用一道侧墙，节约了建筑费用，缩小了占地面积。然而，连接式的每一个库房都不能在侧墙上开通风口，需采用其他通风形式来保证适宜的通风量。小型库群可安排成单列连接式，各库房的一头设一公用走廊，或把中间的一个库房兼作进出通道，在其侧墙上开门通入各库房。

2. 通风库的库体结构

(1) 隔热结构：隔热结构可以维持库内稳定的温度，使其不受外界温度的影响，特别是防止冬季库温过低或高温季节库温上升。通风库墙体常采用砖木结构和水泥结构，兼作库体骨架，起到支撑库顶的作用(即作为围护结构)。要在通风库的库顶、地上墙壁和门窗等地上部分设置隔热层，根据所用的隔热材料来决定隔热层的厚度，地下部分则依靠土壤保温。

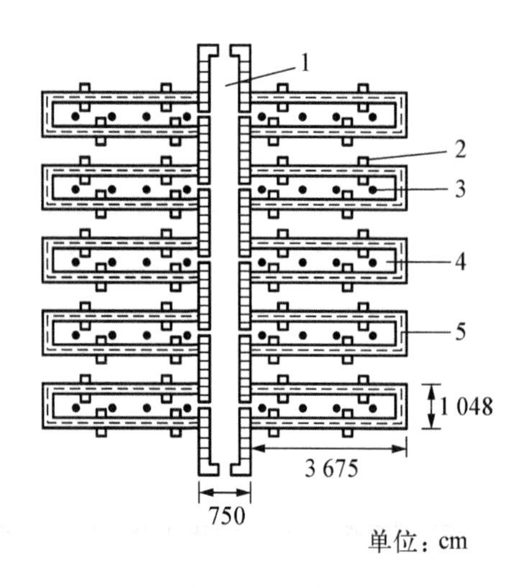

图 6-1 分列式通风库结构示意图

1. 缓冲走廊；2. 进气口；3. 出气口；4. 贮藏库；5. 绝缘层

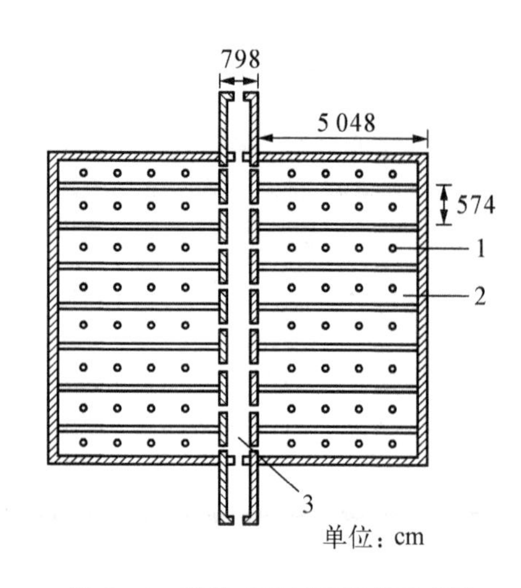

图 6-2 联接式通风库机构示意图

1. 进出气口；2. 贮藏库；3. 缓冲走廊

隔热材料的隔热能力常用导热系数[即厚度为 1 m 的材料在内外温差为 1℃时，每平方米在 1 h 中传热的千卡路里(kcal①)数，即 kcal/(m·h·℃)]或热阻来表示。一般导热系数小于 0.2 的称为隔热材料。所选隔热材料应具有导热性能差、不易吸水霉烂、不易燃烧、无臭味和取材容易等特点。常用隔热材料及性能见表 6-2。

表 6-2 常见隔热材料及其隔热性能

材料	导热系数 λ /[kcal/(m·h·℃)]	热阻 /[(m·℃)/w]	材料	导热系数 λ /[kcal/(m·h·℃)]	热阻 /[(m·℃)/w]
聚氨酯泡沫塑料	0.02	50	加气混凝土	0.08～0.12	12.5～8.3
聚苯乙烯泡沫塑料	0.035	28.5	泡沫混凝土	0.14～0.16	7.1～6.2
聚氯乙烯泡沫塑料	0.037	27	普通混凝土	1.25	0.8
膨胀珍珠岩	0.03～0.04	33.3～25.0	蛭石	0.082	12
铝箔波形板	0.048	23	干土	0.25	4
软木板	0.05	20	湿土	3	0.33
油毛毡、玻璃棉	0.05	20	砖	0.65	1.5
芦苇	0.05	20	玻璃	0.68	1.47
蒿草	0.06	16.7	干沙	0.75	1.33
锯末、稻壳、秸秆	0.061	16.4	湿沙	7.5	0.13
炉渣、木材	0.18	5.6	雪	0.4	2.5
刨花	0.081	12.3	冰	2	0.5

在建造隔热层选用不同隔热材料时，所要求的隔热层厚度也不一样。如要达到 1 cm 厚的软木板的隔热效果，用锯末时，厚度应达到 1.3 cm 以上，用砖时则厚度应达到 13 cm 以上。隔热层厚度应当使贮藏库的暴露面向外传导散失的热能与该库的全部热源大约相等，这样才能使库温保持稳定。先求出库房在冬季每天可能有的热源总量、贮藏库的总暴露面积及最低气温和要求库温的温差，隔热层厚度常按照下式计算得出。

$$\text{隔热层厚度(cm)} = \frac{\text{材料导热系数} \times \text{总暴露面积}(m^2) \times \text{库内外最大温差} \times 24 \times 100}{\text{全库热源总数(kJ/d)}}$$

由公式可知，绝缘层厚度与库内外温差呈正比。在辽宁、吉林中部地区，冬季的最低气温约－30℃，概略计算马铃薯库的地上部分应有相当于 30 cm 软木板的热阻值。当最低气温为－20℃时，需要有相当于 25 cm 软木板的热阻值。在北京地区，通风库的墙壁和天花板的隔热能力要求为 7.6 cm 厚的软木板的热阻。例如，计算热阻为 7.0 时，建筑双层砖墙中充填稻壳厚度的计算如下：已知砖墙厚度为(37＋25)＝62 cm，其热

① 1 cal＝4.186 8 J。

阻为(1.47×62)/100=0.91;则充填稻壳的热阻不应低于7.0−0.91=6.09。已知稻壳的热阻值为16.4,则稻壳厚度应达到6.09×100/16.4=37.1 cm。

建造隔热层时,除要考虑隔热材料的隔热性能外,还应考虑成本等因素。实践中,锯末、稻壳、炉渣等材料具有较好的隔热性能,且成本低廉,易于取材,因而常被采用。为了便于使用这些材料建造隔热层,通常将库墙建成夹墙,中间填充隔热材料。此外,也可在库墙内侧装置隔热性能更高的软木板、聚氨酯泡沫板等。由于水的导热性很强,材料一旦受潮,隔热性能会大大降低。因此,所用隔热材料必须干燥,并要注意防潮。

贮藏库墙壁为土墙时,墙中应夯入10%~15%的石灰,以提高墙壁的强度和耐水性;掺入草筋可减少裂缝;掺入适量砂子、石屑或矿渣,可提高强度和减少裂缝。以锯屑、稻壳作绝缘层时,要适量加入防腐剂,并且要分层设置,以免下沉,同时要敷设隔潮材料。门窗以泡沫塑料填充隔热为好。

(2) *库顶结构*:库顶最好采用拱顶式,库顶呈弧形,采用砖和水泥建成。拱顶式结构简单,施工方便,可建成"单曲拱"、"双曲拱"和"多曲拱"。一般每曲宽6 m左右,从库内仰视库顶,单曲拱顶像半个长圆筒,表面平整;双曲拱顶与整个大拱相垂直。

(3) *通风系统*:通风系统的性能决定着通风库的贮藏效果。单位时间内进出库的空气量越多,降温效果越显著,通风系统应能满足秋季产品入库时应有的最大通风量。目前,常用的通风库有两种。

一种是利用库内外的温差及冷热空气的密度差形成自然对流,将库内的热空气排出和库外的冷空气引入。通风量决定于进排气口的面积、结构和配置方式。要使空气自然形成一定的对流方向和路线,不致产生倒流和混流现象,就必须使进气口、排气口具有一定的气压差,而要形成气压差,则必须保持进排气口的高度差。增加高度差,就增大了气压差,也就增大了空气流速。为此,最好是把进气口设置在库墙地基部,排气口设于库顶,并建成烟囱状,这样可以形成最大的高差。在排气烟囱顶上可安装风罩,当外界的风吹过风罩时,会对排气烟囱造成一种抽吸力,进一步增加了气流速度。但墙底设置进风口的仅适用于地上式通风库,对于地下式和半地下式的分列式库群,可在每个库房的两侧库墙外建造地面进气塔,由地下进气道引入库内,排气口、烟囱设于库顶,以形成完整的通风系统。进气口和排气口的设置原则是:每个气口的面积不宜过大,气口的数量要多一些,分布在库的各部。通风总面积相等时,进气口小而多的系统,易使全库通风均匀,并消除死角。进气口和出气口的配置,大体上可按库的纵长方向每隔5~6 m开设一个25 cm×25 cm或35 cm×35 cm的出气口,以及与出气口面积大致相同的进气口。

另一种是强制式通风系统,依靠风机强制把外界冷空气引入库内并把库内热空气排出库外。风机一般安装在排风口处,风机的风量和风压可由进出气口的大小和库体的结构,以及降温时所要带走的最大热量等计算求得。进入库内的风量可通过出风口开启的大小来调节。

3. 通风库贮藏的管理

(1) *库房和器具的消毒*:产品入库前或出库后,应将库房打扫干净,并将那些可以移动和拆卸的设备、用具搬至库外晾晒,将库房的门窗全部打开,通风去除异味,并对库房进行消毒,可用2%的甲醛或5%的漂白粉喷雾消毒,也可燃烧硫磺(用量一般为1~1.5 kg硫磺/100 m^3空间)进行熏蒸。熏蒸消毒时,可将各种容器、货架等置于库内,密闭24~28 h后彻底通风即可。库墙、库顶、货架等用石灰浆加1%~2%的硫酸铜粉刷也有消毒作用。使用完毕的容器应立即洗净,再用漂白粉溶液或2%~5%的硫酸铜溶液浸泡,晒干备用。

(2) *果蔬入库和码放*:果蔬入库前应通风降温,一般是夜间通风,白天密闭库房,使温度降低。如果入库前库内湿度低于贮藏所要求的相对湿度,可在地面喷水以提高库内湿度。果蔬产品在库内应码放得当,以利空气流通。一般果蔬要装箱、装筐分层码放,或在库内配有货架,底部或四周要留有缝隙,堆码间留有通风道。

(3) *温湿度管理*:温度管理依靠控制通风量和通风时间进行调节。入贮初期要在夜间加大通风量,利用一切可以利用的外界低温进行降温,有条件的可用鼓风机或风扇在夜间或清晨多次向库内吹入冷空气。库温降至0℃并稳定时已进入严冬季节,此时要注意防寒保温,防止产品受冻。如需通风,应在白天气温较高时进行,通风口开启不宜太大,通风时间不宜太长,以防产品冻害的发生。在近门部位或通风进口处的下部放置温度计,控制此处的温度不低于−2℃。开春后,当外界温度高于库温时,应关闭通风系统,以减少对库内低温的影响。如需通风，应在夜间进行。为保持库内适宜的湿度，应在库内安装湿度计，库内湿度不足时可通过洒水、挂湿草帘来提高库内湿度。

(4) *产品品质检查*：入贮初期库温较高，产品腐烂较多，应及时清除腐烂的产品。贮藏后期，库温逐步回升，腐烂也将加重，应加强对产品品质变化情况的检查，以便及时确定贮藏期限。产品出库后，应将库内清理干净，关闭通风系统，防止夏季热空气进入。

4. 通风库的改造

(1) *改良通风库*：改良通风库是在自然通风库的基础上，对其通风方式和排风系统进行改进，安装了机械通风设备的贮藏措施，其保温保湿性能好，降温通风速度快，且建造相对容易，操作方便，贮量大，贮藏效果好。改良通风库的结构如图6－3所示，主要在自然通风库的基础上做如下改进：① 库房由大间改成小间，既可按品种或贮期长短分开贮藏，又有利于库内温湿度的管理；② 在库顶排气口内增设排风扇，以提高通风降温效果；③ 增加地下通风道，由1条改为2条，并设置在贮藏架下面，同时增加地面进风口，使库内空气流动均匀；④ 封闭接近地面的通风窗，增加墙体绝热性；⑤ 进风地道口增设活门，通过调节其开闭大小控制通风量，并阻止外界热风或寒风进库；⑥ 库顶由平顶改成“人”字形顶，减少通风阻力，避免形成死角。

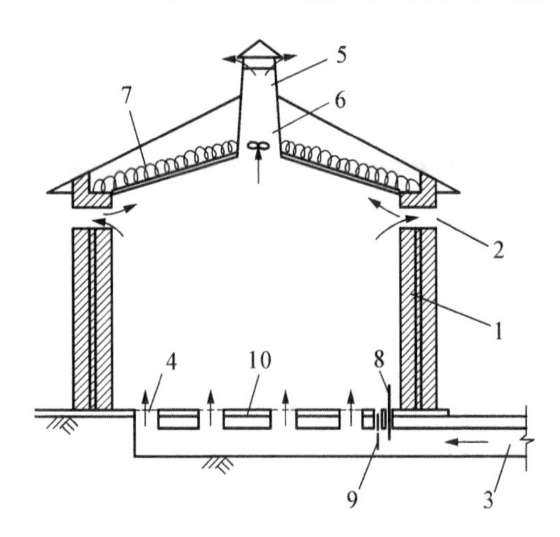

图6－3 改良通风库结构示意图

1. 隔热墙；2. 屋檐通风窗；3. 地下通风道；4. 地面进风口；5. 库顶抽风道；6. 排风扇；7. 库顶隔热材料；8. 风口活门；9. 防鼠网；10. 石板地面

改良通风库通风量大且均匀，库内温差变化一般在0.5～1℃以内，空气相对湿度稳定在90%以上，提高了果品蔬菜的贮藏效果。据1984～1985年对四川省几座改良通风库的调查，甜橙贮藏70～157 d，烂果率为2.19%～11.4%，失重率为1.23%～4.16%。

改良通风库的库房管理与自然通风库相似，不同之处在于入库初期和开春后的库房降温，晚上使用排风扇加强排风，改自然通风为机械通风，充分引入夜间的冷凉空气，使库温降得更低，其他管理与自然通风库相同。

(2) *控温通风库*：控温通风库是在改良通风库的基础上，增加了制冷增湿装置，是通风库与冷库相结合的一种新库型。它吸取了改良通风库和冷库的优点，利用水作为热量中间交换体，克服了温度过低造成柑橘类等果实冷害和相对湿度过低造成果实失水严重的缺点。该库型3月前可以充分利用自然冷风保持库房的低温高湿，3月后利用机械制冷通风设备适当降低库温到10℃左右并保持较高的湿度，降低柑橘腐烂率。例如，锦橙果实在控温通风库中可贮至5月中旬，后期腐烂率比改良通风库低1/5～1/3，果实外观及品质也较好。

控温通风库的库体部分可参照改良通风库的建造方法。控温通风库在改良通风库的基础上，增加了制冷机(如冰糕机等)、水泵、冷风柜、风管和风机等制冷通风设施，其基本结构如图6－4所示。

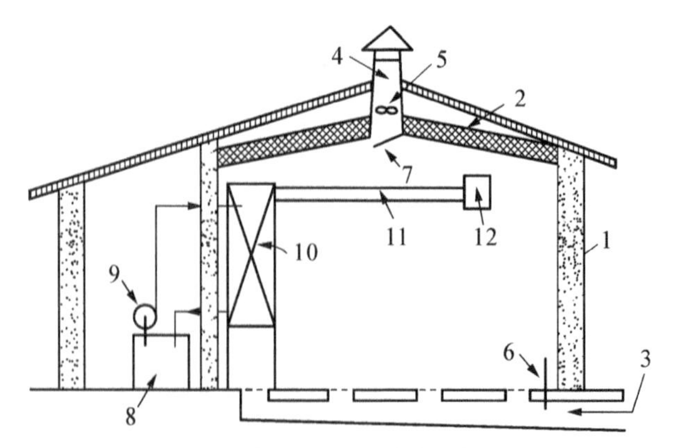

图6－4 控温通风库结构示意图

1. 隔热墙；2. 隔热顶棚；3. 进风地道；4. 排风道；5. 排风扇；6、7. 风口活门；8. 制冷机；9. 水泵；10. 冷风柜；11. 风管；12. 风机

在贮藏前期和中期，控温通风库的管理可参照改良通风库的管理方法。贮藏后期或气温较高的地区，当库温超过10℃时，库房应进行机械制冷降温。在制冷之前，先将地道进风口的插板活门和库顶抽风道口关闭，并用稻草等堵塞风口；库内的所有进风口和出风口用塑料薄膜和聚酯泡沫封闭严密；库门增挂厚棉絮门帘，使整个库房处于密闭状态。然后开动冰糕机制冷，使水降温至2～5℃时，再开动水泵和风机使库房降温。当库温降至10℃时停机，超过12℃时开机，使库温保持在10～12℃。

第二节　果蔬低温贮藏

果蔬采后仍然是一个活的有机体，进行着旺盛的生命活动，随着呼吸代谢的进行，体内的养分和水分逐渐耗尽，品质劣变，最后走向衰老和死亡。新鲜果蔬采后品质劣变受诸多因素的影响，但病害是最主要的原因。据报道，发达国家新鲜果蔬产品损失率小于5%～10%，而在发展中国家，其损失率高达30%～50%。因此，要保持果蔬原有的品质风味，就必须尽量地降低呼吸作用，抑制生理代谢过程，延缓衰老，减少微生物的侵染。

目前，低温贮藏是果蔬采后应用最为有效和最为广泛的一种贮藏方法，所有的果蔬产品，只要在适合其生理特性、不产生冷害或冻害的低温环境下，都能较好地保持品质。

一、低温贮藏的原理、效果及注意问题

(一) 低温贮藏原理

温度是果蔬采后贮藏环境中最为重要的因素。低温贮藏能明显地降低果蔬的呼吸强度，延缓生理代谢过程，减少营养物质的消耗，保持果蔬品质；能有效地抑制乙烯的生成，降低果蔬产品对乙烯的敏感性；能延迟果蔬的成熟和衰老，保持果实对病菌侵染的抵抗力；对病菌孢子的萌发、生长和致病力也有明显的抑制作用。

(二) 低温贮藏的效果

果蔬的生长发育不同，生理特性也不同，对低温的反应和忍耐力也有差异。温带水果一般对低温的忍耐性较好，贮藏温度较低，贮藏时间较长；热带和亚热带的水果对低温较敏感，贮藏的温度相对较高，贮藏时间较短。即使是相同的果实品种，其可溶性固形物含量高的水果对低温的忍耐力强，贮藏的温度也较低。部分果蔬的贮藏温度及贮藏期见表6-3。

表6-3　部分果蔬的贮藏温度及贮藏期

品　种	温度/℃	贮藏期/月	品　种	温度/℃	贮藏期/月
苹果：红星	0～2	3～5	番茄(绿熟)	10～12	0.5～1.0
国光	−1～0	5～7	番茄(硬熟)	3～8	—
梨：鸭梨	0～1	5～8	柿子椒	8～10	1～3
雪花梨	0～1	5～7	黄瓜	12～13	0.5～1.5
柑橘：柠檬	12～14	4～6	蘑菇	0	5 d
甜橙	3～5	3～5	大白菜	0	1.5～2
香蕉	12～13	5～6	芹菜	0	—
猕猴桃	0～1	6～8	洋葱	0	1～2
葡萄	−1～0	2～7	茄子	8～12	—
荔枝	1～3	0.5～1.5	菜豆	4～6	1
芒果	10～13	—	甜玉米	0	7 d
菠萝	7～13	—	胡萝卜	0	—
桃	−0.5～0	0.5～1.0	蒜薹	0	—
板栗	0～1	—	菠菜	0～2	—
樱桃	−1～0.5	0.5～1.0	花椰菜	1～2	—

(三) 低温贮藏应注意的问题

根据果蔬产品的不同生理特性，选择适合的贮藏温度。贮藏温度过高，会降低贮藏效果，缩短贮藏期；而贮藏温度过低，会造成果蔬产品(如西瓜、香蕉、红薯等)的冷害甚至冻害，降低品质，导致腐烂。

低温贮藏应与杀菌药剂及其他技术相配合，才能有效地控制果蔬产品贮藏期间的病害。虽然低温有明显的抑菌作用，但并不能完全杀灭病菌，且许多果蔬采后的病菌对低温的忍耐力都比它们侵染的寄主要强，即使在0℃以下也会生长繁殖。如侵染苹果、梨、桃、葡萄、猕猴桃、草莓、洋葱等的灰霉菌(*Botrytis* spp.)和侵染柑橘、苹果、大蒜等的青霉菌(*Penicillium* spp.)均能在−4℃和−2℃的条件下生长并引发侵染性病害。

低温贮藏还应与包装材料相配合，以减少产品水分损失，达到保湿保鲜的目的。果蔬贮藏期间库内要求的相对湿度较高，若一般的冷藏库没有相应的加湿设备，可用塑料薄膜袋包装，能有效阻止果蔬水分损失，长

时间保持新鲜状态。

二、果蔬冰藏

冰藏是利用天然冰来维持贮藏库低温的贮藏方法。冰的溶解热为334.46 kJ/kg,融化时可吸收大量的热量,从而保持环境处于低温状态。我国北方高纬度地区有着丰富的天然冰、雪等冷资源,冰藏的应用也较普遍,如大白菜、萝卜与马铃薯等果蔬的冰窖贮藏。在特殊情况下,也有采用人工冰藏的。贮藏库的温度可根据加冰量的多少及库体总热量平衡进行计算确定。在贮量等条件一定的情况下,常以加冰量多少来控制温度。使用天然冰一般只能得到2~3℃的贮藏温度,若要使贮藏库维持在更低的温度下,则需要采取一些措施,如向冰中加入食盐、氯化钙等冰点调节剂,以降低冰点;或者与制冷机组结合使用以达到低温的要求。

(一) 采冰和制冰

在严寒季节,可以利用人工凿取河流、湖泊、水库等处的天然冰,运往贮冰场所贮存备用。自然采冰受诸多气候因素的影响,操作较繁琐,工作量较大。因此,可以利用冬季自然冷源进行低能耗人工蓄冷制冰,这种方式需要在建设冷库时预留出蓄冰的设施和空间。

李里特等(1993)在河北饶阳县(位置为北纬38°04′,东经115°43′)建成世界首座1200 t的大型利用自然冷源的果蔬贮藏库。这是国内外利用自然节能技术和果蔬保鲜技术的重大突破,比普通冷库节电90%以上,为我国北方果蔬产地的低成本、高效贮藏做出了重大贡献。贮藏库内设有贮冷室和贮藏室,并设有换气门、通风口等。冬季打开进气口,引入外界冷空气,使水冻结。水结冰时释放的潜热将空气加温至0℃左右,进入贮藏室,保证果蔬冬季不受冻害,通过设计和控制使春季来临前的水全部冻成冰(图6-5)。春季气温回升后,将与外界连通的进气口和排气口关闭,使气流在贮藏库内循环,贮冷室的冰融化时从空气中吸收大量热量,保持库内的低温和高湿条件(图6-6)。冰全部融化为水时,第二年年冬季来临,又可将进气口打开,将外界冷空气引入贮冰室,使水结冰,释放潜热。如此循环,便可巧妙地利用水和冰相互转换时的潜热变化进行生鲜果蔬的长期贮藏。

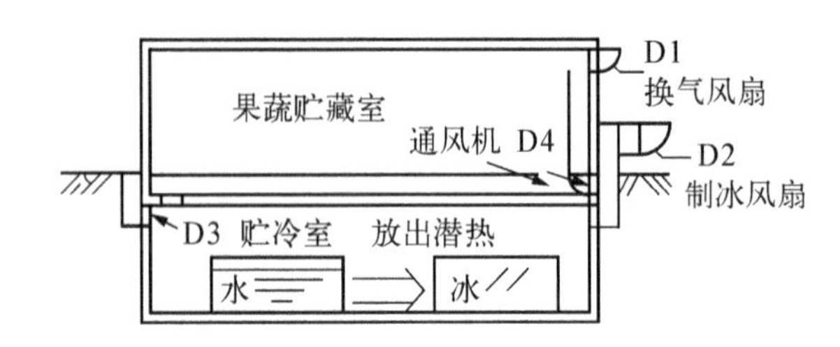

图6-5 自然冷源贮藏库冬季贮冷保温原理

D1、D2、D3. 通风门;D4. 温度控制风门

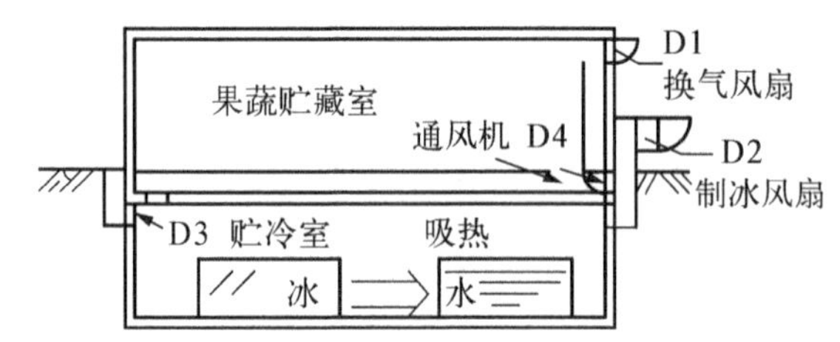

图6-6 自然冷源贮藏库维持低温高湿原理

D1、D2、D3. 通风门;D4. 温度控制风门

王世清等利用集束热管技术将冬季的冷源导入室内制出果蔬贮藏用冰(图6-7),实现了低纬度地区(北纬37°)利用冬季自然冷源制冰蓄冷的目标。其原理为装入库内蓄冰池(用于贮存冰体)中的热管部分作为蒸发器,库外的热管部分作为冷凝器,热管内灌注制冷剂。蒸发器与蓄冰池中的水进行热交换,热管内制冷剂吸收热量汽化上行,水温不断下降并结冰;冷凝器与外界冷空气进行热交换,制冷剂放热冷凝成液体下行,与上行的气体构成循环。该装置只要有较小的温差存在,不需要任何的机械动力装置就能自动地将蓄冰工作进行下去。

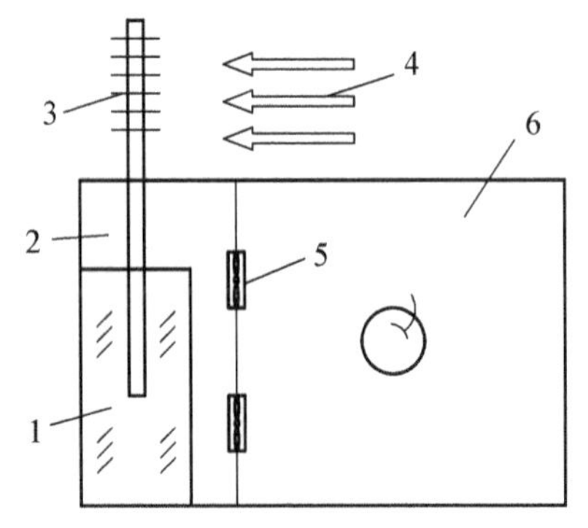

图6-7 热管蓄冷制冰示意图

1. 冰体;2. 制冰室;3. 热管;4. 自然冷风;5. 风机;6. 贮藏室

(二) 冰藏方法

冰藏方法有直接冷却与间接冷却两种。直接冷却是将冰块直接装于库内,利用冰融化潜热使环境降温。冰块放置的位置有上方、下方、侧面及四周等,冷空气密度较大且自然下行,上方及侧上方的库内温度分

布较合理,冷却效果好,但建筑结构较复杂,造价高。直接冷却法的制冷效率较高,贮藏成本低,可实现无值守管理,但环境湿度不易控制。间接冷却法以盐水等为中间冷却介质,温度调节较为方便,但热效率低、投资高、维持费用较高,现已很少采用。

(三) 发展前景

我国是世界同纬度冬季最冷的国家,日平均气温低于或高于0℃的日期是评价能否开发利用自然冷源最为重要的气候指标。我国年平均日最低气温≤0℃日数的分布区域见表6-4。

表6-4 我国年平均日最低气温低于0℃的地区和日数

地　　区	天数/d
北纬30°以南	极少
山西长治和陕西延安以北	≥50
西安、郑州和济南以北	≥100
新疆地区	150～200
黑龙江大小兴安岭和长白山地区	≥200
青藏高原北部	≥300

我国气温为0～10℃的地域广阔,延续时间较长,拥有相当丰富的自然冷源,且纬度越高,蕴藏量越大。加之自然冷源蓄冷设施投资和管理费用不高,节能减排,绿色环保,更容易被人接受。随着自然冷源利用和开发技术的进一步发展,冷能利用的领域会越来越广,也必将得到更加广泛和深入的研究与应用。自然冷资源是十分廉价的能源,潜力巨大,一旦运用现代科学技术,有控制且高效地将冬季的冷源贮存起来,必将为人类创造巨大的经济效益和社会效益,其应用前景十分可观。

三、果蔬机械冷藏

机械冷藏起源于19世纪后期,是世界上应用最广泛的果蔬贮藏方法。近年来,为了适应农业产业的发展,我国兴建了不少大中型的商业冷藏库,个人投资者和果蔬生产者也建立了众多的中小型冷藏库和微型库(<100 t),新鲜果蔬的冷藏技术得到了快速发展和普及。机械冷藏现已成为我国果蔬贮藏的主要方法。目前,世界范围内机械冷藏库正向着操作机械化、规范化,控制精细化、自动化的方向发展。

建造冷藏库应选择交通方便、通风良好和地下水位低、排水条件好的地方。目前,多建于果蔬产地,产品采收后即可入库贮藏,减少由运输和销售不及时造成的经济损失。

(一) 机械冷藏库的类型与特点

1. 机械冷藏库的类型　机械冷藏是在利用良好隔热材料建筑的仓库中,通过机械制冷系统的作用,将库内热量传送到库外,使库内温度降低并保持在利于延长产品贮藏寿命水平的一种贮藏方法。机械冷藏库根据对温度的要求不同可分为高温库和低温库两类。高温库的库内温度通常为0～10℃,相对湿度为85%～90%,用于贮藏新鲜果蔬的冷库为0℃左右的高温库。低温库的库内温度通常为-25～-18℃,相对湿度为95%～100%,多用于存放冻结的农产品。

机械冷藏库按规模大小可分为大型冷库(贮藏容量>10 000 t)、大中型冷库(贮藏容量5 000～10 000 t)、中小型冷库(贮藏容量1 000～5 000 t)、小型冷库等(贮藏容量<1 000 t)。我国果蔬贮藏用冷藏库中,大型、大中型冷库所占比例较小,中小型和小型冷库较多。

机械冷藏库按建筑结构层数可分为单层冷库和多层冷库两类。单层冷库贮藏间的净高为5.4～7.0 m;多层冷库的冷藏间层高应≥4.8 m,如多层冷库带有地下室,地下室净高应≥2.2 m。冷藏间净高的具体尺寸可根据堆货高度和留有的间隙确定。一般人工堆装高度为2.6～3.0 m,机械堆装为5.0～6.5 m;货堆与建筑平顶或梁顶的距离约0.4 m;货堆距地坪(垫木高度)为0.12～0.14 m。自1965年至今,世界上新建冷藏库中,单层冷库占70%左右。单层冷库进出货物方便,便于机械化操作,库体易于采用大跨度的建筑结构,施工周期短;但所占土地面积大,单位面积造价高,能耗大,运营成本高。多层冷藏库占用土地面积小、能耗低,单位面积造价低,但受载荷能力及产品堆放高度的限制,库容利用率较低。

机械冷藏库按建造的形式和库体结构可分为土建式(也称建筑式)冷库和拼装式冷库。土建式冷库成本低,建造时间较长。拼装式冷库是由工厂生产一定规格的库体预制板,在施工现场组装而成的,修建时间很短。

2. 机械冷藏库的特点

1) 具有坚固耐用的库房构架和性能良好的隔热层及防潮层,为永久性建筑。

2) 安装了完整的制冷设备和通风系统,能够提供稳定的低温条件。

3) 易于操作管理和温湿度的调控,保证温度的贮藏条件,适宜贮藏的产品种类和使用的地域范围扩大。

4) 利用率高,可以周年使用,贮藏效果好。

5) 建造投资较高,有一定的运行成本。

(二) 库体结构

1. 建筑式冷库的结构 建筑式冷库的库体结构与通风库基本相同,除了有和一般房屋一样的承重结构(柱、梁、屋顶和楼板等)外,还要有良好的防风、防雨、隔热和隔潮的库墙。冷库外墙由围护墙体、防潮隔汽层、隔热层和内保护层组成,厚度一般为240 mm左右。内墙只起分隔房间的作用,有隔热和非隔热两种。围护墙体可用砖墙或预制钢筋混凝土墙。

(1) 隔热性能要求:冷库比通风库对隔热性能要求更高,库体的6个面(库墙、库顶、地面)都要隔热,以便在高温季节能很好地保持库内的低温环境,尽可能降低能源的消耗。

库墙一般是夹层的,在两墙中间设置隔热层。隔热层所用材料过去多用软木板、蛭石等,也有用木屑、稻壳的。目前较为普及的是聚氨酯泡沫塑料,它的导热系数小、强度好、吸水率低,且无需黏结剂,可直接与金属、非金属材料黏结,能用于较低的温度(如−100℃),并可在常温下现场发泡制作。珍珠岩是一种天然无机材料,它虽然导热系数小、无毒、价廉、容重小、施工方便,但它的吸水率高,常用作冷库的阁楼层和外墙的松填隔热材料。不管用何种材料,都应根据隔热要求和材料性能,精确计算出隔热层应达到的厚度。

地面和门也应有较好的隔热性能,以减少地温和外界温度对库温的影响。地面常以炉渣或软木板为隔热层,但应有一定的强度,以承受产品堆积和运输车辆的质量。门要强度好、接缝严密、开关灵活、轻巧,门还要设置风幕,以便在开门时利用强大的气流将库内外气流隔开,防止库温在产品出入库时受外界温度的影响。

(2) 防潮要求:冷库需设置防潮层,以防在围护结构表面(特别是在隔热层中)产生结露。冷库墙壁处于内外低温和高温的交接面,外界空气中的水蒸气在墙壁处遇到低温达到饱和时,就会产生结露现象。外界空气中的水蒸气不断渗透到建筑物和库墙内,将导致隔热层的隔热性能下降、隔热材料霉烂和崩解,引起建筑材料的锈蚀和腐朽,最终导致库体围护结构破坏,冷库报废。为此,要在隔热层的两侧设置防潮层。过去常用的防潮材料有沥青、油毡、乳化沥青等。其做法为三油二毡(即3层沥青刷于两层油毡的内外侧),在库内外温差较小、库外相对湿度较低的情况下,也有一毡二油的。现在多用厚度大于0.07 mm的聚乙烯塑料薄膜作为防潮层,比三油二毡的效果更好。采用聚氨酯为隔热材料时,可以不用作防潮层。

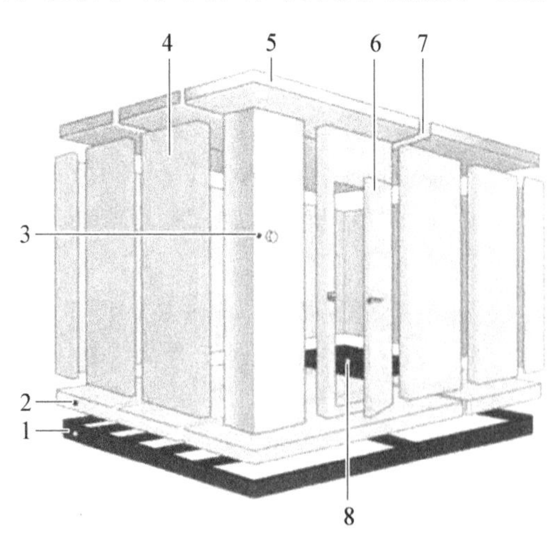

图6-8 小型拼装式冷藏库结构图

1. 底架;2. 底板;3. 角板;4. 墙板;5. 顶板;6. 库门;7. 加强梁;8. 垫仓板

机械冷库一般都设有预冷间,以防新入贮产品时对贮藏间温度形成较大波动,同时也便于出入操作。此外,还应设置包装间、工作间、工具间和库门外装卸货物台阶等附属设施。

2. 拼装式冷库的库体结构 近年来,拼装式冷库是果蔬贮藏中广泛采用的一种库型(图6-8)。建造前,先在工厂生产好一定厚度的具有绝热、隔汽防潮性能的标准预制板,运到冷库建造现场后,再行组合安装成为库体。这种冷库的板式结构使得库体抗冲击和震动的能力较强,不易产生开裂现象,具有施工简单快速、拆卸容易、便于移动和库体清洁方便等特点。预制板多用聚氨酯等隔热性能好的材料,不但库体很薄,而且比建筑式冷库的绝热性能更好。

(1) 库板结构：隔热预制板一般是在两层铁板之间充入硬质聚氨酯泡沫或聚氯乙烯泡沫为隔热材料并使之连成整体，现主要有玻璃钢拼装式和金属钢拼装式两类。前者两面用玻璃钢，后者两面用彩色涂层钢板(或不锈钢板)，中间填充硬质聚氨酯泡沫。预制板的大小可根据为自由设计，厚度则根据贮藏温度范围选用。采用聚氨酯为隔热材料时，一般0℃以上的高温库库板厚度需要100 mm，低温冷冻库为150～180 mm。拼装建造中，一定要在库板间的联结部位用密封胶黏结，并压上密封条，以防接口处隔热性能不好而造成漏冷。

(2) 库体结构类型：建造拼装式冷库时，先铺设地坪隔热板(底板)，再依次安装墙板和库顶隔热板(顶板)，最后安装库门和其他辅助设备。一般来说，100 m^2以下小型库可利用库板自身承载能力来建造，库体内部无支架和筋骨；而建造大型库时，还应预先用钢筋龙骨建造一个支架，再将绝热板固定在支架上。冷库的库体和机械结构构成见图6-9。

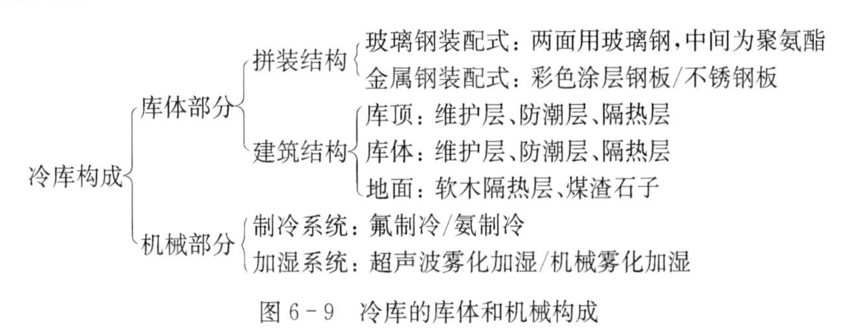

图6-9　冷库的库体和机械构成

(三) 机械冷藏库的制冷原理

1. 机械制冷的原理　机械制冷是通过压缩机组循环运动的作用，使制冷剂发生相变而吸收热量，从而降低周围环境温度的过程。热总是从温暖的物体上转移到冷凉的物体上，从而使热的物体降温。制冷就是创造一个冷面或能够吸收热的物体，以传导、对流或辐射的方式，将热传给这个冷面或物体。在制冷系统中，这个接受热的冷面或物体正是系统中热的传递者——制冷剂。液态的制冷剂在一定压力和温度下汽化(蒸发)而吸收周围环境中的热量，使之降温。通过压缩机的作用，将汽化的制冷剂加压，并降低其温度，使之液化后再进入下一个汽化过程。如此周而复始，使库温降低，并维持适宜的贮藏温度。

冷冻机是一闭合的循环系统，分高压和低压两部分，制冷剂在机内循环。制冷剂不断由液态到气态，再转化为液态，而制冷剂的量并不改变。以制冷剂汽化而吸热为工作原理的冷冻机，以压缩式为多。压缩式冷冻机主要由蒸发器、压缩机、冷凝器和调节阀(膨胀阀)等4部分组成。蒸发器是液态制冷剂蒸发(汽化)的地方。液态制冷剂由高压部分经调节阀进入处于低压部分的蒸发器时达到沸点而蒸发，吸收环境的热量，从而达到降低温度的目的。压缩机通过活塞运动吸入来自蒸发器的气态制冷剂，并将其压缩，使之处于高压状态，再进入到冷凝器。冷凝器将来自压缩机的制冷剂蒸气，通过冷却介质(如冷却水或空气)带走它的热量，使之重新液化。调节阀用来调节进入蒸发器的液态制冷剂的流量，液态制冷剂通过调节阀的狭缝时，会产生滞流现象。运行中的压缩机，一方面不断吸收蒸发器内生成的制冷剂蒸气，使蒸发器内处于低压状态；另一方面将所吸入的制冷剂蒸气压缩，使其处于高压状态。高压的液态制冷剂通过调节阀进入蒸发器中，因压力骤减而蒸发。

2. 制冷剂　制冷剂是指在机械制冷系统不断循环运动中起着热传导介质作用的物质。制冷剂要具备沸点低、冷凝点低、对金属无腐蚀性、不易燃烧、不爆炸、无毒无味、易于检测和易得价廉等特点。自机械冷藏应用以来，研究和使用的制冷剂有多种，常用制冷剂的物理特性见表6-5。目前，实践中常用的制冷剂有氨(NH_3)和氟利昂(freon)。

(1) 氨：氨是利用较早的制冷剂，主要用于中等和较大能力的压缩冷冻机。作为制冷剂的氨，应质地纯净，含水量不超过0.2%。氨的潜热比其他制冷剂高，在0℃时的蒸发热是1 260 kJ/kg，而目前使用较多的二氯二氟甲烷的蒸发热是154.9 kJ/kg。氨的比容较大，10℃时为0.2897 m^3/kg，而二氯二氟甲烷的比容仅为0.057 m^3/kg。因此，用氨的设备较大，占地较多。此外，氨有毒，若空气中含有0.5%(V/V)时，人在其中停留0.5 h即可严重中毒，甚至有生命危险。若空气中含量超过16%时，会发生爆炸性燃烧。氨对钢及其合金有腐蚀作用。

表 6-5 常用制冷剂的物理性能

制冷剂	化学分子式	正常蒸发温度/℃	临界温度/℃	临界压力/MPa	临界比容/(m^3/kg)	凝固温度/℃	$K=C_p/C_v$	爆炸浓度极限容积/%
氨	NH_3	−33.40	132.4	11.5	4.130	−77.7	1.30	16～25
二氧化硫	SO_2	−10.08	157.2	8.1	1.920	−75.2	1.26	—
二氧化碳	CO_2	−78.90	31.0	7.5	2.160	−56.6	1.30	不爆
一氯甲烷	CH_3Cl	−23.74	143.1	6.8	2.700	−97.6	1.20	8.1～17.2
二氯甲烷	CH_2Cl_2	40.00	239.0	6.5	—	−96.7	1.10	12～15.6
氟利昂-11	$CFCl_3$	23.70	198.0	4.5	1.805	−111.0	1.13	不爆
氟利昂-12	CF_2Cl_2	−29.80	111.5	4.1	1.800	−155.0	1.14	—
氟利昂-22	CHF_2Cl	−40.80	96.0	5.0	1.905	−160.0	1.12	不爆
乙烷	C_2H_6	−88.60	32.1	5.0	4.700	−183.2	—	—
丙烷	C_3H_8	−42.77	86.8	4.3	—	−187.1	—	—
水	H_2O	100	—	—	—	—	—	—
空气	—	−194.44	—	—	—	—	—	—

(2) 氟利昂：卤化甲烷族是指氟氯与甲烷的化合物，商品名通称为氟利昂。其中以二氯二氟甲烷(R12)应用较广，其制冷能力较小，主要用于小型冷冻机。

研究表明，大气臭氧层的破坏与氟利昂对大气的污染有密切关系，国际上正在逐步减少对氟利昂的使用。许多国家在生产制冷设备时已采用了氟利昂的代用品，如溴化锂、乙二醇、四氟乙烷(R134a)和二氯三氟乙烷(R123)等制冷剂，起到了减少对大气臭氧层的破坏和维护人类生存环境的作用。我国已生产出非氟利昂制冷的家用冰箱小型制冷设备。

(四) 库内冷却系统

机械冷藏库的库内冷却系统，一般可分为直接冷却、盐水冷却和鼓风冷却 3 种。

1. 直接冷却系统 直接冷却系统也称直接膨胀系统或直接蒸发系统。蒸发器直接装于冷库中，通过制冷剂的蒸发使库内空气冷却。蒸发器一般用蛇形管制成，可装成壁管组或天棚管组。直接冷却系统冷却迅速，降温较低(如以氨直接冷却，可将库温降至−23℃)。该系统宜采用氨或二氯二氟甲烷为制冷剂，主要优点是降温速度快。其缺点主要有：① 蒸发器结霜严重，要经常冲霜，否则会影响冷却效果；② 库内温度不均匀，接近蒸发器处温度较低，远处则温度较高；③ 如果制冷剂在蒸发器或阀门处泄漏，会直接伤害贮藏产品。

2. 盐水冷却系统 蒸发器不直接安装在冷库内，而是将其盘旋安置在盐水池内，将盐水冷却之后再输入安装在冷库内的冷却管组，盐水通过冷却管组循环往复吸收库内的热量，使冷库逐步降温。使用 20%的食盐水，可使库温降至−16.5℃；若用 20%的氯化钙水溶液，库温可降至−23℃。盐水冷却管组的安装一般采用靠壁管组。此冷却系统优点是库内湿度较高，有利于果蔬的贮藏；避免有毒、有味制冷剂向库内泄漏，防止果蔬及工作人员伤害。其缺点是：① 由于中间介质——盐水的存在，有相当数量的冷被消耗；② 食盐和氯化钙对金属有腐蚀作用，这会缩短管道的使用寿命；③ 要求制冷剂在较低的温度下蒸发，从而加重了压缩机的负荷；④ 盐水的循环必须有盐水泵提供动力，增加了电力的消耗。

3. 鼓风冷却系统 冷冻机的蒸发器或盐水冷却管直接安装在空气冷却器(室)内，借助鼓风机的作用将库内的空气吸入空气冷却器并使之降温，再将冷却的空气通过送风管送入冷库内，如此循环不已，达到降低库温的目的。鼓风冷却系统在库内形成空气对流循环，冷却迅速，库内温度和湿度较为均匀一致。在空气冷却器内，可进行空气湿度的调节；如果不注意湿度的调节，该冷却系统会加快果蔬的水分散失。

我国北方在贮藏适宜温度为 10℃左右的果蔬(如香蕉、甜椒、黄瓜等)时，冬季需要加热，鼓风冷却系统的空气冷却室内安装电热设备即可实现加温。

制冷系统中的蒸发器必须有足够的表面积，使库内的空气与这一冷面充分接触，以使制冷剂与库内空气的温差不致太大。如果温差太大，在产品长期贮藏中易造成严重失水，甚至萎蔫。因为库内的湿热空气流经盘管蒸发器时，空气中的水分会在蒸发器上结霜，这会减少空气的湿度，降低空气与盘管冷面的热交换。因此，需要有除霜设备。除霜可以用水，也可以使热的制冷剂在盘管内循环，还可以用电热除霜。

具有盐水喷淋装置和风机的蒸发器，没有除霜的问题，但盐水或抗冻液体会被稀释，需适时调整。这种蒸发器是以盐水或抗冻溶液构成冷却面进行冷却。先将盐水或抗冻液喷淋到有制冷剂通过的盘管上冷却，然后泵入盐水喷淋装置中，由管道将仓库内空气引入喷淋装置，冷却后送回库内，循环往复。

（五）冷藏库的管理

1. 消毒(disinfection)　冷藏库被有害菌类污染是引起果蔬腐烂的重要原因。因此，冷藏库在使用前需要进行全面的消毒。库内所有用具可用0.5%的漂白粉溶液或2%～5%硫酸铜溶液浸泡、刷洗、晾干后备用。常用的冷藏库消毒方法有以下几种。

(1) 乳酸消毒：将浓度为80%～90%的乳酸和水等量混合，按每立方米库容用1 mL乳酸的比例，将混合液放于瓷盆内在电炉上加热，待溶液蒸发完后，关闭电炉。闭门熏蒸6～24 h，然后开库使用。

(2) 过氧乙酸消毒：将20%的过氧乙酸按每立方米库容用5～10 mL的比例，放于容器内在电炉上加热挥发熏蒸；或配成1%的溶液喷雾消毒。过氧乙酸有腐蚀性，应注意对器械、冷风机和人体的防护。

(3) 漂白粉消毒：将含有效氯25%～30%的漂白粉配成10%的溶液，用上清液按每立方米库容40 mL的用量喷雾。使用时注意防护，用后库房必须通风换气除味。

(4) 甲醛消毒：按每立方米库容15 mL甲醛的比例，向甲醛中放入适量高锰酸钾或生石灰，稍加些水，待发生气体时，将库门密闭熏蒸6～12 h。开库通风换气后方可使用库房。

(5) 硫磺熏蒸消毒：按每立方米库容用硫磺5～10 g，加入适量锯末，置于陶瓷器皿中点燃，密闭熏蒸24～48 h后，彻底通风换气。

2. 预冷　产品的品温与库温的差别越小越有利于将产品快速冷却到最适贮藏温度。延迟入库时间，或者冷库温度下降缓慢，不能及时达到贮藏适温，会明显地缩短果蔬产品的贮藏寿命。

果蔬产品入库前需要经过预冷，特别是在高温季节采收时，直接入库热量散发不出来，不但库体和果蔬产品降温缓慢，而且会增加库内湿度，引发结露现象，最终导致产品腐烂。此外，果蔬直接入库还会加重制冷机的负荷、缩短机器使用寿命。

3. 温度　库内温度要保持稳定，库温的较大幅度和频繁波动对果蔬贮藏不利，会加速产品品质的败坏。一般温度波动不要超过1℃，有的产品贮藏期间要求温度范围更小。防止库温波动，首先要求库体有良好的隔热性能，以减少外界气温的影响；同时制冷机的工作效能应与库容相适应，若贮藏量超过制冷机的制冷负荷，则降温效果差，易引起库温的波动。

冷藏库对每天的入库量是有限制的，通常按每天的入库量占库容量的10%设计，超过这个限量，就会明显影响降温速度。入库时，最好把每天入贮的果蔬分散堆放，以便迅速降温。当入贮产品降到某一要求低温时再将产品堆垛到需要高度。

冷藏库的温度分布也要均匀，不应有过冷或过热死角，以避免局部产品受害。通风不好时，果蔬产品堆的呼吸热积累，局部温度上升；远离蒸发器处的空气会因外界传入的热量而温度升高，而蒸发器附近则有可能温度过低。库内安装鼓风机械，或采用鼓风冷却系统的冷藏库，可加强库内空气的流通，利于入贮产品的降温。对于包装的产品，如果堆集过大过密，会严重阻碍降温速度，堆垛中心的产品长时间处于高温下，会缩短产品的贮藏寿命。

为了解库内温度的变化情况，要在库内不同的位置点放置温度表或温度传感器，以便观察和记录贮藏期间冷藏库内各部分温度的变化情况，并采取措施进行管理。

冷藏库运行期间，湿空气与蒸发管接触时，由于蒸发器管道温度远低于库温，水分在蒸发管上结霜，形成隔热层而阻碍热交换，影响冷却效应，应注意除霜问题。

4. 湿度　通常所说的环境湿度是指相对湿度，相对湿度是在某一温度下空气中水蒸气的饱和程度。空气的温度越高则其容纳水蒸气的能力越强，此条件下贮藏的产品失重加快。冷藏库的相对湿度一般维持在80%～90%时，才能使贮藏产品不致失水萎蔫。

要维持冷藏库的高湿环境，最简单的方法是使蒸发器温度尽可能地接近库内空气的温度。这就要求蒸发器有足够大的蒸发面积。结构严密隔热良好的冷藏库，外界的湿热空气很少渗漏到库内，易使蒸发器温度维持在接近库温的水平，减少蒸发器的结霜和除霜次数。

冷藏库的湿度变化根据贮藏产品和贮藏阶段而不同。若贮藏初期入贮果蔬的温度较高，则呼吸旺盛，水分蒸散较快，易出现湿度过大的情况（特别是贮藏叶菜类产品时）；同时，产品的频繁出入，会带入外界绝对湿度较大的热空气，导致库内湿度增加。贮藏期间温度波动过大，也会使湿度过大而结露。因此，要通过预冷、快速入库、避免温度波动等措施防止库内湿度过大，必要时可用无水氯化钙吸湿。多数情况下，蒸发器的结霜会使库内湿度过低，可采用洒水、包装、安装加湿器等方式提高环境湿度，最简单的是在库中将水以雾状微粒喷到空气中，也可直接喷于库房地面或产品上，但这些增湿方法增加了蒸发器的结霜。

如果产品的包装干燥且易吸湿，则会使库内湿度降低。产品入贮前若用一些药液处理（如用氯化钙、防腐剂及防褐烫病药物等处理苹果等），也会带入一定的水汽，增加库内湿度。

5. 通风换气 果蔬产品贮藏期间仍进行着各种生理活动，需要消耗 O_2，产生 CO_2 等气体。其中，有些气体对于果蔬贮藏是不利的，如生理代谢产生的乙烯和高浓度 CO_2，无氧呼吸产生的乙醇，苹果、梨等释放的 α-法尼烯等。当这些物质积累到一定浓度后，就会使贮藏产品受到伤害。为了保证果蔬产品的贮藏质量，需要定期将这些不良气体排出库外。排气主要靠通风窗或排风扇进行，理想的条件是在库内外温度一致时进行。排气时既要注意防冻，又要尽量少将库外的热空气引入库内，雨天、雾天等外界湿度过大时不宜通风，以免库内温湿度剧烈变化。通风换气一般在温暖季节的夜间或清晨进行，而在严冬季节应在气温较高时进行。

在果蔬产品贮藏开始时，即使是经过预冷的产品，一般也比冷藏库的温度稍高，贮藏中会释放一定的呼吸热。为使冷藏库内各部分的温湿度均匀一致，增加蒸发器的热交换效率，可以依靠风机进行库内循环通风。具体通风方法，一般是把通风道装置装在冷藏库的中部产品堆叠的上方，向两面墙壁方向吹出，转向下方通过产品行列，再回到中部上升，如此循环往复。通常在冷库中安装有冷却柜，库内空气由下部进入此柜上升，通过蒸发管将空气冷却，再经上部鼓风机将其吹出，沿天花板分散到产品堆的上面。

6. 入贮与码垛 果蔬入贮时，如果已经预冷可一次性入库贮藏。若未经预冷处理，则应分次、分批入库。除第一批外，以后每次的入贮量不宜过大，以免引起库温的剧烈波动及影响降温速度。首次入贮量以不超过库总容量的 20%为宜，以后每次以 10%左右为好。产品入贮前，应对库房预先制冷并保持在适宜的贮藏温度，以利于果蔬入库后迅速降低品温。

库内产品的堆放对贮藏效果有明显影响，总体要求是“三离一隙”。“三离”指的是离墙、离地、离天花板。一般产品堆垛距墙 20～30 cm。离地指的是产品不能直接堆放在地面上，要用垫仓板架空，以使空气能在垛下循环，利于产品各部位散热，保持库房各部位温度均匀一致。另外，控制堆的高度不要离天花板太近，一般以顶部产品离天花板 50～80 cm 为宜，或者低于冷风管道送风口 30～40 cm。“一隙”是指垛与垛之间及垛内要留有一定的空隙。“三离一隙”的目的是使库房内的空气循环畅通，避免死角，及时排除田间热和呼吸热。产品堆放要避开通风口，冷风口或蒸发器附近的果蔬应加以保护以防受冻。

产品堆放时要防止货架倒塌，可通过搭架或堆码到一定高度时（如 1.5 m）用垫仓板衬一层再堆放的方式解决。果蔬堆放要做到分等、分级、分批次存放，尽量避免混贮。不同种类的果蔬贮藏条件是有差异的，即使同一种类或品种的果蔬，其不同等级、成熟度、栽培措施等，均可能对贮藏条件选择和管理产生影响。因此，混贮对于产品，尤其对于长期贮藏或相互间有明显影响（如串味等）的产品、对乙烯敏感性强的产品等，是不利的。

7. 检查 果蔬贮藏期间，要进行温度、相对湿度的检查和控制，并根据实际需要进行记录和调整；同时，还要对贮藏产品进行定期检查，以了解产品的质量变化，做到心中有数，发现问题及时采取相应的措施。对于不耐贮的果蔬每隔 3～5 d 检查 1 次，耐贮的可 15 d 甚至更长时间检查 1 次。此外，要注意库房设备的日常维护，及时排除设备故障，保证冷库的正常运行。

8. 出库 当外界气温高于库温 10℃以上时，从 0℃冷库中取出的产品，与库外温度较高的空气接触，会在果蔬表面凝结水珠，即通常所称的“出汗”现象。“出汗”现象既影响果蔬的外观，果蔬又容易受微生物的感染而发生腐烂。因此，经冷藏的果蔬在出库后及销售前，最好预先进行适当的升温处理，再送往批发或零售点。升温最好在专用升温间、周转仓库或库房穿堂中进行。升温不宜太快，一般控制气温比品温高 3～5℃，直至品温比外界气温低 4～5℃。出库前需催熟的产品可结合催熟进行升温处理。升温的程度与库外空气湿度有关，一定温度的果蔬在不同相对湿度的空气中露点不同，即形成水珠的温度不同（表 6－6）。例如，品温为7℃，空气相对湿度为82%，在空气温度为4.4℃时就会结露。如果品温升至18℃，空气相对湿度为57%，空气温度升至10℃以上，结露现象就可避免。

表6-6 不同空气相对湿度下的露点温度

露点/℃	温度/℃						
	35	30	24	18	13	7	2
0	10	15	20	28	40	60	87
4.4	15	20	28	40	57	82	
7.0	18	24	33	47	68	100	
10.0	21	29	40	57	82		
12.8	25	35	48	68	100		
15.6	30	42	58	83			
18.3	35	50	70				
21.1	43	60	80				

四、果蔬冰温贮藏

20世纪70年代初，日本的山根昭美发现了冰温技术。在一次拟采用人工气调法贮藏的课题中，因为操作失误，原本设定的0℃贮藏温度被降为-4℃，但温度恢复到0℃后发现梨并未冻伤，反而恢复到贮藏前的状态。随后，他对爱斯基摩人采用低于0℃的海水保藏肉食的方法和动物冬眠机制的研究发现，生物组织的冰点均低于0℃，当温度高于冰点时，细胞始终处于活体状态。在食品的冰点较高时，加入盐、糖等冰点调节剂可使冰点降低，山根博士把0℃以下至食品结冰点以上的温度区域定义为冰温带，此温度带下贮藏的食品称冰温食品。

1985年，日本在美国、欧洲等地申请了"冰温技术"的专利，标志着冰温技术基本成熟。它的应用发展大致经历了冰温技术的产生，冰温在食品贮藏、后熟、干燥和流通等领域内的应用，最终形成了较为完整的冰温技术体系。冰温技术的出现为最大限度地保持果蔬原有风味和质地等难题开辟了新的途径，现已成为继冷藏、冻藏之后广泛应用的第三种保鲜新技术。

（一）冰温贮藏机制与冰温效应

1. 冰温贮藏机制 温度是影响果蔬贮藏期间所有热化学反应的基本因素，也是生物系统中最主要的动力学参数。果蔬细胞中溶解了糖、酸、盐类、多糖、氨基酸、肽类、可溶性蛋白等多种成分，其冰点一般处在-3.5～-0.5℃（表6-7），此冰点温度低于纯水，这是冰温贮藏（controlled freezing-point storage）的基础。

表6-7 部分果蔬的冰点温度

品种	冰点/℃	品种	冰点/℃
生菜	-0.4	番茄	-0.9
菜花	-1.1	洋梨	-2～-1
橙子	-2.2	柿子	-2.1
柠檬	-2.2	香蕉	-3.4
洋白菜	-2.0～1.3		

果蔬细胞中各种天然高分子物质及其复合物以空间网状结构存在，使水分子的移动和接近受到一定阻碍而产生冻结回避。在0℃与冻结点之间的狭小温度带内，果蔬仍然保持细胞活性，且呼吸代谢被抑制、衰老速度也减慢。相对于机械冷藏，0℃以下的冰温能更有效地抑制果蔬贮藏期间有害微生物的生长。因此，冰温贮藏的机制主要有两个方面：① 将果蔬的贮藏温度控制在冰温带内，以维持细胞的活体状态；② 当果蔬的冰点较高时，可加入一些有机或无机物质，使其冰点降低，扩大冰温带。冰温保鲜技术即在0℃以下至组织冰点以上这个温度范围内来贮藏保鲜包括果蔬在内的各种生鲜食品。

2. 冰温效应 果蔬在冰温区域的适应性和耐受性称为冰温效应，原料组织冰点的高低及抗冻性的强弱直接影响冰温贮藏的效果。

(1) 细胞膜脂质：为了抗冷，必须防止细胞膜的低温固化，保持正常的流动性，不饱和脂肪酸易被代谢中产生的自由基氧化。在正常生理状态下，过量自由基将被超氧化物歧化酶(SOD)、过氧化物酶(POD)、谷胱甘肽过氧化物酶(GPx)等和维生素C、维生素E等非酶物质清除，两者维持相对平衡，使生物膜不致被破坏。适应冰温贮藏的果蔬在低温下自由基清除系统仍有较高活力，能有效地防止膜脂过氧化和丙二醛(MDA)等脂质过氧化物的积累，保护膜结构不受损伤。

(2) 蛋白质：蛋白质结构的改变或破坏将使其功能削弱或丧失。在低温下生物细胞脱水结冰，失去水化膜的蛋白质分子彼此靠近聚合，分子间形成—S—S—而变性。果蔬等植物含有较高的持水性良好的可溶性蛋白。当遭受0℃以下的低温胁迫时，细胞会增加其游离氨基酸和糖类物质的含量，细胞液浓度提高，对细胞产生保护作用。抗冷果蔬可诱导合成富含亲水性氨基酸的抗寒蛋白，不易低温变性，降低了底物诱导契合过程的能耗，避免正常的酶反应受阻。

3. 果蔬冰温贮藏的特点　冰温贮藏可长时间贮藏含糖量高、优质、成熟的果蔬，主要有4个优点：① 贮藏时不破坏细胞组织；② 有害微生物的活动及各种酶的活性受到抑制；③ 呼吸活性低，保鲜期得以延长；④ 能够提高果蔬的品质，最大限度地保持产品的原有风味，这是冷藏和气调贮藏都不具备的优点。例如，原来仅能冷藏7 d左右的草莓在冰温状态下能够保存20～25 d；冰温贮藏时，大肠杆菌、葡萄球菌类等微生物均无法存活。部分果蔬的保鲜期见表6-8。

表6-8　应用冰温技术保鲜部分果蔬产品的保鲜期

名　称	保　鲜　期	名　称	保　鲜　期
葡萄	7个月	牛蒡	6个月
柠檬	6个月以上	大豆	12个月
金橘	6个月以上	生菜	1个月
樱桃	1个月以上	马铃薯	12个月
草莓	3周以上	大蒜	8个月
梨	6个月以上	柿子	6个月
苹果	10个月以上	大葱	1个月
胡萝卜	4个月	山药	6个月

然而，冰温贮藏的缺点也很明显。例如，冰温贮藏可利用的温度范围狭小(一般为-2.0～-0.5℃)，温度带的设定十分困难；此外，冰温贮藏所需的配套设施投资较大。

(二) 冰温贮藏中果蔬的主要生理变化

1. 对果蔬呼吸强度的影响　冰温能显著地抑制果蔬的呼吸速率和乙烯释放率，推迟呼吸高峰的出现，延长贮运保鲜期。桃是一种具有典型呼吸高峰的果实，采后无论在何种温度下都具有两个呼吸高峰。薛文通等(1997)研究了桃的冰温贮藏技术，发现在4℃下贮藏，采后10 d和24 d出现呼吸高峰，形成第一次和第二次呼吸跃变期；桃在"冰温"条件下同样具有两个呼吸高峰，但出现的时间明显推迟，分别在采后50 d和90 d出现。桃在4℃下第一次呼吸跃变后，一直保持着良好的风味和硬度，随着第一呼吸高峰的结束，果实硬度明显下降，组织完全软化，并有腐烂发生，外观颜色变黄；在出现第二次呼吸跃变后果实风味丧失，果肉组织崩溃，褐变严重。而在"冰温"条件下，首次呼吸跃变前后，果实一直保持良好的风味和色泽，无腐烂现象发生，只是在第二次高峰出现时风味有所下降。胡位荣等(2005)发现荔枝采后呼吸旺盛，乙烯释放速率较高，低温能抑制荔枝的呼吸速率和乙烯的释放。贮藏30 d时，冰温处理的果实呼吸强度、乙烯释放率分别比3℃的冷藏对照降低了61.2%、66.5%。冰温贮藏后期，荔枝的呼吸强度和乙烯释放率一直保持在极低水平，延缓了果实衰老。

2. 对果蔬化学成分的影响　冰温贮藏能很好地保存果蔬的营养与风味物质。桑葚在冰温条件下糖酸比下降缓慢，产品的固有风味变化不大。龙眼在冷藏和冰温条件下，其维生素C含量下降都快；但冰温贮藏的产品可溶性固形物和总酸含量都比冷藏的高。同样，冰温贮藏的莲藕，其还原糖、可溶性蛋白含量与贮藏初期差异不大，各种理化指标变化很小，冰温贮藏能有效地保持产品原有风味。

3. 对果蔬质构的影响　果蔬的质构与其水分含量、果胶存在形式和MDA含量有关。贮藏期间的细胞失水会使细胞膨压和果蔬的抗压强度下降，从而导致质构变差。随着贮藏时间的延长，原果胶逐渐转化为果胶、果胶酸，使组织软烂，失去食用价值和商品价值。MDA 能破坏正常代谢的内膜系统，导致细胞透性增加和代谢失调，膜结构及功能被破坏，果肉组织衰老。冰温贮藏能有效地抑制果蔬的失水、延缓原果胶降解和衰老进程，较好地保持产品的质构。例如，草莓冰温贮藏至 50 d 时，硬度仅从 1.1 kg/cm^2 下降到 0.7 kg/cm^2；而 4℃冷藏的草莓在贮藏至 7 d 时，硬度就已降至 0.3 kg/cm^2。常温贮藏的白柚，其果皮、果肉组织中 MDA 含量均随贮藏时间的延续呈上升趋势，累积速率较高，组织衰老快；而冰温贮藏的白柚，其果皮、果肉组织中 MDA 含量和累积速率均低于冷藏对照。

4. 对果蔬酶类的影响　褐变是果蔬采后贮藏中的普遍现象，褐变程度影响了果蔬的外观和食用价值。多酚氧化酶(PPO)和过氧化物酶(POD)是与褐变相关的重要酶类，水果几乎都含有这两种酶。另外，花色素苷酶等酶类对某些果蔬外观也有较大影响。冰温贮藏能有效降低果蔬组织的酶活力，抑制组织的褐变。例如，PPO、POD 和花色素苷酶与荔枝的果皮褐变密切相关，荔枝在 3℃下贮藏 30 d 时，果实中这 3 种酶的活性仍然处于较高水平；而冰温贮藏的产品在 −1℃下贮藏 30 d 时，3 种酶的活性分别为 3℃对照的 9.5%、14.0%和 23.4%。另外，冰温贮藏莲藕的色度值也较冷藏情况下大，贮藏 28 d 后色度基本与新鲜的无异。

（三）冰温贮藏设备

温度能长期保持在 −4～0℃，相对湿度大于 90%范围内的传统冷库、冰箱都可以作为冰温贮藏设备使用。冰温贮藏设备主要有湿空气保鲜冷库和冰蓄冷库。

1. 湿空气保鲜冷库　湿空气保鲜冷库是通过空气冷却器产生湿空气保持温度和湿度的冷库。传统的湿空气保鲜冷库，冷库里的果蔬产品需放在敞开的周转箱内，周转箱叠放成集装箱以便于运输。湿空气冷却器靠墙布置在天花板下面，向对面墙方向吹冷的湿空气，流过周转箱，最后再回到空气冷却器做降温和增湿处理。各库房可以设计安装 1 台或数台空气冷却器，湿空气的换气次数一般为 40 次/h。空气冷却器以接近 0℃的冷水为冷却介质，由水泵打到空气冷却器上进行喷淋，从空气冷却器吹出的空气温度为 1.5℃，相对湿度为 98%。如果湿空气中带有水滴，落在果蔬产品上就会引起腐烂。因此，要用水分离器把水滴从气流中除去。湿空气保鲜冷库的最大优点是流经产品的空气是湿空气，果蔬产品水分损失少，不干缩、变形、变色。另外，入库果蔬产品冷却速度快，能在较短时间内达到所需贮藏的温度。

2. 冰蓄冷库　冰蓄冷库是一种用冰降温和蓄冷的湿空气保鲜冷库，先用制冷设备将水冻结，然后采用冰融化的潜热使循环冷却水保持在 0℃。采用冰蓄冷的库房温度比较恒定，即使制冷机短时间停机，也不会像传统冷库那样很快引起库温升高。空气冷却器温度始终处于 0℃，无需化霜，产品不易发生冻伤。在新型冷库内循环空气能保持 98%左右的相对湿度，即使产品长期冷藏，也不会像传统冷库那样由于结露、结霜而使产品含水量下降。冰蓄冷库中无需架设制冷剂盘管，因此可以减少基建投资。另外，冰蓄冷库中不会因制冷剂泄漏而造成产品受害。采用冰蓄冷技术，制冷设备的容量比传统冷库小 30%左右。果蔬产品入库冷却的初始阶段，可以利用冰蓄冷器的冷量，制冷设备容量可按平均负荷确定，而传统冷库制冷设备容量是按最高负荷确定的。

（四）冰温贮藏技术的新进展

1. 冰点调节贮藏　冰温贮藏可以明显抑制果蔬的新陈代谢，延长贮藏期，使果蔬的色、香、味、口感和营养物质得到最大限度地保存甚至提高。向果蔬中加入冰点调节剂(如盐、糖等)，可以扩大冰温带的范围，可使果蔬细胞在更大的温度范围内始终处于活体状态。利用此原理贮藏食品的方法即为冰点调节贮藏法。冰点调节贮藏法能够提高果蔬的耐寒性，扩大冰温带范围，便于实现冰温贮藏，能够提高果蔬含糖量、维生素 C 含量和钙含量等，更好地保持了果蔬的品质。对于不同的果蔬原料，不同的冰点调节剂种类、浓度和处理时间都会影响冰点调节的效果。例如，在维生素 C 浓度一定时，冬枣的冰点温度随处理时间延长而降低；处理时间一定时，冰点温度随维生素 C 溶液浓度的增加而降低；而蔗糖溶液对冬枣的冰点无影响；0.9%的 $CaCl_2$ 处理冬枣 41 h 后可使冰点由 −1.1℃降至 −2.8℃，并能增加枣中钙的含量，保持枣的脆度。

2. 冰点调节—保鲜剂的冰温贮藏　在一定程度上，向食品中添加保鲜剂能增加保鲜效果，其与冰点调节贮藏相结合，产生的协同作用能进一步延长果蔬保鲜期。通过添加保鲜防腐因子、壳多糖半透膜、降低冰点等措施，在 −0.5℃冰温贮藏的草莓最长可贮藏 31 d，并保持良好的色、香、味。维生素 C 有降低草莓冰点的功效，能够较好地预防冻害的发生；而甲壳素和柠檬酸形成的膜，有很强的抗菌作用，能延长草莓的冰温贮藏期，有助于保持草莓的水分、酸度及硬度，而不影响草莓的风味。

3. 冰膜贮藏 冰温贮藏一定要将果蔬贮藏在0℃以下的负温度区域内。但一些低糖果蔬，特别是洋白菜等层状结构的蔬菜进行冰温贮藏时，极易出现干耗、低温冻害或部分冻结现象。在果蔬表面附上一层人工冰或人工雪等保护膜(即冰膜，ice coating film)，可以避免冷空气流过表面时出现干耗、低温冻害现象。例如，经冰膜处理的洋白菜，在－0.8℃下进行冰温贮藏，其表面仅出现微弱冻害，而被微冻的菜叶在室温下经4 d升温，会慢慢地复原。

4. 超冰温贮藏 超冰温技术是指通过调节冷却速度等方法，使得温度即使在冰点以下也可以成功地保持过冷却状态(即温度降低到冰点以下也不冻结)，这进一步拓宽了冰温的研究领域。超冰温领域极不稳定，产品易冻结，超冰温领域稳定条件的确立是该技术的核心。果蔬能否顺利降至冰温乃至超冰温领域而不结冰，与生物组织进入此温度带前的低温锻炼和脱水程度有关。此外，冷却处理时的降温速度也是关键因素。例如，新鲜毛豆的贮藏难度很大，其绿色和固有风味不易保持，即使在冷藏条件下也只能保鲜10～14 d，而采用冰温贮藏能保鲜30～40 d，采用超冰温技术则能保鲜60 d，而且出库时毛豆的绿色及风味明显好于冷藏与冰温贮藏。另外，分阶段地对果蔬进行缓慢降温能降低其临界致死温度，这使得某些临界致死温度高于0℃的果蔬在0℃或0℃以下也能长期保鲜。目前，国外已有少数通过缓慢降温使果蔬组织顺利进入超冰温领域而不结冰的成功实例。

5. 冰温气调保鲜技术 冰温技术结合气调包装应用于果蔬贮藏可进一步提高保鲜效果。在冰温贮藏的基础上，结合气调贮藏，可改善包装内的气体组成，提高贮藏环境湿度，更好地抑制果蔬贮藏期间的糖、酸、维生素C等成分的损耗，减少冷害和褐变的发生，最大限度地延长果蔬的贮藏时间。例如，小包装气调贮藏能够更有效地抑制油豆角贮藏期间糖分和水分的消耗，延长油豆角的贮藏时间和贮运品质。冰温技术在我国已有一定的基础，而气调包装保鲜的应用也较为普及，有关气调包装设备、包装材料的生产应用条件已基本具备。因此，冰温气调保鲜技术在我国具备一定的技术基础，具有重要的实际应用价值和良好的发展前景。

第三节　果蔬气调贮藏

气调贮藏(gas storage)又称调节气体贮藏，是在英国Kidd和West的研究基础上发展起来的，被认为是当代新鲜果蔬贮藏效果最好的方法。气调贮藏在20世纪40～50年代就在美、英等国家开始商业运行，在许多发达国家，气调贮藏已广泛用于果蔬(如苹果、猕猴桃等)的长期贮藏中。据报道，在发达国家气调贮量达到了较高比例(＞50%)，气调贮藏可使耐气调贮藏的果蔬贮藏寿命比机械冷藏增加1倍以上。我国气调贮藏始于20世纪70年代，经过近40年的研究探索，在果蔬保鲜领域得到了迅猛发展，现已具备了自主设计和建设不同规格气调库的能力。近年来，各地兴建了一大批规模不等的气调库，气调贮量不断扩大。但总体而言，我国气调贮藏技术与发达国家相比仍较落后，还需进一步完善和提高。

一、气调贮藏的原理和类型

(一) 气调贮藏的原理

气调贮藏是将产品置于一个相对密闭的环境中，同时调节贮藏环境中的O_2、CO_2和N_2等气体的比例，并使它们稳定在一定浓度范围内的一种贮藏方法。气调贮藏是在保持适宜低温的条件下进行的，具有比普通冷藏更好的贮藏效果(表6-9、表6-10)。

正常空气中O_2和CO_2的浓度分别为21%和0.03%，其余的为N_2等。果蔬采后仍进行着正常的以呼吸作用为主导的新陈代谢活动，主要表现为吸收环境中的O_2，同时释放等量的CO_2，并释放出一定的热量。适当降低O_2浓度和增加CO_2浓度，就可以改变环境中的气体组成，从而抑制果蔬的呼吸作用，降低呼吸强度，推迟呼吸高峰的出现，延缓新陈代谢速度，减少产品体内营养物质和其他物质的消耗，从而延缓了果蔬的成熟与衰老，为保持采后果蔬的质量奠定了生理基础。与此同时，较低浓度的O_2和较高浓度的CO_2能够抑制乙烯的生物合成，削弱乙烯对果蔬采后的生理刺激作用，有利于延长果蔬的贮藏寿命。此外，适宜的低浓度O_2和高浓度CO_2具有抑制某些生理病害和侵染性病害发生发展的作用，减少产品的腐烂损失。可见，气调贮藏能够更好地保持果蔬原有的色、香、味、质地及营养价值，有效地延长果蔬的贮藏期和货架寿命。因此，在商业性气调贮藏普及的国家均制定了与气调贮藏相关的法规和标准，以指导气调贮藏技术的推广，市场上标有"气调"字样的果蔬产品价格也比其他方法贮藏的同类产品高出许多。

需要指出的是，气调贮藏虽然技术先进，贮运效果好，但不同果蔬对气调贮藏的反应差异较大。过低浓度的O_2或过高浓度的CO_2会引起低O_2伤害或高CO_2伤害。不同种类、不同品种的果蔬要求不同的O_2和CO_2配比，不同产品应单独贮藏，这就增加了贮藏库房，加之气调库的建筑投资大、运行成本高等因素，制约了其在发展中国家果蔬贮藏上的应用和普及。

（二）气调贮藏的类型

气调贮藏可以分为两大类型，即人工气调贮藏（controlled atmosphere storage，CA）和自发气调贮藏（modified atmosphere storage，MA）。

1. 人工气调贮藏 这是根据果蔬产品的需要和人的意愿调节贮藏环境中各气体成分的浓度并保持稳定的一种贮藏方法，达到这种贮藏环境需要有气调库及其配套设施。CA由于O_2和CO_2的比例是严格控制的，而且能与贮藏温度密切配合，技术先进，贮藏效果好。

2. 自发气调贮藏 此法又称限气贮藏，是利用果蔬产品的呼吸作用降低贮藏环境中的O_2浓度，同时提高CO_2浓度的一种贮藏方法。理论上，有氧呼吸每消耗1%的O_2即可产生1%的CO_2，而N_2组成比例不变（即$O_2 + CO_2 = 21\%$）。但实践中，常出现消耗的O_2多于产出的CO_2（即$O_2 + CO_2 < 21\%$）的情况。自发气调方法较简单，达到设定的O_2和CO_2浓度水平需要较长时间，操作上维持要求的O_2和CO_2比例较困难。因此，MA贮藏效果不及CA贮藏。MA的方法有多种，我国多采用不同透气性的包装材料来达到调节气体成分的目的，如硅窗气调等。

CA和MA在果蔬贮运中能有效地延长果蔬货架寿命，见表6-9、表6-10。

表6-9 用CA能长期贮藏的部分产品寿命

寿命/个月	果 蔬 产 品
6～12	一些品种的苹果和梨
3～6	一些品种的梨、卷心菜、大白菜、猕猴桃
1～3	鳄梨、橄榄、一些品种的桃、油桃、李、柿

注：CA为人工气调贮藏。

表6-10 用CA或MA进行短期贮藏和运输的果蔬

CA或MA的功效	果 蔬 产 品
在冷害温度以上推迟成熟	香蕉、鳄梨、芒果、油桃、甜瓜、桃、李、番木瓜、番茄（绿熟或部分成熟）
控制腐烂	草莓、黑莓、蓝莓、红莓、樱桃、无花果、葡萄
推迟衰老和变色等不利变化	石刁柏、甜玉米、花茎甘蓝、莴笋、鲜切果蔬

注：MA为自发气调贮藏。

气调贮藏经过几十年的研究、发展、探索和完善，特别是20世纪80年代以来有了新的发展，开发了一些有别于传统气调的新方法，如快速CA（rapid CA）、低氧CA、低乙烯CA、双维（动态、双变）CA（two dimensional CA）等，这为生产提供了更多的选择。

二、气调贮藏的条件和管理

气调贮藏多用于果蔬的长期贮藏，无论是产品外观还是内在品质都必须保证高质量，才能获得高品质的贮藏产品，取得较好的经济效益。入贮的产品要在最适宜的时期采收，不能过早或过晚，这是获得良好贮藏效果的基本保证。

(一) O_2、CO_2和温度的配合

气调贮藏是在一定温度条件下进行的,在控制环境中O_2和CO_2含量的同时,还要控制好贮藏温度,并且使这三者得到适当的配合。

1. 气调贮藏的温度要求 果蔬在较高的温度下采用气调贮藏时,也可能获得较好的贮藏效果,因为环境条件抑制了果蔬的新陈代谢,尤其是抑制了呼吸代谢过程。抑制新陈代谢的主要手段是降低温度、提高CO_2浓度和降低O_2浓度等。就果蔬而言,这些条件均是其正常生命活动的逆境,而逆境的适度应用,正是贮运保鲜成功的重要手段。任何一种果蔬,其抗逆性都有各自的限度。例如,一些品种的苹果在常规冷藏的适宜温度是0℃,如果进行气调贮藏,在0℃下再加以低O_2和高CO_2的环境条件,则苹果会承受不住这3方面的抑制而出现CO_2伤害等病症。这些苹果在气调贮藏时,其贮藏温度提高到3℃左右就可以避免CO_2伤害。绿熟番茄在20～28℃进行气调贮藏的效果,与其在10～13℃下普通空气中贮藏的效果相仿。可见,气调贮藏对热带、亚热带果蔬有着非常重要的意义,因为它可以采用较高的贮藏温度从而避免产品发生冷害。当然这里的较高温度也是很有限的,气调贮藏必须有适宜的低温配合,才能获得良好的效果。

2. O_2、CO_2和温度的互作效应 气调贮藏中的气体成分和温度等条件,不仅对贮藏产品产生影响,而且诸因素之间也会发生相互联系和制约,对贮藏产品起着综合的影响,即互作效应(或综合效应)。例如,低O_2可延缓叶绿素的分解,如配合适量的高CO_2则保绿效果更好(正互作效应);但贮藏温度升高会加速叶绿素的分解,即高温的不良影响抵消了低O_2及适量高CO_2对保绿的作用。气调贮藏必须重视这种互作效应,贮藏的成功与否正是这种互作效应是否被正确运用的反映。若想取得良好贮藏效果,O_2、CO_2和温度必须有最佳的配合。而当一个条件发生改变时,另外的条件也应相应地调整,才可能维持一个适宜的综合贮藏条件。不同的贮藏产品都有各自最佳的贮藏条件组合(表6-11)。但这种最佳组合不是一成不变的。当某一条件因素发生改变时,可以通过调整另外的因素来弥补由这一因素的改变所造成的不良影响。因此,同一产品在不同的条件下或不同的地区,会有不同的贮藏条件组合,也会有较为理想的贮藏效果。

表6-11 部分果蔬产品的气调贮藏条件

产品种类	O_2/%	CO_2/%	温度/℃	备注
元帅苹果	5	2.5	0	澳大利亚
金冠苹果	2～3	1～2	−1～0	美国
金冠苹果	2～3	3～5	3	法国
巴梨	4～5	7～8	0	日本
巴梨	0.5～1	5	0	美国
柿	2	8	0	日本
桃	3～5	7～9	0～2	日本
香蕉	5～10	5～10	12～14	日本
蜜柑	10	0～2	3	日本
草莓	10	5～10	0	日本
番茄(绿)	2～4	0～5	10～13	我国北京
番茄(绿)	2～4	5～6	12～15	我国新疆
番茄(半红)	2～7	<3	6～8	我国新疆
甜椒	3～6	3～6	7～9	我国沈阳
甜椒	2～5	2～8	10～12	我国新疆
洋葱	3～6	10～15	常温	我国沈阳
洋葱	3～6	8	常温	我国上海
花椰菜	15～20	3～4	0	我国北京
蒜薹	2～3	0～3	0	我国沈阳
蒜薹	2～5	2～5	0	我国北京
蒜薹	1～5	0～5	0	美国

3. 贮前高CO_2处理的效应 果蔬进行气调贮藏前给予高浓度CO_2处理,有助于提高贮藏效果。刚采收的苹果大多对高CO_2和低O_2的忍耐性较强,美国华盛顿州贮藏的金冠苹果在1977年已经有16%经过高CO_2处理,其中90%用气调贮藏。另外,将采后的果实放在12～20℃下,维持CO_2浓度90%,经1～2 d可杀

死所有的介壳虫，而苹果自身无损伤。经 CO_2 处理的金冠苹果贮藏到2月，比不处理的硬度高1 kg左右，风味更佳。'金冠'苹果在气调贮藏之前，用20%的 CO_2 处理10 d，既可保持硬度，又可减少酸的损失。

4. 贮前低 O_2 处理的效应 气调贮藏前的低氧处理也能提高果蔬贮藏效果。Little 等以斯密斯苹果(GrannySmith)为材料，贮前用浓度为0.2%～0.5%的 O_2 处理9 d，再贮藏于 O_2 ∶ CO_2 = 3∶2的气调条件中，发现贮前低氧处理对于保持斯密斯苹果的硬度、绿色，以及防止褐烫病和红心病，都有较好的效果。可见，贮前低 O_2 处理或贮藏，可能是气调贮藏中提高果实耐贮性的有效措施。

5. 动态气调贮藏 在不同的贮藏时期控制不同的气调指标，以适应果蔬从健壮向衰老变化过程中对气体成分的适应性也在不断变化的特点，从而有效地延缓代谢过程，更好地保持食用品质，此法称为动态气调贮藏(dynamic controlled atmosphere，DCA)。西班牙 Alique 在'金冠'苹果的试验中，第一个月维持 O_2 ∶ CO_2 = 3∶0、第二个月为3∶2、以后为3∶5，温度为2℃，湿度为98%贮藏6个月后果实的硬度明显高于始终贮于 O_2 ∶ CO_2 = 3∶5条件下的果实硬度，含酸量也较高，呼吸强度较低，各种损耗也较少。

(二) 气体组成及指标

合理选择 O_2 和 CO_2 浓度比例，能够最大限度抑制果蔬的代谢、延缓衰老而不受到气体伤害，延长贮藏期。气调贮藏中常根据果蔬产品的生理特性选择不同方式的气调指标。

1. 单指标 单指标只控制贮藏环境中的某一种气体(如 O_2 或 CO_2)，而对其他气体不加调节。贮藏对 CO_2 敏感的产品时，可采用低 O_2 单指标，即只控制 O_2 的含量，产品呼吸产生的 CO_2 用碱石灰等吸收剂全部吸收掉。由于贮藏环境中无 CO_2 存在，只有 O_2 影响果蔬的呼吸作用，其浓度必须低于7%，才能表现出较好的气调作用；O_2 浓度在5%以下时，气调作用明显，常采用的浓度是2%～4%；个别果蔬可采用1%～1.5%的超低氧(表6-12)。就多数果蔬而言，单指标难以达到理想的贮藏效果，单纯的低 O_2 条件不能抑制叶绿素的降解，且被调节气体浓度低于或超过规定指标时，有可能导致生理伤害。属于此类的有低 O_2 气调(<1.0%～1.5%)、利用贮前高 CO_2 后效应气调(10%～30% CO_2 短时处理后再进行正常的CA)等。

表6-12 果蔬能够耐受最低的氧气浓度(Kader，1992)

低氧浓度/%	果蔬产品
0.5	干果、核果类
1.0	一些品种的苹果和梨、蘑菇、花茎甘蓝、大蒜、洋葱、多数的鲜切果蔬
2.0	多数品种的苹果和梨、猕猴桃、甜玉米、杏、樱桃、桃、油桃、李、草莓、菠萝、罗马甜瓜、番木瓜、菜豆、芹菜、莴笋、卷心菜、菜花、抱子甘蓝、橄榄
3.0	鳄梨、番茄、柿、辣椒、黄瓜
5.0	柑橘类果实、马铃薯、石刁柏、甘薯

2. 双指标 双指标同时控制 O_2 和 CO_2 水平，使两种气体配合起到更好的气调效果。根据气体的调节方式和范围，双指标主要有两种形式。

(1) 人工气调双指标：用人工的方法同时控制适宜的低 O_2 和高 CO_2 含量，是当前国内外广泛使用的方式。O_2 浓度多为2%～5%，CO_2 则根据产品的耐受性确定，一般为1%～5%。我国习惯上把气体含量为2%～5%的称低指标气调，大多数产品都以这种气体指标最为适宜。一些蔬菜需要保持绿色，就需要较高浓度的 CO_2。这时，为了不产生气体伤害，要相应提高 O_2 含量。习惯上把气体含量为5%～8%的称中指标气调。人工气调双指标操作管理较麻烦，所需设备较多，投资较大。

(2) 自发气调双指标：利用产品的呼吸作用达到低 O_2 和高 CO_2 水平，两者之和约21%。普通空气中含 O_2 约21%，CO_2 仅约0.03%。将果蔬贮藏在密闭的环境内，在正常情况下主要以糖为底物进行有氧呼吸，呼吸消耗 O_2 的体积与释放 CO_2 的体积相等(呼吸商=1)，贮藏环境的 O_2 和 CO_2 的总体积仍接近于21%。要达到这种气体指标，只需把果蔬封闭即可，管理也很方便。此后，定期地或连续地从封闭环境中排出一定体积的气体，同时充入等量的新鲜空气，就可以维持稳定的气体配比。一般将 O_2 和 CO_2 控制于相近的指标(两者各约10%，有时 CO_2 稍高于 O_2)，简称高 O_2 高 CO_2 指标，可用于一些耐 CO_2 贮藏的蔬菜，但其效果不及低 O_2 低 CO_2 好，这是气调发展初期常用的气体指标。它的缺点是不能充分发挥气调贮藏的优越性，当 O_2 含量较低(＜10%)时，可能因 CO_2 含量过高而发生生理伤害；优点是操作简单，无需大的设备投资，采用塑料薄膜就能创造一个基本密闭的环境。

3. 多指标 多指标不仅控制贮藏环境中的 O_2 和 CO_2，同时还对其他与贮藏效果有关的气体成分(如 C_2H_4、CO 等)进行调节。这种气调贮藏效果好，但控制气体成分的难度较大，对气调设备的要求提高，设备的投资较大。

(三) O_2 和 CO_2 的调节

气调贮藏容器内的气体成分，从刚封闭时的正常气体成分转变到要求的气体指标，是一个降低 O_2 和升高 CO_2 的过渡期，可称为降 O_2 期。降 O_2 之后，则是使 O_2 和 CO_2 稳定在规定指标的稳定期。降 O_2 期的长短及稳定期的管理，直接关系着果蔬的贮藏效果。

1. 自然降 O_2 法 此法又称缓慢降 O_2 法。果蔬密封后依靠呼吸作用使 O_2 浓度逐步降低，同时积累 CO_2。

(1) *放风法*：每隔一定时间，当 O_2 降至指标的低限或 CO_2 升高到指标的高限时，开启贮藏容器，部分或全部换入新鲜空气，而后再进行封闭。

(2) *调气法*：双指标总和小于 21% 和单指标的气体调节，是在降 O_2 期用吸收剂吸除超过指标的 CO_2，当 O_2 降至指标后，定期或连续输入适量的新鲜空气，同时继续吸除多余的 CO_2，使这两种气体稳定在要求指标。

自然降 O_2 法中的放风法，是一种简便的气调贮藏方法。在整个贮藏期间 O_2 和 CO_2 含量总在不断变动，即不存在稳定期。在每一个放风周期之内，两种气体都有一次大幅度的变化；而放风前，O_2 降到最低点，CO_2 升至最高点；放风后，O_2 升至最高点，CO_2 降至最低点。即在一个放风周期内，中间一段时间 O_2 和 CO_2 的含量比较接近，在这之前是高 O_2 低 CO_2 期，之后是低 O_2 高 CO_2 期。这首尾两个时期对果蔬贮藏可能会带来很不利的影响。然而，整个周期内两种气体的平均含量还是比较接近的，对于一些抗性较强的果蔬(如蒜薹等)，采用这种气调法，其效果远优于普通冷藏法。

(3) *充 CO_2 自然降 O_2 法*：果蔬产品密封以后，立即人工充入适量 CO_2(10%～20%)，O_2 可自然下降。在降 O_2 期不断吸除部分 CO_2，使其含量大致与 O_2 接近。这样，O_2 和 CO_2 同时平行下降，直到达到所要求的指标。稳定期管理同前述调气法。该方法是借 O_2 和 CO_2 的拮抗作用，用高 CO_2 来克服高 O_2 的不良影响，又不使 CO_2 过高造成生理伤害。此法的贮藏效果接近人工降 O_2 法。

2. 人工降 O_2 法 此法又称快速降 O_2 法。利用人工的方法使果蔬密封后的容器内 O_2 含量迅速下降，CO_2 迅速上升，该法免除了降 O_2 期，封闭后立即进入稳定期。

(1) *充氮法*：封闭后抽出贮藏容器内的大部分空气，充入 N_2，由 N_2 稀释剩余空气中的 O_2，使 O_2 达到所要求的指标；有时充入适量 CO_2，使 CO_2 也立即达到所要求的浓度。此后的管理同前述调气法。

(2) *气流法*：把预先由人工按要求指标配制的气体输入封闭容器内，以代替其中的全部空气。在以后的整个贮藏期间，始终连续不断地排出部分气体和充入人工配制的气体，控制气体的流速使内部气体稳定在所要求的指标内。

人工降 O_2 法避免了降 O_2 过程的高 O_2 期，能比自然降 O_2 法进一步提高贮藏效果。然而，此法要求的技术和设备较复杂，同时需要消耗较多的 N_2 和电力。

(四) 气调贮藏的管理

气调贮藏的管理与操作在许多方面与机械冷藏相似，包括库房的消毒、商品入库后的堆码方式、温度、相对湿度的调节和控制等，但也存在一些不同。

1. 果蔬的原始质量 对用于气调贮藏的果蔬质量要求很高。没有入贮前的优质为基础，就不可能获得气调贮藏的高效。贮藏用的产品最好在专门基地生产，并加强采前管理。另外，要严格把握采收的成熟度，并注意采后商品化处理等技术措施的配套应用，以利于气凋效果的充分发挥。

2. 产品入库和出库 产品入库贮藏时要尽可能做到按种类、品种、成熟度、产地、贮藏时间要求等分库贮藏，不要混贮，以避免相互影响和确保提供最适宜的气体条件。气调解除后，产品应在尽可能短的时间内出库和销售。

3. 温度 应用气调贮藏的果蔬在采收后，如有条件应迅速预冷，排除田间热后立即一次性入库贮藏，预冷可缩短入库时间，有利于尽早建立气调条件。另外，在封库后建立气调条件期间可避免因温差太大而导致内部压力急剧下降，使库房内外压差增大而造成库体伤害。贮藏期间温度管理的要点与机械冷藏相同。

4. 相对湿度 气调贮藏过程中由于库房处于密闭状态，且一般不通风换气，能保持库房内较高的相对湿度，因此降低了湿度管理的难度，有利于产品保持较好的新鲜状态。气调贮藏期间可能会出现短时间的高湿情况，一旦发生这种现象即需采取除湿措施(如 CaO 吸收等)。

5. 空气洗涤 气调条件下贮藏产品挥发出的有害气体和异味物质逐渐积累，甚至达到有害的水平。气调贮藏期间这些物质不能通过周期性的库房内外气体交换而被排走，故需增加空气洗涤设备(如乙烯脱除装置、CO_2洗涤器等)定期工作来达到空气清新的目的。

6. 气体调节 根据果蔬产品的生物学特性、温度与湿度的要求决定气调的气体组分后，采用相应的方法进行调节使气体指标在短的时间内达到规定的要求，并在整个贮藏期间维持在合理的范围内。气调库运行中要定期对气体成分进行监测。无论采用何种调气方法，气调条件要尽可能与设定要求一致，气体浓度的波动最好能控制在 0.3%以内。

7. 安全性 由于果蔬对低 O_2、高 CO_2 等气体的耐受力是有限的，产品长时间贮藏在超过规定限度的低 O_2、高 CO_2 等条件下会受到伤害，导致损失。因此，气调贮藏时要注意对气体成分的调节和控制，并做好记录，防止意外情况的发生。另外，气调贮藏期间应坚持定期通过观察窗和取样孔加强对产品质量的检查。除了产品安全性之外，工作人员的安全性也不可忽视。气调库房中的 O_2浓度一般低于 10%，这样的 O_2浓度对人的生命安全是有危险的，且危险性随 O_2浓度降低而增大。因此，气调库运行期间门应上锁，工作人员不得在无安全保证下进入气调库；解除气调条件后应进行充分彻底的通风后，再进入库房操作。

三、气调贮藏的方式

气调贮藏的操作管理主要有封闭和调气两部分。调气是创造并维持贮藏所需要的气体组成；封闭是杜绝外界空气对所维持的气体环境的干扰破坏。目前，国内外的气调贮藏，按其封闭的设施的不同可分为两类，一类是气调冷藏库(简称为气调库)贮藏，另一类是塑料薄膜封闭贮藏。

(一) 气调库贮藏

1. 气调库的构造 气调库首先要有机械冷库的性能，还必须有密封的特性，以创造气密环境，确保库内气体组成的稳定。因此，气调库除了具有冷库的保温系统和防潮系统外，还应有良好的密封系统，以赋予库房良好的气密性，其基本构造见图 6-10。

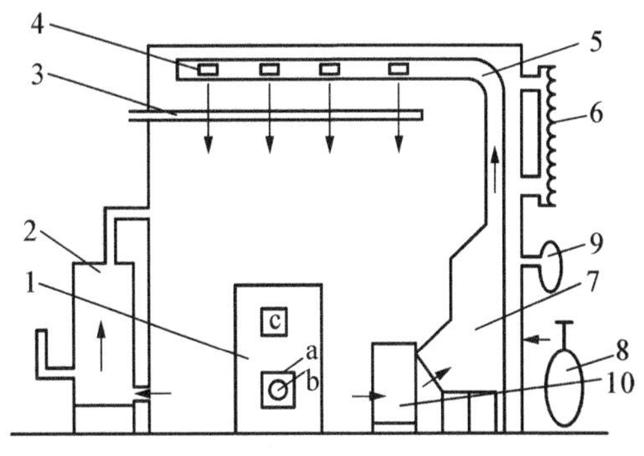

图 6-10 气调库构造示意图

a. 气密筒；b. 气密孔；c. 检视窗(观察窗)；
1. 气密室；2. CO_2 吸收装置；3. 加热装置；
4. 冷气出口；5. 冷风管；6. 呼吸袋；
7. 气体分析装置；8. 冷风机；
9. N_2 发生器；10. 空气净化器

2. 气调库的设计与建造 气调库的设计和建造在基本遵循机械冷库建设原则的同时，还要保证库房良好的气密性。在辅助用房上还应增加气体贮存间、气体调节和分配机房。库房应易于脱除有害气体和观察取样，并能实行自动化控制等。因为一间库房在同一时间只能保持一种气体组合和温湿度条件，所以，通常整座气调库是分隔成若干可单独调节管理的贮藏间，以满足气调贮藏产品多样化(如种类、品种、成熟度、贮藏时间等)的要求。

良好的气密性是气调贮藏的首要条件，关系着气调库建设的成败，满足气密性要求的措施是在气调库房的围护结构上敷设气密层，气密层的设置是气调库设计和建造的关键。选择气密层所用材料的原则是：① 材质均匀一致，具有良好的气体阻绝性能；② 材料的机械强度和韧性大，当有外力作用或变温时不会撕裂、变形、折断或穿孔；③ 性质稳定，耐腐蚀，无异味，无污染，对产品安全；④ 能抵抗微生物的侵染，易于清洗和消毒；⑤ 可连续施工，能把气密层制成一个整体，易于查找漏点和修补；⑥ 黏结牢固，能与库体黏为一体。气调库建筑中作为气密材料的有钢板、铝合金板、铝箔沥青纤维板、胶合板、玻璃纤维、增强塑料及塑料薄膜，各种密封胶、橡皮泥、防水胶布等。

气密材料和施工质量决定了气调库性能的优劣。气密层巨大的表面积经常受到温度、压力的影响，施工不当或黏结不牢时，尤其是在库体出现压力变化时，气密层有可能剥落而失去气密作用。根据气调库的特点，土建的砖混结构设置气密层时多设在围护结构的内侧，以便于检查和维修。对于拼装式气调库的气密层则多采用彩镀夹心板设置。

预制隔热嵌板的两面是表面呈凹凸状的金属薄板（镀锌钢板或铝合金板等），中间是隔热材料聚苯乙烯泡沫塑料，采用合成的热固性黏合剂将金属薄板牢固地黏结在聚苯乙烯泡沫塑料板上。嵌板用铝制呈工字形的构件从内外两面连接，在构件内表面涂满可塑性的丁基玛蹄酯，使接口完全、永久地密封。在墙角、墙脚及墙和天花板等转角处，皆用直角形铝制构件接驳，并用特制的铆钉固定。这种预制隔热嵌板，既可以隔热防潮，又可以作为隔气层。地板是在加固的钢筋水泥底板上，用一层塑料薄膜（多聚苯乙烯等）作为气密层（厚度为 0.25 mm），一层预制隔热嵌板（地坪专用）隔热，再加一层加固的 10 cm 厚的钢筋混凝土为地面。为了防止地板由于承受荷载而使密封破裂，可在地板和墙的交接处的地板上留一平缓的槽，在槽内也灌满不会硬化的可塑酯（黏合剂）。

在建成的库房内进行现场喷涂泡沫聚氨酯（聚氨基甲酸酯），可以获得性能良好的气密结构并兼有良好的保温性能。5.0～7.6 cm 厚的泡沫聚氨酯相当于 10 cm 厚的聚苯乙烯的保温效果。喷涂泡沫聚氨酯之前，应先在墙面上涂一层沥青，然后分层喷涂，每层厚度约为 1.2 cm，直到喷涂达到所要求的总厚度。

气调库的气密特性使库房内外容易形成一定的压力差。据报道，当库内外温差为 1℃时，外界大气将对气调库围护结构产生 40 Pa 的压力，且温差越大，压力差越大。此外，气调设备运行、加湿及气调库气密性检验过程中，都会在围护结构的两侧形成压力差。如不能将压力差及时消除或控制在一定的范围内，将会对围护结构产生危害。为保障气调库的安全运行，保持库内压力的相对平稳，库房设计和建造时需设置气压平衡袋（也称缓冲气囊、气调袋）和气压平衡安全阀（也称平衡阀）。气压平衡袋（耐压≥500 Pa）的体积为库房容积的 1%～2%，多以质地柔软、不透气且不易老化的材料（如聚乙烯）制成，一般设置在贮藏室的外面，用管子与贮藏室连接。平衡阀分干式和水封式两种，以水封式压力平衡阀较为常用。水封装置多装于库墙，在库内外压差超过 190 Pa（国际上推荐的安全压力值）时，库内外的气体将进行交换（即气体通过水封装置溢出或进入库内），以防止围护结构遭到破坏。一般情况下，只有当气压平衡袋容量不足以调节库内压力变化时，平衡阀才起作用。通过向贮藏室内定期充 N_2，使平衡袋处于半膨胀状态，保持一定的正压，也有助于减少贮藏室中气体的渗入。

通常气调库的库门有两种设置方法。一种是只设一道门，既是保温门又是密封门，门在门框顶的铁轨上滑动，由滑轮联挂；门的每一边有 2 个，总共 8 个插锁把门拴在门框上；门闩紧后，在门的四周门缝处涂上不会硬化的黏合剂密封。另一种是设置两道门，第一道是保温门，第二道是密封门，通常第二道门很轻巧，用螺钉铆接在门框上，门缝处再涂上玛蹄酯加强密封。

另外，各种管道穿过墙壁进入库内的部位都需加用密封材料，不能漏气。气调库运行期间，要求有稳定的气体成分，工作人员不宜经常进入库房对产品、设备及库体状况进行检查。因此，在气调库库房设计和建造时，必须设置观察窗和取样孔。观察窗一般设置在气调门上，而取样孔多设置于侧墙的适当位置。

3. 气调库的气密性标准与检验 气调库并非要求绝对气密，允许有一定的气体通透但不能超出一定的标准。根据气体成分和贮藏条件的要求，在能够达到气调指标的基础上，应尽量节约投资、降低运营成本和便于操作。气调库建成后或重新使用前都要进行气密性检验，检验结果如不符合规定的要求，应进行修补使其密封，达到气密标准后才能使用。

气密性检验以气密标准为依据。联合国粮食及农业组织（FAO）推荐的气调库气密标准见图 6－11。在气调库密封后，通过鼓风机等设备进行加压，使库内压力超过 294 Pa（30 mmH_2O 柱）以上时停止加压，当压力下降至 294 Pa 时开始计时。根据压力下降的速度判定库房是否符合气密要求。压力自然下降 30 min 后仍维持在 147 Pa 以上，表明库房气密优秀；30 min 后压力为 107.8～147 Pa，表明库房气密良好；30 min 后压力不低于 39.2 Pa 则为合格，在 39.2 Pa 以下为气密性不合格，此种库房用于气调贮藏时无法形成气调环境，应进行修复、补漏。美国采用的标准与FAO略有不同，其限度压力为245 Pa(25 mmH_2O柱)，判断合格与否的指标是半降压时间(即库内压力下降至起始压力1/2时所需的时间)，具体的要求是库内起始O_2浓度在3%以上时为30 min，库内起始O_2浓度低于1.5%时为20 min。即半降压时间大于30 min(或20 min)即为合格，否则为不合格。根据我国现行气调库设计行业标准(SBJ16—2009)，空库检验初始压力为196 Pa(20 mmH_2O柱)，检验压降时间为20 min，检验结束压力≥78 Pa为合格。

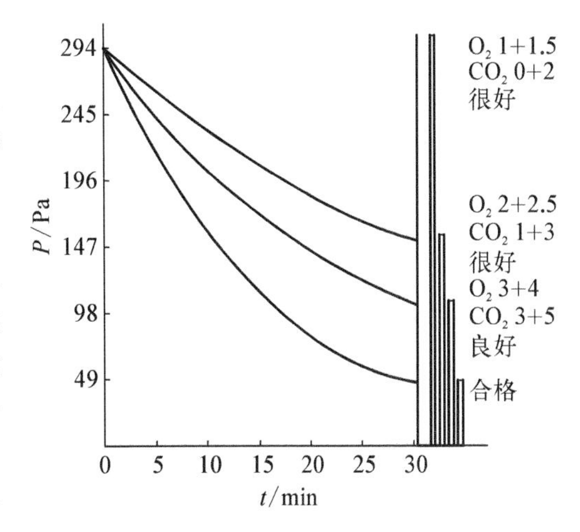

图6-11　FAO建议气密性标准(1995年)

上述气密性检验方法称为正压法。气密检验还有负压法，采用真空泵将气体从库房中抽出，使库内压力降低形成负压，根据压力回升的速度判定气密性。一般压力变化越快或压力回升所需时间越短，气密性越差，实践中以正压法较为常用。

气调库的气密性检验和补漏时应注意以下问题：① 尽量保持库房于静置状态(包括相邻的库房)；② 维持库房内外温度的稳定；③ 尽量使用Pa等微压计的计量单位，保证测试的准确性；④ 库内压力不能升得过高，以保护围护结构的安全；⑤ 气密性检验和补漏要特别注意围护结构、门窗接缝处等重要部位，发现渗透应及时做好标记；⑥ 气密性检验和补漏过程中要保持库内外的联系，以保证人身安全和测试、补漏工作的顺利进行。

达不到气密要求的库体在找出泄露部位后，多采用现场喷涂密封材料的方法进行补漏。

4. 气调库的气体调节系统　气调库具有专门的气体调节系统进行气体成分的贮存、混合、分配、测试和调整等，一个完整的气调系统主要包括三大类设备。

(1) 贮配气系统：主要包括贮配气用的贮气罐、瓶，配气所需的减压阀、流量计、调节控制阀、仪表和管道等。通过这些设备的合理连接，保证气调贮藏期间所需各种气体的供给，各种气体以符合果蔬所需的浓度比例输送至气调库库房中。

(2) 调气设备：主要包括真空泵、制氮机、降氧机、富氮脱氧机(烃类化合物燃烧系统、分子筛气调机、氨裂解系统、膜分离系统)、CO_2洗涤机、SO_2发生器、乙烯脱除装置等。先进调气设备的应用为迅速、高效地降低O_2浓度、提高CO_2浓度、脱除乙烯，并为维持各气体组分在符合贮藏对象要求的适宜水平提供了保证，有利于发挥气调贮藏的优越性。

(3) 分析监测仪器设备：主要包括采样泵、安全阀、控制阀、流量计、奥氏气体分析仪、温湿度记录仪、测氧仪、测CO_2仪、气相色谱仪、计算机等分析监测仪器设备，以满足气调贮藏中相关贮藏条件的精确检测，为气体调配提供依据，并对调配气进行自动监控。

气调库还有湿度调节系统，这也是气调贮藏的常规设施。另外，气调库内的制冷负荷比一般的冷库大，这是因为气调贮藏入贮相对集中，这要求在短时间内将库温降到适宜贮藏的温度。用于气调库运行的制冷系统的设备和性能、贮期温湿度管理与机械冷藏要求基本相同(相关内容参见机械冷藏部分)。

5. 气调库的管理　气调库温湿度调节与冷库一样，要保持适宜、恒定的温度，可增设加湿器在库内喷水(雾)。为了使贮藏库内各部位的气体和温度分布均匀一致，需进行库内气体循环。气体循环系统由风机和进出气管道等组成。通常果蔬不包装，需用透气性容器盛放，堆码留有通风道便于气体交换。气调贮藏中，要随时用O_2和CO_2分析及记录仪器检测环境中O_2和CO_2的含量，以便超过指标范围时及时予以调整。气调环境建立后，产品不能出入库。可见，气调贮藏适合于同时出入库的产品。管理人员入库前要带好氧气呼吸器，两人同行，并在库外留人观察以防万一。果蔬出库必须确认库内O_2含量在18%以上或打开库门自然通风2 d以上(或强制通风2 h以上)，工作人员方可入库。

(二) 塑料薄膜封闭贮藏

塑料薄膜封闭贮藏能形成良好的气密环境，可设置在冷库内或通风贮藏库内，以及窖洞、棚窖等简易贮藏场所内，在运输中也可使用。塑料薄膜除使用方便，成本低廉外，还具有一定的透气性。通过果蔬的呼吸作用，会使塑料袋(帐)内维持一定的O_2和CO_2比例，加上人工的调节措施，会形成有利于延长果蔬贮藏寿命的气体组分。1963年以来，人们成功开展了对硅橡胶在贮藏上的应用研究，这使塑料薄膜在果蔬贮藏上的应用变得更为便捷、广泛。

自然或自发调节控制方法是利用不同包装材料对不同气体通透性的差异和果蔬自身的呼吸作用来增加贮藏小环境中的CO_2并降低O_2含量(也可人工向包装容器中充入N_2)，来改变贮藏环境中各种气体成分的比例，达到延长贮藏期的目的。

塑料薄膜对气体具有一定的阻隔性，也有一定的透过性，不同薄膜对不同气体的透过具有一定的选择性，而这种特性对自发气调是十分有利的。在自发气调时，常是以一定隔气性能的塑料薄膜作为制作密闭容器的材料。

1. 硅橡胶气调贮藏 硅橡胶是一种有机硅高分子聚合物，由有取代基的硅氧烷单体聚合而成，以硅氧键相连形成柔软易曲的长链，长链之间以弱电性松散地交联在一起。这种结构使硅橡胶具有特殊的透气性。首先，硅橡胶薄膜对CO_2的透过率是同厚度聚乙烯膜的200～300倍，是聚氯乙烯膜的20 000倍。其次，硅橡胶膜对气体具有选择透过作用，其对N_2、O_2和CO_2的透性比为1∶2∶12，同时对乙烯和一些芳香物质也有较大的透性。利用硅橡胶膜特有的性能，在用较厚的塑料薄膜(如0.23 mm聚乙烯)做成的袋(帐)上嵌上一定面积的硅橡胶，就做成一个有气窗的包装袋(或硅窗气调帐)。袋内果蔬呼吸释放的CO_2通过气窗透出袋外，所消耗的O_2则由大气透过气窗进入袋内而得到补充。硅橡胶膜具有较大的CO_2与O_2的透性比，且袋内CO_2的进出量与袋内浓度呈正相关。因此，果蔬贮藏一段时间后，袋内CO_2和O_2进出达到动态平衡，其含量也会自动调节到一定的范围。

硅胶窗包装袋(帐)与普通塑料薄膜袋(帐)一样，是利用薄膜自身的透性调节袋(帐)内气体成分的。袋(帐)内气体成分与气窗的特性、厚薄、大小，袋子容量、装载量，果实的种类、品种、成熟度，以及贮藏温度等因素有关。这需要通过具体试验来确定袋(帐)子的大小、装量和硅窗的大小。

2. 封闭方法和管理

(1) *垛封法*：该法是将产品用透气容器(如包装箱)盛装，码成垛，垛外用塑料帐封闭的一种贮藏方法。具体操作是先在垛底铺垫底薄膜，在其上摆放垫木，使盛装产品的容器垫空；码垛好用塑料帐罩住，帐子和垫底薄膜的四边互相重叠卷起并埋入垛四周的小沟中，或用其他重物(如沙、袋等)压紧，使帐子密闭；也可用活动贮藏架在装架后整架封闭。比较耐压的产品可以散堆到帐架内再行封帐。帐子常用厚度为0.1～0.2 mm厚的低密度聚乙烯或无毒聚氯乙烯塑料薄膜压制而成，帐子体积根据贮量而定，可做成尖顶式和平顶式。帐的两端应设置袖口(用塑料薄膜制成)，供充气及垛内气体循环时插入管道之用，也可供取样检查，活动硅窗也是通过袖口与帐子相连接。帐子还要设取气口，以利于气体成分的测定，也可从此充入气体消毒剂，平时不用时把气口塞闭。为避免凝结水对贮藏产品的影响，应设法使帐子悬空，不贴紧产品；排除帐顶凝结水，可加衬吸水层或将帐顶做成屋脊形，以免凝结水滴到产品上。

气调库调气的各种方法可用于塑料薄膜帐的气体调节，帐上设硅窗的可实现自动调气。

(2) *袋封法*：此法是将产品装在塑料薄膜袋内，扎口封闭后于库房内贮藏的一种方法。气体调节可以通过定期调气或放风的方法进行，用0.06～0.08 mm厚的聚乙烯薄膜做成袋子，产品装满后入库，当袋内O_2降至低限或CO_2升至高限时，将袋子打开放风，换入新鲜空气后再封口贮藏。袋封法也可采用0.03～0.05 mm厚的塑料薄膜做成小包装来实现自动调气。由于塑料膜很薄，透气性很好，在短时间内可以形成并维持适当的低O_2高CO_2的气体成分而又不造成高CO_2伤害。该方法适用于短期贮藏、远途运输或零售的包装。

根据果蔬产品的种类、品种和成熟度及用途等，在薄膜袋的中下部粘贴一定面积的硅橡胶膜也可实现自动调气。

3. 温湿度管理 果蔬贮藏会释放呼吸热，在用塑料薄膜封闭贮藏时，袋(帐)子内部温度总会高于库温，一般有0.1～1.0℃的温差。另外，袋(帐)内部的湿度较高，多接近饱和状态，塑料膜正处于冷热交界处，其内侧会凝结一些水珠。如果库温波动，则袋(帐)内外的温差会更大、更频繁，薄膜内的凝结水珠也就更多。袋(帐)内的水珠还溶有CO_2，pH约为5.0，这种酸性水珠滴到果蔬上，既有利于病菌的活动，又会对产品造成不同程度的伤害。受库温的影响，封闭容器内四周的温度较低，而袋（帐）中部温度较高，从而使袋（帐）内气体发生对流。当较暖的气体流至冷处，降温至露点以下时，会析出部分水汽形成凝结水；而较冷的气体流至暖处时，因温度升高，饱和差增大，又会加强产品的蒸腾作用。这种温湿度的交替变动，犹如一台无形的"抽水机"，不断地把产品中的水"抽"出来变成凝结水。当然，也可能不发生空气对流，但由于高温处的水汽分压较大，水汽会向低温处扩散，同样导致高温处的产品脱水而低温处产品凝水。虽然薄膜封闭贮藏时袋（帐）内部湿度很高，但产品仍然有较明显的脱水现象。解决该问题的关键在于力求库温稳定，尽量减小封闭袋（帐）内外的温差。

第四节 果蔬减压贮藏

减压贮藏(hypobaric storage)又称低压贮藏(low pressure storage)、半气压贮藏、真空贮藏等，是在传统冷藏和气调贮藏的基础上发展而来的一种特殊的气调贮藏方法。早在 1957 年，Workman 和 Hummel 等发现，一些果蔬在冷藏的基础上再降低气压，可进一步降低呼吸水平和乙烯的生成，从而明显延长贮藏寿命。1966 年，Burg 夫妇提出了完整的减压贮藏理论和技术。此后，国际上相继开展了广泛的研究，应用范围最先用于苹果，随后迅速扩大到其他果实、蔬菜、花卉、切花、苗木，以及鱼、肉、禽等动物食品。减压技术也由初期的一次式或间歇式轻度降压（绝对压力为 8.553×10^4 Pa）发展为高度降压的气流减压，并于 1975 年起美国开始有可供商业用的减压系统设备。我国科技人员通过多年的研究，于 1991 年获得了关键性的减压贮藏罐壁生产的突破，并于 1997 年在包头建成世界首座千吨级的 JBXK－2000 减压贮藏库；国家农产品保鲜工程技术研究中心（天津）又根据我国国情，研制成功了与微型冷库配套的、低投入的减压贮藏装置，并应用于生产，取得了很好的贮藏保鲜效果和显著的经济效益。

一、减压贮藏的原理和效应

将产品放置于密闭的贮藏室内，抽气减压，使其在低于大气压力的环境条件下维持低温的贮藏方法即减压贮藏。降低了空气的压力，也就降低了空气中的 O_2 含量，进而降低了果蔬的呼吸强度，抑制乙烯的生物合成。另外，低压可推迟叶绿素的分解，降低冷害和一些生理病害，抑制类胡萝卜素和番茄红素的合成，减缓淀粉的水解、糖酸的消耗等过程，从而延缓果蔬的成熟和衰老。由于容器内气体交换及时，减压室内的有害气体（如乙烯、乙醇、乙醛、乙酸乙酯、α-法尼烯等）被迅速地排除，因而能防止和减少生理病害（如乙醇中毒、虎皮病等）的发生。减压贮藏还可以抑制微生物的生长和孢子的形成，降低某些侵染性病害的发病率。经过减压贮藏的产品，在低压解除后，其后熟衰老依然缓慢，产品货架期较长。可见，减压贮藏有利于果蔬新鲜品质、硬度、色泽的保持，在相同贮藏环境下，减压贮藏的效果明显好于冷藏。

二、减压方式

减压贮藏系统所包含的功能可概括为减压、增湿、通风、低温。减压处理有定期抽气式（静止式）和连续抽气式（气流式）两种。前者是将贮藏室抽气，达到要求的真空度后便停止抽气，以后适时补充 O_2 及抽气以维持稳定的低压。这种方式虽可使果蔬组织内的挥发性成分（如乙烯等）向外扩散，却不能使这些物质不间断地排到减压室外，环境中的乙烯等浓度仍较很高。气流式减压贮藏较好地解决了这一问题，它是在减压室的一端用抽气泵连续抽气，另一端不断输入加湿的新空气，通过控制进出气流即可维持一个稳定的真空度。

产品在减压室内，抽空到要求的低压（一般压力为 $53.31\sim5.263\times10^4$ Pa），同时经压力调节输入新鲜空气。加湿器内装有电热丝能使水加热而略高于空气温度，这样使进入库房的气体较容易达到 95% 的相对湿度。整个系统不间断地连续运转，即等量地不断抽气和输入空气，保持压力恒定，气流速度约为每小时更换减压室容积的 1～4 倍。因此，产品始终处于恒定低压、低温和高湿的环境中。

三、减压贮藏库的组成

减压贮藏库主要由贮藏库体、冷却装置、加湿装置、真空泵和压力控制装置及其附属装置等组成。减压贮藏库体基本与气调冷藏库相似，但其库体结构能经受住低于6.7 kPa的真空压力。因此，横卧的圆柱形库体较好。在负压条件下，水蒸气分压较低，果蔬极易失水萎蔫。为保证果蔬不萎蔫，需要对进入贮藏室的空气做加湿处理。空气的加湿常采用喷淋式加湿装置来进行。喷淋式加湿装置中水温最好控制在贮藏库内温以上5～10℃，这样才能保证进入贮藏室的空气具有较高的湿度。

四、减压贮藏存在的问题与前景

减压贮藏是一种特殊的气调贮藏方法，也有其缺陷和可能发生的问题。首先，低压条件下的果蔬易失水萎蔫，因此贮藏室必须保持高相对湿度，一般为95%以上。然而，湿度高又给微生物的活动提供了有利条件，这需要用高效杀菌剂进行消毒防腐，如在加湿时加入挥发性的杀菌剂（如仲丁胺等）。其次，就果蔬而言，减压是一种逆境条件，可能会引起新的生理障碍或病害。例如，产品对环境压力的急剧改变可能产生反应，如青椒随急剧减压而开裂；有的果蔬在减压贮藏后风味和香气较差，有的后熟不好，但在常温下放置一段时间后有所好转。减压贮藏只有低氧效应，无气调贮藏的高CO_2效应。最后，还有减压室的安全、机械设备及经济上的可行性等问题。

减压贮藏所存在的上述问题，有经济原因，也有技术原因。随着经济的发展，人民生活水平的提高及对果蔬品质的高要求，经济问题可以得到解决。目前，筛选适宜减压库库体的材料，确定减压贮藏设施的技术参数、建造工艺，在保证耐压的前提下降低减压库的建筑费用等，是将减压贮藏推向大规模商业性运行过程中亟待解决的问题。如果能够取得突破性进展，必将对果蔬贮藏产生深远的影响，有可能彻底解决特稀果蔬季产年销、长期供应中存在的问题。相信在不久的将来，这些难题会被逐一解决。减压贮藏也将在果蔬保鲜领域有更广阔的应用前景。

思考题

1. 果蔬贮藏的方式方法有哪些，各有何特点？
2. 果蔬贮藏中常用的消毒剂有哪些？使用方法有何异同？
3. 简述埋藏的基本原理及管理法。
4. 简述棚窖和通风库的结构特点及贮藏管理方法。
5. 何谓冰温贮藏，冰温贮藏有何优点？
6. 机械冷藏库的冷却方式有哪几种？简述各种冷却方式的特点。
7. 简述机械制冷的原理及冷藏库的管理要点。
8. 气调贮藏中常见的气体组成和配比有哪几种方式，其特点是什么？
9. 气调贮藏时，调节O_2和CO_2浓度的方法有哪些？
10. 气调贮藏库主要由哪几大系统组成？各系统的作用是什么？
11. 什么是硅窗气调贮藏法？说明其应用原理。
12. 简述减压贮藏的原理及存在的问题。
13. 结合所学知识，谈一下如何做好果蔬的贮运保鲜？

第七章

果蔬物流

物流是指为了满足客户的需要，以最低的成本，通过运输、保管、配送等方式，实现原材料、半成品、成品及相关信息由商品的产地到商品的消费地所进行的计划、实施和管理的全过程。果蔬物流是指为满足消费者需求，实现新鲜果蔬物流价值而进行的果蔬物质实体及相关信息从生产者到消费者之间的物理性经济活动。本章主要介绍果蔬物流的特点、果蔬物流运输、果蔬物流信息管理、果蔬物流中的可追溯体系。

第一节　果蔬物流的特点、模式及组成

一、果蔬物流的特点

果蔬独特的自然属性和供求特性使得果蔬物流表现出明显不同于工业品物流的特点。

1. 流量大，种类复杂　我国已成为产量世界第一的果蔬生产国，水果产量由1995年的4.2×10^8 t增加到2011年的2.27×10^9 t，蔬菜产量由1990年的1.95×10^9 t增加到2011年的6.79×10^9 t，上市品种常年均达数百个。

2. 物流网络分布广，物流线路长　我国幅员辽阔，果蔬资源丰富，果蔬种植分布广泛，果蔬物流线路长。例如，仅我国山东的‘红富士’苹果就有山东至穗、沪、杭、京、哈物流中心的5条主要物流线，最长线路逾1 000 km。

3. 易腐烂、季节性强、保鲜技术难度大　要使高品质、高鲜度的果蔬产品大量出现在物流终端货架上，技术方面必须考虑以下几点：① 在物流全过程中，控制温度，湿度，O_2、CO_2、C_2H_4等气体浓度，使果蔬保持低水平的生理活动，延长生命周期；② 在长距离运输，频繁装卸、搬动中，防止一切可能的机械性损伤，保护产品；③ 防止或尽量减少微生物侵染。

4. 均衡流动，不间断　果蔬物流技术是解决均衡供应问题的有效手段之一。

5. 运输手段多，温湿度变化大　从采收到消费，果蔬所处的温度和湿度条件各式各样，并且频繁地进行各种处理，使用多种运输手段运输到消费者餐桌。

二、果蔬物流模式

（一）国外果蔬物流模式

世界级城市的果蔬物流渠道大体可分为“市场物流”和“市场外物流”两部分。市场物流，即生产者直接或经过上市团体、货物收集者将果蔬经各类批发市场集散、交易、形成价格后，经零售商、加工业者和大的消费团体将果蔬最终转移到消费者手中的过程。市场外物流，则指果蔬不经过批发市场交易而是经过全国农协、商社的集配中心、果蔬超市、生协径直转移到零售机构、消费团体或销售给个体消费者或者是生产者、上市团体与零售业者、消费者直接交易的物流形态。世界果蔬物流交易体制和果蔬市场体系的形成，受各国社会体制、农业生产、经济发展水平等的影响而有所不同。当前，世界果蔬物流模式可归纳为以下3种。

1. 东亚模式　日本、韩国是这种模式的主要代表，均以批发市场为主渠道，以拍卖为手段。拍卖是批发市场最重要的交易活动。绝大部分鲜活果蔬由批发商通过拍卖销售给中间批发商或其他买卖参加者，只有个别特定品种的商品才进行对手交易。组织和进行拍卖的基本程序如图7－1所示。

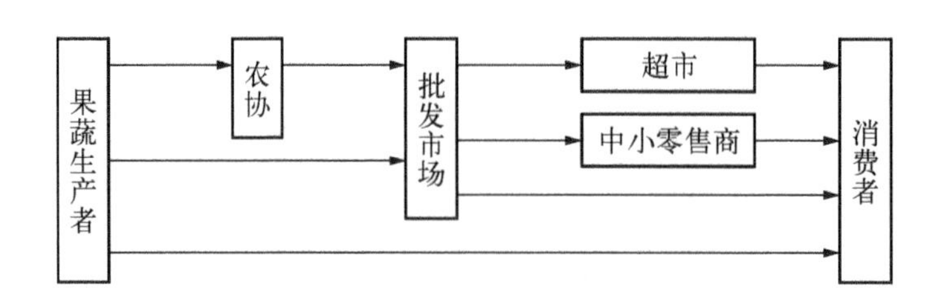

图 7-1 东亚果蔬物流模式

采用该模式的东亚国家果蔬物流主要呈现出以下特点。

1）物流渠道环节多，物流成本较高，其物流过程表现为“生产者—上市团体—批发商—中间批发商—零售店—消费者”，其利润也分配不均。

2）物流规范化、法制化，效率高。

2. 西欧模式 法国、德国、荷兰等国是这种模式的主要代表。西欧模式的批发市场与东亚模式相比，批发市场物流比例较小，而且大多数大型批发市场仍然坚持公益性原则，如法国就指定了全法的 23 所批发市场为国家公益性批发市场。与此同时，这些国家的果蔬批发市场形式也有所不同，果蔬直销比例呈现出不断上升趋势，如在法国巴黎郊外设立的一个批发市场——汉吉斯国际批发市场，鼓励发展生产、加工、销售一体化，并将产前、产后相关企业建立在农村。另外，由于西欧国家市场信息网络发达，地域内、国家间的果蔬贸易十分活跃，进出口产品在批发市场中也占据一定比例。荷兰是建立果蔬物流集散中心的典型代表，其模式如图 7-2 所示。

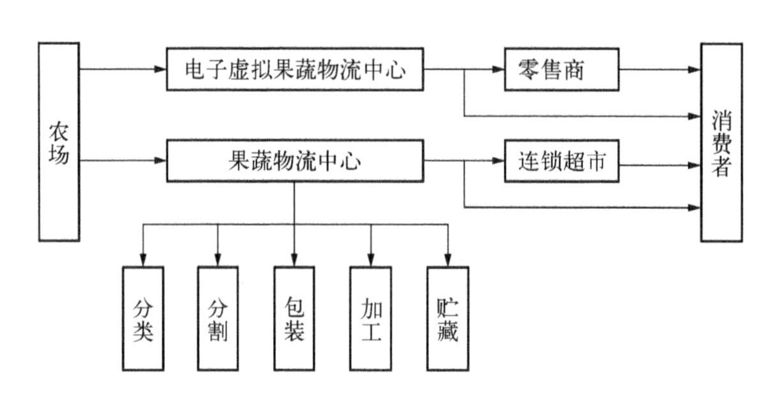

图 7-2 西欧果蔬物流模式

西欧国家果蔬物流主要呈现出以下特点。

1）鼓励发展“产加销”一体化，并将产前、产后相关企业建在农村。

2）建有完善的现代化大型公益性果蔬批发市场。

3）果蔬实行标准化生产。

3. 北美模式 美国、加拿大和澳大利亚是这种模式的主要代表。北美模式的直销体系很发达，果蔬销售均以直销为主，如图 7-3 所示。如美国果蔬市场体系的特点是，粮食类期货市场发达，果蔬类产地与大型超市、连锁经销网络间的直销比例约占 80%，经由批发市场物流销售的仅占 20%左右。由于这些国家零售连锁经营网络和超级市场的发展，其零售商的规模和势力不断壮大，要求货源稳定、供货及时，产地直销的物流形式也应运而生，在这些国家中大型超市、连锁经销的零售商左右着果蔬的交易。如美国纽约果蔬的供应就没有集中于城郊附近，而是来自遥远的专业化生产区域，果蔬物流交易大部分是由产地直接出售给零售商。发达的高速公路网络和现代化的运输保鲜设施，也为纽约实现产地直销提供了重要的技术保障。

北美国家果蔬物流主要呈现出以下特点。

1）产地市场集中。

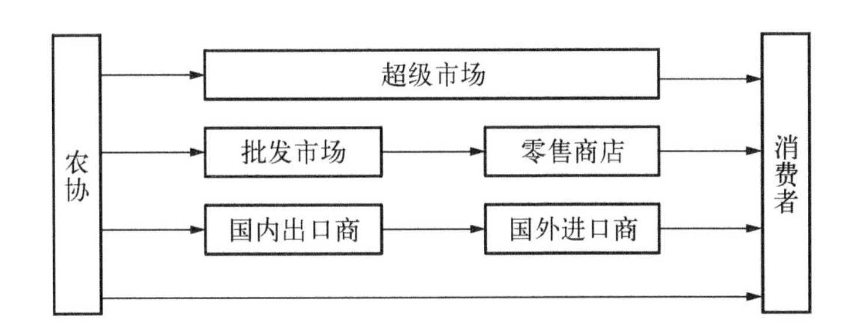

图 7-3 北美果蔬物流模式

2）销售地批发市场分布在大城市。

3）物流渠道短、环节少、效率高。

4）服务机构齐全。

5）现货市场与期货市场并举，市场交易以对手交易为主。

（二）我国果蔬物流模式

我国目前的实际情况与国外有很多不同的地方。我国果蔬物流主要有 4 种模式，分别是直销型物流模式、契约型物流模式、联盟型物流模式和第三方物流模式，如图 7-4 所示。

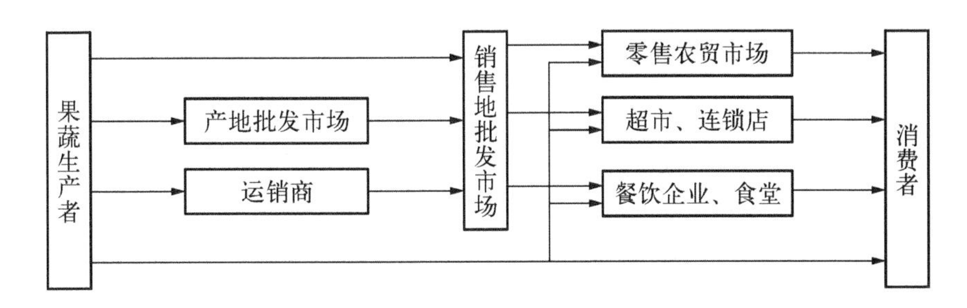

图 7-4 我国果蔬物流模式

1. 直销型物流模式 这种模式是最原始和最初级的物流形式，由农户或果蔬基地自营配送，将果蔬送到批发市场或用户手中。这种形式的物流适用于物流范围较小、物流数量较少的状况。目前在大物流的格局下，直销型物流模式已经不适应经济社会发展的需要。

2. 契约型物流模式 这是指公司与农户或合作社之间通过契约形式加以联结，农户提供果蔬，由合作社或加工企业负责进入市场。产品可以直接进入市场，也可以经过加工再进入市场。公司既可能是运销企业，又可能是加工企业。事实上，加工型公司大多数属于农业产业化的龙头企业，这种专业化的公司与农户之间通过建立利益联结机制，依托农户提供原料，只生产单一的或几个产品，加工后由企业或公司负责销售。这是当前在大城市的郊区比较普遍的果蔬物流模式。这种模式有 4 种形式，一是“农产＋运销企业”，二是“农户＋加工企业”，三是“公司＋农户＋保险”模式，四是“公司＋合作社”模式。

契约型物流模式的优点体现在：一是对于加工企业、大型连锁超市和农贸市场的批发商，克服了原料来源不稳定的问题，使公司拥有一部分稳定的原料来源，提高了资源控制能力和生产稳定性；二是为农户销售产品找到了相对稳定的渠道；三是提高了对产品质量的控制力度。但这种模式也存在一些弊病：农户同企业谈判中始终处于弱势地位，农民的利益容易受到侵害；企业直接面对分散的农户，在上游配送环节，市场交易费用仍然很高，配送成本居高不下；公司或企业与农户之间的利益联结关系非常松散，常常会出现违约现象。

3. 联盟型物流模式 这种模式的主导者是果蔬批发市场，参与者是果蔬生产者、批发商、零售商、运输商、加工保鲜企业等，通过利益联结和优势互补形成了战略联盟。果蔬批发市场是在农村集市贸易基础上建立和发展起来的，有两个层次：一是作为果蔬集散地分布在农村乡镇的果蔬集市中心，其主要功能是为果蔬生产者、加工者、批发商建立一个交易平台；二是作为果蔬批发零售地分布在城市的果蔬批发中心，其主要功能是为果蔬批发商、加工者、分销商、零售商、运输商建立一个交易平台。

这种模式的优势，首先在于能够带动各方参与，联结了生产者、批发商、零售商、运输商、加工保鲜企业等；其次是节省了交易成本，各方面的参与方在合作与竞争中不断发展自己的优势，专业化分工趋势逐渐明显，提高了交易效率，降低了交易成本；第三是为物流主体建立了公共交易平台，使交易双方有了更多的可选择性。但其缺陷在于，一方面由于处于一个战略联盟下，随着交易量的扩大，管理效率比较低；另一方面中间批发商仍然会对直接生产者和消费者进行信息封锁。

4. 第三方物流模式 随着市场化程度的提高，渐渐出现了专门从事果蔬贮运和物流加工的中间组织，它们不从事任何直接的果蔬的生产和销售活动，而是专门承担连接果蔬从生产到物流的系统服务，这就是第三方物流。

第三方物流模式最大的优点在于促进了物流与生产的分工合作，降低了物流成本，提高了物流效率，有利于实现物流标准化。这种模式是我国果蔬物流发展的方向。但目前还处于起步阶段，涉及范围非常有限，而且这种模式对管理人员的素质要求非常高。

三、果蔬物流组成

新鲜果蔬物流系统是指果蔬从采收开始经过配送直到销售的整个过程，它包括运输、转运、贮藏、分级和包装等各项活动，借助各种运输工具使商品实体发生了转移。在一定的时间和空间里，由所需位移的新鲜果蔬与包装设备、搬运装卸机械、运输工具、仓储设施、人员和通信联系等若干相互制约的动态要素，所构成的具有特定功能的有机整体。果蔬物流系统是一个多环节的复杂系统，物流系统中的各个子系统通过产品实体的运动被联系在一起，各个环节间相互协调，根据总目标的需要适时、适量地调度系统内的基本资源。

（一）果蔬物流运输

果蔬的运输是果蔬采后商品化过程中各环节的连接纽带，也是重要的独立环节，是果蔬生产与消费的桥梁。果蔬物流运输既包括运输的设施、工具等硬件技术，也包括组织、管理等软件技术。由于果蔬具有较强的季节性、地域性和易腐性，如果不能提供适宜的流通条件，会严重缩短果蔬的货架寿命，因此对果蔬采取适宜的包装方式，提供适宜的保管、贮藏、运输和销售条件非常必要，尤其是物流温度对确保果蔬的品质有很大的关系。从保证果蔬品质、促进销售等角度来考虑，果蔬流通离不开低温物流体系，即冷藏链。可以说果蔬物流是冷链物流在农产品行业的具体应用。果蔬物流相关内容将在后面的章节中进行详细介绍。

（二）果蔬物流加工配送中心

由于我国果蔬尚未形成技术含量较高的"一条龙"的产业经营链条——规范的生鲜配送体系，因此供应链上易出现盲区。目前比较现实的解决方案之一就是连锁企业向上游延伸和发展，那就是生鲜加工配送中心。生鲜加工配送中心的一般程序是从搬入口入库的果蔬，暂时保管在冷藏库或者冷冻库里，然后在加工地区进行细切等加工，加工后装到托盘里，最后放到自动包装、价格打印线上。价格打印完的果蔬，装入容器放在输送带上，按不同商品分类，送入预备发货库里。如果自动往集装箱上贴不同商品的识别标签，则可按不同商店自动分类，一般在中小规模的范围内，全靠人工进行分类。分完类的商品装入冷冻车，从发货口运出。

1. 果蔬物流加工配送中心的功能 保管新鲜果蔬，为不同市场供货和汇集不同品种的果蔬；对果蔬进行分类、分级，并按照要求进行适当包装；具有再加工功能，包括细切、包装和打印价格等。

2. 果蔬物流加配送中心的分类 根据果蔬物流配送组织模式及物流承担主体的不同，可以将其物流配送分为如下 4 种：以批发商为主体的随机型物流配送；以生产基地为主体的第一方物流配送；以连锁超市为主体的第二方物流配送；以贮藏运输企业为主体的第三方物流配送。

3. 果蔬物流加工配送中心的运作

（1）订货、发货的系统化：订货、发货的系统化，能缩短订货到交货的时间，并保证在最短时间内将果蔬运往销售地点。中心计算机接收销售处的订货信号，立刻制成订单和作业分配表，然后打印提货单，与果蔬一起运往销售地点，中心也可自动订货。

（2）果蔬无缺货的管理：中心要满足来自不同销售地点的订货要求，并且高效率地维持库内周转，就必须提高库存管理水准。人们通常把相对订货品种、数量、具备果蔬比率称为服务水准，要保持这一水准，就必须进行库存管理。

(3) 选择适宜时间向销售地点发货：为了选择合适的时机向销售地点提供必需的商品，就必须赶在营业前将果蔬送到，为了保证及时赶到目的地，就需制定发送计划和作业计划。

(4) 高效率地发挥人力、财力：要最大限度地发挥人力和财力就必须在计划中心的系统进行作业管理，而且必须每天、每周或每月都要计划各项指标，将目标与完成情况相比较，研究对策。

(5) 质量管理、卫生管理：在经营新鲜果蔬的中心，必须进行完善的质量管理和卫生管理。为维持不同果蔬品质所需的温度，就必须运输到果蔬管理、保管、作业地点，进行严格的温度管理，并尽可能以最快的速度把果蔬转移到下一道工序中。另外，对商品、操作者和设施，必须除去细菌、真菌，且防止真菌、细菌繁殖，并严格执行设备、作业环境清扫消毒规定。

（三）果蔬物流的末端——营销

果蔬产业涵盖了大量不同的农产品，每一种产品都有着不同的供给情况、销售需求和需求趋势。虽然这些产品共享着同一种营销渠道，经历着相同的发展趋势和问题，但是每一种水果和蔬菜所具有的不同特点会使它们的销售过程有所不同。近年来，果蔬销售体系发生了很大的变化，变化趋势包括分散化和直接销售、生产区域的集中化和专业化、市场开发、区域间竞争、行业联合、进出口增长，以及在运输市场上生产和营销的纵向联合。

果蔬的销售体系要受到大量生产特性、产品特性和市场特性的影响。

1. 易变质性 果蔬是极易变质的商品，从采摘的那一刻起就开始变质，这个变化一直会延续到整个销售过程的结束。为了维持这类产品的新鲜度，对这类产品采取快速的销售和加工方式是十分重要的。整个分销的过程都是由快速营销来主导的，而且这个理念一直贯穿果蔬销售的每一个阶段。

2. 价格和数量风险 由于消费者的需求和生产情况的不断变化，果蔬势必要承受价格和数量的风险。不同寻常的产量、收获时的天气状况和病虫害都可能摧毁果蔬的销售模式。果蔬的生产周期长、固定成本高，这些特性都会产生价格和销售问题。在果蔬行业中，大量的销售安排都是为了实现产品的价格和供给稳定。加工商通过和生产商签订供给和价格合约来保证工厂的满负荷运作，同时帮助整个销售计划的实施。有很多大型的连锁商店在主要的生产区域上设立了采购点，通过这种方式来保证产品的稳定供给。生产商合作社、营销法令和各种协议也有助于形成对这些生物特性较强、易变质产品的秩序销售。

3. 季节性变化 大部分果蔬产品具生产和需求上的季节性特点，这种特性也将影响此类产品的销售。在一个生产周期中，果蔬产品通常都是依次在不同的耕地或生产领域中被种植、采摘、收获和销售。这种顺序可以在一个更长的期间内保持均衡而稳定的产品流。为减少因果蔬产品的季节性而造成的不便，可将生产转移到一个气候更为适宜的地域，有时甚至转移到国外，这种转移将会增加生产和销售的成本，但是消费者愿意为此支付更高的价格。

4. 可供选择的产品形式和市场 对于大部分水果和蔬菜而言，都有很多可供选择的市场。这其中包括形态市场（新鲜的、灌装、冷冻或是干燥形式的产品）、时间市场（春夏秋冬四季）和地点市场（国内各个不同的城市及国外市场）。果蔬产品市场分配的理想模式是在每个市场中的产品分配要使这些产品在每个市场的净收益（价格减去成本）是完全相等的。多样化的产品形态、广泛的品牌和广告宣传不断改变了这个行业的竞争环境。

（四）果蔬物流信息化

果蔬物流信息化主要包括农业信息网络、农村基础网络设施、先进物流信息技术、果蔬物流信息标准化、果蔬电子商务平台、统一的物流信息平台等。

以批发市场为例，通过信息网络，在各个批发市场建设信息网络和结算系统，可以使全国的果蔬批发市场形成一个大的、统一的市场，为农产品生产者和经营者（包括中介机构）提供农业和农产品信息，便于生产者和经营者的结构调整和资源流向的优化配置。近年来，智能化包装的应用为果蔬物流提供了越来越多的物流信息，是果蔬物流信息化发展的重要方向。智能化包装还能够通过产品供应链的关键点来监测产品质量，全程跟踪产品的流通。

（五）果蔬物流市场

目前，中国果蔬的生产和供应出现了新型的市场结构，主要分为 3 种类型的市场，这 3 种市场在生产、销售、质量和安全管理及附加值方面各有其不同的特点。

1. 传统的本地市场和蔬菜市场 许多农户都生产一些果蔬供自己消费并供应本地市场。越来越多的小农户开始向专业化发展,专业生产某些商品,其产品由中间商收购并运输到更远的地方以供应迅速增长的城市居民的消费。这种生产的问题在于:在大多数情况下,分散的生产结构使得中间商和本地市场对他们的生产不能提供过多的关于产品口味、外观及需求时间等方面的指导,对农药使用也没有严格的控制。因此,产品往往是质量不均,缺乏安全保障,供应不稳定,消费需求不确定。然而,这种市场类型所销售的产量(包括农民自己直接消费的)占总产量的90%以上。

2. 工业化国家的市场 随着经济全球化的发展,我国的生产者越来越好地对国外市场的需求及时做出了反应。我国大部分水果蔬菜具有国际市场竞争力,2005年,我国商务部重点监测的30种大宗农产品中有20种出口平均价格为国内的4~5倍。虽然,目前我国用于出口的果蔬不超过新鲜果蔬总产量的2%,实现增加值大约占到果蔬总增加值的4%。但是,出口企业推动了技术传播、物流服务的发展及市场的拓展,对整个产业起着很大的推动作用。出口的增长取决于技术、质量和安全方面的改进,同时也取决于能否增加产品品种,扩大供应基地,以争取不同出口地区的市场机会及达到对产品的各种要求。在今后的10~20年时间里,出口在我国果蔬总产量中所占的比例完全有可能翻一番。

3. 新兴的国内市场 目前超级市场所占的市场份额在迅速扩大,并且还在以每年30%的速度增长。但对新鲜的果蔬来说,通过超市销售的份额还十分有限,质量和安全管理很困难,利润也很低。如上海,新鲜蔬菜在超级市场的销售中仅占约5%,水果比例稍高一些,因为水果往往可以更好地分级,而且还有相当数量的进口水果。就全国而言,通过超市销售的新鲜果蔬在总销售量中占的比例更低,可能只有2%~3%。尽管新鲜果蔬的现代化城市市场无论是市场份额还是其影响都不算大,但毫无疑问这个市场将迅速成长,有可能其市场份额几年后就会翻一番。

(六) 果蔬物流的质量安全控制

我国果蔬的种植环境复杂,新鲜果蔬具有品种复杂、易腐败变质、保鲜难的自然属性,在果蔬物流的运输、贮存等环节中易受生物、化学等污染,果蔬安全问题日益突出。同时发达国家通过不断提高农产品的"绿色壁垒"来限制发展中国家农产品的出口,尤其是采取技术标准、动植物卫生检验检疫、健康标准、食品标准、产品标识等一系列措施,对贸易的限制越来越大。我国果蔬物流迫切需要建立适合我国国情的果蔬安全体系,以保证果蔬质量安全。在果蔬的流通过程中,可参照良好生产规范(GMP)和危害分析和关键控制点(HACCP),建立产品追溯管理系统,从而保证果蔬安全与质量的控制。

1. GMP对果蔬安全和质量的控制 GMP(good manufacturing practice,良好生产规范)于1969年由美国食品与药物管理局(FDA)发布,是美国食品卫生条例之一。GMP规定了在加工、贮藏和食品分配等各个工序中所需求的操作、管理和控制规范。GMP的目的就是为各种食品(包括果蔬)的制造、加工、包装、贮藏等有关方面制定出一个统一的指导原则。GMP所规定的只是一个基本框架,果蔬的安全控制应根据不同果蔬的自身特点,制定具体的操作规程。

2. HACCP对果蔬安全和质量的控制 HACCP(hazard analysis critical control point,危害分析和关键控制点)的目标是确保食品的安全性,它必须建立在食品安全项目的基础之上,它是将预防和控制重点前移,对农产品的原料和加工过程进行危害分析,找出能控制产品卫生质量安全的关键环节并采取有效措施加以控制,做到有的放矢。HACCP通过一些简单的步骤完成:即观察产品或过程、决定危害、控制检测、记录,确保工作连续有效。

3. 建立产品可追溯体系 果蔬物流建立产品可追溯体系(trade back system, TBS),可使果蔬物流企业对所签合同的栽培农场在农药使用问题上从一开始就进行有效的管理,促使农民正确使用农药。其方法主要是通过对不同基地的原料分时段采收后分车运输,每车原料根据车次、品种、种植户、田块、日期逐一编码进行批次管理;对不同品种的果蔬在冷库中分开堆放,以便将果蔬出运时可进行有效管理。在果蔬进行加工、包装后可以把批号打印到成品箱或包装袋上进行记录管理。一旦果蔬运出,在销售中出现意外事故可以根据外箱或内袋上的批号在原始记录上追溯产品的种植户、田块号,然后利用田间管理档案追查在栽培过程中农药、化肥的使用情况,之后对其加以分析和处理。农残管理体系的中心内容是产品的可追溯性,做到使不符合要求的果蔬不能进入物流系统。可追溯体系在果蔬物流中的应用将在随后章节中进行介绍。

四、我国果蔬物流的主要路线

果蔬物流的路线一般有以下规律：不同种类的南果北调和北果南运；不同地区间互调余缺；中心城市是果蔬的主要集散地；多种形式和多种渠道物流。

1～3月是北方果品蔬菜收获的淡季，而茄果类、荚果类蔬菜在南方地区，如广东、福建、广西、海南等地却是生产旺季。这一季节由于有元旦、春节、元宵节等节日，对北方市场来说，蔬菜需求量很大，因此，蔬菜主要的运输流是由南向北运输。8～11月，广东、广西、福建、四川、湖南等地秋季收获贮藏的柑橘类水果也大量北上；同时，北方主要水果产区，如辽宁、山东、河北、山西、陕西等地的苹果、梨、葡萄也大量向东南沿海城市及内地大城市流动。

1～3月，价值最高、潜力最大的运输流是由海南省向附近的省份及北方大城市运输反季节蔬菜和瓜果。此时的海南，气温为18～28℃，适宜种植各种夏季生长的果蔬，如冬瓜、苦瓜、丝瓜、豇豆、黄瓜、西瓜、香蕉、菠萝等，运往珠江三角洲地区，距离不过1 000 km，而差价悬殊。此时，北方大城市的宾馆酒店和市场对这些果蔬的需求也十分迫切，价格较高。

4～6月是北方春淡季节，当地蔬菜的生产主要靠保护地。华中、华东地区正值梅雨季节，华南及西南地区气温迅速回升，但只生产大量叶菜类蔬菜。在此期间由于各地蔬菜价差不大，运输物流流量不大，往往是南方的花椰菜、甘蓝、大白菜等向北方运输。但是，在北方，由于气温由南向北逐步回升，同一时间的南北地区气温差导致的同一类蔬菜的收获时间不同，自然价格也有一定的差别，因此，如果运输距离较近，运输条件较好，就会出现短距离的数量较大的运输流。4～6月的水果流动不是很大，前期基本处于贮藏果流动状态，进入5月末，南方的鲜果开始上市，李子、桃开始由长江流域向南北扩散。6月是华南早熟荔枝的收获期，部分产品向北方运输。由于桃和荔枝的贮藏寿命短，运输条件要求很严，运输方式大多采用空运，故运输流量不会很大。

7～9月，进入酷热的夏季，北方蔬菜生产收获也正值旺季；中部长江流域由于高温而对蔬菜的生产有所影响；南部的气候却进入高温、台风、暴雨交替出现的时期，对蔬菜生产极为不利。此时的蔬菜运输流是由未受台风影响地区向影响严重地区流动。运输距离依蔬菜的品种不同而不同，数量较大，在时机抓得好的情况下利润十分巨大。

此期间水果收获开始进入旺季。南方荔枝、龙眼、香蕉、菠萝、早熟橘等水果大量向北方运输，而北方的桃、杏、葡萄也大量南下。为迎中秋，北方的苹果、梨、甜瓜虽未完全成熟，却也提早采摘运输，进入了市场，此间最大量上市的水果是西瓜。在早期，南方的西瓜成熟上市，并向北方运输。进入后期，南方进入了西瓜收获的尾声，北方西瓜大量成熟，因此西瓜的运输流逆转过来，从北方运往南方。西北地区由于属内陆性气候，加之经济相对落后，各项成本较低，生产的果蔬价格低，质量好，大多数是在此间收获，因此，由西北向东、向南的运输流量开始形成，并不断壮大，经营利润较好。

10～12月是大宗果蔬收获上市的季节，也是运输流量最大的季节。北方的苹果、梨、甜瓜大量向南流动，南方的柑橘、香蕉也大量北上。同时，以四川成都、广东湛江、福建厦门为代表的南菜北运源头开始收获。此外，一些高档水果蔬菜还有其特别的运输流，如云南的高档蔬菜一年四季都在向各地高档酒店输送；广州、深圳的进口水果也不间断地向全国各大城市运输。高档果蔬的运输流量不大，但价格很高，往往以飞机运输，利润十分可观。

第二节 果蔬物流运输

果蔬的运输既是果蔬采后商品化过程中各环节的连接纽带，又是重要的独立环节，是果蔬生产与消费的桥梁。据统计，90%以上的水果及70%以上的蔬菜需要经过各种途径的运输后才能到达消费者手中，实现其商品价值。

我国幅员辽阔，南北方物产各有特色，北果南运、南菜北调是我国果蔬生产中的主要流通方式。但我国长途运输中气候变化大，另外，我国近几年果蔬的规模化、标准化生产发展较快，进出口果蔬也日益增多。因此，利用合适的运输工具和贮运设施，做好交通运输的科学管理和调度，显得尤为重要。

一、运输的基本要求

（一）适宜的环境条件

运输过程中应尽可能保持一种适合果蔬保鲜的环境条件，特别是温度的控制尤为重要。果蔬的品种繁多，性质各异，所要求的条件各不相同。为确保运输质量，发货人、运输部门、收货人应紧密配合，严格按运输条件办事。要把握好采收时机、承运质量，选择适当的包装、运输工具、运输方法，按照果蔬所要求的温湿度等条件做好运输途中的温湿度控制及其他服务工作等。

（二）快装快运

果蔬从产地到销地之间运输时间长，途中各种环境因素变化较大，且运输过程中环境条件很难满足要求，特别是气候的变化和道路的颠簸，因此果蔬质量必将受到影响。另外，运输只不过是一种调拨手段，其最终目的是运往市场、包装场或贮藏库。因此要求快装快运，绝不能堆积、积压。

（三）轻装轻卸

绝大部分果蔬含80%～90%的水分，属于鲜嫩易腐货物，在搬运、装卸过程中稍有碰压，就会发生破损，加速果蔬腐烂变质。装卸时要严格做到轻装轻卸，避免撞压、挤压、跌落、野蛮装卸的现象。

（四）防热防冻

各种果蔬都有其适宜的温度要求和受冻的临界温度。温度过高引起果蔬呼吸加强，促进果蔬的衰败，温度过低果蔬则容易遭受冷伤和冻害。运输途中温度波动太大是非常不利的。许多现代运输工具具备了降温和防冻的功能，如冷藏卡车、铁路冷藏车、冷藏轮船等，近年还发展有控温调气的大集装箱。但我国目前这一类的运输工具满足不了生产的需要，还只能大量地利用普通卡车等不能控温的运输工具。遮盖是防日晒、雨淋一般处理方法，但在气温较高时，果蔬往往处于较高的温度环境中，因此必须注意通风散热。

（五）防振

振动是果蔬运输中应考虑的重要一环。因为振动会造成果蔬机械损伤和生理伤害，不但会影响果蔬的商品外观，而且会使果蔬的贮藏性降低。一般来说，强度大的振动可直接造成果蔬的机械损伤，频繁的小振动会使果蔬的硬度下降。常用运输方式的振动强度从大到小顺序为：公路运输、铁路运输、水上运输、空运。

二、果蔬运输的方式与工具

（一）运输方式

按照运输路线和运输工具的不同，可把新鲜果蔬的运输分为陆路、水路、空运等不同的运输方式。陆路运输包括公路和铁路运输，水路运输包括河运和海运。各种运输方式比较见表7-1。

表7-1 各种运输方式比较

运输方式	运输量	运价	速度	连续性	灵活性
公路	4	4	2	2	1
铁路	2	2	3	1	3
河运	3	3	5	5	4
海运	1	1	4	4	5
航空	5	5	1	3	2

注：表中各种运输方式的性能中以"1"为最好，"5"最差。

1. 铁路运输 铁路运输是果蔬运输中重要的长途运输方式，具有准时、高效、远距离费用低、不受天气影响、安全系数大、不易出事故等优点，适于大宗果蔬运输。然而，也存在耗时长、调度程序复杂、不易应付紧急运输、不能实现上门服务等缺点。

2. 公路运输 果蔬的公路运输是最重要的短途运输方式。其优点为：① 倒载搬运次数少，可以迅速地直达目的地；② 少量或中量的近距离运输，比铁路运输便宜；③ 服务方便，可以实现服务到家的运输，即送货上门服务；④ 机动性、灵活性强，能满足运输要求，适应紧急运输。其缺点为：① 远距离运输时，与铁路运输相比，随着距离加长，运费增高；② 每次的运输量有限，一个单位可以运输 10～20 t；③ 有时振动和塞车严重，且汽车性能、维修、组织等方面可靠性较差。在发达国家，由于高速公路网普及，汽车的性能好，组织和服务规范，采用公路汽车运输果蔬成为主流。

3. 水路运输 轮船运输用于大宗果蔬长途运输，成本低、运输平稳，减少机械损伤，但运输速度慢、易受天气影响、运输安全性和准确性方面不如铁路和汽车，而且港口装卸费高，时间长。随着冷藏集装箱的发展，轮船运输，尤其是远洋轮船运输果蔬有了很大发展。

目前各国之间远距离的果蔬进出口贸易，其主要运输工具就是轮船。用于运输果蔬的轮船主要有 3 种：具有通风船舱的轮船、一般冷藏船、集装箱轮船。

4. 空运 空运是最引人关注的果蔬运输方式。其优点为：① 速度快，抢占市场灵活；② 果蔬机械损伤几乎没有，而且安全性高。其缺点为：① 运费高；② 运输单位小；③ 以毛重计费，包装物要既坚固又轻；④ 上机、下机的时间往往较长，如果在夏季，则要在包装内加入密封好的冰袋以控制温度。因此，空运主要适于鲜度下降快的高档果蔬。空运常用的工具是货运专用飞机及人与货物联运机。各种运输方式所完成的从产地到消费地的运输过程，是一个系统过程。一部分是由一种运输方式完成，大部分则是通过几种运输方式联合完成。因此，在实现运输现代化的过程中，如何发挥各种运输方式的优势，合理利用和综合发展各种运输方式就具有重要意义。

（二）工具

1. 敞篷货车 在我国，目前普通货车或厢式货车承担的果蔬的公路运输仍很多。车厢内的温度和湿度通过通风、草帘棉毯覆盖、炉温加热、夹冰等措施调节。与冷藏汽车相比，敞篷货车具有费用低、装载量大的优点，但货车运输的果蔬产品质量很难保障，在冬季的北方和夏季的南方进行长途运输时更是如此。敞篷车运输中一定要注意防超载、冻害、高温、雨淋、强烈颠簸，产品应采取降温措施。

2. 通风隔热车 隔热车是指不安装制冷设备，靠车体良好的隔热性能、气密性能及货物本身积蓄的冷量来调控车内温度的保温车。

近年来，隔热车在国外得到广泛采用，经济效益和社会效益是促使其得以大量发展的主要因素。

根据我国果蔬运输统计资料，一、四季度运量约占全年运量的 70%，尤其是元旦和春节前更为集中，这正好可发挥隔热车的作用。至于二、三季度，隔热车也能运输果蔬，只是运输时间较一、四季度短一些。这样，长途运输任务可由机械冷藏车承担，短途运输则由隔热车承担。因此，使用效率不会比其他冷藏车低。

3. 冷藏车

（1）*机械冷藏车*：机械冷藏车是以机械制冷装置为冷源的冷藏车，是目前铁路冷藏运输的主要工具。目前，我国铁路冷藏运输中采用的机械冷藏车均是采用蒸汽压缩制冷，以氟利昂为制冷剂的直接式制冷。目前，B_{23}型冷藏车组是我国铁路主要的机械冷藏车。货物车是装载果蔬产品的部分，主要由车体、车门、通风换气设备、制冷加湿设备组成。

（2）*液氮冷藏车*：液氮冷藏车是在具有隔热车体的冷藏车上装设液氮贮罐，利用液氮从贮罐通过喷淋装置喷射出来，突变到常温常压状态，液态向气态转化吸收大量的气化热，从而实现周围环境的降温。

液氮冷藏车兼有制冷和气调的作用，能较好地保持易腐食品的品质，在国外得到较大的发展。国外从 20 世纪 60 年代初开始研究低温液化气体制冷技术，1962 年美国拥有液氮冷藏汽车和拖车 200 辆，1970 年发展到 70 000 辆，1979 年约为 100 000 辆。1985 年日本有 1 500 辆液氯制冷的各种冷藏车；前苏联于 1989 年生产试验型铁路液氮冷藏车并交付运营；欧洲铁路冷藏运输公司也有近百辆液氮冷藏车。

1990 年，我国铁道部门利用两辆 B_{17}型机械冷藏车改造成液氮车，两辆车一组，一辆为货物车，一辆为货物间兼生活车。两辆车内均加设隔热间壁墙，将车辆分成工作间和装货间，工作间内摆放液氮贮罐和控温、控压设备，货物间内布置喷淋装置和温度传感器。

（3）*平板冷藏拖车*：近年来，在国外发展出一种平板冷藏拖车（TOFC），这是一节单独的隔热拖车车厢，车轮在车厢底部一端，另一端挂在大功率拖车头上。这种拖车移动方便灵活，经济实用。既可以用拖车牵引在公路上运输，又可以停放在平板火车上远程运输。平板冷藏拖车可以在产地包装场载满果蔬产品后，用汽车牵引到铁路站台，安放在平板火车上，运到销售地火车站后，再用汽车牵引到批发市场或销售点。这一系列过程无需机械化的装卸设备，大大节省了时间，减少了产品的搬运和装卸次数，能有效避免机械损伤，同时经历的温度变化小，对保持产品的质量，提高销售价格十分有利。

4. 集装箱 集装箱运输是将一批批小包装货物集中装入大型的箱中，形成整体，便于装卸运输。目前，世界集装箱总数已有数百万个。其中装干货的普通集装箱占70%～80%，冷藏及控制温度的装鲜活商品的占10%左右。新西兰的果蔬出口属于世界先进水平，运用冷藏集装箱是新西兰果蔬出口业蓬勃发展的主要原因。新西兰用海运代替空运，不仅运费大大降低，而且保证了销路。例如，利用冷藏集装箱将大量的笋瓜出口到日本，能在5～6周的运输期内使笋瓜仍处在良好的贮存期内(保持12℃，最适宜温度)，只有1%～2%的腐烂率，而且运输费用降低。

目前，国际上集装箱尺寸和性能都已标准化。标准集装箱基本上有4种：20×8×8、20×8×8.6、40×8×8、40×8×8.6(长×宽×高，单位英尺，1英尺＝0.304 8 m)。适用温度为－30～12℃或－30～20℃。

(1) *冷藏集装箱*：冷藏集装箱一般采用镀锌钢结构，箱内壁、底板、顶板和门由金属复合板、铝板、不锈钢板或聚酯——胶合板制造。隔热材料多采用聚氨酯。20世纪90年代生产的机械冷藏集装箱已普遍采用单片机或微处理器进行数据处理和自动记录。根据制冷设备安装在箱内和箱外将冷藏集装箱分为外置式和内置式两种。① 外置式冷藏集装箱：制冷和保冷效果好，能达到－25℃的冷却温度；有良好的隔热构造及冷气吸入口和排出口，冷气由箱下方向箱内吸入，温度均匀、稳定；制冷机安装在箱外故障少，容易维修保养，箱内容积大，自重轻，载货量多。但在没有制冷设施的轮船装运时，只起到保温作用，通过中转形成冷链保藏系列运输比较困难。② 内置式冷藏集装箱：只要有电源供给，内置式冷藏集装箱就可在任何场所制冷降温，自动控制和调节温度，应用范围广泛，陆路运输、水路运输、码头、车站、仓库都便于使用，但造价较高。

(2) *气调冷藏集装箱*：气调冷藏集装箱于1966年开始应用。与一般集装箱相比，气调冷藏集装箱增加了气调系统和气密层。气调冷藏集装箱能够调节温湿气体条件，使运输的产品保持更加新鲜的品质。但造价昂贵，结构复杂应用并不太多。

三、果蔬物流中的冷藏链

(一) 果蔬物流中冷藏链的三个阶段

1. 生产阶段 果蔬冷藏链的生产阶段是指果蔬采收后的现场低温保鲜至低温贮藏阶段，它关系到果蔬保鲜质量的起点，主要冷藏设施为恒温冷藏库，温度一般维持在0℃左右。我国冷藏库与发达国家相比还远远不够，如美国人口是我国的1/6，但冷藏库容量是我国的4.5倍，而人口只有我国1/10的日本，冷藏库容量也是我国的2.5倍。

2. 流通阶段 流通阶段主要指流通过程的冷藏运输，包括冷藏火车、冷藏汽车、冷藏船和冷藏集装箱等。目前，我国保温车辆约有3万辆，而美国拥有20多万辆，日本拥有1万辆左右。我国冷藏保温汽车占货运汽车的比例仅为0.3%左右，美国为0.8%～1%，英国为2.5%～2.8%，德国为2%～3%。欧洲各国汽车冷藏运量占货运汽车运输量的比例为60%～80%，我国约为20%。我国铁路运输车辆33.8万辆中，冷藏车只有6 970辆，占2%，而且大多数是陈旧的机械速冻车皮，规范的保温式保鲜冷藏车辆缺乏，冷藏运输量仅占易腐货物运量的25%。我国的大部分果蔬在露天而非在冷库和保温场所操作，80%～90%的水果和蔬菜都是用普通卡车装运，至多在上面盖一块帆布或塑料布，有时棉被便是最好的保温材料。据铁路部门预计，2001～2010年，我国易腐食品的年运量将从1.9×10^{7} t增长到7.5×10^{7} t，而我国目前现有铁路冷藏车约8 000辆，其中一半左右为机械式冷藏车，必须大力发展新型的铁路冷藏车。目前，一种选用了环保型制冷剂的新型铁路冷藏车已在上海铁路局江湾保温车段试用，新型铁路冷藏制冷机的自动控制、运行显示、故障预报及安全报警等系统已日臻完善。方便灵活的冷藏汽车在我国冷藏运输中扮演了越来越重要的角色。2001～2005年，我国公路冷藏运输的年运量将从1.3×10^{7} t增加到1.8×10^{7} t，年均增长7%，公路冷藏运输的运量占冷藏货物运输总量的比例也将从25%增加到30%。与此同时，我国冷藏汽车的需求量也将大幅增长，中型车将有很大部分被轻型车、微型车和重型车所取代，液氮、液态二氧化碳、蓄冷板等新型制冷方式的新能源冷藏车越来越受到欢迎。

3. 消费阶段 消费阶段的硬件设施从20世纪90年代初期有了快速发展，我国先后引进多家国外商业零售环节冷藏设施的先进生产技术和设备。随着各种用途和各种形式的商用冷库不断推进，市场商业批发零售基本也配置了冷库和小冷库，这些设施已基本满足了冷链消费阶段的需要。

（二）果蔬物流中冷藏链的组成与相关技术

果蔬冷藏链由冷冻加工、冷藏贮藏、冷藏加工和冷藏销售4个方面组成。为了保证冷藏品的原有品质，从果蔬原料到成品及到最后的销售，果蔬冷藏链的加工、贮藏、运输等各个环节，都需要有特殊的冷藏链技术和管理，使整个冷藏链处于完整的低温链中。

1. 预冷保鲜技术 冷藏品的预冷保鲜是冷藏链第一个十分重要的环节。冷藏链质量的好坏在很大程度上取决于冷藏品预冷环节的质量。低温贮藏可以有效地控制新鲜果蔬在贮藏过程中温度波动对果蔬品质的影响，但低温贮藏的前提必须是“新鲜”，如果果蔬在贮藏之前较长时间内不经过任何处理，立刻进行低温贮藏将是没有意义的，要确保果蔬从加工到销售各个环节的原有品质，就必须及时、快速地进行预冷保鲜处理。不同品种的果蔬预冷的方法不同，大体分为：冷风预冷、真空预冷及速冻预冷处理技术。

2. 低温贮藏技术 引起果蔬腐败的原因可归结为两点：一是果蔬本身所含的酶及周围环境中的理化因素引起的物理、化学和生物变化；二是微生物引起的腐烂和病毒感染。

针对上述原因，目前我国采用的贮藏方法大致分为4类：气调贮藏技术、冰温贮藏技术、减压贮藏技术、MPA贮藏技术等。

3. 冷藏运输技术 冷藏运输技术主要包括公路冷藏运输、铁路冷藏运输、水路冷藏运输和冷藏集装箱运输等。冷藏运输对运输工具要求特别高，必须具有良好的性能，对于易腐食品，不但要保持规定的温度，更切忌大的温度波动，长距离运输尤其如此。

目前我国国内运输仍以铁路运输为主，占长途运输总量的55%左右。铁路运输冷藏车主要有机冷车、冰冷车和冷板车3种。但铁路运输的“门对门”的服务还不够完善，装卸接口过程中的质量保证体系还不够健全。相比铁路运输，我国公路运输车正朝着多品种、标准化、节能化、环保型的方向发展。另外，我国新近发展起来的冷藏集装箱运输不但具备海运、内河运、公路运、铁路运功能，而且能实现两个“门对门”的服务，是以后冷藏运输的发展方向。

四、果蔬运输的组织

果蔬运输组织的特点由其本身的特性及所采用的运输工具决定。除铁路运输较为复杂外，其他运输方式的运输组织相对较为简单，因此主要介绍铁路运输组织。

（一）承运

果蔬的承运是运输组织的初始环节，是保证运输质量的第一步。承运工作要把握好货物的热状态、运到期限、货物质量、包装等内容。

1. 热状态 新鲜果蔬一般要求车内温度为0℃。发货人应根据货物的热状态、外温条件确定采用“冷藏运输”、“保温运输”、“通风运输”等不同的运输方式，并应在货运单上注明“途中制冷”、“途中加冰”、“途中不加冰”等字样。

2. 运到期限 运到期限指货物运到目的地的最长时间。

3. 货物质量 铁路货物运输只能最大限度地保持货物质量，而不可能提高其质量。如果承运时货物本身的质量就不合要求，运输途中必然容易发生腐烂变质等事故。因此运输的果蔬一定是经合适的采后处理且质量较好的。最值得注意的一个环节是，做好产品的品质检验并记录，可以防止品质下降带来的纠纷，也可以作为发生纠纷时的证据材料。

4. 包装 包装的基本作用是保护货物安全，提高运输工具装载能力，便于贮运、装卸和提高作业效率，大部分水果的单果拥有纸包装或泡沫塑料网套包装，故水果的机械损伤很少，腐烂率一般在5%左右。蔬菜包装仍以筐、篓为主，单件重都在20 kg以上，经过装卸、搬运、运输后变形较大，有的甚至破损，机械损伤较多，腐烂率约10%，有待进一步改进。

（二）货物预冷

货物的预冷主要是指在装车前将蔬菜、水果的温度在地面冷库降至适宜的贮运温度。

（三）车辆准备及选择

车辆准备包括车辆的选用、检查和预冷。装运果蔬时，应根据货物种类、热状态、外界气温和运输距离等选用合适的冷藏车，以保证运输质量，且能经济合理地使用车辆。热季运输未冷却的果蔬时，由于冰冷车产冷量小，难以满足货物迅速降温的要求，故应优先选用机械冷藏车。在外温较低时，可选择敞篷车运输。为防止冷藏车车内设备被损坏和污染，也为了便于装卸车作业，加速车辆周转，无包装的水果、蔬菜，不得使用冷藏车运输，西瓜、哈密瓜、南瓜、冬瓜等大型果蔬除外。装车前应对车辆进行检查，仔细检查车辆定检（厂修、段修、辅修）是否过期，如果过期就不能使用。对不能保证货物运输质量和安全的车辆不应使用。车辆的预冷是指在装车前将冷藏车内温度冷却到货物适宜的运输温度。这样可以大大减少运输途中的冷消耗，有利于提高运输质量。车辆的预冷是保证果蔬运输质量的一项重要措施。这在热季尤为重要，机械冷藏车车内预冷温度，香蕉为12～15℃，菠萝为9～12℃，其他为0～30℃。

（四）装车和装载

1. 装车 装车设备是否先进、装车时间的长短、装载方法是否得当，都会对货物质量的优劣产生影响。装车应该加快速度，减少果蔬升温并防止装卸造成机械损伤。

2. 装载 果蔬的装载首先必须保证货物运输质量，同时兼顾车辆载重力和容积的充分利用。果蔬必须采用稳固装载、留通风间隙的装载方法，这样便于车内空气循环，使货物的呼吸热及时排出，使货堆中的温度与四周空气保持一致。常用的留通风间隙的装载方法有品字形、井字形、“一二三、三二一”装车法，筐口对装法等。品字形装车法主要适用于装箱货物。井字形装车法装载牢靠，装量大，通风好。“一二三、三二一”装车法主要用于冬季柑橘运输，空气循环差，装载量可以提高。筐口对装法主要用于竹筐、柳条筐等包装的果蔬，该法装载时不必留出专门的通风空隙，货件之间自然形成的间隙即可达到空气流通的要求。需注意的是，不论采取哪一种冷藏运输或保温运输，也不管是哪一种装载方法，货件都不应直接接触车底板，应放在底板格子上，也不能直接接触车壁，以防止空气不流动及车外部热量传入货堆。

3. 不同品名货物的混装 在实际工作中，由于受货物批量限制，往往很难做到同一车辆中仅装载同一品名的货物。不同品名的货物能否混装，主要遵循以下原则：不同贮运温度的果蔬不能混贮；产生大量乙烯的果蔬（苹果、甜瓜等）不能与对乙烯敏感的果蔬（西兰花、胡萝卜、生菜、猕猴桃、观赏植物等）混贮；适宜相对湿度差异较大的果蔬不能混贮；具有异常气味的果蔬不能与其他果蔬混贮。

国际制冷学会对85种果蔬按要求的温度、湿度、气体成分等条件分为可以混装的9个组，可供实际工作中参考。

第一组：浆果类、苹果、杏、樱桃、无花果（不得与苹果混装，苹果的气味会被无花果吸收）、葡萄、桃、梨、柿子、李、梅等。适宜运输温度0～1.5℃，相对湿度90%～95%，浆果类和樱桃可用10%～20%的CO_2气调包装运输。

第二组：香蕉、番石榴、芒果、薄皮香瓜、蜜瓜、鲜橄榄、木瓜、菠萝、番茄、茄子、西瓜。适宜运输的温度13～18℃，相对湿度85%～95%。

第三组：厚皮甜瓜类、柠檬、荔枝、橘子、橙子、红橘。适宜运输的温度2.5～5℃，相对湿度90%～95%，甜瓜类为95%。

第四组：蚕豆、秋葵、红辣椒、青辣椒（不得与蚕豆混装）、美洲南瓜、西葫芦、粉红色番茄、西瓜等。适宜运输的温度4.5～7.5℃，蚕豆为3.5～5.5℃，相对湿度95%。

第五组：黄瓜、茄子、姜（不得与茄子混装）、马铃薯、南瓜（印度南瓜）、西瓜。适宜运输的温度为8～13℃，生姜不得低于13℃，相对湿度85%～95%。

第六组：芦笋、红甜菜、胡萝卜、菊苣、无花果（见第一组）、葡萄、韭菜（不可与无花果、葡萄混装）、莴苣、蘑菇、荷兰芹、荷兰防风草、豌豆、大黄、菠菜、芹菜、小白菜、甜玉米。适宜的运输温度为0～1.5℃，适宜相对湿度50%～100%。除无花果、葡萄、蘑菇外，这一组其他货物均可与第七组货物混装，芦笋、无花果、葡萄、蘑菇等任何时候均不得与冰接触。

第七组：花茎甘蓝、抱子甘蓝、球茎甘蓝、花椰菜、芹菜、洋葱(不能和无花果、葡萄混装，最好也不和蘑菇、甜玉米混装)、萝卜、芜菁。适宜的运输温度为0～1.5℃，相对湿度95%～100%，可与冰接触。

第八组：生姜(见第五组)、早熟马铃薯(可按其他货物要求的温度控制)、甘薯。推荐的运输温度13～18℃，相对湿度85%～95%。

第九组：大蒜、干洋葱。推荐的运输温度为0～1.5℃，相对湿度65%～75%。

(五) 运输组织

尽量压缩车辆和货物在途时间可以提高运输质量，也可加速车辆周转，节省制冷的燃油和冰盐消耗，降低生产成本，加速货物送达和资金周转。这要求搞好运输组织，使装车、取送车、编解、挂运、加冰等作业环环紧扣，快速进行。但一定要注意安全，防止赶车的工作人员，尤其是驾驶员，过度疲劳导致事故的发生。

第三节　果蔬物流信息管理

信息共享是实现果蔬供应链和物流高效管理的基础。随着绿色果蔬供应链和物流的不断延长，以及日趋复杂，企业需要准确的信息对市场需求做出准确的预测和判断，从而克服农产品流通的盲目性，企业所提供的物流服务在及时性、准确性、可靠性及多样性等方面都需要提高。物流信息技术和电子商务技术是建立在高质量的信息传递和共享基础之上发展起来的，使得企业能够更方便地与物流系统成员进行交流和协作，满足了企业希望通过正确和快速的信息传递、分析和整合，达到对市场需求做出快速反应的需要。物流信息技术和电子商务技术有助于改变传统的绿色农产品交易方式，扩大交易需求，提高绿色农产品的销量，从而有助于果蔬物流的产业化发展。

物流信息是反映物流各种活动内容的知识、资料、图像、数据和文件的总称。物流信息是物流活动中各环节生成的信息，一般是随着从生产到消费的物流活动的产生而产生的信息流，与物流过程中的运输、保管、装卸、包装等各种功能有机结合在一起，是整个物流活动顺利进行所不可或缺的物流资源。果蔬物流信息除具有信息的一般特点外，还具有季节性、区域性、分散性、不确定性及生命周期较短等特点。

一、果蔬物流信息的内容与特征

(一) 果蔬物流信息的内容

果蔬物流信息包括物流系统内信息和物流系统外信息两部分。物流系统内信息是指与果蔬物流活动(如运输、贮藏、包装、装卸、配送、流通加工等)有关的信息，它是伴随物流活动而发生的。在物流活动的管理与决策中，采后处理、运输工具的选择、运输线路的确定、在途货物的追踪、贮藏保鲜设施的管理与有效利用、订单管理等，都需要详细和准确的物流信息。物流系统外信息是在物流活动以外发生的，但提供给物流使用的信息，包括果蔬的产地、田间管理、预期的顾客信息、订货合同信息、交通运输信息、市场信息、政策信息，还有来自果蔬物流企业内生产、财务等部门的与物流有关的信息。

(二) 果蔬现代物流信息的特征

现代物流的重要特征是物流的信息化，现代物流也可看作物资实体流通与信息流通的结合。在现代物流运作过程中，通过使用计算机技术、通信技术、网络技术等技术手段，大大加快了物流信息的处理和传递速度，从而使物流活动的效率和快速反应能力得到提高。现代物流的信息化是为整个物流系统更有效的运作服务的，即顺畅物流通道、提高运作效率、降低物流成本、提供信息服务等。

果蔬现代物流的信息化包含有以下特性和功能。

1. 信息物流　信息跟随着物流的源头(果蔬产地)一直到物流功能的实现(消费)，包括市场信息、企业信息、果蔬产品在不同阶段和不同地点的信息、消费者对象信息等。各类信息在果蔬生产者、批发市场、超市、零售商及消费者等网络互通，为参与者提供市场状况、商品状态、供配情况、顾客状态等详细的状态信息，同时为决策者提供运营能力、供需状况、盈利能力等决策信息。

2. 提高物流的运作效率　现代完善的电子信息技术，通过自动系统来指挥物流运作促使果蔬的采收、分级、运输、贮藏、流通加工、出货配送等作业顺畅进行，简单、有效地实现库存管理、流向管理及不同状态和不同地点的数据交换管理，提高物流运作的效率。

3. 降低物流成本 系统信息资源共享，减少了在不同阶段上的信息重复作业，在整条物流链上实现了专业分工、策略联盟，实现了资源的最有效配置，降低了整体营运成本，获得了竞争优势。

4. 提供信息服务 在提供果蔬产品功能性服务的同时，提供个性化的信息服务，如果蔬在不同阶段的营养性、消费者所需的果蔬产品质量与安全性信息等。

二、果蔬物流信息系统及管理

我国传统果蔬物流体系中信息流、商流、物流和资金流在时间和空间上相互分离，没有很好地解决新鲜果蔬在产供销中所形成的结构性矛盾。现代网络技术、信息技术和电子商务技术的发展为果蔬物流信息系统及管理提供了保障和飞跃的机遇。供应链信息技术和电子商务技术的探讨往往集中于基础信息技术和供应链管理信息技术这两个层面，而对于农产品信息技术和电子商务技术的探讨则往往从信息平台的构建角度进行实践。

（一）互联网

互联网是连接农产品物流各节点的脉络，其建设尤其是果蔬产地互联网的建设是实现现代果蔬物流信息化的基本前提。通过互联网，果蔬生产者可以了解市场需求信息，并有针对性地组织生产，从而确保供需平衡，缩小市场价格波动幅度，降低市场风险；物流中间商可以根据供给信息和需求信息，合理地组织贮藏运输，减少果蔬在产地供大于求、销地供不应求的现象，降低信息不畅所带来的经营风险；消费者可以通过网络了解果蔬供给信息和市场价格，以及涉及食品安全性的信息，减少由于信息不对等所带来的损失。

（二）信息系统与技术

从支持供应链管理的信息技术来看，主要包括条形码技术、电子数据交换技术（EDI）、射频识别技术（RFID）、销售时点信息系统（POS）、地理信息系统技术（GIS）和全球定位系统技术（GPS）等。

1. 条形码技术 条形码是用一组数字来表示商品的信息，包括有关生产者、批发和销售者、运输者等经济主体进行订购、销售、运输、贮藏、检验等活动的信息源，通过光电转化设备可以对其快速识别。目前在国内外应用较为普遍，该技术已经成为现代物流的一个重要组成部分，当前超市和大型物流中心均广泛采用该技术。

2. 电子数据交换技术 电子数据交换技术（EDI）通过电子方式，采用标准化的格式，利用计算机联网进行结构化的数据传输和交换。EDI已经在国外得到广泛的应用，据美国海关统计，EDI电子商贸系统处理的业务量占海关申报货物的93%，占放行货物的92%。电子资金托收占日均托收的49%。目前，加拿大每年进出口交易中经由EDI的业务量达50%以上。日本、新加坡和韩国是亚洲最早开发利用EDI的国家。

3. 射频识别技术 射频识别技术（RFID）适用于物料跟踪、货架识别等非接触数据采集和交换的场所，由于RFID标签具有可读写能力，对于需要频繁改变数据内容的场合尤为适用。ID TechEx公司对全球68个国家1 400个RFID案例进行了研究，发现目前世界上最大的RFID项目的规模是过去5年的3倍，一些小规模RFID应用的发展速度要远比RFID在制造业的应用发展得快；由于成本原因，在标签频段使用方面，高频（HF）仍然是主导，但超高频（UHF）正在全力追赶发展。数据显示我国将成为世界第三大RFID市场。

4. 销售时点信息系统 销售时点信息系统（POS）包含前台POS系统和后台MIS（management information system，管理信息系统）系统。前台POS系统指通过自动读取设备（如收银机），在销售商品时直接读取商品销售信息（商品名、价格、销售数量、销售时间、销售店铺、购买顾客等），实现前台销售业务自动化，同时通过通信网络和计算机系统传送到后台MIS系统。后台MIS又称管理信息系统，负责整个商场进、销、调、存系统的管理等，可根据商品进货信息对厂商进行管理。

5. 地理信息系统技术 地理信息系统技术（GIS）以地理空间数据为基础，采用地理模型分析方法，适时地提供多种空间的和动态的地理信息，是一种为地理研究和地理决策服务的计算机技术系统，应用于物流分析时主要是利用其强大的地理数据功能来完善物流分析技术。完整的GIS软件集成了车辆路线模型、最短路径模型、网络物流模型、分配集合模型和设施定位模型等。

6. 全球定位系统技术 全球定位系统技术（GPS）是一种先进的导航技术，是指具有在海陆空进行全方位实时三维导航与定位能力的系统，在物流中主要用于运输车辆及其所运产品的动态信息，从而实现运输车辆和货物的跟踪管理。只要知道货物车辆的车种、车型、车号，就可以从运输网上流动着的几十万辆货车中找到该车，还能够得知这辆货车现处于何处或停在何处，以及所有的车载货物发货信息。通过运用GPS的导航功能有助于配送企业有效地利用现有资源，降低消耗，提高效率。但是由于成本原因，国内物流企业应用较少，而国外的一些大型快递公司（如UPS公司），已经应用GPS技术进行货物跟踪等。

（三）新型电子标签的应用

目前已经投入使用的安全标签是出现最早的电子标签，预先编程的微型无线频率检测标签也已用于军需食品供应链中的容器识别。这种标签可以由内置的电池或外部电源供电。这种标签很快就会像现在的条形码一样流行。

除产品识别、生产日期、价格等基本信息外，电子标签还有时间—温度指示卡、泄漏与新鲜度指示卡、防盗等功能（所有这些功能都包含在同一电子标签中）。电子标签还可以是资料标签，介绍食品的使用方法、保健功能等。

在保证食品安全和食品质量、供应链中跟踪食品（条形码、智能标签和射频识别技术）、及时地按照需要和个性选择来生产包装等方面开发的技术，可相互组合起来应用。使用的方法有标签和标记两种形式。其中，标签形式仍然非常昂贵，而标记形式在日用零售商品中却有很大的潜力。标签可以是主动型的，也可以是被动型的。信息可以贮存在标签的记忆单元中，由读取设备更新，标签或者标记也可以作为信息媒介，通过网络从服务器中读取。应用非常便宜的标记法和根据需要随时更新信息成为可能。具体选择哪种形式取决于价格和效益。商品物流智能化技术发展很快，能够提供物流控制和信息通信解决方法的IST技术的发展也方兴未艾。移动信息通信设备受到广大消费者的欢迎，既可以作为产品的控制手段，又可为消费者提供服务。

将来食物供应链的管理极有可能采用以无线信息传递和活性、智能化、信息化的包装为特征的系统。通过包装来完成的操作包括：保护食品而不采用添加剂，提供供应链各个阶段的食品品质和历史信息，引导包装产品的流向，减少产品的损耗，为消费者提供实施的产品特性、质量和使用信息。

三、信息平台

发达国家的农业现代化基本上是由农业信息化推动的，有效农产品信息的收集、处理和发布的平台，既有助于农产品信息的有效流通，又有助于国家采取信息技术手段对农产品的食品安全问题进行有效监控。例如，美国的农业部是美国最大、最全面的农业信息收集、分析、整理、发布和供应的权威机构，其下设5个信息机构，并建立了手段先进、渠道畅通的全球电子信息平台。日本在建立农产品物流信息系统方面，构建了具有可追溯性，支持放心食品品质的供应链模型。其突出的特点是：一是建立了全国统一的数据库系统，保存有关肉食、生鲜食品的各种数据，包括饲料供应和其他有关数据，创建了一个全国共享的数据平台；二是食品的最终用户即广大消费者，能够通过互联网将食品质量安全问题，及时反馈给有关企业和部门，经过管理部门的追踪，找出问题的根源，以最快的速度召回所有问题食品，保证广大消费者的安全和利益。此外，荷兰也开发建立了一些电子化农产品交易市场、协调联运物流中心和农产品集成保鲜中心。

我国浙江省实施的“百万农民信箱工程”为农产品的流通搭建了信息平台，免费发布农业企业、种养大户、流通大户和农户的供求信息，让农民借助电脑和手机短信进行网上双向交流，快速、便捷地获得各类免费科技、市场信息和系统提供的服务，生鲜农产品流通的信息体系初步建立。

四、基于电子商务的果蔬物流体系

构建基于电子商务的农产品物流体系就是以互联网为前提，以信息技术为依托，以电子商务为手段，以第三方物流为保障，在供应链各节点间建立一种战略伙伴关系，实现从生产者、分销商、零售商到最终消费者的商流、物流、信息流和资金流在整个供应链上畅通无阻，将原本分离的生产、采购、运输、仓储、代理、配送等物流环节紧密联系起来，实现整个农产品供应链的无缝对接，最终达到双赢甚至多赢的目的，为农产品流通、信息共享提供解决思路，构建一个由农产、企业、政府、消费者共建的农产品物流电子商务化体系。

第四节 果蔬物流中的可追溯体系

近年来，严重危害人体健康和人身安全的食品安全事故频发，导致消费者对食品产生信任危机。农药残留等是消费者对于果蔬产品重点关注的安全问题。GMP、HACCP管理系统及QS认证（食品安全市场准入制度）等，能够有效地控制加工过程中微生物、化学和物理性的危害，在质量控制方面起到了极大的作用，但从整个食物链的安全管理来说，上述制度体系仍有不足：重要的产品信息没有与市场环节进行交流，缺乏可追溯系统的跟踪管理，一旦发现有质量问题的产品，需要紧急召回的难度大，消费者对所消费的食品信息缺乏识别能力。因此，果蔬产业中除了应用上述的管理体系，还应引入可追溯体系，完善对果蔬产品的质量安全控制。

一、可追溯体系的定义

“可追溯性”的定义是引自质量保证的ISO8042—1994《质量管理和质量保证—基础和术语》：即“通过记载的识别，追踪实体的历史、应用情况和所处场所的能力”。该定义最早是由法国等部分欧盟国家在联合国食品法典委员会（codex alimentarius commission，CAC）生物技术食品政府间特别工作组会议上提出的一种旨在作为危险管理的措施。目前，关于对食品的可追溯性定义国际上还没有统一的权威定论。CAC给出的定义是能够追溯食品在生产、加工和流通过程中任何指定阶段的能力；欧盟委员会（EC178/2002）将食品可追溯性定义为：“在食品、饲料、用于食品生产的动物或用于食品或饲料中可能会使用的物质、在全部生产、加工和销售过程中发现并追寻其痕迹的可能性。”国际标准化委员会（ISO）将可追溯性定义为：“通过记录的标识追溯某个实体的历史、用途或位置的能力。”

二、可追溯体系的分类

（一）根据追溯范围的不同进行分类

1. 企业内部追溯 企业内部的可追溯性是指供应给消费者的食品出现质量问题时，可以通过该体系返回到生产企业，根据所记录的标识确认是什么样的产品、什么材料、材料是由哪家供应商提供的，以及生产过程、测试参数等信息。内部追溯定义为在生产链中某些环节的追踪，如生产环节的追踪。

2. 外部追溯 外部追溯指在产品供应链的整个过程中，对每个成员企业的产品信息进行跟踪与追溯，以成员企业提供的原材料、半成品或产品为一个追溯点。

外部追溯定义为一种可追踪产品链中全部或部分历史记录的能力，它可以从最终的成品追踪到运输、贮存、发送和销售等环节。内部追溯主要针对企业内部各环节间的联系，外部追溯是针对企业或组织在食品供应链内上游和下游间的联系。外部追溯是跨企业，甚至是跨国家的，因此它也需要企业内部追溯作为数据交换的基础。

（二）根据产品跟踪（可追溯性）的方向进行分类

1. 向上追溯 向上跟踪是指从上游到下游的追踪，即从农场→食品原材料供应商→加工商→运输商→销售商→销售终端→消费者，这种方法主要用于查找造成质量问题的原因，具有确定产品的原产地和特征的能力。

2. 向下追溯 向下追溯是指从下游到上游的追踪，即从消费者→销售终端→销售商→运输商→加工商→食品原材料供应商→农场，当消费者在销售点购买的食品若发现有安全问题，可以向上层进行追溯，确定问题所在，这种方法主要应用于产品的召回或撤销，它可一直追溯到食品的源头。

（三）根据政府部门要求的不同进行分类

1. 强制性追溯 强制性可追溯系统是政府制定相关法律法规，强制要求企业的产品必须具备可追溯性，否则，不允许上市销售，并采取惩罚措施。强制性可追溯系统把产品的追溯性上升到了法律法规的高度。

2. 自愿性追溯 自愿性可追溯系统是企业考虑到品牌、声誉和长远利益，为了提高产品的档次和取得消费者的信任，自愿建立实施的可追溯系统。实践中，自愿性可追溯系统一般由行业协会或产品供应链上的主导优势企业牵头，以主导企业为核心，与供应链中的上下游企业协同合作，共同开发、建立并维持系统的运行。

三、可追溯体系的设计内容

可追溯体系是一个多层次的体系，建立的过程需一步一步展开。虽然具体流通链操作过程会因具体产品的特性差异而有所不同，但建立该体系的一般过程和关键技术是相通的。一个完整的可追溯体系应根据以下 3 步逐步展开和建立。

1. 内部可追溯体系的建立　为了实现食品全链的可追溯性，首先要做的就是食品链内的每个参与方（企业）都要建立起自己内部的可追溯体系。要求在食品供应链中的每一个加工点，不仅要对自己的加工产品进行标识，而且要采集所加工的食品原料上已有的标识信息，并将其全部信息标识在加工成的产品上，以备下一个加工者或消费者使用。供应链上每个节点上的生产经营者都应将自己生产加工产品的标识信息和使用过的原材料的标识信息加以记录，形成一个完备的信息记录体系，以备追溯时查询使用。由于食品链涉及食品的原料生产、食品生产、物流、销售等多个环节，企业在食品链中只能承担其中的一部分或几部分功能。因此，食品链的总体溯源责任应该由社会承担，依靠法律、法规进行约束，而食品链的基本溯源功能——企业溯源则由企业保证，它是食品链能够得以完整溯源的基础。

2. 外部可追溯体系的建立　外部追溯是在食品供应链中各节点之间的追溯，需采用统一编码，制定统一标准，保证信息完整性，使各个企业的安全可追溯系统可以相互兼容，最终形成全国统一的安全可追溯系统；它是从整个供应链的角度出发，对从原料生产直至餐桌的整个链中的相关参与者提出信息规范要求、建立标准信息范畴、建立标准的信息记录及信息传递的方法；它更关注于食品链中企业或组织之间产品信息的有效传递，它描述了哪些产品数据被接收和发送了，以及这些数据如何收发的。

因此，在不同产品的供应链中建立可追溯体系时，都应遵循以下 3 点。

（1）明确供应链中的各个环节：明确构成产品的完整流通链是建立可追溯体系的先决条件。从实际情况来看，不同国家或地区，不同产品链的运作情况是不同的，但是这些链都是由具有共性的环节构成的，应为各个环节制定标准信息细则要求，使得不论是哪一个环节的参与者都明确自身在整个可追溯链中的职责任务，这是全链可追溯性的基本原则。

（2）明确流通链中的参与者：对外部溯源来讲，溯源项（包括产品、批次及标识）是确定的，需要追溯的信息主体是以产品为基础的交易双方，即溯源方企业。产品流通链的具体操作是由来自各个方面的参与者（企业）构成的，链中各个参与企业是实施全链可追溯性体系的具体操作者，对于全链可追溯性的实现至关重要。各个相关参与者（企业）应对其责任范围内的各个环节逐一进行信息记录、贮存、传递及管理。

（3）全链可追溯信息系统的建设：在明确构成产品流通链的操作环节及各个环节的责任者（企业）的基础上，根据供应链的实际情况，对每一个环节所应该建立的信息进行标准化规范、同时明确参与者（企业）在与其相关的操作环节中应该承担的职责。关键信息可以通过条码等信息载体进行标识，而其他相关信息如加工过程等，可借助供应链上各参与方的信息管理系统间的信息交换来实现。

供应链外部可追溯体系的建立是以链中各个企业的可追溯体系为基础的，这就要求每个企业都要在统一的标准和要求下建立各自的可追溯体系，并对产品信息进行传递，从而达到物流与信息流的无缝连接，将供应链中的上下环节串联起来，这样才能实现产品在供应链中的可追溯性。

3. 可追溯体系的网络化管理的实现　在以上供应链内部和外部的可追溯体系建立后，一旦发现问题产品可按照从原料上市至成品最终消费过程中各个环节所必须记载的信息，追踪流向，回收未消费的食品，撤销上市许可，切断源头，消除危害，减少损失。但对于消费者而言，随着产品生产与消费的日益分离，以及供给体系的复杂化，消费者对所消费产品安全信息的获取日益困难，消费者很难从最终产品了解其安全品质。因此，完成该体系的最后一步就是实现体系的网络化，建立一个产品信息查询平台，使消费者在购买产品时可根据产品包装上的唯一标识获得该产品的相关信息。该数据平台主要接受企业端、检验机构和认证机构的各种信息，并对其进行监督、分析和过滤，为消费者提供权威的信息，是连接政府、消费者和企业的系统工程，需要技术和管理两个层面的研究和创新。通过食品生产企业、政府机关、第三方机构及交易市场等，为追溯体系提供基础数据，形成一个基本信息库，构成监管平台的核心内容，最终为企业、政府和公众，进行全方位、多角度的服务。

以上 3 步完成后，一个完整的可追溯体系便建成了，它不仅满足了可以及时将问题产品召回，并根据各企业内部的追溯体系查找出问题产生原因的需求，而且让消费者在购买产品时可以了解产品的相关信息，从而放心购买。从以上建立一个完整的可追溯体系可以看出，基于信息共享的食品可追溯系统的基本特征包括广度、深度、精确度，其经济特性表现为网络经济性和正外部性，其他特性包括多理论支撑、信息共享和标准化。

四、构建可追溯体系的意义

1. 提高供应链间的效率 对于整个供应链而言，该体系的建立可以提供内部物流和质量相关信息，创建信息的反馈循环，提高物流过程中的透明度和供应链效率，为供应链中企业的相互了解提供了有效的渠道，便利了供应链内企业间的信息沟通，加强了贸易合作伙伴之间的协作。

2. 保护合格产品 由于该体系详实地记录了从原料、生产加工、运输、批发、零售全过程的详细信息。因此，一旦发生诸如产品安全事故，那些产品质量符合标准的企业可向有关国家和地区提供与产品质量安全相关的可追溯信息，将自己的产品与那些问题产品区分开来，以保证产品的顺利出口，免遭禁运风险。

3. 召回问题产品 一旦产品发生问题，企业可以保证快速查找问题的原因，并及时对产品进行召回或撤回，同时可根据产品批号缩小问题产品的范围，不需要将全部产品召回，降低了产品召回率，避免了企业更大的损失。

4. 提高企业竞争力 对于企业来讲，该体系的建立有利于提高企业的信息化管理水平，提高该企业产品的附加值，是与消费者满意度、公司形象，以及消费者在购买产品时对产品的信任度相联系的；同时可以满足当前一些国家对食品安全跟踪与追溯的基本要求，从而打破国外因食品质量安全追溯制而设置的贸易壁垒，提高我国农产品在国际市场上的竞争力。

思考题

1. 试述果蔬物流的概念及特点。
2. 试述国内外果蔬物流的模式及特点。
3. 试述果蔬物流的组成。
4. 简述果蔬物流运输的基本要求、方式及工具。
5. 果蔬冷藏链包括哪几个阶段，其常用技术有哪些?
6. 试述果蔬物流信息的特征及常用的信息系统与技术。
7. 试述可追溯系统的定义、分类及主要设计内容。

第三篇　果蔬加工工艺

第八章

果蔬加工原料要求及预处理

果蔬加工是食品加工中的重要组成部分，加工产品的质量除了受工艺、设备等外在因素的影响外，果蔬原料自身的特性和品质对加工产品的质量也起着至关重要的作用。此外，果蔬原料的种类丰富，且加工方法多样，其对原料的要求和预处理也存在一定的差异。本章将对果蔬原料的加工适应性、加工方法对原料品质的要求、原料的预处理方法及半成品保存方式进行阐述。

第一节　果蔬加工原料要求

一、果蔬原料的种类和品种

果蔬种类繁多，据统计，全世界果树种类约有60科，2 800种左右，而我国有58科，380种左右。同时我国栽培的蔬菜达20余科，110多种。但并非所有的果蔬种类和品种都适合进行加工。水果一般采用果实作为加工原料；蔬菜则相对较复杂，因其器官或部位不同，其结构和性质也相差较大。因此，合理选择适合于加工的种类和品种是生产优质安全加工品的首要条件。常见的果蔬加工产品对果蔬原料的特性要求如下。

（一）干制品

果品原料要求使用干物质含量较高、水分和纤维素含量低、可食部分多、核小皮薄、风味及色泽良好的种类和品种；蔬菜原料使用要求组织致密、菜心及粗叶等废弃部分少、肉质厚、粗纤维少、新鲜饱满、色泽好的种类和品种。常用的水果原料有葡萄、香蕉、枣、柿子、山楂、苹果、杏、龙眼、荔枝等；常用的蔬菜原料有胡萝卜、甘蓝、花椰菜、辣（甜）椒、南瓜、洋葱、姜、大蒜及大部分食用菌等。然而，同一种类中并非所有的品种都适合用来加工干制品，例如，制干用葡萄要求皮薄、无籽、果肉丰满柔软、含糖量高、外观美观，一般以‘无核白鸡心’、‘超级无核’、‘波尔来特’、‘无核紫’、‘美丽无核’等葡萄品种为好；脱水胡萝卜制品以‘天红二号’、‘新黑田五寸’为优良加工品种。

（二）罐制品、糖制品及冷冻制品

此类制品的原料要求使用可食部分多、质地紧密、糖酸比适当、色香味好的种类和品种。另外，罐藏和果脯的原料还要求耐煮制，果酱类制品要求原料含有丰富的果胶物质、有机酸含量高、风味浓、香气足。常用的果品原料有山楂、杏、草莓、苹果、桃、梨、柑橘、葡萄等；常用的蔬菜原料有番茄、甜玉米、石刁柏、食用菌、胡萝卜、青豆、豆角、马铃薯、辣（甜）椒、山野菜等。在加工品种的选择上依据成品质量要求而定，如番茄酱加工中主要从原料的可溶性固形物含量、pH、黏度和番茄红素含量上去选择，目前较好的早熟加工品种有‘屯河8号’、‘屯河45号’、‘新红18’、‘立原8号’等，中晚熟品种有‘屯河3号’、‘屯河46’、‘石红208’、‘石红201’等。近年来，新疆农业科学院园艺作物研究所还培育出了低酸番茄新品种‘新番41号’（‘屯河48号’）和高黏加工番茄新品种‘新番39号’（‘屯河737号’）。

（三）果汁及果酒制品

用于加工果汁及果酒类产品的原料一般应选择出汁率高、果胶含量少、可溶性固形物含量高、糖酸比适宜、风味独特、色泽良好的种类和品种。常用的果蔬原料有柑橘类、苹果、桃、葡萄、梨、菠萝、猕猴桃、草莓、番茄、黄瓜、芹菜等。在生产中，适宜加工果汁的原料出汁率应达到如下要求：苹果77%～86%、梨78%～82%、葡萄76%～85%、草莓70%～80%、酸樱桃61%～75%、柑橘类40%～50%、其他浆果类70%～90%。此外，有些原料汁液含量并不丰富，如胡萝卜、山楂等，但因其具有特殊的营养价值、风味和色泽，也可以经特殊的工艺处理而加工成澄清或混浊型的果汁饮料。在果汁产品中，橙汁是全球最重要的果汁产品，其销量占全球果汁的一半以上，其加工原料包括橙、柠檬、柚、柑、橘等许多品种，如甜橙类中制汁优良品种有'华盛顿脐橙'、'伏令夏橙'、'哈姆雷甜橙'、'先锋橙'、'锦橙'、'哈姆林橙'、'晚生橙'、'渝红橙'、'四川锦橙'、'湖南冰糖橙'、'湖北桃叶橙'和'广西血橙'等；柑和橘类中制汁优良品种有'樟头红'、'红橘'、'克来门丁'、'温州蜜橘'、'本地早'和'苏橘'等；葡萄柚类中供制汁用的优良品种有'马叙葡萄柚'、'邓肯葡萄柚'、'汤姆逊葡萄柚'等；柠檬类中适合制汁的优良品种有'尤力克'、'欧立加'、'里斯本'、'法兰根'、'维拉费兰卡柠檬'等。此外，浓缩苹果汁是仅次于橙汁的世界第二大果汁，且酸度越高售价越高，因此高酸苹果浓缩汁加工品种应注意选择可溶性固形物含量在12%以上、可滴定酸含量在0.8%～1.2%、糖酸比在(12∶1)～(15∶1)，酚类物质含量低，果实硬度在6.0 kg/cm^2以上的品种。目前适于制汁的优良品种有'瑞连娜'、'瑞拉'、'奥登堡'、'凯威'、'金冠'、'澳洲青苹'等，以及莱阳农学院培育的'95－109'、'59－42'、'95－121'等制汁专用苹果品种。

(四) 腌制品

腌制品大多以蔬菜为加工原料，主要以根菜类和茎菜类为主，其次为部分叶菜类和瓜果菜类。一般选择水分含量低、干物质较多、肉质厚、风味独特、粗纤维少的原料为好。常用的腌制原料有萝卜、大头菜、芜菁、青菜头、莴笋、大蒜、生姜、白菜、茄子、雪里蕻、紫苏、黄瓜、辣椒、苦瓜、豇豆等。

二、原料的成熟度和采收期

果蔬原料的成熟度是其加工适应性的另一重要指标，它直接关系到产品质量和原料损耗率的高低。水果可按果实成熟的不同程度分为：可采成熟度、食用成熟度和生理成熟度。在水果加工实践中，需根据不同产品类型选择适宜的成熟度和采收期。

可采成熟度的果实体积不再增大但未达到最佳食用阶段，呈现出本品种特有的色、香、味等主要特征，果肉开始由硬变脆，达到最佳贮运阶段。具备延长加工条件的工厂可选择此时采收进厂入贮，以备后续加工。

食用成熟度的果实已具备该品种特有的色泽、风味和芳香，营养价值较高并达到适合食用的阶段，可当地销售和短途运输。此种成熟度的果品适合加工多种类型的产品。如糖制、罐头类产品，此阶段的原料成熟度适中，原果胶含量较高，组织比较坚硬，耐煮制，加工果糕、果冻类产品时具有良好的凝胶特性；再如加工干制品时，此成熟度的原料可保证产品风味和外观品质；另外，制汁原料也需达到此成熟度，此时原料色泽好，香味浓，糖酸适中，榨汁容易，损耗率低。

生理成熟度的果实在生理上已达到充分成熟的状态，果肉开始变绵变软，不适宜贮藏和运输。酿酒的葡萄多在此阶段采收，此时果实含糖量高，色泽风味最佳，制成的葡萄酒品质好，如美国规定：酿造佐餐酒的葡萄应达到20～23度(干白和桃红)或21～23度(干红)。

蔬菜供食用的器官差异较大，原料成熟度因加工产品类型而异，一般叶菜类应在生长期采收，此时粗纤维少，品质好；根菜类以组织充分膨大、尚未抽薹时采收为宜；茎菜类中地下茎原料以地上茎开始枯萎时采收为宜，此时淀粉含量较高，而地上茎原料如芦笋、竹笋等以嫩茎为食用部位，采收不宜过晚；果菜类中的荚果类如菜豆、豌豆等用于制作罐头时应以乳熟期采收为宜，用于腌制的黄瓜则选择幼嫩的乳黄瓜或小黄瓜为宜等。

三、原料的新鲜度

果蔬原料越新鲜完整，其营养价值越高，产品质量就越好，损耗率越低。因此，从采收到加工应尽量缩短时间，这也是为什么果蔬加工厂要建在原料基地附近的原因。果蔬原料大多属易腐农产品，在采收、运输、贮藏过程中，极易造成机械损伤、品质劣变和微生物侵染，采收后若不及时进行加工，往往造成原料损耗腐烂，失去加工价值，严重影响企业的经济效益。一般蘑菇、芦笋要在采后2～6 h内加工；青刀豆、蒜薹、莴苣等不得超过1～2 d；大蒜、生姜等采后3～5 d内加工，否则表皮干枯，去皮困难。桃要在采后1 d内进行加工；葡萄、杏、草莓及樱桃等必须在12 h内进行加工；柑橘、中晚熟梨及苹果应在3～7 d内进行加工。如果必须放置或进行远途运输，则需采取一系列的保藏措施。如食用菌要用盐渍保藏；甜玉米、豌豆、青刀豆及叶菜类采后立即进行预冷处理；桃、李、番茄、苹果等入冷藏库贮存等。同时在采收、运输过程中一定要注意防止机械损伤、日晒、雨淋及冻伤等，以充分保证原料的新鲜度。

四、原料的洁净度和安全性

洁净度主要指水果原料表面和内部初始细菌含量和农药残留量是否符合要求。对于仁果类水果原料和块根(茎)类蔬菜等质地较硬的原料，原则上可通过清洗来达到要求，清洁度要求相对较低，但需注意避免在清洗过程中使原料受到损伤；对于浆果类如草莓、樱桃及一些果菜、叶菜类，由于其不能承受较强烈的清洗，因此，这类果蔬原料的清洁度要求较高。

此外，随着果蔬制品安全性的要求越来越高，国内外对果蔬原料的重金属及有害物质、农药施用种类及残留量等也做出了严格的限制。无公害农产品、绿色食品、有机食品等正是在此背景下提出的，其中，无公害农产品是保证人们对食品质量安全最基本的需要，也是最基本的市场准入条件。我国农业部分别于2001年、2002年、2004年制定了300余项无公害食品行业标准，其中涉及苹果、梨、桃、葡萄、草莓、猕猴桃、柑橘、杨桃、荔枝、龙眼、香蕉、芒果、菠萝等水果；涉及黄瓜、苦瓜、豇豆、菜豆、萝卜、胡萝卜、菠菜、芹菜、蕹菜等蔬菜。在标准中对果蔬原料安全性的要求包括两个方面：一是重金属及其他有害物质卫生限量；二是农药最大残留限量。根据GB 18406.2—2001，无公害水果的重金属及有害物质要求限量如表8-1所示，农药最大残留量如表8-2所示。

表8-1 重金属及其他有害物质限量

项目	指标/(mg/kg)
砷(以As计)	≤0.5
汞(以Hg计)	≤0.01
铅(以Pb计)	≤0.2
铬(以Cr计)	≤0.5
镉(以Cd计)	≤0.03
氟(以F计)	≤0.5
亚硝酸盐(以$NaNO_2$)	≤4.0
硝酸盐(以$NaNO_3$)	≤400

表8-2 农药最大残留限量

项目	指标/(mg/kg)	项目	指标/(mg/kg)	项目	指标/(mg/kg)
马拉硫磷	不得检出	水胺硫磷	≤0.02(柑橘果肉部分)	百菌清	≤1.0
对硫磷	不得检出	六六六	≤0.2	多菌灵	≤0.5
甲拌磷	不得检出	DDT	≤0.1	氯氰菊酯	≤2.0
甲胺磷	不得检出	敌敌畏	≤0.2	溴氰菊酯	≤0.1
久效磷	不得检出	乐果	≤1.0	氰戊菊酯	≤0.2
氧化乐果	不得检出	杀螟硫磷	≤0.4	三氟氯氰菊酯	≤0.2
甲基对硫磷	不得检出	倍硫磷	≤0.05		
克百威	不得检出	辛硫磷	≤0.05		

注：表中未列项目的农药残留限量标准各地区根据本地实际情况按有关规定执行。

综上所述，要想获得高质量的加工产品，原料的洁净度和安全性是不可忽视的重要因素，采用洁净度高、安全性好的原料是简化工艺操作、节能降耗的重要内容。

第二节 果蔬原料预处理

尽管果蔬原料组织特性千差万别，加工产品类型多种多样，但加工前原料的预处理过程却基本相同，主要包括选别、分级、清洗、去皮、切分、修整、烫漂、硬化、抽空等。此外，去皮后还要对原料进行相应地护色处理，以防原料发生变色导致品质劣变。

一、挑选、分级

果蔬挑选的目的是去除杂质和不合格原料。将原料中未熟或过熟的、已腐烂或长霉的，以及混入果蔬内的砂石、虫卵和其他杂质去除，从而保证产品的质量，同时有利于后续工艺过程的顺利进行。果蔬分级是对挑选后的原料按尺寸、形状、密度、颜色、外观或内部品质等特性分成不同等级，可采用手工或机械方法进行。其目的是保证产品的规格和质量，提高原料利用率，便于生产的连续化和自动化。对无形态要求的加工品如果汁、菜汁、果酒、果酱等无需分级。

（一）大小分级

按原料的尺寸即大小分级是分级中最主要的方式。目前常用的球形或近球形果蔬大小分级方法有筛子分级法、回转带分级法、辊轴式分级法、滚筒式分级法等。其中滚筒式分级法在国内外使用最为广泛，分级装置主要由喂料机构、V形槽导果板、分级滚筒、接果盘及传动系统组成，分级滚筒开有孔径逐级增大的圆孔，原料从V形槽导果板流至滚筒外边进行自动校径分级，自小至大依次落入相应滚筒内的接果盘，此装置结构简单，对原料损伤小，成本较低，分级精度和效率较高。

（二）外观品质分级

主要包括光电式色泽分级法和计算机图像处理分级法。前者是根据不同颜色其反射光的波长不同进行物料颜色的区分；后者是利用计算机视觉技术一次性完成形状、尺寸、损伤、成熟度等检测，并根据各指标数值大小进行分类。如针对不同原料的色选机及CCD色选机。

（三）内部品质分级

内部品质包括糖度、酸度、蛋白质、硬度、内部缺陷等指标。目前，近红外光谱技术在农产品内部检测方面发展迅速，其基本原理是当近红外光照射水果时，水果内不同成分对不同波长的光学吸收和散射程度不同，并且内部光谱也会因成分的质量分数不同而变化，利用此特性即可分析水果中的主要成分和质量分数；另外，核磁共振技术在水果内部品质检测方面也有着较大的发展潜力，如Chen等利用MRI获得不同水果和蔬菜的二维质子密度成像图，可直接观察到那些与质量有关的不良现象，如碰伤、虫眼、干区(dry region)等。

二、清洗

清洗的目的在于去除果蔬表面的灰尘、泥沙、植物杂质、微生物、残留的农药等污染物，保证产品的清洁卫生。洗涤用水应符合《生活饮用水卫生标准》(GB 5749—2006)的要求，水温一般为常温，原辅材料与洗涤用水的比例不超过1∶2，必须使用流动水，出口产品洗涤用水不得循环使用，非出口产品如使用净化后的循环水，必须保证水质达到工艺要求的水质标准。

洗涤时常在水中加入化学试剂(表8-3)，在常温下浸泡数分钟，再用清水洗净，这样既可减少或除去农药残留，又可除去虫卵，降低耐热芽孢数量。近年来，一些脂肪酸系的洗涤剂如单甘油酸酯、磷酸盐、糖脂肪酸酯、柠檬酸钠等也应用于生产，但采用果蔬清洗剂时应符合GB/T 24691—2009的有关规定。

表8-3 几种常用化学洗涤剂

洗涤剂种类	浓 度	水温及处理时间	适 用 果 蔬
盐 酸	0.5%～1.5%	常温3～5 min	苹果、梨、樱桃、葡萄等具蜡质果实
氢氧化钠	0.1%	常温数分钟	具果粉的果实如苹果
漂 白 粉	600 mg/kg	常温3～5 min	柑橘、苹果、桃、梨等
高锰酸钾	0.1%	常温10 min左右	枇杷、杨梅、草莓、树莓等

果蔬的清洗方法多种多样，需根据生产条件、果蔬形状、质地、表面状态、污染程度、夹带泥土量及加工方法而定。

（一）手工清洗

所需设备只要清洗池、洗刷和搅动工具即可。手工清洗简单易行、设备投资省，适用于任何种类的果蔬，但劳动强度大，非连续化，效率低。但对于一些易损伤的果品此法较合适。

（二）机械清洗

用于果蔬清洗的机械多种多样，需根据果蔬的特性和加工要求选择适宜的清洗设备。

1. 滚筒式清洗机 利用滚筒内高压喷淋装置冲洗和毛刷刷洗达到清洗效果，适合质地较硬表面不怕机械损伤的李、黄桃、甘薯、胡萝卜等颗粒状、根茎类产品，特别适用于生长在泥土中的果蔬清洗。例如荷兰Sormac公司制造的滚筒式毛刷清洗机，清洗能力为2～7 t/h，主要用于胡萝卜、黄瓜、青葱等的清洗，产品在滚筒中的停留时间由可调节的出口门及滚筒转速控制以满足不同产品的清洗要求，滚筒内上部安装了两组喷水管，一组为新鲜水喷水管，另一组为从设备底部引入循环水的喷水管，以减少清洗过程中的用水量，并在简易清洗时可以很方便地卸下。该清洗机完全由安装在机器侧面的电气系统控制运行。

2. 气(鼓)泡式清洗机 利用高压气泡冲击被清洗物体表面，对被清洗物体表面起到一个冲击和刷洗的作用，从而使物料能得到充分的净化，适合于茎叶类蔬菜，以及苹果、西红柿、辣椒、茄子、黄瓜、草莓等果蔬的清洗。

3. 喷淋式清洗机 采用高压喷淋清洗，清洗能力大，洗净率高且不损伤物料，特别适合娇嫩蔬果，杂质多、难去除的果蔬原料的清洗。

4. 桨叶式清洗机 利用主轴上安装的搅拌桨叶对物料进行搅拌、摩擦、揉搓、抛起、撞击等，从而把块茎类物料芽眼内泥沙清除干净，而不损伤物料，特别适合于马铃薯、红薯、葛根、芋头等长块茎状物原料的清洗。

此外，多功能果蔬清洗机、超声波果蔬清洗机等一些新型清洗设备也逐渐在加工企业中得到应用。

三、去皮

去皮的目的在于除去不需要或不可食的物质，并改善成品的外观。许多果蔬外皮粗糙、坚硬，具有不良风味和口感，加工过程中容易引起不良后果，需进行去皮，但加工果汁、果酒等产品时因加工中有打浆、压榨等工序所以不用去皮，腌渍蔬菜时也无需去皮。去皮方法有手工、机械、碱液、酶法、热力、冷冻、真空去皮等，但要求去皮后的产品表面光洁而无损伤，不可过度。

（一）手工、机械去皮

手工去皮即人工削皮，是应用特别的刀、刨等工具去除表皮，应用较广。其优点是去皮干净、损失较少，并可同时去心、去核、切分、修整。但费工、费时、生产效率低。常用于柑橘、苹果、梨、柿、枇杷、芦笋、竹笋、瓜类等原料。

机械去皮是采用专门的机械去除表皮，适用于较规整的原料。常用的机械去皮机有以下三大类。

1. 旋皮机 工作原理是在特定的机械刀架下将果蔬皮旋去，适合于苹果、梨、柿等大型果品。

2. 擦皮机 工作原理是利用物料与工作圆筒粗糙的金刚砂内表面产生摩擦而达到去皮目的。适用于马铃薯、甘薯、胡萝卜、荸荠、芋等原料，脱皮效率高，但表皮常不光滑。此种方法也常与热力方法连用，如甘薯去皮即先行加热，再喷水擦皮。

3. 专用去皮机械 青豆、黄豆、菠萝等较难去皮的果蔬原料采用专用的去皮机来完成。

机械去皮比手工去皮的效率高，质量好，但一般要求去皮前原料有较严格的分级。另外，设备与果蔬接触的部分应用不锈钢制造，否则会造成果肉褐变，且由于果蔬接触面被酸腐蚀而增加制品内的重金属含量。

（二）碱液去皮

1. 碱液去皮的原理 利用碱液的腐蚀性使果蔬表皮内的角质、半纤维素被碱液腐蚀而变薄乃至溶解，中胶层的果胶被碱液水解而失去胶凝性，果肉的薄壁细胞膜比较抗碱，因此，碱液处理能使果蔬的表皮剥落而保存果肉。此法适合于桃、杏、李、马铃薯、胡萝卜等的去皮及橘瓣脱除囊衣，效率较高，是果蔬原料去皮中应用最广的方法。

碱液可采用氢氧化钠、氢氧化钾或其与氢氧化钠的混合液、碳酸钠、碳酸氢钠等，其中氢氧化钠腐蚀性强且廉价最为常用。有时还可加入一些表面活性剂和硅酸盐，它们可使碱液分布均匀，易于作用，在甘薯、苹果、梨等较难去皮的果蔬中常采用。

碱液去皮时碱液的浓度、处理的时间和碱液温度对去皮效果影响较大，应根据不同的原料种类、成熟度和大小而定。适当增加任何一项，都能加速去皮作用，故生产中需视具体情况灵活掌握，只要处理后经轻度摩擦或搅动就能脱落果皮，且果肉表面光滑即为适度。几种果蔬的碱液去皮参考条件见表 8-4。

表 8-4 几种果蔬碱液去皮参考条件

果蔬种类	NaOH 浓度/%	温度/℃	处理时间/min	备注
桃	1.5～3	90～95	0.5～2	淋或浸碱
杏	3～6	90 以上	0.5～2	淋或浸碱
李	5～8	90 以上	2～3	浸碱
苹果	8～12	90 以上	2～3	浸碱
海棠果	20～30	90～95	0.5～1.5	浸碱
梨	8～12	90 以上	2～3	浸碱
全去囊衣橘片	0.3～0.75	30～70	3～10	浸碱
半去囊衣橘片	0.2～0.4	60～65	5～10	浸碱
猕猴桃	10～20	95～100	3～5	浸碱
枣	5	95	2～5	浸碱
青梅	5～7	95	3～5	浸碱
胡萝卜	3～6	95～100	1～3	浸碱
甘薯	3～6	90 以上	4～10	浸碱
马铃薯	8～10	90 以上	4～10	浸碱
莲子(干)	2～3	90～100	3～4	浸碱
番茄	3～5	95～100	1～2	浸碱

经碱液处理后的果蔬应立即在冷水中浸泡或投入流动水中，反复漂洗，同时搓擦、淘洗以除去果皮渣和黏附的余碱，洗至果块表面无滑腻感，口感无碱味为止。漂洗必须充分，否则有可能导致果蔬制品，特别是罐头制品的 pH 偏高，导致杀菌不足，使产品败坏，同时口感也不良。为了加速漂洗和降低 pH，可用 0.1%～0.2%盐酸或 0.25%～0.5%的柠檬酸水溶液浸泡，并有防止变色的作用。盐酸较柠檬酸好，因盐酸解离的氢离子和氯离子对氧化酶有一定的抑制作用，而柠檬酸较难离解。同时，盐酸和余碱可生成盐类，抑制酶活性，且盐酸价格低廉。

2. 碱液去皮的方式 有浸碱法和淋碱法两种。

(1) *浸碱法*：分为冷浸与热浸，生产上以热浸较常用。将原料浸入一定浓度的碱液中(热浸常用夹层锅)一定时间，然后取出搅动、摩擦去皮、漂洗即成。

(2) *淋碱法*：将热碱液高压喷淋于输送带上的果品上，淋过碱的果蔬进入脱皮转筒内，在冲水的情况下与转筒内表面接触摩擦去皮。杏、桃等果实常用此法。

几乎所有的果蔬均可采用碱液去皮，首先，其适应性广，对不规则和大小不一的原料也能达到良好的去皮目的；其次，碱液去皮条件掌握适度时，原料利用率较高。最后，此法可节省人工、设备等。应用时需注意碱液的强腐蚀性，注意安全，设备容器等必须由不锈钢制成或用搪瓷、陶瓷，不能使用铁或铝制容器。

(三) 热力去皮

果蔬经高温短时处理后，表皮迅速升温膨胀破裂，表皮和果肉之间的果胶失去胶凝性，皮肉分离，然后迅速冷却去皮。适合于成熟度高的桃、李、杏、枇杷、番茄等薄皮果实的去皮。热源主要有蒸汽和热水，蒸汽去皮时一般采用近 100℃的处理温度。此法原料损失少，色泽好，风味好。

(四) 酶法去皮

主要用于柑橘去皮和脱囊衣。利用果胶酶对果胶的水解作用达到去皮和脱囊衣的目的，作用效果受果胶酶的浓度及酶的最佳作用条件如温度、时间、pH 等因素的影响。此法条件温和，产品质量好。

(五) 冷冻去皮

将果蔬与冷冻装置的冷冻表面接触片刻，使其外皮冻结于冷冻装置上，当果蔬离开时，外皮即被剥离。冷冻装置的温度为－28～－23℃，这种方法可用于桃、杏、番茄等的去皮。去皮损失率 5%～8%，质量好，但费用高，尚未投入商业应用。

(六) 真空去皮

将成熟的果蔬先行加热,使其升温后果皮与果肉易分离,接着进入有一定真空度的真空室内,使果皮下的液体迅速“沸腾”,皮肉分离,然后破除真空,经冲洗或搅动去皮。此法适用于成熟的桃、番茄等果蔬。

(七) 灼烧去皮

专为洋葱而开发的去皮方法。传送带将洋葱送入一个加热到1 000℃的火炉,洋葱外层的纸质表皮和根须被烧掉,烧成炭的表皮再被高压喷水柱冲掉。平均产品损失率为9%。

有些果蔬去皮后暴露在空气中,果肉会迅速发生褐变现象,因此,去皮后必须快速浸入稀酸或稀食盐水中护色。

四、去心、去核、切分及修整

目的在于去除不可食部分并保持产品适当的形状,方便后续加工。仁果类则需去心,核果类加工前需去核,体积较大的果蔬原料在制罐、制干、糖制及蔬菜腌制时,需要适当地切分,切分的形状应根据产品的标准和性质而定。果酒、果(蔬)汁、果酱类产品加工前需破碎,使之便于压榨或打浆,提高出汁率。糖制原料如枣、金橘、梅等加工时还需划缝、刺孔。

原料修整主要是使切分后的原料形状一致,并除去果蔬未去净的皮、梗、黑色斑点和其他病变组织,柑橘全去囊衣罐头则需去除未去净的囊衣。

上述工序小批量生产时通常是手工完成或借助于专用的小型工具,如枇杷、山楂、枣的通核器;金橘、梅的刺孔器等。规模生产时常采用多种专用机械,如多功能切片机、专用切片机、除核机、葡萄除梗破碎机等。

五、破碎与提汁

果蔬破碎的目的是破坏细胞壁,易于提汁。破碎必须适度,不能过细。破碎方法有机械破碎、冷冻破碎、超声波破碎等。果蔬取汁有压榨和浸提两种方法,带肉果汁可采用打浆法。压榨法适用于大多数果蔬,效果取决于果蔬的质地、品种和成熟度;浸提法适用于山楂、李子、乌梅等含汁少的果蔬。与压榨汁相比,浸提汁色泽明亮,氧化程度小,微生物含量低,鞣质含量高,芳香成分较多,易于澄清处理。

1. 压榨法　压榨是通过挤压力将液相从液固两相混合物中分离出来的一种单元操作。根据压榨前果浆是否进行热处理,将压榨分为热榨和冷榨;根据压榨后果渣是否经浸提后再次压榨,将压榨分为一次压榨和二次压榨。果蔬汁加工所用压榨机必须符合下述要求:工作快、压榨量大、结构简单、体积小、容量大、与原料接触面具有抗腐蚀性等。

2. 浸提法　浸提是将果蔬细胞中的汁液转移到液相浸提介质中的过程。适用于一些汁液含量较少、难以用压榨方法取汁的原料,如山楂、梅、酸枣等。浸提汁的特点是色泽明亮、氧化度小、微生物含量低、鞣制含量较高、芳香成分较多、易于澄清处理。

六、烫漂

生产上又称预煮,即将已切分的或经其他预处理的新鲜原料放入沸水或热蒸汽中进行短时间的处理。

(一) 烫漂的主要作用

1. 钝化酶　果蔬中含有多种酶类,过氧化氢酶和过氧化物酶是其中两种耐热酶,原料经烫漂后酶类可被钝化,以防止加工过程中品质的进一步劣变,这在速冻与干制品加工中尤为重要。由于钝化过氧化氢酶的时间是钝化过氧化酶时间的50%~70%,因此过氧化物酶一般作为果蔬烫漂的指示酶,通常过氧化物酶在95~100℃的温度下一定时间内便失去活性,它的失活也表示其他较不耐热的酶已被破坏。

2. 降低果蔬中的污染物和微生物数量　减少原料表面污染的微生物数量,可杀灭全部或部分蔬菜表面的微生物和虫卵,降低农药残留量,对后续杀菌防腐处理有辅助作用。

3. 软化或改进组织结构　可软化果蔬组织,便于包装充填;同时由于改变了细胞膜的透性,水分易蒸发,糖分、盐分易渗入,干制和糖制时产品不易产生裂纹和皱缩,干制时加碱液烫漂后更明显,热烫过的干制品复水也更容易。

4. 稳定或改善色泽 由于细胞内空气的逸出，透明度增加，对于含叶绿素的果蔬，色泽更加鲜绿；不含叶绿素的果蔬则变成半透明状态，更加美观。同时气体的排出也有利于罐头制品保持合适的真空度。

5. 改善风味 可除去果蔬的部分辛辣味、苦涩味、土腥味及其他不良风味，有时还可以去除一部分黏性物质，改善产品的品质。

（二）烫漂的方法

果蔬烫漂常用的方法有热水和蒸汽两种，小批量烫漂可在夹层锅内进行，规模化生产需采用专门的烫漂机。二者的优缺点见表 8-5。

表 8-5 传统蒸汽和热水烫漂机的优缺点

设备	优点	缺点
传统蒸汽烫漂机	水溶性成分损失较小。特别是使用空气冷却而非水冷系统时，废水和固体废物的排放少于热水烫漂机。易于清洁和灭菌	对食品的清洁效果有限，仍需洗涤机。若食品在传送带上堆积过高，可导致烫漂不均。食品质量有部分损失
传统热水烫漂机	与蒸汽烫漂机相比，投资成本较低而能源利用率较高	水费和大量废液处理费用较高。有被嗜热细菌污染的风险

检验烫漂的效果有以下两种方法。

1. 切面接触法 用刀将热烫过的蔬菜横向切开，立即浸入 0.1%的愈创木酚-乙醇溶液（50%的乙醇溶液为溶剂）或 0.1%的联苯胺溶液中，片刻取出，在切面上滴 3 滴质量分数为 0.3%的过氧化氢溶液，4～5 min 后，观察其变色情况。若愈创木酚-乙醇溶液处理后仍呈红褐色，或与联苯胺反应呈深蓝色，即表示热烫不完全；如两者均未变色，则表示酶已失活。检测时选用上述何种溶液，主要以蔬菜本身的色泽为依据，如橙红色的胡萝卜不宜用愈创木酚而宜用联苯胺，对于淡色蔬菜则两种试剂均可，如青豌豆用愈创木酚试剂反应则呈现红褐色，用联苯胺试剂反应则呈棕褐色，最终变为黑蓝色。

2. 试管加液法 取若干试样放在容积为 24 mL 的试管中，加入 20 mL 蒸馏水、1 mL 质量浓度为 0.1%的愈创木酚-乙醇溶液（50%乙醇溶液为溶剂）和 0.7～1.0 mL 0.3%的过氧化氢溶液，摇动，并观察试样颜色的变化。当试管中试样迅速变成深暗的红褐色时，说明有过氧化物酶存在，热烫不足；当试样缓缓地变为淡红色时，说明过氧化酶已被局部钝化；若看不到有任何变色情况，说明过氧化酶已被完全破坏。

尽管烫漂有诸多有利方面，但也会带来一些不利影响，如营养成分损失（5%～40%），质地变软，色泽变暗等，因此烫漂时要严格控制程度，防止不足或过度。

七、工序间的护色

果蔬去皮或切分破碎后，暴露在空气中很容易发生颜色变化，影响产品外观、风味和营养品质。其原因是发生了酶促褐变，即原料中的酚类物质在有氧的条件下被氧化酶和过氧化酶氧化生成醌及其聚合物的反应过程。其关键的作用因子有酚类底物、酶和氧气。因为底物不可能除去，所以一般的护色措施均从排除氧气和抑制酶活性两方面着手，常用的护色方法有以下几种。

（一）食盐水护色

常用食盐水浓度为 1%～2%。食盐对酶的活性有一定的抑制和破坏作用，另外，氧气在盐水中的溶解度远比空气中小，因此有一定的护色效果。桃、梨、苹果、枇杷、食用菌类等均可采用此法。在食盐水中加入适量有机酸可增进护色效果。

（二）酸溶液护色

常用的有机酸有柠檬酸、抗坏血酸、苹果酸、乳酸、植酸等，生产上多采用廉价的柠檬酸，浓度一般低于 1%。酸性溶液可通过降低 pH 而抑制多酚氧化酶活性，而且由于氧气的溶解度在溶液中较小，因此兼有抗氧化作用。

（三）熏硫和亚硫酸盐溶液护色

多用于干制和果脯加工中。熏硫是将被护色的原料放入密闭的室内，点燃硫黄或直接通入 SO_2 气体，

SO_2浓度宜维持在1.5%～2%，也可按每吨原料用硫黄2～3 kg或每立方米空间燃烧硫黄200 g计，果肉内含SO_2达0.1%左右时熏硫结束。

亚硫酸盐既可防止酶促褐变，又可抑制非酶褐变，效果较好。常用的亚硫酸盐有亚硫酸钠、亚硫酸氢钠和焦亚硫酸钠等，由于各种亚硫酸盐含有效SO_2的量不同，处理时应按所含有效SO_2计算用量。在罐头加工中应采用低浓度硫处理，并尽量脱硫，否则易造成金属罐内壁产生硫化斑。

八、半成品的保存

果蔬原料采收期多值高温季节，产量集中，一时加工不完就会腐烂变质，因此有必要进行原料贮备，以延长加工期限。除鲜贮外，将原料加工成半成品进行保存也是有效方法之一。

半成品指经过预处理的果蔬原料。其保存方法有以下3种。

（一）盐腌处理

将半成品用高浓度的食盐溶液腌制成盐胚保存，主要是利用高浓度的食盐溶液具有较高的渗透压，可降低原料的水分活度，从而抑制微生物及酶的活性，达到保存目的。方法有干腌和湿腌。

1. 干腌　适用于成熟度高、含水分多的原料。用盐量一般为原料重的14%～15%。腌制时，宜分批拌盐，拌匀后分层入池，铺平压紧，由下而上用盐量逐层增多，表面用盐覆盖隔绝空气，便能保存不坏。也可盐腌一段时间以后，取出晒干或烘干成干胚保存。

2. 湿腌　适合于成熟度低、含水分少的原料。一般配制10%的食盐溶液将原料淹没，能短期保存。

（二）硫处理

用二氧化硫或亚硫酸溶液处理保存原料，加工前需进行脱硫处理。

（三）防腐剂处理

在原料半成品中添加防腐剂或再配以其他措施来防止原料分解变质，抑制有害微生物的繁殖生长的保存方法。常用的防腐剂有苯甲酸钠、山梨酸钾等，应根据原料的pH、微生物种类及数量、贮存期长短、贮存温度等确定添加量，且必须符合食品安全国家标准《食品添加剂使用标准》(GB 2760—2011)的有关规定。该法适合于果酱、果汁半成品的保存。

（四）无菌贮罐保存

无菌贮罐保存是将经过巴氏杀菌的浆状果蔬半成品在无菌条件下灌入预先杀菌的密闭大金属罐中，保持一定的气体内压，以防止产品内的微生物发酵变质，从而保藏产品的一种方法。这是目前现代化的果蔬汁、果浆类产品无菌包装的一种形式，其优点是经济、卫生。一方面它可以保证在整个生产期间产品质量的稳定性，另一方面无菌中间存贮确保了加工设备在全自动清洗期间灌装生产线的连续作业。无菌贮罐由圆柱形不锈钢制作，贮罐间可柔性连接多条生产线和包装线以实现不同产品的自动同时充填，贮罐规格为100～100 000 L。

思考题

1. 果蔬加工对原料有哪些要求？
2. 果蔬分级的方式。
3. 烫漂的目的及烫漂完成的判断方法。
4. 工序间护色的方法及原理。
5. 果蔬半成品保存的方法及原理。

第九章

果蔬罐藏

罐藏食品在我国有着悠久的历史。早在3 000多年前，我国先民已利用陶瓦器腌藏食品。果蔬罐藏就是将果品蔬菜经过一定处理后，装入特制的容器中，密封后进行杀菌处理，杀灭果蔬中的绝大多数微生物，同时使罐内果蔬与外界环境隔绝而不被微生物再污染，从而使之能够较长时间在常温下保存的加工方法。本章主要介绍果蔬罐藏基本原理、果蔬罐藏容器、果蔬罐藏工艺、果蔬罐藏常见质量问题及其控制等。

第一节　果蔬罐藏基本原理

一、罐头食品杀菌的原理

罐头杀菌的目的：一是抑制微生物的活动，使罐内食品在一般保管条件下，不腐败变质，不因致病菌的活动造成食物中毒；二是在考虑杀菌工艺的同时，尽可能地保存食品的色、香、味、质地及营养价值，有时甚至还有调制食品的作用，改进食品质地和风味。罐头食品杀菌，并不要求做到绝对无菌，即使加热到一定程度，罐内还会残留微生物或芽孢，但是由于罐内的特殊条件，在一定的保存期内也不致引起食品变质腐败，即达到"商业无菌"。

（一）杀菌对象菌的选择

由于原料的种类、来源、加工方法和加工条件等不同，各种罐头食品在杀菌前存在着不同种类和数量的微生物。生产上选择最常见、耐热性最强、有代表性的腐败菌或引起食品中毒的细菌作为主要的杀菌对象菌。一般认为，如果热力杀菌足以消灭耐热性最强的腐败菌时，则耐热性较低的腐败菌很难残留。芽孢的耐热性比营养体强，若有芽孢菌存在时，则应以芽孢菌作为主要的杀菌对象菌。

罐头食品的酸度（或pH）是选定杀菌对象菌的重要因素。一般来说，在pH 4.5以下的酸性或高酸性食品中，将耐热性低的酶类、霉菌和酵母菌作为主要杀菌对象菌，比较容易杀灭；而在pH 4.5以上的低酸性食品中，杀菌的主要对象是那些能在无氧或微量氧的条件下活动且产生孢子的厌氧性细菌，这类细菌的孢子耐热性很强。在罐头工业生产上，一般以产生毒素的肉毒梭状芽孢杆菌为主要杀菌对象，后来又提出以两种耐热性更强、能致败但不致病的细菌 *Putrefactive anaerobe* 3679（P. A. 3679）和 *Bacillus stearothermophilus*（FS 1518）作为杀菌对象菌，这样所得的数据更为可靠。

（二）*F* 值的确定

F 值是指在恒定的加热标准温度下（121℃或100℃），杀灭一定数量的细菌营养体或芽孢所需要的时间（min），也称为杀菌效率值、杀菌致死值或杀菌强度。在制定杀菌规程时，要选择耐热性最强的常见腐败菌或引起食品中毒的细菌作为主要杀菌对象菌，并测定其耐热性。计算 *F* 值的代表菌一般采用肉毒梭状芽孢杆菌。*F* 值越大，杀菌效果越好。*F* 值的大小还与食品的酸碱度有关，低酸性食品要求 *F* 值为4.5，中酸性食品 *F* 值为2.45，酸性食品 *F* 值为0.5～0.6。按照酸度将罐头食品分为低酸性、中酸性、酸性和高酸性4类，见表9-1。

F 值包括安全杀菌 *F* 值和实际杀菌条件下的 *F* 值。安全杀菌 *F* 值是在瞬时升温和降温的理想条件下估算出来的，通过杀菌前罐内食品微生物的检验，选出该种罐头食品常被污染的腐败菌的种类和数量，并以对象菌的耐热性参数为依据，用计算方法估算出来的。安全杀菌 *F* 值也称为标准 *F* 值，它被作为判别某一杀菌条件合理性的标准值。但在实际生产的杀菌过程都有一个升温和降温过程，在该过程中，只要在致死温度下都有杀菌作用，因此可根据估算的安全杀菌 *F* 值和罐头内食品的导热情况制定杀菌公式来进行实际试验，并

测其杀菌过程中罐头中心温度的变化情况，来算出罐头实际杀菌 F 值。有关罐头安全杀菌 F 值的估算和杀菌实际条件下 F 值的计算可参考《罐头工业手册》等有关书籍。要求实际杀菌 F 值应略大于安全杀菌 F 值，如果小于安全杀菌 F 值，则说明杀菌不足，应适当提高杀菌温度或延长杀菌时间，如果大于安全杀菌 F 值，则说明杀菌过度，应适当降低杀菌温度或缩短杀菌时间，以提高和保证食品品质。

表 9－1　罐头食品按照酸度的分类表

酸度级别	pH	食　品　种　类	常见腐败菌	热力杀菌要求
低酸性	5.0 以上	蘑菇、青豆、青刀豆、芦笋、笋	嗜热菌、嗜温厌氧菌、嗜温兼性厌氧菌	高温杀菌 105～121℃
中酸性	4.5～5.0	蔬菜制品、沙司制品、无花果		
酸性	3.7～4.5	荔枝、龙眼、桃、樱桃、李、枇杷、梨、苹果、草莓、番茄、什锦水果、番茄酱、荔枝汁及其他果汁等	非芽孢耐酸菌和耐酸菌	沸水或 100℃以下介质中杀菌
高酸性	3.7 以下	菠萝、杏、葡萄、柠檬、柚、果酱、果冻、柠檬汁、醋栗汁、酸泡菜及酸渍食品等	酵母菌、霉菌	

(三) 罐头的杀菌规程

杀菌规程用来表示杀菌操作的全过程，主要包括杀菌温度、杀菌时间和反压力 3 项因素。在罐头厂通常用"杀菌公式"来表示，即把杀菌的温度、时间及所采用的反压力排列成公式的形式。一般杀菌公式为

$$\frac{t_1-t_2-t_3}{T} \text{或} \frac{t_1-t_2}{T}p$$

式中，T 为要求达到的杀菌温度(℃)；t_1 为使罐头升温到杀菌温度所需的时间(min)；t_2 为保持恒定的杀菌温度所需的时间(min)；t_3 为罐头降温冷却所需的时间(min)；p 为反压冷却时杀菌锅内应采用的反压力(Pa)。

罐头杀菌条件的确定，也就是确定其必要的杀菌温度、时间。杀菌条件确定的原则是在保证罐藏食品安全性的基础上，尽可能地缩短加热杀菌的时间，以减少热力对营养成分等食品品质的影响。也就是说，正确合理的杀菌条件既能杀死罐内的致病菌和能在罐内环境中生长繁殖引起食品变质的腐败菌，使酶失活，又能最大限度地保持食品原有的品质。

二、影响罐头杀菌的主要因素

(一) 微生物的种类和数量

罐头食品在密封前均不同程度地受到微生物的污染，其污染的程度决定了杀菌的温度和时间。微生物种类很多，各种微生物耐热差异很大，即使同一菌种也因菌株不同而异，正处于生长繁殖的细菌与它的芽孢，耐热性也不同。一般是嗜热菌芽孢耐热性最强，厌氧芽孢次之，需氧菌芽孢的耐热性最弱。腐败菌或芽孢全部死亡所需时间因原始菌数而异，原始菌数越多，在同样致死温度下所需全部死亡的时间越长，见表 9－2。

表 9－2　芽孢数量与致死时间的关系(叶兴乾，2009)

食品中所含芽孢数/(个/mL)	100℃的致死时间/min	食品中所含芽孢数/(个/mL)	100℃的致死时间/min
72 000 000 000	230～240	850 000	80～85
1 640 000 000	120～125	16 400	45～50
32 800 000	105～110	323	35～40

为了减少杀菌前罐头食品中微生物的数量，所采用的原料要求新鲜清洁，从采收到加工要及时，加工的各工序之间要紧密衔接不要拖延，尤其装罐以后到杀菌之间不能积压，否则罐内微生物数量将大大增加而影响杀菌效果。另外，工厂要注意卫生管理、用水质量及与食品接触的一切机械设备和器具的清洗和处理，使食品中的微生物减少到最低限度，否则会影响罐头食品的杀菌效果。

(二) 食品本身的成分

罐头杀菌是利用加热促使微生物死亡，因为加热使细胞蛋白质凝固而失去新陈代谢的能力，因此细胞内

蛋白质凝固难易程度直接关系到微生物的耐热性，而蛋白质的凝固又受介质(即食品)的成分如含酸、碱、盐、水分、蛋白质等的影响，即介质环境条件的影响，其中酸度的影响尤为突出。

由前面的表 9-1 可以看出，食品 pH 不同，存在的微生物种类不同，热力杀菌的要求也不同。酸度高的食品即酸性和高酸性食品，在杀菌时可适当地降低温度，缩短加热时间；酸度低的食品，则需提高杀菌温度，延长加热时间。这是由于食品中酸度高，未解离的有机酸分子极易渗进细菌的活细胞内解离为离子，能转化细胞内部反应而引起细菌死亡。

食品除酸度外，其他化学成分如糖、蛋白质、脂肪、盐等都能影响微生物的耐热性，从而影响杀菌效果。糖分的存在增加了杀菌的困难，因为糖液能保护芽孢，糖液浓度增加，促进芽孢的耐热性增强，但蔗糖浓度增高到一定浓度，造成了高渗透压环境，又可抑制微生物发育。食品中的油脂和蛋白质对细菌芽孢都有保护作用。通常食盐浓度在 4%以下时，对芽孢的耐热性有一定的作用，浓度达 8%以上时，则可削弱其耐热性，这种保护和削弱的程度，因腐败菌的种类而异。此外，其他盐类如氯化钙、碳酸钠、磷酸钠等，对芽孢都有一定的杀菌力，这种杀菌力一般认为来自未解离的分子。

（三）杀菌时的传热情况

1. 传热方式的影响 杀菌时热的传递主要以热水或蒸汽为介质，将热力由罐外表传递进罐头中心的热传递速度，对杀菌条件影响很大。热的传递方式有传导、对流和辐射，罐头加热杀菌主要是传导和对流两种方式，传导方式比对流方式传递热要慢。在罐头的实际杀菌过程中两种传热方式经常是同时进行的，而在某一种罐头食品中以哪种传热方式为主，取决于该食品的理化性质、装罐的数量与形式、固体和液体的比例、装排的情况、罐型的大小、在杀菌器中的位置及堆叠情况。通常罐头内是固体物质或比较黏稠的食品，在加热时主要是传导加热升温，热传递到罐头内容物的各部分需要时间长。罐头内容物为带汤汁多的则以对流传递热量为主，传热快、需时短。此外，食品中的淀粉和果胶物质能使传热速度减慢。在传热过程中热是逐渐由外向内，由表面到中心的，最后达到要求温度的部位，就是所谓的最迟加热点(即冷点)。以传导方式传热的罐头食品其冷点，一般在罐头的几何中心处，冷点温度变化缓慢，故加热杀菌时间较长；对流传热的罐头食品的冷点，在罐头轴上离罐底 20～40 mm 的部位，其冷点温度变化较快，杀菌时间较短。罐头杀菌必须以冷点作为标准，杀菌所需时间从冷点温度(即罐头中心温度)达到杀菌所需温度时算起，使罐内升温最慢的部位满足杀菌要求，才能使罐头食品安全保存。

2. 罐藏容器的影响 在常见的罐藏容器中，传热速度以蒸煮袋最快，马口铁罐次之，玻璃罐最慢。罐型大小不同，传热快慢也不一样，罐型越大，则热由罐外传至罐头中心所需时间越长，而在以传导为主要传热方式的罐头食品中更为显著。

3. 罐头初温的影响 罐头的初温，即罐头杀菌前的罐内中心温度(冷点温度)，对杀菌效果影响很大。初温的高低影响罐头中心达到所需温度的时间，在以传导为主的传热较慢的情况下，初温尤为重要。通常罐头的初温越高，初温与杀菌温度之间的温差越小，罐中心加热到杀菌温度所需要的时间越短。因此，罐头排气密封后要立即杀菌，时间越短越好，这样可以使罐头在加热杀菌之前有较高的初温，从而提高杀菌效率。

4. 罐内食物的状态及罐头运动方式的影响 食品的含水量、块状大小、装填松紧、汁液多少与浓度、固液体食品比例等都会影响传热速度。例如，流质食品如果汁、清汤类罐头等由于对流作用而传热较快，但糖液、盐水或调味液等传热速度随其浓度增加而降低。块状食品加汤汁的比不加汤汁的传热快，块状大的比块状小的传热慢。装罐装得紧的传热较慢。果酱、番茄沙司等半流质食品，随着浓度的升高，其传热方式以传导占优势而传热较慢。糖水水果罐头、清渍类蔬菜罐头由于固体和液体同时存在，加热杀菌时传导和对流传热同时存在，但以对流传热为主，故传热较快。

罐头的转动有利于热的传递，特别是一些黏稠食品在静止状态下不易形成对流作用，如罐头杀菌时令其转动，那么它的内容物在杀菌过程中可以不断流动，促进热的传递，这样可缩短杀菌时间，既提高了杀菌率，又保证了产品质量。因此回转式杀菌比静置式杀菌效果好。

（四）酶的耐热性

果蔬原料中含有各种酶，它参加并能加速果蔬中有机物质的分解变化，如对酶不加控制，就会使原料或制品发生质变。在罐头食品杀菌过程中，几乎所有的酶在 80～90℃的高温下，几分钟就可能被破坏。对酶的耐热性及其对罐头杀菌的影响，未引起重视，总认为罐头杀菌的温度足以钝化酶。但是近年来罐头食品大部分采用高温短时杀菌，由于高温时间很短，未能使原料内部的酶钝化，使罐头在贮存过程中常因酶的活动而引起变质。酸性或高酸性食品经常会遇到罐头发生异味的现象，而检验没有细菌的存在，这是因为某些酶的存在引起罐头食品的腐败变质。高酸性食品类的果蔬装罐后的热处理的温度一般比较低，常常达不到足以使果蔬组织内部酶钝化的要求，如过氧化物酶经热力杀菌后还能再度活化。因此，在对食品进行高温瞬时杀菌和对高酸性食品杀菌时，要特别对酶的钝化引起重视，否则达不到良好的杀菌效果。

第二节 果蔬罐藏容器

罐藏容器对罐头食品的长期保存起着重要的作用，随着科学技术的发展，容器种类越来越多。但就其原材料性质而言，目前生产上常用的容器大致可分为金属罐和非金属罐两大类。金属罐有镀锡罐、涂料罐、铝罐和镀铬罐等，生产上使用最多的是前两种；非金属罐中使用最多的是玻璃罐，随着化学工业和塑料工业的发展，用塑料复合薄膜制成的软罐头也成为一种发展趋势。作为罐藏容器必须满足以下要求。

1）对人体无毒害，容器与食品长期接触，不与食品中的化学成分发生对人体有害的反应，也不给食品带来改变色、香、味和污染的变化，保证食品质量。

2）具有良好的密封性能，保证内容物与外界环境隔绝，使食品不再受外界微生物的污染。

3）具有良好的耐腐蚀性能，对食品中一些有机成分的腐蚀作用有一定的耐受性，或对食品在长期罐藏中发生化学变化而释放出的有腐蚀性的物质有抵抗作用。

4）罐型品种多，外形美观，开启方便，适合工业化生产。

一、镀锡罐

镀锡罐俗称马口铁罐，它是由两面镀有纯锡的低碳薄钢板（俗称马口铁）制成的。这种镀锡薄板具有良好的耐腐蚀性能、延展性、刚性和加工性能，因此被广泛应用于罐头食品的生产中。根据制作工艺方法的不同又分为热浸镀锡薄板和电镀镀锡薄板。将钢锭经过热轧、冷轧制成薄板，经酸洗、溶剂处理后浸入加热熔融的锡槽中进行镀锡后制成的称为热浸镀锡薄板；经酸洗后通过电解槽在电解质的接触作用下镀锡后制得的称为电镀镀锡薄板。目前均是电镀锡板代替了过去的热浸工艺镀锡，电镀均匀，耗锡量低，质量稳定。

根据金相结构分析，镀锡薄板可分为5层，如图9－1所示。中间钢基层为主体，是薄板的内架和基础。表面镀锡，保护钢基免受腐蚀。锡是一种稍带蓝色的银白色金属，在常温下有良好的延展性，在空气中不变色，而且会形成氧化锡膜层，化学性质比较稳定，即使有微量的锡溶解而混入食品中，对人体也无害。锡容易镀在钢板表面，不易脱落，且它的质地柔软，凝固在钢基体的表面，生成固体锡的外壳，随着钢基体镀锡时间的延长，温度继续上升，于是固体的锡又开始溶化，这时相互接触的锡和铁在镀锡层的下面便生成了锡铁合金层，致密的锡铁合金层具有一定的抗腐蚀性能。锡层之上是由于自身氧化而生成的一种含有氧化锡、氧化亚锡的氧化膜层，电镀锡薄板面上的氧化层内，通常还含有铬的钝化膜（金属铬和氧化铬），它们都具有一定的抗腐蚀性能。最外面是油膜，热浸锡薄板表面的油膜一般是棉籽油或棕榈油等，电镀锡薄板表面的油膜一般为葵二酸辛酯等。油膜在薄板制造和空罐制造过程中起润滑作用，减少镀锡薄板表面的机械损伤及运输过程中由于震动而引起的缺陷，它还可隔绝空气，增加耐腐蚀性能，还可防止镀锡薄板在贮藏过程中发生变黄现象。

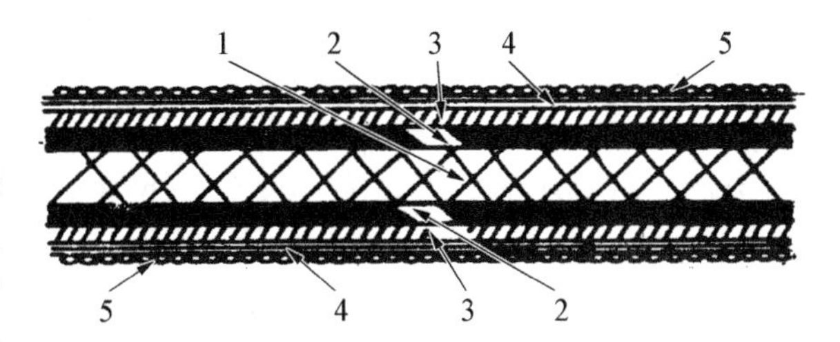

图9－1 镀锡薄板剖面图（董绍华和刘晓愉，1992）

1. 钢基层；2. 锡铁合金层；3. 锡层；4. 氧化膜；5. 油膜

马口铁罐按制造方法不同可分为接缝焊接罐和冲底罐两大类，前者由罐身、罐盖和罐底3部分焊接密封而成，后者采用冲压而成的罐身与罐底相连接。按罐型不同又可分为圆罐、方罐、椭圆形罐和马蹄罐等，一般把圆罐以外的空罐称为异型罐，在生产中圆罐所占比例最大，其他罐型由于制造技术较复杂而使用受限制。

传统的罐头制造以生产接缝焊锡圆罐为主，目前大多已采用生产电阻接缝焊圆罐，两者都属于接缝焊接罐，区别在于接缝焊锡圆罐的罐身在接缝处用焊锡侧焊封制成，电阻接缝焊圆罐的罐身接口处用电阻的高温焊接而成。相比较来说，后者可保持缝口的质量和节省缝口处铁皮，能抵抗一定的内压和外压，防止内容物被铅、锡污染。

二、涂料罐

镀锡罐的耐腐蚀性较差，容易引起内容物的变质。如鱼类、贝类、肉类等含硫蛋白质的食品在加热杀菌时，会产生硫化物而造成罐壁上产生硫化斑或硫化铁，使食品污染；有些含花青素的水果如草莓、樱桃等在罐内由于二价亚锡离子的作用而使产品发生褪色现象；高酸性食品如番茄制品和酸黄瓜等装罐后常出现氢胀罐和穿孔现象；有些食品还会出现金属味。这就需要在罐内壁涂布一层涂料，使罐壁与食品有一薄膜层分隔开来，以减少它们之间的反应，同时可达到保证食品质量和延长保存期的目的。

涂料是涂布在罐内壁上直接与食品接触的物质，对它的要求特别高。

1）对人体无害，不影响内容物的风味和色泽。

2）要求涂抹组织致密，基本上无空隙点，并能有效地防止内容物对罐壁的腐蚀。

3）涂料成膜后，附着力强，有一定的机械加工性能和弹性，适应制罐工艺要求，如受得起强力的冲击、折叠、弯折等而不损坏脱落，经得起焊锡、杀菌时的高温而膜层不致烫焦或变色、软化、脱落，并无有害物质溶出。

4）涂料价格便宜，操作简单，涂布均匀，干燥迅速，贮存稳定性好，同时要求滤膜具有一定色泽，使之与镀锡表面有区别，不致混淆。目前还没有一种涂料能完全符合上述要求，一般依据罐型和内容物的性质选用。

目前使用的主要有抗硫涂料、抗酸涂料、防黏涂料、冲拔罐涂料和外印铁涂料涂装的各类涂料铁罐。抗硫涂料罐主要用于肉禽类罐头、水产罐头等；抗酸涂料罐主要用于高酸性食品；抗黏涂料罐主要用于经常黏罐的如午餐肉罐头；涂料冲拔罐供装制鱼类罐头和肉丝罐头。

对罐头内壁涂料铁的质量要求有以下两方面。

1）外观要求　涂膜光滑、完整、色泽均匀一致，无明显的露底、划伤及气泡，表面无杂质颗粒、油污及涂料堆积、涂膜不焦糊，锡层不熔融，涂料铁反面不带料。

2）理化指标　无毒害，不影响食品风味，涂膜厚度符合规定，耐冲击、抗酸、抗硫性能良好。

三、玻璃罐

玻璃罐在罐头工业上使用最早，应用也很广泛，其优点是化学性质稳定，一般不与食品发生理化反应，具有良好的耐腐蚀性能；透明，可见罐内食品的色泽、形状，便于消费者选择；可重复使用，降低成本。它的缺点是传热性能差，杀菌时升温时间长，影响食品质量，抗冷、抗热变化范围差，温差超过 60℃时，即发生破碎；质量大，易碎，运输不便。但是由于它固有的优点，直到现在马口铁罐也很难完全取代它。

罐头生产对玻璃罐的要求：① 透明无色或略带青色。② 罐身要求端正光滑、厚薄均匀，罐口圆而平滑，底部平坦，罐身不得有严重的气泡、裂纹、石屑、条痕等缺陷，如有这些缺陷，在空罐生产中容易发生破碎。罐口口径大小相同，罐颈呈正圆形，上缘的纵向和横向不得错开，罐颈也不得错开，否则封罐时受压不一，也易发生破碎。③ 具有良好的化学稳定性，适应加热加压杀菌和冷却，否则也易破碎，造成损失。

供罐藏用的玻璃罐，其主要原料是硅酸钠、钙及少量的氧化铝、硼酸盐、硅酸钡等混合物经加热溶解，用吹制、拉制、压制、铸制等法制成。玻璃罐的样式很多，其质量好坏的关键是密封部分，包括罐盖和瓶颈的凸缘。过去最常用的是卷封式的玻璃罐，它的密封性能好，能承受加压加热杀菌，但开启不便，造型还需改进。现在旋转式和螺旋式的玻璃罐使用越来越多。旋转式玻璃罐最常见的是四旋式罐，即罐盖上有 4 个盖爪，罐颈上有 4 条螺纹线，罐盖旋转 1/4 就可以密封。此外还有六旋罐和三旋罐。这种罐的特点是开启容易，罐盖可以重复使用，广泛用于果酱、糖酱、果冻、调味番茄酱等罐头的生产。螺旋式玻璃罐开启方便，密封也方便，食物可分次取出，分次食用，一般用于酸黄瓜、花生酱等罐头。抓式玻璃罐适用于果酱、糖酱、酱菜类罐头的制造。除了常用的这几种罐型以外，还有套压式盖玻璃罐、扣带式盖玻璃罐等。

四、软包装

软包装也称软罐头，是运用复合塑料薄膜包装食品来制作罐头，这在罐藏容器上是一次革新。这种软包装罐头始于20世纪五六十年代，由美国Reynolds金属公司和大陆制罐公司与美国陆军军需总部Natick研发中心共同研制而成。日本于1968年生产了“PR－F”等复合薄膜袋并投入市场。现在软包装已广泛用于罐头工业，尤其是军用食品和航空食品。

复合薄膜袋一般分为3层，外层为一种聚酯薄膜，能抵抗外力，起加固和耐高温的作用；中层为铝箔，隔绝性好，能防水、遮光，阻止气体透入；内层为聚丙烯薄膜，耐热性、柔软性和封口性都较好，并且符合食品卫生要求。3层之间用耐热性的黏结剂通过热压紧密贴合，可以密封、杀菌。

软包装作为迅速发展起来的一种罐头食品的包装容器，具备以下优点：① 袋呈扁形，加热时热量容易到达中心，杀菌时间短，可减少食品色、香、味及营养成分的损失；② 密封性能好，杀菌后微生物不会侵入，外界空气和水蒸气也不能透入，内容物不致发生化学变化，保持食品的品质和风味，而且经密封杀菌的袋装食品不需冷藏，在室温下可保藏两年以上；③ 外形美观，质量轻、体积小，易携带；④ 开启、食用方便，如要加热只需将袋放入沸水中几分钟即可；⑤ 不存在一般罐头的异常溶锡等问题，食用后废包装材料容易处理。

第三节 果蔬罐藏工艺

果蔬罐藏工艺过程包括原料的预处理、装罐、排气、密封、杀菌与冷却等。其中原料的预处理在本章前已提及，本节从装罐开始叙述。

一、装罐

（一）空罐的准备

1. 检查完整性 对马口铁罐要求罐型整齐，缝线标准，焊缝完整均匀，罐口和罐盖边缘无缺口或变形，铁皮上无锈斑和脱锡现象。对玻璃罐要求罐口平整，光滑，无缺口、裂缝，玻璃壁中无气泡等。

2. 清洗和消毒 罐藏容器在加工、运输和贮藏过程中附有灰尘、微生物、油脂等污物，因此，必须对容器进行清洗和消毒，保证容器的清洁卫生，提高杀菌效率。

（1）镀锡罐的清洗和消毒：先用热水清洗，然后用蒸汽消毒。

（2）玻璃罐的清洗和消毒：新玻璃瓶先用热水浸泡，然后用高压水冲击瓶壁，逐个用转动的毛刷刷洗罐瓶的内外部，再用蒸汽或漂白粉消毒，后者需再用清水冲洗，沥干水后倒置备用。回收的旧玻璃瓶，常粘有食品碎屑和油脂，先用浓度为2%～3%、40～50℃的NaOH溶液浸泡5～10 min，洗去油脂和标签等杂物，再用热水冲洗、消毒。也可用其他洗涤剂清洗。洗净的玻璃瓶在使用前再用95～100℃的蒸汽或沸水消毒10～15 min，备用。胶圈需经水浸泡脱硫后使用。罐盖使用前用沸水消毒3～5 min，沥干水分，或用蒸汽或75%乙醇消毒。

（二）罐注液的配制

果蔬罐藏时，除了液态食品（果汁、菜汁）和黏稠食品（如番茄酱、果酱等）外，一般都要往罐内加注液汁，称为罐注液或汤汁。果品罐头的罐注液一般是糖液，蔬菜罐头的罐注液多为盐水。罐头加注汁液的作用主要有：① 增进罐头食品的风味，改善营养价值。② 排除罐内大部分空气，提高罐内真空度，减少内容物的氧化变色。③ 有利于罐头杀菌时的热传递，升温迅速，保证杀菌效果。罐注液一般保持较高的温度，可以提高罐头的初温，提高杀菌效率。

1. 糖液的配制 配制糖液的主要原料是蔗糖，要求纯度在99%以上，色泽洁白，清洁干燥，不含杂质或有色物质。宜选用碳酸法生产的蔗糖，因为用亚硫酸法生产的蔗糖，残留的SO_2较多，易引起罐壁腐蚀。配制糖液用水要求清洁、无色、透明、无杂质、无异味，符合饮用水卫生标准。配制的容器忌用铁器。

我国目前生产的各类水果罐头，一般要求开罐时的糖液浓度为14%～18%（用折光仪测定，用°Bx表示）。每种水果罐头加注糖液的浓度，可根据下式计算（陈锦屏，1990）：

$$W_1X + W_2Y = W_3Z$$

即

$$Y = \frac{W_3Z - W_1X}{W_2}$$

式中，W_1为每罐装入果肉质量(g)；W_2为每罐装入糖液的量(g)；W_3为每罐净重(果肉＋糖液)(g)；X为装罐前果肉可溶性固形物含量(%)；Y为配制糖液浓度(%)；Z为开罐时糖液的浓度(%)。

在罐头实际生产过程中，因果肉的可溶性固形物含量随原料成熟度的不同而变化，所以装罐时的糖液浓度必须根据每批装罐时果肉中可溶性固形物含量而做相应的调整。

糖液必须经过煮沸、过滤后方可装罐。有的糖液中需加0.01%～0.05%的柠檬酸，此时应先化糖后加酸，防止加酸过早，蔗糖转化过多，遇蛋白质而变黑，影响色泽。糖液还需随配随用，不宜放置过夜(低浓度糖液)，否则也会影响产品的色泽。

2. 盐液的配制 所用食盐要求纯净，氯化钠含量不少于98%，不含铁、铝及镁等杂质。若食盐中含铁，会使罐中填充液变色，并发生沉淀，同时还能与原料中的单宁反应生成黑色物质；若有钙盐，原料经煮沸杀菌后，发生白色沉淀；如有碳酸镁或其他硫酸盐，则罐头出现苦味。

配制时按要求称取食盐，加水煮沸，除去上层泡沫，经过滤、静置后，取澄清液按比例配制所需要的浓度。一般蔬菜罐头所用盐液的浓度为1%～4%。测定盐液的浓度，一般采用波美计。

(三) 装罐

经预处理准备好的果蔬原料应迅速装罐，半成品不应堆积过多，以减少微生物污染，影响杀菌效果；糖液也要趁热装入，可提高罐头的初温，提高杀菌效率。

装罐时的工艺要求如下。

1. 保证装罐量符合要求 装入量因产品种类和罐型大小而异，每罐的净重和固形物必须达到要求。净重是指罐头容器和内容物的总质量减去容器质量后所得的质量，包括固形物和汤汁。一般要求每罐净重允许公差为±3%，出口的罐头应无负公差。装量不足，称为“伪装”；装量太多，不仅浪费原料，还会引起“假胖听”。固形物含量指固态食品在净重中所占的百分率，一般要求每罐固形物含量为45%～65%，常见的为55%～60%。各种果蔬原料在装罐时应考虑其本身的缩减率，通常按装罐要求多装10%左右；另外，装罐后要把罐头倒过来倾水10 s左右，以沥净罐内水分，保证开罐时的固形物含量和开罐糖度符合规格要求。

2. 装罐时注意美观 要求搭配合理，排列式样适当，使其色泽、块形、大小、个数协调，有块数要求者，应控制每罐装入块数一致；保持罐口清洁，不得有小块、小片及糖液，以免影响封罐密封性。

3. 罐内留有适当的顶隙 顶隙是指罐头内容物表面和罐盖之间的空隙。一般要求顶隙为3～8 mm(只有果酱类罐头不留顶隙)。若顶隙过小，杀菌时罐内原料受热膨胀，内压增大，造成罐头底盖外突，可能造成密封不良，冷却后形成物理性胀罐。顶隙过大，罐内食品装量不足，加之排气不足，残留空气多，会促进罐头容器的腐蚀，引起表层食品变色、变质。

4. 确保符合卫生要求 装罐时要注意卫生，严格操作，防止杂物混入罐内，保证罐头质量。

装罐的方法有人工和机械装罐两种。果蔬罐头因原料及成品形态、大小不一，排列方式各异，多采用人工装罐。对于流体或半流体制品(番茄酱、果酱、果汁、果泥等)，常用机械装罐。

二、排气

排气是指食品装罐后，密封前将罐内顶隙间的、装罐时带入的和原料组织内未排净的空气，尽可能从罐内排除的技术措施。只有排除罐内的气体，才能在密封之后形成一定的真空度，这是罐头食品得以长期保存的必备条件。

(一) 排气的作用与方法

1. 排气的作用

1) 抑制好氧性细菌及霉菌的生长发育。

2) 排除顶隙及内容物中的空气，减少罐内壁的氧化腐蚀和内容物的变质，延长罐头食品的贮藏期。

3）排气后形成适度的真空，在进行加热杀菌时，可防止玻璃罐的"跳盖"和铁罐的变形。由于杀菌温度高于排气温度，尤其高压杀菌时，罐头的内压必然增大，若罐内没有适度真空，则会使罐头"跳盖"、膨胀变形而爆裂。

4）减少维生素C和其他营养物质的损失，较好地保持产品的色、香、味，防止氧化变质。

5）罐内保持一定的真空状态，使罐头的底盖维持一种平坦或向内凹陷的状态，这是正品的外部象征，便于成品检查，避免将假胀罐误认为腐败变质性胀罐。

2. 排气的方法

（1）加热排气：加热排气有两种方式：① 内容物加热至一定温度，趁热装罐，紧接密封，如果酱类罐头。② 内容物装罐后，通过排气箱加热至罐中心温度达到75～85℃后，立即密封。

加热排气的温度越高，时间越长，则罐内及食品组织中的空气被排除的越多，但过高的排气温度，易引起果蔬组织软烂及糖液溢出，同时造成密封后真空度过高，形成瘪罐。一般排气箱温度为80～95℃，时间7～15 min，罐中心温度达75℃及以上。

加热排气的特点：① 设备容量可按设计要求决定，且一次能容纳数量较多的罐头，同时对任何罐型都适用，特别适用于玻璃罐头的排气。② 随时可以调节排气的温度和时间，以适应品种和罐型等不同的要求。③ 可以和半自动封罐机配套使用。

（2）真空排气：利用机械设备来排除罐内的空气。最常用的是真空封罐机。对于含空气较多的果实，如苹果、梨等，还应配合装罐前的抽空处理，因为封罐机主要排除罐内顶隙中的空气，而食品组织及汤汁内的空气不易排除。对于加热排气传导慢的原料，宜用真空抽气密封。

采用真空排气法，罐头的真空度取决于真空封罐机密封室内的真空度和罐内食品温度。如果密封室内的真空度不足，可用补充加热的方法来提高罐内真空度。例如，大部分果蔬罐头真空密封前，常在罐内添加热汤汁，这就是一种真空密封前补充加热的方法。同时，由于大部分食品放在真空环境后，组织细胞间隙内的空气会膨胀，导致体积扩张，使汤汁外溢，因此，受食品本身特性的限制，很少有食品能在真空封罐时达到所需的真空度，因此有必要进行热力排气。

真空封罐时罐内食品常会出现真空度下降的现象，即真空密封的罐头静置20～30 min后，它的真空度会下降到比原来刚封好时低，这就是"真空吸收"现象。这是因为真空封罐时，在较短的时间内细胞间隙中的空气未能被排除，密封后逐渐从细胞间隙内向外逸出，造成罐内真空度相应降低，有时还可以使罐内真空度在开始杀菌前达到完全消失的程度。因此，对"真空吸收"程度较大的水果罐头来说，应以热力排气为主，而真空封罐只能起辅助的作用。

真空排气的优点有：① 排气时间短，生产效率高，节省劳力，节约能源。② 省去排气箱，提高车间面积的利用率。③ 由于加工工艺缩短，减少了罐头再次污染的机会，产品质量更加可靠。④ 由于非热力排气，有利于保持罐头食品的色香味。

（3）蒸汽排气：该法是用具有一定压力的蒸汽喷射罐头的顶隙，用蒸汽取代空气，然后密封，顶隙内蒸汽冷凝后即取得一定的真空度。影响顶隙内真空度的因素：一是顶隙度，顶隙越大，真空度越大；二是密封温度，密封时罐内食品温度越高，真空度越大。若罐装食品内要有较高的真空度，则可将其先行预热排气，然后再喷射蒸汽密封。该法不适于食品组织内部和食品间隙内空气较多的食品排气，对于表面不能湿润的食品也不适合，如整粒装甜玉米罐头可采用此法，而干制食品罐头不能使用。

（二）真空度

罐头的真空度是指罐内残留的气体压力与罐外大气压之差，单位用Pa表示。即：罐内真空度＝大气压力－罐内残留气体压力。

罐头的真空度一般在26.7～40 kPa。罐内残留的空气越少，真空度就越大；反之，越小。

测定罐头的真空度常用真空测定计，它是一种下端带有测针和橡皮塞的指针圆盘，测定时橡皮塞紧压在罐头顶盖上，装在橡皮塞中间而顶侧留有小孔的测针经顶盖伸入罐内顶隙，此时表盘上指针所指的数值即为罐内的真空度。若没有真空测定计，也可用人工打检棒敲击罐盖，从声音来判定罐内真空度的大小。影响罐头真空度的因素主要体现在以下方面。

1. 罐内食品的温度 排气时内容物温度高，罐内残留的气体少，真空度大，但排气后应立即密封，否则罐内温度下降，真空度降低。

2. 罐型的大小 在相同的排气温度下，罐型大的罐头，密封冷却后形成的真空度高，相反，罐型小的罐头密封冷却后，形成的真空度小。

3. 罐头顶隙的大小 在一定限度内，罐头顶隙大，则真空度高。但若排气不彻底或真空封罐操作不慎，使罐内气体没有及时排出，则顶隙大反而真空度降低。

4. 气温及气压的影响 随着外界温度的升高，罐头内部的压力增加，真空度降低。随着海拔的增加，大气压力降低，罐内的真空度也降低。这是寒冷地区做的罐头运到热带地区、平原地区做的罐头运到高原地区，容易发生胀罐的原因之一。

5. 排气温度和时间 排气温度越高，时间越长，密封冷却后，真空度越大。

6. 密封温度 罐头密封温度越高，罐内真空度越大。

三、密封

罐头食品的密封是道关键工序，密封杀菌后，内容物与外界隔绝，不再受外界空气及微生物的污染而引起腐败变质，同时还可以保持一定的真空度。密封必须在排气后立即进行，否则罐温下降而影响真空度。

（一）金属罐的密封

金属罐的密封主要借助封罐机，封口的结构为二重卷边。即用两个具有不同形状的槽沟的卷边滚轮依次将罐身的翻边和罐盖的沟边同时弯曲，相互卷合，最后压紧而形成紧密重叠的二重卷边。

1. 封罐机的主要部件 封罐机的类型很多，有手扳式、半自动、全自动真空封罐机等。这些封罐机的原理都一样，主要由压头、底座、第一道滚轮（卷边轮）和第二道滚轮（压边轮）4 个部件组成。

（1）压头：压头是金属圆盘，用来固定罐头，不让罐头在密封时发生滑动，使罐身翻边罐盖沟槽部分按照滚轮的沟槽曲线进行卷边密封。压头的尺寸要求很严格，误差不允许超过 25.4 μm。压头的直径随罐头大小而异。压头必须由耐磨的优质钢材制造，以经受滚轮压槽的挤压力。

（2）底座：底座也称底板、升降板，用来固定罐身位置，托起罐头并与压头上下对准，对罐体施加压力，以利于卷边。底座应比罐头直径大，能卡住罐头，并与压头平行。

（3）滚轮：滚轮是由坚硬耐磨的优质钢材制成的圆形小轮，分为第一道滚轮和第二道滚轮。第一道滚轮的作用是将罐盖的圆边卷入罐身翻边内，并逐步弯曲，相互卷合在一起，初步形成二重卷边。第二道滚轮的作用是将头道滚轮已卷合好的卷边压紧，使它们紧密结合在一起，并将填料填满罐身与罐盖间的空隙而成形。

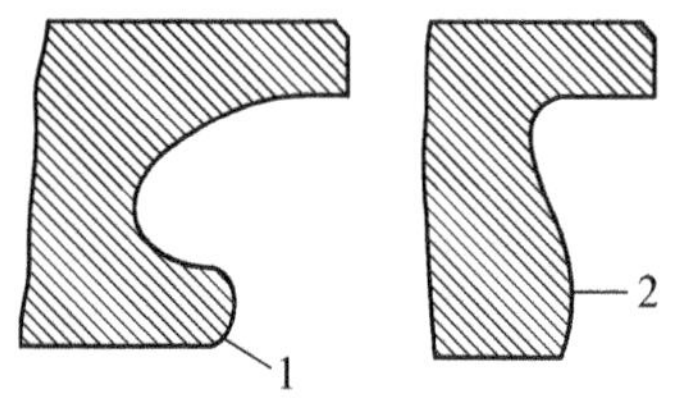

图 9－2 滚轮压槽

1. 第一道滚轮；2. 第二道滚轮

两道滚轮的转压槽结构不同，如图 9－2 所示。第一道滚轮的转压槽沟深，曲面光滑，可使罐边沟槽和罐身翻边钩合并卷曲；第二道滚轮的转压槽沟浅，并有坡度，可使卷曲部分压紧，密封胶充满卷边内部空隙而达到密封。

2. 密封的过程 密封时，罐头进入封罐机作业，底座将罐头托起，与压头一起将罐身固定住，第一道滚轮首先围绕罐身做圆周运动和自转运动，并做径向运动将罐盖盖钩和罐身翻边卷合在一起，形成卷边后，自行退去。紧接着第二道滚轮围绕罐身做圆周运动，同时做径向运动将第一道滚轮完成的卷边压紧，随后退去。这样就形成了二重卷边，因此二重卷边的质量直接取决于滚轮沟槽的形状及其和盖身接触的情况。卷边操作有两种形式，一种是在操作时罐头自身不转动，卷边滚轮绕罐旋转并对罐身做径向运到完成作业；另一种形式是在密封过程中罐头做自身旋转，滚轮则不做圆周运动，只做径向运动来完成卷边作业。

（二）玻璃罐的密封

玻璃罐由于其罐身是玻璃，罐盖是金属的，其密封方法与金属罐不同。

卷封式的玻璃罐，罐盖采用马口铁或涂料铁，盖边内放入特制橡皮垫圈，卷封时由于封罐机的滚轮的推压,将盖边及放入盖边内的橡皮垫圈紧压在玻璃罐罐口边上而密封。旋转式玻璃罐的罐盖底部内侧有盖爪,罐颈上有螺纹线正好与罐盖上的盖爪相吻合,罐盖底部还有胶圈正好压在玻璃罐口上,封口时旋盖机将罐盖旋转,盖爪与螺纹互相吻合并紧压胶圈,即达到密封的目的。螺旋式玻璃罐盖子用马口铁制成,盖内衬橡胶圈,罐颈上有螺纹,罐盖上也有螺纹,罐身与罐盖相互拧合即可密封。此外还有抓式密封法,罐盖用铝皮或铁皮制造,罐盖上没有螺纹,盖内溶胶为塑料溶胶,靠抓式封罐机将罐盖边缘压成"爪子"紧贴在罐口凸缘的下缘而得到密封。

(三) 软罐头的密封

软包装罐头一般采用真空包装机进行热熔密封,需用特殊的测试设备。

1. 电加热密封法 由金属制成的热封棒,表面用聚四氟乙烯作保护层。通电后热封棒发热到一定温度,袋内层薄膜熔融,加压黏合。为了提高密封强度,热熔密封后再冷压一次。

2. 脉冲密封法 通过高频电流使加热棒发热密封,时间为 0.3 s,自然冷却。其特点是即使接合面上有少量的水或油附着,热封下仍能密切接合,操作方便,适用性广,接合强度大,密封强度也胜于其他密封法。这一密封法是目前最普遍的方法。

四、杀菌

罐头经过前面几道工序后,虽然杀灭了原料中的部分微生物,但仍残留着相当数量的能使食品腐败变质或使消费者致病的微生物,因此对罐头食品要进行杀菌处理。罐头食品的杀菌是利用热能杀灭其中的有害菌,抑制某些不产毒致病的微生物,而非绝对无菌。过度杀菌会使果肉组织软烂,汁液浑浊,色泽、风味变劣。目前果蔬罐头的杀菌方法有常压杀菌和加压杀菌,加压杀菌又分为加压蒸汽杀菌和加压水杀菌两种方式。一般果品罐头采用常压杀菌,蔬菜罐头多采用加压杀菌。

(一) 常压杀菌

常压杀菌是将罐头放入常压的热水或沸水中进行杀菌的方法,杀菌温度不超过 100℃。适用于 pH 低于 4.5 的酸性或高酸性食品,如糖水苹果、梨、桃、杏等罐头的杀菌。因为酸可以抑制微生物,这些罐头中的微生物易杀死,同时这些食品的组织易受高温影响,因此宜在温度较低的条件下杀菌。

常压杀菌方式所需设备简单。一般是用开口锅或柜子,锅(柜)内盛水,加水量超过罐头 10 cm 以上,用蒸汽管从底部加热至杀菌温度,将罐头放入杀菌锅(柜)中(玻璃罐杀菌时,水温控制在略高于罐头初温时放入为宜),继续加热,待达到规定的杀菌温度后开始计算杀菌时间,经过规定的杀菌时间,取出冷却。杀菌时间因海拔的不同而有差异。同一品种的罐头在海拔较高的地区进行杀菌时,杀菌时间要适当延长。一般来说,海拔每升高 300 m,需延长杀菌时间 20%。为了使果蔬罐头特别是水果罐头保持良好的质地和新鲜的状态,需尽量降低杀菌温度,目前一些研究采用降低 pH 的同时降低杀菌温度,取得了较好的效果。

(二) 加压杀菌

加压杀菌是在完全密封的加压杀菌器中进行,靠加压升温来进行杀菌,杀菌的温度在 100℃以上。此法适用于低酸性食品(pH 大于 4.5),如蔬菜类、肉禽和水产类罐头的杀菌。但有些果品罐头采用加压杀菌,可大大缩短杀菌时间。加压杀菌依传热介质不同又分为加压蒸汽杀菌和加压水杀菌。目前大都采用加压蒸汽杀菌,这对马口铁罐来说较为理想,而对玻璃罐,则采用加压水杀菌较为适宜,可以防止和减少玻璃罐在加压杀菌时脱盖和破裂的问题。

加压蒸汽杀菌采用卧式杀菌器,先将罐头放入杀菌器内,然后通入一定压力的蒸汽,排除锅内空气,使锅内温度升至预定的杀菌温度后,保持一定的杀菌时间。加压水杀菌采用立式杀菌锅,将罐头放入后加压,锅内水的沸点可达 100℃以上,水的沸点温度与锅内压力成正比,即压力越大,沸点温度越高。无论哪种加压杀菌方式,其杀菌过程都可分为 3 个阶段。

1. 排气升温阶段 将杀菌器内的空气完全排出,然后升温至杀菌温度。罐头装入杀菌器后,将密封盖锁紧,打开排气阀和泄气阀,然后以最大流量通入蒸汽,把杀菌器内的空气彻底排除干净。待空气排完后,只留排气阀开着,关闭其他所有泄气阀,这时就开始加压升温,使温度升到规定的杀菌温度。升温阶段需要特别注意杀菌器内的温度和压力是否相符。如果杀菌器内的温度低于压力表上所示压力的相应温度，即说明空气未排净，应继续排气，直至温度与压力相符。

2. 恒温杀菌阶段 保持在一定的杀菌温度下进行杀菌。到达杀菌温度时关小蒸汽阀门，但排气阀仍开着，使杀菌器内保持一定的流通蒸汽，并维持杀菌温度达到规定的时间。

3. 消压降温阶段 罐头加压杀菌结束后，必须逐渐消除杀菌器内的压力并降温后，方可将杀菌器的密封盖打开。这是因为在加压高温条件下杀菌，罐头内容物膨胀，压力增大，如果消压过快，会使罐头变形、罐盖脱落，甚至爆破。因此杀菌器的上部常安装有压缩空气装置，来均衡罐头内外的压力，维持罐盖的密封及安全。现在一些工厂常用冷水反压降温代替空气压缩机，向杀菌器内注入高压冷水，以水的压力代替热蒸汽的压力，既能逐渐降低锅内的温度，又能使其内部的压力保持均衡地消降，在很大程度上降低了物理性胀罐及罐瓶破裂的发生。

五、冷却

罐头食品杀菌后必须迅速冷却，因为此时罐内食品仍处于高温状态，迅速冷却可以防止食品因长时间受热而造成色泽、风味、质地、形态的变化，避免一些富含蛋白质的内容物在高温下分解产生 H_2S 气体而引起罐壁变色，减轻酸度较高的食品对罐内壁的腐蚀作用。冷却阶段主要防止罐头发生突角、瘪罐、生锈及微生物的二次污染。冷却的方法有以下两种。

(一) 常压冷却

包括喷淋冷却和浸水冷却。喷淋冷却时，水滴遇到热罐头而蒸发变为水汽，水的汽化又吸收大量潜热，使罐头内容物的热很快散失；浸水冷却时，热的散失主要靠传导和对流，潜热作用很小，而冷却后期热传导很慢，因此效果较差。也可两种方法结合使用，即先淋后浸。常压杀菌的罐头杀菌结束后，即转入另一冷却池(柜)中采用此法冷却。

玻璃罐冷却时应分段降温，即按水温 80℃→60℃→40℃，以防罐瓶破裂。金属罐可直接投入冷水中冷却。一般冷却到 38～40℃，温度不宜过高，以防引起嗜热菌的繁殖而影响罐头质量，最后利用罐本身的余热，使罐身表面水分蒸发干燥，并结合人工擦罐，防止罐外生锈。

(二) 加压冷却

即反压冷却，只能在杀菌锅内进行。采用加压杀菌的罐头采用此法冷却。

冷却用水也很重要，要求符合国家饮用水卫生标准。这是因为罐头在杀菌过程中，有时容器会发生轻微变形，或因罐盖内胶圈膨胀软化而形成隙缝。当罐头在水中冷却时间过长，以致罐内压力下降到开始形成真空度的程度时，罐头可能在内外压力差的作用下吸入少量冷却水。如果冷却水不洁，极易造成罐内微生物的二次污染，引起罐头的败坏。为了控制冷却水中微生物的含量，常采用加氯的措施处理。

六、贮存

罐头食品在贮存过程中，影响其质量好坏的因素很多，但主要是温度和湿度。

(一) 温度

在罐头贮存过程中，要避免库温过高或过低及库温剧烈变化。温度过高会加速内容物的理化变化，导致果肉组织软化，失去原有风味，发生变色，降低营养成分，也会促使罐壁腐蚀；同时容易给罐内残存的微生物创造发育繁殖的条件，导致内容物腐败变质。尤其库温在 20℃以上时，温度平均每升高 10℃，化学变化的速度就增加一倍。温度如果过低(低于罐头内容物冰点以下)，制品易受冻，造成果蔬组织解体，易发生汁液混浊和沉淀。因此罐头贮存的适宜温度一般为 0～20℃。

(二) 湿度

库房内要求有较低的湿度环境，但是相对湿度不能过大，否则罐头容易生锈、腐蚀乃至罐壁穿孔。因此，相对湿度控制在 70%～75%为宜，最高不超过 80%。

此外，库房要求清洁、通风，库内不能堆放具有酸性、碱性及易腐蚀的其他物品，不受强日光暴晒等。

第四节　果蔬罐藏常见质量问题及其控制

果蔬罐头在生产、贮存、运输过程中，由于原料处理不当、加工过程不合理、操作方法不规范、成品贮藏条件不适宜等因素，罐头容器或者内容物会出现一些质量问题，作者对这些现象进行了总结并提出了相应的控制措施。

一、胀罐

合格的罐头其底盖中心部位略平或呈凹陷状态，当罐头内部的压力大于外界空气的压力时，底盖鼓胀，形成胀罐，也称胖听。从罐头的外形看，可分为软胀和硬胀。软胀是罐头的一端或两端凸起，如果外界施加压力可使其恢复正常，一旦去除压力又恢复到外凸状态；硬胀即使施加压力也不能使其恢复正常。

（一）物理性胀罐

引起物理性胀罐的因素很多。例如，内容物的装填量太满，顶隙过小；加热杀菌时内容物膨胀，冷却后形成胀罐；排气不足；加压杀菌后，消压过快，冷却过速；贮藏温度过高；高气压地区生产的罐头运到低气压环境中等。物理性胀罐的内容物并未坏，还可以食用。

根据产生物理性胀罐的原因，提出相应的控制措施：① 严格控制装罐量，切勿过多，应留出适宜的顶隙大小；② 提高排气时罐内的中心温度，排气要充分，封罐后能形成较高的真空度；③ 加压杀菌后，消压速度不能太快，使罐内外的压力较平衡；④ 控制罐头食品适宜的贮存温度。

（二）氢胀罐（化学性胀罐）

形成氢胀罐的主要原因是食品中的有机酸与罐头内壁裸露的铁发生化学反应，产生氢气，使内压增大，从而引起胀罐。高酸性的果蔬罐头常易出现这类胀罐。轻度的氢胀罐内容物并无异味，尚可食用，但不符合产品标准，以不食为宜；严重时能使食品产生金属味，而且重金属含量超标。

控制发生氢胀罐的措施有：① 防止空罐内壁受机械损伤，以防出现露铁现象；② 采用涂层完好的抗酸性涂料钢板制罐，提高对酸的抗腐蚀性能。

（三）微生物胀罐

微生物胀罐是由于杀菌不彻底，或罐盖密封不严，细菌重新侵入而分解内容物，产生氢气、氮气、二氧化碳和硫化氢等气体，使罐内压力增大而造成胀罐。微生物胀罐和氢胀罐在外形上很难区分，但是开罐后，前者有腐败性气味，后者没有。

控制罐头发生微生物胀罐的措施有：① 罐藏原料要充分清洗或消毒，做好加工过程中的卫生管理，防止原料及半成品的污染；② 在保证罐藏食品质量的前提下，对原料的热处理（预煮和杀菌）要充分，彻底消灭产毒致病的微生物；③ 可以在糖液中加入适量的有机酸（如柠檬酸等），降低内容物的 pH，提高杀菌效果；④ 确保封罐质量，同时保证冷却水的质量。

二、罐头容器的损坏

（一）外形的异常

罐头容器外形的异常一般用肉眼就能发现，除了前面所说的胀罐外，还有以下情况。

1. 瘪罐　罐头外形明显瘪陷，这是由罐内真空度过高或过分的外力（如碰撞、摔跌、冷却时反压过大等）造成的。一般排气过度，装罐量不足，大型罐头容易产生凹陷。此类损坏不影响内部品质，但已不能作为正常产品，应作次品处理。轻微的瘪陷若外贴商标后不影响外观者可不作瘪罐论。

2. 漏罐　罐头缝线或孔眼渗漏出部分内容物，这是由于密封时缝线有缺陷，铁皮腐蚀后生锈穿孔，或者由于腐败微生物产气引起内压过大，损坏缝线的密封，机械损伤有时也会造成这种泄漏。

3. 变形罐　罐头底盖不规则突出成峰脊状，这是由于冷却技术不当，消除蒸汽过快，稍加外压即可恢复正常。

防止罐头产品发生外形异常的措施有：① 避免机械损伤；② 严格控制生产的每个环节，如排气、杀菌、密封、冷却等过程严格按照规定操作。

(二) 罐壁的腐蚀

罐藏容器的腐蚀主要对马口铁罐而言，可分为罐头外壁的锈蚀和罐头内壁的腐蚀两种情况。

1. 罐头外壁的锈蚀 主要是由于贮藏环境中湿度过高而引起马口铁与空气中的水汽、氧气作用，形成黄色锈斑，严重时不但影响商品外观，还会促进罐壁腐蚀穿孔而导致食品的变质和腐败。因此，罐头冷却后的温度不宜太低，一般在38℃左右，利用罐本身的余热，使罐身表面水分蒸发，防止生锈。另外，罐头贮存环境的温度不宜过高，相对湿度不能过大，以防外壁腐蚀。

2. 罐头内壁的腐蚀 罐头内壁的腐蚀情况较为复杂，有时罐内壁会全面地、均匀地出现溶锡现象，使锡层晶粒体外露，呈现鱼鳞或羽毛状斑纹，进一步发展会造成内壁锡层大片剥落；有时会集中在有限的面积内出现金属(锡或铁)的溶解现象，呈现麻点、蚀孔、蚀斑等，严重时导致罐壁穿孔；有时形成氧化圈、硫化斑和硫化铁等。造成罐内壁腐蚀的因素如下。

(1) 氧：氧在酸性介质中对金属有强烈的氧化作用，罐头内残留的空气是造成内壁腐蚀的主要原因，而且氧的含量越多，腐蚀作用越强。

(2) 酸：一般在酸性或高酸性罐头食品中很容易发生罐内壁腐蚀，含酸量越高，腐蚀性越强。如在酸度较高的水果罐头中，更容易出现集中腐蚀的现象。另外，罐头中的硝酸盐对罐壁也有腐蚀作用。

(3) 硫及含硫化合物：罐头中的硫主要来自果蔬生长时喷施的各种农药，如波尔多液等。有时白砂糖中也有微量的硫杂质存在。当硫或硫化物混入罐头中时也易引起罐壁的腐蚀，产生硫化斑、硫化铁、硫化铜等。

控制措施：① 尽量去除果实上的农药，加强清洗及消毒，可用0.1%的盐酸浸泡5～6 min后，再冲洗；② 对含空气较多的果实，最好采取抽空处理，尽量减少原料组织中空气(氧)的含量，降低罐内氧的含量；③ 加热排气要充分，适当提高罐内真空度；④ 注入罐内的糖水首先要煮沸，以去除糖中的SO_2；⑤ 罐头在生产过程中多次正反倒置，减轻对罐壁的集中腐蚀。

三、罐头内容物的变化

(一) 固体的变色与变味

果蔬罐头在加工或贮藏、运输过程中，经常会发生变色现象，致使品质下降。这是由于果蔬中的化学物质在酶及空气中的氧的作用下产生酶褐变和非酶褐变，或者与包装容器发生化学反应。例如，荔枝、白桃、梨等的无色罐头变红；绿色蔬菜的叶绿素变色；桃罐头的多酚类物质氧化为醌类而显红色；桃子、杨梅等果实中的花色素与马口铁作用而呈紫色等。

罐头变味的情况较多。微生物可以引起变味，如罐头内平酸菌(如嗜热性芽孢杆菌)的残存，使食品变质后呈酸味；罐壁的腐蚀会产生金属味(铁腥味)；原料处理不当会带来异味，如杨梅的松脂味、柑橘橘络及种子的存在会使罐头带有苦味。

对于罐头的变色与变味，应找出各种原因，有针对性地采取措施加以控制。

1) 选用含花青素及单宁低的原料制罐，对容易变色的食品进行护色处理。如原料去皮、切块后，迅速浸泡在稀盐水(1%～2%)或稀柠檬酸溶液(0.1%～0.2%)中。

2) 装罐前对不同品种的原料按要求，采用适宜的温度和时间进行热烫处理，破坏酶的活性，采用抽气处理排除原料组织中的空气。

3) 配制的糖水应煮沸，随配随用。可加入适量的抗坏血酸，对苹果、梨、桃等有防变色作用，但需注意抗坏血酸脱氢后，存在对空罐腐蚀及引起非酶褐变的缺点。糖水中加入适量的柠檬酸，有防褐变的作用，但加酸的时间不宜过早，避免蔗糖的过度转化，而过多的转化糖遇氨基酸等易产生非酶褐变。

4) 加工中，防止果实与铁、铜等金属器具直接接触，并注意加工用水的重金属含量不宜过多。

5) 保证杀菌充分，要杀灭平酸菌之类的微生物，防止罐头酸败。

6) 制作橘子罐头，其橘瓣上的橘络及种子必须去净，选用无核橘为原料更为理想。

7) 控制仓库的贮藏温度，温度低褐变轻，高温加速褐变。

（二）汁液的混浊和沉淀

造成罐内汁液混浊和沉淀的因素有很多。

1）加工用水中钙、镁等金属离子含量过高（水的硬度大）。

2）原料成熟度过高，热处理过度，罐头内容物软烂。

3）罐头在运销中震荡剧烈，使果肉碎屑散落。

4）贮存中受冻，化冻后内容物组织松散、破碎。

5）微生物分解罐内食品。

6）罐头贮藏过程中内容物由于其他的物理或化学原因而发生沉淀。如糖水橘子罐头和清渍笋罐头的白色沉淀，一些果汁和蔬菜汁的絮状沉淀或分层等。这些情况如不严重影响产品外观品质，则允许存在。

应针对上述原因采取相应的措施，如控制原料及用水质量，严格按照热处理及杀菌规程进行处理，确保杀灭产毒致病的微生物，在贮存、运输中严格控制温度、湿度等条件，防止发生机械损伤。

思考题

1. 果蔬罐藏的原理是什么？
2. 罐头食品杀菌时，如何选择杀菌对象菌？
3. 什么是 F 值？在杀菌过程中如何确定其大小？
4. 影响罐头食品杀菌的主要因素有哪些？
5. 常用的罐藏容器有哪几种？它们各自的特点是什么？
6. 罐头内加注汁液的作用有哪些？
7. 将预处理准备好的果蔬原料进行装罐时有哪些工艺要求？
8. 罐头产品在密封前为什么要进行排气？排气的方法有哪些？
9. 什么是罐头的真空度？影响其大小的因素有哪些？
10. 简述罐头减压杀菌的过程。
11. 果蔬罐藏时常会出现哪些质量问题？如何控制？

第十章

果蔬制汁

以新鲜或冷藏果蔬为原料，经过清洗、挑选后，采用物理的方法如压榨、浸提、离心等得到的果蔬汁液，称为果蔬汁，因此果蔬汁也有“液体果蔬”之称。以果蔬汁为原料，通过加糖、酸、香精、色素等调制的产品，称为果蔬汁饮料。本章将对果蔬汁的分类、不同类型果汁（澄清果蔬汁、混浊果蔬汁、复合果蔬汁）的加工工艺及操作要点、果蔬汁生产过程中常见的质量问题进行阐述。

第一节　果蔬汁种类

目前，世界上无统一的果蔬汁分类标准，我国按《饮料通则》(GB 10789—2007)规定，果蔬汁是指以水果和(或)蔬菜(包括可食的根、茎、叶、花、果实)等为原料，经加工或发酵制成的饮料。它包括以下9类产品。

1. 果蔬汁(浆)　采用物理方法，将水果或蔬菜加工制成可发酵但未发酵的汁(浆)液；或在浓缩果汁(浆)或浓缩蔬菜汁(浆)中加入果汁(浆)或蔬菜汁(浆)浓缩时失去的等量的水，复原而成的制品。可以使用食糖、酸味剂或食盐，调整果汁、蔬菜汁的风味，但不得同时使用食糖和酸味剂调整果汁的风味。

2. 浓缩果汁(浆)和浓缩蔬菜汁(浆)　采用物理方法从果汁(浆)或蔬菜汁(浆)中除去一定比例的水分，加水复原后具有果汁(浆)或蔬菜汁(浆)应有特征的制品。

3. 果汁饮料和蔬菜汁饮料

(1) 果汁饮料：在果汁(浆)或浓缩果汁(浆)中加入水、食糖和(或)甜味剂、酸味剂等调制而成的饮料，可加入柑橘类的囊胞(或其他水果经切细的果肉)等果粒。

(2) 蔬菜汁饮料：在蔬菜汁(浆)或浓缩蔬菜汁(浆)中加入水、食糖和(或)甜味剂、酸味剂等调制而成的饮料。

4. 果汁饮料浓浆和蔬菜汁饮料浓浆　在果汁(浆)和蔬菜汁(浆)或浓缩果汁(浆)和浓缩蔬菜汁(浆)中加入水、食糖和(或)甜味剂、酸味剂等调制而成，稀释后方可饮用的饮料。

5. 复合果蔬汁(浆)及饮料　含有两种或两种以上的果汁(浆)、蔬菜汁(浆)、或果汁(浆)和蔬菜汁(浆)的制品为复合果蔬汁(浆)；含有两种或两种以上果汁(浆)、蔬菜汁(浆)或其混合物并加入水、食糖和(或)甜味剂、酸味剂等调制而成的饮料为复合果蔬汁饮料。

6. 果肉饮料　在果浆或浓缩果浆中加入水、食糖和(或)甜味剂、酸味剂等调制而成的饮料。含有两种或两种以上果浆的果肉饮料称为复合果肉饮料。

7. 发酵型果蔬汁饮料　水果、蔬菜，或果汁(浆)、蔬菜汁(浆)经发酵后制成的汁液中加入水、食糖和(或)甜味剂、食盐等调制而成的饮料。

8. 水果饮料　在果汁(浆)或浓缩果汁(浆)中加入水、食糖和(或)甜味剂、酸味剂等调制而成，但果汁含量较低的饮料。

9. 其他果蔬汁饮料　上述8类以外的果汁和蔬菜汁类饮料。

第二节　果蔬汁加工工艺

一、澄清果(蔬)汁

(一) 工艺流程

原料验收→预处理(清洗、拣选、破碎、热处理、酶处理等)→取汁→澄清→过滤→(调配)

清汁成品←无菌灌装←巴氏杀菌←

浓缩清汁成品←无菌灌装←浓缩←

(二) 工艺要求

1. 取汁

(1) 破碎与打浆：许多果蔬原料在取汁前需要破碎成果浆以提高出汁率，但破碎粒度需适当，应有利于在压榨过程中果浆内部形成果汁排出通道，若粒度过小，榨汁时外层果汁很快榨出，形成一层厚皮，导致内层果汁流出困难，造成出汁率降低；若粒度过大，榨汁时压榨力不足以使内层果汁流出，也会导致出汁率降低。此外，压榨过度使果汁中果肉含量增加时还会加重澄清汁生产中的澄清作业负荷。因此，原料破碎程度应视原料种类品种、成熟度而异，一般要求粒度为 3～9 mm。苹果、梨、菠萝等以 3～4 mm 大小为宜，草莓和葡萄以 2～3 mm 为宜，番茄等粒度可大些。当果实硬度较大时，粒度可小些，反之，粒度可大一些，以便获得良好的榨汁效果。

破碎按原理可分为机械破碎、冷冻破碎、超声波破碎等，生产中大多采用机械破碎。产品类型不同，使用的破碎设备也有所不同。澄清汁生产一般采用的破碎机有锤式破碎机、齿板式破碎机、离心式破碎机；浑浊汁生产一般多采用打浆机、孔板式破碎机、钢玉盘磨机、齿式胶体磨等。

针对不同种类的果蔬原料应采用不同的破碎工艺，目前主要分为热打浆和冷打浆。

热打浆适用于生产浑浊汁和果浆，也可用于榨汁前的破碎，是传统的破碎工艺。其工艺过程分为 3 个阶段：第一阶段为原料破碎，即原料清洗、拣选，再破碎成粗颗粒或打浆；第二阶段为果浆加热，目的是钝化其中的酶；第三阶段为果浆分离，即去除果浆中的杂质，如果皮、果柄、果籽、木质素等。

冷打浆是近年来开发的一种新技术。它是在常温下将经过清洗、拣选过的水果输送至整体的涡轮式冷提取设备的料斗中，水果被料斗下的喂料螺旋强制送入打浆转子和筛网之间，在加工的初始阶段就彻底去除那些对产品后续质量有重大影响的成分，如果皮、果柄、果籽、木质素等，然后再在较低的温度下进行必要的加热，从而得到与杂质有效分离的果肉，不需其他的破碎设备，仅需调整筛网尺寸就可取代传统的破碎机，有的设备还具有氮气保护装置以防止果浆氧化。冷打浆包括 3 个阶段：破碎、分离和提取。水果首先被粗破碎成小块，然后被强制通过分离系统，使果浆和果皮分离，最后到达打浆机，在此处果皮和果籽与果浆分离被除去。冷打浆工艺具有诸多优点，可有效降低果浆中的大部分酶类，抑制酶促褐变的发生；使产品色值和稳定性大大提高；降低钝化酶所需的温度；使废弃物明显减少；大大降低了农药残留等。

(2) 浸提：对于山楂、乌梅、红枣等难以用压榨方法获得汁液的果蔬原料一般采用浸提法取汁。浸提是将果蔬细胞内的汁液转移到液态浸提介质中的过程，与压榨汁相比，浸提汁色泽明亮，氧化程度小，微生物含量低，鞣质含量较高，芳香成分较多，易于澄清处理。固液比、浸提温度、浸提时间、浸提次数等工艺参数均会影响浸提汁的品质。传统上多采用单罐多次浸提工艺，如陈树祥提出的山楂浸提工艺为：软化温度为 85～95℃，加热 20～30 min，然后自然冷却 12～24 h，第一次浸提时液固比为 3，第二次浸提时为 2，两次所得浸提汁为原料量的 9%。

但该法所得浸提汁浓度低、间歇生产、周期长、设备利用率低、风味易损失。为了克服上述缺陷，人们开始利用半连续操作法——多级逆流浸提，国外最早利用该法生产苹果汁，此工艺所用的装置是由串联的多个浸提罐和循环泵组成，果品不再是多次被水浸提，而是用前一罐被增浓的浸提汁泵送到后一级含可溶性成分浓度高的果品罐中浸提该果品，使浸提汁进一步增浓，而被浸果品浓度降低，新水浸提浓度最低的果品，这样实现逆流浸提。该法不仅可以采取较低的浸提温度，以减少对风味的破坏，而且在高浸汁浓度的条件下，实现了高浸提率。如乔存炎等进行了四级逆流浸提梨、苹果的研究，原料切成长 5～6 mm、宽 4～5 mm、厚 2～3 mm的块，在 60～75℃下浸泡一昼夜，苹果的出汁率为 65%，浓度为 7.4°Bx，雪梨的出汁率为 85%，浓度为 6.8°Bx，而压榨法制汁两种水果的出汁率分别为 27%和 56%。但该工艺设备占地大，操作不连续，工人操作烦琐，劳动强度大，浸提速率随时间降低，设备效率也未达到最高。1982 年，Timothy 等发明了单螺旋连续逆流浸提设备，它采用了间歇反转技术，使果品被交替地挤压和打散，以保证液固之间有效地接触，并且结构也较为简单。如苹果汁在 60℃下浸提，总运行时间为 8 h，投料速率为 296 kg/h，果汁生产速率达 305 kg/h，果汁浓度 8.8°Bx，浸提率达到 91.5%，而且悬浮固形物少，芳香物质浓度增加。连续逆流浸提技术不仅成功地用于苹果、梨、葡萄、橙子及其干果的果汁生产，而且在浆果、菠萝、芒果、椰子、番石榴、葡萄干及其他干果生产果汁中获得成功。此外，还有微波、超声波、离心式等连续逆流提取设备。影响逆流浸提效率的因素主要有被浸提物的粒度、被浸提物与浸提溶剂的比例、浸提温度、浸提时间、浸提级数及其他处理条件（如酶处理）。

出汁率是衡量和评价取汁方法、果蔬原料性状和设备性能的重要技术经济指标，计算方法有如下几个。

质量法：出汁率＝果汁质量/原料果实质量×100%。

可溶性固形物质量法：出汁率＝果汁中的总可溶性固形物质量/果实中的总可溶性固形物质量×100%。

Posmann 法：计算浸提设备的出汁率如下

$$\text{出汁率}=100-\frac{100\times\text{渣中可溶性固形物含量}/\text{渣中不溶性固形物含量}}{\text{果浆中可溶性固形物含量}/\text{果浆中不溶性固形物含量}}\times100\%$$

以质量法使用最广泛。一般果汁工业要求果汁的出汁率为苹果 77%～80%，梨 78%～82%，葡萄 76%～85%，树莓 66%～70%，甜橙、葡萄柚 40%～45%，宽皮橘 50%～55%。

2. 澄清　果蔬取汁后得到的汁液是一种复杂的多分散相系统，其中除了含有悬浮的细小果肉、果皮、果心等颗粒物质外，还有果胶、蛋白质、淀粉、酚类物质、金属离子等物质，这些物质的存在均会影响果蔬汁的质量和稳定性，造成果蔬汁的混浊，需加以去除。

（1）*酶法*：果胶物质是造成果蔬汁出汁率低和汁液混浊的主要原因，果胶含量因果蔬种类不同而差异较大，大多数果汁中含有 0.2%～0.5%的果胶物质，利用果胶酶可将果胶脱酯生成低酯果胶和果胶酸，并将果胶或果胶酸中 α-1,4 糖苷键分解，生成半乳糖醛酸，由于果胶的分解使混浊物颗粒失去胶体保护而相互絮凝，从而迅速降低果蔬汁黏度，使其易于澄清。商品果胶酶分固体和液体两种，主要由曲霉属霉菌如黑曲霉或青霉菌等生产。果汁澄清用果胶酶主要含有果胶酯酶（PE）和聚半乳糖醛酸酶（PG），其比例为 PG∶PE≤10∶1。一般商品果胶酶的适宜温度为 40～55℃，pH 3.5～5.5，酶制剂的添加量及作用条件需根据商品说明经预试验确定，酶制剂在使用前先用少量水或果汁配制成一定浓度的溶液，再加入果汁中。

除用于果汁澄清外，还有专门用于果浆处理的酶制剂，俗称果浆酶，其含有的主要酶类与澄清用果胶酶制剂相同，区别在于 PG 与 PE 的比例，此外，果浆酶中还含有一定的纤维素酶和半纤维素酶等其他酶类，通过果浆酶的处理，果蔬细胞间层原果胶可部分分解，果浆保持一定程度的空间结构，有利于果浆的压榨，提高出汁率，果浆酶的出现也确立了果汁加工业的新技术——最佳果浆酶解工艺（optimum mash enzymation，OME 工艺）。果浆酶的作用体现在提高果汁出汁率和提高设备生产能力两个方面，如诺维信新一代果浆酶 pectinex smash 在布赫 HPX-5005i 上生产苹果汁，每批生产时间可减少 20%～30%，生产能力从每小时 10 t 提高到 12～16 t，平均出汁率可达到 85～87 L 苹果汁/100 kg 苹果。

处理一些含淀粉较多的早熟或未成熟果蔬原料时，由于大量淀粉溶入果汁，在后续加热过程中淀粉糊化并老化，以悬浮状态存在于果汁中而难以去除，灌装后形成淀粉-单宁络合物会导致果汁后混浊现象的发生，因此，需加入淀粉酶来分解淀粉，果汁生产中常使用 α-淀粉酶和葡萄糖淀粉酶（糖化酶），在酶作用下淀粉可转化为葡萄糖和可溶的小分子糖类，从而避免了淀粉颗粒相互结合形成沉淀。

除以上 3 种主要酶类外，纤维素酶、半纤维素酶、阿拉伯聚糖酶、橙皮苷酶等也用于果汁的澄清操作。

(2) 高分子化合物絮凝澄清法

1) 明胶-单宁澄清法 原理是利用带正电荷的明胶与果汁中带负电荷的单宁、果胶、纤维素等物质相聚合并将果汁中其他悬浮物缠绕吸附一起下沉，从而达到澄清效果。若果汁中鞣质含量低，应在加明胶前先加入一些鞣质。明胶和单宁必须为食用级，处理前应作预试验，方法为：取欲处理的果汁数份，每份100 mL，加入足量(通常为2～10 mL)1%明胶液混合，置刻度量筒内，观察澄清度及沉淀的体积和致密度，由此测得其最适用量。明胶在使用前应先用冷水浸没，使其吸水膨胀后洗去杂质，再水浴间接加热(加热时要经常搅动)，温度应控制在50℃以下，至胶粒完全溶化透明后停止加热。不可将胶液加热至沸或长时间煎熬，否则易使明胶变质。单宁应先于明胶加入果蔬汁中，添加量一般为5～15 g/L，单宁、明胶加入后搅拌均匀，在室温8～15℃下静置7～10 d即可过滤。此外，明胶还可吸附果汁中的单宁色素，减少果汁的粗糙感，但明胶会引起含花色苷的果汁褪色；此法在高温下处理时间过长还易引起果汁发酵。

2) 明胶-膨润土澄清法 膨润土具有强的吸湿性和膨胀性，可吸附8～15倍于自身体积的水量，体积膨胀可达数倍至30倍，其强大的吸附能力在果蔬汁中可吸附蛋白质和色素而产生胶体的凝聚作用。明胶与膨润土混合处理，可避免由于单宁含量过低而造成下胶过量。膨润土用量通常为50～100 g/100 L果汁，一般将其放在冷水中浸泡12 h，任其吸水膨胀。根据水的用量，制成浓度不等的糊或悬浮溶液，加入果汁2 h后添加明胶，搅拌均匀并静置澄清后，最后过滤即可。

3) 硅胶-明胶-膨润土澄清法 硅胶为胶体状的硅酸水溶液，二氧化硅含量29%～31%，pH 9.0～10.0，硅溶胶有15%和30%两种规格，它带负电荷，可与果汁中带正电荷的离子结合并沉淀，40～50℃有利于加速澄清，并可吸附和除去过剩的明胶。生产上添加顺序一般为硅胶、明胶、膨润土，膨润土添加量为50～100 g/100 L果汁，30%硅胶溶液添加量为25～50 mL/100 L果汁，明胶添加量一般为5～10 g/100 L果汁。

(3) 物理澄清法

1) 热处理澄清法 利用加热使果汁中的蛋白质和其他胶体物质凝固析出，通过过滤除去。方法为：先将果汁迅速加热到胶体凝聚温度75～78℃，维持1～3 min不等，再将其装瓶或转入容器中让其澄清，但不能完全澄清，同时会损失部分芳香物质。

2) 冷冻澄清法 冷冻对胶体的变性作用是浓缩和脱水复合影响的结果。将果汁急速冷冻，部分胶体溶液完全或部分被破坏而变成不定型的沉淀，在解冻后过滤除去。但此法不能完全澄清。

(4) 其他澄清方法：在果汁澄清中，还可以采用其他澄清剂进行澄清操作，如聚乙烯聚吡咯烷酮(PVPP)具有很强的选择吸附能力，能与特定的多酚化合物形成络合物起到澄清作用和防凝作用。壳聚糖是一种天然的阳离子型絮凝剂，能与果汁中带负电荷的蛋白质、果胶、单宁等物质作用产生凝集从而澄清果汁，同时它对色素也具有较强的吸附作用。活性炭能有效吸附果汁中的缩合单宁、活性蛋白及色素类物质而澄清果汁。

3. 过滤 澄清后的果汁必须经过滤才能得到透明而稳定的产品，其目的在于除去细小的悬浮物质。设备主要有板框式压滤机、硅藻土过滤机、真空过滤机、离心分离机、膜分离设备等。

(1) 板框式过滤机：滤板和滤框平行交替排列，每组滤板和滤框中间夹有滤材(滤布、滤膜、滤纸等)，用压紧端把滤板和滤框压紧，使滤板与滤板之间构成一个压滤室。由供料泵将悬浮液压入滤室，在滤材上形成滤渣，直至充满滤室。滤液穿过滤材并沿滤板沟槽流至板框边角通道，集中排出。过滤完毕，可通入清洗涤水洗涤滤渣。特点是结构简单、制造容易、设备紧凑、过滤面积大而占地面积小、操作压力高、滤饼含水量少、对各种物料的适用能力强，但是间歇操作、劳动强度大、生产效率低。

(2) 硅藻土过滤机：利用硅藻土颗粒的细微性和多孔性去除果汁中悬浮颗粒和胶体物质的过滤装置。有立式和卧式两种形式，在密闭不锈钢容器内，不锈钢过滤圆盘平行排列，圆盘一侧是不锈钢滤网，另一侧是不锈钢支撑板，中间是液体收集腔。过滤时，先进行硅藻土预涂，使盘上形成一层硅藻土涂层，待过滤液体在泵的作用下，通过预涂层而进入收集腔内，颗粒及高分子物质被截流在预涂层，进入收集腔内的澄清液体通过中心轴流出容器。特点是过滤周期长、效率高、浊度稳定、密封性好、结构紧凑、操作方便、可移动、易于维护保养。

(3) 真空过滤机：利用滤液出口处形成负压作为过滤的推动力进行过滤。分间歇式和连续式，后者如外滤面转鼓真空过滤机、带式真空过滤机。

(4) 离心分离机：利用离心力，分离液体与固体颗粒或液体与液体的混合物中各组分的机械。分为过滤离心机、沉降离心机和分离机 3 类。果汁澄清中常用离心分离，主要有碟片式离心机、螺旋式离心分离机和管式分离机。

(5) 膜分离设备：超滤已广泛应用于澄清苹果汁、梨汁、猕猴桃汁等果汁澄清中，与传统的果汁澄清工艺相比较，超滤具有快速、高效、节能和经济的优势。它是利用一种压力活性膜，在外界推动力(压力)作用下截留果汁中的胶体、颗粒和分子质量相对较高的物质，而水和小的溶质颗粒透过膜的分离过程。超滤膜孔径为 0.05 μm～1 nm，能够截留分子质量为 500 以上的大分子、胶粒和微粒，所用压差在 0.1～0.5 MPa。但在超滤过程中，由于被截留的杂质在膜表面上不断积累，会产生浓差极化现象，当膜面溶质浓度达到某一极限时即生成凝胶层，使膜的透水量急剧下降，这使得超滤的应用受到一定程度的限制。超滤装置一般由若干超滤组件构成。通常可分为板框式、管式、螺旋卷式和中空纤维式 4 种主要类型。根据膜材料不同分为无机膜和有机膜，前者主要是陶瓷膜和金属膜，后者有醋酸纤维素、芳香族聚酰胺、聚醚砜、聚氟聚合物等。果汁澄清传统上使用有机管式组件较为经济，目前果汁生产用的超滤装置核心由 96～300 个组件串联构成，过滤面积最大可达 500～600 m^2，对于可溶性固形物 12°Bx 的苹果汁，设计渗透通量为 50 t/h，膜组件的正常使用寿命为 2～3 年。但高聚物膜存在不耐高温、不耐酸碱、机械强度不够、不耐有机溶剂、易堵塞、不易清理等缺点，影响了其在果汁工业中的应用。无机膜的优点在于其渗透通量较高，蛋白质吸附少或不吸附和完全的截去特性，同时又是化学惰性，强度高，耐高温及没有介质流动性等，成为目前有效的果汁处理技术。国产陶瓷膜在苹果汁澄清中已得到应用，膜面积 220 m^2 的果汁澄清用陶瓷膜装置，处理量可达 17 m^3/h，并全自动运行。

二、浑浊果汁

(一) 生产工艺流程

原料验收→预处理(清洗、拣选、破碎、热处理、酶处理等)→取汁(或果浆)→调配→均质→脱气→低温杀菌→无菌灌装→成品

(二) 工艺要求

1. 均质 生产浑浊果汁或带果肉果汁时，为防止固液分离，降低产品品质，通常要进行均质处理。均质是将果蔬汁通过特定的设备使其中的细小颗粒进一步破碎，使果胶和果蔬汁亲合，保持果蔬汁均一性的操作。生产上常用的均质设备有高压均质机和胶体磨。

(1) 高压均质机：工作原理是物料以高压往复泵为动力传递及物料输送机构，将物料输送至工作阀(一级均质阀及二级乳化阀)部分。物料在通过工作阀的过程中，在高压下产生强烈的剪切、撞击和空穴效应，从而使液态物质或以液态为载体的固体颗粒得到超微细化。按结构形式分，有立式整体型高压均质机和卧式组合型高压均质机，适用于黏度低于 0.2 Pa·s、温度低于 80℃的液体物料，均质效果受物料特性、均质压力、均质温度和均质次数等的影响，需经试验确定。几种常见果蔬汁的推荐均质压力见表 10-1。

表 10-1 几种常见果蔬汁的推荐均质压力

果蔬汁种类	均质压力/MPa	果蔬汁种类	均质压力/MPa
桃、杏	30	番茄、南瓜	20～30
柑橘类	40	胡萝卜	30～40
凤梨	40	番石榴	30
苹果	30	洋梨	40

(2) 胶体磨：工作原理是由电动机通过皮带传动带动转齿(或称为转子)与相配的定齿(或称为定子)做相对的高速旋转，被加工物料通过本身的重力或外部压力(可由泵产生)加压产生向下的螺旋冲击力，透过定齿、转齿之间的间隙(间隙可调)时受到强大的剪切力、摩擦力、高频振动等物理作用，使物料被有效地乳化、分散和粉碎，达到物料超细粉碎及乳化的效果。适用于较高黏度及较大颗粒的物料。常用于均质机的前道

或者高黏度的场合，在固态物质较多时也常常使用胶体磨进行细化。

2. 脱气　果蔬原料细胞间隙存在着大量空气，在果汁加工过程中的破碎、取汁、均质、搅拌、输送等工序也会混入大量的空气，它以溶解状态或在微粒表面吸附着，其中的氧气会造成果汁色泽变化和营养成分氧化损失，必须加以去除，这一工序即称为脱气或脱氧。脱气方法有加热法、真空法、充氮置换法和化学法等。

(1) 真空脱气：利用果汁在真空状态下分散成薄膜或雾点而脱去氧或其他气体。目的是减少或避免果汁成分的氧化，从而减少果汁色泽和风味的变化。此法可同时去除悬浮微粒附着的气体，防止微粒上浮，可减少灌装及高温灭菌时的起泡，有效改善产品的外观，并能减少金属容器内壁的腐蚀。真空脱气时将果汁用泵打到真空脱气罐进行脱气操作，其喷头有离心式、喷雾式和薄膜式 3 种，如图 10-1 所示，目的是使果汁分散成薄膜或雾状，尽可能增大其表面积，在真空条件下降低产品的沸点以获得快速高效的析出氧气。真空脱气时应控制适当的真空度和果汁温度，其最佳条件是在某一温度下保持产品不沸腾的条件下尽量提高真空度，掌握在低于此真空度沸点的 3～5℃为原则，另外，要有充分的脱气时间，对黏度高、固形物含量高的果汁应适当增加脱气时间。但真空脱气同时也会使果汁中许多低沸点的芳香物质被汽化除去，因此，可通过安装芳香回收装置，将气体冷凝后回加到产品中。

(2) 氮气置换法：果汁中吸附的气体通过氮气、二氧化碳等惰性气体的置换被排除。将氮气压入果汁内，使果汁在氮泡沫流的强烈冲击下失去所带的氧，最后剩下氮。采用的装置是气体分配阀，被压缩的氮气通过穿孔喷射(直径 0.36 mm)以小气泡形式分布在液体流中，液体流在旋流喷射容器中，对着折流板冲去并以阶式蒸发形式形成薄层，从容器壁上流下，液体内的空气即被置换除去。1 L 果汁中充入 0.6～0.9 L 氮气后，氧气含量可降到饱和值的 5%～10%。

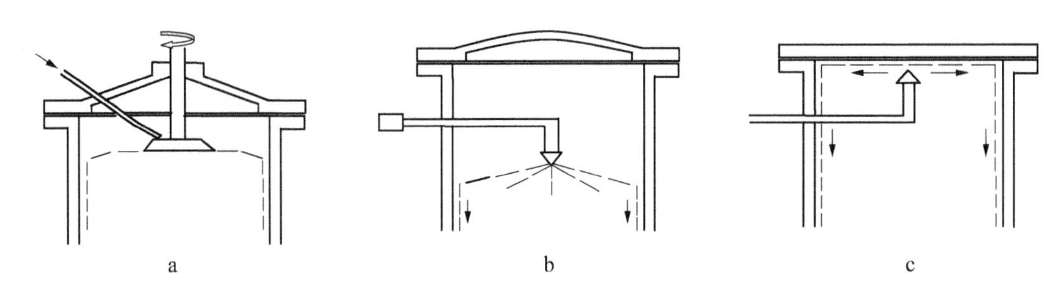

图 10-1　真空脱气机的喷头形式

a 离心式；b 喷雾式；c 薄膜式

(3) 化学法：果汁装罐时加入少量抗坏血酸等抗氧化剂或需氧的酶类作为脱气剂去除其中的氧气。但抗坏血酸不适合含花色苷丰富的果蔬汁。在果蔬汁中加入葡萄糖氧化酶也可以起到良好的脱气效果，如 β-D 吡喃型葡萄糖脱氢酶可氧化葡萄糖成葡萄糖酸，达到耗氧脱气的目的。反应如下：

$$葡萄糖 + O_2 + H_2O \longrightarrow 葡萄糖酸 + H_2O_2 \qquad H_2O_2 \longrightarrow H_2O + 1/2O_2$$

三、浓缩果蔬汁

浓缩果蔬汁是由澄清果蔬汁经脱水浓缩而制成的，可溶性固形物高达 65%～75%，饮用时需稀释。由于浓缩果蔬汁容量小，可节省包装和运输费用，便于贮运，同时糖、酸含量的提高增加了产品的保藏性，是国际果汁贸易中的重要形式之一。

(一) 生产工艺流程

澄清果蔬汁→浓缩→浓缩果蔬汁→巴氏杀菌→无菌灌装→贮存运输
（浓缩→香精回收→浓缩果蔬汁）

(二) 工艺要求

1. 浓缩

(1) 真空浓缩：在减压条件下使果汁中的水分在较低的温度下迅速蒸发的过程。装置主要由蒸发器、真空冷凝器和分离器组成。蒸发器是一个热交换器，提供加热和蒸发果汁所需的热量；分离器使浓缩汁和水蒸气分离；冷凝器使蒸发出的水蒸气冷凝。常用的真空浓缩设备有强制循环蒸发式、降膜蒸发式、平板蒸发式、离心薄膜蒸发式等。

1）强制循环蒸发式　这是一种用泵强制溶液做循环流动的蒸发器(图 10－2)。加热室有卧式和立式两种结构，液体循环速度大小由泵调节，适用于易结晶、易结垢溶液的浓缩，主要缺点是能耗较大。按二次蒸汽的利用情况强制循环蒸发器可分单效、双效、三效、四效及多效强制循环蒸发器。循环泵多数外置，但也有内置的。在循环泵外置的加热室中，溶液是自下而上流动的；而在循环泵内置的加热室中，溶液是自上而下流动，然后穿过加热室与器壁之间的环隙向上，经泵后面的导向隔板，引入循环泵，向下循环流动。在加热管束的下方，也有导向隔板，以使液流均匀和减少阻力。采用强制循环的目的：一是可以强化传热。用于小温差条件下的蒸发，溶液沸点高出 3～5℃的低位能蒸汽也可利用；而自然循环的蒸发温差，一般都在 7～10℃以上。二是减少结垢。

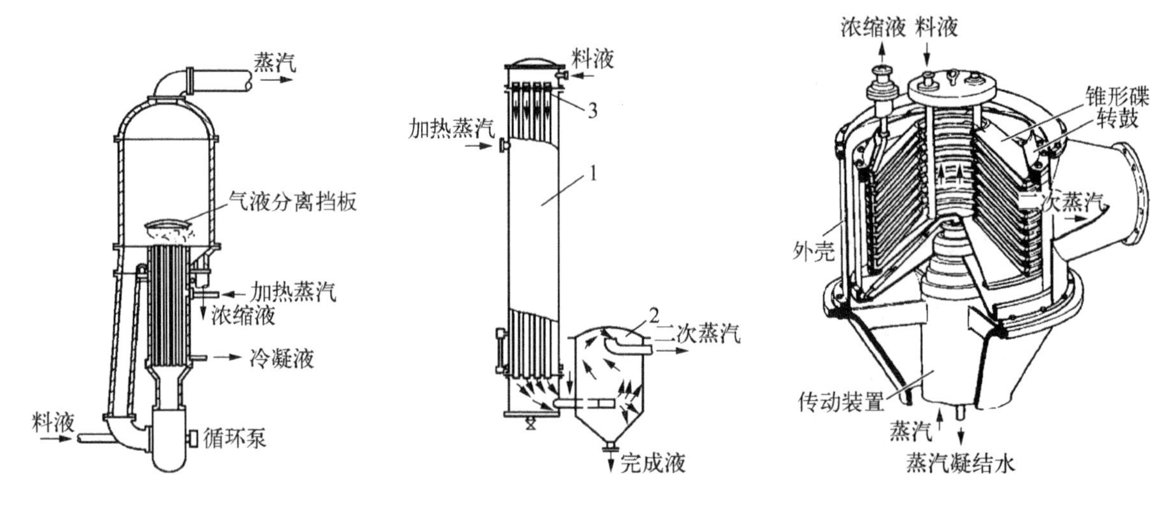

图 10－2　强制循环式蒸发器　　图 10－3　降膜式蒸发器　　图 10－4　离心薄膜式蒸发器

2）降膜蒸发式　料液由加热室顶部加入，经液体分布器均匀分配到各换热管内，并沿换热管内壁呈均匀膜状流下，被加热介质加热汽化。气液混合物由加热管下端引出，气液经充分分离，蒸汽进入冷凝器冷凝(单效操作)或进入下一效蒸发器作为加热介质，从而实现多效操作，液相则由分离室排出，如图 10－3 所示。可用于蒸发黏度较大(0.05～0.45 Pa・s)，但不适宜处理易结晶的溶液。

3）离心薄膜蒸发式　这是一种将“离心分离”和“薄膜蒸发”两过程集于一体的高效蒸发器(图 10－4)。它利用高速转鼓的离心力，使溶液在传热面上形成极薄的、连续的、高速流动的液体膜层，因而具有很高的传热系数，能够快速蒸发和高效分离其二次蒸汽。它的基本构件是外壳、转鼓和传动装置。其中转鼓是个回转壳，壳内装有离心薄膜式蒸发器的核心元件——锥形碟，它起传热和分离的作用。锥形碟中空，内走加热蒸汽，若干个锥形碟叠置于转鼓内，碟间空腔走溶液。当转鼓高速回转时，溶液借离心力的作用而依附和分布于锥形碟的下表面，呈液膜状，在此受热蒸发汽化，又在离心力的作用下进行汽液分离。同时，在锥形碟的空腔内，进行一次蒸汽的冷凝和凝液的离心分离。因此在锥形碟下锥板的内外两侧，都是相变传热，它们的给热系数都很大，故传热系数也很大。由于转鼓的高速转动，传热面上的液膜层极薄，仅为 0.05～0.1 mm；膜以高速流动，溶液在传热面上的停留时间极短，通常不超过 1 s，因此这种蒸发器宜于处理高热敏性的溶液，尤其适于食品和药物的精制浓缩。

(2) 膜浓缩：反渗透是一种以压力差为推动力，从溶液中分离出溶剂的膜分离操作。因为它和自然渗透的方向相反，故称反渗透。它曾广泛用于海水淡化和一些溶液的分离，在食品生产上可用于去除乙醇以生产低酒精度的啤酒、葡萄酒，从废水中回收蛋白质或其他固体，以及浓缩和净化果汁、酶类和植物油等。与蒸发浓缩相比，反渗透浓缩的优点在于不需加热，因此挥发性物质的损失和营养成分、食用品质变化很小；浓缩过程不涉及相变，节约能源，如用于排除番茄原汁 50%的水分，反渗透浓缩工艺所耗能量仅为三效蒸发浓缩工艺的 1/10;设备安装简单,运营成本低。影响果汁渗透压的主要因素是糖和有机酸,浓缩果汁的渗透压可达 10 MPa 以上,用反渗透膜进行浓缩时,外部施加的压力要大于膜两侧高浓度溶液与低浓度溶液之间的渗透压力差。反渗透的渗透速率与操作压力、果汁的渗透压、pH、温度及膜的性能有关。常用的反渗透膜组件主要有中空纤维式、板框式和螺旋卷式。在实际应用中,反渗透的浓缩倍数一般不超过 2.5。在使用过程中也需注意浓差极化现象,反渗透膜的清洗一般采用酸洗、碱洗、盐洗和氧化清洗 4 类方法。

(3) 冷冻浓缩:利用冰与水溶液之间的固液相平衡原理将水以固态方式从溶液中去除的一种浓缩方法,其能耗约为蒸发浓缩的 1/7。依结晶方式不同冷冻浓缩可分为悬浮结晶冷冻浓缩法和渐进冷冻浓缩法。其工艺过程分为结晶(形成冰晶)和分离(从浓缩汁内分离冰晶)两个阶段。在结晶时,当果汁温度低于冰点,水分即以冰的形式结晶出来,果汁浓度不断增加,直至达到浓缩要求。冷冻浓缩的优点是能充分保存果汁原有的芳香物质、色泽和营养成分,但最大浓缩度受到冰晶—浓缩汁混合物黏度的限制,只能达到 40%~50%。果汁冷冻浓缩工艺流程为:脱果胶澄清果汁→在结晶器中形成能用泵输送的“冰晶—浓缩汁混合物”→冰晶在再结晶器中生长→用机械方法或洗涤柱把冰晶从浓缩汁中分离出去。冷冻浓缩设备分为单级和多级。前者如采用洗涤塔分离方式的单级果汁冷冻浓缩设备,可将浓度为 8~14°Bx 的果汁原料浓缩为 40~60°Bx 的浓缩果汁。后者是指将上一级浓缩得到的浓缩液作为下一级的原料进行再次浓缩。

2. 芳香物质回收 果蔬芳香物质是指代表果蔬或果蔬汁典型特征的挥发性物质,也是区别于不同果蔬汁最重要的特征参数之一,芳香物质的回收是利用其在蒸发过程中易挥发的性质,在蒸发冷凝器中完成的,其工作原理如图 10-5 所示。芳香物质回收装置是浓缩果汁生产线的重要组成部分,目的是使果汁中的芳香物质在浓缩前或浓缩过程中得到有效的回收。芳香成分的提取方法有 5 种:水蒸气蒸馏法、冷榨法、萃取法、吸附法和超临界萃取法。水蒸气蒸馏法因温度高,芳香成分易水解而损失;萃取法和吸附法无法避免香精中溶剂的残留,也存在热降解反应;超临界萃取设备昂贵,操作繁杂;冷榨法避免了热对产品的不良影响,因而在苹果汁、梨汁、桃汁等果汁的生产中被广泛使用。

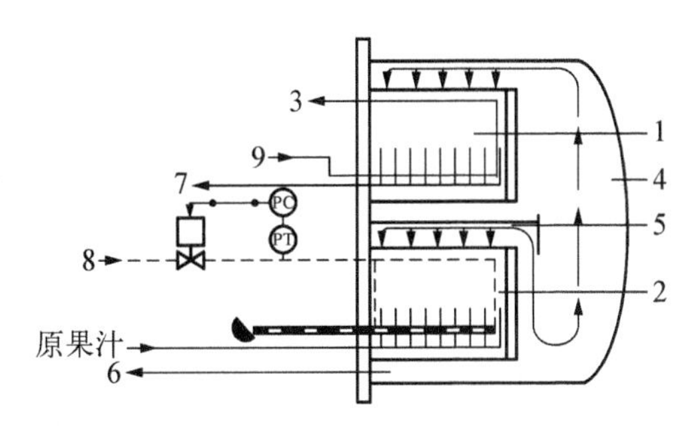

图 10-5 芳香物质回收工作原理

1. 上板组;2. 下板组;3、4. 壳体;5. 挡板;6. 浓缩液出口;7. 芳香物水溶液出口;8. 蒸汽进口;9. 冷却水进口

3. 巴氏杀菌和无菌灌装 浓缩果汁一般采用管式杀菌机进行巴氏杀菌以杀灭细菌、大肠菌群、致病菌。灭菌后的果汁由管道送入冷却装置迅速降至 20℃以下,并暂存于无菌罐中,需灌装时经管道传至无菌灌装机。目前,果汁的装填有高温装填法和低温装填法两种,前者是在果汁杀菌后,处理热状态下进行装填,利用果汁的热量对容器内表面进行杀菌;后者是将果汁加热到杀菌温度后,通过热交换器立即冷却至常温或常温以下,再进行装填。果汁生产企业多采用后者。无菌灌装的目的是使产品在常温下保存而不变质,其方法是采用包装机把连续杀菌过程和无菌容器包装结合起来,获得能在常温下储存的商业无菌果汁。浓缩果汁大多采用大袋无菌灌装方法,其工作过程如下:灌装前将 105~122℃的高温水对产品输送管道、阀门等进行循环灭菌,然后在保持整个灌装过程中各阀门、灌装腔体、管道的温度在额定值之上,使之形成无菌环境,若温度低于额定值 5 min 以上,将自动停止灌装,用 120℃的高温高压蒸汽灭菌 30 min 后,再重新开始灌装。所有工作均是自动控制运行。灌装结束后,对输送产品的管道、控制灌装的各阀门进行自动清洗。

4. 贮存与运输 浓缩果蔬汁的贮存条件因浓缩度不同而有差异,对于 70°Bx 以上的浓缩果蔬汁可贮存于 0~4℃;而低于 70°Bx(不含 70°Bx)的浓缩果蔬汁(浆)应贮存于-18℃。每桶灌装满后,用蘸有 75%乙醇的干净毛巾擦干净无菌袋表面的水珠,操作工检查合格后,折叠好无菌袋和保护袋,盖上桶盖,对包装进行铅封。在钢桶外壁的标识框内贴上标签。

四、复合果蔬汁

我国《饮料通则》(GB 10789—2007)规定:含有两种或两种以上的果汁(浆)、蔬菜汁(浆)或果汁(浆)和蔬菜汁(浆)的制品为复合果蔬汁;含有两种或两种以上果汁(浆)、蔬菜汁(浆)或其混合物并加入水、食糖和(或)甜味剂、酸味剂等调制而成的饮料为复合果蔬汁饮料。复合果蔬汁及其饮料使用的原料各异,生产方法及设备可参考澄清果汁或混浊果汁生产。目前,市场上常见的有:番茄汁与其他多种果蔬的复合汁、橙汁与胡萝卜汁等蔬菜的复合汁、芹菜汁、甜菜汁、菠菜汁等蔬菜汁配以食盐、香料和柠檬酸等配制的复合蔬菜汁等产品。该类产品的生产应注意以下基本原则。

(一) 风味协调原则

风味是复合果蔬汁最重要的感官品质因素,它必须要符合消费者的消费习惯,为消费者所接受。根据风味相乘或抑制的有关理论,选择生产原料时应尽量使其不良风味相互减弱、抑制或掩盖,使优良风味得以体现或提高,这就需要通过反复试验找出各种原料之间的最佳配比。

(二) 营养素互补原则

各种原料所含的营养成分种类和数量各不相同,在选择原料时,应充分掌握各种原料的化学组成和性质,避免相互间发生不利的化学反应导致产品的营养价值下降,在生产过程中,可有针对性地采取适当的措施,消除不利成分的影响和干扰。如含草酸多的原料不宜与含钙丰富的原料相搭配等。

(三) 功能性协调原则

复合果蔬汁若原料搭配合理,其营养更丰富、全面,具有美容、通便、调节血压、血脂、血糖等多种保健功能,但若原料搭配不当,不仅不能发挥其保健功效,还可能对人体产生不良影响。要使产品具有良好的调节功能,就必须了解食物的功能特性、中医食疗理论和不同类型人群的生理特点,使三者协调统一。

性、味是食物性能的最重要的部分。性,也称四性,即寒、凉、温、热。味,主要指酸、辛、苦、甘、咸五味,是味觉器官对食物的感受。中医“虚者补之”、“实者泻之”、“热者寒之”、“寒者热之”的治疗原则是进行生产工艺设计和消费者合理选择产品的重要依据。

第三节 果蔬汁加工中常见质量问题及其控制

一、变色

果汁加工过程中出现的颜色变化主要由酶促褐变和非酶促褐变引起。

(一) 控制酶促褐变引起的变色

1) 高温灭酶 通过加热使酶促褐变的相关酶类钝化失活。

2) 去氧或脱氧 将切分的果蔬浸泡于水中以隔绝氧气,脱气、真空渗糖,或加入还原剂如抗坏血酸、亚硫酸钠等消耗果汁中的氧气。

3) 调节 pH 多数酚酶的最适 pH 为 6~7,当 pH 在 3 以下时已无明显活性,可添加柠檬酸、苹果酸、抗坏血酸等降低体系的 pH,其中柠檬酸还可与酚酶辅基的铜离子络合而抑制其活性。但对于含花色苷丰富的果汁,如桑葚果汁、杨梅果汁,抗坏血酸的加入反而会显著促进花色苷的降解,并与浓度成正比,这可能是由于在有氧条件下,抗坏血酸被氧化成 H_2O_2,而 H_2O_2 可直接亲核攻击花色苷 C-2 位,使之开环生成查耳酮,后者进一步降解成无色的酯类物质和香兰素的衍生物,这些氧化产物或者进一步降解成小分子物质,或者相互间发生聚合反应,导致花色苷降解。

4) 添加酚酶底物的类似物 有报道称,加入酚酶底物的类似物,如肉桂酸、阿魏酸、对位香豆酸等能有效抑制苹果汁酶促褐变。

(二) 控制非酶促褐变引起的变色

1) 避免长时间加热。提高温度会促使羰氨反应的增强。

2) 去除果汁中的重金属离子,并避免接触金属如铜、铁等用具。

3) 在较低的温度下贮藏,并要避光。

此外,维生素 B 族抗氧剂也广泛用于抑制褐变。Na-维生素 B 抗氧剂是从可食性植物中提取的天然抗氧化因子及其衍生物(属维生素 B 族)与其特有的相乘性物质络合而成的新型天然抗氧化保鲜稳定剂。维生素B的Na盐具有螯合重金属离子，可切断氧化的途径。而氧化的过程就是通过金属离子来传递的。它还可以通过蛋白质和单宁牢固地结合，消除单宁类及非酶促褐变。

二、混浊和沉淀

澄清果蔬汁要求清亮透明，浑浊果汁要求有均匀的浑浊度，但在贮藏过程中经常会发生果汁混浊和沉淀现象，严重影响果汁的品质。澄清果汁的混浊主要是由澄清处理不当和微生物引起的，如澄清剂选择不当、用量过多或过少、处理时间不够，使果胶或淀粉分解不完全等造成混浊。浑浊果汁或带肉果汁的沉淀主要是均质不当或增稠剂添加不合理造成的，浑浊果汁是一个由果胶、蛋白质等亲水胶体构成的复杂胶体系统，颗粒大小、离子强度、pH、稳定剂种类和用量等均会对其稳定性产生影响，因此一方面要选择适宜的均质工艺，如均质压力、次数等，另一方面要选用适宜的稳定剂（如黄原胶、羧甲基纤维素、海藻酸钠等）及其添加量。

三、微生物败坏

在加工过程中，由微生物的侵染和繁殖所引起的败坏，使产品出现异味（酸味、乙醇味、臭味、霉味等）、胀罐、浑浊、毒素超标等现象。其中果汁中的耐热菌由于其耐热、耐酸，不能被果汁加工中的巴氏杀菌所杀灭，从而成为果汁加工尤其是苹果汁加工中的一个难题。研究发现，环脂芽孢杆菌属的酸土环脂芽孢杆菌能够使果汁发生败坏，尽管它是非致病菌，也不产生任何已知毒素，但当其大量繁殖时会产生一些影响果汁风味的物质，如具有烟熏味的愈创木酚、具有臭味的2,6-二溴苯酚及2,6-二氯苯酚，不仅影响果汁风味和品质，而且引起果汁轻微沉淀或浑浊。此外，当原料不新鲜时还会导致果汁中棒曲霉素超标，棒曲霉素是某些真菌的有毒内酯代谢产物，动物实验证明其具有致畸性和致突变性，FDA认为每天摄入低于50 μg/L(50 ppb)的棒曲霉素是相对安全的，欧盟对此类食品制定的最大限量标准为25 μg/L，自2003年11月1日起开始实施。另外，霉菌侵染还是果汁中富马酸含量超标的重要因素，产生富马酸的霉菌主要根霉属霉菌，它以果汁中的糖分为碳源合成富马酸，富马酸含量的高低可以从侧面反映果汁生产企业的生产工艺和管理状况，自1999年起，国外厂商规定浓缩汁中的富马酸含量（在11.2°Bx下测定）不得超过5 mg/L。针对微生物引起的上述问题可采取以下措施进行预防。

1）采用新鲜、无机械伤、无病虫害、无霉烂的果实原料，控制烂果率小于2%。

2）加强原料的清洗消毒。清洗用水不宜过多地反复循环使用，并保证水质、水量和清洗时间。

3）加强设备和管道的清洗消毒。

4）加强对加工环境的控制。定期对车辆、工器具、人员服装等的清洗消毒，尽可能减少微生物污染的机会。

5）实施质量控制体系，如GMP、HACCP、SSOP等，定期进行跟踪监测，预防和控制危害发生。

四、农药残留

农药残留也是当前果汁加工和贸易中的一个重要问题之一。果汁中常见的农药有四大类：有机磷农药、拟除虫菊酯类农药、氨基甲酸酯类农药和有机氯农药。在我国以有机磷农药残留较为突出。降低农药残留从根本上还要加强原料采前的农药合理施用，在果汁加工中主要是通过加强原料清洗来控制农药残留，如采用次氯酸钠溶液、臭氧水、过氧化氢溶液等去除果实表面的农药残留，对果汁中的农药残留可采用活性炭、树脂吸附等加以去除。

五、果汁掺假

果汁掺假一直是伴随着果汁工业的发展而存在的，世界各国质监部门都十分重视。近年来，国际果汁工业保护协会(sure global fair，SGF)把果汁的掺假问题作为质量监督检验的重要内容，并不断研究制定新的规定、标准，以保证预先阻止欺诈行为的发生。

目前对于果汁的真实性，主要集中于以下几点：① 是否加入了未注明的糖分；② 是否加入了未注明的其他较便宜的果汁;③ 将水加入"非浓缩汁";④ 使用法规不允许的工艺技术;⑤ 加入其他未注明的化合物(如有机酸、色素等);⑥ 虚报原产国。

果汁鉴定的传统分析方法,通常包括测定它的不同组成(如糖、有机酸、矿物质、氨基酸等),然后将测定数据与一个参照标准比较。为达到这种目的,欧盟果蔬清汁和浊汁协会(AIJN)已经在它的应用准则中对大量的可接受的成分参数的标准值范围进行了调整。

对于果汁的鉴定,其分析方法必须能够区分源自植物本身的某种成分与加工过程中添加的这种成分之间的很小差异。能识别用类似于真实成分的化学材料掺假或测定添加的痕量掺杂物质。最近几年,已经研究出了一些高尖端技术和检测仪器用于测定掺杂使假。计算机多变量样品识别程序已经提供了更进一步的手段,使食品科学家能够分析大量的不同变量间的相互关系。例如,稳定同位素分析是至今测定果汁中的糖和水分是不是果汁本身实际存在的最有效的方法。AIJN 准则已制定相应的同位素参数的变动范围。当然,同位素的分析结果必须考虑环境参数的影响。

1. 标准样品检测法 德国果汁协会在20世纪80年代组织专家制定了真果汁的 *RSK* 值,它是对果汁及其制品进行真实性评价的准则。*R* 表示指导值(richtwert),即产品参数应极少跌落指定的最小数值,也极少超过指定的最大数值;*S* 表示范围(schwankungsbreite),即典型水果汁的化学成分变化,其偏差程度可能是与所采用的原料有关,也可能是由不允许使用的添加剂或加工程序造成的;*K* 表示中心值(kennzahl),即该值并不等于平均值,它是根据所有专家的经验得出的工业生产的果汁的一般值,对特殊来源的单一栽培品种的果汁而言,中心值的变化可能很大。对于某些果汁还指明了附加化学分析的参考数据,当与 *RSK* 值存在偏差时,这些参考数据是非常必要的,此外,这些参考数据在评价果汁的特性及纯度时也是很有用的。但由于测定指标过多,实际推广应用较为困难。

2. 特征成分检测法 每种果汁都有区别于其他果汁的特点,这必然表现在其所含的特征成分上,通过定性检出并定量测定这些特征成分便可对果汁的真伪进行判断。Coppola 等研究发现,酒石酸作为葡萄汁中的特征有机酸,可以用于掺假葡萄汁的鉴别。酒石酸和 L-苹果酸的比例也可以作为鉴别掺伪菠萝汁的指标。苹果汁中果糖和葡萄糖含量最高,其含量在 3.20%~10.5%和 0.17%~4.10%,果糖和葡萄糖的比例大于 2.0,而这两种糖在梨汁中的含量为 5.10%~8.89%和 0.76%~3.90%,二者的比例大于 2.7,可用于区别苹果汁中是否掺有梨汁。此外,脯氨酸、根皮苷和异鼠李素-3-葡萄糖苷含量也可作为苹果汁、梨汁的掺伪检测指标。

3. 同位素分析法 利用稳定同位素天然丰度(含量比例)的变异测定果汁的真伪,如$^{18}O/^{16}O$ 比法和 $^{2}H/^{1}H$ 比法可以鉴别天然果汁含量;分析果汁中的$^{13}C/^{12}C$ 值,可对来源于 C_4 植物的蔗糖、玉米糖浆掺假产品进行鉴定,判断某些外源糖类的添加。来源于 C_3 植物的果汁,^{13}C 的负值较大,而来源于 C_4 植物的蔗糖、玉米糖浆^{13}C 的负值较小,因此,如果橙汁、苹果汁等果汁中掺入蔗糖,果汁中的$^{13}C/^{12}C$ 值升高,^{13}C 的负值就会减小。牛丽影等采用同位素比率质谱法(IRMS)对我国某 NFC、FC 橙汁及自制苹果汁中水的 δD、$\delta^{18}O$ 值进行了测定,分析发现 δD、$\delta^{18}O$ 值与 NFC 果汁含量呈二次回归关系,且均显著高于 FC 果汁的相应数值,可用于 NFC 果汁含量的判别。

4. 指纹图谱检测法 指纹图谱技术是指样品经适当处理后,采用一定的分析手段如光谱或色谱,得到能够标示该样品特性的色谱或光谱的谱图或图像。指纹图谱分为色谱指纹图谱、光谱指纹图谱和 DNA 指纹图谱 3 类,对成分较复杂的果汁质量控制而言,指纹图谱能全面、综合地反映和控制果汁质量。

5. 微生物法 果汁中的碳水化合物、氨基酸、矿物质、有机酸等能为微生物的生长提供碳源、氮源、生长因子等必需条件。Vandercook 等通过接种乳酸杆菌的方法检测橙汁是否掺伪,发现乳酸杆菌的生长与橙汁含量成正比,而作为橙汁饮料的常用添加剂如橙油、丁化羟基苯甲醚(BHA)等在正常添加量条件下不会对乳酸杆菌的生长产生影响,但糖度过高时会抑制乳酸杆菌的生长。

6. PCR 检测法 近年来,PCR 技术也出现在果汁掺伪鉴别和质量控制中。Morton 等用 PCR 技术和琼脂糖凝胶电泳分析了苹果的特征基因图谱,为利用 PCR 技术进行苹果汁的鉴伪奠定了研究基础,也使 PCR 技术成为苹果汁掺伪鉴别研究中的热点。Knight 应用 PCR 技术检测橙汁效果明显,该方法能够检测橙汁中掺有 2.5%的中国柑橘。

思考题

1. 果蔬汁的分类。
2. 澄清果汁和浑浊果汁的基本加工工艺流程及操作要点。
3. 浓缩果汁加工中采用的浓缩方法。
4. 果汁加工中常见的质量问题及解决措施。

第十一章

果蔬干制

干制是干燥(drying)和脱水(dehydration)的总称，果蔬干制是指在自然条件下或人工控制条件下促使果蔬原料或产品中水分蒸发的工艺过程。果蔬干制是果蔬加工的一种重要方法。果蔬干制后体积缩小，质量大大减轻，便于贮藏运输，食用方便，产品营养丰富。果蔬干制也是一种既经济又大众化的加工方法。本章主要介绍果蔬干制基本原理、果蔬干制方法、果蔬干制品的包装、贮藏和复水等。

第一节　果蔬干制基本原理

果蔬干制的目的是降低新鲜果蔬中所含水分含量，提高原料可溶性固形物的浓度，使微生物的生长繁殖受到抑制。同时抑制果蔬中所含酶类的活动，从而延长制品的贮藏期。

新鲜果蔬的腐败主要是微生物生长繁殖的结果。微生物的新陈代谢主要依赖果蔬中的水分和营养物质。一般情况下，果蔬中的水分含量为65%～95%。水是一切生物体生命活动不可缺少的成分，微生物需要一定的水分才能维持正常的新陈代谢。不同微生物所需的水分不同。细菌和酵母只在水分含量较高(质量分数30%以上)的果蔬中生长，而霉菌则在水分质量分数12%的果蔬中还能生长，有时在水分质量分数2%的条件下，若环境特别适宜，部分霉菌也能生长繁殖。果蔬中富含多种营养物质，如蛋白质、脂类、有机酸和维生素等，为微生物的生长繁殖提供了充足的养分，因此，果蔬是微生物良好的天然培养基。果蔬的腐败主要是微生物活动的结果。另外，果蔬是生命体，本身含有多种酶类，支配果蔬的新陈代谢，果蔬在采收后即使不被微生物所寄生，营养物质也会逐步消耗，甚至变得不宜食用。果蔬干制的原理是利用热能或其他可利用能源，降低果蔬原料中所含水分到一定限度，降低其水分活度，使微生物由于缺水而无法生长繁殖；果蔬中的酶类也由于缺少可利用的水分作为反应介质，活性受到大大抑制，从而使制品得到较长的保质期。

果蔬干制过程是一个复杂的加工工艺，它是热现象、扩散现象、生物和化学现象的复杂综合体，是一种多相反应。这些多相反应的动力学决定干制过程的进行机制和速度，在果蔬中产生的理化现象是确定干制过程机制的主要因素。要获得高品质的干制品，必须了解原料的性质，干制过程中水分的变化规律，干燥介质中空气温度、湿度、气流循环等对果蔬干制的影响。

一、果蔬中的水分

(一) 果蔬中水分的存在状态

新鲜果蔬组织中的物质可分为干物质和水分两大类。果蔬含水量因果蔬种类、品种和栽培条件而异，水分含量为70%～90%。果蔬中的水分是果蔬有机物和无机盐的良好溶剂，也是活细胞内生物化学反应的直接参与者。一般情况下，由氢键结合系着的水分为束缚水，有胶体结合水和化合水两种；由毛细管力系着的水分为自由水，也称游离水和机械结合水(表11-1)。

表11-1　几种果蔬中不同形态水分的含量

名　称	总水量/%	游离水/%	结合水/%
苹　果	88.70	64.60	24.10
甘　蓝	92.20	82.90	9.30
马铃薯	81.50	64.00	17.50
胡萝卜	88.60	66.20	22.40

1. 自由水(free water)　自由水又称游离水和机械结合水,果蔬中的水分,绝大多数是以游离水的形态存在,占水分总量的70%～80%(表11-1)。自由水是充满毛细管中的水,在果蔬干燥过程中很容易被脱除,是果蔬中主要的水分状态,很容易离开果蔬而蒸发,并且能根据内外水蒸气分压差,借毛细管作用和渗透作用向外或向内移。自由水具有水的全部性质,能作为溶剂溶解很多物质,如糖、酸、碱等,也是微生物赖以生长繁殖可利用的水分,并且果蔬组织内的许多生理过程及酶促生化反应都是在以自由水为介质的环境中进行的,因此也被称为有效水分。另外,自由水流动性大,容易结冰。

2. 胶体结合水(bound water)　胶体结合水也称束缚水或物理化学结合水,是指不按确定的定量比,和细胞内容物原生质、淀粉、果胶等结合成胶体状态的水分,结合水仅占总水量的小部分,含量为10%～15%。

胶体结合水是果蔬组织中的亲水官能团与水通过氢键相结合的水分,或者与某些离子官能团产生静电引力而发生水合作用。胶体结合水与游离水不同,对游离水中易溶解的物质不具备溶剂性质,稳定性强,难以蒸发,比例大(1.02～1.45),热容量小(0.7)在低温下不易结冰,甚至在-40℃以下也不能结冰。这个性质具有重要的实际意义,它可以使植物种子和微生物孢子在冷冻条件下仍能保持较好的生命力。果蔬干燥时,只有在游离水完全被蒸发后,在高温条件下一部分结合水才会被排除。胶体结合水又可分为吸附结合水、结构结合水、渗透结合水。

(1) 吸附结合水：指在物料胶体微粒内外表面上因分子吸引力而被吸附的水分。一般胶体微粒内外表面可吸附多层水分,与胶体微粒结合的第一层水分吸附最牢固,其后随着分子层数的增加,吸附力逐渐减弱。因为吸附结合水的结合力很强,所以要通过干燥去除这部分水分时,不但要提供水分汽化所需要的汽化热,而且要提供脱离吸附所需的吸附热。因此需要消耗大量的热量才能将它们除掉。

(2) 结构结合水：指当胶体溶液凝固成胶体时,以胶体物质为骨干形成的物体内保留的水分,这部分水分受结构结合的束缚,渗透压较低。

(3) 渗透结合水：指多孔体内溶液的浓度较它外表面时,在渗透压的作用下保持的水分。也就是分子溶液和胶体溶液中受溶质束缚的水分。渗透结合水与物质的结合能力较小。

3. 化合水(combined water)　也称化学结合水,是指存在于果蔬化学物质中,与果蔬组织中某些化学物质呈化学状态结合的水,占总水量的10%～20%,性质极稳定,不会因干燥作用而被排除,也不为微生物所利用。

(二) 果蔬中的水分活度与保藏性

1. 水分活度　水分活度(water activity, A_W)是热力学中用以表示水的自由度,具体指溶液中水的逸度与同温度下纯水的逸度之比,即溶液中能够自由运动的水分子与纯水中的自由水分子之比;在物理化学上水分活度是指食品的水分蒸汽压与相同温度下纯水的蒸汽压的比值,也可以用相对平衡湿度表示(相对平衡湿度：大气水汽分压与相同温度下纯水的饱和蒸汽压之比)。

$$A_W = \frac{P}{P_0} = \frac{\mathrm{ERH}}{100}$$

式中,A_W为水分活度;P为样品的蒸汽压;P_0为纯水的蒸汽压;ERH为相对平衡湿度。

水分活度表明水分与食品结合的程度(游离程度)。水分活度值越高,结合程度越低;水分活度值越低,结合程度越高。水分活度并不是食品的绝对水分,它常用于衡量微生物忍受干燥程度的能力。水分对微生物生长活动的影响,并不决定于果蔬的水分总含量,而是它的水分活度。在果蔬工业上已普遍采用水分活度来取代水分百分含量概念。

果蔬中的水分不同于纯水,不同程度的受果蔬中多种化学成分的吸附,使果蔬组织中水分的蒸汽压比同温度下纯水的蒸汽压低,水分汽化变成蒸汽而逸出的能力也降低,从而使水分在果蔬组织内部扩散移动能力降低,水分透过细胞的渗透能力也降低。

2. 水分活度与保藏性　大多数情况下,食品的稳定性(腐败变质、酶解、化学反应)与水分活度密切相关。含有水分的食物由于其水分活度不同,其贮藏期的稳定性也不同。利用测定食品的水分活度来反映食品的保质期,已逐渐成为食品行业中检验的重要指标。

各种食品有一定的A_W值,各种微生物的活动和各种化学与生物化学反应也都有一定的A_W阈值。微生物生长所要求的Aw值，一般在0.66～0.99，并且这个Aw值是相对恒定的，微生物生长的最低Aw值见表11-2。对于微生物及化学与生物化学反应所需Aw条件的了解可以预测食品的贮藏性。新鲜产品水分活度很高，降低水分活度，可以提高产品的稳定性，减少腐败变质。

表 11-2 微生物生长的最小 Aw值

微生物种类	最低Aw值	微生物种类	最低Aw值
大多数细菌	0.94～0.99	耐盐性细菌	0.75
大多数酵母菌	0.88～0.94	耐渗透压酵母菌	0.66
大多数霉菌	0.73～0.94	干性霉菌	0.65

(1) *水分活度与微生物的关系*：微生物经细胞壁从外界摄取营养物质并向外界排泄代谢产物，都需要水作为溶剂或媒介，因此水是微生物生长活动的必需物质。虽然水分对微生物有很大的影响，但决定性的因素并不是其水分总量，而是能够用水分活度进行估量的有效水分含量。

大多数新鲜食品的水分活度在0.99以上，适合各类微生物的生长繁殖。如表11-2所示，细菌生长繁殖所需的最低水分活度最高，当果蔬的水分活度值降到0.94以下时，就不会发生细菌性的腐败变质，与细菌和酵母菌相比，霉菌能够忍受更低的水分活度，因而干制品中常见的腐败菌是霉菌。

微生物的耐热性与其所处环境的水分活度有一定的关系。将嗜热脂肪芽孢杆菌的冻结干燥芽孢放在不同相对湿度的空气中加热，其耐热性在水分活度0.2～0.4时最高，在0.4～0.8内随水分活度的降低而逐渐增大，但在水分活度0.8～1.0时耐热性随水分活度的降低而降低。每种微生物都有其最适和最低的水分活度，它们取决于食品的种类、温度、pH、氧气分压、二氧化碳浓度、温度及是否存在湿润剂等因素。通常微生物的孢子萌发要比其营养体发育所需的水分活度值高。例如，产气荚膜杆菌营养体发育的水分活度值最小为0.99，而其芽孢萌发所需的水分活度值最小为0.993。另外，微生物分泌毒素及毒素的生成量，随水分活度的升高而增多。例如，金黄色葡萄球菌，当水分活度达0.99时可产生大量的肠毒素；当水分活度为0.96时，基本不产毒素。因此，如果食品原料所污染产毒菌在干制前不产生毒素，那么干制后也不会产生毒素。相反，如果在干制前已产毒素，那么干制过程基本无法破坏所产的毒素。

一般认为，影响干制品贮藏过程中微生物生长的因素主要有物料中微生物的种类和数量、水分活度、包装、温度、湿度等。在室温下贮藏干制品，其水分活度应降到0.75以下，此时任何致病菌都无法生长，物料的腐败变质也显著减慢，甚至在较长时间内不发生变质。若能将水分活度降低到0.65及以下，可生长的微生物极少，因而食品的贮藏期可大大延长。因此，水分活度的大小可直接反应食品的贮藏性。有效抑制微生物的生长，也可使其耐热性增大。果蔬干燥过程并不是杀菌过程，而是随着水分活度的下降，微生物处于完全或半抑制状态(称休眠状态)。换句话说，干制并非无菌，若遇到温暖潮湿的环境，微生物仍能恢复，引起食品腐败变质，因此，干燥前必须进行微生物数量的控制。物料若有病原菌污染或导致人体疾病的寄生虫存在时，应在干燥前将其杀死。另外，干制品要长期保存，还要进行必要的包装。

(2) *水分活度与酶的关系*：酶是蛋白质，其活性与温度、水分活度、pH、底物浓度等因素有关，其中水分活度对酶的活性影响较大。当食品物料中水分含量较高时，酶可借助溶剂水与底物充分接触，从而呈现较高的活性。酶是引起果蔬变质的主要因素之一。而影响果蔬中酶稳定性的因素有水分、温度、pH、离子强度、营养成分、贮藏时间及酶抑制剂或激活剂等。食品中的酶一般在加热时由于蛋白质变性而失活。但是，酶在干制加工后的部分果蔬中活性仍然较高。而酶促反应的速度与食品的水分活度成正比，水分活度值越高，酶促反应速度越快，生成物的量也越多。例如，淀粉与淀粉酶的混合物在水分活度较高时，易发生淀粉的分解反应，当水分活度下降到0.7时，淀粉则不发生分解。因此，在干燥前对物料进行湿热或化学钝化处理，使物料中的酶失去活性，可有效控制干制品中酶的活性。

试验表明，不同类型的酶其最小水分活度不同，如多酚氧化酶引起儿茶酚褐变的最小水分活度为0.25。另外，酶起作用的最低水分活度与酶的种类有较大的关系，酶的热稳定性与水分活度也有一定的关系。酶在较高水分活度环境中更容易发生热失活。大多脱水物料在干燥加工过程中酶并未完全失活，会导致脱水果蔬在贮藏过程中发生质量变化。

从水分活度与非酶反应的关系来看脂质氧化作用。在水分活度较低时食品中的水与氢过氧化物结合，使其不容易产生氧自由基而导致链氧化的结束，当水分活度大于0.4时，食物中氧气的溶解增大，食品的氧化加速。而当水分活度大于0.8时，反应物被稀释，氧化作用降低。

干制品水分含量降低，酶的活性也同时下降，但酶与基质的浓度同时增加，酶促反应又有加速的可能。因此干制品吸湿回潮后，由于酶活性的增大，会引起果蔬变质。

引起干制品变质的原因除微生物外，还有酶。酶与微生物的活性均与水分活度有关，水分活度降低，酶的活性降低，微生物的生长繁殖受到抑制。只有当干制品的水分含量降到1%以下时，酶的活性才被完全钝化，微生物的生长繁殖受到彻底抑制。但实际生产中，干制品的水分含量不可能降到1%以下。一般脱水蔬菜水分含量5%～10%，相当于水分活度0.10～0.35，而多数脱水水果水分活度为0.60～0.65。因此，在干制前，需进行热烫处理以钝化果蔬中的酶类。

综上所述，水分活度是影响干制品贮藏稳定性的重要因素。降低水分活度，可抑制微生物的生长繁殖、酶促反应及非酶褐变等腐败变质，延长干制品的贮藏期。

二、果蔬干制原理

果蔬干制就是要脱除其所含水分，水分的蒸发需要能量，且需要能够吸收水分的物质，因此，将在果蔬干制脱水时能够带走水分、传递能量的物质称为干燥介质，常用的果蔬干燥介质有空气、过热蒸汽、惰性气体等，实际生产中常用空气。

在干燥过程中，水分按能否被排除又可分为平衡水分与自由水分。在一定的干燥条件下，当果蔬中排出的水分与吸收的水分相等时，果蔬的含水量称为该干燥条件下的平衡水分，也称为平衡湿度或平衡含水量。原料的平衡水分随干燥介质温度、湿度的改变而变化。介质中的湿度越高，其平衡水分也越高，反之，平衡水分随之降低。温度升高，平衡水分下降；温度降低，平衡水分升高。在干制过程中被除去的水分称为自由水分，其大部分是游离水和一小部分胶体结合水。

干燥果蔬时，原料表面的水吸热变为蒸汽而蒸发，从而使果蔬内部的水蒸气压大于表层，促使内部水分向表面移动，最终形成果蔬干制产品。

（一）水分的外扩散与内扩散

常规的加热干燥，都以空气为干燥介质。果蔬干制过程中，水分的蒸发主要依赖两种作用，即水分外扩散作用和水分内扩散作用。当果蔬所含的水分超过平衡水分，并与干燥介质接触时，自由水开始蒸发，水分从产品表面的蒸发称为水分外扩散（表面汽化）。干燥初期，水分蒸发以外扩散为主。由于外扩散，原料表面和内部水分之间的水蒸气产生分压差，促使果蔬组织内部的水分在湿度梯度的作用下而向外渗透扩散的现象为内扩散。

（二）水分的热扩散

在原料干燥时，由于各部分温差的出现，产生与水分内扩散方向相反的水分热扩散，其方向从温度较高处向较低处转移，即由四周移向中央。但干制时内外层温差较小，热扩散作用较弱，主要是水分从内层移向外层的作用。

（三）表面汽化控制与内部扩散控制

实际上，果蔬干燥过程中水分的表面汽化和内部扩散同时进行，二者的速度随果蔬品种、原料的状态及干燥介质的不同而不同。干燥过程中，某些物料水分表面汽化速率小于内部扩散速率，另一些物料则正好相反，水分表面汽化速率大于内部扩散速率。速率较慢的是控制干燥过程的关键。前一种方式称为表面汽化控制，后一种称为内部扩散控制。一些含糖量高、表面积大的果蔬，空气流速越快，空气温度越高，相对湿度越小，则水分的外扩散速度越快。其内部水分扩散速度较表面汽化速度慢，这时内部水分扩散速度对整个干制过程起控制作用。这类果蔬干燥时，采用抛物线式升温、进行热处理等方法加快内部水分扩散速度，但不能单纯提高干燥温度、降低相对湿度，否则表面汽化速度过快，内外水分扩散的毛细管断裂，使表面过干而结壳（称为硬壳现象），阻碍水分继续蒸发，反而延长干燥时间。此时，由于内部产生较高的蒸汽压力，当这种压力超过果蔬所能忍受极限时，就会导致组织被压破，出现开裂现象，使制品品质降低。相反，可溶性固形物含量低、干燥时切片薄的果蔬干燥时，内部水分的扩散速度大于表面水分的汽化速度，这时干燥速度取决于水分的外扩散，只要提高环境温度，降低湿度，就能加快干制速度。因此，为了使原料中的水分快速顺利扩散蒸发，必须使水分的内扩散与外扩散相互协调，才能大大缩短干燥时间、提高干制品质量。

第二节 果蔬干制方法

果蔬干制的方法较多，按照干制热量的来源可分为自然干制和人工干制两大类。

一、自然干制

自然干制是在自然条件下，利用太阳辐射热、热风等使果蔬干燥的方法，因而又可分为晒干和风干两种。自然干制可充分利用现有的自然条件，不需要复杂的设备、技术简单易于操作、节约能源、处理量大、成本低廉等，但缺点是干燥条件难以控制、干燥时间长、产品质量欠佳，同时还受天气条件的限制，使部分地区或季节不能采用此法正常生产。如潮湿多雨的地区，会延长干制时间，降低制品质量，甚至会霉烂变质。目前，我国大部分农村和山区还普遍采用自然干制方法生产葡萄干、红枣、笋干、金针菜、香菇等。

自然干制方法可分为两种：一是原料直接接受阳光暴晒，称为晒干或日光干制；另一种是原料在通风良好的场所利用自然风力吹干，称为阴干或晾干。

晒干的方法是选择清洁卫生、交通方便、无尘土污染、阳光充足、无鼠鸟家禽危害、空旷、通风、平坦晒场之处，且要远离饲养场、垃圾堆和养蜂场等，避免污染和蜂害，将原料选择分级、洗涤、切分等预处理后，直接铺于地上或苇席或晒盘上直接暴晒，夜间或下雨时堆积一处并盖以苇席，次日再摊开暴晒或挂在屋檐下阴干。影响日光干燥速度的因素包括以下几种：低纬度比高纬度地区太阳辐射强，干燥速度快；夏季比冬季太阳辐射强，干燥速度快；将晒帘上午向东，下午向西，与地平面成15°左右的角度，以增大上下午太阳光线对晒帘的照射角度，同样可以增加太阳辐射强度，特别是在夏季，不但可以增加上下午太阳的照射强度，还可避免中午阳光过分强烈所引起的“晒熟”现象。

阴干(或风干)是在通风良好的室内、棚下以热风吹干原料。影响阴干干燥速度的因素如下：高温有助于干燥；在干旱或半干旱地区，以及易形成干热风的地区干燥速度快；在一定范围内，加大风速可加速干燥。在我国南方，不宜采用阴干干燥法。因为南方气温虽然很高，但空气的相对湿度也很大，不利于产品的干制，如遇连阴雨天往往会造成腐烂。

二、人工干制

人工干制是在人工控制的干燥环境和干燥过程下，利用各种能源向物料提供热能，并造成气流流动环境，促使物料水分蒸发排离而对果蔬进行干燥的方法。与自然干制相比，人工干制不受气候限制，干燥速度快，产品质量高，可大大缩短干燥时间，并获得高质量的干制产品，具有自然干制无可比拟的优越性。但人工干制设备和安装费用高，操作技术比较复杂，消耗能量大。因此，生产上可采用自然干制和人工干制相结合的方法对果蔬进行干燥。

人工干制设备必须具备以下条件：其一，具有良好的加热装置及保温设备，以保证干制时所需较高和均匀的温度，使水分吸收热能而汽化，成为水蒸气。其二，具有良好的通风设备，及时地排除原料蒸发的水分。第三，具有良好的卫生和劳动条件，避免产品污染，便于操作管理。一般使用烘灶和烘房，普遍存在的问题是干燥不均匀。人工干制机是一种功效较高的干燥设备，主要有以下几种类型：① 隧道式干燥机，可分为逆流干燥机、顺流干燥机、混合式干燥机几种形式；② 滚筒式干燥机；③ 带式干制机。人工干制的方法有以下5种。

(一) 烘灶

烘灶是最简单的人工干制设备，形式多种多样。如广东、福建烘制荔枝干的焙炉，山东干制乌枣的熏窑等。主要构造是地面砌灶，或是在地下掘坑，在灶或坑底生火，上方架木缘，铺席箔，原料铺在席箔上干燥。通过火力大小来控制干制所需的温度。这种设备结构简单，生产成本低，但生产能力低，干燥速度慢，劳动强度大，干制品往往有烟熏味。

（二）烘房

烘房的生产能力较烘灶大为提高，干燥速度较快，生产效率大为提高，是目前常压热风干燥最主要的形式之一，属间歇式干燥设备。干制效果好，设备费用比较低，适用于果蔬集中产区的大规模生产。目前国内推广的烘房，多属烟道内加热的热空气对流式干燥设备。一般主体为长方形土木结构，内设升温设备、通风排湿设备、装载设备等。烘房的形式很多，它根据加热用炉膛、火道、烟囱的数量和位置来区分，其形式主要有一炉一囱直线升温式、一炉一囱回火升温式、一炉两囱直线升温式、一炉两囱回火升温式、两炉两囱直线升温式、两炉两囱回火升温式、两炉一囱直线升温式、两炉一囱回火升温式及高温烘房。目前使用较多的是两炉一囱回火升温式烘房。这种烘房能充分利用热能，保温性能好，室内升温快，其缺点是干燥作用不均匀。由于下层烘盘受热多、上部热空气积聚多，上下两层干燥快，中层干燥慢，因此在干燥过程中要经常倒换烘盘，劳动强度较大。

（三）人工干制机

1. 隧道式干燥机 隧道式干燥机是一种生产规模较大的半连续式干燥设备，其热能利用率较高（60%～80%），操作简便，在果蔬干燥生产中仍被大量使用。隧道式干燥机的干燥部分为狭长的空气对流式隧道，物料装载于5～15辆小车上，沿隧道间隔或连续通过而实现干燥。有单隧道、双隧道、多层隧道等形式。在单隧道式干燥间的侧面或双隧道式干燥间的中央有一加热间，其内装有加热器和吸风机，推动热空气进入干燥间，使原料水分受热蒸发。湿空气一部分自排气孔排出，一部分回流到加热间利用其余热。隧道干燥设备容积较大，小车在内部可停留较长时间，适于处理量大、干燥时间长的物料干燥。根据物料与气流接触的形式可分为顺流式隧道干燥机、逆流式隧道干燥机和混合式隧道干燥机。

(1) 顺流式隧道干燥机：热空气流动的方向与果蔬原料运行的方向一致，即果蔬原料从高温低湿度（80～85℃）的热空气一端进入，而产品从低温高湿端（55～60℃）出来。这时的空气蒸发潜力最大，果蔬原料脱水速度快，但热空气在向前吹送并流经原料过程中，因果蔬的水分蒸发而失热，热空气的温度逐渐下降，同时热空气中的水蒸气也不断增加，导致果蔬的水分蒸发能力逐渐下降。在这种情况下，容易造成干燥初期果蔬原料失水快，外层定型快而收缩较少，当果蔬物料中心干燥收缩时，便会产生裂缝或孔穴，使果蔬在后期脱水能力减弱。若操作管理不当，则难以达到要求的干燥度，有时为了达到合格的产品脱水要求，需要进行补充干燥。

(2) 逆流式隧道干燥机：热空气流动的方向与果蔬原料运行的方向相反，即果蔬原料由低温高湿一端进入，由高温低湿一端出来。隧道两端温度分别为40～50℃和65～85℃。物料前进中遇到的气流温度逐渐升高，湿度逐渐降低，干燥后期气流温度不断上升，湿度则越来越低，这样不断提高了干制后期的脱水效率，产品容易达到最后的干燥要求。这种设备适用于含糖量高、汁液黏稠的果蔬，如桃、李、葡萄等的干制。但要注意干燥后期的温度不宜过高，否则易引起壳化和烧焦。

(3) 混合式隧道干燥机：又称对流式干燥机。为先顺流后逆流的组合形式，兼有顺流和逆流干燥的特点。此机有两个加热器和两个送风机，分设隧道两端；热风由两端吹向中间，湿热空气从隧道中部集中排出一部分，另一部分回流利用。果蔬原料首先进入顺流隧道，在温度较高和风速较大的热风的作用下，水分迅速蒸发。随着小车向前推进，温度略低，湿度较高，水分蒸发速度渐缓，但产品不易结成硬壳。原料排出大部分水后，被推入逆流隧道，向前行进温度渐高，湿度渐低，湿物料较彻底的干燥。原料进入逆流隧道后，应控制好空气温度，过高的温度会使原料烤焦和变色。混合式干燥机综合了上述两种隧道式干制机的优点，并克服了其缺点，既能提高干制效率，又可改进产品质量，故应用很广泛。

2. 滚筒式干燥机 滚筒式干燥机由一个或两个表面平滑的钢制滚筒构成。滚筒是加热部分，也是干燥部分，物料附着在滚筒上进行干燥。滚筒内部由蒸汽、热水或其他加热剂加热。使用蒸汽时，表面温度可达145℃左右。筒外壁与被干燥物料接触而布满一层薄薄（0.1～1 mm）的物料，转动一周，物料即可达到干燥程度，由所附的刮刀刮下，落入盛器内，干燥可以连续进行。干燥量与滚筒有效干燥面积成正比，又与转速有关，转速要以每转一周足以使物料干燥为准。滚筒式干燥机常见类型有单滚筒、双滚筒两种形式。单滚筒干燥机是由独自运转的单一滚筒构成的。双滚筒干燥机由对向运转和相互连接的滚筒构成，滚筒表面物料厚度可通过双筒之间的距离加以控制。

若在滚筒外安装密封外壳，并配以抽气设备，使湿物料在真空下干燥，同时进行除氧，则干制品质量会明显提高。这种干燥机适于干燥液态、浆状或泥状食品，如番茄汁、马铃薯片等。

3. 带式干燥机 带式干燥机是利用环带作为干燥输送物料装置的干燥机。可以用一根环带，也可以用几根上下放置的环带，传送带有帆布带、橡胶网带、钢丝网带等，以网带干燥效果最好，可以使干燥介质穿流式通过。带式干燥机特别适用于单一品种在某一季节大量生产，它可连续化生产。这种干燥机多用蒸汽加热，散热片装在每层网的中间，新鲜空气由下层进入，通过散热片被加热，湿气由上部排气口排出。带式干燥机一般适用于分散性较好的物料，其单位干燥面积的生产能力较高，具有干燥时间短、干燥效果好、连续生产、自动装卸原料、节省人力和生产效率高的优点，适于生产量大，如苹果、洋葱和马铃薯等单一产品的干燥。

（四）气流干燥

气流干燥就是将粉末或颗粒物料用热空气进行气力输送而干燥的方法。这种方法热空气直接与湿物料接触，而且接触面积大，干燥时间短。主要具有以下特点：颗粒在气流中高度分散，使气固相间的传热、传质的表面积大大增加，干燥时间短；干燥物料温度低；设备结构简单，占地面积小，处理量大；适应性广。其缺点是它适用于物料进行表面蒸发的恒速过程，对于水分在物料内部的迁移以扩散为主的湿物料不适用，且容易黏附于干燥管的物料也不适用。

（五）流化床干燥

流化床干燥又称沸腾床干燥，是另一种气流干燥方法，与气流干燥设备最大的不同在于流化床干燥物料由多孔板承托。加热空气从下部的热风分配室穿过小孔向上流动，再穿流过物料层。由于板孔处的空气流速超过物料颗粒的悬浮速度，物料在流化床面上形成沸腾状运动，但是物料又不会被热空气流带走，这种状态就称为流态化，这时热空气的干燥作用就是流化干燥。流化促使物料向干燥室另一方向推移，调节出口挡板高度，保持物料层深度，即可控制颗粒在干燥床内的停留时间。流化床干燥的特点是：颗粒之间脱离接触，物料与热空气的接触面积达到最大，全部颗粒总表面积就是干燥面积，干燥时间短；物料床温度均匀、易于控制，颗粒大小均匀；很容易控制物料在流化床上的停留时间；设备结构简单，造价低。流化床干燥设备的主要形式有：单层和多层流化床、喷雾流化床、振动流化床等；按其操作连续性可分为间歇式流化床、连续式流化床。只要联结、结块小的颗粒物料都能使用流化床干燥，一般处理物料的粒度为 30～60 μm。粒度过小和过大，都不利于流化干燥。

三、现代干制技术

（一）喷雾干燥

喷雾干燥是用来加工粉状干制品的方法。这是将已浓缩的液态或浆质态食品物料，经喷嘴雾化成液滴（直径 10～100 μm），悬浮于热空气气流中进行热交换，于瞬间形成微细干燥粉粒的干燥方法。干燥时干燥介质温度高达 150～200℃，但由于原料雾滴的水分蒸发迅速，且汽化潜热大，因此，不会造成原料温度过高，通常能保持在周围空气的湿球温度为 50℃左右，产品质量受到的不良影响很小。该法干燥迅速，可连续化生产，操作简单。喷雾系统的类型很多，常用的有压力喷雾、气流喷雾和离心喷雾 3 种。用喷雾法生产果蔬粉时，应选择优质、新鲜的原料，仔细清洗，经蒸汽热烫后，在均质机中进行均质处理，然后加入淀粉等填充剂进行喷雾干燥。此法是液体原料比较理想的干燥方法，非常适合于热敏性及易于氧化的食品物料的干燥。目前，该种干燥技术在食品工业中已得到广泛应用，常常用来制作需要速溶的粉末物料制品。

（二）红外线和远红外线干燥

红外线和远红外线干燥是利用电磁辐线发出红外线和远红外线，被物料吸收变成热能而达到加热干燥的目的。

红外线是波长为 0.72～1 000 μm 的电磁波，它能穿透相当厚度的不透明物质，且在物体内部自发产生热效应，因此物料内外层受热较均匀。因为水分等物质在红外区具有一部分吸收带，故可用作加热源。

远红外线为介于可见光和微波之间，波段在 2.5～1 000 μm 内的电磁波。远红外线辐射加热的机制是辐射线与物质之间产生共振，引起分子、原子的振动和转动，从而使被加热物体的温度迅速升高。远红外线干燥具有：热源物质选用热辐射率接近黑体的物质，热辐射效率高；远红外线辐射热在空气中传播，不存在传热界面，传热效率高，热传播损失小；干燥速度快，生产效率高，节约能源，设备规模小，建设费用低，干燥质量好等优点，在食品干燥的应用中发展迅速。

（三）真空冷冻干燥

真空冷冻干燥，又称冷冻升华干燥、升华干燥、分子干燥等，常被简称为“冻干”。最初应用于生物制剂和医学方面，目前已广泛应用于食品干燥。真空冷冻干燥不同于一般干燥方法，它是在较低的温度（－50～－10℃）下将果蔬原料水分冻结成固体的冰，然后在真空（1.3～13 Pa）下使其中的水分直接升华成气态，使物料脱水的干燥新技术。

真空冷冻干燥的整个干燥过程都是在低温、低压下进行的，而且水分直接升华，因此物料的物理结构和分子结构变化极小，其组织结构和外观形态能被较好地保存。同时，物料表面不至硬化，且其内部形成多孔的海绵状，因而具有优异的复水性，可在短时间内恢复干燥前的状态。并且干燥过程基本隔绝了空气，有效地保存了原料中的活性物质及果蔬原有的色、香、味和营养价值。

真空冷冻干燥工艺主要包括预冻、升华和解吸 3 个过程。预冻过程是将果蔬内的水分固化，并使冻干后产品与冻干前具有相同的形态，以防止果蔬在升华和解析过程中由于抽真空而发生浓缩、起泡与收缩等不良变化。冻结方法有两种，即自冻法和预冻法。自冻法是利用物料表面水分蒸发时吸收的汽化潜热使料温下降，到冰点时物料水分自行冻结的方法；预冻法是干燥前常用的冻结方法，包括高速冷空气循环法、低温盐水浸渍法、载冷剂等方法。升华也称初步干燥，是冷冻干燥的主体部分，将冻结后的果蔬置于密闭的真空容器中吸热，冰晶会升华成水蒸气而逸出。在升华阶段结束后，干燥物质的内部还牢牢吸附着至少 5%～10%的水分，因此解吸过程就是要让吸附在干燥物质内部的水分子解析出来，必须用比初期干燥较高的温度和较低的绝对压力，才能促使这些水分转移，使产品的含水量降至能在室温下长期贮藏的水平。

冷冻干燥完成后，由于冻结干燥产品具有多孔性又极易吸湿，因此要消除真空。此类产品应采用隔绝性能良好的包装材料或容器，并采用真空包装或抽真空无气包装，较好地保持制品的质量。

真空冷冻干燥法与常规干燥法比较有如下特点。

1）在低温下操作，能最大限度地保存食品的色、香、味，如蔬菜的天然色素保持不变，各种芳香物质的损失可减少到最低限度。

2）物料中水分存在的空间在水分升华以后基本维持不变，干燥后制品不改变原有的固体框架结构，保持原有的形状。

3）物料中水分在预冻结后以冰晶形态存在，原来溶于水中的无机盐均匀地分配在物料中，升华时，溶于水中的无机盐会析出，这样就避免了一般干燥方法中因物料内无机盐随水分向表面扩散而引起的表面硬化现象。因此，真空冷冻干燥品复水后易于恢复原有的性质和形状。

4）因物料处于冰冻的状态，所以升华所需要的热量可采用常温或温度较高的液体或气体为加热剂，热能利用更为经济。干燥设备往往不需绝热，甚至可以用导热性较好的材料制成，从而更有效地利用外界热量。

5）整个过程在真空下操作，氧气极少，一些易氧化的物质（如油脂类）受到抑制，延长了产品的保质期。

（四）微波干燥

微波是波长 0.1 mm～1 mm，频率为 300 MHz～300 kMHz，具有穿透性的电磁辐射波。微波干燥是以物料的介电性质为基础进行加热干燥的方法。其原理是微波发生器将微波辐射到干燥物料上，当微波射入物料内部时，穿透作用使水等极性分子随微波的频率做同步旋转，例如，干燥蔬菜类制品采用 915 MHz 的微波，则蔬菜内的极性分子等每秒转动 9.15 亿次，水等极性分子如此高速旋转的结果是物料瞬时产生摩擦热，导致物料表面和内部同时升温，使大量的水分子从物料逸出，达到物料干燥的效果。

由于微波在物料中的穿透性、吸收性，其电介质吸收的微波能在其内部转化为热能。微波对具有较复杂形状的物料有均匀加热性，且容易控制。不同含水量的物料在微波场中对微波吸收不同，含水量越高，对微波的吸收性越强，微波的此特性有利于保持制品水分含量一致。微波是内部直接产生的，不是外部热源，因此尽管被加热物料形状不同，但加热是均匀的，不会引起外焦内湿的现象；另外，微波具有选择加热特性，当物料进行烘干时,其中的水分比干物质的吸热量大,温度升高快,容易蒸发,而物料本身吸收热量少,且不过热,因此能保持产品原有的色、香、味,提高产品质量,此外,微波干燥的热效率较高、反应灵敏。

微波主要用来提高干燥能力(迅速去除水分而不在物料内部产生温度梯度)或用于终端干燥,用于去除干燥后期需要花费很长时间才能去除的几个百分点的水分。一般来说,微波加热可以和对流或真空冷冻干燥结合来达到降低能量消耗的目的。目前微波真空干燥和微波冷冻干燥已经有商业化的应用。

微波干燥的优点是:干燥速度极快;食品加热均匀,制品质量好;具有自动热平衡特性;容易调节和控制,热效率高达80%左右。主要缺点是耗电量较大,干燥成本较高。

微波可用于果蔬的干制、杀菌、消毒和解冻冷藏食物等,适合加工高档、热敏性果蔬产品。

(五) 太阳能干燥

太阳能干燥是指利用太阳辐射能及太阳能干燥装置将太阳的辐射能转变为热能,用以干燥物料。国内外太阳能干燥试验研究表明,太阳能干燥具有节约能源、缩短干燥周期、提高产品质量及成品率高、投资回收期短等优势。与自然干燥相比,能较大幅度地缩短干燥时间,提高产品质量。与常规能源干燥相比,太阳能干燥既可节省能源,又不会对环境造成任何污染,还不需太复杂的设备,运行费用低。它能较好地解决传统自然摊晒中存在的卫生条件差、制品品质低下等诸多问题,能满足农业生产中大多数农作物中低温干燥的要求,是农产品干燥的理想方式之一。

太阳能干燥的效果与被干燥物料特性、装置性能、干燥工艺及天气条件等都十分相关。首先,应根据干燥物料的特性进行太阳能干燥器的选型,做好技术经济分析,做出合理的系统设计。其次,在采用太阳能干燥技术的同时,要研究太阳能干燥新工艺,最好与整个加工过程的技术革新或技术改造结合起来,充分发挥太阳能干燥器的作用。

太阳能干燥技术也有一些局限性。

1) 太阳能是间歇性能源,能源密度低,不连续,不稳定;单独使用时干燥温度低、波动大,干燥周期较长。

2) 简易太阳能干燥装置投资少,但是热容小,热效率低;而大中型装置及与其他能源联合的系统,如复合式太阳能、太阳能—热泵、太阳能—炉气等形式,使干燥的总投资增加。

3) 低成本有效贮能材料及其贮能形式效果不理想,且占地面积大。

(六) 超声波干燥

超声波干燥也称声波场(指频率20～106 kMHz的电磁波)干燥,是在媒质中传播的一种机械振动。超声波有多种物理和化学效应,超声波与媒质的相互作用可分为热机制、机械机制和空化机制3种。功率超声波可以促进食品干燥。当功率超声波干燥湿物料时,产生如下作用。

1) 结构影响 湿物料受到超声波干燥时,受到反复的压缩和拉伸作用,使物料不断收缩和膨胀,形成海绵状结构。当这种结构效应产生的力大于物料内部微细管内水分的表面附着力时,水分就容易通过微细管道转移出来。

2) 空化作用 在超声波压力场内,空化气泡的形成、增长和剧烈破裂,以及由此引发的一系列理化效应,有助于除去与物料结合紧密的水分。

3) 其他作用 如改变物料的形变,促进形成微细通道,减小传热表面层的厚度,增加对流传质速度。

不同介质对超声波的吸收不同。超声波在辐射介质中的吸收,会放出一定热量,使介质温度相应提高。用超声波来干燥食品,常结合其他干燥方法,利用热空气和强大的低频声波在干燥室内与湿物料接触,几秒内即可达到干燥要求,其干燥速率比喷雾干燥、真空干燥等的速率高,可节约燃料。适于热敏性和易吸湿性或含脂肪量高的食品物料的干燥。

综上所述,不同物料有不同的干燥特性,即使是同一种物料在不同干燥阶段也会表现出不同的特性。因此,只有掌握了干燥过程物料的内部特性,才能确定合理的干燥工艺。物料的内部因素包括物料自身的成分、结构、形状、含水量、水分与物料的结合形式,以及导热系数、比热容等热物理参数。干燥工艺的本质是一个传热、传质的过程,利用干燥介质的物理特性,如温度、相对湿度、比热容等,配合不同的物料在不同的干燥阶段,组织气流、设定风速及与物料的接触方式等,才能达到保证产品质量、节约能源,取得最佳经济效益的目的。

第三节　果蔬干制品的包装、贮藏和复水

果蔬干制品在贮存期仍会发生返潮、发霉、生虫等变化，因此，制品应有良好的包装及贮藏环境，才有利于制品的保藏。一般在包装前，按制品的性质进行系列处理。

一、包装前处理

根据产品的特性与要求，果蔬干制品在包装前需进行一些处理，包括均湿处理、筛选分级、灭虫、压块等处理。

（一）均湿处理

均湿处理也称回软，不同干燥方法、不同批次产品所含水分并不完全一致，而且水分含量在制品内部分布也不均匀，有的部分可能过度干燥，有的部分却干制不够，往往形成外干内湿的情况，此时立即包装，则表面部分从空气中吸收水汽，使含水量增加，而内部水分来不及外移，会导致产品发生腐败变质。因此，需均湿工序，使干制品变软，便于后续处理。即将制品在一密闭室或贮仓内进行短暂贮藏，使水分在干制品内部及干制品之间进行扩散和重新分布。在此期间，过干的产品吸收尚未干透制品的多余水分，使所有干制品的含水量均匀一致。可通过合理控制空气的相对湿度达到干制品回软的目的。

不同果蔬的干制品均湿所需时间不同，一般水果干制品常需 2～5 d，脱水蔬菜需 1～3 d。

生产上比较常用的均湿处理方法是贮仓干燥。供干燥用的贮仓底部装有假底或金属网和进气道，使干暖空气能通过堆积在假底上的半干制品外逸。

贮仓均湿处理若用隧道式或输送带式干燥设备干制所得的果蔬制品中水分分布并不均匀，需将块片状干物料装满贮仓，并经长期暖空气处理，其水分重新扩散分布，基本可达到均匀分布的要求。另外，仓贮干燥还适用于已用其他干燥方法去除大部分水分而尚有部分残余水分需要继续清除的未干透的制品，如将蔬菜半干制品中水分从 10%～15%降到 3%～6%。

（二）分级除杂

包装前分级的目的是使成品的质量合乎规格标准，以提高产品质量。分级时，根据品质和大小，分为不同等级。软烂的、破损的、霉变的均需剔除。分级工作必须及时，绝不可把成品堆放在分级台上的时间过长或长时间放在均湿箱里，以免引起产品变质。各种产品的分级标准不同，应视具体情况而定。如粉状产品尤其是速溶产品，对颗粒大小有严格的要求。

采用振动筛等筛分设备进行分级是质量控制的重要环节。对于一些无法用筛分分级和除杂的产品，需放在输送带上进行人工挑选，并用磁铁吸除金属杂质。

（三）除虫处理

果蔬干制品常有虫卵混杂其间。一般来说，包装干制品用的容器密封后，处在低水分干制品中的虫卵颇难生长，但是包装破损后，只要有针眼大小的孔眼，昆虫就能自由出入，并在适宜条件下（如干制品回潮）还会生长，侵袭干制品，有时会造成大量损失。

果蔬干制品常见的虫害可分以下几种：蛾类有印度谷蛾、无花果螟蛾，甲类有露尾虫，锯谷盗，米扁虫，菌甲及壁虱类（有糖壁虱）等。因此，果蔬干制品和包装材料在包装前都应经灭虫处理。常用的灭虫方法有烟熏、低温贮藏、高温热处理、蒸汽处理等。

烟熏是控制干制品中昆虫和虫卵常用的方法。晒干的果蔬制品最好能在离开晒场前进行烟熏。烟熏剂有甲基溴、二氧化硫、甲酸甲酯或乙酸甲酯、氧化乙烯和氧化丙烯。生产上常用甲基溴作为有效的烟熏剂来处理干制品，它的爆炸性较小而效力极强，对昆虫极毒，对人也有毒。一般用量 16～24 g/m^3，实际需视烟熏时的温度而定，较高温度使用时其效用较大，可降低用量。甲基溴的水溶性虽然极低，但仍然可能有残留溴存在，对制品会产生一些影响并造成污染。为此，烟熏必须设法保证残溴量低于允许量，一般允许残溴量应小于 150 mg/kg，有些水果干制品甚至在 100 mg/kg 以下，如李干为 20 mg/kg。此外氧化乙烯和氧化丙烯等环氧化合物也是目前常用的烟熏剂，但在高水分条件下可能产生有毒物质，因此不适于高水分的食品。在一

些产品中也有用甲酸甲酯、乙酸甲酯预防虫害的，用量约为0.03%。需硫熏或高温处理、低温贮藏的干制品一般不需灭虫处理。

（四）压块

食品干制后质量大大减少，而体积缩小程度较小，造成干制品体积膨松，不利于包装运输。干制品的压块是指在不损伤（或尽量减少损伤）制品品质的条件下将干燥品压缩成密度较高的砖块状。进行压块后，可使体积大为缩小。一般干制的蔬菜，压块后体积可缩小3～7倍。因此，所需的包装容器和仓库容积也就大大减少。同时压块后的蔬菜，减少了与空气的接触面积，降低了氧化作用，还能减少虫害。

压块与温度、湿度和压力的关系密切。在不损坏产品质量的前提下，温度越高、湿度越大、压力越高，则菜干压得越紧。果蔬在脱水的最后阶段，品温为60～65℃，若在脱水后不等它冷却立即压块，即可不重新加温。如果果蔬已经冷却，则组织坚脆，极易压碎，需稍喷蒸汽，然后再压块。喷蒸汽后压块产品的水分可能超过预定标准，从而影响保藏期，且压块还需进行再次干燥。因此，大规模生产时，脱水果蔬从干燥机中取出后不经回软，立即趁热压块。

压块可采用螺旋压榨机，机内另附特制的压块模型，也可用专门的水压机或油压机。压块时还需注意物料破碎和碎屑的形成，压块的密度、形状、大小和内聚力，以及制品的贮藏性、复水性等要求。

二、果蔬干制品的包装

干制果蔬类食品的水分含量较低，在贮藏过程中易受环境条件的影响而变化。当环境的相对湿度高于其平衡水分时，制品将会吸湿（受潮）而生霉；水分超过10%时就会促进昆虫虫卵发育成长而危害食品；水分含量的增高还会使硫处理的干制品中的SO_2含量降低，对酶的抑制性能减弱，易产生酶促降解、氧化等现象，因此对其进行包装是非常重要的。干制品的包装应在低温、干燥、清洁和通风良好的环境中进行，最好能进行空气调节并将相对湿度维持在30%以下，尽可能远离工厂其他部门。门、窗应装有窗纱，以防止室外灰尘和害虫侵入。

（一）包装要求

干制品的贮藏期受包装影响很大，为避免果蔬干制品在贮藏过程中质量败坏，其包装具体要求如下。

1）防止干制品吸湿回潮以免结块和长霉；包装材料在90%相对湿度的环境中，每年水分增加量不得超过2%。

2）防止外界空气、灰尘、虫、鼠和微生物及气味等入侵，避光。

3）贮藏、搬运和销售过程中耐久牢固，能维护容器原有特性，包装容器在30～100 cm高处落下120～200次不会破损，在高温、高湿、浸水和雨淋的情况下不会破烂。

4）包装规格的大小、形状和外观应有利于商品的推销和消费者的使用或食用。

5）和食品直接接触的包装材料应严格符合食品卫生要求，并不会导致食品变性、变质。

（二）包装材料和容器

常用的包装材料和容器分内包装和外包装，内包装多用有防潮作用的材料：聚乙烯、聚丙烯、复合薄膜、防潮纸等；外包装多用起支撑保护及遮光作用的木箱、纸箱、金属罐等。

1. 纸箱和纸盒 纸箱和纸盒是干制品常用的包装容器。普通纸盒和纸箱防潮性和防虫性较差，故包装时大多数还衬有防潮包装材料如涂蜡纸、羊皮纸，以及具有热封性的高密度聚乙烯塑料袋，以后者较为理想。纸容器可用能紧密贴盒的彩印纸、蜡纸、纤维膜或铝箔作为外包装。一般纸箱以装4～25 kg为好，纸盒以装4～5 kg以下为好，销售包装则更小。

2. 金属罐 金属罐是干制品包装较为理想的容器。它具有密封、防潮、防虫及牢固耐久的特点，在真空状态下包装避免发生破裂。干制果蔬粉必须用能完全密封的铁罐或玻璃罐包装，这种容器不但防虫、防氧化变质，而且能防止干制品吸潮以致结块。

3. 玻璃瓶 玻璃瓶化学稳定性高，是防虫和防湿的良好容器。玻璃瓶包装有透明性，可以看到内容物，并保护干制品不被压碎，也可被加工成棕色而避光，可以回收重复利用，还可制成一定的设计形状。缺点是质量大和易碎。市场上常用玻璃罐包装乳粉、麦乳精及代乳粉制品等。

4. 软塑袋、软塑 复合袋制袋材料主要有多层塑料及纸、铝箔、塑膜复合材料等。由于柔性包装材料来源广、质轻、价格低廉，又易于印刷、成袋封口、开启和回收处理，同时制成的产品包装袋品种多、美观，具有良好的保护物品的性能，因而袋装是目前果蔬干制品包装最主要的包装形式之一。

（三）包装方法

干制品的包装方法主要有普通包装、充气包装和真空包装。

1. 普通包装 指在普通大气压下，将经过处理和分级的干制品，按一定量装入容器中。对密封性能差的容器，如纸盒，在装前应先在里面垫一层或两层足够大小的蜡纸，将所装的干制品全部包被，勿留缝隙。有条件的，可在容器内壁涂防水材料。

2. 真空包装和充气包装 真空包装和充气（氮、二氧化碳）包装是将产品先行抽真空或充惰性气体（氮、二氧化碳），然后进行包装的方法。此种方法降低了贮藏环境的氧气含量，有利于防止维生素的氧化破坏和制品质量的降低。

另外，国外还采用葡萄糖氧化酶除氧小袋对干制品进行包装，可防止对氧化作用敏感的制品的败坏。

三、果蔬干制品的贮藏

合理包装的干制品受环境因素影响小；未经密封包装的干制品在不良环境下容易发生变质，因此，良好的贮藏环境是保证干制品耐藏性的重要保证。

（一）干制品在贮藏期的变化

干制品在不同相对湿度的环境中有不同的平衡水分含量，食品的成分和干制的方法也会影响平衡水分含量。干制品如果没有良好的包装就会吸水回潮。

水分含量高的干制品在贮藏中有变色、氧化、蛋白质变性的可能。干制蔬菜、果汁粉等在贮藏中容易发生褐变；花青素在无水状态下能长期稳定，而在水分含量3%～5%以上时容易分解；叶绿素在水分含量6%以上时，分解为无色物质。芳香物质的损失随水分含量的上升而加速。

干制品的表面积一般都比干制前大，因此，脂类物质容易氧化，类胡萝卜素等脂溶性色素都易氧化脱色。蛋白质在干燥中因热效应和盐类浓度提高而变性；在贮藏中如果水分含量大于2%，变性仍在缓慢进行，低于2%则变性基本不再继续。

（二）果蔬干制品的耐藏性

耐藏性与其包装质量、干制品本身质量、环境因素及贮藏条件等有关系。

1. 包装质量 用隔绝材料（容器）包装干制品，防止外界空气、灰尘、虫、鼠、微生物、光和潮湿气体入侵，有利于维持干制品的品质，延长其保质期。对于单独包装的干燥品，只要包装材料、容器选择适当，包装工艺合理，贮运过程控制温度，避免高温高湿环境，防止包装破坏和机械损伤，其品质就可控制。

2. 干制品自身质量 原料的选择与处理、干制品的含水量也是保证干制品耐藏性的因素之一。选择新鲜完好、充分成熟的原料，经充分清洗干净，能提高干制品的保藏效果。

干制品的含水量对保藏效果影响很大。一般在不损害干制品质量的条件下，含水量越低保藏效果越好。蔬菜干制品含水量低于6%时，可大大减轻贮藏期的变色和维生素的损失。反之，干制品水分超过10%时就会促使昆虫卵发育成长，侵害干制品。

3. 环境因素 与干制品直接接触的空气温度、相对湿度和光线对贮藏有一定的影响，尤其相对湿度为主要决定因素。干制品水分低于平衡水分时，会吸湿变质。空气相对湿度增大，干制品水分含量增高，二氧化硫的浓度减弱，酶复活。因而空气的相对湿度最好在65%以下。一般在0～2℃的低温条件下保藏最好，最高不超过10～14℃。另外，光线能促进干制品色素分解，应避光。

4. 贮藏条件 干制品必须贮藏在光线较暗、干燥和低温的环境中。贮藏干制品的库房要求干燥、通风良好、清洁卫生。堆码时应注意留有空隙和走道，以利于通风和管理操作。此外，干制品贮藏时防止虫鼠，也是保证干制品品质的重要措施。

四、果蔬干制品的复水

复水是把脱水蔬菜浸在水里，经过一段时间使其尽可能恢复到干制前的性质，但不能恢复到原来的质量。几乎所有的脱水蔬菜食用前需先复水。干制品的复原性就是干制品重新吸收水分后在质量、大小、形状、质地、颜色、风味、成分、结构及其他可见因素等各个方面恢复到原来新鲜状态的程度。干制品复水后恢复到新鲜状态的程度是衡量干制品品质的重要指标。

干制品复水能力受干制品物理、化学变化的影响，因此复水性能够比较恰当地反映干制过程中某些品质的变化。例如，食品失水后盐分浓度增加及热的影响会促使蛋白质部分变性，失去持水能力，同时还会破坏细胞壁的渗透性。淀粉和树胶在热的影响下同样会发生变化，其亲水能力下降。细胞受损后，细胞壁通透性增加，在复水时因糖分和盐分的流失而使风味和持水能力下降。干制时细胞和毛细管的萎缩和变形等物理变化也会降低干制品的复水性。

另外，复水时，水的质量和用量对产品品质的影响很大。水量过多，可使花青素、黄酮类色素等溶出而损失。水的 pH 不同也能使色素颜色发生变化。白色蔬菜主要是黄酮类色素，在碱性溶液中可变为黄色。因此，马铃薯、花椰菜、洋葱等不能用碱性水处理。若水中含有碳酸氢钠或亚硫酸钠，则易软化组织，使干制品复水后软烂。硬度大的水使豆类质地变粗硬，影响品质。

思考题

1. 果蔬干制品为什么能保藏较长时间？
2. 简述果蔬中水分存在的状态、特性。
3. 水分活度与干制品的保藏有哪些关系？
4. 简述果蔬干制的基本原理。
5. 水分活度与微生物之间有什么关系？
6. 水分活度与酶活性之间有什么关系？
7. 干燥新技术有哪些？简述其干燥机制。
8. 简述人工干制的设备主要有哪些？
9. 干制品后处理包括哪些内容及其目的。

第十二章

果蔬糖制

糖制是一种古老的食品加工方法，源于古代利用蜂蜜浸渍保藏果品的方法。果蔬糖制是指以水果或蔬菜为主要原料，通过加糖熬煮或浸渍，利用高浓度糖液的渗透脱水作用，制成具有良好风味和保藏性的果蔬高糖制品的一种加工技术。本章主要介绍果蔬糖制品的分类、果蔬糖制的基本原理、蜜饯类加工工艺、果酱类加工工艺、果蔬糖制品常见质量问题及其控制等。

第一节　果蔬糖制品的分类

果蔬糖制品是我国的传统特色加工食品。可用于加工糖制品的原料种类繁多，原料地域特色明显，加工方法多样，生产的产品具有显著的地域特色，产品形态和样式也不尽相同。一般来说，按照加工方法和产品形态，可将果蔬糖制品划分为蜜饯和果酱两大类。

一、蜜饯类

蜜饯是指以果蔬为原料，添加或不添加食品添加剂和其他辅料，经糖或蜂蜜或盐腌制（或不腌制）等工艺制成的制品。按产品形态及风味，依据国家标准《蜜饯通则》（GB/T 10782—2006），蜜饯可分为7类；按产品的传统产地，大致可分为5类。

（一）按产品形态及风味

1. 糖渍类　原料经糖（或蜂蜜）熬煮或浸渍、干燥（或不干燥）等工艺制成的带有湿润糖液面或浸渍在浓糖液中的制品。如糖青梅、蜜樱桃、蜜金橘、红绿瓜、糖桂花、糖玫瑰等。

2. 糖霜类　原料经糖熬煮、干燥等工艺制成的表面附有糖霜的制品。如糖冬瓜条、红绿丝、糖橘饼、糖姜片、金橘饼等。

3. 果脯类　原料经糖渍、干燥等工艺制成的略有透明感，表面无糖霜析出的制品。如杏脯、桃脯、苹果脯、梨脯、枣脯、地瓜脯、胡萝卜脯、番茄脯等。

4. 凉果类　原料经盐渍、糖渍、干燥等工艺制成的半干态制品。如加应子、西梅、黄梅、雪花梅、陈皮梅、丁香榄、福果、丁香李等。

5. 话化类　原料经盐渍、糖渍（或不糖渍）、干燥等工艺制成的制品。分为加糖和不加糖两类，如话梅、话李、化杏、九制陈皮、甘草榄、甘草金橘、相思梅、杨梅干、佛手果、陈皮丹、盐津葡萄等。

6. 果糕类　原料加工成酱状、经成型、干燥（或不干燥）等工艺制成的制品。分为糕类、条类和片类，如山楂糕、山楂条、果丹皮、山楂片、陈皮糕、酸枣糕等。

7. 其他类　以上6类以外的蜜饯产品。

（二）按传统产地划分

1. 京式蜜饯　也称北京果脯，起源于北京，其中以苹果脯、金丝蜜枣、金糕条最为著名。京式蜜饯的特点是：果体透明、表面干燥、配料单纯，但糖用量大、入口柔软、口味浓甜。

2. 苏式蜜饯　起源于苏州，包括产于苏州、上海、无锡等地的蜜饯。其中以蜜无花果、金橘饼、白糖杨梅最有名。苏式蜜饯的特点是：配料品种多，以酸甜、咸甜口味为主，富有回味。以选料讲究、制作精细、形态别致、色泽鲜艳、风味清雅见长。代表产品有糖佛手、糖渍无花果、蜜渍金橘、白糖杨梅、苏式话梅等。

3. 广式蜜饯　起源于广州、潮州一带，其中糖心莲、糖橘饼、奶油话梅享有盛名。其特点是：表面干燥，甘香浓郁或酸甜。

4. 闽式蜜饯 起源于福建的福州、泉州、漳州一带。闽式蜜饯的特点是：配料品种多、用量大，味甜多香，爽口而有回味。代表产品有大福果、十香果、丁香嫩榄、加应子、盐金橘等。

5. 川式蜜饯 以四川内江地区为主产区，川式蜜饯的特点是：产品形态多样，味道各异，滋润化渣，香甜可口，入口生津。代表产品有金钱橘、梨脯、杏脯、寿星橘、蜜辣椒、蜜苦瓜等。

二、果酱类

果酱类产品是一类通过熬煮、浓缩等工艺制成的高糖高酸、呈黏稠或胶冻状的产品，依据产品的形态和加工方法，果酱类产品可分为果酱和果冻两类。

（一）果酱

依据国家标准《果酱》(GB/T 22474—2008)可分类如下。

1. 按原料分 可分为果酱和果味果酱。

(1) 果酱：以水果、果汁或果浆和糖等为主要原料，经预处理、煮制、打浆（或破碎）、配料、浓缩、包装等工序制成的酱状产品。配方中的水果、果汁或果浆大于或等于25%。

(2) 果味酱：指加入或不加入水果、果汁或果浆，使用增稠剂、食用香精和着色剂等食品添加剂，加糖或不加糖，经配料、煮制、浓缩、包装等工序制成的酱状产品。配方中的水果、果汁或果浆小于25%。

2. 按加工工艺分 可分为果酱罐头和其他果酱。

(1) 果酱罐头：按罐头工艺生产的果酱产品。

(2) 其他果酱：非罐头工艺生产的果酱产品。

3. 按产品用途分 可分为原料类果酱和佐餐类果酱。

(1) 原料类果酱：供应食品生产企业，作为生产其他食品的原辅料的果酱。又可分为酸乳类用果酱、冷冻饮品类用果酱、烘焙类用果酱及其他果酱。

(2) 佐餐类果酱：直接向消费者提供的，佐以其他食品一同食用的果酱。

（二）果冻

以水、果汁、食糖和增稠剂等为原料，经溶胶、调配、灌装、杀菌、冷却等工序加工而成的胶冻食品。依据国家标准《果冻》(GB 19883—2005)可分类如下。

1. 根据组织形态分类

(1) 凝胶果冻：内容物从包装容器倒出后，能基本保持原有形态，呈凝胶状的果冻。又可分为杯形凝胶果冻、长杯形凝胶果冻、条形凝胶果冻及异形凝胶果冻。

(2) 可吸果冻：内容物从包装容器倒出后，呈半流体凝胶状，能够用吸管或吸嘴直接吸食的果冻。

2. 根据原料分类

(1) 果味型：果汁含量低于15%的产品。

(2) 果汁型：果汁含量不低于15%的产品。

(3) 果肉型：含有不低于15%新鲜或经加工的水果块/果粒的产品。

(4) 含乳型：添加乳或乳制品等原料加工制成的产品。

(5) 其他型：除上述类型以外的产品。

第二节 果蔬糖制的基本原理

糖制品生产中，将糖渗入果蔬内并脱除一部分水分后，制品含糖量提高，以此降低其水分活度，提高其渗透压，从而抑制腐败菌的生长，防止制品的腐败变质，延长保质期，并获得良好的风味品质。这是一种以食糖的保藏作用为基础的食品加工方法，各种食糖和胶凝剂的性质、浓度，渗糖作用及其条件等会对制品的质量、保藏效果和生产效率等产生很大的影响。因此，了解食糖及果胶等胶凝剂的性质、食糖的扩散与渗透作用、食糖的保藏作用对于糖制品的生产和品质控制有重要的意义。

一、糖的种类及其性质

(一) 糖的种类

糖是生产蜜饯和果酱不可缺少的原料,用于糖制品加工的食糖主要有砂糖、饴糖、淀粉糖浆、蜂蜜、果葡糖浆和葡萄糖等。砂糖的主要成分为蔗糖,依其来源可分为甘蔗糖、甜菜糖;饴糖的主要成分为麦芽糖(占53%~60%),其次是糊精(约占13%~23%);淀粉糖浆则以葡萄糖为主(占30%~50%),其次是糊精(占30%~45%);蜂蜜主要是转化糖(占66%~77%);果葡糖浆是由植物淀粉水解和异构化制成的,主要成分为果糖和葡萄糖。精制白砂糖纯度高(蔗糖含量99.5%以上)、甜度高、甜味纯正、保藏作用强,在糖制品生产中最为广泛使用。饴糖主要用于低档蜜饯产品。淀粉糖浆适用于低糖制品。蜂蜜可用于制作保健糖制品。果葡糖浆因其纯度高、风味好、甜度浓、色泽淡、工业化生产产量大,可在各种食品加工中作为蔗糖的替代品。葡萄糖甜度较低,可用于低甜度产品。

(二) 糖的基本性质

1. 甜度 糖是食品加工中使用的主要甜味剂。食糖的甜度以感官能感觉到甜味的最低糖溶液浓度——味感阀值来表示。味感阀值越小,甜度越高。如果糖为0.25%,蔗糖为0.38%,葡萄糖为0.55%。通常以相同浓度的蔗糖为基准来比较,如果以一定浓度的蔗糖甜度为1.0来进行比较,各种糖的甜度见表12-1。

表12-1 糖的相对甜度

蔗糖	葡萄糖	果糖	麦芽糖	淀粉糖浆(DE值62)	果葡糖浆(转化率42%)	蜂蜜(转化糖75%)
1.0	0.74	1.5	0.5	0.7	1.0	1.2

从表12-1可以看出,转化率42%的果葡糖浆的甜度与蔗糖相同,蜂蜜的甜度比蔗糖稍高,果糖的甜度最高,麦芽糖的甜度最低。在糖制品加工中,单纯的甜味会使制品风味过于单调,且不能显示制品品种的特点。因而制品的甘甜风味不能单靠糖的甜度来形成,仍需辅助成分如酸味、咸味、香味料香气及果蔬本身的特殊风味相互调协,配合适当,才能制成风味优美的制品。

2. 溶解度与结晶 食糖均容易溶解于水中,食糖的溶解度随温度的升高而加大。各种食糖在不同温度下的溶解度见表12-2。食糖的溶解度大小受糖的种类和温度的双重影响,如在60℃时,蔗糖与葡萄糖的溶解度几乎相等,高于60℃时葡萄糖的溶解度大于蔗糖,低于60℃时蔗糖的溶解度大于葡萄糖。而果糖在任何温度下,溶解度均高于蔗糖、转化糖和葡萄糖,高浓度果糖一般以浆体形态存在。转化糖的溶解度大于葡萄糖而小于果糖,30℃以下低于蔗糖,30℃以上则高于蔗糖。

表12-2 不同温度下食糖的溶解度

种 类	温 度 /℃									
	0	10	20	30	40	50	60	70	80	90
蔗 糖	64.2	65.6	67.1	68.7	70.4	72.2	74.2	76.2	78.4	80.6
葡萄糖	35.0	41.6	47.7	54.6	61.8	70.9	74.7	78.0	81.3	84.7
果 糖			78.9	81.5	84.3	86.9				
转化糖		56.6	62.6	69.7	74.8	81.9				

糖制时常采用加温熬煮加速渗糖。糖煮时达到渗糖平衡后,若糖浓度过高,产品冷却后在常温贮存过程中,温度降低,造成糖的溶解度降低,出现过饱和而结晶析出,这种现象称为晶析。葡萄糖在常温下的溶解度较小,最容易出现晶析,因此,不适宜在糖制过程中单独使用。转化糖中因为含有大量的葡萄糖也容易出现这个现象。同样,糖煮时如果蔗糖过度转化,也易发生葡萄糖的晶析。

3. 吸湿性与潮解 糖的吸湿性与糖的种类及相对湿度密切相关(表12-3),各种结晶糖的吸湿率与环境中的相对湿度呈正相关,相对湿度越大,吸湿量就越多。当吸水达15%以上时,各种结晶糖便失去晶体状态而成为液态。

表 12-3 糖在 25℃时一周吸湿率(叶兴乾,2009)

种类	空气相对湿度/%		
	62.7	81.8	98.8
蔗糖	0.05	0.05	13.53
葡萄糖	0.04	5.19	15.02
果糖	2.61	18.58	30.74
麦芽糖	9.77	9.80	11.11

从表 12-3 中的各种糖的吸湿性来看,蔗糖吸湿性最小,果糖吸湿性最大,糖煮过程中如果糖煮过度,蔗糖水解,转化糖含量增加,将会大大增加制品的吸湿性。如果糖制品缺乏包装,那么在贮藏期间就会因吸湿回潮使制品的糖浓度降低,削弱了制品的保藏性,甚至导致制品的变质和败坏。

4. 蔗糖的转化 蔗糖在酸性条件下,极易发生水解生成等量的葡萄糖和果糖(转化糖),其水解的速度与酸的种类、酸的浓度和加热温度有着密切的关系。一定浓度的各种酸中,转化作用强弱顺序为盐酸>硫酸>磷酸>酒石酸>柠檬酸>苹果酸>乳酸>醋酸。在中性或弱碱性条件下,蔗糖不易被水解。蔗糖转化的最适 pH 为 2.5。在一定条件下升高温度,蔗糖转化速度加快。

蔗糖的转化在果蔬制品加工中有重要作用。适当的转化可以提高蔗糖溶液的饱和度,增加制品的含糖量;抑制蔗糖溶液晶析,防止返砂;增大渗透压,减少水分活性,提高制品的保藏性;增加制品的甜度,改善风味。但过度的转化,会增加制品的吸湿性,回潮变软,降低保藏性,影响品质。

5. 蔗糖的沸点 糖液的沸点随糖液浓度的增大而升高。在 1.01 MPa 的条件下不同浓度果汁与糖混合液的沸点见表 12-4。

表 12-4 果汁—糖混合液的沸点

可溶性固形物/%	沸点/℃	可溶性固形物/%	沸点/℃
50	102.2	64	104.6
52	102.5	66	105.1
54	102.8	68	105.6
56	103.0	70	106.5
58	103.3	72	107.2
60	103.7	74	108.2
60	104.1	76	109.4

在糖制加工的糖煮过程中,常用沸点来估测糖浓度或可溶性固形物含量,以确定熬煮终点。如蜜饯出锅时的糖液沸点达 104~105℃,其可溶性固形物为 62%~66%,含糖量约 60%。此外,糖液的沸点还受压力的影响,糖液的沸点随海拔升高而下降。糖液浓度在 65%时,其沸点在海平面为 104.8℃,海拔 610 m 时为 102.6℃,海拔 915 m 时为 101.7℃。因此,同一糖液浓度在不同海拔地区熬煮糖制品,沸点应有不同;在同一海拔下,糖浓度相同而糖的种类不同,其沸点也有差异。如 60%的蔗糖液沸点为 103℃,60%的转化糖液沸点为 105.7℃。

二、扩散与渗透作用

果蔬糖制时,首先要将糖溶解于水中,配制成一定浓度的糖溶液,然后将待糖制果蔬与之混合。由于外部糖液与果蔬内部存在溶液浓度差,糖制过程中始终存在扩散与渗透现象。即糖向组织内扩散与组织内水的渗出。只有糖液浓度达到各处平衡时这种现象才会停止。

(一) 扩散作用

根据菲克第一定律,单位时间内通过垂直于扩散方向的单位截面积的物质扩散量与该面积处的浓度梯度成正比。因此扩散速度可用下式表示:

$$\frac{\mathrm{d}Q}{\mathrm{d}t}=-DA\frac{\mathrm{d}c}{\mathrm{d}x} \tag{12-1}$$

式中，dQ/dt 为溶质的扩散速度（Q 为物质扩散量，t 为时间）；D 为扩散系数，即单位时间内通过单位面积的物质量；A 为截面积；dc/dx 为浓度梯度（c 为溶液浓度，x 为间距）；负号表明扩散方向与浓度梯度方向相反。

假设扩散物质的粒子为球形时，式(12-2)中扩散系数 D 可以用下式推算。

$$D=\frac{RT}{6N\pi r\eta} \tag{12-2}$$

式中，D 为扩散系数；R 为气体常数，8.314 J/(K・mol)；T 为绝对温度，K；N 为阿伏伽德罗常数，6.02×10^{23}；r 为溶质粒子的直径，m；η 为介质黏度，Pa・s。

式(12-1)表明，在食品糖制过程中，糖的扩散速度与扩散系数成正比。而扩散系数自身还与糖的粒径和糖液的温度有关[式(12-2)]，一般来说，溶质分子越大，粒径也越大，扩散系数就越小。因此糖的扩散速度由大到小的顺序是：葡萄糖＞蔗糖＞糊精。同时扩散系数随温度的升高而增加，因此升高温度有利于提高渗糖速度。

物质的扩散总是从高浓度向低浓度方向进行，浓度差越大，扩散速度也随之增加[式(12-1)]。但溶液浓度增加时，其黏度也会增加，而扩散系数随黏度的增加会降低。因此浓度对扩散速度的影响还与溶液的黏度有关。

（二）渗透作用

渗透是指溶剂从低浓度经过半透膜向高浓度溶液扩散的过程。半透膜是只允许溶剂通过而不允许溶质通过的膜。细胞膜即为半透膜。溶剂的渗透作用是在渗透压的作用下进行的。溶液的渗透压，可用下列公式表示：

$$P_0=\frac{\rho_1 cRT}{100M_2} \tag{12-3}$$

式中，P_0 为溶液的渗透压，Pa；ρ_1 为溶剂的密度，g/L；c 为溶质的浓度，mol/L；R 为气体常数，8.314 J/(K・mol)；T 为绝对温度，K；M_2 为溶质的分子质量。

食品糖制过程中，糖制的速度主要取决于糖液渗透压，渗透压越大，果蔬组织脱水速度越快，从而促进糖的扩散。根据式(12-3)，渗透压与溶液温度及溶质浓度成正比．因此为了加快糖制过程，应尽可能在高温度和高浓度溶液的条件下进行。通常温度每增加 1 度，渗透压就会增加 0.30%～0.35%。因此糖制常在高温条件下进行。因为果蔬糖制时，溶剂一般为水，溶剂的密度一般变化很小（水的密度随温度而有所改变）。因此溶剂密度的影响基本可以忽略。所使用的食糖的分子质量也会对糖液的渗透压有影响，同样的质量百分浓度条件下，分子质量小的单糖如葡萄糖、果糖的渗透压几乎是蔗糖、麦芽糖等双糖的两倍。因此糖制过程中对蔗糖进行适度的转化或使用适量的转化糖、果葡糖浆代替蔗糖可以加快糖制过程。

三、食糖的保藏原理

通过糖制后，蜜饯或果酱等糖制品中的糖浓度通常为 60%～70%。在高糖的条件下，制品具有很高的保藏性。食糖的保藏作用体现在以下几方面。

（一）高渗透压作用

糖溶液都具有一定的渗透压，上面已提到，渗透压与糖的浓度成正比，糖液浓度越高，渗透压越大（表 12-5）。糖制完成时，制品由于含糖量很高，因此具有很高的渗透压，足以使微生物细胞质脱水收缩，严重抑制腐败微生物的生长繁殖。

表 12-5　蔗糖溶液的渗透压

蔗糖浓度/(g/L)	渗透压/MPa	蔗糖浓度/(g/L)	渗透压/MPa
34.2	0.249	342.0	2.496
171.0	1.235	752.4	13.64
273.6	1.982	855.0	—

蔗糖浓度要超过50%才具有脱水作用而抑制微生物活动。但对有些耐渗透压强的微生物，如霉菌和酵母菌，糖浓度要提高到72.5%以上时，才能抑制其生长危害。蔗糖在20℃时的溶解度为67.1%。低于此浓度制品会长霉，而超过此浓度制品会发生糖的晶析从而降低产品质量。因此可以通过在糖制过程中添加适量转化糖或提高酸含量使部分蔗糖转化的方法来保证足够的渗透压，同时可以避免晶析引起的质量问题。

(二) 降低水分活性

糖分子中含有很多的羟基，它们可以和水分子形成氢键，从而降低自由水的含量，水分活性因此也得以降低。67.5%的饱和蔗糖溶液，水分活度Aw可以降低到0.85以下。虽然糖制品的含糖量一般达60%～70%，但由于存在少数在高渗透压和低水分活性条件下尚能生长的霉菌和酵母菌，因此对于长期保存的糖制品，宜采用杀菌或加酸降低pH及真空包装等有效措施来防止制品的变质。

(三) 抗氧化作用

氧气在糖液中的溶解度小于在水中的溶解度。糖浓度越高，氧的溶解度就越低。如浓度为60%的蔗糖溶液，在20℃时，氧的溶解度仅为纯水含氧量的1/6。含氧量降低有利于抑制好气性微生物的活动，也有利于制品的色泽、风味和维生素C的保存。

四、胶凝剂的胶凝作用

在果酱或果冻等糖制品的生产过程中，通常要利用果蔬中含有的果胶或其他胶凝剂，使制品形成一定强度的凝胶，赋予制品特定的形态特征与口感，如果酱的可涂抹性、果冻的Q弹性等。因此，了解果胶或其他胶凝剂的胶凝特性对于这类产品的生产具有重要意义。

(一) 果胶的胶凝作用

果蔬中的果胶物质以原果胶、果胶或果胶酸的形态存在。原果胶在酸和酶的作用下能分解为果胶。果胶的多聚半乳糖醛酸的长链结构中部分羧基通常被甲酯化。根据甲酯化程度将果胶分为两类：高甲氧基果胶(HMP)和低甲氧基果胶(LMP)。高甲氧基果胶是指甲氧基含量>7%的果胶(即甲酯化度>42.9%)，甲氧基含量<7%则为低甲氧基果胶。这两种果胶的胶凝原理和凝胶类型是不一样的，高甲氧基果胶形成氢键结合型胶凝，而低甲氧基果胶则形成离子结合型胶凝。

1. 高甲氧基果胶的胶凝

(1) 原理：高度水合分散的果胶束因电性中和及脱水而形成胶凝体。果胶在溶液中一般带负电荷，当溶液pH低于3.5和脱水剂含量达50%以上时，果胶即由于电性中和及脱水而形成可逆性凝胶。在果胶胶凝过程中酸起到消除果胶分子中负电荷的作用，使果胶分子因氢键吸附而相连成网状结构，构成凝胶体的骨架，糖除了起脱水作用外，还作为填充物使凝胶体达到一定强度。

(2) 影响因素：果胶胶凝过程是复杂的，受多种因素制约。影响高甲氧基果胶凝胶形成能力和凝胶强度的因素主要有pH、含糖量、甲氧基含量和果胶含量。最适pH为2.5～3.5，高于或低于此pH均不能形成凝胶，当PH为3.1左右时，胶凝强度最大，pH在3.4时，胶凝比较柔软。糖作为脱水剂，只有含糖量达50%以上时才具有脱水效果，糖浓度越大，脱水作用就越强，胶凝速度就越快。另外，甲氧基和果胶含量决定了凝胶的形成能力和强度，甲氧基含量高，则形成凝胶的强度则高，果胶含量高，凝胶能力则强。一般来说，形成良好的胶凝最合适的条件是高甲氧基果胶1%左右，糖浓度65%～67%，pH 2.8～3.3。

2. 低甲氧基果胶的胶凝

(1) 原理：低甲氧基果胶由于其中一部分甲酯转变成伯酰胺，不受糖、酸含量的影响，故其形成凝胶的性质有很大的改变。当其溶液有多价金属离子，如钙、镁、铝等离子存在时，由于发生架桥反应而形成网状结构的凝胶。

(2) 影响因素：低甲氧基果胶中有50%以上的羧基未被甲醇酯化，对金属离子比较敏感，少量的钙离子等金属离子与之结合也能胶凝。钙等金属离子是影响低甲氧基果胶胶凝的主要因素，用量随果胶的羧基数而定，每克果胶的钙离子最低用量为4～10 mg，碱法制取的果胶为30～60 mg。低甲氧基果胶的胶凝与糖用量无关，即使在1%以下或不加糖的情况下仍可胶凝。

（二）其他胶凝剂

1. 琼脂　琼脂，学名琼胶，名洋菜、冻粉，是从石花菜属、江篱属等海藻类植物中提取的一种植物胶，在食品中可用作增稠剂、凝固剂、悬浮剂、乳化剂和稳定剂。琼脂不溶于冷水，能吸收相当本身体积20倍的水。易溶于沸水，稀释液在42℃仍保持液状，但在37℃凝成紧密的胶冻。琼脂在糖液中不溶解，需事先用水浸泡、加热溶解后再加入糖液中使用。

在果酱类的加工中添加适量的琼脂能抑制制品脱水收缩，能使制品具有较好的稳定性和期望的质构。0.1%～0.3%的琼脂和精炼的半乳甘露聚糖混合使用，可制得透明的强弹性凝胶。

2. 卡拉胶　卡拉胶又称为鹿角菜胶、角叉菜胶。卡拉胶是从某些红藻类海草中提炼出来的亲水性胶体，由硫酸基化的或非硫酸基化的半乳糖和3,6-脱水半乳糖通过α-1,3糖苷键和β-1,4键交替连接而成，在1,3连接的D半乳糖单位C-4上带有1个硫酸基。分子质量为20万以上。由于其中硫酸酯结合形态的不同，可分为κ型、ι型、λ型等。

卡拉胶作为一种很好的凝固剂，可取代通常的琼脂、明胶及果胶等。用卡拉胶制成的果冻富有弹性且没有离水性，与魔芋胶或黄原胶等胶体复配后成为果冻常用的凝胶剂。

五、糖制品的低糖化

糖制品是深受广大消费者尤其是儿童所喜爱的休闲食品，但是传统工艺生产的果脯蜜饯类制品属高糖食品，果酱类制品属高糖高酸食品，一般含糖量为65%～70%，过多食用容易发胖，诱发糖尿病、高血压等症。随着人们生活水平的提高，以及对健康和营养的重视，传统高糖的果脯蜜饯等糖制品已难以满足人们的要求。利用新配方、新工艺开发新型的低热值、低甜度的低糖制品是未来的发展趋势。低糖糖制品一般是指含糖量在50%以下的糖制产品。

根据糖制品的保藏原理，渗透压和水分活度是影响糖制品保藏性的两个主要因素。含糖量降低，会使制品的渗透压降低，水分活度增加，使得保藏性大大降低，制品容易败坏。此外，对于蜜饯制品来说，特别是果脯，由于渗糖不足，烘干后的蜜饯容易出现瘪缩、饱满度差的问题，严重影响制品的外观品质。对于果酱制品，含糖量低于50%，难以形成性能良好的凝胶，甚至不凝胶，而且制品容易出现析水分层的问题。因此生产低糖化糖制品需要妥善解决以上问题。

目前，低糖化糖制品的生产主要采取以下措施。

1）采用淀粉糖浆取代40%～50%的蔗糖，淀粉糖浆的主要成分是葡萄糖和糊精，因此可以降低制品的甜度，也可以保持制品的饱满形态。

2）添加亲水性胶体或低聚糖代替部分蔗糖作为填充物，可以降低制品水分活度，保持制品的饱满度，如用糊精、明胶、壳聚糖、低聚麦芽糖等。由于亲水性胶体的分子质量很大，很难渗入组织内，而且会增加糖液的黏度，影响糖液的渗透，因此一般高分子亲水性胶体使用效果并不好。因此近年来的研究重点主要放在低分子质量亲水性胶体和低聚糖的添加上，如壳聚糖水解物、低聚麦芽糖、低聚异麦芽糖、低聚木糖、大豆低聚糖等。

3）果酱类制品可以添加低甲氧基果胶、海藻酸钠、卡拉胶、结冷胶、琼脂等增稠剂取代原料中的果胶，促进胶凝，保持制品的质构特性，防止析水。

4）通过烘干脱水降低制品水分活度，使制品的Aw降至0.7以下。

5）按照食品添加剂卫生标准GB 2760－2007的规定适量添加防腐剂。

6）采用真空包装或充氮包装密封包装，或者进行适当的杀菌处理，也可以延长制品的保藏期。

第三节　蜜饯类加工工艺

一、蜜饯类加工工艺流程

蜜饯的加工主要包括原料选择、预处理、糖制、烘干与上糖衣、包装等主要工序。其一般生产工艺流程如下：

原料选择 → 预处理 → 糖制 → 烘干 → 上糖衣 → 果脯、糖霜类蜜饯
原料选择 → 预处理 → 糖制 → 配料调配 → 烘干 → 凉果、话化类蜜饯
原料选择 → 预处理 → 糖制 → 装罐密封 → 杀菌 → 冷却 → 糖渍类蜜饯

二、蜜饯类加工工艺要求

(一) 原料选择与预处理

我国果蔬原料种类众多,除正品果蔬原料外,各种果蔬生产过程中产生的残次果、自然落果、风味不佳的野生果等原料均可依据其特点作为糖制原料加以综合利用。针对各类蜜饯的糖制加工特点合理选择原料和预处理方法,是生产优良风味、优良品质蜜饯产品的重要一步。

糖制前原料的预处理主要包括:原料选择、分级、清洗、去皮、去核、切分、盐腌、硬化、熏硫、染色、漂洗、预煮等。

1. 原料选择 糖制品的质量主要取决于外观、风味、质地与营养。原料选择的依据主要是品种和成熟度两个方面。蜜饯类制品因需保持产品形态,一般要求原料肉质紧实,耐煮,在绿熟至坚熟时采收为宜,但不同蜜饯生产对原料要求有所不同。

(1) 青梅类制品:制品要求鲜绿、脆嫩。原料宜选鲜绿质脆、果形完整、果大核小的品种,于绿熟时采收。大果适宜加工雕花梅,中等以上果实宜制糖渍梅,青梅干、话梅和陈皮梅等制品可以用小果制成。

(2) 蜜枣类制品:制蜜枣的原料应选择果实体大、果核细小、果皮较薄、果肉细胞组织疏松、含水量较少、含糖量较高的品种。并于果实由绿转白时采收,转红不宜加工,全绿则褐变严重。选用的品种如安徽宣城的圆枣、尖枣,北京的糖枣,山西的池红枣,河南新郑的秋枣,浙江义乌、兰溪的大枣,江苏泗洪立枣等。

(3) 橘饼类制品:金橘饼以质地柔韧、香味浓郁的'罗纹'和'罗浮'最好,其次是'金弹'和'金橘',橘饼以宽皮橘类为主。带皮橘饼宜选苦味淡的中小型品种,如浙江黄岩的'朱红'。

(4) 杨梅类制品:选果大核小、色红、粘核的品种。如浙江萧山的'早色'、新昌的'刺梅'、余姚的'草种'。

(5) 橄榄制品:一般在肉质脆硬、果核坚硬时采收,过早过迟采收,都会影响制品质量。选肉质脆硬的'惠园'和'长营'两个品种最好。

(6) 其他果脯蜜饯:苹果脯:用河北怀来的'小苹果'、'花红'、'海棠'等最好,'国光'、'红玉'、'青香蕉'等罐用种也很好。梨脯:选石细胞少、含水分较低的鸭梨、莱阳梨、雪花梨、秋白梨等最好。桃脯:选择肉质细腻、有韧性,成熟后不软不绵的品种,并于七至八成熟时采收。如'快红桃'、'大叶白'、'京白'、'大久保'等。杏脯:应选离核的'铁叭哒'品种。

(7) 瓜类制品:主要是冬瓜制品。原料宜选果大、肉厚、瓤小的品种,如广东青皮冬瓜。

(8) 其他蔬菜制品:胡萝卜:宜选橙红色品种,直径 3~3.5 cm 为宜,过粗过细均影响外观和品质。生姜:应选肉质肥厚,结实少筋,块形较大的新鲜嫩姜。

2. 原料预处理

(1) 选别分级:根据原料的颜色、大小、成熟度对原料进行分级,同时剔去腐烂、生虫或品质不良的果蔬。以利于后续的加工,制得品质优良、均匀一致的产品。

(2) 去皮、切分、切缝、刺孔:对于一些皮厚粗老的果蔬需要去皮处理。大型果蔬原料如苹果、桃子、梨等应适当切分成块、片、条等较小料形。小果如枣、杏、李、梅等则不需切分,而是在果面切缝或刺孔。这些处理的主要目的是为了加快糖制时的渗糖脱水,缩短糖制时间,提高制品品质。

(3) 盐腌:即用食盐或食盐水腌制果蔬原料,制成果蔬半成品(盐坯),以延长果蔬加工期限。这种盐坯可用于生产凉果或话化类制品。

盐腌方法包括干盐腌渍和盐水浸泡。干盐法适用于含水量高或成熟度较高的原料,用盐量依原料含水量、种类和贮存期长短而异,通常为原料量的 20%左右。盐水法适于水分少、成熟度低、酸涩苦味浓的原料。可直接浸泡在盐水中保存,也可晾晒制成干坯长期保藏,所使用的盐水浓度通常为 18%~20%。盐坯在使用之前需要脱盐处理,常用清水漂洗脱盐的方法。

(4) 硬化:为了提高原料耐煮性,以及使产品具有一定硬度和脆性,在糖制前可对原料进行硬化处理。

即将原料浸泡于钙、镁、铝盐稀溶液中，让钙、镁等金属离子与原料中的果胶生成不溶性果胶盐类，使细胞间相互黏结在一起，提高硬度和耐煮性。常用的硬化剂主要有氯化钙、生石灰、亚硫酸钙、明矾等。硬化剂的用量通常为0.5%左右。

硬化剂的选用、用量及处理时间必须适当，过量导致部分纤维素钙化或生成过多钙盐，使产品质地粗糙，品质劣化。经硬化处理的原料，糖制前需经漂洗除去残余的硬化剂。

(5) 硫处理：为了获得色泽明亮，组织比较透明的制品，原料在糖制前常进行硫处理。经过适当的硫处理既可以防止制品氧化，又可以增加果蔬细胞的透性，加快渗糖过程。蜜饯生产中常用亚硫酸钠、亚硫酸氢钠、焦亚硫酸钠等亚硫酸盐配制成浓度为0.1%～0.2%的溶液来对原料进行硫处理。

经过硫处理的原料，在糖制前需要充分漂洗，以脱除残余的亚硫酸盐。

(6) 染色：一些蜜饯制品在加工过程中容易失色，如樱桃、草莓容易失去红色，青梅容易失去绿色，因此常需用色素进行染色处理。目前使用的染色色素可分为天然色素和人工合成色素两大类。按我国食品添加剂卫生标准GB 2760－2007的规定，允许使用的天然色素有40多种，如β-胡萝卜素、酸性红、甜菜红、胭脂虫红、柑橘黄、紫草红、葡萄皮红、姜黄、辣椒红、叶绿素铜钠盐等；人工合成色素有苋菜红、胭脂红、赤藓红、柠檬黄(肼黄)、日落黄、靛蓝(酸性靛蓝)、亮蓝等，天然色素因为成本高，所以应用较少；人工合成色素则被广泛使用。

染色方法：将原料浸入色素溶液中；也可以将色素加入糖液中，在糖制的同时完成染色。明矾作为媒染剂，可以提高蜜饯的染色效果。

(7) 漂洗和预煮：经过盐腌、硬化、硫处理及染色处理的原料，在糖制前均需漂洗或预煮，以除去残留的SO_2、食盐、色素、钙盐或明矾，避免对制品风味品质产生不良影响。预煮还具有排除果蔬原料组织内的氧气和钝化酶的作用，可以防止制品氧化变色，同时也有利于促进糖分扩散。此外，还具有脱苦、脱涩等作用。

(二) 糖制

糖制是蜜饯类加工的核心工序。糖制过程实质是果蔬原料脱除水分、吸收糖分的过程。如前所述糖液中的糖分依赖扩散作用从外部进入原料组织内，同时水分在渗透压的作用下，从组织细胞内不断进入外部糖液中，果蔬组织内的大部分水分最终被脱除而被糖分取代，最终达到要求的含糖量。

糖制方法有浸渍(冷制)和煮制(热制)两种。浸渍适用于皮薄多汁、质地柔软的原料；煮制适用于质地紧密、耐煮性强的原料。

1. 浸渍　浸渍是指将果蔬原料浸泡在糖液中，使制品达到要求的糖度。此法的基本特点在于不对果实进行加热，能较好保持制品的色泽、风味、营养价值和形态。糖渍类蜜饯及多数凉果、话化类蜜饯均采用此法制成。

浸渍过程中，当原料与糖液接触时，由于细胞内外存在很高的渗透压，促使组织中的水分向外扩散排出，糖分向内扩散渗入。但糖浓度过高时，组织会失水过快、过多，进而收缩，影响制品的饱满度。因此在浸渍过程中宜采用逐步提高糖液浓度的方法。具体方法主要有以下几种。

(1) 分次加糖浸渍法：在浸渍过程中，先配制成较低浓度的食糖溶液，达到渗糖平衡后，在糖液中加入食糖，提高食糖浓度，再次浸渍达到渗糖平衡后，再加糖提高食糖浓度，如此逐次提高糖浓度，使制品中的糖含量达到要求。

(2) 多次浓缩浸渍法：在浸渍过程中，每次达到渗糖平衡后，将糖液过滤出来，进行加热浓缩，提高糖浓度后，再将热糖液回加到原料中继续浸渍，冷果与热糖液接触，利用温差和糖浓度差的双重作用，加速糖分的扩散渗透。其效果优于分次加糖法。

(3) 减压浸渍法：在分次加糖浸渍法的基础上，将果实放在真空锅内抽空，使果实内部蒸汽压降低，然后破除真空，外压变大，促进糖分渗入果实内。

(4) 干燥法：在浸渍后期，取出半成品晾晒或烘烤，使之失去20%～30%的水分后，再进行浸渍直至终点。此法可减少糖的用量，降低成本，缩短蜜制时间。凉果的糖制多用此法。

2. 煮制　糖制过程中，进行加热煮制，由于温度升高，糖液黏度降低，有利于糖分快速扩散进入组织内，也有利于果蔬的迅速脱水和水分蒸发，可以显著缩短糖制时间。但果蔬组织在煮制过程中也会组织软化，容易出现煮烂的问题，同时由于温度升高，水分向外扩散速度大于糖液向组织内扩散的速度，容易使原料失水过多造成制品瘪缩。因此生产中应根据原料的组织结构采用不同的煮制方法。煮制方法分为常压煮制和减压煮制两种。常压煮制又分连续煮制、间歇煮制和变温煮制3种。减压煮制分减压间歇煮制和减压连续煮制。

（1）连续煮制法：经预处理好的原料在一定浓度（一般为40%）的糖液中一次连续煮制完成，称为连续煮制法。此法糖制快速，但持续加热时间长，原料容易煮烂，也容易因为失水过多而造成瘪缩现象。此法一般适用于组织结构比较疏松，容易透糖的果蔬，如柚皮、橙皮、枣等。

（2）间歇煮制法：这是一种煮制和浸渍交替进行，逐步提高糖浓度的糖制方法。一般先用30%～40%的糖溶液煮到原料稍软时，放冷浸渍24 h，其后，每次煮制均增加糖浓度10%，煮沸2～3 min，直到糖制终点。

这种糖制方法每次加热时间短，辅以放冷糖渍，逐步提高糖浓度，因而获得较满意的产品质量。适用于组织紧密、难以渗糖或容易煮烂的柔软原料。但此法糖制时间长，糖制过程不能连续化，比较费时、费工、占地、占容器。

（3）变温煮制法：利用温差悬殊的环境，使原料组织受到冷热交替的变化，组织内部的水蒸气分压加热增大后，迅速冷却后又快速消除，这种水蒸气压力的变化，促进糖液透入组织内部，加快组织内外糖液浓度的平衡速度，缩短糖制时间，称为变温煮制法。处理方法是将原料装入网兜中，先在30%的热糖液中煮4～8 min，取出后立即浸入等浓度的15～20℃糖液中冷却。如此交替进行4～5次，每次提高糖浓度10%，最后完成煮制过程。

此法可连续进行，时间短、产品质量高，但需备有足够的冷糖液。

（4）减压间歇煮制法：减压煮制也称为真空煮制。是指原料与糖液混合后在真空糖煮锅内抽空（真空度85.33 kPa）间歇煮制的方法，在糖煮锅内糖液的浓度和间歇煮制法一样，浓度逐步提高，直至煮制终点。由于抽空后组织中空气被脱除，糖分能迅速渗入达到平衡。同时糖制温度低，时间短，制品品质比常压间歇煮制好。

（5）减压连续煮制法：是一种连续化的真空糖制方法，将一组真空糖煮锅串联，将糖制原料密闭在串联的真空糖煮锅内，抽空（真空度85.33 kPa），并排除原料组织内的空气，而后吸入95℃热糖液，待糖分扩散渗透后，将糖液顺序转入另一真空糖煮锅内，再在原来的锅内加入较高浓度的热糖液，如此连续进行几次，制品即达到要求的糖浓度。这种方法是煮制效果好，制品品质好，可连续化操作。

（三）烘干和上糖衣

除糖渍蜜饯外，其他蜜饯制品在糖制后需进行烘干处理，以除去部分水分，使表面不粘手，利于保藏。烘干温度不宜超过65℃，烘烤后的蜜饯，要求外形保持完整、饱满、不皱缩，不结晶，质地柔软，含水量在18%～22%，含糖达60%～65%。

在烘干后用热的过饱和糖液浸泡一下取出冷却，即可在制品表面上形成一层透明的糖衣薄膜，使制品不黏结、不返砂，增强保藏性，这种蜜饯称为糖衣蜜饯。在干燥快结束的蜜饯表面，撒上结晶糖粉或白砂糖、拌匀，筛去多余的糖，即得糖霜类蜜饯。

（四）包装和贮藏

干燥后蜜饯应及时整理或整形，然后按商品包装要求进行包装。包装的主要目的是防止制品吸潮变质及防虫防鼠。内包装材料主要采用符合食品卫生要求的塑料包装袋、玻璃纸、糯米纸等；外包装材料可使用塑料袋、纸箱、木箱、金属罐、玻璃容器等。另外，一种商品的包装还应美观、大方、新颖，能反映制品面貌。

无论何种包装，所用材料都必须无毒、清洁，符合食品卫生要求。包装人员身体应该健康，并注意个人卫生。包装的环境需清洁、无尘。包装的称量要准确。大包装上要有标志、图案，注明产品名称、净重、厂名、出厂日期、保存期限和注意事项等。

贮存糖制品的库房要清洁、干燥、通风。库房地面要有隔湿材料铺垫。库房温度最好保持在12～15℃，避免温度低于10℃而引起蔗糖晶析。对不进行杀菌和不密封的蜜饯，宜将相对湿度控制在70%以下。

(五) 产品质量指标

根据国家标准《蜜饯通则》(GB/T 10782—2006),蜜饯产品的质量指标见表12-6。

表12-6　蜜饯质量指标

项目		糖渍	糖霜	果脯	凉果	话化		果糕		
						加糖	不加糖	糕类	条类	片类
感官指标		具有品种应有的形态、色泽、组织、滋味和气味,无异味、无霉变、无杂质								
理化指标	水分/%	≤35	≤20	≤35	≤35	≤30	≤35	≤55	≤30	≤20
	总糖/%	≤70	≤85	≤85	≤70	≤6	≤60	≤75	≤70	≤80
	氯化钠/%	≤4	—	—	≤8	≤35	≤15	—	—	—
卫生指标		符合GB 14884-2003								

第四节　果酱类加工工艺

一、果酱类加工工艺流程

果酱类制品是以水果或果汁或果浆和糖等为主要原料,经预处理、煮制、打浆(或破碎)、配料、浓缩、包装、杀菌等工序制成的一类半凝固状或胶冻状产品。主要有果酱和果冻类制品。其工艺流程如下:

原料选择 → 预处理(去皮、预煮、打浆、榨汁等) →
- → 调配 → 浓缩 → 装罐封口 → 杀菌冷却 → 果酱成品
- → 煮胶 → 消泡 → 调配 → 装罐封口 → 杀菌冷却 → 果冻成品

二、果酱类加工工艺要求

(一) 原料选择与预处理

1. 原料选择　果酱类制品要选汁液含量高、易于破碎的品种,并在充分成熟时采收。一般选用香气浓郁、色泽鲜艳美观、易于破碎的柑橘类果实、苹果、草莓、蓝莓、菠萝、芒果、桃等水果,柑橘类果酱也可以用罐藏下脚料加工制成。

2. 原料预处理　原料需先分选剔除霉烂、成熟度低的不合格果实。除去果核、果心等不可食部分。果皮厚、粗、硬,口感不好的原料,如菠萝、苹果、桃等,必须除去外皮。去皮、切块时易变色的果实,必须及时浸入食盐水或酸溶液中护色,并尽快加热软化,破坏酶的活力。加热软化的主要目的是:破坏酶的活力,防止变色和果胶水解;软化果肉组织,便于打浆和糖液渗透。果实软化时,可加水或稀糖液加热软化,软化升温要快,时间依原料种类及成熟度而异。加热软化要防止长时间加热,以免影响风味和色泽。生产果冻产品时,果实加热软化后需经过榨汁、过滤等处理获得果汁。柑橘类一般先使用果肉榨汁,残渣再加入适量水加热软化,抽出的果胶液与汁混合使用。

(二) 调配

1. 配方　按原料种类及制品质量标准确定。

果肉(汁):占总配料量的25%～50%。

糖(主要是砂糖):占总配料量的45%～60%。

成品总酸量:0.5%～1.0%(不足可加柠檬酸)。

成品果胶量:0.4%～0.9%(不足可加果胶或琼脂等)。

2. 配料准备　所用配料如糖、柠檬酸、果胶或琼脂或果冻粉等胶凝剂,均应事先配制成浓溶液过滤备用。

砂糖:配成70%～75%的浓糖浆。

柠檬酸:配成50%溶液。

果胶粉：按粉量加2～4倍砂糖，充分混匀，再按粉量加水10～15倍，在搅拌下溶解。

琼脂：先用温水浸泡软化，洗净杂质，加热溶解后过滤．加水量为琼脂重的20倍。

3. 投料顺序 如用果肉作为原料时，果肉应先入锅加热软化，时间10～20 min。然后加入浓糖液（以分批加入为宜），继续浓缩到接近终点时，加入果胶液或琼脂液等胶凝剂溶液，最后加柠檬酸液，在搅拌下浓缩至终点出锅。

（三）加热浓缩

加热浓缩是果蔬原料及糖液中水分的蒸发过程。大部分果蔬原料对热敏感性很强，浓缩方法和设备有常压浓缩和减压浓缩。

1. 常压浓缩 主设备是盛物料带搅拌器的夹层锅。物料入锅后在常压下用蒸汽加热浓缩，开始时蒸汽压较大（29.4～9.2 kPa），后期因物料可溶性固形物含量提高，所以极易因高温导致糖的褐变焦化，蒸汽压应降至19.6 kPa左右。为缩短浓缩时间，保持制品良好的色、香、味和胶凝性，每锅下料量以控制出成品50～60 kg为宜，浓缩时间以30～60 min为好。时间太短会因转化糖不足而在贮藏期发生蔗糖结晶现象。浓缩过程中应不断搅拌，以防锅底部浆液焦化，出现大量气泡时，可加入少量冷水或植物油，防止汁液外溢。

常压浓缩的主要缺点是温度高，水分蒸发慢，芳香物质和维生素C损失严重，制品的色泽差。欲制出优质的果酱，宜选用减压浓缩法。

2. 减压浓缩 减压浓缩又称真空浓缩。分单效、双效两种浓缩装置。单效浓缩锅是一个带搅拌器的双层锅，配有真空装置。工作时，先通入蒸汽赶走锅内空气，再开动离心泵，使锅内形成一定的真空度，当真空度达53.3 kPa以上时，开启进料阀，待浓缩的物料靠锅内的真空吸力吸入锅中，达到容量要求后，开启蒸汽阀门和搅拌器进行浓缩。加热蒸汽压力保持在98.0～147.1 kPa，锅内真空度为86.7～96.1 kPa，温度50～60℃。浓缩过程若泡沫上升激烈，可开启锅内的空气阀，使空气进入锅内抑制泡沫上升，待正常后再关闭。浓缩过程应保持物料超过加热面，以防焦锅。当浓缩至接近终点时，关闭真空泵开关，破坏锅内真空，在搅拌下将果酱加热升温至90～95℃，然后迅速关闭进气阀，酱料即可出锅。

双效真空浓缩锅，是由蒸汽喷射泵将整个装置造成真空，将物料吸入锅内，由循环泵促使物料循环，加热器进行加热，然后由蒸发室蒸发，浓缩泵出料。整个设备由仪表控制，生产连续化、机械化、自动化，生产效率高，产品品质优。

浓缩终点的判断，主要靠取样，用折光计测定可溶性固形物的浓度，或凭经验控制。

（四）包装

果酱类大多用玻璃瓶或涂有抗酸涂料的马口铁罐为包装容器，容器使用前必须清洗干净。马口铁罐以95～100℃的热水或蒸汽消毒3～5 min，玻璃罐用95～100℃的蒸汽消毒5～10 min，而后倒罐沥水。胶圈经水浸泡脱酸后使用。罐盖以沸水消毒3～5 min。

果酱、果冻出锅后，应及时快速装罐密封，一般要求每锅物料分装完毕不超过30 min，密封时的酱体温度不低于80～90℃，封罐后应立即杀菌冷却。

（五）杀菌冷却

果酱在加热浓缩过程中，微生物绝大多数被杀死，加上果酱高糖高酸对微生物也有很强的抑制作用，一般装罐密封后，残留于果酱中的微生物是难以繁殖危害的。对于工艺卫生条件好的生产厂家，可在封罐后倒置数分钟，利用酱体的余热进行罐盖消毒，然后直接入库，不用杀菌，即可保存1～2年。但为了安全，在封罐后可进行杀菌处理（杀菌式5～10 min/100℃）。

马口铁罐包装的可在杀菌结束后迅速用冷水冷却至常温，但玻璃罐（或瓶）包装的宜分段降温冷却，如先在85℃热水中，冷却10 min，再在60℃水中，冷却10 min，最后在冷水中冷却至常温。经过杀菌冷却后，擦干罐体表面水分，装箱后入库贮存。

（六）产品质量指标

果酱产品质量指标可参见GB/T 22474—2008。果冻产品质量指标可参见GB 19883—2005。

第五节　果蔬糖制品常见质量问题及其控制

一、蜜饯常见质量问题及其控制

1. 返砂与流糖　返砂是指除糖霜类蜜饯和某些话化类蜜饯外的其他蜜饯产品在存放过程中，制品表面或内部出现糖结晶的现象。流糖则是指制品在包装、贮运、销售过程中制品表面吸潮，造成表面糖分溶解，制品发黏的现象。返砂导致制品失去原有柔软的质地，口感变粗糙，造成制品品质下降；流糖则使制品的外观品质降低，同时由于糖浓度降低，制品的保藏性也降低。

造成制品返砂的主要原因是糖制品中蔗糖含量过高，转化糖含量过低，或者是蔗糖转化过度，造成转化糖含量过高，而转化糖中的葡萄糖溶解度较低，在低温下容易出现返砂结晶。因此，在生产中，为避免蜜饯出现返砂，在糖制过程中需让蔗糖适度转化，一般转化糖占总糖的比例为60%左右可以避免出现返砂，在糖制时可以通过调节糖煮pH和温度来让蔗糖适度转化。另外，也可以加用部分淀粉糖浆、饴糖或蜂蜜，利用它们所含的麦芽糖、糊精或转化糖来抑制晶体的形成和增大，添加部分的果胶、蛋清等非糖物质，能增强糖液的黏度和饱和度，也能阻止蔗糖结晶返砂。

流糖主要是由于蔗糖过度转化，造成制品中果糖含量过高，而果糖容易吸潮，特别是在潮湿的环境条件下。防止流糖的方法主要是：糖煮时，控制蔗糖的适度转化；采用阻湿性强的包装材料进行妥善包装；包装内放干燥剂等。

2. 软烂与皱缩　软烂与皱缩是果脯生产中常出现的问题。造成制品软烂的主要影响因素有：果实品种、成熟度、煮制温度和时间等。因此，避免制品软烂的措施主要有：选择肉质紧密的果实品种；成熟度不宜过高，或过低；采用硬化剂处理；缩短糖煮时间，延长浸糖时间，或者采用真空糖制方法等。

果脯的皱缩主要是渗糖不足造成的，干燥后容易出现皱缩干瘪。若糖制时，开始煮制的糖液浓度过高，则会造成果实外部组织迅速失水收缩，降低了糖液向果肉内渗透的速度，果实内部糖液很难达到糖液平衡。另外，煮制后浸渍时间不够，也会出现渗糖不足的问题。克服的方法是，应在糖制过程中分次加糖，使糖液浓度逐渐提高，延长浸渍时间。真空渗糖无疑是重要的措施之一。

3. 褐变　果蔬糖制品颜色褐变的原因是果蔬在糖制过程中发生酶促褐变反应和非酶褐变，导致成品色泽加深。酶促褐变主要是果蔬组织中酚类物质在多酚氧化酶的催化下引起的氧化褐变，一般发生在加热糖制前。使用预煮和硫处理等方法，可有效抑制由酶引起的褐变反应。

非酶褐变包括美拉德反应和焦糖化反应，另外，还有少量维生素C的热褐变。这些反应主要发生在糖制品的煮制和烘干过程中，尤其是在高温条件下煮制和烘烤最易发生。在糖制和烘干过程中，适当降低温度，缩短煮制时间，可有效抑制非酶褐变，采用低温真空糖制就是一种最有效的方法。

二、果酱常见质量问题及其控制

1. 变色　造成果酱变色的原因主要有：金属离子引起的变色、糖的焦糖化反应引起的褐变、多酚类物质在酶的作用下引起的褐变等。防止的措施包括：加工中，避免铁、铜等金属工器具与物料直接接触；降低浓缩温度或者缩短浓缩时间；采用减压浓缩方法；杀菌后迅速冷却；贮藏温度不高于20℃。

2. 结晶返砂　同蜜饯的返砂一样，果酱的结晶返砂是由果酱中转化糖含量过低造成的。防止的措施包括：严格控制配方，使果酱中蔗糖与转化糖的比例合适。浓缩中对含酸量低的果品适当加入柠檬酸调节pH。也可用淀粉糖浆代替部分砂糖，或加入适量果胶或其他增稠剂提高果酱黏度。

3. 析水　析水是果酱产品放置一段时间后，渗出液体的现象。这是由果胶含量低，或果块软化不充分，果胶未充分溶出，或浓缩时间短，未形成良好的凝胶造成的。防止的措施主要有：充分加热软化果实，使其所含的原果胶充分溶解成可溶性果胶；添加果胶或其他胶凝剂增加凝胶作用；在浓缩过程中加入适量的成熟度较低的果实原料来增加果胶含量；果胶含量低的原料，用于生产果酱时可适当增加糖的用量。

思考题

1. 简述糖制品的分类及其特点
2. 简述食糖的种类及其基本性质。
3. 试述糖制加工过程中的扩散与渗透作用及其影响因素。
4. 简述食糖的保藏原理。
5. 简述蜜饯的加工工艺。
6. 简述果酱的加工工艺。
7. 简述蜜饯的糖制工艺方法及其特点。
8. 简述果蔬糖制中常见问题及其控制方法。

第十三章

蔬菜腌制

腌制是一种古老的食品加工方法，在我国具有悠久的历史。蔬菜腌制是指以蔬菜为主要原料，将食盐及其他物质添加渗入蔬菜组织内，降低水分活度，提高结合水含量及渗透压或脱水等作用，有选择地控制有益微生物的活动和发酵，抑制腐败菌的生长，从而防止蔬菜变质，保持其食用品质的一种保藏方法，其制品称为腌制品。本章主要介绍蔬菜腌制品的分类、蔬菜腌制的原理、蔬菜腌制品工艺、蔬菜腌制品常见质量问题及其控制等。

第一节　蔬菜腌制品的分类

用于加工腌制品的原料种类繁多，辅料各异，加工方法多样，因此，生产的产品也不尽相同。一般来说，按照保藏机制和生产工艺对蔬菜腌制品进行分类。

一、按保藏机制分类

从保藏机制出发，根据产品在生产过程中是否有显著发酵，可将蔬菜腌制品分为发酵性蔬菜腌制品和非发酵性蔬菜腌制品两大类。

（一）发酵性蔬菜腌制品

发酵性蔬菜腌制品是腌渍时食盐用量较低，在腌渍过程中有显著的乳酸发酵现象，利用发酵所产生的乳酸、添加的食盐和香辛料等的综合防腐作用，从而保藏蔬菜并增进风味，其特点是具有较明显的酸性。

根据腌渍的方法和产品状态分为半干态发酵和湿态发酵两类。

1. 半干态发酵类　半干态发酵腌制品是指先将原料经风干或人工脱去部分水分，经过盐腌，自然发酵后熟而成，如榨菜、冬菜。

2. 湿态发酵类　湿态发酵腌制品是指用低浓度食盐浸泡蔬菜或清水浸泡蔬菜，任其进行乳酸发酵产生酸味的腌制品，如泡菜、酸菜。

（二）非发酵性蔬菜腌制品

非发酵性蔬菜腌制品是腌渍时食盐用量较高，使乳酸发酵完全受到抑制或只能极轻微地进行，期间加入香辛料，主要利用较高浓度的食盐、食糖及其调味品的综合防腐作用，来保藏和增进其风味，如咸菜、酱菜、糖渍菜。

二、按生产工艺分类

1. 盐渍菜类　盐渍菜是以蔬菜为原料，利用较高浓度的盐溶液腌制而成的湿态、半干态、干态制品。湿态盐渍菜是指由于在蔬菜腌制过程中，有水分和可溶性物质渗透出来形成菜卤，伴有乳酸发酵，其制品浸没于菜卤中，即菜不与菜卤分开的蔬菜制品，如腌雪里蕻、盐渍黄瓜、盐渍白菜等。半干态盐渍菜是指蔬菜以不同方式脱水后，再经腌制成不含菜卤的蔬菜制品，如榨菜、大头菜、冬菜、萝卜干等。干态盐渍菜以反复晾晒和盐渍的方式脱水加工而成的含水量较低的蔬菜制品，或利用盐渍先脱去一部分水分，再经晾晒或干燥使其产品水分下降到一定程度的制品，如梅干菜、干菜笋等。

2. 酱渍菜类　酱渍菜以蔬菜为主要原料，经盐渍成蔬菜咸坯后，浸入酱或酱油内酱渍而成的蔬菜制品，如酱黄瓜、什锦酱菜等。

3. 糖醋渍菜类 糖醋渍菜是蔬菜盐腌制成咸坯，经过糖和醋腌渍而成的蔬菜制品，如糖醋藠头、糖醋萝卜、糖醋大蒜等。

4. 盐水渍菜类 盐水渍菜是将蔬菜直接用盐水或香辛料的混合液生渍或熟渍，经乳酸发酵而成的制品，如泡菜、酸黄瓜等。

5. 清水渍菜类 清水渍菜是以新鲜蔬菜为原料用清水生渍或熟渍，经乳酸发酵而成的制品。其典型特点是在渍制过程中不加入食盐，如酸白菜等。

6. 菜酱类 菜酱是将蔬菜处理后，经盐渍或不经盐渍，加入调味料、香辛料等辅料而制成的糊状蔬菜制品，如辣椒酱、蒜蓉辣酱等。

7. 糟渍菜类 糟渍菜是以新鲜蔬菜为原料，经盐腌或盐渍成咸坯后，再加入黄酒糟或醪糟而成的蔬菜制品，如糟瓜等。

8. 糠渍菜类 糠渍菜是以新鲜蔬菜为原料，经盐腌或盐渍成咸坯后，再用稻糠或粟糠与调味料、辛香料混合糠渍而成的蔬菜制品，如米糠萝卜等。

9. 酱油腌渍类 酱油腌渍菜是以新鲜蔬菜为原料，经盐腌或盐渍成咸坯后，先降低含盐量，再用酱油与调味料、香辛料混合浸渍而成的蔬菜制品，如榨菜萝卜、北京辣菜等。

10. 虾油渍菜类 虾油渍菜是将蔬菜先经盐渍，再用虾油浸渍而成的蔬菜制品，如锦州的虾油什锦小菜，北京的虾油黄瓜，沈阳的虾油青椒、虾油豇豆等。

11. 菜脯类 菜脯是将蔬菜处理后，采用果脯工艺制作的蔬菜制品，如安徽糖冰姜、湖北苦瓜脯等。

第二节 蔬菜腌制的原理

蔬菜腌制的原理主要是利用食盐的防腐作用、微生物的发酵作用、蛋白质的分解作用及其他一系列的生物化学作用，抑制有害微生物的活动，增加产品的色、香、味，增强制品的保藏性能。

一、食盐的保藏作用

无论是蔬菜还是肉、禽、鱼的腌制，食盐都是最重要的一种腌制剂。食盐可赋予产品特殊的咸味；食盐的渗透作用使物料组织内汁液外渗，以供给发酵作用所需的原料；重要的是食盐具有防腐作用。食盐之所以能防腐，主要是由于它对微生物生长繁殖具有强烈的抑制作用。

（一）食盐溶液的脱水作用

根据微生物细胞所处溶液的浓度不同，可以把环境溶液分为3种类型，即等渗溶液（isotonic）、低渗溶液（hypotonic）和高渗溶液（hypertonic）。等渗溶液指的是微生物细胞所处溶液的渗透压与微生物细胞液的渗透压相等。在等渗溶液中，微生物细胞保持原形，如果其他条件适宜，微生物就能迅速生长繁殖。低渗溶液指的是微生物细胞所处溶液的渗透压低于微生物细胞液的渗透压。在低渗溶液中，外界溶液的水分会穿过微生物的细胞壁并通过细胞膜向细胞内渗透，渗透的结果是微生物的细胞呈膨胀状态，如果内压过大，就会导致原生质胀裂，微生物无法生长繁殖。高渗溶液是指微生物细胞所处溶液的渗透压大于微生物细胞液的渗透压。处于高渗溶液的微生物，细胞内的水分就会透过原生质膜向外界溶液渗透，其结果是细胞的原生质因脱水而与细胞壁发生质壁分离。质壁分离的结果是细胞变形，微生物的生长活动受到抑制，脱水严重时还会造成微生物死亡。

食盐的主要成分是氯化钠，在溶液中离解为钠离子和氯离子，其质点数比同浓度的非电解质溶液要高得多，因此食盐溶液具有很高的渗透压，对微生物细胞可发生强烈的脱水作用。通常1%的食盐溶液可产生618 kPa的渗透压，而大多数微生物细胞的渗透压为304～608 kPa。脱水的微生物细胞导致了质壁分离，微生物的生理代谢活动呈抑制状态，造成微生物停止生长或者死亡，因此食盐具有很强的防腐能力。

（二）食盐溶液的生理毒害作用

食盐溶液中的一些离子，如 Na^+、Mg^+、K^+ 和 Cl^- 等，在高浓度时能对微生物发生生理毒害作用。Winslow 和 Falk 发现少量的 Na^+ 对微生物有刺激生长的作用，但当达到足够高的浓度时，就会产生抑制作用，而且这种作用随着溶液 pH 的下降而加强。如酵母在中性食盐溶液中，盐液中食盐的质量分数要达到20%才会受到抑制，但在酸性溶液中，食盐的质量分数为 14%时就能抑制酵母的活动。有人认为，食盐溶液中的氯离子能和微生物细胞的原生质结合，从而促进细胞死亡。

（三）食盐溶液对酶活力的影响

蔬菜中溶于水的大分子营养物质，微生物难以直接吸收，必须先经过微生物分泌的酶转化为小分子之后才能利用。有些不溶于水的物质，更需要经微生物或蔬菜本身酶的作用，转变为可溶性的小分子物质。微生物分泌出来的酶的活性常在低浓度的盐液中就遭到破坏，这可能是由于 Na^+ 和 Cl^- 可分别与酶蛋白的肽键和—NH_3^+ 相结合，从而使酶失去其催化活力，如变形菌在食盐的质量分数为 3%的盐液中就失去了分解血清的能力。

（四）食盐溶液降低水分活度

食盐溶于水后，离解的 Na^+ 和 Cl^- 与极性的水分子由于静电引力的作用，使得每个 Na^+ 和 Cl^- 周围都聚集一群水分子，形成了水合离子。食盐的浓度越高，所吸引的水分子也就越多，这些水分子就由自由水状态转变为结合水状态，导致水分活度下降（表 13－1）。例如，欲使溶液的水分活度降到 0.850，若溶质为理想的非电解质，其质量摩尔浓度需达 9.80 mol/kg，而溶质为食盐时，其质量摩尔浓度仅为 4.63 mol/kg。

表 13－1　水分活度与食盐含量之关系

食盐/%	0.87	1.72	3.43	9.38	14.2	19.1	23.1
A_W	0.995	0.990	0.980	0.940	0.900	0.850	0.800

溶液的水分活度随着食盐浓度的增大而下降。在饱和食盐溶液中（其质量分数为 26.5%），无论是细菌、酵母还是霉菌都不能生长，因为没有自由水可供微生物利用，所以降低环境的水分活度是食盐能够防腐的又一个重要原因。

（五）食盐溶液中氧气的浓度下降

氧气在水中具有一定的溶解度，蔬菜腌制使用的盐水或由食盐渗入食品组织中形成的盐液其浓度较大，使得氧气的溶解度大大下降，从而造成微生物生长的缺氧环境，这样就使一些需要氧气才能生长的好气性微生物受到抑制，降低微生物的破坏作用。

二、微生物的发酵作用

在蔬菜腌制过程中，由于蔬菜带入的微生物可能引起发酵作用，其中能够发挥防腐功效的主要是乳酸发酵，以及轻度的乙醇发酵和微弱的醋酸发酵。这 3 种发酵作用除了具有防腐能力外，还与腌制品的质量、风味有密切的关系，因此被称为正常的发酵作用。

（一）乳酸发酵

乳酸发酵是指在乳酸菌的作用下，将单糖、双糖、戊糖等发酵生成乳酸的过程。乳酸发酵是蔬菜腌制过程中最主要的发酵作用，蔬菜在腌制过程中都存在乳酸发酵作用，只不过有强弱之分而已。乳酸菌种类繁多，大多数是一类兼性厌氧菌，不同的乳酸菌产酸能力各不相同，蔬菜腌制中的几种乳酸菌的最高产酸能力为 0.8%～2.5%，最适合生长温度为 25～30℃。

不同的乳酸菌发酵产物不同，根据发酵产物的不同，乳酸发酵可分为同型乳酸发酵和异型乳酸发酵。

1. 同型乳酸发酵　在蔬菜腌制过程中主要的微生物有肠膜明串珠菌（*Leuconostoc mesenteroides*）、植物乳杆菌（*Lactobacillus plantarum*）、乳酸片球菌（*Pediococcus acidilactice*）、短乳杆菌（*L. brevis*）、发酵乳杆菌（*L. fermentati*）等。引起发酵作用的乳酸菌不同，生成的产物也不同。将单糖和双糖分解生成乳酸而不产生气体和其他产物的乳酸发酵，称为同型乳酸发酵，如上述的植物乳杆菌、发酵乳杆菌等的作用，其反应过程是十分复杂的，葡萄糖按照糖酵解途径生成两分子丙酮酸，再经乳酸脱氢酶催化，还原生成乳酸，不产生气体。可简单用下式表示：

$$C_6H_{12}O_6 \xrightarrow{\text{同型乳酸发酵}} 2CH_3CHOHCOOH\text{（乳酸）}$$

2. 异型乳酸发酵 实际上在蔬菜腌制过程中乳酸发酵除了产生乳酸外，还产生醋酸、琥珀酸、乙醇、CO_2、H_2等，这类乳酸发酵称为异型乳酸发酵。如肠膜明串珠菌等可将葡萄糖经过单磷酸化己糖途径进行分解，生成乳酸、乙醇和CO_2，其反应式如下：

$$C_6H_{12}O_6 \xrightarrow{\text{异型乳酸发酵}} CH_3CHOHCOOH + C_2H_5OH(\text{乙醇}) + CO_2$$

又如大肠杆菌(*E. coli*)利用单糖、双糖为发酵底物生成乳酸的同时，生成琥珀酸、醋酸、乙醇等。

$$2C_6H_{12}O_6 \xrightarrow{\text{异型乳酸发酵}} CH_3CHOHCOOH + HOOCCH_2COOH(\text{琥珀酸}) + CH_3COOH + CO_2 + H_2$$

蔬菜在腌制过程中，由于前期微生物种类很多，空气较多，以异型乳酸发酵为主(一般认为肠膜明串珠菌起始发酵，产生的酸和CO_2等使 pH 下降，阻止了其他有害微生物生长繁殖，并使其更宜于其他乳酸菌作用)，但由于这类乳酸菌不耐酸，植物乳杆菌等快速产酸，发酵后期以同型乳酸发酵为主。

(二) 乙醇发酵

在蔬菜腌制过程中也存在乙醇发酵，其量可达 0.5%～0.7%。乙醇发酵是由于附着在蔬菜表面的酵母菌将蔬菜组织中的糖分分解，产生乙醇和CO_2，并释放出部分热量的过程。其化学反应式如下：

$$C_6H_{12}O_6 \xrightarrow{\text{酵母菌}} 2CH_3CH_2OH + 2CO_2\uparrow + \text{热量}$$

乙醇发酵除生成乙醇外，还能生成异丁醇、戊醇及甘油等。腌制初期蔬菜的无氧呼吸与一些细菌活动(如异型乳酸发酵)，也可形成少量乙醇。在腌制品后熟存放过程中，乙醇可进一步酯化，赋予产品特殊的芳香和滋味。

(三) 醋酸发酵

在腌制过程中，好气性的醋酸菌氧化乙醇生成醋酸的作用，称为醋酸发酵，其反应式如下：

$$2CH_3CH_2OH + O_2 \xrightarrow{\text{醋酸菌}} 2CH_3COOH + 2H_2O$$

除醋酸菌外，其他菌如大肠杆菌、戊糖醋酸杆菌等的作用，也可产生少量醋酸。微量的醋酸可以改善制品风味，过量则影响产品品质。因此腌制品要求及时装坛、严密封口，以避免在有氧情况下醋酸菌活动大量产生醋酸。

在正常发酵的几种产物中，最主要的是乳酸，此外还有乙醇、醋酸和二氧化碳等，酸和二氧化碳能使环境的 pH 大为下降。乙醇也具有防腐能力，二氧化碳还具有一定的绝氧作用。这一切都有利于抑制有害微生物的生长，也是利用微生物发酵防止蔬菜腐烂变质的原因。同时也能减少腌制品维生素 C 和其他营养成分的损失。

三、蛋白质的分解及其他生化作用

在腌制过程中及后熟期中，蔬菜所含蛋白质因受微生物的作用和蔬菜原料本身蛋白酶的作用逐渐分解为氨基酸，这一变化是在蔬菜腌制过程中和后熟期中十分重要的，也是腌制品产生色、香、味的主要来源。蛋白质的分解是十分缓慢而复杂的，其过程用下式概括之：

$$\text{蛋白质} \xrightarrow{\text{内切酶(蛋白酶)}} \text{多肽} \xrightarrow{\text{外切酶(肽酶)}} R \cdot CH\,NH_2COOH(\text{氨基酸})$$

氨基酸本身就具有一定的鲜味、甜味、苦味和酸味。如果氨基酸进一步与其他化合物作用就可以形成更复杂的产物。蔬菜腌制品色、香、味的形成过程既与氨基酸的变化有关，又与其他一系列生化变化和腌制辅料或腌制剂的扩散、渗透和吸附有关。

(一) 鲜味的形成

尽管氨基酸都具有一定的鲜味，如成熟榨菜氨基酸含量为 1.8～1.9 g/100 g(按干物质计)，而在腌制前只有 1.2 g/100 g 左右。但蔬菜腌制品的鲜味来源主要是由谷氨酸和食盐作用生成谷氨酸钠。其化学反应式如下：

$$HOOCCH_2CH_2CHNH_2COOH + NaCl \longrightarrow NaOOCCH_2CH_2CHNH_2COOH + HCl$$

蔬菜腌制品中不只含有谷氨酸，还含有其他多种氨基酸如天冬氨酸，这些氨基酸均可生成相应的盐，因此腌制品的鲜味远远超过了谷氨酸钠单纯的鲜味，而是多种呈味物质综合的结果。蔬菜腌制的发酵产物如乳酸等本身也能赋予产品一定的鲜味。

（二）香气的形成

香气是评定蔬菜腌制品质量的一个指标。形成香气的风味物质，在腌制品中的含量虽然很少，但是其组成和结构却十分复杂。产品中的风味物质，有些是蔬菜原料和调味辅料本身所具有的，有些是在加工过程中经过物理变化、化学变化、生物化学变化和微生物的发酵作用形成的。

1. 原料成分及加工过程中形成的　目前，我国已知常见的蔬菜有130多种，蔬菜腌制可以使用多种蔬菜原料，腌制品的风味和原料种类有着密切的关系。各种蔬菜的特征味不同，是因为其含有不同种类的芳香物质。

香气是由多种挥发性的香味物质组成的，这些香味物质也称呈香物质。腌制品产生的香气有些是来源于原料及辅料中的呈香物质，有些则是由呈香物质的前体在风味酶或热的作用下经水解或裂解而产生的。所谓风味酶就是使香味前体发生分解产生挥发性香气物质的酶类。如芦笋产生的香气物质二甲基硫和丙烯酸就是香味前体二甲基-β-硫代丙酸在风味酶的作用下产生的。如十字花科蔬菜中都含有辛辣味的芥子苷，芥子苷水解时生成葡萄糖和芥子油，芥子油的主要成分就是产生香气的烯丙基异硫氰酸。

蔬菜中所含有的辛辣物质，在没有分解为香气物质时，对风味质量的影响是极为不利的。但在腌制过程中，蔬菜组织细胞大量脱水，这些产生辛辣气味的物质也随之流出，从而降低了原来的辛辣味。由于这些辛辣成分大多是一些挥发性物质，因此在腌制中经常“倒缸”或“倒池”，将有利于这些异味成分的散失，改进制品的风味。

2. 发酵作用产生的香气　蔬菜在腌制过程中，原料中的蛋白质、糖和脂肪等成分大多数都经过微生物的发酵作用产生许多风味物质。主要发酵产物是乳酸、乙醇和醋酸等物质，这些发酵产物本身都能赋予产品一定的风味，如乳酸可以使产品增添爽口的酸味；醋酸具有刺激性的酸味；乙醇则带有酒的醇香。

腌制品的风味物质远不止单纯的发酵产物，还会生成一系列呈香、呈味物质，特别是酯类化合物。有的酯类因含量较多而成为产品的主体香气物质，有的酯类含量虽然不多，甚至相当微少，但由于它具有一种与众不同的香型，或其香气的阈值很低，因而产品中只要含有少量的这种香气物质就具有独特的风味。如果在发酵过程中，主体香气物质没有形成或含量过低，就不能形成该产品的特殊风味。

3. 吸附作用产生的香气　这是依靠扩散和吸附作用，使腌制品从辅料中获得外来的香气。由于腌制品的辅料依原料和产品不同而异，而且每种辅料呈香、呈味的化学成分不同，因而不同产品表现出不同的风味特点。在腌制加工中往往采用多种调味配料，使产品吸附各种香气，构成复合的风味物质。

产品通过吸附作用形成香气，其品质的高低与辅料的质量及吸附量具有密切的关系。为了增进产品的香气，就必须增大产品对风味物质的吸附量。

（三）色泽的形成

在蔬菜腌制加工过程中，色泽的变化和形成主要通过下列途径。

1. 叶绿素的变化　蔬菜的绿色是由于绿色蔬菜细胞内含有大量的叶绿素。蔬菜在正常生长的情况下，由于蔬菜细胞中叶绿素的合成大于分解，因此，在感官上很难看出它们在色泽上的差异。当蔬菜收割后在氧和阳光的作用下，叶绿素会迅速分解使蔬菜失去绿色。

叶绿素在酸性环境下，其中Mg^+被酸中的H^+置换掉，变成脱镁叶绿素，这种物质称为植物黑质，在此过程中，原来呈绿色的共轭体系遭到破坏，变成新的共轭体，由绿色变成褐色或绿褐色。原来被绿色掩盖的类胡萝卜素的颜色就呈现出来，如黄瓜等绿色蔬菜经浸泡后常失去绿色而变成黄绿色。

2. 褐变引起的色泽变化　褐变是食品中普遍存在的一种变色现象，尤其是新鲜蔬菜原料进行加工时或经贮藏或受机械损伤后，食品原来的色泽变暗或变成褐色，这种变化称为褐变。褐变又可分为酶促褐变和非酶促褐变两类。

（1）酶促褐变：蔬菜中含有多酚类物质、氧化酶类，因此蔬菜在腌制加工中会发生酶促褐变。酶促褐变主要涉及多酚氧化酶和酪氨酸酶，前者是由于蔬菜中的酚类和单宁物质，在多酚氧化酶的作用下，被空气中的氧气所氧化，经过一系列反应，生成黑色素（又称黑蛋白）。后者是在蔬菜腌制过程中，由蛋白质水解所生成的酪氨酸在酪氨酸酶的作用下，经过一系列反应，生成黑色素。蔬菜腌制品装坛后虽然装得十分紧实缺少氧气，但可以依靠戊糖还原为丙二醛时所放出的氧，使腌制品逐渐变褐、变黑。

（2）非酶促褐变：在蔬菜腌制过程中，蔬菜中的羰基化合物和氨基化合物等也会通过美拉德反应等非酶褐变形成黑色物质，而且具有香气。一般来说，腌制品的后熟时间越长，温度越高，则黑色素的形成越多越快。发生褐变的腌制品，浅者呈现淡黄、金黄色，深者呈现褐色、棕红色。褐变引起的颜色变化与产品色泽品质的关系依制品的种类不同和加工技术而异。

对于深色的酱菜、酱油渍和醋渍的产品来说，褐变反应所形成的色泽正是这类产品的正常色泽。如果在腌制过程中，褐变反应进行的速度过于缓慢或被抑制，则产品的色泽就会变淡，反而会降低这类产品的色泽品质。因此对这类产品就需要根据褐变反应的条件和影响因素，在腌制加工中尽量创造有利于褐变反应的条件，使产品获得良好的色泽。

而对于有些腌制品来说，褐变往往是降低产品色泽品质的主要原因。因此这类产品加工时，就要采取必要的措施抑制褐变反应的进行，防止产品的色泽变褐、发暗。

抑制产品酚酶的活性和采取一定的隔氧措施，是限制和消除盐渍制品酶促褐变的主要方法。而降低反应物的浓度和介质的pH、避光和低温存放，则可抑制非酶褐变的进行。采用二氧化硫或亚硫酸盐作为酚酶的抑制剂和羰基化合物的加成物，以降低羰氨反应中反应物的浓度，也能防止酶促褐变和非酶褐变，而且有一定的防腐能力和避免维生素C的氧化。但使用这种抑制剂也有一些不利的方面，它对原料的色素（如花青素）有漂白作用，浓度过高还会影响制品的风味，残留量过大甚至会有害于食品卫生。

抗坏血酸也可抑制酶促褐变的发生。它除了有调节pH的作用外，还具有还原性，当原料中的酚类被氧化为醌后，醌会被抗坏血酸还原，重新转化为相应的酚，而抗坏血酸本身被氧化，这一来回变化的结果使褐变得以防止。使用抗坏血酸作为抑制剂时，添加量必须足够，否则抗坏血酸被全部氧化后，褐变仍会继续发生。

引起酶促褐变的多酚氧化酶活性最强的pH为6～7，降低介质的pH就可抑制酚酶的催化作用，而且美拉德反应在高酸度下也难以进行。因此在蔬菜腌渍过程中，保证乳酸发酵的正常进行，产生大量的乳酸，就可使菜卤的pH大为下降，这也是抑制盐渍品褐变的有效途径。

酶促反应的条件之一是必须有氧气参加，因此采取隔氧的方法，减少盐渍制品与空气接触的机会，就能有效地控制酶促褐变的发生。如把产品浸泡在菜卤中使之与空气隔绝；采用隔氧包装也能达到同样的效果，如真空包装、充氮包装等。

3. 吸附作用引起的色泽变化 蔬菜腌制中使用的辅料，因不同的产品而异，有些辅料因含有色素而带有颜色，如辣椒、酱或酱油等。蔬菜经盐腌之后，细胞膜变为透性膜，失去对进入细胞内物质的选择。腌制菜经撒盐换入清水后，细胞内溶液的浓度较低，在外界辅料溶液浓度大于细胞内溶液浓度的情况下，根据扩散作用的原理，辅料里的色素微粒就向细胞内扩散，扩散的结果使得蔬菜细胞吸附了辅料中的色素，导致产品具有类似辅料的色泽。因此，产品的色泽质量和颜色深浅与辅料有密切的关系。

若要加速产品色泽的形成，就必须提高扩散速度和增大原料对色素的吸附量。为此必须增加辅料中色素成分的浓度，增大原料与辅料的接触面积，适当提高温度，减小介质的黏度，采用颗粒微细的辅料和保证一定的生产周期，这些都可以加快扩散的速度和增大扩散量。影响扩散的诸因素有些是互相制约的，故在采用某一项措施时，必须考虑可能引起的其他后果。为了防止原料吸附色素不均匀造成的“花色”，就需要特别注意生产过程中的“打扒”或翻动，这往往是保证产品色泽里外一致的技术关键。

四、影响腌制过程中生化变化的因素

（一）食盐浓度

食盐对微生物有一定的抑制作用，一般来说，对腌制有害的微生物对食盐的抵抗力较弱。霉菌和酵母菌对食盐的耐受力比细菌大得多，酵母菌的抗盐性最强。因此可以利用适当浓度的食盐溶液来抑制腌制过程中有害微生物的活动，但在决定腌制蔬菜的食盐溶液浓度时，应该考虑其他成分的作用。实际上腌制过程中产生的乳酸、醋酸、乙醇及加入的一些调味品、香辛料都具有抑制微生物活动的作用，以酸最为重要。试验证明发酵环境中的pH为7时，抑制酵母菌活动的食盐浓度为25%，而当pH为2.5时，则14%的食盐溶液就可抑制酵母菌的活动。

（二）pH

微生物环境的pH直接或间接影响微生物细胞的代谢与稳定，H^+和OH^-的浓度影响着微生物细胞电荷的平衡，影响细胞对需要或不需要的代谢产物的通透性和细胞的稳定性等。

每种微生物所能适应的pH范围可分为最高、最适和最低3个范围。各类微生物的这3个范围是不同的，就所能忍受的最小pH范围而言，各腐败细菌为pH 4.4～5.0，大肠杆菌为pH 6.0～5.5，丁酸菌为pH 4.5，乳酸菌为pH 3.0～4.4，酵母菌为pH 2.5～3.0，霉菌为pH 1.2～3.0。霉菌之外的其他几类微生物的抗酸能力均不如乳酸菌和酵母菌，当盐渍品汁液的pH低于4.5时，许多有害微生物便难以生长。某些食品的腌制，主要就是通过乳酸发酵产生乳酸或外加有机酸以降低环境的pH，达到抑制微生物的目的。

酸类对微生物的作用，不仅决定于氢离子的浓度，而且与游离的阴离子和未电离的分子本身有关。例如，一般有机酸的电离度比无机酸小，因而氢离子浓度也低，但其杀菌作用有时反而比无机酸强。这说明有机酸的杀菌作用除与氢离子浓度有关外，还与整个分子及阴离子有直接的关系。醋酸的质量分数为6%时，可以有效地抑制腐败菌的生长。食品腌制过程中产生的乳酸也有比较强的抑菌或杀菌作用，例如，乳酸的质量分数为0.3%时可杀死铜绿色假单胞杆菌，为0.6%时就能够杀死伤寒杆菌，质量分数为2.25%时可杀死大肠杆菌，若要杀死金黄色葡萄球菌，乳酸的质量分数则必须达7.5%。

（三）温度

对于腌制发酵来说，最适宜温度在20～32℃，但在10～43℃内，乳酸菌仍可以生长繁殖，为了控制腐败微生物活动，生产上常采用的温度为12～22℃，但所需时间稍长。

温度对食盐的渗透和蛋白质的分解有较大的影响，温度相对增高，可以加速渗透和生化过程。温度在30～50℃时，促进了蛋白酶活性，因而大多数咸菜如榨菜、冬菜、芽菜通过夏季高温，才能显示出蛋白酶的活力，使其蛋白质分解。尤其是冬菜要经过夏季暴晒，使其蛋白质充分转化，菜色变黑。

（四）原料的组织及化学成分

原料体积过大，致密坚韧，有碍渗透和脱水作用。为了加快细胞内外溶液渗透平衡速度，可采用切分、搓揉、重压、加温来改变表皮细胞的渗透性。

原料中水分含量和制品品质有密切关系，尤其是咸菜类要适当减少原料中的水分。多年的生产实践证明，榨菜含水若为70%～74%，则榨菜的鲜、香均能较好地表现出来。原料中含水的多少与氨基酸的转化密切相关，如榨菜含水在80%以上，相对来说可溶性氮少，氨基酸呈亲水性，向着羰基(>C=O)方向转化，则形成香气较差，反之含水在75%以下，保留的可溶性含氮物相对增加，氨基酸呈疏水性，在水解中生成甲基、乙基及苯环等，香质较多，香味较浓。同一食盐浓度的腌制品，若原料中含水不一，则耐保存情况也不一。如榨菜含食盐为12%时，含水在75%以下的较耐保存；而含水在80%以上的则风味平淡，易酸化不耐保存；而含水在70%以下，食盐的渗透作用减慢，因而生产上采用搓揉加压等措施，否则腌制时间长，易形成棉花包，成品脆度下降而软绵。芽菜、冬菜的含水量低于榨菜，因而脆度不如榨菜，而且转化后熟的时间长，要两年以上，因此鲜味更浓，色泽更深。

原料中的糖对微生物的发酵是有利的，蔬菜原料中含糖1%～3%，为了促进发酵作用可以加糖，1 g糖乳酸发酵可以生成1 g乳酸，1 g糖乙醇发酵可以生成0.51 g乙醇，因而进行乳酸发酵或乙醇发酵的腌制品需要一定的糖。由于发酵和调味等的要求，需要加入稍多一点的糖，如新泡菜的腌制一般要加入2%～3%的糖。糖醋菜的糖，主要靠外加，它有保藏和调味的作用。

原料本身的含氮和果胶的高低，对制品的色香味及脆度有很大的影响。也就是含氮物及果胶高，对制品色、香、味及脆度有好的作用。但随着保存时间的延长，蛋白质分解彻底。咸菜类制品色、香、味较理想，但脆度有所降低。腌制蔬菜常常加入一些香辛料和调味品，一方面改进风味，另一方面起不同程度的防腐作用。

（五）气体成分

腌制品主要的乳酸发酵需要在嫌气的条件下才能正常进行，而腌制中有害微生物酵母菌和霉菌均为好气性。这种嫌气条件对于抑制好氧性腐败菌的活动是有利的,也可防止原料中维生素C的氧化。乙醇发酵及蔬菜本身的呼吸作用会产生CO_2,造成有利于腌制的嫌气环境。咸菜类的嫌气是靠压紧菜块、密封坛口来解决的,而湿态发酵制品则是靠密封的容器,原料淹没在液面下制成的。

腌制蔬菜的卫生条件和腌制用水质量等也对腌制过程和腌制品品质有影响。

从上述影响因子看,食盐浓度、pH、空气条件及温度是生产中的主要因子。但必须科学地控制上述所列各因素,促进优变,防止劣变,才能腌制成优质的产品。

第三节 蔬菜腌制品工艺

一、盐渍菜类加工工艺

盐渍菜类是我国蔬菜腌制品中最普遍的一类,它不仅以成品直接销售,而且可作为其他腌渍菜的半成品。盐渍菜是利用高浓度食盐腌渍成的菜,其生产工艺一般都采用干腌法和湿腌法两种。

(一) 工艺流程

原料选择→预处理→腌制→倒缸→封缸

(二) 工艺要求

1. 原料的选择 腌渍蔬菜的原料主要是蔬菜,但并不是所有蔬菜均适合制作腌制菜。制作腌制品以根菜类和茎菜类为主,尚有部分叶菜类和果菜类。由于取用部位不同、要求各异,因此差异很大,无法统一规格。但腌制用的蔬菜必须新鲜健壮,无病虫害,肉质应紧密而脆嫩,粗纤维少,在适当的发育程度时采收为宜。各种不同的蔬菜,其规格质量和采收成熟度均能直接影响蔬菜腌制品的质量,一般原料的成熟度为七八度。

2. 原料的预处理 原料的预处理包括整理、清洗和晾晒。原料的整理是将不同的蔬菜进行去皮、削根,摘除老叶、黄叶等不可食用的部分,剔除有病虫害、机械损伤、腐烂等不合格的蔬菜。原料的清洗,根据各种蔬菜自身的特点及生产规模,选用不同的洗涤方法,如洗涤水池(槽)适用于各种蔬菜,但劳动强度大,耗水量大;滚筒式洗涤机适用于质地坚硬和表面能耐磨损的蔬菜;振动喷洗机适用于大规模生产应用,生产效率较高。原料的晾晒,根据不同的工艺,对需要在腌制前进行晾晒的蔬菜进行处理,以脱去部分水分。

3. 腌制 原料经过预处理后,需按照一定的比例均匀地添加食盐,可制成质地脆嫩、风味良好的盐渍品,也可制成咸菜坯、长期保存的半成品。生产工艺一般都采用干腌法和湿腌法两种。

(1) *干腌法*:干腌法就是在腌制时只加食盐不加水,适用于含水量较多的蔬菜,如萝卜等。其又可分为加压干腌法和不加压干腌法。

加压干腌法是将蔬菜进行预处理后,按照一定的配比,有顺序地一层菜一层盐放在容器内,中部以下用盐40%,中部以上用盐60%,顶部封闭一层盐。压盖后再放上重石,利用重石的压力和盐的渗透作用,使菜汁外渗,菜汁逐渐把菜体浸没、食盐渗入菜体内,达到渍制、保鲜和贮存的目的。

不加压干腌法与加压干腌法的区别在于前者不用重石,也不用加水,用盐直接渍制,其用盐量按具体品种而定,一般来说,随产随销的盐腌菜每100 kg用盐6～8 kg,需长期贮存的盐渍菜每100 kg用盐16～18 kg。

(2) *湿腌法*:湿腌法是指在腌制蔬菜时,在添加食盐的同时需添加适量的清水或盐水。这种方法适用于原料个头较大、含水量较少的蔬菜,如芥菜等。湿腌法又可分为浮腌法和泡腌法。

浮腌法是使用咸菜老汤添加食盐腌渍新鲜蔬菜,使蔬菜漂浮在盐液中,并定时进行倒缸。菜汤经太阳长时间照射,水分蒸发菜卤浓缩,随着时间的积累,咸菜坯和盐卤逐渐变为红色,便形成了一种老腌咸菜。

泡腌法是先将进过预处理的蔬菜原料放入池内,然后再加入事先溶解好的食盐水,1～2 d后,由于菜体水分渗出使盐水浓度下降,因此需吸出盐卤水,向原卤水中继续添加食盐,使其达到最初的浓度,如此反复循环1～2周后,将菜坯浸没于盐卤中进行腌制。

4. 倒缸　倒缸是蔬菜在腌制过程中必不可少的程序。所谓倒缸是指腌制品在腌制容器中上下翻动，或者是盐水在池中上下循环的过程。蔬菜装缸后，缸内上下温度、食盐溶化程度、原料吸收程度不一致，易产生不良气体，必须经过倒缸散热，去掉不良气体，防止温度过高或吸盐不匀，出现局部腐败现象。在腌制中，每天倒缸的次数，可根据地区、蔬菜、季节的不同灵活掌握。一般的是每天倒缸 1～2 次。

5. 封缸　咸菜腌好后，为了保色、保脆、保质和较长时间的贮存，应进行封缸。具体做法是：在最后一次倒缸时不要装满，存放物距离缸口 25 cm 为宜，菜上盖竹帘压石头，将盐水加入缸内并淹没竹帘 10 cm 以上，否则以饱和盐水补足。

（三）涪陵榨菜生产工艺

良好的涪陵榨菜应该具有鲜香嫩脆、咸辣适当、回味返甜、色泽鲜红、没有异味（苦味和酸味）的特点。其工艺流程可以概括如下：

搭架→原料选择及收购→剥皮穿串→晾晒→下架→头道盐腌制→二道盐腌制→修剪看筋→整形分级→淘洗上囤→拌料装坛→后熟及清口→封口装竹篓→成品

1. 搭架　青菜头收获后必须先置于菜架上晾晒，借风力脱去大部分水分后才可进行腌制。菜架必须全身都能受到风的吹透，以缩短自然脱水的时间。

2. 原料选择及收购　原料宜选择组织细嫩、坚实、皮薄、粗纤维少、突起物圆钝、凹沟浅而小、整体呈圆形或椭圆形、体形不太大的菜头。菜头含水量宜低于 94%，可溶性固形物含量应在 5%以上。

3. 剥皮穿串　收购入厂的菜头必须先用剥菜刀把基部的粗皮老筋剥完。先剥去根颈部的老皮、抽去硬筋但不要伤及上部的青皮。划块时要求划得大小比较均匀，每一块要老嫩兼备，青白齐全，呈圆形或椭圆形。这样晾晒时才能保证干湿均匀，成品比较整齐美观。

4. 晾晒　将穿好的菜块搭在架上将菜块的切面向外，青面向里使其晾干。使架身受力均匀，避免倒架。

5. 下架　在晾晒期中经过 7～10 d 即可达到脱水程度，菜块即可下架准备进行腌制了。凡脱水合格的干菜块，手捏觉得菜块周身柔软而无硬心，表面皱缩而不干枯。下架子菜块必须无霉烂斑点、黑黄空花、发梗生芽、棉花包等异变，无泥沙污物。干菜块的形态最好不要呈圆筒形或长条形。

6. 头道盐腌制　将干菜块称重后装入腌制池，一层厚 30～45 cm，重 800～1 000 kg，用盐 32～40 kg（按菜重的 4%），一层菜一层盐，如此装满池为止，每层都必须用人工或踩池机踩紧，以表面盐溶化，出现卤水为宜。顶层撒上由最先 4～5 层提留 10%的盖面盐。腌制 3 d 即可用人工或起池机起池，一边利用菜卤水淘洗一边起池边上囤，池内盐水转入专用澄清池澄清，上囤高 1 m 为宜，同时可人踩压，踩出的菜水也让其流入澄清池。上囤 24 h 后即为半熟菜块。

7. 二道盐腌制　经过头道盐腌制的半熟菜块过秤再入池进行二道腌制。方法与头道腌制相同，但每层菜量减少为 600～800 kg，用盐量为半熟菜块的 6%，即每层 36～48 kg，每层用力压紧，顶层撒盖面盐，早晚踩池一次，7 d 后菜上囤，踩压紧实，24 h 后即为毛熟菜块。

8. 修剪看筋　用剪刀仔细剔净毛熟菜块上的飞皮、叶梗基部虚边，再用小刀削去老皮、黑斑烂点，抽去硬筋，以不损伤青皮、菜心和菜块形态为原则。

9. 整形分级　按菜块标准认真挑选，按大菜块、小菜块、碎菜块分别堆放。

10. 淘洗上囤　将分级的菜块用经过澄清的盐水或新配制的含盐量为 8%的盐水人工或机械淘洗，除去菜块上的泥沙污物，随即上囤踩紧，24 h 后流尽表面盐水，即成为净熟菜块。

11. 拌料装坛　按净熟菜块质量配好调味料：食盐按大菜块、小菜块、碎菜块分别为 6%、5%、4%，红辣椒面（即辣椒末）1.1%，整形花椒 0.03%及混合香料末 0.12%。混合香料末的配料比例为八角 45%、白芷 3%、山奈 15%、桂皮 8%、干姜 15%、甘草 5%、砂头 4%、白胡椒 5%，事先在大菜盆内充分拌和均匀。再撒在菜块上均匀拌和，使每一菜块都能均匀粘满上述配料，随即进行装坛。每次拌和的菜不宜太多，以 200 kg 为宜。若制作方便榨菜，因后续工艺中需要切分后脱盐，则可只添加食盐，而不拌料其他辅料。

12. 后熟及清口　后熟期食盐和香料继续进行渗透和扩散，各种发酵作用、氨基酸的转化变化、其他成分的氧化及酯化作用都同时进行，其变化是相当复杂的。除了微生物的作用之外，菜块本身所含的各种酶也起一定的作用。一般来说，榨菜的后熟期至少需要两个月，当然时间长一些品质会更好一些。良好的榨菜应保持其良好的品质达一年以上。

装坛后一个月即开始出现坛口翻水现象，即坛口菜叶逐渐被上升的盐水浸湿，进而有黄褐色的盐水由坛口溢出坛外，这是正常现象，是由坛内发酵作用产生气体或品温升高菜水体积膨胀所致，翻水现象至少要出现2～3次，即菜水翻上来之后不久又落下去，过一段时间又翻上来，再落下去，如此反复2～3次，每次翻水后取出菜叶并擦尽坛口及周围菜水，换上干菜叶扎紧坛口，这一操作称为“清口”，一般清口2～3次。坛内保留盐水约750 g，即可封口。

13. 封口装竹篓 封口用水泥沙浆，比例为：水泥∶河沙∶水＝2∶1∶2，砂浆充分拌和后涂敷在坛口上，中心留一小孔，以防爆坛。水泥未凝固前打上厂印。水泥干固后套上竹篓即为成品，可装车船外运。

二、酱渍菜类加工工艺

酱菜的种类很多，口味不一，但其基本制造过程和操作方法是一致的。一般酱菜都要先经过盐渍，成为半成品，然后用清水漂洗去除一部分盐，再酱制。

（一）工艺流程

原料选择→预处理→脱盐→酱制→成品

（二）工艺要求

1. 原料的选择 咸菜坯是蔬菜经过盐腌制成的酱菜半成品原料。其盐腌咸菜坯的原料选择与前述腌渍菜的方法基本相同。

2. 原料的预处理 咸菜坯在酱制前需要进行适当的切分。其有利于脱盐、脱水，以及对酱和酱油色、香、味的吸收与渗透。切分工序可以采用手工操作和机械切菜。

3. 脱盐 有的半成品(盐渍菜或菜坯)盐分高，不容易吸收酱液，同时还带有苦味，因此首先要放在清水中浸泡，时间要由盐渍坯含盐量来决定。一般1～3 d，也有的泡几小时即可。析出部分盐才能吸收酱汁，并除苦味和辣味，使酱菜口味更加鲜美。浸泡时要注意保持相当的盐分，以防腐烂。为使半成品全部接触清水，浸泡时要注意每天换水1～3次。

浸泡脱盐后，捞出沥去水分，为了利于酱制，保证酱汁浓度，必须进行压榨脱水，除去咸坯中的一部分水。压榨脱水的方法有两种：一种是把菜坯放在袋或筐内用重石或杠杆进行压榨，另一种是把菜坯放在箱内用压榨机压榨脱水。但无论采用哪种方法，咸坯脱水即不要太多，咸坯的含水量一般为50%～60%即可，水分过少酱渍时菜坯膨胀过程较长或根本膨胀不起来，造成酱渍菜外观难看。

4. 酱制 酱制是影响酱菜质量的关键工序。即把脱盐后的菜坯放在酱(或酱油)内进行浸酱，由于脱盐后的菜坯内所含溶液浓度低于酱(或酱油)的浓度，因此菜坯很容易吸收料液中的各种成分。酱制又可分为酱渍和酱油酱渍两种方法。

(1) 酱渍：酱渍分为直接酱制法和袋酱法。直接酱制法是将脱盐、脱水后的菜坯直接浸没在豆酱或甜面酱中进行酱制的方法。一般体形较大或韧性较强的菜坯品种，多采用此法酱制，如酱黄瓜等。袋酱法是将脱盐、脱水后的菜坯装入布袋中，然后用酱淹没覆盖布袋进行酱制。这种方法适用于体形较小、质地脆嫩的菜坯。

(2) 酱油酱渍：酱油酱渍法是将经过切分、脱盐、脱水处理的咸菜坯放入经调味的酱油中，菜坯吸附酱油料液的色泽和风味，制成酱油渍制品。

（三）酱黄瓜生产工艺

酱黄瓜(也称乳黄瓜)原料选用10 cm左右的鲜嫩小黄瓜。其工艺流程可以概括如下：

原料选择→盐腌→脱盐→酱制→成品

1. 原料选择 选用瓜条顺直、顶花带刺，10 cm左右的鲜嫩小黄瓜。

2. 盐腌 洗净后每100 kg用盐18 kg腌渍45 d。时间不宜过短，否则使第二次腌制时出卤多，对贮藏不利。准备长期贮藏的咸坯。于第一次腌制后取出沥干，翻入另一缸中再加盐12 kg，加竹栅和重物压实。

如不需贮藏可随即酱制，第一次用盐量也可以酌减。

3. 脱盐　当黄瓜的瓜条由挺拔变软时，将其从容器中捞出，用清水淘洗两遍，沥干水分备用。

4. 酱制　每100 kg加头榨酱油30 kg，酱制24 h后，取出沥干，翻入另一缸中再加头榨酱油30 kg酱制24 h即为成品。

三、泡菜类加工工艺

泡酸菜是指泡菜和酸菜，是利用食盐溶液或食盐来腌制或泡制各种鲜嫩蔬菜，利用乳酸发酵作用而制成的一种带酸味的腌制品。

（一）工艺流程

原料选择→预处理→装坛→发酵→成品

（二）工艺要求

1. 原料的选择　凡是组织致密、质地嫩脆、肉质肥厚而不易软化的新鲜蔬菜均可作泡菜原料，如藕、胡萝卜、红皮萝卜、青菜头、菊芋、子姜、大蒜、藠头、豇豆、辣椒、蒜薹、苦瓜、苦藠头、草石蚕、甘蓝、花椰菜等，要求选剔出病虫、腐烂蔬菜。也可根据不同季节采取适当保藏手段，周年生产加工。

2. 原料的预处理　原料在泡制前需要修整、清洗，去除粗皮、老筋、飞叶、黑斑等不宜食用的部分，用清水淘洗干净，适当切分、整理，晾干明水，稍萎蔫。用3%～4%食盐或8%～10%食盐水腌制蔬菜，达到预腌出坯作用。

3. 泡菜坛选择　除制作洗澡泡菜可以不用泡菜坛外，其他泡菜必须用泡菜坛。泡菜坛又名水上坛子，是我国大部分地区制作泡菜所选用的较标准的容器。泡菜坛的特点：既能抗酸、抗碱、抗盐，又能密封，且能自动排气，隔离空气，能将坛内造成一种嫌气状态；既有利于乳酸菌的活动，又防止了外界杂菌的侵害。因此使用泡菜坛能使泡菜得以长期保存，这是一般容器所不具备的。泡菜坛是陶土烧成的，口小肚大，在距离坛口边缘6～16 cm处有一圈水槽，称为坛沿。槽缘稍低于坛口，坛口上放一菜碟作为假盖以防生水进入。把这一圈水槽灌满水，盖与水结合就可以达到密封的目的。选择无“窑筋”（即裂纹）、砂眼，火候老，形态美观的为好。四川隆昌县所产的“下河坛”、彭州桂花场所产的“桂花坛”均为优质泡菜坛。泡菜坛必须不泄漏，可直接放入水中，检查坛内壁有无渗水现象或将坛沿掺水；将纸一卷点燃放入坛内，迅速盖上坛盖，如能把坛沿水吸入坛内，证明无渗漏；或用小石敲击坛体，如为钢音，则质量好，若为空响、砂响、破响，则不能用。选好的坛子最好装满清水，静放数日（称为退火）后再用。

4. 泡菜盐水的配制　配制盐水应用硬水，如井水、矿泉水，含矿物质较多，有利于保持菜的硬度和脆度。自来水也可用来配制泡菜水，且不必煮沸，否则会降低硬度。水还应澄清透明，无异味和无臭味。软水、塘水和湖水均不适宜作泡菜水。为了增强泡菜的脆性，有时在配制泡菜盐水时酌加少量的钙盐如氯化钙，按0.05%的比例加入。

5. 装坛　将预处理的蔬菜装入坛中。装坛方法有干装坛、间隔装坛和盐水装坛3种。

（1）干装坛：适合于此方法的是本身浮力较大、需要泡制时间较长的蔬菜原料，如泡辣椒类。方法如下：将泡菜坛洗净、拭干，先把经预处理的原料装至半坛，放入香料包，接着装至八成满，用竹片卡紧；将佐料放入盐水内搅均匀后，徐徐灌入坛中，待盐水淹过原料后，盖上坛盖，用清水填满坛沿。

（2）间隔装坛：为使佐料充分浸入泡菜中，以提高泡菜的质量，可采用间隔装坛法，如泡更豆等。方法如下：将泡菜坛洗净、拭干；先把经预处理的原料和佐料间隔装至半坛，放入香料包，接着装至九成满，用竹片卡紧；将佐料放入盐水内搅均匀后，徐徐灌入坛中，待盐水淹过原料后，盖上坛盖，用清水填满坛沿。

（3）盐水装坛：将泡菜坛洗净、拭干；先把经预处理的原料装至半坛，放入香料包，继续装菜至九成满，菜要装得紧实，用竹片卡紧；加入盐水淹没原料，切不可让原料露出液面，否则原料会因接触空气而氧化变质，盐水也不要装得过满，以距离坛口3～5 cm为宜。一两天后原料因水分渗出而下沉，可补加原料，让其发酵。若是老盐水，在盐水中补加食盐、调味料或香料后，直接装菜入坛泡制。

6. 发酵　装好坛后，即可将泡菜坛转入室内进行发酵。室内应该干燥通风、室温稳定、光线明亮，不要被阳光直射。

当蔬菜原料入坛后，其乳酸发酵过程，也称为酸化过程，根据微生物的活动和乳酸积累的多少，可分为3个阶段。

(1) *发酵初期*：以异型乳酸发酵为主，原料入坛后原料中的水分渗出，盐水浓度降低，pH较高，主要是耐盐不耐酸的微生物活动，如大肠杆菌、酵母菌，同时原料的无氧呼吸产生二氧化碳，二氧化碳积累产生一定压力，便冲起坛盖，经坛沿水排出，此阶段可以看出坛沿水有间歇性的气泡冲出，坛盖有轻微的碰撞声。乳酸积累为0.2%～0.4%。

(2) *发酵中期*：主要是正型乳酸发酵，由于乳酸积累，pH降低，大肠杆菌、腐败菌、丁酸菌受到抑制，而乳酸菌活动加快，进行正型乳酸发酵，含酸量可达0.7%～0.8%。坛内缺氧，形成一定的真空状态，霉菌因缺氧而受到抑制。

(3) *发酵末期*：正型乳酸发酵继续进行，乳酸积累逐渐超过1.0%，当含量超过1.2%时，乳酸菌本身活动也受到抑制，发酵停止。

上述所述的酸化过程，指的是乳酸发酵作用所标志的品质成熟期。但原料的种类、盐水的种类及气温对成熟度也有影响。如夏季气温高，用新盐水一般叶菜类需3～5 d，根菜类需5～7 d，而大蒜、藠头等需要半个月以上。但冬季气温低，需要延长一倍的时间。若用老盐水则成熟期又可大大缩短，且品质较新盐水为好。

7. 泡菜管理 泡制中注意坛沿水的清洁卫生，首先要用清洁的饮用水或10%的食盐水注入坛沿。坛内发酵后常出现一定的真空度，即坛内压力小于坛外压力。坛沿水可能倒灌入坛内，如果坛沿水不清洁就会带进杂菌，使泡菜水受到污染，可能导致整坛泡菜烂掉。即使是清洁的无菌的水吸入后也会降低盐水浓度，因此以加入10%的盐水为好。坛沿水还要注意经常更换，换水时不要揭开坛盖，以小股清水冲洗，直至旧坛沿水完全被冲洗出为止。发酵期，揭盖1～2次，使坛内外压力保持平衡，避免坛沿水倒灌。

注意坛沿内清洁，严防水干，定期换水，切忌油脂入内引起起漩、变质、变软。

定期取样检查测定乳酸含量和pH，原料的乳酸含量达0.4%时为初熟，0.6%为成熟，0.8%为完熟，其pH为3.4～3.9。一般说来，泡菜的乳酸含量为0.4%～0.6%时，品质较好，0.6%以上则酸。一般夏秋季节，青菜头、胭脂萝卜、红心萝卜、红皮萝卜泡制1～2 d即可达到初熟，品质最佳；蒜薹、洋姜等2～3 d为好；藠头、姜、大蒜、刀豆等5～7 d即可。春冬季节时间延长。

泡制过程中不可随意揭开坛盖，以免空气中杂菌进入坛内，引起盐水生花、长膜，更严防油脂进入坛内。若遇生花、长膜，轻微者可以加入适量白酒消灭之，或者加紫苏、老蒜埂、老苦瓜抑制之；严重者则需将从花打捞，再加酒消灭之；若已生蛆或盐水发臭、变黑，则必须报废倒去，不能再用。

泡菜成熟后，应即时取出包装，此时品质最好，不宜久贮坛内，否则品质变劣。每坛菜必须一次性取完，再加入预腌新菜泡制。若无新菜泡制，则加盐调整其含量为10%左右，倒坛将泡菜水装入一个坛内，稍微满，距离坛口20～30 cm，并酌加白酒及老蒜梗，盖严坛盖，便可保存盐水不变质。

(三) 朝鲜泡菜生产工艺

朝鲜泡菜不仅是朝鲜族群众喜食的蔬菜腌制品，也被许多汉族家庭捧为佳肴。其加工基本工艺如下。

原料选择→腌制→水洗→沥干→配料→装缸→成熟→食用

1. 原料选择 腌制朝鲜泡菜要求选择有心的大白菜，剥掉外层老菜帮，砍掉毛根，清水中洗净，大的菜棵顺切成4份，小的顺切成两份。

2. 腌制、水洗 将处理好的大白菜放进3%～5%的盐水中浸渍3～4 d。待白菜松软时捞出，用清水简单冲洗一遍，沥干明水。

3. 配料 萝卜削皮，洗净后切成细丝。按下列比例配制：100 kg腌制好的大白菜，萝卜50 kg，食盐、大蒜各1.5 kg，生姜400 g，干辣椒250 g，苹果、梨各750 g，味精少许。

将姜、蒜、辣椒、苹果、梨剁碎，与味精、盐一起搅成泥状。

4. 装缸 把沥干的白菜整齐地摆放在小口缸里，放一层盐一层菜，撒一层萝卜丝，浇一层配料，直至离缸口20 cm处，上面盖上洗净晾干的白菜叶隔离空气，再压上石块，最后盖上缸盖，两天后检查，如菜汤未浸没白菜，可加水浸没，10 d后即可食用。为使泡菜味更鲜美，可在配料中加一些鱼汤、牛肉汤或虾酱。

四、糖醋渍菜类加工工艺

糖醋菜是将选用的蔬菜原料经稀盐液或清水进行一定时间的乳酸发酵，以利于排除原料中不良风味、逐步提高食盐浓度浸渍及增强蔬菜组织的透性。

（一）工艺流程

原料选择→预处理→盐制→倒缸→脱盐→糖醋渍→成品

（二）工艺要求

1. 原料的选择　糖醋制品多选肉质肥厚、致密、质地鲜嫩的蔬菜为原料，如大蒜、黄瓜、萝卜等。

2. 原料的预处理　原料在泡制前需要修整、清洗，去除粗皮、老筋、飞叶、黑斑等不宜食用的部分，用清水淘洗干净，适当切分、整理。

3. 盐腌　将经处理的原料加盐腌制。盐腌既可以除去原料中辛辣等不良气味，又能增强原料组织细胞膜的透性，有利于糖醋料液的渗透。盐腌时的用盐量为13%～15%，盐腌过程中应定期倒缸。

4. 脱盐　将经盐腌的菜坯用清水浸泡漂洗，脱除咸菜坯中的部分盐分和不良气味。脱盐后应沥干水分。

5. 糖醋渍

(1) 配制糖醋渍液：根据不同糖醋制品的质量标准要求和特点，按配方配制糖醋渍料液。料液配制后，一般应进行加热灭菌，冷却后备用。

(2) 糖醋渍：将经脱盐的菜坯坚实地装入缸或坛内，然后灌入糖醋料液，并使料液淹没菜坯，然后放入竹排将菜坯压紧，以防上浮。最后用塑料薄膜将缸(或坛)口扎严，加盖密封。放置于适宜的条件下，经1～2个月即可成熟。

（三）糖醋大蒜生产工艺

大多数糖醋菜含醋酸1%以上，并与糖、香料配合调味，因此可以较长时间保存。如糖醋大蒜、糖醋藠头、糖醋酥姜等。其工艺流程如下：

选料→剥衣→盐腌→晾晒→配料→腌制后熟→包装→成品

1. 选料　选用鳞茎整齐、肥大、色白、肉质鲜嫩的大蒜用于加工。分级整理，特级20只/kg，甲级30只/kg，等外级30只/kg以上。

2. 剥衣　先切去根部和基部，剥去包在外面的粗老外衣2～3层(不是把所有的外衣剥掉)，在清水中洗净沥干。

3. 盐腌　用盐量为大蒜质量的10%，准备两只空缸，将沥干的蒜一层蒜一层盐地放入一只空缸内，装至大半缸为止，次日起每日早晚各换缸一次，即把蒜换入空缸内，把蒜上下倒换使其都能接触盐水，5～6 d后出水较多时，可在中午从中间刨开蒜头，舀起盐水浇在表面蒜头上。腌制约15 d就成了咸蒜头。

4. 晒蒜　将咸蒜头从缸中捞出，沥干后平摊筛席上晾晒，每天翻动一次，晚上收拢覆盖防雨物，以防雨淋。晒至减重至1/3时可转入腌制。

5. 配料　每100 kg晒过的干咸蒜头用醋35 kg、红糖32 kg(产品呈红褐色，若加白醋、砂糖，产品呈白色或乳黄色)，先将醋加热至80℃，再倒入糖使其溶解，为增加香味，也可加入少许山奈、八角等香料。

6. 腌制后熟　先将小口瓦坛洗净擦干，把干蒜头装入坛中，稍用力压紧，装至3/4时，倒入配制好的糖醋液，加满为止。坛颈处横卡几片竹片，以免蒜头浮起，其上再托一块木板，用三合泥封口，后熟3个月，便可开坛食用。或装袋封口等处理。

第四节　蔬菜腌制品常见质量问题及其控制

一、保脆

质地松脆是蔬菜腌制品的主要指标之一，腌制过程如处理不当，就会使腌菜变软。蔬菜的脆性主要与鲜嫩细胞的膨压和细胞壁的原果胶变化有密切关系。当蔬菜失水萎蔫致使细胞膨压降低时，则脆性减弱，但用一定的盐液进行腌制时，由于盐液与细胞液间的渗透平衡，因此能够恢复和保持腌菜细胞的膨压，因而不致造成脆性的显著下降。蔬菜软化的另一个主要原因是果胶物质的水解，保持原果胶一定的含量是保存蔬菜脆性的物质基础。如果原果胶在原料成熟过程中受到果胶酶的作用，或在加工过程中由于加热、加酸、加碱而水解为水溶性果胶，或由水溶性果胶进一步水解为果胶酸和甲醇等产物，就会使细胞彼此分离，使蔬菜组织硬脆度下降，组织变软，易于腐烂，严重影响腌制品的质量。

在实际生产过程中，引起果胶水解的原因：一方面由于过熟及受损伤的蔬菜，其原果胶被蔬菜本身含有的酶水解，使蔬菜在腌制前就变软；另一方面，在腌制过程中一些有害微生物的活动所分泌的果胶酶类将原果胶逐步水解。

根据上述原因，具体处理如下。

1）对半干性咸菜如榨菜、大头菜等，晾晒和盐渍用盐量必须恰当，保持产品一定含水量，以利于保脆。

2）供腌制的蔬菜一般用钙盐作保脆剂，如 $CaCl_2$ 等，其用量以菜重的 0.05%为宜。

3）调整渍制液的 pH 可以保持泡菜的脆性，果胶在 pH 为 4.3～4.9 时水解度最小，pH 低于 4.3 或大于 4.9，水解就增大，菜质就容易变软。另外，果胶在浓度大的泡制液中溶解度小，菜质不容易软化，据此性质，合理地掌握泡渍液的浓度，对保持泡菜的脆性很重要。

总之，成熟适度，不受损伤，加工过程中注意抑制有害微生物活动，同时在腌制前将原料短时间放入溶有石灰的水中浸泡，石灰水中的钙离子能与果胶酸作用生成果胶酸钙的凝胶。菜腌制品在整个加工过程中并没有进行杀菌处理，因此自然带菌率相当高，种类也很复杂，只是由于食盐的防腐作用，很多有害的微生物被抑制，而有益微生物得以活动，借助食盐和发酵产物来保存腌制品，而腌制品的色、香、味和质地等无不与微生物的发酵作用，蛋白质的分解，其他一系列生化变化及腌制辅料或腌制剂的扩散、渗透和吸附等有关。因此必须善于掌握其中各个因素之间的相互关系，以及创造适宜的环境条件（如采取压实压紧的嫌气状态），才能获得品质优良的蔬菜腌渍制品。

二、护绿

保持蔬菜腌制品的绿色和嫩脆的质地，是提高制品品质的重要问题。

蔬菜之所以呈现绿色是由于含有叶绿素。蔬菜原料如黄瓜、雪里蕻中所含叶绿素在腌制过程中会逐渐失去鲜绿的色泽，特别是发酵性腌制品更易出现这种变化，因在腌制过程中产生乳酸等，在酸性介质中叶绿素容易脱镁形成脱镁叶绿素，变成黄褐色而使其绿色无法保存。在腌制非发酵性的腌制品时，如咸菜类在其后熟过程中，叶绿素消退后也会逐渐变成黄褐色或黑褐色。

为保持其原有的绿色，可采用以下方法进行护绿。

1. 热处理 可在腌制前先将原料经沸水烫漂，以钝化叶绿素酶，防止叶绿素被酶催化而变成脱叶醇叶绿素（绿色褪去），可暂时保持绿色。

2. 碱处理 若在烫漂液中加入微量的碱性物质如 Na_2CO_3 或 $NaHCO_3$，可使叶绿素变成叶绿素钠盐，也可使制品保持一定的绿色。在生产实践中，有时将原料浸泡在井水中（这种水含有较多的钙，属硬水），待原料吐出泡沫后才取出进行腌渍，也能保持绿色，并且能使制品具有较好的脆性。腌制黄瓜时先用 2%～3%澄清石灰水浸泡数小时，再盐渍，就可以起到很好的保绿效果。这是因为硬水或石灰水中的钙离子不仅能置换叶绿素中的镁离子，使其变成叶绿素钙，而且能中和蔬菜中的酸分，使腌制时介质的 pH 由酸性变成中性或微碱性，因此绿色可以保持不变。

3. 控制用盐量 腌制过程中要适当掌握用盐量，通常使用食盐浓度为 10%～22%的溶液，既能抑制微生物的生长繁殖，又能抑制蔬菜的呼吸作用。若用盐量较高，虽能保持绿色，但会影响腌制品的质量和出品率。

4. 倒菜 在腌制初期，由于大批量的蔬菜放在一起，呼吸作用加强，散发大量的水分和热量，如不及时排除，会使温度升高，从而加快乳酸发酵。因此在腌制过程中及时地进行翻缸可以排除期间产生的呼吸热，同时使菜体和浸渍液充分接触，加快渗透速度。

5. 使用护绿剂 在用碱水浸泡蔬菜或烫漂蔬菜时，可在浸泡或烫漂液中加入适量的护绿剂，如硫酸铜、硫酸锌、醋酸锌、叶绿素铜钠等。

6. 低温和避光 腌制品在低温和避光下贮存可避免叶绿素在高温下分解，以保持其绿色。

三、败坏的控制

1. 主要有害微生物 蔬菜在腌制时会出现长膜、生霉、腐烂、变味等现象，主要是微生物生长繁殖的结果。引起蔬菜变质的有害微生物主要是霉菌、酵母菌和其他细菌。

霉菌类中主要是青霉类菌。在加工过程中，青霉会使制品出现生霉的现象，使蔬菜质地变软，细菌大量繁殖。细菌类中危害最大的是腐败菌。在加工过程中，如果食盐溶液浓度较低，就会导致腐败细菌的生长繁殖，使蔬菜组织蛋白质及含氮物质遭到破坏，造成制品的腐烂变质，严重时还会生成一些有毒物质，如亚硝酸盐。在酵母菌中最主要的是几种伪酵母，如产膜酵母和红色酵母。其会消耗腌制品组织内的有机物质，造成制品的质量下降，降低保藏性。

2. 控制制品败坏的方法

(1) 选用新鲜蔬菜：腌制前经清水洗涤，适度晾晒脱水，减少腐败菌的进入。

(2) 严格控制条件：供制作腌菜的容器应便于封闭以隔离空气，便于洗涤、杀菌消毒。腌制用水必须符合国家生活饮用水的卫生标准，用于腌制的食盐应符合国家食用盐的卫生标准。在腌制过程中注意容器的卫生，防止腐败菌的污染，对于有害的酵母和霉菌主要利用隔绝氧气的措施；对于耐高温耐酸、不耐盐的腐败菌需利用较高的酸度及较低的腌制温度或是提高盐液浓度来控制。

(3) 防腐剂的使用：为解决低盐腌制自然防腐不足的问题，在规模生产时常会添加一些防腐剂以保证制品的卫生安全。目前，我国允许在蔬菜腌制品中使用的食品防腐剂主要有山梨酸钾、苯甲酸钠、脱氢醋酸钠等，其使用量一般为0.05%～0.3%。

四、亚硝基化合物的控制

在对蔬菜进行腌制时和贮藏过程中，蔬菜中的硝酸盐可被细菌还原成亚硝酸盐，亚硝酸盐可与体内血红蛋白结合形成高铁血红蛋白，使血红蛋白失去携氧功能而引起中毒。同时微生物和酶对蔬菜、肉类等食物中的蛋白质、氨基酸有降解作用，致使食物中存在一定量的胺类物质，这些胺类物质与亚硝酸盐在一定条件下会合成具有致癌性的N-亚硝基化合物。

为减少亚硝基化合物的摄入量，可采用以下方法。

1) 选用新鲜蔬菜。腌制前经清水洗涤，适度晾晒脱水，减少腐败菌的代入。

2) 严格控制条件。在腌制过程中注意容器的卫生，防止腐败菌的污染，尤其不要在田间就地挖坑制作蔬菜；在腌制过程中，容器内应当装满、压实，隔绝空气，防止好气性有害菌的生长。

3) 添加维生素C。在腌制时1 kg蔬菜加入400 mg维生素C，可以减少或阻止亚硝胺的产生。或在腌制前期1 kg蔬菜加入50 mg苯甲酸钠，可抑制腐败菌的活动。

4) 避开亚硝酸胺高峰期食用。

思考题

1. 简述腌制品的分类及其特点。
2. 简述食盐的保藏原理。
3. 蔬菜腌制品色、香、味的形成机制。
4. 简述各类蔬菜腌制品的加工工艺。
5. 简述腌制品中常见问题及其控制方法。

第十四章

果酒与果醋的酿造

果酒是以新鲜水果或果汁为原料，采用全部或部分发酵酿造而成的，酒精度在体积分数7%～18%的各种低度饮料酒。果醋是以果品或果酒为原料，经醋酸发酵制得的产品。本章主要讲述了葡萄酒的酿造原理及工艺过程，对果醋的酿造进行了简要的阐述。

第一节　果酒和葡萄酒的分类

一、果酒的分类

根据农业部行业标准，NY/T 1508—2007的规定，果酒按其糖含量分为：干型果酒、半干型果酒、半甜型果酒和甜型果酒。

干型果酒(dry fruit wine)：含糖(以葡萄糖计)量小于或等于4.0 g/L的果酒。

半干型果酒(semi-dry fruit wine)：含糖量大于干型果酒，最高为12.0 g/L的果酒。

半甜型果酒(semi-sweet fruit wine)：含糖量大于半干型果酒，最高为50.0 g/L的果酒。

甜型果酒(sweet fruit wine)：含糖量大于50.0 g/L的果酒。

二、葡萄酒分类

(一) 关于乙醇含量的几个定义

OIV(2006)对酒精(乙醇)含量做了如下规定。

酒度：在20℃条件下，100个体积单位中所含有的酒精的体积单位数量(A)。

潜在酒度：在20℃条件下，100个体积单位中所含有的可转化的糖，经完全发酵能获得的酒精的体积单位数量(B)。

总酒度(T)：$T=A+B$。

自然酒度：在不添加任何物质时的总酒度。

(二) 葡萄酒的定义

根据国际葡萄与葡萄酒组织(OIV，2006)的规定，葡萄酒只能是破碎或未破碎的新鲜葡萄果实或葡萄汁经完全或部分乙醇发酵后获得的饮料，其酒度不能低于8.5%(体积分数)。但是，根据气候、土壤条件，葡萄品种和一些葡萄产区特殊的质量因素或传统，在一些特定的地区，葡萄酒的最低总酒度可降低到7.0%(体积分数)。

(三) 葡萄酒的分类

葡萄酒的种类繁多，分类方法也不相同。我国国家标准《葡萄酒》(GB 15037—2006)中对葡萄酒做了如下定义：以新鲜葡萄或葡萄汁为原料，经全部或部分发酵酿制而成的，含有一定酒精度的发酵酒。该标准按葡萄酒中二氧化碳含量(以压力表示)和加工工艺将葡萄酒分为：平静葡萄酒、起泡葡萄酒和特种葡萄酒，并对年份葡萄酒、品种葡萄酒和产地葡萄酒做出了规定。

1. 平静葡萄酒(still wine)　在20℃时，二氧化碳压力小于0.05 MPa的葡萄酒。按葡萄酒中的含糖量和总酸量可将平静葡萄酒分为如下几种。

(1) 干葡萄酒(dry wine)：含糖(以葡萄糖计)量小于或等于4.0 g/L，或者总糖与总酸(以酒石酸计)的差值小于或等于 2.0 g/L,含糖量最高为 9.0 g/L 的葡萄酒。

(2) 半干葡萄酒(semi-dry wine):含糖量大于干葡萄酒,最高为 12.0 g/L,或者总糖与总酸的差值小于或等于 2.0 g/L,含糖量最高为 18.0 g/L 的葡萄酒。

(3) 半甜葡萄酒(semi-sweet wine):含糖量大于半干葡萄酒,最高为 45.0 g/L 的葡萄酒。

(4) 甜酒(sweet wine):含糖量大于 45.0 g/L 的葡萄酒。

2. 起泡葡萄酒(sparkling wine)　在 20℃时,二氧化碳压力等于或大于 0.05 MPa 的葡萄酒。起泡葡萄酒又可分为如下几种。

(1) 低泡葡萄酒(semi-sparkling wine):在 20℃时,二氧化碳(全部自然发酵产生)压力为 0.05～0.34 MPa的起泡葡萄酒。

(2) 高泡葡萄酒(sparkling wine):在 20℃时,当二氧化碳(全部自然发酵产生)压力等于或大于 0.35 MPa(对于容量小于 250 mL 的瓶子二氧化碳压力等于或大于 0.3 MPa)的起泡葡萄酒。高泡葡萄酒按其含糖量分为如下几种。

1) 天然高泡葡萄酒(brut sparkling wine)　酒中糖含量小于或等于 12.0 g/L(允许误差 3.0 g/L)的高泡葡萄酒。

2) 绝干高泡葡萄酒(extra-dry sparkling wine)　酒中糖含量 12.1～17.0 g/L(允许误差 3.0 g/L)的高泡葡萄酒。

3) 干高泡葡萄酒(dry sparkling wine)　酒中糖含量 17.1～32.0 g/L(允许误差 3.0 g/L)的高泡葡萄酒。

4) 半干高泡葡萄酒(semi-dry sparkling wine)　酒中糖含量 32.1～50.0 g/L 的高泡葡萄酒。

5) 甜高泡葡萄酒(sweet sparkling wine)　酒中糖含量大于 50.0 g/L 的高泡葡萄酒。

3. 特种葡萄酒(special wine)　用鲜葡萄或葡萄汁在采摘或酿造工艺中使用特定方法酿制而成的葡萄酒。特种葡萄酒包括如下几种。

(1) 利口葡萄酒(liqueur wine):向由葡萄生成总酒度为 12%(体积分数)以上的葡萄酒中,加入葡萄白兰地、食用酒精或葡萄酒精,以及葡萄汁、浓缩葡萄汁、含焦糖葡萄汁、白砂糖等,使其终产品酒精度为 15.0%～22.0%(体积分数)的葡萄酒。

(2) 葡萄汽酒(carbonated wine):酒中所含二氧化碳是部分或全部由人工添加的,具有同起泡葡萄酒类似物理特性的葡萄酒。

(3) 冰葡萄酒(ice wine):将葡萄推迟采收,当气温低于－7℃时使葡萄在树枝上保持一定时间,结冰,采收,在结冰状态下压榨,发酵,酿制而成的葡萄酒(在生产过程中不允许外加糖源)。

(4) 贵腐葡萄酒(noble rot wine):在葡萄的成熟后期,葡萄果实感染了灰绿葡萄孢,使果实的成分发生了明显的变化,用这种葡萄酿制而成的葡萄酒。

(5) 产膜葡萄酒(flor or film wine):葡萄汁经过全部乙醇发酵,在酒的自由表面产生一层典型的酵母膜后,可加入葡萄白兰地、葡萄乙醇或食用乙醇,所含酒精度等于或大于 15.0%(体积分数)的葡萄酒。

(6) 加香葡萄酒(flavoured wine):以葡萄酒为酒基,经浸泡芳香植物或加入芳香物质的浸出液(或馏出液)而制成的葡萄酒。

(7) 低醇葡萄酒(low alcohol wine):采用鲜葡萄或葡萄汁经全部或部分发酵,采用特种工艺加工而成的酒精度为 1.0%～7.0%(体积分数)的葡萄酒。

(8) 脱醇葡萄酒(non-alcohol wine):采用鲜葡萄或葡萄汁经全部或部分发酵,采用特种工艺加工而成的酒精度为 0.5%～1.0%(体积分数)的葡萄酒。

(9) 山葡萄酒(Vitis amurensis wine):采用鲜山葡萄(包括毛葡萄、刺葡萄、秋葡萄等野生葡萄)或山葡萄汁经全部或部分发酵酿制而成的葡萄酒。

《葡萄酒》(GB 15037—2006)中对年份葡萄酒、品种葡萄酒和产地葡萄酒做出了如下规定。

1) 年份葡萄酒(vintage wine)　葡萄采摘酿造该酒的年份,其中所标注年份的葡萄酒所占比例不低于瓶内酒含量的 80%(体积分数)。

2) 品种葡萄酒(varietal wine)　用所标注的葡萄品种酿制的酒所占的比例不低于瓶内酒含量的 75%(体

积分数)。

3) 产地葡萄酒(original wines) 用所标注的产地葡萄酿制的酒所占的比例不低于瓶内酒含量的80%(体积分数)。

此外,根据葡萄酒的颜色,还可将葡萄酒分为白葡萄酒、桃红葡萄酒和红葡萄酒。所有葡萄酒中均不得添加合成着色剂、甜味剂、香精和增稠剂。

第二节 葡萄酒酿造原理

一、酵母菌与乙醇发酵

葡萄或葡萄汁能转化为葡萄酒主要靠酵母菌的作用,酵母菌可以将葡萄浆果中的糖分解为乙醇、二氧化碳和其他副产物,这一过程称为乙醇发酵。

(一) 葡萄酒酿造中的主要酵母菌种

在葡萄汁和葡萄酒中存在着很多不同的酵母菌种,它们不仅属于不同的科、属,而且具有不同的形态特征和生物化学特性,其中有的有利于葡萄酒酿造,有的则不利于葡萄酒酿造。与葡萄酒酿造相关的酵母分属于裂殖酵母属、克勒克酵母属、类酵母属、酿酒酵母属及酒香酵母属等,其中以酿酒酵母属最为重要,通常使用该属酿酒酵母的菌株。

在自然发酵条件下,在乙醇发酵过程中,不同的酵母菌种在不同的阶段产生作用,但种群的交替过程存在着交叉。乙醇发酵的触发,主要是尖端酵母和发酵毕赤氏酵母活动的结果。

在第一罐入罐几天后,酿酒酵母就占据了所有的设备。原料一入罐,酿酒酵母就占酵母总数的50%左右。

在乙醇发酵的后期(酵母衰减阶段),酿酒酵母群体数量逐渐下降,但仍能维持在10^6 cfu/mL以上。正常情况下,它们能完成乙醇发酵,一直到发酵结束,都不会出现其他酵母。相反,在发酵中止的情况下,致病性(对葡萄酒而言)酵母就会活动,导致葡萄酒病害。其中最常见和危害性最大的是导致葡萄酒严重香气异常的间型酒香酵母的活动。

在发酵结束后的几周内,酿酒酵母群体数量迅速降低到1 000 cfu/mL以内。但是,在葡萄酒的陈酿期间,甚至在装瓶后,其他种的酵母(致病酵母)也可能活动。有些酵母可以氧化乙醇,并且产膜,如毕赤酵母。可通过添满、密封等方式防止氧化性酵母的活动。

(二) 乙醇发酵

1. 乙醇发酵的化学反应

(1) 乙醇发酵:乙醇发酵是相当复杂的生物化学现象,有许多连续的反应和不少中间产物,而且需要一系列酶的作用。酵母菌在无氧条件下,将葡萄糖经糖酵解(EMP)途径分解为丙酮酸,丙酮酸再由丙酮酸脱羧酶催化生成乙醛和CO_2:

$$CH_3COCOOH \longrightarrow CH_3CHO + CO_2$$

乙醛在乙醇脱氢酶的作用下,被$NADH_2$还原成乙醇:

$$CH_3CHO + NADH_2 \xrightleftharpoons{\text{乙醇脱氢酶}} CH_3CH_2OH + NAD$$

葡萄糖进行乙醇发酵的总反应式为

$$C_6H_{12}O_6 + 2ADP + 2Pi + 2H^+ \longrightarrow 2C_2H_5OH + 2CO_2 + 2H_2O + 2ATP$$

乙醇发酵是放热反应。

(2) 甘油发酵:在乙醇发酵开始时,参加3-磷酸甘油醛转化为3-磷酸甘油酸这一反应所必需的NAD,是通过磷酸二羟丙酮的氧化作用(将$NADH_2$氧化为NAD)来提供的,但这一氧化作用要伴随着甘油的产生。

每当磷酸二羟丙酮氧化一分子 $NADH_2$，就形成一分子甘油，这一过程称为甘油发酵。在这一过程中，由于将乙醛还原乙醇所需的两个氢原子(由 $NADH_2$ 提供)已被用于形成甘油，因此乙醛不能继续进行乙醇发酵反应。因此，乙醛和丙酮酸形成其他的副产物。

实际上，在发酵开始时，乙醇发酵和甘油发酵同时进行，而且甘油发酵占优势，以后乙醇发酵则逐渐加强并占绝对优势，甘油发酵减弱，但并不完全停止。因此，在乙醇发酵过程中，除产生乙醇外，还产生很多其他的副产物。

2. 乙醇发酵的主要副产物 在酵母乙醇发酵过程中，由于发酵作用和其他代谢活动同时存在，酵母除了将葡萄汁(醪)中 92%～95%的糖发酵生成乙醇、CO_2 和热量外，酵母还能利用另外 5%～8%的糖产生一系列的其他化合物，称为乙醇发酵副产物。酵母菌的副产物不仅影响葡萄酒的风味和口感，而且有些副产物如辛酸和葵酸等，对酵母的生长有抑制作用。

(1) *甘油*($CH_2OHCHOHCH_2OH$)：甘油主要在发酵开始时由甘油发酵形成，在葡萄酒中含量为 6～10 g/L。甘油具甜味，可使葡萄酒圆润，并增加口感的复杂性。葡萄酒中甘油含量还受酵母菌种及基质的影响，一些菌种的产甘油能力强于其他菌种；基质中糖或者 SO_2 含量高，则葡萄酒中甘油含量高。

(2) *乙醛*(CH_3CHO)：乙醛可由丙酮酸脱羧产生，也可在发酵以外由乙醇氧化而产生，在葡萄酒中乙醛的含量为 20～60 mg/L，有时可达 300 mg/L。乙醛可与 SO_2 结合形成稳定的亚硫酸乙醛。这种物质不影响葡萄酒的质量，而游离的乙醛则使葡萄酒具氧化味，可用 SO_2 处理，使这种氧化味消失。

(3) *醋酸*：醋酸是构成葡萄酒挥发酸的主要物质。在正常发酵情况下，醋酸在葡萄酒中的含量为 0.2～0.3 g/L，它是由乙醛经氧化还原作用形成的。葡萄酒中醋酸含量过高，就会具酸味。一般规定，白葡萄酒挥发酸含量不能高于 0.88 g(H_2SO_4)/L，红葡萄酒不能高于 0.98 g(H_2SO_4)/L。

(4) *琥珀酸*($COOHCH_2CH_2COOH$)：在所有的葡萄酒中都存在琥珀酸，但其含量较低，一般为 0.6～1.5 g/L。

(5) *乳酸*：在葡萄酒中，其含量一般低于 1 g/L，主要来源于乙醇发酵和苹果酸-乳酸发酵。

(6) *高级醇*：目前已从葡萄酒中检测到 100 余种高级醇类物质，比较重要的有正丙醇、异丙醇和异戊醇等。主要是由葡萄糖代谢产生和氨基酸的脱氨产生。在葡萄酒中的含量很低，但它是构成葡萄酒二类香气的主要物质。

(7) *酯类*：主要是由有机酸和醇发生酯化反应产生的。葡萄酒中的酯类物质可分为两大类，第一类为生化酯类，它们是在发酵过程中形成的，其中最重要的为乙酸乙酯，即使含量很少(0.15～0.20 g/L)也具有酸味。第二类为化学酯类，它们是在陈酿过程中形成的，其含量可达 1 g/L。化学酯类的种类很多，是构成葡萄酒三类香气的主要物质。

此外，在乙醇发酵过程中，还产生很多其他副产物，它们都是由乙醇发酵的中间产物——丙酮酸所产生的，具有不同的味感。如具辣味的甲酸、具烟味的延胡索酸、具酸白菜味的丙酸、具榛子味的乙酸酐、具巴旦杏味的 3-羟基-丁酮等。

(三) 影响酵母菌生长和乙醇发酵的因素

1. 温度 酵母菌在低于 10℃的温度条件下不能生长繁殖，但其孢子可以抵抗－200℃的低温。液态酵母的活动最适温度为 20～30℃，当温度达到 20℃时，酵母菌的繁殖速度加快，在 30℃时达到最大值，而当温度继续升高达到 35℃时，其繁殖速度迅速下降，酵母菌呈疲劳状态，乙醇发酵有停止的危险。只要在 40～45℃保持 1～1.5 h 或 60～65℃保持 10～15 min 就可杀死酵母菌。但干态酵母抗高温的能力很强，可忍受 5 min 115～120℃的高温。

(1) *发酵速度与温度*：在 20～30℃的温度内，每升高 1℃，发酵速度就可提高 10%。因此，发酵速度(即糖的转化)随着温度的升高而加快。但是，发酵速度越快，停止发酵越早，因为在这种情况下，酵母菌的疲劳现象出现较早。

(2) *发酵温度与产乙醇效率*：在一定范围内，温度越高，酵母菌的发酵速度越快，产乙醇效率越低，而生成的酒度就越低。因此，如果要获得高酒度的葡萄酒，必须将发酵温度控制在足够低的水平。当温度≤35℃时，温度越高，开始发酵越快；温度越低，糖分转化越完全，生成的酒度越高(表 14-1)。

表 14-1 同一葡萄汁在不同温度条件下的发酵情况

温度/℃	开始发酵时间	最终酒度%(体积分数)
10	8 d	16.2
15	6 d	15.8
20	4 d	15.2
25	3 d	14.5
30	36 h	10.2
35	24 h	6.0

(3) 发酵临界温度：当发酵温度达到一定值时，酵母菌不再繁殖，并且死亡，这一温度称为发酵临界温度。如果超过临界温度，发酵速度就迅速下降，并引起发酵停止。由于发酵临界温度受许多因素如通风、基质的含糖量、酵母菌的种类及其营养条件等的影响，因此很难将某一特定的温度确定为发酵临界温度。在实践中常用“危险温区”这一概念来警示温度的控制，在一般情况下，发酵危险温区为 32～35℃。但这并不是表明每当发酵温度进入危险区，发酵就一定会受到影响，并且停止，而只表明在这一情况下，有停止发酵的危险。应尽量避免温度进入危险区，而不能在温度进入危险区以后才开始降温，因为这时，酵母菌的活动能力和繁殖能力已经降低。

对于红葡萄酒，发酵的最佳温度为 26～30℃；而对于白葡萄酒和桃红葡萄酒，发酵的最佳温度为 18～20℃。

2. 通风 酵母菌繁殖需要氧，在完全的无氧条件下，酵母菌只能繁殖几代，然后就停止。这时，只要给予少量的空气，它们就能出芽繁殖。如果缺氧时间过长，多数酵母菌就会死亡。

在进行乙醇发酵以前，对葡萄的处理(破碎、除梗、泵送及对白葡萄汁的澄清等)保证了部分氧的溶解。在发酵过程中，氧越多，发酵就越快、越彻底。因此，在生产中常用倒罐的方式来保证酵母菌对氧的需要。

3. 酸度 酵母菌在中性或微酸性条件下，发酵能力最强，如在 pH 4.0 的条件下，其发酵能力比在 pH 3.0 时更强。在 pH 很低的条件下，酵母菌活动生成挥发酸或停止活动。可见，酸度高并不利于酵母菌的活动，但却能抑制其他微生物(如细菌)的繁殖。

二、苹果酸-乳酸发酵

苹果酸-乳酸发酵(malolactic fermentation, MLF)是在乳酸菌的作用下将苹果酸分解成乳酸和 CO_2 的过程，这一发酵使新葡萄酒的酸涩、粗糙等特点消失，而使其口味变得比较柔软。经苹果酸-乳酸发酵后的红葡萄酒，酸度降低，果香、醇香变浓，获得柔软、有皮肉和肥硕等特点，质量提高。同时苹果酸-乳酸发酵还能增强葡萄酒的生物稳定性。

要获得优质红葡萄酒，首先，应该使糖被酵母菌发酵，苹果酸被乳酸菌发酵，但不能让乳酸菌分解糖和其他葡萄酒成分；其次，应该尽快地使糖和苹果酸消失，以缩短酵母菌或乳酸菌繁殖或这两者同时繁殖的时期，因为在这一时期中，乳酸菌可能分解糖和其他葡萄酒成分；最后，当葡萄酒中不再含有糖和苹果酸时(而且仅仅在这个时候)，葡萄酒才算真正生成，应该尽快地除去微生物。

(一) 苹果酸-乳酸发酵对葡萄酒品质的影响

1. 降酸作用 在较寒冷地区，葡萄酒的总酸尤其是苹果酸的含量可能很高，苹果酸-乳酸发酵就成为理想的降酸方法，苹果酸-乳酸发酵是乳酸细菌以 L-苹果酸为底物，在苹果酸-乳酸酶催化下转变成 L-乳酸和 CO_2 的过程。二元酸向一元酸的转化使葡萄酒总酸下降，酸涩感降低。酸降幅度取决于葡萄酒中苹果酸的含量及其与酒石酸的比例，通常苹果酸-乳酸发酵可使总酸下降 1～3 g/L。

2. 增加细菌学稳定性 通常的化学降酸只能除去酒石酸，较大幅度的化学降酸对葡萄酒口感的影响非常显著，甚至超过了总酸本身对葡萄酒质量的影响。而葡萄酒进行苹果酸-乳酸发酵可使苹果酸分解，苹果酸-乳酸发酵完成后，经过抑菌、除菌处理，使葡萄酒细菌学稳定性增加，从而可以避免在贮存过程中和装瓶后可能发生的再发酵。

3. 风味修饰 苹果酸-乳酸发酵的另一个重要作用就是对葡萄酒风味的影响。这是因为乳酸细菌能分解酒中的其他成分，生成乙酸、双乙酰、乙偶姻及其他 C_4 化合物；乳酸细菌的代谢活动改变了葡萄酒中醛类、酯类、氨基酸、其他有机酸和维生素等微量成分的浓度及呈香物质的含量。这些物质的含量如果在阈值内，对酒的风味有修饰作用，并有利于葡萄酒风味复杂性的形成；但超过了阈值，就可能使葡萄酒产生泡菜味、奶油味、奶酪味、干果味等异味。

4. 乳酸细菌可能引起的病害 在含糖量很低的干红和一些干白葡萄酒中，苹果酸是最易被乳酸细菌降解的物质，尤其是在 pH 较高(3.5～3.8)、温度较高(>16℃)、SO_2 浓度过低或苹果酸-乳酸发酵完成后没有立即采取终止措施的情况下，几乎所有的乳酸细菌都可变为病原菌，从而引起葡萄酒病害。根据底物来源可将乳酸菌病害分为 5 类：酒石酸发酵病(或泛浑病)、甘油发酵(可能生成丙烯醛)病(或苦败病)、葡萄酒中糖的乳酸发酵(或乳酸性酸败)、痕量的糖和戊糖的乳酸发酵及发粘并伴随着 MLF。

（二）影响苹果酸-乳酸发酵的因素

1. pH pH 是影响苹果酸-乳酸发酵的主要因素之一。通常需要进行苹果酸-乳酸发酵的葡萄酒的 pH 为 3.1～3.4，而乳酸菌的最适生长 pH 都在 4.8 以上，而且 pH 越低，对菌体的生存与生长的影响就越大。如果 pH 在 2.9 以下，就不能再进行苹果酸-乳酸发酵。对葡萄酒用碳酸钙进行轻微的降酸，常常有利于苹果酸-乳酸发酵的顺利进行。

2. 乙醇 从葡萄酒中分离出的乳酸菌由于主要在葡萄酒中生长繁殖，因此具有一定的抗乙醇能力。但如果乙醇含量达 10%(体积分数)以上，就成为影响苹果酸-乳酸发酵的限制因子，是人工接种乳酸菌的主要障碍。

3. 温度 乳酸菌在 20℃时生长良好。如果将葡萄酒突然加温至 20℃，对苹果酸-乳酸发酵(发动)的效果比逐渐加温效果更好。加热方式可以对库房(酒库)加热，也可以对发酵罐直接加热，使温度保持在 18～20℃。如果温度低于 18℃，苹果酸-乳酸发酵就会被推迟。根据温度的不同，苹果酸-乳酸发酵完成的时间可以是 5～6 d，也可以是数月。对于正确酿造的葡萄酒，与 pH 相结合，温度是对苹果酸-乳酸发酵影响最大的因素，也是最容易控制的因素。

（三）进行苹果酸-乳酸发酵的条件

1. 葡萄酒的类型 如果希望获得果香味浓、具有清爽感的葡萄酒，对于所有含糖量高于 4.0 g/L 的葡萄酒，以及大多数白葡萄酒和桃红葡萄酒，则应严格避免苹果酸-乳酸发酵；如果希望获得醇厚、饱满、适于贮藏的葡萄酒，如红葡萄酒，则可以进行(或部分进行)苹果酸-乳酸发酵。

2. 葡萄酒的含酸量 在一些地区和某些年份，葡萄不能正常成熟，葡萄酒太酸，可以利用苹果酸-乳酸发酵降低葡萄酒的酸度，而在葡萄含酸量低的地区和年份，苹果酸-乳酸发酵则使葡萄酒无力、无筋，没有清爽感。

3. 葡萄品种 有些品种(如‘赤霞珠’、‘玫瑰香’)的葡萄酒如果进行苹果酸-乳酸发酵，则可以使其典型的果香味消失，乳酸味突出，但对于有些香味浓的品种(如‘霞多丽’)，苹果酸-乳酸发酵则可使其葡萄酒的香气更加复杂完全。对于甜葡萄酒和浓甜葡萄酒，虽然在苹果酸-乳酸发酵进行以前就进行了硫化处理，但仍要注意防止乳酸菌的活动，以避免乳酸菌病害和挥发酸的提高。

在实践中有时是因不具备有利的条件而不能进行苹果酸-乳酸发酵，但有时也是由于缺乏具有活性的乳酸菌。在后一种情况下，可以将苹果酸含量高的葡萄酒与 20%～50%的正在进行或刚完成苹果酸-乳酸发酵的葡萄酒相混合，或用过滤后的酒渣进行接种，都能获得良好的效果。也可以利用经自然脱酸后的葡萄酒与待处理的葡萄酒相混合并保持适宜的温度条件，触发苹果酸-乳酸发酵。

如果需要对葡萄酒进行苹果酸-乳酸发酵，就必须做到以下几点。

1）对原料的 SO_2 处理不能高于 60 mg/L。

2）用优选酵母进行发酵，防止乙醇发酵中产生 SO_2。

3）乙醇发酵必须完全(含糖量小于 2 g/L)。

4）当乙醇发酵结束时，不能对葡萄酒进行 SO_2 处理。

5）将葡萄酒的 pH 调整 3.2。

6）接种乳酸菌(大于 10^6 cfu/mL)。

7) 在18～20℃的条件下，添满、密封发酵。

8) 利用层析法分析观察有机酸特别是苹果酸的变化，或用酶分析法测定D-乳酸的变化，并根据分析结果对苹果酸-乳酸发酵进行控制。

9) 在苹果酸-乳酸发酵结束时，立即分离转罐，同时进行50～80 mg/L的SO_2处理。

第三节 二氧化硫处理在葡萄酒酿造中的作用

二氧化硫处理就是在发酵基质中或葡萄酒中加入二氧化硫，以便发酵能顺利进行或有利于葡萄酒的贮藏。

一、二氧化硫的作用

在发酵基质中，SO_2有选择、澄清、抗氧化、增酸和溶解等作用。

（一）选择作用

SO_2是一种杀菌剂，它能控制各种发酵微生物的活动（繁殖、呼吸、发酵）。如果SO_2浓度足够高，则可杀死各种微生物。

发酵微生物的种类不同，其抵抗SO_2的能力也不同。细菌最为敏感，在加入SO_2后，它们首先被杀死；其次是尖端酵母（*Kloeckera apiculata*）；葡萄酒酵母抗SO_2能力则较强。因此，可通过SO_2的加入量选择不同的发酵微生物。在适量使用时，SO_2可推迟发酵触发，但以后则加速酵母菌的繁殖和发酵作用。

（二）澄清作用

SO_2抑制发酵微生物的活动，推迟发酵开始的时间，从而有利于发酵基质中悬浮物质的沉淀，这一作用可用于白葡萄酒酿造过程中葡萄汁的澄清。

（三）抗氧化和抗氧作用

破损葡萄原料和霉变葡萄原料的氧化分别主要由酪氨酸酶和漆酶催化的，原料的氧化将严重影响葡萄酒的质量。而SO_2可以抑制氧化酶的作用，从而防止原料的氧化，这就是SO_2的抗氧化作用。因此，应在葡萄采收以后到乙醇发酵开始以前，正确使用SO_2，防止原料的氧化。发酵结束以后，葡萄酒不再受CO_2的保护，而易被氧化。如果对葡萄发酵基质进行SO_2处理，它所形成的亚硫酸盐比基质中的其他物质更容易与基质中的氧发生反应而被氧化为硫酸和硫酸盐，从而抑制或推迟葡萄酒各构成成分的氧化作用，这就是SO_2的抗氧作用。因此，SO_2可以防止：① 白葡萄酒的氧化、变色；② 氧化破败病；③ 由乙醛引起的氧化味（走味）；④ 葡萄酒病害的发生和发展。

（四）增酸作用

加入SO_2可以提高发酵基质的酸度。一方面，在基质中SO_2转化为酸，并且可杀死植物细胞，促进细胞中可溶酸性物质，特别是有机酸盐的溶解。另一方面，SO_2可以抑制以有机酸为发酵基质的细菌的活动。特别是乳酸菌的活力，从而抑制苹果酸-乳酸发酵。

（五）溶解作用

在使用浓度较高的情况下，SO_2可促进浸渍作用，提高色素和酚类物质的溶解量。但在正常作用浓度下，SO_2的这一作用并不显著。

此外，SO_2使用不当或用量过高，可使葡萄酒具怪味且对人产生毒害。在还原条件下，可形成具臭鸡蛋味的H_2S；H_2S与乙醇形成硫醇（C_2H_5SH）。

总之，由于SO_2的特殊作用和效应，它在葡萄酒的生产和贮藏中占有不可取代的地位。因此，正确使用SO_2，能使葡萄酒的酿造和贮藏顺利进行，提高葡萄酒的质量。

二、发酵基质和葡萄酒中SO_2存在的形式

（一）游离SO_2

由于在葡萄酒的pH范围内，亚硫酸的第二个氢不会解离（pK＝6.91），溶于发酵基质中的SO_2有以下

平衡：

$$SO_2 + H_2O \rightleftharpoons H_2SO_3 \rightleftharpoons H^+ + HSO_3^-$$

在以上平衡中，只有 H_2SO_3（溶解态 SO_2）和分子态 SO_2 才具有挥发性和气味，且具有杀菌作用。亚硫酸的杀菌力主要是由分子态 SO_2 引起的。随着温度和酒度的升高，分子态 SO_2 浓度也会升高，其杀菌作用也越强。此外，在游离 SO_2 中，分子态 SO_2 的比例取决于溶液的 H^+ 浓度、pH。而以 HSO_3^- 形态存在的 SO_2 没有气味，且没有杀菌作用。

（二）结合态 SO_2

在葡萄醪和葡萄酒中，HSO_3^- 可以与含羰基的化合物结合，生成亚硫酸加成物，称为结合 SO_2：

$$R'-\overset{\displaystyle R}{\overset{|}{C}}=O^+ + HSO_3H \rightleftharpoons R'-\underset{\displaystyle OH}{\underset{|}{\overset{\displaystyle R}{\overset{|}{C}}}}-SO_3 + H^+$$

1. 与糖化合　在发酵基质中，SO_2 可与糖（用 C 表示）化合形成不稳定化合物：

$$SO_2 + C \rightleftharpoons SO_2C$$

2. 与乙醛化合生成相对稳定的乙醛亚硫酸

$$CH_3-C(H)=O + HSO_3H \longrightarrow CH_3-C(H)(SO_3H)-OH$$

SO_2 与乙醛的反应速度，比与糖的反应速度快得多。当亚硫酸、乙醛和葡萄糖同时存在时，SO_2 优先与乙醛结合，最后才与葡萄糖发生反应。

3. 与花色素的结合　生成无色的不稳定的亚硫酸色素化合物：

$$\text{花色素苷(红色)} + HSO_3H \longrightarrow \text{亚硫酸氢盐加成物(无色)}$$

当有乙醛存在时，该不稳定化合物分解，重新释放出 SO_2。

总之，在加入的 SO_2 总量中，只有游离态的 SO_2 具有活性，而在游离态 SO_2 中，分子态的 SO_2 活性最强。但这部分 SO_2 很少，而且根据基质的 pH 而有所变化。当 pH=3.8 时，分子态 SO_2 只占游离 SO_2 的 1%；而当 pH=2.8 时，占游离 SO_2 的 10%。因此，在游离 SO_2 浓度一定时，发酵基质或葡萄酒的 pH 越低，SO_2 的气味（不良气味）越浓，杀菌力越强。

SO_2 总量为游离 SO_2 和结合态 SO_2 含量之和。

三、SO_2 的来源和用量

（一）SO_2 的来源

常用有固体、液体和气体 3 种形式。

1. 固体　最常用的为偏重亚硫酸钾（$K_2S_2O_5$），其理论 SO_2 含量为 57%，但在实际使用中，其计算用量为 50%（即 1 kg $K_2S_2O_5$ 含有 0.5 kg SO_2）。使用时，先将 $K_2S_2O_5$ 用水溶为 12% 的溶液，其 SO_2 含量为 6%。

2. 液体　气体 SO_2 经加压（30 MPa，常温）或冷冻（−15℃，常压）变成液体 SO_2，一般贮存在高压钢桶（罐）中。使用时有直接使用和间接使用两种方法。间接使用就是将 SO_2 溶解为亚硫酸后再行使用。一般常用的 SO_2 的水溶液浓度为 6%。此外，也可使用一定浓度的瓶装亚硫酸溶液。

3. 气体　在燃烧硫黄时，生成无色、让人窒息的气体 SO_2，这种方法一般只用于发酵桶的熏硫处理。

在熏硫时，从理论上讲，1 g 硫在燃烧后会形成 2 g SO_2：$S + O_2 \longrightarrow SO_2$。

但实际上，在 225 L 的酒桶中燃烧 10 g 硫，只能产生 13～14 g 的 SO_2，只有其理论值的 70%。

（二）SO_2的用量

1. 发酵前 对于酿造红葡萄酒的原料，应在葡萄破碎除梗后泵入发酵罐时立即进行SO_2处理，并且一边装罐一边加SO_2，装罐完毕后进行一次倒罐，以使所加的SO_2与发酵基质混合均匀。对于酿造白葡萄酒的原料，SO_2处理应在取汁以后立即进行。如果生产的葡萄酒用于蒸馏白兰地，则不对原料进行SO_2处理。此外，如果葡萄酒要进行苹果酸-乳酸发酵，对原料的SO_2处理就不能高于60 mg/L。

温度越高，原料含酸量越低，含糖量越高，破损、霉变越严重，在发酵基质中所加入的SO_2量也越高。常用的SO_2浓度见表14－2（李华，2000）。

表14－2 红葡萄酒、白葡萄酒原料常用的SO_2浓度

原 料 状 况	红葡萄酒*/(mg/L)	白葡萄酒**/(mg/L)
无破损、霉变，成熟度中，含酸量高	30～50	40～60
无破损、霉变，成熟度中，含酸量低	50～80	60～80
破损、霉变	80～100	80～100

* 按将生产出的葡萄酒计算；** 按葡萄汁的量计算。

2. 在葡萄酒陈酿和贮藏时 在葡萄酒陈酿和贮藏过程中，必须防止氧化作用和微生物的活动，以保护葡萄酒，防止其变质。因此，必须使葡萄酒中游离SO_2浓度保持在一定水平上（表14－3）。

表14－3 不同情况下葡萄酒中游离SO_2需保持的浓度

SO_2浓度类型	葡 萄 酒 类 型	游离SO_2/(mg/L)
贮藏浓度	红葡萄酒	20～30
	干白葡萄酒	30～40
	甜白葡萄	40～80
消费浓度（装瓶浓度）	红葡萄酒	10～30
	干白葡萄酒	20～30
	甜白葡萄酒	30～50
原酒运输浓度（桶装或集装箱）	红葡萄酒	25～35
	干白葡萄酒	35～45
	甜白葡萄酒	80～100*

* 这类葡萄酒不宜进行原酒运输，最好在生产厂装瓶。

在加入SO_2时，应考虑部分加入的SO_2将以结合态的形式存在于葡萄酒中，一般按1/3变为结合态、2/3以游离状态存在粗略计算需加入SO_2的量。

国际葡萄酒与葡萄酒组织（OIV，2006）对葡萄酒中SO_2的含量进行了限制（表14－4）；我国也规定，干葡萄酒和其他类型葡萄酒中总SO_2的最高限量分别为250 mg/L和300 mg/L。

表14－4 OIV对零售葡萄酒中SO_2含量高限的规定

葡萄酒类型	总SO_2的高限/(mg/L)
还原糖≤4 g/L的红葡萄酒	150
还原糖≤4 g/L白葡萄酒和桃红葡萄酒	200
还原糖>4 g/L葡萄酒	300
一些特殊的甜白葡萄酒	400

第四节 葡萄酒加工工艺

一、葡萄酒加工工艺流程

葡萄酒种类繁多，各产品质量要求不尽相同，在加工中就形成了不同的工艺流程。

(一) 红葡萄酒的加工工艺流程

葡萄→分选→破碎→除梗→浸渍发酵→榨汁与后发酵→橡木桶贮藏→贮藏管理→澄清→装瓶

(二) 白葡萄酒的加工工艺流程

SO_2、酵母　　容器消毒

葡萄→分选→破碎→除梗→榨汁、过滤→清汁→主发酵→过滤→换桶贮藏(陈酿)→配制→除菌过滤→装瓶

果梗　皮渣　酒泥　酒泥

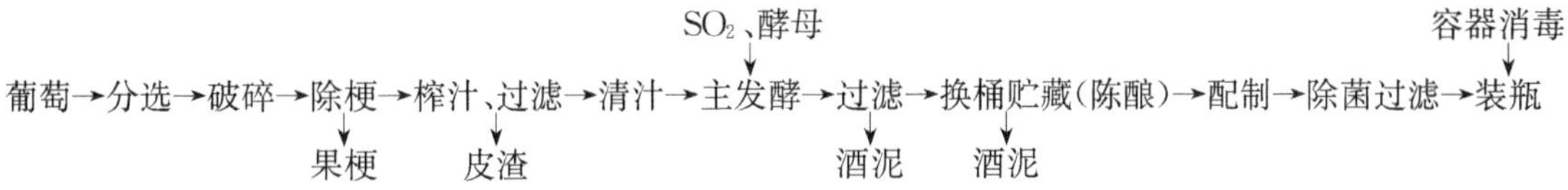

(三) 干红葡萄酒的加工工艺流程

果梗　SO_2、酵母　皮渣→蒸馏→白兰地

葡萄原料→分选→破碎、除梗→葡萄浆→前发酵→压榨→调整成分→后发酵→第一次换桶→一次干红葡萄原酒→

→酒脚→ 蒸馏 → 皮渣白兰地

陈酿→澄清处理→干红葡萄酒

添桶

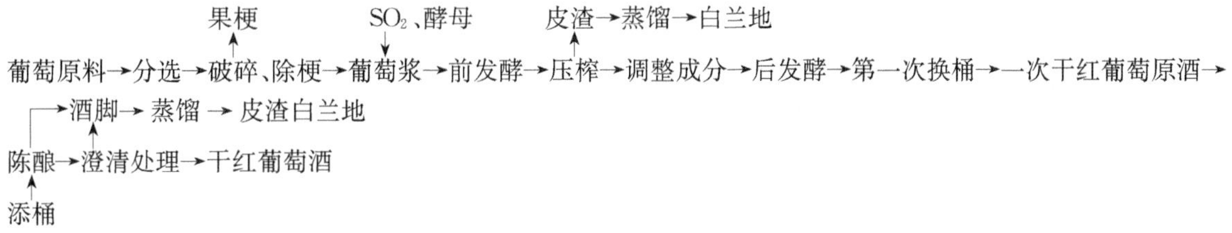

(四) 干白葡萄酒的加工工艺流程

果梗　皮渣→发酵→蒸馏→白兰地

葡萄原料→分选→破碎→果浆分离→白葡萄汁→静置澄清→调整成分、前发酵→换桶→白葡萄原酒

SO_2　SO_2　人工酵母、白砂糖

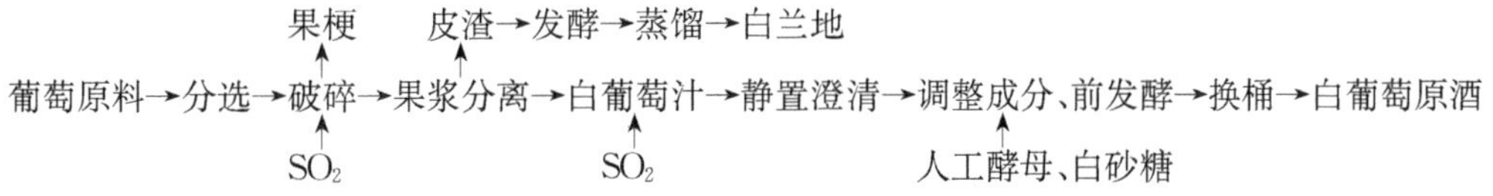

二、葡萄酒加工工艺要求

(一) 葡萄酒的原料要求

1. 葡萄酒酿造的主要原料　只有适合酿酒要求和具有优良质量的葡萄才能酿出优质的葡萄酒。因此,必须建立良种化、区域化的酒用葡萄生产基地。

干红葡萄酒要求原料色泽深、风味浓郁、果香典型、糖分含量高(210 g/L 以上)、酸分适中(6～12 g/L)、完全成熟,糖分、色素积累到最高而酸分适宜时采收。

干白葡萄酒要求原料果粒充分成熟,即将完熟,具有较高的糖分和浓郁的香气,出汁率高。我国主要优良葡萄酿酒品种见表 14－5。

表 14－5　主要优良葡萄酿酒品种

中文名称	外文名称	颜色	适用酿酒种类
蛇龙珠	cabernet gernischet	红	干红葡萄酒
赤霞珠(解百纳)	cabernet sauvignon	红	高级干红葡萄酒
黑比诺	pinot noir	红	高级干红葡萄酒
梅鹿辄(梅露汁)	merlot	红	干红葡萄酒
法国蓝(玛瑙红)	bule French	红	干红葡萄酒
品丽珠	cabernet France	红	干红葡萄酒
增芳德	zinfandel	红	干红葡萄酒
佳利酿(法国红)	carignane	红	干红或干白葡萄酒
北塞魂	petite bouschet	红	红葡萄酒
魏天子	verdot	红	红葡萄酒
佳美	gamay	红	红葡萄酒
玫瑰香	muscat hambury	红	红或白葡萄酒
霞多利	chardonnay	白	白葡萄酒、香槟酒
雷司令(里斯林)	riesling	白	白葡萄酒
灰比诺(李将军)	pinot gris	白	白葡萄酒

续 表

中文名称	外文名称	颜 色	适用酿酒种类
意斯林(贵人香)	Italian riesling	白	白葡萄酒
琼瑶浆	gewürztraminer	白	白葡萄酒
长相思	sauvignon blanc	白	白葡萄酒
白福尔	folle blanche	白	白葡萄酒
白羽	ркацители	白	白葡萄酒、香槟酒
白雅	*Баян-ширей*	白	白葡萄酒
北醇		红	红或白葡萄酒
龙眼		淡红	干白葡萄酒或香槟酒

注：此表有部分修改。

葡萄的成熟状态将影响葡萄酒的质量，甚至葡萄酒的类型。葡萄生长发育可分幼果期、转色期、成熟期和过熟期。随着果粒的不断增大，到了转色期，白色品种的果皮色泽变浅，有色品种果皮颜色逐渐加深，糖分含量不断上升。酸的含量到了成熟期开始下降，单宁至成熟期时仍在增加，葡萄的香味也越来越浓。葡萄的成熟期可用成熟系数(M)表示，即用糖与酸的比值(糖含量以葡萄糖计，g/L；酸含量以酒石酸计，g/L)来判定。虽然不同品种的M值不同，但一般认为，要获得优质葡萄酒，M值必须等于或大于20。每一品种在特定区域都有较为固定的采收期，在采收季节，一个月内每周两次取样，测定M值，从而决定采收日期。此外，采收期还受酿酒类型的影响，如白葡萄酒比红葡萄酒的原料稍早采收，冰葡萄酒则要等到葡萄在树上结冰后再采摘，在结冰状态下压榨、发酵。

2. 葡萄酒原料的改良　由于各种条件的变化，有时葡萄浆果没有完全达到其成熟度，有时浆果受病、虫危害等，使酿酒原料的各种成分不符合要求。在这些情况下，可以通过多种方法提高原料的含糖量(即潜在酒度)、降低或提高含酸量等，以对原料进行改良(李华，1990)。但原料的改良并不能完全抵消因浆果本身的缺点所带来的后果。因此要获得优质葡萄酒，必须首先保证葡萄浆果达到最佳成熟度，并在采收过程中保证浆果完好无损、无污染。

(1) 浆果成熟度不够：由于不良气候条件(低温、高湿)影响或采收过早，这样的葡萄通常含糖量低、含酸量高(主要是苹果酸含量)。对于这类原料的改良主要有两个途径：一是加蔗糖或浓缩汁提高含糖量；二是直接中和或间接地利用生物方法降酸。

1) 添加蔗糖　添加的糖一般用大于99%的结晶白砂糖(甘蔗糖或甜菜糖)。添加量从理论上讲，加入17 g/L蔗糖可使酒度提高1%(体积分数)。但在实践中由于发酵过程中的损耗(如挥发、蒸发等)，加入的糖量应稍大于17 g/L，可参考表14-6。

表14-6　增加1%(体积分数)乙醇需加入的蔗糖量

葡萄酒类型	蔗糖添加量/(g/L)
白葡萄酒、桃红葡萄酒	17.0
红葡萄酒　带皮发酵	18.0
葡萄汁发酵	17.5

先将需添加的蔗糖在部分葡萄汁中溶解，然后加入发酵罐中，添加蔗糖以后，必须倒一次罐，以使所加入的糖均匀地分布在发酵汁中。添加蔗糖的时间最好是发酵刚刚开始时，并且一次加完，因为这时酵母菌正处于繁殖阶段，能很快将糖转化为乙醇。如果加糖时间太晚，酵母所需其他营养物质已部分消耗，发酵能力降低，常常发酵不彻底，造成乙醇发酵中止。

例如，利用潜在酒度为9.5%(体积分数)的5 000 L葡萄汁生产酒度为12%(体积分数)的葡萄酒，其蔗糖的添加量为

$$12\%-9.5\%=2.5\%(\text{体积分数}) \qquad \text{需要增加的酒度}$$

$$2.5\%\times17.0\ \text{g/L}\times5\ 000\ \text{L}=212.5(\text{kg}) \qquad \text{需要添加的蔗糖量}$$

2）添加浓缩葡萄汁　将葡萄汁进行 SO_2 处理，以防止发酵。再将处理后的葡萄汁在部分真空的条件下加热浓缩，使其体积降至原体积的 1/5～1/4，获得的浓缩葡萄汁中的各种物质的含量都比原来增加 4～5 倍。为了防止浓缩葡萄汁中的含酸量过高，可在进行浓缩以前，对葡萄汁进行降酸处理。此外，浓缩汁中钾、钙、铁和铜等含量也较高。添加的方法和时间与添加蔗糖相同。

在确定添加量时，必须先对浓缩葡萄汁的含糖量（潜在酒度）进行分析。

例如，已知浓缩葡萄汁的潜在酒度为 50%（体积分数），4 000 L 发酵用葡萄汁的潜在酒度为 10%（体积分数），葡萄酒要求酒度为 11.5%（体积分数），则可以用下面方法算出浓缩葡萄汁的添加量：

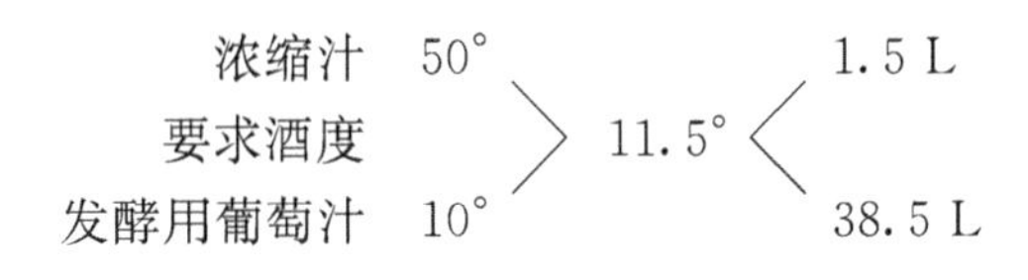

即要在 38.5 L 的发酵用葡萄汁中加入 1.5 L 浓缩汁，才能使葡萄酒达到 11.5%（体积分数）的酒度。因此，在 4 000 L 发酵用葡萄汁中应加入浓缩葡萄汁的量为 1.5×4 000/38.5＝155.8 L。

以上两种方法，都能提高葡萄酒的酒度。但添加蔗糖时，葡萄酒中的含酸量和干物质含量略有降低。与之相反，添加浓缩葡萄汁则提高葡萄酒中的酸度和干物质含量。这两种方法在实践中一般选用添加蔗糖。

3）化学降酸　化学降酸就是用盐中和葡萄汁中过度的有机酸，降低葡萄汁和葡萄酒的酸度，提高 pH。允许使用的化学降酸剂有：酒石酸钾[$COOK(CHOH)_2COOK$]、碳酸钙和碳酸氢钾，其中以碳酸钙最有效，而且最便宜。其降酸原理主要是与酒石酸形成不溶性的酒石酸氢盐或与酒石酸氢盐形成中性钙盐，从而降低酸度。

上述降酸剂的用量，一般用它们与硫酸的反应进行计算。

例如，1 g 碳酸钙可中和约 1 g 硫酸：$CaCO_3 + H_2SO_4 \longrightarrow CaSO_4 + CO_2 + H_2O$。因此，要降低 1 g 总酸（以 H_2SO_4 计），需要添加 1 g 碳酸钙或 2 g 碳酸氢钾或 2.5～3 g 酒石酸钾。

葡萄汁酸度过高，主要是由于苹果酸含量过高。而化学降酸的作用主要是除去酒石酸氢盐，并且影响葡萄酒的质量和葡萄酒对病害的抗性，此外，由于化学降酸提高 pH，有利于苹果酸-乳酸发酵，可能会使葡萄酒中最后的含酸量过低。因此，必须慎重使用化学降酸。

多数情况下，化学降酸仅仅是提高发酵液 pH 的手段，以利于苹果酸-乳酸发酵的顺利进行。这就必须根据所需要的 pH 和葡萄汁中酒石酸的含量计算所使用的碳酸钙量。一般在葡萄汁中加 0.5 g/L 碳酸钙，可使 pH 提高 0.15，这一添加量足够达到启动苹果酸-乳酸发酵的目的。

如果葡萄汁的含酸量很高，并且不希望进行苹果酸-乳酸发酵，可用碳酸氢钾进行降酸。其用量最好不超过 2 g/L。与碳酸钙比较，碳酸氢钾不增加 Ca^{2+} 的含量，而后者是葡萄酒不稳定的因素之一。如果要使用碳酸钙，其用量不要超过 1.5 g/L。

对于红葡萄酒，化学降酸最好在乙醇发酵结束时进行，可结合分离转罐添加降酸盐。对于白葡萄酒，可先在部分葡萄汁中溶解降酸剂，待起泡结束后，注入发酵罐，并进行一次封闭式倒罐，以使降酸盐分布均匀。OIV(2006)规定，通过化学降酸生产的葡萄酒中，酒石酸的含量不能低于 1 g/L，化学降酸和化学增酸不能用于同一原料。

4）生物降酸　利用微生物分解苹果酸，从而达到降低酸度的目的。可用于生物降酸的微生物有进行苹果酸-乳酸发酵的乳酸菌和能将苹果酸分解为乙醇和 CO_2 的裂殖酵母。红葡萄酒一般进行苹果酸-乳酸发酵降酸，白葡萄酒一般进行化学降酸。

5）物理降酸　包括冷处理降酸和离子交换降酸。把葡萄酒的温度降低到 0℃以下进行冷处理，酒石析出加快，从而达到降低酸度的目的，目前这一技术已被广泛用于生产中。

(2) 浆果酸度过低：这类浆果的特点是在一定条件下，含糖量达到最大值，而有机酸含量则很低，有时可降至 3 g/L（以 H_2SO_4 计）以下。用这类浆果酿造的葡萄酒不厚实，没有清爽感，而且不稳定，容易在贮藏过程中感染各种病害。因此，对于这类浆果不仅要尽量保持现有的含酸量，而且应添加一些物质，提高其含酸量。

1）化学增酸 OIV(2006)规定，对葡萄汁和葡萄酒的化学增酸只能用乳酸、L(－)苹果酸或DL-苹果酸和L(＋)酒石酸，而且对当葡萄汁和葡萄酒的增酸量，最多不能超过4 g(酒石酸)/L。一般认为，当葡萄汁含酸量低于4 g(H_2SO_4)/L和pH大于3.6时，可以直接增酸。在实践中，一般1 000 L葡萄汁中添加1 000 g酒石酸。

需直接增酸时，最好在乙醇发酵开始时添加。

在葡萄酒中，还可加入柠檬酸以提高其酸度。但其添加量最好不要超过0.5 g/L。柠檬酸主要用于稳定葡萄酒。但在经过苹果酸-乳酸发酵的葡萄酒中，柠檬酸容易被乳酸菌分解，提高挥发酸量，因此应避免使用。

在使用化学降酸剂时，先用少量葡萄汁将酸溶解，然后均匀地加进发酵汁中，并充分拌和。应在木质、玻璃或瓷器中溶解，不要用金属容器。

2）葡萄汁的混合 未成熟(特别是未转色)的葡萄浆果中有机酸盐含量很高，为20～25 g(H_2SO_4)/L。其有机酸盐可在SO_2的作用下溶解，进一步提高酸度。但这一方法有很大的局限性，因为每1 000 L至少要加入40 kg酸葡萄，才能使酸度提高0.5 g(H_2SO_4)/L。此外，还可以通过增酸酵母的使用或离子交换等方式提高葡萄或葡萄酒的含酸量。

（二）红葡萄酒的工艺要求

红葡萄酒与白葡萄酒生产工艺的主要区别在于，白葡萄酒是用澄清葡萄汁发酵的，而红葡萄酒则是用皮渣与葡萄汁混合发酵的。因此，红葡萄酒的发酵作用和固体物质的浸渍作用同时存在，前者将糖转化为乙醇，后者将固体物质中的单宁、色素等酚类物质溶解在葡萄酒中。因此，葡萄酒的颜色、气味、口感等与酚类物质密切相关。酿制红葡萄酒一般采用红色品种，在红色品种中，果肉为红色的是染色品种，果肉无色的为非染色品种。

1. 原料的接收 葡萄采收后应尽快运到酒厂，以避免在葡萄园，甚至在运输过程中的损伤。原料的接收，就是从原料进入葡萄酒厂到对原料进行其他机械处理之间的对原料的一系列处理。与原料在采收和运输过程中一样，原料的接收过程中应尽量防止葡萄之间的摩擦、挤压，保证葡萄完好无损。原料的接收阶段，包括过磅和分级等。原料的接收能力应足够大，尽量防止原料的积压，防止原料的污染和混杂，缩短原料到厂后等待的时间。

2. 原料的分选 原料的分选指除去原料中包括枝、叶、僵果、生青果、霉烂果和其他的杂果，使葡萄完好无损，以尽量保证葡萄的潜在质量。

在葡萄酒厂，分选是在不超过4～5 m的传送带上完成。在分选带的下面，应有葡萄汁接收容器，这部分葡萄汁，需立即加入SO_2，泵送至发酵罐或澄清罐中。对于泥沙含量多的葡萄原料，应在分选前，对原料进行冲洗，在分选时，将原料沥干。在条件允许情况下，如葡萄酒厂自己的葡萄园，分选最好在葡萄园采收时进行。

3. 葡萄的机械处理 葡萄的机械处理包括破碎和除梗两个操作工艺。

（1）*破碎*：破碎是将葡萄浆果压破，以利于果汁的流出。在破碎过程中，应尽量避免撕碎果皮、压破种子和碾碎果梗，降低杂质(葡萄汁中的悬浮物)的含量；在酿造白葡萄酒时，还应避免果汁与皮渣接触时间过长。

破碎的优点：① 有利于果汁流出；② 使原料的泵送成为可能；③ 有利于发酵过程中“皮渣帽”的形成；④ 使果皮和设备上的酵母菌进入发酵基质；⑤ 使基质通风以利于酵母菌的活动；⑥ 使浆果蜡质层发酵，促进物质进入发酵基质，有利于乙醇发酵的顺利触发；⑦ 使果汁与浆果固体部分充分接触，便于色素、单宁和芳香物质的溶解；⑧ 便于正确使用SO_2；⑨ 缩短发酵时间，便于发酵结束；⑩ 压榨酒不像整粒发酵的那样具甜味。

破碎的缺点：① 对于(部分)霉变的原料，破碎和通风会引起氧化破败病而影响酒的质量；② 在高温地区，会使开始发酵过于迅速；③ 对单宁含量过高的原料，加强浸渍作用，影响葡萄酒质量；④ 提高苦涩物质的溶解量，且单宁的溶解量比色素的溶解量随破碎强度而增加的速度更快；⑤ 破碎提高杂质和酒渣的含量。

目前的趋势是，在生产优质葡萄酒时，只将原料进行轻微的破碎。如果需加强浸渍作用，最好是延长浸渍时间，而不是提高破碎强度。破碎可用破碎机单独进行，也可用除梗-破碎机与除梗同时进行。此外，在进行小型生产中试验时，也可用人工破碎。

(2) 除梗：除梗是将葡萄浆果与果梗分开并将后者除去。除梗一般在破碎后进行，且常常与破碎在同一除梗-破碎机中进行。

除梗的优点：① 减少发酵体积(果梗占总重的3%～6%，但占总体积的30%)、发酵容器和皮渣量；② 改良葡萄酒的味感(果梗的溶解物具草味、苦涩味)，使葡萄酒更为柔和；③ 提高葡萄酒的酒度(0.5%)(果梗含水而几乎不含糖，果梗可吸收乙醇)；④ 提高葡萄酒的色素含量(果梗可固定色素)。

除梗的缺点：① 增大发酵的困难，果梗可吸收发酵热，限制发酵温度并提高氧的含量，有果梗时发酵更为迅速、更为彻底；② 增大皮渣压榨的困难；③ 提高葡萄酒的酸度，果梗含酸量低，含钾量高，除梗和不除梗葡萄酒酸度的差异可达0.5%；④ 加重氧化破败病。

在葡萄酒酿造中，应该进行除梗，可以部分除梗，也可以全部除梗。如果生产优质、柔和的葡萄酒，应全部除梗。

4. 二氧化硫处理和酵母添加 由于SO_2的独特作用，破碎除梗后一般根据原料的卫生状况和工艺要求加入50～100 mg/L的SO_2。

添加酵母就是将人工选择的活性强的酵母菌系加入发酵基质中，使其在基质中繁殖，引起乙醇发酵。降低葡萄原料中野生酵母的群体数量。

经过SO_2处理后，即使不添加酵母，乙醇发酵也会自然触发，但是添加活性强的酵母可以迅速触发乙醇发酵。

添加优选酵母，可以达到以下目的。

1) 由于优选酵母的加入量为10^6 cfu/mL，可提早乙醇发酵的触发，防止在乙醇发酵前葡萄原料的各种有害变化，包括氧化、有害微生物的生长等。

2) 由于优选酵母所产生的泡沫较少，可以使发酵容积得到更有效的利用。

3) 使乙醇发酵更为彻底。

4) 使乙醇发酵更为纯正，产生的挥发酸、SO_2和H_2S、硫醇等硫化物更少。

5) 使葡萄酒的发酵香气更优雅、纯正。

目前有多种商业化的酵母菌系可供选择。在SO_2处理24 h后添加酵母，以防产生还原味，同时加入的酵母群体的数量应足够大，不得低于10^6 cfu/mL。

酵母添加的方法有如下几种。

1) 活化后直接添加：这是启动发酵时最常用的添加方法。活性干酵母的一般用量为100～200 mg/L，即将活性干酵母在20倍(质量比)含糖5%的温水(35～40℃)中分散均匀，活化20～30 min，然后加入20～25℃的葡萄汁中，静置30 min，再添加到发酵罐中，并通过倒罐混合均匀。

2) 24 h酵母母液：如果希望加快温度较低的葡萄汁乙醇发酵的启动，或者葡萄汁存在发酵不彻底的危险，最好在24 h前制备母液。使用方法是在20 L温水中加入1 kg蔗糖，使混合汁温度为35～40℃，再加入1 kg活性干酵母，放置20～30 min，将活化后的活性干酵母添加到100～200 L的葡萄汁中，并加强通气，在20℃左右的温度条件下，发酵24 h，然后添加到装有10 kL葡萄汁的发酵罐中。

3) 串罐：在使用优选酵母菌系时，一些葡萄酒厂往往用正在发酵的葡萄汁接种需要进行发酵的葡萄原料(通常用量为10%的发酵旺盛葡萄汁)，即串罐。该方法的有优点是：一方面，可大量减少商品化活性干酵母的用量，因而大量降低成本；另一方面，正在发酵的葡萄汁中的酵母菌细胞比活性干酵母的细胞更适应葡萄汁的发酵条件。

此外，也可用自然酵母制备葡萄酒酵母或利用人工选择酵母制备葡萄酒酵母。

5. 发酵 在红葡萄酒的酿造过程中，浸渍与发酵同时进行，浸渍是酿造红葡萄酒的关键。任何过强的机械处理都会提高浸渍强度，但同时也会提高劣质单宁的含量，降低葡萄酒的感官质量。浸渍的最佳方式是在不破坏葡萄固体组织的前提条件下，采取倒罐的方式，获得劣质单宁。决定浸渍强度的因素不仅包括浸渍时间，而且包括酒度和温度的升高。为了获得在短期内消费的、色深、果香味浓、低单宁的葡萄酒(即新鲜葡萄酒)，就必须缩短浸渍时间；相反，为了获得需长期陈酿的葡萄酒，就应使之富含单宁，因而应该延长浸渍时间。这样，虽然其新酒的颜色较浅，但在陈酿过程中其颜色逐渐变深，因为单宁是决定陈年葡萄酒颜色的主要成分。28～30℃有利于酿造单宁含量高、需较长时间陈酿的葡萄酒，而25～27℃则适于酿造果香味浓、单宁含量相对较低的新鲜葡萄酒。发酵过程中应详细做好发酵记录。

发酵记录包括以下方面的内容。

1）原料：品种、体积、清洁状况、比重、总酸、品温。

2）发酵：特别是温度和比例的变化，测定结果最好绘成发酵曲线。

3）在发酵过程中的各种处理，包括：装罐（开始和结束的时间）、SO_2处理（浓度、用量和时间）、加糖（用量、时间）、倒罐（次数、持续的时间、性质）、温度控制（升温或降温）、出罐（时间、自流酒和压榨酒的体积、比例、温度、去向）。

在浸渍发酵过程中，与皮渣接触的液体部分很快被浸出物——单宁、色素所饱和，如果不破坏这层饱和层，皮渣与葡萄汁之间的物质交换速度就会减慢，而倒罐则可破坏这层饱和层，使葡萄汁淋洗整个皮渣表面，达到加强浸渍的作用。倒罐就是将发酵罐底部的葡萄汁泵送至发酵罐上部。目前的趋势是每天倒罐一次，每次倒1/3罐。如果需要对原料进行改良以提高酒度，最好在帽形成时一次性添加。

6. 出罐和压榨 通过一定时间的浸渍，将自流酒放出，使之与皮渣分离。由于皮渣中还含有相当一部分葡萄酒，皮渣将运往压榨机进行压榨，以获得压榨酒。

（1）自流酒的分离：如果生产的葡萄酒为优质葡萄酒，浸渍时间较长，发酵季节温度较低，自流酒的分离应在比例降至1.000 g/mL或低于1.000 g/mL时进行。在决定出罐以前，最好先测定葡萄酒的含糖量，如果低于2 g/L，就可出罐。

如果生产的葡萄酒为普通葡萄酒，发酵季节的温度又较高，则应在密度为1.010～1.015 g/mL时分离出自流酒，以避免高温的不良影响。而且，如果浸渍时间过长，葡萄酒的柔和性则降低。在分离后，可借此机会调整葡萄酒的pH，并且将自流酒的发酵温度严格控制在18～20℃。

为了促进苹果酸-乳酸发酵的进行，在分离时应避免葡萄酒降温，将自流酒直接泵送（封闭式）进干净的贮藏罐中。

（2）皮渣的压榨：由于发酵容器中存在着大量CO_2，因此应等2～3 h，当发酵容器中不再有CO_2后进行除渣。为了加速CO_2的逸出，可用风扇对发酵容器进行通风。从发酵容器中取出的皮渣，经第一次和第二次压榨流出的压榨汁，占红葡萄酒的15%左右，与自流酒比较，除乙醇含量较低外，其中的干物质、单宁及挥发酵含量都要高些。对压榨酒的处理，可以有各种可能性：① 直接与自流酒混合，这样有利于苹果酸-乳酸发酵的触发；② 在通过下胶、过滤等净化处理后与自流酒混合；③ 单独贮藏并作其他用途，如蒸馏；④ 如果压榨酒中果胶含量较高，最好在葡萄酒温度较高的时间进行果胶酶处理，以便净化。

7. 苹果酸-乳酸发酵 苹果酸-乳酸发酵是提高红葡萄酒质量的必需工序。只有在苹果酸-乳酸发酵结束，并进行恰当的SO_2处理后，红葡萄酒才具有生物稳定性。因此，应尽量使苹果酸-乳酸发酵在出罐以后立即进行。在整个发酵结束后，应立即分离，并同时添加50 mg/L的SO_2，添满，7～14 d以后，再进行一次分离转罐。应该注意的是，这一发酵有时在浸渍过程中就已经开始，在这种情况下，应尽量避免在出酒时使之中断。

（三）白葡萄酒酿造工艺要求

白葡萄酒是用白葡萄汁经过乙醇发酵后获得的乙醇饮料，在发酵过程中不存在葡萄汁对葡萄固体部分的浸渍现象。白葡萄酒和红葡萄酒的区别不仅在于颜色上的差异，而且它们在成分上也存在着大的差异，白葡萄酒酿造应选白色葡萄品种，成熟度好的芳香型原料；由于白葡萄酒是由葡萄汁发酵而成的，因此白葡萄酒不存在葡萄汁和皮渣之间的物质交换。这也就意味着白葡萄酒的取汁和压榨操作在发酵前进行。下面仅就白葡萄酒发酵不同于红葡萄酒的特殊工艺加以说明。

1. 原料 干白葡萄酒需要源于葡萄浆果的一类香气，因此，各产区应该选择那些适应本地生态条件的芳香型品种。白色葡萄品种的成熟度好，其葡萄酒的香气则复杂、浓郁，而且更为优雅，感官质量当然更好。

2. 取汁

（1）分离：葡萄经过破碎之后，应立即分离出葡萄汁，以避免浸渍作用、发酵触发和氧化现象。分离的方法可分为静止分离和动力分离，静止分离就是将破碎的葡萄装入压榨容器、依靠重力的作用，使葡萄汁流出，得自流汁。等到容器装满后，开始压榨、取压榨汁。动力分离是为了加速葡萄汁的分离和提高自流汁的比例，对原料进行较小强度的挤压，这种方法需要分离机器。

(2) 压榨：经分离后的皮渣还含有30%～40%的葡萄汁，应将它们送往压榨机进行压榨。压榨时，一方面需提高出汁率，压力应足够大；另一方面，所施加力不应过大，以避免压烂果梗、果皮、种子等，故一般采用分次压榨的方法来解决。压榨的机器类型很多，如立式压榨机、卧式螺旋压榨机、双板式压榨机、气囊压榨机等，这些类型各具优缺点，目前多趋向于使用双板式压榨机和气囊式压榨机。

用自流汁酿得的葡萄酒清淡爽口，酒体柔和圆润；一次压榨汁酿得的酒虽有爽口感，但酒体较厚实；二次压榨汁酿得的酒则较浓厚发涩，酒体粗糙，不符合白葡萄酒的要求。

3. 澄清 经分离和压榨获得的葡萄汁，因含有杂质而呈混浊状态。杂质的存在对最终葡萄酒的风味影响很大，因此发酵前必须进行澄清处理以得到澄清的葡萄汁。澄清的方法主要有以下几种。

(1) SO_2处理：SO_2可以推迟酵母的发酵，使发酵前有一段静置时期。在这一时期由于葡萄汁中所含的果胶酶作用和重力作用使葡萄汁中的杂质沉淀。由于酿造葡萄酒时要利用SO_2的杀菌作用和抗氧化作用，必须添加一定量的SO_2。这也就恰好使葡萄汁得以澄清。酿造白葡萄酒时一般用量80～150 mg/L，依据原料的卫生状况和工艺方法而定。

(2) 果胶酶处理：利用果胶酶分解葡萄汁中的果胶物质，在加入果胶酶1 h后，破坏胶体保护作用，从而加速葡萄汁的澄清。但是，与对照比较，沉淀物的紧实度没有显著差异。此外，果胶酶处理可能会导致葡萄汁澄清过度。果胶酶处理还会使葡萄汁和所获得的葡萄酒在以后更容易过滤。果胶酶的用量，根据酶活性的大小不同、原料中果胶物质的含量和状态不同及工艺方法的差异而有较大的变化。

(3) 皂土：利用皂土的吸附作用，吸附葡萄汁中的大分子物质和杂质，加速葡萄汁的澄清。皂土用量因其质量不同和葡萄汁的不同而变化，一般为0.6～1.0 g/L。

另外，还有一些其他的方法(如离心分离等)可用于葡萄汁的澄清。澄清以后，将澄清葡萄汁分离出来，便可加入人工酵母进行发酵。

4. 发酵 将澄清葡萄汁泵送至发酵容器，立即加入优选酵母进行发酵，其添加量应达10^6 cfu/mL，这一处理在发酵过程中，将温度控制在18～20℃，在发酵开始后第二天结合加糖或添加膨润土进行一次开放式倒罐。如果葡萄汁中铵态氮低于25 mg/L或可吸收氮低于160 mg/L，则应在加入酵母的同时，加入硫酸铵(≤300 mg/L)。

此外，在澄清条件一致的条件下，直接压榨获得的葡萄汁比先破碎后压榨获得的葡萄汁发酵得更好。

当比例降到0.993～0.994时，测定还原糖的量，若还原糖小于2 g/L，就应出酒，将葡萄酒与酒渣分开。如果白葡萄酒不需要进行苹果酸-乳酸发酵，则应在分离的同时进行SO_2处理。在发酵结束后，一方面应尽量防止葡萄酒的氧化，另一方面，应防止葡萄汁的贮藏温度过高，因此应将葡萄酒的游离SO_2保持在20～30 mg/L内，在10～12℃的温度条件下密闭贮藏，或充入惰性气体(N_2+CO_2)贮藏。

为了保证所酿造的葡萄酒的生物稳定性，必须进行巴氏杀菌，或除菌过滤或进行热装瓶。

对于发酵不完全的半干葡萄酒、半甜葡萄酒和甜葡萄酒，发酵应该是主动停止，或用专门的技术保留一定量的糖。这类酒生产时停止发酵的方法有如下几种。

1) 在低温下促使发酵停止。人工冷却将发酵温度降至10℃以下，用二氧化硫处理，防止温度回升后的再发酵。

2) 加热葡萄汁至45℃杀死酵母，并结合SO_2处理。

3) 使用足够剂量的二氧化硫停止发酵，选择适当的时间加入二氧化硫，保持游离二氧化硫在80 mg/L以上。

也可用干白葡萄酒与葡萄汁混合的方式获得半干白葡萄酒、半甜白葡萄酒或甜型白葡萄酒，但必须保证混合体的生物稳定性。

三、葡萄酒的成熟

发酵结束后刚获得的葡萄酒，酒体粗糙、酸涩，饮用质量较差，通常称为生葡萄酒。生葡萄酒必须经过一系列的物理、化学变化以后，才能达到最佳饮用质量。实际上，在适当的贮藏管理条件下，可以观察到葡萄酒的饮用质量在贮藏过程中有如下变化规律：开始，随着贮藏时间的延长，葡萄酒的饮用质量不断提高，一直达到最佳饮用质量，这就是葡萄酒的成熟过程。此后，葡萄酒的饮用质量则随着贮藏时间的延长而逐渐降低，这就是葡萄酒的衰老过程(图14-1)。因此葡萄酒是有生命的，有自己的成熟和衰老过程。

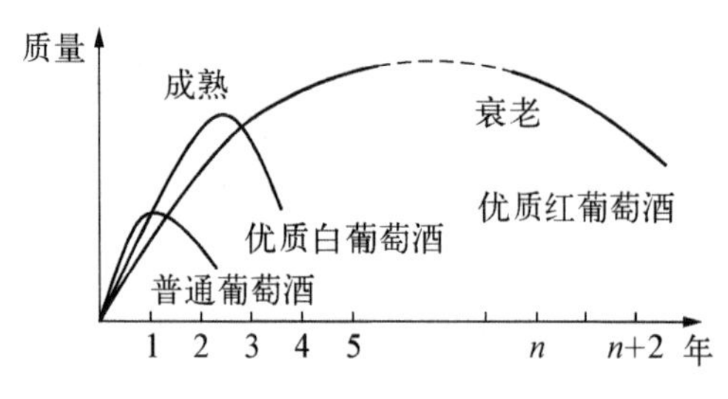

图14-1 葡萄酒的成熟与衰老示意图

1. 葡萄酒的化学成分 在葡萄酒中除乙醇外，还含有很多其他物质，如糖、酸、多酚物质、甘油、高级醇、酯、矿物质、维生素等。所有这些物质的多少和比例决定了葡萄酒的种类和风味。葡萄酒所含的营养物质主要是氨基酸、矿物质(包括微量元素)和人体必需的维生素等。葡萄酒的风味决定于很多其他含量较少的物质，如有机酸、芳香物质、多酚等。

葡萄酒的化学成分极为复杂，而且根据葡萄浆果本身的成分及乙醇发酵和苹果酸-乳酸发酵进行的条件，微生物种类、葡萄酒的酿造工艺和陈酿方式、葡萄酒的年龄等，有很大的变化。

表14-7 葡萄酒的主要成分及其平均含量

类别	成分	每升葡萄酒中的含量	备注
溶解气体	CO_2	0.2～0.7 g→1.1 g	酒龄越小，含量越大
	总 SO_2	80～200 mg→350 g	标准
	游离 SO_2	10～50 mg	标准
挥发性物质	水	700～900 g	
	乙醇	7%～17%	体积比
	高级醇	0.15～0.50 g	
	乙醛	0.005～0.500 g	受酿造工艺的影响
	酯	0.5～1.5 g	
	挥发酸	0.3～0.5 g	以硫酸计
固形物/g	糖	0.8～180.0	根据葡萄酒的种类而变化
	甘油	5～12	根据葡萄酒的种类而变化
	单宁和色素	0.4～4.0	根据葡萄酒的种类而变化
	树胶和果胶物质	1～3	受原料的影响
有机酸/g	酒石酸	5～10	受原料的影响
	苹果酸	0～1	受苹果酸-乳酸发酵的影响
	乳酸	0.2～1.2	受苹果酸-乳酸发酵的影响
	琥珀酸	0.5～1.5	
	柠檬酸	0～0.5 g～1	在特种葡萄酒中可达1 g/L
无机酸/g	硫酸	0.10～0.40	用钾盐表示
	盐酸	0.02～0.25	其中一半为钾盐
	磷酸	0.08～0.50	其中一半为钾盐
矿物质/g	钾 K	0.7～1.5	
	钙 Ca	0.06～0.90	
	铜 Cu	0.000 1～0.003	
	铁 Fe	0.002～0.005	
	铅 Pb	<0.003	

目前，在葡萄酒中已鉴定出1 000多种物质，其中有350多种已被定量鉴定。表14-7列出了葡萄酒的主要成分及其平均值。但是，化学分析并不能表现葡萄酒的感官质量。实际上，对葡萄酒的评价是通过它对我们的味觉、嗅觉、物理、化学和视觉刺激而进行的，即各种刺激所形成的总体印象和在口中的持续性。

2. 葡萄酒成熟的化学反应

（1）氧化：酒石酸被氧化为草酰乙醇酸。由于单宁和色素都缓慢地被氧化，一方面红葡萄酒的颜色逐渐由鲜红色变为橙红色，最后变为瓦红色，白葡萄酒则稍微变黄；另一方面葡萄酒的苦涩味和粗糙的感觉逐渐减少、消失。若葡萄酒通风过强，乙醇可被氧化为乙醛，氧化太重，还会使葡萄酒出现过氧化味。很明显，在贮藏过程中，过强的通风会严重影响葡萄酒的质量，特别是铁和氧化酶含量高的葡萄酒；但适量的通风对葡萄酒的成熟却是完全必要的。

（2）酯化：葡萄酒中含有有机酸和醇，在发酵和贮藏过程中都存在着酯化反应。在发酵过程中形成的乙醇与有机酸发生酯化反应，这一酯化过程很快，形成的酯为挥发性中性酯。主要有乙酸乙酯和乳酸乙酯。在葡萄酒的陈酿过程中，酯化反应都在不停地但缓慢地进行。在这一过程中形成的酯主要是化学酯类，包括酒石酸、苹果酸、柠檬酸等中性酯和酸性酯（酒石酸乙酯、琥珀酸乙酯等）。酯化反应主要在贮藏的头两年中进行，以后就很缓慢了。

葡萄酒中酯类有3种来源：一是存在于葡萄浆果果皮中的构成果香的酯类，这类酯量很少；二是在发酵过程中由酵母菌和细菌活动形成的酯类；三是在贮藏过程中由酯化反应形成的酯类。

（3）单宁和色素的变化：在葡萄酒的成熟过程中，单宁与其他物质形成聚合物，改良葡萄酒的感官质量，也引起少量的单宁沉淀。单宁可与蛋白质、多糖、花色素苷聚合。花色素苷除与单宁聚合外，还可与酒石酸形成复合物，从而导致酒石酸的沉淀。此外，花色素苷与蛋白质、多糖聚合，形成复合胶体，也导致在贮藏容器或在瓶内的色素沉淀。单宁与色素的结合，使葡萄酒的颜色趋于稳定；单宁与其他物质的结合，使葡萄酒的口感更为柔和。

3. 醇香的形成　葡萄酒的香气在贮藏过程中果香、酒香浓度下降，而醇香逐渐产生并变浓，醇香在贮藏的第一年夏天就开始出现，并在以后逐渐变浓，但其最佳香气是在瓶内贮藏几年以后获得的。

葡萄酒醇香的形成首先与葡萄果皮中的芳香物质有关，但也与葡萄酒氧化还原电位逐渐降低有关。葡萄酒的氧化还原电位在溶解氧消失以后继续下降，而其浓郁的醇香是在氧化还原电位降至最低限时才达到的。

葡萄酒的还原程度受温度的影响。温度稍有升高，葡萄酒中氧的含量和电位就迅速下降，因此在25℃以下，醇香的浓度随着贮藏温度的升高而增加。但在25℃以上，葡萄酒，特别是SO_2和酸含量高的葡萄酒，就会出现煮味。

葡萄酒的还原程度还受SO_2浓度的影响：SO_2浓度越高，电位越低，醇香的形成越快。有些优质白葡萄酒醇香的形成，甚至需要50～60 mg/L的游离SO_2。

葡萄酒中如果含有微量的铜（小于1 mg/L），它对醇香的产生也是有利的。此外，在起泡葡萄酒去塞后加入抗坏血酸也有利于醇香的产生。

由于在葡萄酒装瓶以后（在封瓶效果良好的情况下），醇香的发展是在完全无氧、氧化还原电位足够低的条件下进行的，因此，醇香是还原过程的结果。相反，只要将葡萄酒进行轻微的通气，其醇香就会消失或发生深刻的变化。葡萄酒的醇香是由一些可氧化物引起的，只有当它们处于还原状态时才具有使人愉快的气味。而柔和、圆润的口味，一方面是由于红葡萄酒中多酚物质的沉淀，另一方面也是由于醇香物质的出现。在贮藏过程中适当的氧化可产生一些还原性物质，从而有利于葡萄酒在瓶内的还原作用。

醇香产生的最佳温度条件，决定于葡萄酒的种类，红葡萄酒为20℃，白葡萄酒为25℃。总之，优质葡萄酒醇香的形成和发展需要以下几个条件（Ribereau-Gayon et al.，1976）：优良葡萄品种浆果果皮的芳香物质或其前身；密封良好；具适当的还原条件；在装瓶前适当氧化。

目前有研究表明，在红葡萄酒的陈酿过程中，合理利用微氧技术，能有效地促进葡萄酒的成熟，使葡萄酒的口感更为柔和、协调，香气更为优雅。

葡萄酒成熟过程中的管理任务是：促进上述物理、化学和物理化学反应的顺利进行；防止任何微生物的活动；防止葡萄酒的衰老和解体（如过强的氧化等）；避免任何对葡萄酒的不必要的处理，保证葡萄酒的正常成熟。

四、葡萄酒的澄清和稳定

(一) 葡萄酒的澄清

澄清就是为了获得葡萄酒的澄清度,而稳定,则是为了保持这一澄清度并且无新的沉淀物产生。葡萄酒的澄清分自然澄清和人工澄清。

1. 转罐(换桶) 乙醇发酵结束后的葡萄酒,仍含有许多易引起混浊的成分,经过一段时间静置贮藏之后,这些物质就会沉淀到罐底。转罐就是将葡萄酒从一个贮藏容器转到另一贮藏容器。转罐是葡萄酒陈酿过程中的第一步管理操作,也是最基本、最重要的操作。葡萄酒贮藏的失败,常常是由转罐次数过少或转罐方法不当造成的。

(1) 转罐效应:进行澄清:将葡萄酒与酒脚分开,从而避免腐败味、还原味及 H_2S 味等。防止微生物复活引起生物病害;防止了酒石、色素,以及铁、铜等沉淀在温度升高后的再溶解。利于通气:转罐使葡萄酒与空气接触,溶解部分氧(2～3 cm^3/L)。这样的通气有利于葡萄酒的变化及其稳定。因此,生葡萄酒的转罐应为开放式。利于挥发:被 CO_2 饱和的新酒,通过转罐有利于 CO_2 和其他一些挥发性物质的释放。在转罐时,乙醇的挥发量很小。利于均质化:在长期贮藏(特别是大容器贮藏)过程中,出现的沉淀和顶空的气体会使酒形成不同的质量层次。转罐能使酒质更加一致。可进行 SO_2 处理:转罐时,可调整葡萄酒中游离 SO_2 的含量。清洗容器:利用转罐机会,可对贮藏罐进行去酒石、清洗,以及对橡木桶进行检查、清洗等工作。

(2) 转罐的时间和次数:转罐和容器的大小、种类及所生产的葡萄酒的类型有关。在大容量的贮藏罐中贮藏的葡萄酒需转罐的次数比在小容量的橡木桶中的多。例如,在贮藏的第一年中,前者一般每两个月就需转罐一次,而后者全年只转罐 4 次。一些果香味浓、清爽的白葡萄酒的转罐次数很少。如果需要进行苹果酸-乳酸发酵,只有当这一发酵结束后才能转罐。

(3) 转罐的方式:与倒罐一样,转罐方式也有封闭式和开放式两种,前者对容易破败的葡萄酒或容易被突然氧化的陈葡萄酒是必需的;后一种方式主要用于新葡萄酒的转罐,以促进它的成熟。一般情况下,第一次转罐为开放式,以后多为封闭式,但也有例外,具体要视情况而定。转罐时应选择晴朗、干燥,即气压高的时候进行。转罐前,应对接酒容器进行认真的清洗,然后熏硫。熏硫用量为 30 mg/L 硫黄。熏硫后容器封闭几小时。然后打开,并进行很强的通风。

在葡萄酒的贮藏过程中,由于游离 SO_2 浓度逐渐下降,应在转罐以前进行游离 SO_2 的分析,并在转罐时按以下浓度进行调整:优质红葡萄酒 10～20 mg/L、普通红葡萄酒 20～30 mg/L、干白葡萄酒 30～40 mg/L、加强葡萄酒 80～100 mg/L。

2. 添罐(添桶) 由于各种原因,在贮藏过程中,贮藏容器中葡萄酒液面下降,从而造成空隙,因此必须定期添罐。它的目的至少是可以减少固定的酒液面与空气接触而导致的氧化或醋酸菌的危害。每次添罐间隔时间的长短取决于空隙形成的速度,而后者又取决于温度、容器的材料和大小及密封性等因素。一般情况下,橡木桶贮藏的葡萄酒每周添罐二次,金属罐贮藏则每周添一次。添罐用酒应为优质、澄清、稳定的葡萄酒。一般要求用同品种、同酒龄的酒添罐,在某些情况下可用比较陈的葡萄酒。

3. 下胶 下胶就是在葡萄酒中加入亲水胶体,使之与葡萄酒中的胶体物质、丹宁、蛋白质、金属复合物、某些色素、果胶质等发生絮凝反应,并将这些物质除去,使葡萄酒澄清、稳定。

(1) 常用的下胶材料

1) 膨润土 又称皂土,皂土在电解质溶液中可吸附蛋白质和色素而产生胶体的凝聚作用,用量一般为 400～1 000 mg/L。在使用时,应先将膨润土加入少量热水(50℃)中并搅拌,使之成奶状,然后再加进葡萄酒中。可用于对澄清葡萄汁的处理,对生葡萄酒及装瓶前的处理。

2) 明胶 明胶可吸附葡萄酒中的单宁、色素,因而能减少葡萄酒的粗糙感。不仅可用于葡萄酒的下胶,而且可用于葡萄酒的脱色。

3) 鱼胶 鱼胶使用时,只能用冷水进行膨胀,而不能加热,用量为 20～50 mg/L。处理白葡萄酒,鱼胶与明胶比较有以下优点:使用剂量小,澄清度高,酒体清亮;沉淀需要单宁量少;不会造成下胶过量。同时,由于鱼胶的絮凝块比例小,在使用后留下的酒脚体积大,下沉速度慢并可结于容器内壁,其絮块还会堵塞过滤机。因此下胶后必须进行两次转罐。

4）蛋白　蛋白质是用鲜鸡蛋清经干燥获得的，在水中溶解不完全，但溶于碱液。它可与单宁形成沉淀，一般 1 g 蛋白质可沉淀 2 g 单宁。使用时，先将蛋白质调成浆状，再用加有少量含碳酸钠的水进行稀释，然后注入葡萄酒中。用量为 60～100 mg/L。除蛋白质外，也可使用鲜蛋清，其效果与蛋白质相同。蛋白质和蛋清是红葡萄酒优良的下胶物质，但不能用于白葡萄酒。

5）酪蛋白　酪蛋白是牛奶的提取物，常为淡黄色或白色粉末，不溶于水，而溶于碱液，在酸性溶液中产生沉淀。主要用于白葡萄酒的澄清。用量为 150～300 mg/L。使用酪蛋白时，先将 1 kg 酪蛋白在含有 50 g 碳酸钠的 10 L 水中用水浴加热溶解，再用水稀释至 2%～3%，并立即使用。

（2）*下胶方法*：对一种指定的葡萄酒，要想正确下胶，必须事先做下胶试验。只有经过下胶试验，才能确定最后使用哪一种下胶材料及其最佳用量。下胶试验可以在 750 mL 的无色玻璃瓶中进行，也可在长 80 cm、直径 3～4 cm 的玻璃筒内进行。前者有利于澄清剂和酒均匀混合，且沉降速度较快。而后者可以更好地观察沉降时间。通过下胶试验选择澄清效果最好、絮凝沉淀速度最快、酒脚最少的下胶材料及其使用浓度。下胶时应选择低温、气压较高的天气进行下胶。用于下胶的葡萄酒必须结束乙醇发酵、苹果酸-乳酸发酵，且无病害。如果葡萄酒已发生病害，应在下胶前加入 50 mg/L 的 SO_2，以杀死病原微生物。

在下胶过程中应注意的是让下胶材料和葡萄酒迅速混合均匀。下胶葡萄酒的量越大，均匀混合的困难程度越大。由于某些下胶材料会迅速凝结沉淀，因此使它们迅速均匀混合到整个葡萄酒中是非常关键的，否则，下胶材料在与葡萄酒完全均匀混合以前就可能完全凝沉，这样就使一部分葡萄酒遇到的只是失去澄清能力的下胶材料。因此要获得良好的效果，首先应将下胶材料用水稀释，以便于混合。稀释的程度以每 1 000 L 葡萄酒加入 2.5 L 左右的水为限。但必须注意不要用葡萄酒直接稀释下胶材料。为了达到下胶材料与葡萄酒均匀混合的目的，下胶时可采取搅拌的方法。采用定量下胶泵及结合转罐等方法加入下胶材料。

4. 过滤　过滤是一种常见的澄清方法，它是让酒液通过具有很细微孔的滤层来除去沉淀物质。微粒和杂质因不同的作用机制被滞留在滤层上。

对于较浑浊的新葡萄酒，由于含有较多的杂质，应使用筛析过滤。而对于较澄清的葡萄酒，应使用吸附过滤。过滤的时间最好选在过冬之后进行，以便于酸性酒石酸钾的凝结沉淀。而对于要求提高其生物稳定性的葡萄酒，装瓶前可用孔目直径为 1.20 μm 或 0.65 μm 的过滤膜过滤，前者可以除去酵母菌，后者可以除去乳酸菌和醋酸菌。这一种过滤称为薄膜过滤，但不是以澄清为目的，而是以除去微生物为目的。

5. 离心　离心处理可加速葡萄酒中悬浮物质的沉淀，从而达到澄清、稳定葡萄酒的目的。现在用于处理葡萄汁或葡萄酒的离心机多为连续离心机，对沉淀物的去除用程序控制。根据性能不同，可将离心机分为两大类。

（1）*传统离心机*：离心加速作用为重力的 5 000～8 000 倍，主要用于葡萄汁的澄清处理和葡萄酒的预滤。这种离心机可除去 95%～99%的酵母菌，但留下的细菌比例较高。

（2）*超速离心机*：其离心加速作用为重力的 14 000～15 000 倍，主要用于装瓶前的处理，它可除去所有的酵母菌和 95%的细菌。但它只能处理已经通过下胶和酶处理进行预澄清的葡萄酒。因为超速离心机并不能除去很多胶体物质。

（二）稳定处理

澄清葡萄酒有时也会发生浑浊，产生沉淀。如果这一沉淀现象发生在贮藏过程，则会使葡萄酒自然稳定；如果它出现在瓶内，则是一种病害，影响葡萄酒的销售。澄清葡萄酒变浑浊的原因主要有两个方面：一方面是微生物的活动引起；另一方面是化学原因引起的。由化学原因引起的浑浊常称为“破败”。

葡萄酒的稳定处理并非将葡萄酒固定在某一特定状态，阻止其变化、成熟，而是避免病害的发生，保持其稳定性，使之在任何条件下都不发生改变。而且只有稳定的葡萄酒，其感官质量才能正常地向良好的方向发展。

1. 葡萄酒稳定处理的基础

（1）*浑浊的原因及鉴别*：葡萄酒澄清后，仍会重新浑浊或出现沉淀，它影响酒的澄清度和色泽。因此，应将"葡萄酒浑浊"与未经澄清处理的生葡萄酒的"不澄清"区分开来。一般认为，引起葡萄酒浑浊的原因有3个方面：氧化性浑浊、微生物浑浊和化学浑浊。

1）氧化性浑浊（氧化破败病） 氧化性浑浊是由多酚氧化酶的存在引起的。空气中的氧，在酶的作用下氧化葡萄酒中某些成分，特别是酚类物质，使白葡萄酒颜色变深、浑浊，呈"牛奶咖啡"色；红葡萄酒丧失红色花色苷，成为"巧克力"色。

为确定新葡萄酒是否容易发生氧化性浑浊，可进行葡萄酒氧化试验。方法是，在玻璃杯中装半杯过滤过的葡萄酒，暴露于空气中12～15 h。在此期间，葡萄酒颜色出现浑浊、沉淀、失去光泽，或者特别是颜色向褐色转变，表面出现虹色薄膜，则该酒已氧化败坏。出罐或第一次转罐以前，必须进行氧化试验，根据试验结果确定转罐方式和加入SO_2的量。

2）微生物浑浊 微生物浑浊可以是细菌引起的，也可以是酵母菌引起的。酵母菌引起的浑浊常发生在葡萄酒通气之后，其症状有时浑浊而细微，有时类似蛋白质的沉淀为絮状，有时较严重类似于酒石沉淀。这类浑浊可以预先用显微镜观察，并进行酵母或细菌计数，或者在25℃的温箱中放置一段时间进行诊断。可用过滤、SO_2处理或加热处理进行防治。

3）化学浑浊 引起化学浑浊的主要原因是：铁破败病，主要是由于葡萄酒中铁含量过高，常出现在葡萄酒通风以后。铜破败病则在还原条件下出现，由铜含量过高引起。蛋白质破败病，是白葡萄酒中蛋白质自然沉淀引发的。色素的沉淀仍然是色素物质的正常变化。酒石酸氢钾和中性酒石酸钙的结晶沉淀，常出现在低温以后或由于未成熟葡萄酒装瓶过早，而在瓶内出现。

在少数情况下，还可出现铝、锡、铅、锌等重金属盐的沉淀，且易于铁、铜沉淀相混淆。此外，所有的胶体沉淀都伴随着多糖的沉淀。

(2) *稳定处理的一般方法*：对于葡萄酒进行稳定处理，适用的一般操作方法如下。

稳定性试验或检出结果，与分析相结合，可将葡萄酒置于最不良的贮藏条件，从而使葡萄酒表现出浑浊的可能性。

据稳定性实验结果，采取相应的处理措施。

对处理后的葡萄酒再次进行稳定性试验，以检查处理效果。只有那些在第二次稳定性试验中保持澄清度的葡萄酒，才能进行装瓶。

稳定性试验最好取澄清葡萄酒进行。如果葡萄酒浑浊，则取样时用滤纸过滤。对于白葡萄酒应避免使用石棉或硅藻土过滤，因它们可固定蛋白质。过滤后的葡萄酒再用于进行稳定性试验。

表14－8列出了可用于葡萄酒处理的各种方法。但不是所有葡萄酒都必须经过这些处理。因为，首先，某一处理只有在必须进行时，才有益于葡萄酒的稳定；其次，对葡萄酒的处理越多，对其质量的影响越大。最理想酿造葡萄酒工艺，是尽量采取各种合理的措施，以减少对葡萄酒的处理。

表14－8 葡萄酒的处理方法一览表

目的	方法及其分类
澄清处理	沉淀性处理：下胶、离心。 过滤性处理：筛析、吸附、无菌
澄清度稳定处理	物理处理：加热、冷冻、电渗析、离子交换 化学处理：抗坏血酸、柠檬酸、二氧化硅、单宁、偏酒石酸、硫化钠、外消旋酒石酸、植物蛋白、酒石酸钙、甘露蛋白、膨润土、亚铁氰化钾、阿拉伯树胶、充氧、植酸钙、PVPP、葡聚糖酶
微生物稳定处理	物理处理：加热（包括瓶内巴氏杀菌） 化学处理：二氧化硫、山梨酸、维果灵
降（脱）色处理	着色白葡萄酒的活性炭处理 氧化葡萄酒的酪蛋白处理

2. 葡萄酒的热处理 葡萄酒的热处理就是将葡萄酒在一定温度条件下处理一段时间，以阻止葡萄酒中微生物的活动。但葡萄酒的热处理效应并不局限于杀菌作用，葡萄酒热处理的效应主要有两个方面，即加速葡萄酒的成熟和稳定葡萄酒。

大量处理葡萄酒时，现在一般用板式热交换器进行。葡萄酒在热交换器中很薄，与热水流动方向相反，并可调解处理后葡萄酒的温度。此外，也有的设备用红外线对葡萄酒进行处理。热处理的目的不同，热处理的温度和时间也不同。表 14－9 列出了各种处理的温度和时间组合。

表 14－9 热处理效应和温度-时间组合

处理	目的	温度和时间*
巴氏杀菌	杀菌	55℃、60℃、65℃下几分钟
瞬间巴氏杀菌	杀菌、酶稳定	99℃、100℃下几秒钟
热装瓶	杀菌	46～48℃装瓶，瓶内自然冷却
热稳定	除去白葡萄酒的蛋白质 除去过多的铜离子	75℃下 15 min；60℃下 30 min 75℃下 15～60 min
空调陈酿	某些种类葡萄酒的催熟 瓶内催熟	30～45℃下几天；通风或不通风 19～22℃下几周几天，根据酒种而定

* 温度为葡萄酒的温度。

3. 葡萄酒的冷处理 低温是葡萄酒稳定和改良质量的重要因素。很久以来，人们都观察到冬季低温除能促进酒石沉淀外，还对葡萄酒具有其他良好作用。低温处理可以使生葡萄酒稳定或使葡萄酒浓缩。并且低温稳定处理已成为葡萄酒生产极其重要的工艺条件。以前人们就知道，冷却对新葡萄酒有良好的影响。人们一直推荐让葡萄酒经冬季自然的低温处理，以改善葡萄酒质量的处理方法。冷处理就是将葡萄酒冷却至接近其冰点的温度，并维持一段时间的一项工艺操作。理论上，温度越低，沉淀出的酒石量越大。但在实践中，一般将温度降至接近葡萄酒的冰点，即：$T=[-(酒度-1)/2]$℃。冷处理一方面加快了葡萄酒的沉淀，主要有晶体沉淀（酒石酸的钾盐和钙盐）和胶体沉淀（红葡萄酒的色素物质、铁络合物、部分蛋白质等）；另一方面使葡萄酒的感官质量得到明显改善，酒龄越短，效果越明显。但是冷处理并不能使微生物死亡和蛋白质全部沉淀，因此不能保证葡萄酒的生物稳定和蛋白质稳定。

长时间将葡萄酒的温度降到接近其冰点，并维持 7～8 d 有时长达 20 d 的长时间冷却处理。然后在低温下分离沉淀，并使处理后的酒升温到贮藏温度。降温快，酒石沉淀得彻底；降温慢，酒石沉淀得不彻底。诱导结晶法是将葡萄酒降到 0℃，并加入磨碎的、高纯度的酒石酸氢钾晶体（4 g/L），搅拌 1～4 h。葡萄酒中酒石含量越低，搅拌时间越长。这样就可以在很短的时间内（约 1 d）完成冷处理操作。连续法是让酒在迅速冷冻至接近它的冰点后通过一结晶器，在结晶器内连续搅拌，完成沉淀，前一批处理样品的结晶体可以用来促进下一次处理样品的结晶。由结晶器流出的酒过滤后用热交换器升温。

此外，还可以将葡萄酒冷冻到其冰点以下，使酒中形成一定量的冰晶体，通过过滤，除去冰晶体和酒石结晶。这一方法可以用来提高酒度过低的葡萄酒的酒度，以便于贮藏和销售。但其浓缩程度不得超过其原体积的 25%，乙醇含量的增加应小于 2%。对于想改善其质量的红葡萄酒，应在葡萄酒完成苹果酸-乳酸发酵之后，没有口味缺陷时进行。

五、葡萄酒的装瓶与包装

葡萄酒在木桶中贮藏 3～9 个月以后，就准备装瓶了，但它的发展并因此就结束。只要葡萄酒还可以饮用一天，它的生命就会继续发展，先是成熟，最后是衰老。寿命较长的葡萄酒在装瓶之后，仍需一段相当的时间，才能逐渐达到巅峰期。葡萄酒的装瓶与包装，是葡萄酒生产的最后一道工序，也是最重要的一道工序。它决定葡萄酒最终以什么样的形式和什么样的质量，进入市场，与消费者见面。

葡萄酒装瓶前，首先检验装瓶酒的质量。经过理化分析、微生物检验和感官品尝，各项指标都合格，才能进入装瓶过程。

为了延长瓶装红葡萄酒的稳定期，防止棕色破败病，红葡萄酒装瓶以前，要加入 30～50 mg/L 的维生素 C。一天能装多少葡萄酒，就处理多少葡萄酒，但加维生素 C 的红葡萄酒必须当天装完。装盛红葡萄酒的玻璃瓶，国内外通用波尔多瓶，即草绿色有肩玻璃瓶，容量为 750 mL。新瓶必须经过清洗才能装酒。回收旧瓶，必须经过杀菌和清洗处理，才能装酒。

葡萄酒的灌装，对小型的葡萄酒厂，可采用手工灌装。中型或大型的葡萄酒厂，都采用机械灌装。

对于装瓶后立即投入市场，短时间里就能消费的葡萄酒，可采用防盗盖封口，这样成本低。国内外大多数葡萄酒，都是采用软木塞封口，软木塞封口比较严密，可以延长瓶装葡萄酒的保存期限。品质较普通的葡萄酒是比较便宜的螺旋瓶盖来封口，至于必须加以久存、品质较高、价格也相对较贵的名酒，就得尽可能使用尺寸较长、孔隙更小的软木塞。封住瓶口的软木塞，如果未能经常与瓶内的酒接触，会变干而且容易皱缩。

所谓葡萄酒的包装，就是对装瓶压塞的葡萄酒，进行包装，使其成为对顾客有吸引力的商品。葡萄酒的包装，主要是加热缩帽、贴大标、贴背标、装盒、装箱等。

第五节　葡萄酒的病害及控制

葡萄酒的病害分为微生物病害、物理化学病害及不良风味等三大类。

一、微生物病害

（一）好气性微生物病害

1. 酵母病害　酒花病。如果葡萄酒在贮藏过程中没有添满，与空气接触一定的时间后，葡萄酒的表面逐渐形成一层灰白色的膜，并慢慢地加厚，出现皱纹。酒花病是由葡萄酒假丝酵母菌引起的。这种酵母菌为侵染性酵母，出芽繁殖很快，它大量存在于葡萄酒厂的表土、墙壁、罐壁和管道中。此外，毕赤氏酵母、汉逊氏酵母和酒香酵母等都可在葡萄酒表面生长，形成膜。

葡萄酒与空气接触或生葡萄酒酒度较低[6%～9%(体积分数)]，葡萄酒假丝酵母引起葡萄酒的乙醇和有机酸的氧化，引起酒度和总酸的降低，染病的葡萄酒一方面味淡，像掺水葡萄酒，另一方面，由于乙醛含量的升高而具有过氧化味。只要做好添罐，防止葡萄酒与空气接触，即可预防酒花病。

2. 醋酸菌病害　变酸病。在葡萄酒表面形成很轻的、不如酒花病明显的灰色薄膜，然后薄膜加厚，并带玫瑰红色，这时薄膜还可沉入酒中，形成黏稠的物体，俗称“醋母”。该病是由细胞很小的细菌——醋酸菌引起的。当葡萄酒与空气长期接触；设备、容器清洗不良；酒度较低；固定酸量较低(pH>3.1)，挥发酸含量较高时，醋酸菌的活动就可将乙醇氧化为醋酸和乙醛，然后形成乙酸乙酯，从而降低葡萄酒的酒度和色度，提高挥发酸的含量。这是一种很严重的病害，预防措施包括：保持良好的卫生条件；在发酵过程中采取措施，使葡萄酒的固定酸含量足够高，尽量降低挥发酸含量；正确使用 SO_2，以最大限度地除去醋酸菌；严格避免葡萄酒与空气接触。

（二）厌气性微生物病害

1. 乳酸菌病害　苦味病。主要发生于瓶内陈红葡萄酒。发病葡萄酒具有明显的苦味，并伴随 CO_2 的释放和颜色的改变及色素沉淀。苦味病是乳酸菌将甘油分解为乳酸、乙酸、丙烯酸和其他脂肪酸的结果，因此也可称为甘油发酵病。而苦味的产生，主要是丙烯醛与多酚物质作用的结果。因此苦味病主要发生在多酚含量高的红葡萄酒中。其预防措施与其他细菌性病害的预防相同。如果苦味病开始出现，应进行1～2次下胶处理，但这很难将病原菌完全除去。

此外还有其他的乳酸菌病害：如酒石酸发酵病、甘露糖醇病、油脂病。

2. 酵母病害　干葡萄酒和甜型葡萄酒中的残糖可由酵母菌进行发酵。引起再发酵的酵母菌主要有：酿酒酵母、拜耳酵母、路氏类酵母、毕赤酵母和酒香酵母。这类酵母不管在有氧还是在无氧条件下都很易繁殖，且不需维生素。

（三）防止微生物病害的措施

为了防止微生物病害的发生，必须除去发病条件，并在乙醇发酵和苹果酸-乳酸发酵结束后，杀死或除去所有微生物，这就必须保持葡萄酒厂良好的清洁状态。控制发酵，使之正常进行，并保证发酵完全。在发酵结束后的葡萄酒贮藏过程中，还必须采取以下措施：① 正确使用 SO_2；② 正确进行添罐、转罐；③ 在装瓶前进行微生物计数；④ 巴氏杀菌。

二、物理化学病害

（一）氧化病害

由氧化引起的葡萄酒浑浊、沉淀主要有两大类，即由铁离子引起的铁破败病和由氧化酶引起的棕色破败病。

在葡萄酒的酿造过程中，应尽量避免与铁器直接接触，以防止葡萄酒含铁量不正常地升高。对于那些经稳定性试验表现出铁破败病症状的葡萄酒，必须进行必要的处理。

棕色破败病也称氧化破败病。症状为：将葡萄酒置于空气中，感病葡萄酒则或快或慢（几小时到几天）地变浑。红葡萄酒的颜色带棕色，甚至带巧克力或煮栗子水色，颜色变暗发乌，此后出现棕黄色沉淀。白葡萄酒的颜色变黄，最后呈棕黄色，也形成沉淀，但比红葡萄酒的沉淀少。患有棕色破败病的葡萄酒都有不同程度的氧化味和煮熟味。

棕色破败病是葡萄酒中氧化酶活动的结果。霉变葡萄浆果中的酪氨酸酶和漆酶都可强烈氧化葡萄酒中的色素，并将它们转化为不溶性物质。

预防棕色破败病的措施都是为了尽量减少多酚氧化酶（特别是酪氨酸酶）在葡萄酒中的含量。这些措施包括：① 原料分选时，尽量除去破损、霉变的果实；② 加入 SO_2；③ 热处理；④ 进行膨润土处理。

（二）还原病害

铜破败病是在还原条件下出现的病害。主要出现在瓶内，特别是装瓶以后暴露在日光下和贮藏温度较高时。其症状为葡萄酒在装瓶后发生浑浊并逐渐出现棕红色沉淀。预防措施主要是尽量降低葡萄酒中铜的含量。例如，在葡萄采收以前的两三周应严格停止使用含铜的化学药剂；在葡萄酒的酿造过程中应尽量避免葡萄酒与铜器直接接触等。

（三）其他浑浊性病害

除以上病害外，葡萄酒还可发生由酒石酸盐沉淀，以及蛋白质、色素等胶体凝结引起的非生物性浑浊性病害。如果发生在瓶内，则会影响葡萄酒的澄清和商品价值。针对不同原因引起的病害，应进行不同的处理，如冷处理、热处理、下胶等。

三、不良风味

有的葡萄酒的分析结果完全正常，但却因为具有不良风味（怪味）而没有任何商品价值。葡萄酒的不良风味种类很多，原因也各不相同，常见的有臭鸡蛋味，过氧化味、燥辣味等。可采取一些处理将之除去。

葡萄原料良好的成熟度和卫生状况、良好的工艺条件和卫生条件、与原料和所需酿造的葡萄酒种类相适应的工艺和贮藏管理措施，是防治葡萄酒病害的最有效方法。一名优秀的葡萄酒师，不在于他能治疗葡萄酒的病害，而在于他能预防各种病害的发生。此外，如果葡萄酒一旦生病，即使经过最合理的治疗，也永远达不到它应有的质量水准。

第六节　果醋加工工艺

一、果醋发酵理论

果醋发酵，如以含糖果品为原料，需经过两个阶段进行，先为乙醇发酵阶段，如果酒的发酵，其次为醋酸发酵阶段，利用醋酸菌将乙醇氧化为醋酸，即醋化作用。如以果酒为原料则只进行醋酸发酵。

（一）醋酸发酵微生物

醋酸菌大量存在于空气中，种类也很多，对乙醇的氧化速度有快有慢，醋化能力有强有弱，性能各异。目前醋酸工业应用的醋酸菌有许氏醋酸杆菌及其变种弯醋杆菌，它们是一种不能运动的杆菌，产醋力强，对醋酸没有进一步氧化能力，用作工业醋生产菌株。我国食醋生产应用的醋酸菌有恶臭醋酸杆菌混浊变种 *Acetobacter rancens* var. *furbidans*（编号 1.41）及巴氏醋酸菌亚种 *Acetobacter pasteurianus*（编号 1.01），细胞椭圆形或短杆状，革兰氏阴性，无鞭毛，不能运动，产醋力 6%左右，并伴有乙酸乙酯生成，增进醋的芳香，缩短陈酿期，但它能进一步氧化醋酸。

醋酸菌的繁殖和醋化与下列环境条件有关。

1）果酒中的酒度超过14%（体积分数）时，醋酸菌不能忍受，繁殖迟缓，被膜变成不透明，灰白易碎，生成物以乙醛为多，醋酸产量甚少。而酒度若在12%～14%（体积分数）以下，醋化作用能很好地进行直至乙醇全部变成醋酸。

2）果酒中的溶解氧越多，醋化作用越快速越完全，理论上100 L纯乙醇被氧化成醋酸需要38.0 m^3纯氧，相当于空气量183.9 m^3。实际上供给的空气量还需超过理论数的15%～20%才能醋化完全。反之，缺乏空气，则醋酸菌被迫停止繁殖，醋化作用也受到阻碍。

3）果酒中的二氧化硫对醋酸菌的繁殖有碍。若果酒中的二氧化硫含量过多，则不适宜制醋。解除其二氧化硫后，才能进行醋酸发酵。

4）温度在10℃以下，醋化作用进行困难。20～32℃为醋酸菌繁殖最适宜温度，30～35℃其醋化作用最快，达40℃即停止活动。

5）果酒的酸度过大对醋酸菌的发育也有妨碍。醋化时，醋酸量陆续增加，醋酸菌的活动也逐渐减弱，至酸度达某限度时，其活动完全停止。一般能忍受8%～10%的醋酸浓度。

6）太阳光线对醋酸菌发育有害。而各种光带的有害作用，以白色为最烈，其次顺序是紫色、青色、蓝色、绿色、黄色及棕黄色，红色危害最弱，与黑暗处醋化时所得的产率相同。

（二）醋酸发酵的生物化学变化

果酒中的乙醇，在醋酸菌作用下变成醋酸和水，其过程如下。

首先，乙醇氧化成乙醛：$CH_3CH_2OH+1/2O_2 \longrightarrow CH_3CHO+H_2O$。

其次，乙醛吸收一分子水成水合乙醛：$CH_3CHO+H_2O \longrightarrow CH_3CH(OH)_2$。

最后，水合乙醛再氧化成醋酸：$CH_3CH(OH)_2+1/2O_2 \longrightarrow CH_3COOH+H_2O$。

理论上100 g纯乙醇可生成130.4 g醋酸，或100 mL纯乙醇可生成103.6 g醋酸，而实际产率较低，一般只能达理论数的85%左右。其原因是醋化时乙醇挥发损失，特别是在空气流通和温度较高的环境下损失更多。此外，醋化生成物中，除醋酸外，还有二乙氧基乙烷[$CH_3CH(OC_2H_5)_2$]，具有醚的气味，以及高级脂肪酸、琥珀酸等，这些酸类与乙醇作用，徐徐产生酯类，具芳香。因此果醋也如果酒，经陈酿后品质变佳。

有些醋酸菌在醋化时将乙醇完全氧化成醋酸后，为了维持其生命活动，能进一步将醋酸氧化成二氧化碳和水：$CH_3COOH+2O_2 \longrightarrow 2CO_2+2H_2O$。

故当醋酸发酵完成后，一般常用加热杀菌或加食盐阻止其继续氧化。

二、果醋酿造工艺

（一）醋母制备

优良的醋酸菌种，可以从优良的醋酸或生醋（未消毒的醋）中采种繁殖。也可用纯种培养的菌种。其扩大培养步骤如下。

1. 固体培养　取浓度为1.4%的豆芽汁100 mL、葡萄糖3 g、酵母膏1 g、碳酸钙1 g、琼脂2～2.5 g，混合，加热熔化，分装于干热灭菌的试管中，每管装量4～5 mL，在9.806 65×10^4 Pa的压力下杀菌15～20 min，取出，趁未凝固前加入50%（体积分数）的乙醇0.6 mL，制成斜面，冷后，在无菌操作下接种优良醋醅中的醋酸菌种，26～28℃恒温下培养2～3 d即成。

2. 液体扩大培养　取浓度为1%的豆芽汁15 mL、食醋25 mL、水55 mL、酵母膏1 g及乙醇3.5 mL配制而成。要求醋酸含量为1%～1.5%，醋酸与乙醇的总量不超过5.5%。装盛于500～1 000 mL三角瓶中，常法消毒。乙醇最好于接种前加入。接入固体培养的醋酸菌种1支。26～28℃恒温下培养2～3 d即成，在培养过程中，每日定时摇瓶一次或用摇床培养，充分供给空气及促使菌膜下沉繁殖。

培养成熟的液体醋母，即可接入再扩大20～25倍的准备醋酸发酵的酒液中培养，制成醋母供生产用。上述各级培养基也可直接用果酒配制。

（二）酿醋及其管理

果醋酿造分固体酿制和液体酿制两种。

1. 固体酿制法　以果品或残次果品、果皮、果心等为原料，同时加入适量的麸皮，固态发酵酿制。

（1）乙醇发酵：取果品洗净、破碎，加入酵母液 3%～5%，进行乙醇发酵，在发酵过程中每日搅拌 3～4 次，经 5～7 d 发酵完成。

（2）制醋坯：将乙醇发酵完成的果品，加入麸皮或谷壳、米糠等，为原料量的 50%～60%，作为疏松剂，再加培养的醋母液 10%～20%（也可用未经消毒的优良的生醋接种），充分搅拌均匀，装入醋化缸中，稍加覆盖，使其进行醋酸发酵，醋化期中，控制品温为 30～35℃。若温度升高达 37～38℃时，则将缸中醋坯取出翻拌散热；若温度适当，每日定时翻拌 1 次，充分供给空气，促进醋化。经 10～15 d，醋化旺盛期将过，随即加入 2%～3%的食盐，搅拌均匀，即成醋坯。将此醋坯压紧，加盖封严，待其陈酿后熟，经 5～6 d 后，即可淋醋。

（3）淋醋：将后熟的醋坯放在淋醋器中。淋醋器用一底部凿有小孔的瓦缸或木桶，距缸底 6～10 cm 处放置滤板，铺上滤布。从上面徐徐淋入约与醋坯量相等的冷却沸水，醋液从缸底水孔流出，这次淋出的醋称为头醋。头醋淋完以后，再加入凉水，再淋，即为二醋。二醋含醋酸很低，供淋头醋用。

2. 液体酿制法　液体酿制法是以果酒为原料酿制。酿制果醋的原料酒，必须乙醇发酵完全、澄清。优良的果醋仍由优良的果酒而得，但质量较差或已酸败的果酒也适宜酿醋。

将酒度调整为 7%～8%（体积分数）的果酒，盛醋化器中，为容积的 1/3～1/2，接种醋母液 5%左右。醋化器为一浅木盆（搪瓷盆或耐酸水泥池均可），高 20～30 cm，大小不定，盆面用纱窗遮盖，盆周壁近顶端处设有许多小孔以利通气并防醋蝇、醋鳗等侵入。酒液深度约为木桶高度的一半，液面浮以格子板，以防止菌膜下沉。在醋化期中，控制品温 30～35℃，每天搅拌 1～2 次，10 d 左右即可醋化完成。取出大部分果醋，留下菌膜及少量醋液在盆内，再补加果酒，继续醋化。

（三）果醋的陈酿和保藏

1. 陈酿　果醋的陈酿与果酒相同。通过陈酿果醋变得澄清，风味更加纯正，香气更加浓郁。陈酿时将果醋装入桶或坛中，装满、密封，静置 1～2 个月即完成陈酿过程。

2. 过滤、灭菌　陈酿后的果醋经澄清处理后，用过滤设备进行精滤。在 60～70℃温度下杀菌 10 min，即可装瓶保藏。

思考题

1. 简述葡萄酒酿造原理，并说明影响乙醇发酵的因素。
2. 假如葡萄浆果成熟度不够，生产葡萄酒时如何对原料进行改良？
3. 二氧化硫处理在葡萄酒酿造中有何作用？
4. 干白和干红葡萄酒的酿造工艺有何不同？
5. 对葡萄酒进行澄清和稳定处理的方法各有哪些？
6. 常见的葡萄酒病害有哪些？如何防治？
7. 苹果酸、乳酸发酵的意义和实施方法？
8. 果醋酿造和果酒酿造的主要区别是什么？
9. 对比果醋固体发酵和液体发酵的工艺差别？

第十五章

果蔬速冻

所谓速冻果蔬，就是指将经过预处理的果蔬原料，采用快速冻结的方法在30 min或更短时间内将其中心温度降至冻结点以下，把原料中80%的水尽快冻结成冰，然后在−18℃及以下温度下长期存放。果蔬在如此低温条件下进行加工及贮藏，能抑制微生物活动和酶活性，最大限度地防止腐败及各类生物化学反应的进行。本章主要介绍果蔬冷冻基本原理，果蔬速冻工艺及方法，速冻果蔬的冻藏、流通等。

第一节　果蔬冷冻基本原理

一、果蔬冻结过程

食品冷冻的过程即采取一定方式排除其热量，使食品中水分冻结的过程，水分的冻结包括降温和结晶两个过程。果蔬由原来的温度降到冰点，其内部所含水分由液态变成固态，这一现象即为结冰，待全部水结冰后温度才继续下降。

1. 降温　纯水在冷冻降温过程中，常出现过冷现象，即温度降到冰点(0℃)以下，而后又上升到冰点时才开始结冰(图15-1)。在过程T_1S中，水以释放显热的方式降温；当过冷到S点时，由于冰晶开始形成，释放的相变潜热使样品的温度迅速回升到0℃，即过程ST_2，在过程T_2T_3中，水在平衡的条件下，继续析出冰晶，不断释放大量的固化潜热。在此阶段中，样品温度保持恒定的冻结温度0℃；当全部的水被冻结后，固化的样品才以较快速率降温(T_3T_4段)。

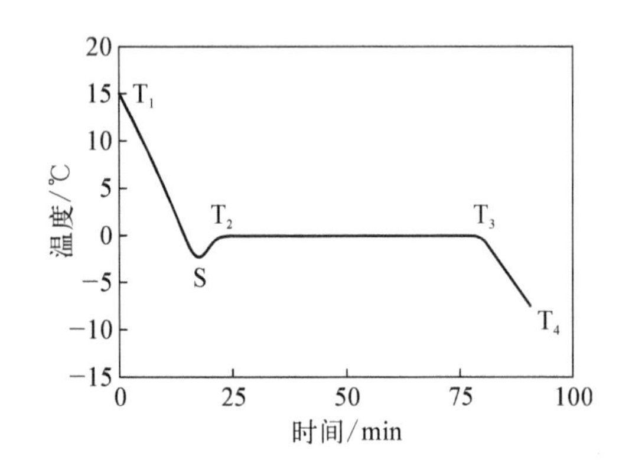

图15-1　纯水的冻结曲

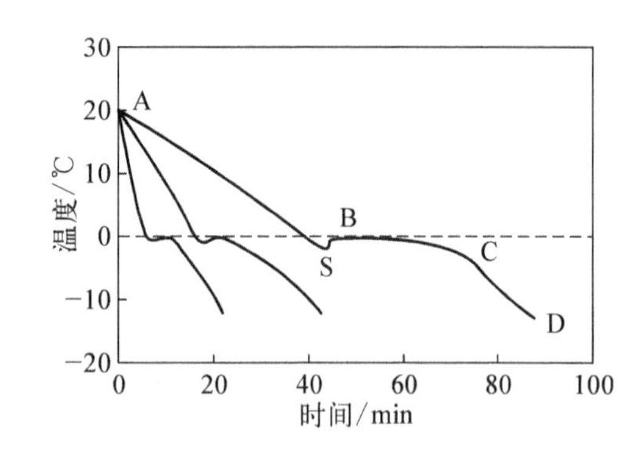

图15-2　不同冻结速率下食品的冻结曲线(S=过冷点)

果蔬是由有生命的细胞构成的，细胞中含有大量的水分，在这些水中溶解了多种有机和无机物质，还含有一定量的气体，构成了复杂的溶液体系。果蔬中的水可分为自由水和结合水两大类，这两类水在冻结时表现出不同的特性。自由水可在液相区域内自由地移动，其冰点温度在0℃以下；结合水被大分子物质(蛋白质、碳水化合物等)所吸附，其冰点要比自由水低得多。根据拉乌尔第二法则，溶液冰点的降低与其物质的浓度成正比，浓度每增加1 mol/L，冰点便下降1.86℃。因此果蔬原料冻结时要降低到0℃以下才会形成冰晶体。在食品的冷冻降温过程中，也会出现过冷现象，但这种过冷现象的出现，随着冷冻条件和产品性质的不同有较大差异，并且果蔬中的水呈一种溶液状态，其冰点比水低，一般果蔬食品的冰点温度通常为−3.8～0℃，因此其冻结曲线与纯水的冻结曲线有较大差异(图15-2)。

2. 结晶 食品中的水分由液态变为固态的冰晶结构，即食品中的水分温度在下降到过冷点之后，又上升到冰点，然后开始由液态向固态转化，此过程为结晶。结晶包括两个过程：即晶核的形成和晶体的增长。① 晶核的形成。在达到过冷温度之后，极少一部分水分子以一定规律结合成颗粒型的微粒，即晶核，它是晶体增长的基础。② 晶体的增长。指水分子有秩序地结合到晶核上面，使晶体不断增大的过程。

食品的冻结曲线（图 15－2）显示了食品在冻结过程中温度与时间的关系。AS 阶段为降温阶段，食品经过过冷现象，此间温度下降放出显热。BC 阶段为结晶阶段，此时食品中大部分水结成冰，整个冰冻过程中大部分热量（潜热）在此阶段放出，降温慢、曲线平坦。CD 阶段为成冰到终温，冰继续降温，余下的水继续结冰。

如果水和冰同时存在于 0℃下，保持温度不变，它们就会处于平衡状态而共存。如果继续由其排除热量，就会促使水转换成冰而不需要晶核的形成，即在原有的冰晶体上不断增长扩大。如果在开始时只有水而无晶核存在的话，则需要在晶体增长之前先有晶核的形成，温度必须降到冰点以下形成晶核，而后才有结冰和体积增长。晶核是冰晶体形成和增长的基础，结冰必须先有晶核的存在。晶核可以是自发形成的，也可以是外加的，其他物质也能起到晶核的作用，但是它要具有与晶核表面相同的形态，才能使水分子有序地在其表面排列结合。

二、果蔬的冰点

果蔬冷冻时，只是其中所含有的水分进行冻结形成冰晶体。水的冰点是水和冰之间处于平衡时的温度，其蒸汽压必须相等，它们的蒸汽压之和就是水冰混合物的总蒸汽压。这种平衡取决于温度的变化，温度降低，总蒸汽压也随之降低。在这个平衡系统中，如果水有较高的蒸汽压，水就会向形成冰晶体的方向转化；反之，当冰的蒸汽压较高时，冰则会向融化成水的方向转化，直至两者间的蒸汽压相等为止。当水和冰处于平衡状态时，若在水中溶入像糖一类的非挥发性溶质，则糖液的蒸汽压就会下降，冰的蒸汽压将高于水的蒸汽压。此时，如果温度维持不变，冰晶体就会融溶为水；如果降低温度促使冰的蒸汽压下降，直至溶液和冰之间再次达到动态平衡，便可以维持冰的结晶状态，此时的温度达到了和溶液浓度相适应的新的冰点。溶液的浓度越高，其蒸汽压就越低，冰点也就越低。显然，溶液的冰点要低于纯水的冰点，因而果蔬原料的冰点也低于纯水的冰点。纯水的冰点为 0℃，食品的冰点一般要低于－1℃才开始冻结，如香蕉要求温度降至－3.3℃。如果将纯水和果汁同时放入冻结室内进行冻结试验，纯水会首先冻结，而果汁除非温度远远低于冰点，否则不会完全冻结，仅呈融雪状态或呈类冰状态。这是因为果汁中水分最先冻结，而残留下来的含有可溶性固形物的高浓度溶液，则需要较低的温度才能使之冻结。总之，食品原料中的水分含量越低，其中无机盐类、糖、酸及其他溶于水中的溶质浓度越高，则开始形成冰晶的温度就越低。各种果品蔬菜的成分各异，其冰点也各不相同，见表 15－1。

表 15－1 几种果品蔬菜的冰点温度

种类	冰点温度/℃		种类	冰点/℃
	最高	最低		
苹果	－1.4	－2.78	番茄	－0.9
梨	－1.5	－3.16	圆葱	－1.1
杏	－2.12	－3.25	豌豆	－1.1
桃	－1.31	－1.93	花椰菜	－1.1
李	－1.55	－1.83	马铃薯	－1.7
酸樱桃	－3.38	－3.75	甘薯	－1.9
葡萄	－3.29	－4.64	青椒	－1.5
草莓	－0.85	－1.08	黄瓜	－1.2
甜橙	－1.17	－1.56	芦笋	－2.2

试验证明，果蔬的活组织与死组织的冰点也不相同，活组织的冰点温度低于死组织，见表 15－2。甜菜活组织的冰点温度低于死组织，这是因为在活组织中，细胞间晶核的形成和冰晶体扩大是靠细胞内水分的供应，由于原生质遇冷时收缩，阻碍水分的通过，因而结冰较困难。另外，活组织进行呼吸时要释放热能，也导致冰点温度降低。死组织的状况正相反，既不产生呼吸热，水分在细胞间隙中又可自由通过，这样容易受到

外温变化的影响,因此冰点温度较高。

表 15-2 甜菜的活组织与死组织冰点温度的比较

外　温/℃	活组织冰点/℃	死组织冰点/℃
−17.8	−2.55	−2.15
−5.8	−1.25	−1.25

三、冻结速度

(一) 冻结速度

冻结速度快慢的划分,目前尚无统一标准,现在通用的方法有定量法和定性法两类。

1. 定量法　可按冻结时间和冻结距离表示。

(1) 以时间划分: 按最新的划分法,食品中心温度从−1℃降至−5℃所需的时间,在3~20 min之内的称为快速冻结,在20~120 min以内的称为中速冻结,超过120 min的称为慢速冻结。

(2) 以推进距离划分: 这种划分方法是以单位时间内将−5℃的冻结层从食品表面向内部推进的距离作为标准,时间以小时(h)为单位,距离以厘米(cm)为单位。冻结速度分为4类: ① 速度超过16 cm/h的为超速冻结。② 速度在5~15 cm/h的为快速冻结。③ 速度在1~5 cm/h的为中速冻结。④ 速度在0.1~1 cm/h的为缓慢冻结。

1972年,国际制冷学会把冻结速度定义为: 某个食品的冻结速度,是指食品表面与中心温度点间的最短距离,与食品表面达到0℃以后食品中心温度降到比食品冻结点低10℃所需的时间之比。如某食品的中心与其表面的最短距离为10 cm,食品的冰点为−2℃,其中心温度降到比冰点低10℃(即−12℃)时所需的时间为15 h,则其冻结速度为 $v=10/15=0.67$ cm/h。

根据此定义,食品中心温度的计算值随食品冰点的不同而改变。如冰点为−1℃时,食品中心温度的计算值需达到−11℃;冰点为−3℃时,计算值为−13℃。这与前述的冻结速度下的温度下限−5℃相比要低得多,而冻结条件也苛刻得多。1990年,国际制冷学会出版的《热带发展中国家冷藏手册》中对快速冻结的看法是: 被冻结食品的冻结面向中心的推进速度需达到0.5~2 cm/h。

目前使用的各种冻结器,其性能和速度也各不相同,一般为0.2~100 cm/h。如通风的冷库中为0.2 cm/h,送风冻结器为0.5~3 cm/h,流化床式冻结器为5~10 cm/h,液氮冻结器为10~100 cm/h。

2. 定性法　定性法是按低温生物学观点进行划分。低温生物学认为,速冻是指外界的温度降与细胞组织的温度降保持不定值,并有较大的温差;而慢冻是指外界的温度降与细胞组织内的温度降基本上保持等速。低温生物学还认为,速冻是指以最快的冻结速度通过食品的最大冰晶生成带(−5~−1℃)的冻结过程。

大部分食品在−5~−1℃内几乎80%的水分冻结成冰,此温度范围也称为最大冰晶生成带(zone of maximum ice crystal formation)。研究表明,这一温度区间,对保证速冻食品的质量具有十分重要的影响。为了保证食品的冻结质量,应以最快的速度通过最大冰晶生成带。

(二) 冻结速度与冰晶分布

1. 速冻　速冻是指食品中的水分在30 min内通过最大冰晶生成区而结冻,在速冻条件下,食品降温速度快,食品细胞内外同时达到形成晶核的温度条件,食品降温速度快,食品细胞内外同时达到形成晶核的温度条件,晶核在细胞内外广泛形成,形成的晶核数目多而细小,水分在许多晶核上结合,形成的晶体小而多,冰晶的分布接近于天然食品中液态水的分布情况。由于晶体在细胞内外广泛分布,数量多而小,细胞受到压力均匀,基本不会伤害细胞组织,解冻后产品容易恢复到原来状态,流汁量极少或不流汁,能够较好地保存食品原有的质量。

2. 缓冻　缓冻是指不符合速冻条件的冷冻。食品在缓冻条件下,降温速度慢,细胞内外不能同时达到形成晶核的条件,通常在细胞间隙首先出现晶核,晶核数量少,水分在少数晶核上结合,形成的晶体大,但数量少。由于较大的晶体主要分布在细胞间隙中,细胞内外受到的压力不均匀,易造成细胞机械损伤和破裂,解冻后,食品流汁现象严重,质地软烂,质量严重下降。

3. 重结晶 由于温度的变化,食品反复解冻和再冻结,会导致水分的重结晶现象。通常当温度升高时冷冻食品中细小的冰晶体首先熔化,冷冻时水分会结合到较大的冰晶体上,反复的解冻和再冷冻后,细小的冰晶体会减少乃至消失,较大冰晶体会变得更大,因此对食品细胞组织造成严重伤害,解冻后,流汁现象严重,产品质量严重下降。另一种关于重结晶的解释是当温度上升,食品解冻时,细胞内部的部分水分首先熔化并扩散到细胞间隙中,当温度再次下降时,它们会附着并冻结在细胞间隙的冰晶上,使体积增大。

可见冷冻食品质量下降的原因,不仅仅是缓冻,还有另外一个因素为重结晶,即使采用速冻方法得到的速冻食品,在贮藏过程中如果温度波动大,同样会因为重结晶现象造成产品质量劣变。

四、冷冻量的要求

冷冻食品的生产,首先是在控制条件下,排除物料中热量达到冰点,使其内部的水分冻结凝固;其次是冷冻保藏。两者都涉及热的排除和防止外来热源的影响。冷冻的控制、制冷系统的要求及保温建筑的设计,都要依据产品的冷冻量要求进行合理规划。因此设计时应考虑下列热量的负荷。

(一) 产品由原始初温降到冷藏温度应排除的热量

产品由原始初温降到冷藏温度应排除的热量包括3个部分。

1) 产品由初温降到冰点温度释放的热量:产品在冰点以上的比热×产品的质量×降温的度数(由初温到冰点的度数)。

2) 由液态变为固态冰时释放的热量:产品的潜热×产品的质量。

3) 产品由冰点温度降到冷藏温度时释放的热量:冻结产品的比热×产品的质量×降温度数。

(二) 维持冷藏库低温贮存需要消除的热量

维持冷藏库低温贮存需要消除的热量包括墙壁、地面和库顶的漏热,例如,墙壁漏热的计算如下:

墙壁漏热量=(导热系数×24×外壁的面积×冷库内外温差)÷绝热材料的厚度

(三) 其他热源

其他热源包括电灯、马达和操作人员等工作时释放的热量:电灯每千瓦小时释放热能3 602.3 kJ;马达每小时每马力①释放热能3 160 kJ;库内工作人员每人每小时释放热能约385.84 kJ。

上述3部分热源资料是食品冷冻设计时需要的基本参考资料,在实际应用时,将上述总热量增加10%比较妥当。

五、冷冻对微生物的影响

微生物的生长、繁殖活动危害有其适宜的温度范围,超过或低于最适温度,微生物的生育及活动就逐渐减弱直至停止或被杀死。大多数微生物在低于0℃的温度下生长活动可被抑制。但酵母菌、霉菌比细菌耐低温的能力强,有些霉菌酵母菌能在-9.5℃未冻结的基质中生活。缓慢冷冻对微生物的危害更大,最敏感的是营养细胞,而孢子则有较强的抵抗力,常免于冷冻的伤害。

果蔬原料在冷冻前,易被杂菌污染,时间拖得越久,感染越重。有时原料经热烫后马上包装冷冻,由于包装材料阻碍热的传导,冷却缓慢,尤其是包装中心温度下降很慢,冷冻期间仍有微生物的败坏发生。因此最好在包装之前将原料冷却到接近冰点温度后,再进行冷冻较为安全。

致病菌在食品冷冻后残存率迅速下降,冻藏对其抑制作用强,而杀伤效应则很低。实验证明,芽孢霉和酵母菌能在-4℃条件下生长,某些嗜冷细菌能在-20~-10℃条件下生存。因此,一般果蔬冷冻制品的贮藏温度都采用-18℃或更低一些的温度。

冷冻可以杀死许多细菌,但不是所有的细菌。有的霉菌、酵母菌和细菌在冷冻食品中能生存数年之久。冷冻果蔬一旦解冻,温度适宜,残存的微生物活动加剧,就会造成腐烂变质。因此食品解冻后要尽快食用。

---

① 1马力=745.7 W。

六、冷冻对果蔬的影响

果蔬在冷冻过程中，其组织结构及内部成分仍然会发生一些理化变化，影响产品质量。影响的程度视果蔬的种类、成熟度、加工技术及冷冻方法而异。

（一）冷冻对果蔬组织结构的影响

一般来说，植物的细胞组织在冷冻处理过程中可以导致细胞膜的变化，增加透性，降低膨压。即说明了冷处理增加了细胞膜或细胞壁对水分和离子的渗透性，这就可能造成组织的损伤。

在冷冻过程中，果蔬所受的过冷温度只限于其冰点下几摄氏度，而且时间短暂，大多在几秒钟之内，在特殊情况下也有较长的过冷时间和较低的过冷温度。在冷冻期间，细胞间隙的水分比细胞原生质中的水先冻结，甚至在低到－15℃的冷冻温度下原生质仍能维持其过冷状态。细胞内过冷的水分比细胞的冰晶体具有较高的蒸汽压和自由能，因而胞内的水分通过细胞壁流向胞外，致使胞外冰晶体不断增长，胞内部的溶液浓度不断提高，这种状况直至胞内水分冻结为止。果蔬组织的冰点及结冰速度都受到其内部可溶性固形物如盐类、糖类和酸类等浓度的控制。

在缓冻情况下，冰晶体主要是在细胞间隙中形成，胞内水分不断外流，原生质中无机盐的浓度不断上升，达到足以沉淀蛋白质，使其变性或发生不可逆的凝固，造成细胞死亡，组织解体，质地软化的程度。

在速冻情况下则不同，如在显微镜下观察速冻番茄的薄壁细胞组织，可见其细胞内外和胞壁中存在的冰晶体都很细小，细胞间隙没有扩大，原生质紧贴着细胞壁阻止水分外移。这种微小的冰晶体对组织结构的影响很小。在较快的解冻中观察到对原生质的损害也极微，质地保存完整，液泡膜有时未受损害。保持细胞膜的结构完整对维持细胞内静压是非常重要的，可以防止流汁和质地变软。

果蔬冷冻保藏的目的是要尽可能地保持其新鲜果蔬的特性。但在冻结和解冻期间，产品的质地与外观同新鲜果蔬相比较，还是有差异的。组织溃解、软化、流汁等的程度因产品的种类和状况而有所不同。如食用大黄，其肉质组织中的细胞虽有坚硬的细胞壁，但冷冻时在组织中形成的冰晶体，使细胞发生质壁分离，靠近冰晶体的许多细胞被歪曲和溃碎，使细胞内容物流入细胞间隙中去，解冻后汁液流失。石刁柏在不同的温度下冻结，但在解冻后很难恢复到原来的新鲜度。

一般认为，冷冻造成的果蔬组织破坏，引起的软化、流汁等，不是低温的直接影响，而是晶体膨大而造成的机械损伤。同时，细胞间隙的结冰引起细胞脱水，盐液浓度增高，破坏原生质的胶体性质，造成细胞死亡，失去新鲜特性的控制能力。

（二）果蔬在冻结和冻藏期间的化学变化

果蔬原料的降温、冻结、冷冻贮藏和解冻期间都可能发生色泽、风味、质地等的变化，因而影响产品质量。通常在－7℃的冻藏温度下，多数微生物停止了活动，而化学变化没有停止，甚至在－18℃下仍然有化学变化。

在冻结和贮藏期间，果蔬组织中会积累羰基化合物和乙醇等，产生挥发性异味。原料中含类脂较多的，由于氧化作用也产生异味。据报道，豌豆、四季豆和甜玉米在冷藏贮藏中发生类脂化合物的变化，它们的类脂化合物中游离脂肪酸等都有显著的增加。

冻藏和解冻后，果蔬组织软化，原因之一是果胶酶的存在，使原果胶变成可溶性果胶，造成组织分离，质地软化。另外，冻结时细胞内水分外渗，解冻后不能全部被原生质吸收复原，也易使果蔬软化。

冻藏期间，果蔬的色泽也发生不同程度的变化，主要是由绿色变为灰绿色。这是由叶绿素转化为脱镁叶绿素所至，影响外观，降低商品价值。在色泽变化方面，果蔬在冻结和贮藏中常发生褐变，特别在解冻之后，褐变更为严重。这是由于酚类物质在酶的作用下氧化的结果。如苹果、梨中的绿原酸、儿茶酚等是多酚类氧化酶作用的主要成分，这种褐变反应迅速，变色很快，影响质量。

对于酶褐变可以采取一些防止措施，如对原料进行热烫处理、加入抑制剂（SO_2和抗坏血酸）等，都有防止褐变的作用。

冷冻贮藏对果蔬含有的营养成分也有影响。冷冻本身对营养成分有保护作用，温度越低，保护作用越强，因为有机物质的化学反应速度与温度成正相关。但原料在冷冻前的一系列处理，如洗涤、去皮、切分、烫漂等工序，使原料暴露在空气中，维生素C因氧化而减少。这些化学变化在冻藏中继续进行，不过要缓慢得多。维生素 B_1 是热敏感的，但在贮藏中损失很少。维生素 B_2 在冷冻前的处理中有降低，但在冷冻贮藏中损失不多。

冷冻产品的色泽风味变化，很多是在酶的参与下进行的。酶的活性受温度的影响很大，同时也受pH和基质的影响。酶的活性在93.3℃左右即被破坏，而温度降至－73.3℃时，还有部分活性存在，不过酶促反应的速率大为降低。食品冷冻对酶的活性只是起抑制作用，降低其活动能力，但酶的活性并没有消失。相反，酶在过冷条件下，其活性常被激发。因此，为了保持冻藏果蔬的优良品质，一般要求冻藏温度不要高于－18℃，有些国家采用更低的温度。

第二节 果蔬速冻工艺及方法

一、果蔬速冻工艺流程

不同的果蔬原料在速冻加工中，工艺略有差别。如浆果类一般采用整果速冻；叶菜类有的采用整株速冻，有的进行切段后冻结；块茎类和根菜类一般切条、切丝、切块或切片后再速冻。果蔬速冻的工艺大致如下。

原料选择→预冷→清洗→去皮→切分→漂烫→冷却→沥水→包装→速冻→冻藏→解冻

二、工艺要求

（一）原料选择

果蔬原料与速冻产品的质量有着非常紧密的关系，原料选择是控制产品质量的第一道关口。原料进厂后，要根据情况进行分选，将不合格的部分先从整批原料中挑出来，合格的进入下道工序。选料一定不能心慈手软，否则将会对速冻产品的加工过程和产品质量造成不可挽回的影响。

原料投产前还要经过认真仔细地剔选，严格去除不合格原料。那些发生腐烂、有病虫害、畸形、老化、枯黄、失水过重的原料，一定不能投入生产，并在各道工序中层层把关，随时发现随时剔除。原料中如果混入了不同的品种，也要全部分选出来，因为不同品种间加工习性和产品质量要求各不相同，如果混杂对产品质量也会有较大影响，尤其对加工产品的色、香、味等感官质量影响显著。

（二）原料的预冷

原料在采收之后，速冻之前需要进行降温处理，这个过程称预冷，通过预冷处理降低果蔬的田间热和各种生理代谢，防止腐败衰老。预冷的方法包括冷水冷却、冷空气冷却和真空冷却。

（三）原料的清洗

原料运进加工厂后，要先进入原料车间进行清洗，清洗前不得进入其他车间。采收后的果蔬原料，表面黏附了大量的灰尘、泥沙、污物、农药及杂菌，是一个重要的卫生污染源。原料清洗这一环节，是保证加工产品符合食品卫生标准的重要工序，一定要彻底清洗，保证原料以洁净状态进入下道工序。对于不同的原料要采用不同的清洗方法和措施。污染农药较重的果品和蔬菜，要用化学试剂洗涤，如用盐酸、漂白粉、高锰酸钾等浸泡后再加以清洗，保证不将农药污物带入加工车间。叶菜类、果菜类、根菜类都要相应使用不同的清洗设施，使洗涤达到最佳的效果。

洗涤设备有多种形式，如转筒状洗涤机、振动网带洗涤机、喷淋式洗涤机、高压喷水冲洗机、高压气流洗涤机等，一般都配有大型原料洗涤槽和传送带。

清洗车间是一个比较脏乱的车间，要与其他车间严格隔离开，更不能与其他工序合用一个车间。车间内要严格卫生管理，要定时清理、及时消毒，污物、污水应排除通畅，车间内冲刷方便。运送工具要严格区分，不能混用，进出车间都要经过清水冲洗。原料洗涤的效果与车间内的卫生状况有直接的关系，清洗的目的就是要杜绝不该有的杂物进入加工车间。根据多年来国内食品出口贸易反馈的信息资料看，冷冻包装食品的质量问题很多就出在原料清洗环节，导致恶性杂质事故的索赔。

（四）原料的去皮、切分

果品中有一部分小型果要进行整果冷冻，不需经过去皮和切分。大型果或外皮比较坚实粗硬的果蔬原料，要经过去皮和切分处理。果蔬原料外皮一般角质化和纤维化较重，习惯上人们均不食用外皮。如果带皮加工，厚硬的外皮也给加工过程带来不便，造成产品质量不均匀，感官质量不佳。去皮时要连带去除原料的须根、果柄、老筋、叶菜类的根和老叶等。切分的目的：一是使原料经切分后，大小和规格一致，产品质量均匀，包装整齐；二是切分后的原料工艺处理方便，工艺参数便于统一，使后续工艺流程容易控制。相反，如果不经过切分，则很难在同一工艺参数下使原料达到同样的处理效果，而且会加大处理的难度。切分的缺点是造成原料在处理过程中的损失加重。切分时果品和果菜类要除掉果芯、果核和种子。切分的规格，一般产品都有特定的要求，切分的形状主要有块、片、条、段、丁、丝等，要根据原料的具体状况而定。切分时要求切的大小、厚度、长短、形态均匀一致，掌握统一的标准严格管理。

目前国内食品加工企业，在原料处理上自动化水平不高，部分原料的去皮和切分还是采用手工处理。我国果蔬原料处理机械的研究和开发，近年来也发展很快，各种去皮去核机、切片机、切丝机、切块机应运而生。食品加工厂要及时选择使用适应自身加工水平的原料处理机械，以提高生产效率和产品质量。

（五）烫漂与冷却

即将整理好的原料放入沸水或热蒸汽中加热处理适当的时间。通过烫漂可以全部或大部分地破坏原料中的氧化酶、过氧化物酶及其他酶并杀死微生物，保持蔬菜原有的色泽，同时排除细胞组织中的各种气体（尤其是氧气），利于维生素类营养素的保存。热烫还可软化蔬菜的纤维组织，去除不良的辛辣涩等味，便于后来的烹调加工。烫漂中要掌握的关键是热处理的温度和时间，过高的温度和过长的时间都不利于产品的质量。烫漂的时间是根据原料的性质、酶的耐热性、水或蒸汽的温度而定的，一般几秒钟至数分钟，见表 15－3。

表 15－3　蔬菜在沸水中（95～100℃）热处理的时间

蔬　菜　种　类	时间/min	蔬　菜　种　类	时间/min
小白菜	0.5～1	马铃薯块	2～3
菜豆	1.5～2	冬笋片	2～3
花椰菜	2～3	南瓜	3
豌豆	1.5～2	莴苣	3～4
荷兰豆	1～1.5	蘑菇	3～5
青菜	0.5～1	青豆	2～3

烫漂的时间并非一成不变，要根据原料的老嫩、切分的大小及酶的活性强弱来规定时间，因而生产中必须经常进行氧化酶活性的检验。

烫漂的方法有热水烫漂法、蒸汽烫漂法、微波烫漂法和红外线烫漂法等，如果用沸水热处理，烫漂的容器设施一定要大，当投入一定量的原料后，不至于导致急剧降温，水可以立即再沸腾，水只有处于沸腾状态，才有较好的烫漂效果。生产中烫漂时间要严格掌握好，防止烫漂过度或不足。叶菜类烫漂，一般要根部朝下叶朝上，根茎部要先入水烫一段时间后再将菜叶浸入水中。有些蔬菜遇到金属容器会变色，因而烫漂容器要采用不锈钢制成。

烫漂后的原料要立即冷却，使其温度降到 10℃以下。冷却的目的是为了避免余热对原料中营养成分的进一步毁坏，避免酶类再度活化，也可避免微生物重新污染和大量增殖。原料热烫时间过长或不足、烫后不及时冷却都会使产品在贮藏过程中发生变色变味，质量下降，并使贮藏期缩短。此外，研究证明，冻结前蔬菜的温度每下降 1℃，冻结时间大约缩短 1%，因此可以通过冷却大大地提高速冻生产效率。冷却的方法有冷水浸泡、冲淋、喷雾冷却、冰水冷却、空气冷却及混合冷却等，用冷水冲淋冷却或用冰水直接冷却要比空气冷却快得多，在实际生产中应用较多。采用冷水冷却，至少要经过两次以上的冷却处理，特别在水温较高时。

现在，消费者对食品品质要求的提高刺激了新型温和处理技术的发展，这些新技术与烫漂一样能有效降低酶活性和微生物含量，可在无烫漂副作用的前提下延长货架寿命，显现出较大的吸引力。非热技术的例子有臭氧、超声波和紫外线等，这些技术不使用热，通常称为非热技术。而且，它们耗能较少，显得更为经济，对环境较友好，在食品工业中有潜在的应用前景。

（六）沥干

原料经过一系列处理后表面黏附了一定量的水分，这部分水分如果不去掉，在冻结时很容易结成冰块，既不利于快速冻结，也不利于冻后包装。这些多余的水分一定要采取措施将其沥干。沥干的方式很多，有条件时可用离心甩干机或振动筛沥干，也可简单地把原料放入箩筐内，将其自然晾干。

（七）包装

1. 速冻果蔬包装的方式 速冻果蔬包装的方式主要有普通包装、充气包装和真空包装，下面主要介绍后两种。

（1）充气包装：首先对包装进行抽气，再充入 CO_2 或 N_2 等气体的包装方式。这些气体能防止食品特别是肉类脂肪的氧化和微生物的繁殖，充气量一般在 0.5%以内。

（2）真空包装：抽去包装袋内气体，立刻封口的包装方式。袋内气体减少不利于微生物繁殖，有益于产品质量保存并延长速冻食品保藏期。

2. 包装材料的特点

（1）耐温性：速冻食品包装材料一般以能耐 100℃沸水 30 min 为合格，还应能耐低温。纸最耐低温，在－40℃下仍能保持柔软特性，其次是铝箔和塑料，在－30℃下能保持其柔软性，塑料遇超低温时会硬化。

（2）透气性：速冻食品包装除了普通包装外，还有抽气、真空等特种包装，这些包装必须采用透气性低的材料，以保持食品特殊香气。

（3）耐水性：包装材料还需要防止水分渗透以减少干耗，这类不透水的包装材料，由于环境温度的改变，易在材料上凝结雾珠，使透明度降低。因此，在使用时要考虑环境温度的变化。

（4）耐光性：包装材料及印刷颜料要耐光，否则材料受到光照会导致包装色彩变化及商品价值下降。

3. 包装材料的种类 速冻食品的包装材料按用途可分为：内包装（薄膜类）、中包装和外包装材料。

内包装材料有聚乙烯、聚丙烯、聚乙烯与玻璃复合或与聚酯复合材料等，中包装材料有涂蜡纸盒、塑料托盘等，外包装材料有瓦楞纸箱、耐水瓦楞纸箱等。

（1）薄膜包装材料：一般用于内包装，要求耐低温，在－30～－1℃下保持弹性；能耐 100～110℃高温；无异味、易热封、氧气透过率要低；具有耐油性、印刷性。

（2）硬包装材料：一般用于制托盘或容器，常用的有聚氯乙烯、聚碳酸酯和聚苯乙烯。

（3）纸包装材料：目前速冻食品包装以塑料类居多，纸包装较少，原因是纸有以下缺点：防湿性差、阻气性差、不透明等。但纸包装也有明显的优点，如容易回收处理、耐低温极好、印刷性好、包装加工容易、保护性好、价格低、开启容易、遮光性好、安全性高等。

为提高冻结速度和效率，多数果蔬宜采用速冻后包装，只有少数叶菜类或加糖浆和食盐水的果蔬在速冻前包装。速冻后包装要求迅速及时，从出速冻间到入冷藏库，力求控制在 15～20 min 内，包装间温度应控制在－5～0℃，以防止产品回软、结块儿和品质劣变。

（八）快速冻结

果蔬的速冻，要求在最短的时间内以最快的速度通过果蔬的最大冰晶生成带（－5～－1℃），一般控制冻结温度在－40～－28℃，要求 30 min 内果蔬中心温度达到－18℃。冻结速度是决定速冻果蔬内在品质的一个重要因素，它决定着冰晶的形成、大小及解冻时的流汁量。生产上一般采取冻前充分冷却、沥水，增加果蔬的比表面积，降低冷冻介质的温度，提高冷气的对流速度等方法来提高冻结速度。目前，流态化单体速冻装置在果蔬速冻加工中应用最为广泛。

（九）冻藏

速冻果蔬的贮藏是必不可少的步骤，一般速冻后的成品应立即装箱入库贮藏。要保证优质的速冻果蔬在贮藏中不发生劣变，库温要求控制在（－20±2）℃，这是国际上公认的最经济的冻藏温度。冻藏中要防止产生大的温度变动，否则会引起冰晶重排、结霜、表面风干、褐变、变味、组织损伤等品质劣变；还应确保商品的密封，如发现破袋应立即换袋，以免商品的脱水和氧化。同时，根据不同品种速冻果蔬的耐藏性确定最长贮藏时间，保证产品优质销售。

速冻产品贮藏质量好坏，主要取决于两个条件：一是低温；二是保持低温的相对稳定。

（十）解冻

速冻果蔬的解冻与速冻是两个传热方向相反的过程，而且二者的速度也有差异，对于非流体食品的解冻比冷冻要缓慢。而且解冻的温度变化有利于微生物活动和理化变化的加强，正好与冻结相反。食品速冻和冻藏并不能杀死所有微生物，它只是抑制了幸存微生物的活动。食品解冻之后，由于其组织结构已有一定程度的损坏，因而内容物渗出，温度升高，使微生物得以活动和生理生化变化增强。因此速冻食品应在食用之前解冻，而不宜过早解冻，且解冻之后应立即食用，不宜在室温下长时间放置。否则由于"流汁"等现象的发生而导致微生物生长繁殖，造成食品败坏。冷冻水果解冻越快，对色泽和风味的影响越小。

冷冻食品的解冻常由专门设备来完成，按供热方式可分为两种：一种是外面的介质如空气、水等经食品表面向内部传递热量；另一种是从内部向外传热，如高频和微波。按热交换形式不同又分为空气解冻法、水或盐水解冻法、冰水混合解冻法、加热金属板解冻法、低频电流解冻法、高频和微波解冻法及多种方式的组合解冻等。其中空气解冻法也有 3 种情况：0～4℃空气中缓慢解冻、15～20℃空气中迅速解冻和 25～40℃空气-蒸汽混合介质中快速解冻。微波和高频电流解冻是大部分食品理想的解冻方法，此法升温迅速，且从内部向外传热，解冻迅速而又均匀，但用此法解冻的产品必须组织成分均匀一致，才能取得良好的效果。如果食品内部组织成分复杂，吸收射频能力不一致，就会引起局部的损害。

速冻果品一般解冻后不需要经过热处理就可直接食用，如有些冷冻的浆果类。而用于果糕、果冻、果酱或蜜饯生产的果蔬，经冷冻处理后，还需经过一定的热处理，解冻后其果胶含量和质量并没有很大损失，仍能保持产品的品质和食用价值。解冻过程应注意以下几个问题。

1）速冻果蔬的解冻是食用（使用）前的一个步骤，速冻蔬菜的解冻常与烹调结合在一起，而果品则不然，因为它要求完全解冻方可食用，而且不能加热，不可放置时间过长。

2）速冻水果一般希望缓慢解冻，这样，细胞内浓度高而最后结冰的溶液先开始解冻，即在渗透压作用下，果实组织吸收水分恢复为原状，使产品质地和松脆度得以维持。但解冻不能过慢，否则会使微生物滋生，有时还会发生氧化反应，造成水果败坏。一般小包装 400～500 g 水果在室温中解冻 2～4 h，在 10℃以下的冰箱中解冻 4～8 h。

三、速冻方法

果蔬速冻的方法和设备，随着技术的进步发展很快，主要体现在自动化程度和工作效率大幅度提高。速冻的方法较多，但按使用的冷却介质与食品接触的状况可分为两大类，即间接接触冷冻法和直接接触冷冻法。

（一）鼓风冷冻法

将果蔬原料放在隔热的低温室内，并在静态的空气中进行冻结的方法，是一种缓冻法。这是空气冻结法的一种，是一种比较古老、费用最低、速度最慢的冻结方法。常在缓冻室冻结的食品有牛肉、猪肉、箱装家禽肉、盘装整条鱼及一定规格包装的蛋品等，而果品和蔬菜的冻结出于对产品质量的考虑，均采用速冻的方法。

鼓风冻结法也是一种空气冻结法，它主要是利用低温和空气高速流动，促使食品快速散热，以达到速冻的目的。有时生产中所用设备尽管有差别，但食品速冻时都在其周围有高速流动的冷空气循环，因而不论采用的方法有何不同，能保证周围空气畅通并使之能和食品密切接触都是速冻设备的关键所在。速冻设备内采用的空气温度为－46～－29，强制的空气流速为 10～15 m/s。这种方法比缓冻法要快 6～10 倍。表 15－4 所示为食品表面的风速与冻结速度之间的关系。

表 15－4　风速与冻结速度的关系（7.5 cm 厚的板状食品）

风　速 /(m/s)	传热系数 /($w/m^2 \cdot K$)	冻结速度比（风速零时为 1）	风　速 /(m/s)	传热系数 /(w/m^2K)	冻结速度比（风速零时为 1）
0	5.8	1	3	18.3	2.85
1	10.0	1.7	4	22.5	3.45
1.5	12.0	2.0	5	29.5	3.95
2	14.2	2.3	6	33.3	4.3

从表中可以看出，增大风速能够使食品表面的传热系数提高，从而提高冻结速度达到速冻的目的。与静止的空气相比较，风速为 1.5 m/s 时冻结速度提高 1 倍，风速为 3 m/s 时提高近 2 倍，风速为 5 m/s 时提高近 3 倍。目前的困难是如何使冻结室内各点的风速都保持一致，以便使冻结质量也均匀一致。

速冻设备可以是供分批冻结的房间，也可以是用输送设施进行连续冻结的隧道。大量食品冻结时一般都采用隧道式速冻设备，即在一个长形的、墙壁有隔热装置的通道中进行。产品放在输送带上或放在车架上逐层摆放的筛盘中，以一定的速度通过隧道。冷空气由鼓风机吹过冷凝管再送进隧道中川流于产品之间，使之降温冻结。有的装置是在隧道中设置几次往复运行的网状履带，原料先落于最上层网带上，运行到末端就卸落到第二层网带上，如此反复运行到原料卸落在最下层的末端，完成冻结过程。

鼓风速冻设备内空气流动方式并不一定相同，空气可在食品的上面流过，也可在下面流过。逆向气流是速冻设备中最常见的气流方式，即空气的流向与食品传送方向相反。由于冷风的进向与产品通过的方向相向而遇，冻结食品在出口处与最低的冷空气接触，可以得到良好的冻结条件，使冻结食品的温度不至于上升，也不会出现部分解冻的可能性。

在鼓风冷冻时，对未包装的食品，不论是在冻结过程中还是在食品冻结后，食品内的水分总是有损耗。这就会带来两种不良的后果，一是食品表面干缩而出现冻伤；二是冻结设备的蒸发管和平板表面出现结霜现象，为了维持传热效果，就必须经常清霜。鼓风时干燥冷空气从食品表面带走水分，造成冷冻干燥，因而出现冻伤，会使冻结食品在色泽、质地、风味和营养价值方面发生不可逆性变化。现在已对此提出了解决的方法，首先将原料在－4℃的高湿空气中预冷，然后再完成冻结，充分缩短冻结时间减轻制品的水分损耗。

（二）流化床式冻结器

在鼓气冻结设备中如果让气流从输送带的下面向上鼓风并流经其上的原料时，在一定的风速下，会使较小的颗粒状食品轻微跳动，或将物料吹起浮动，形成流化现象。这样不仅能使颗粒食品分散，而且能使每一颗粒都和冷空气密切接触，从而解决了食品冻结时常互相粘连的问题，这就是流化冻结法。流化冻结法适合于冻结散体食品，散体食品的速冻又称为单体速冻法，国外称作 IQF(individual quick freezing)。这是当前冻结设备中被认为比较理想的方法，特别适于小型水果如草莓、樱桃等的速冻。

流化床是流体与固体颗粒复杂运动的一种形式，固体颗粒受流体的作用，其运动形式已变成类似流体的状态。在流态化速冻中，低温空气气流自下而上吹送，置于筛网上的颗粒状、片状、小块状食品，在强力气流作用下形成类似沸腾状态，像流体一样运动，并在运动中被快速冻结。根据低温气流的速度不同，食品物料的状态可分为固定床、临界流化床、正常流化床 3 类。当低温气流自下而上地穿过食品床层而流速较低时，食品物料处于静止状态，称为固定床。随着气流速度的加大，食品床层两侧的气流压力降也将增加，食品层开始松动。当压力降达到一定程度时，食品颗粒不再保持静止状态，部分颗粒悬浮向上，造成床层膨胀，空隙度增大，即开始进入流化状态，但此时的流化状态还不太稳定。这种临界状态称为临界流化床。对应的最大压力降称为临界压力，气流速度为临界风速或临界流化速度。临界压力和临界流化速度是开始形成流态化的必要条件，正常的流化状态处于临界流化速度以上的某一段范围内。当气流速度进一步提高时，床层的均匀和平稳状态遭到破坏，床层中形成沟道，一部分空气沿沟道流动，使床层两侧的压力差下降，并产生剧烈的波动，这种现象称为沟流。理论上沟流现象属不正常现象，它破坏了流化床的正常操作，大大降低了速冻的效果。实际上，对于片状、颗粒或小块状的离散体食品物料，这种现象不可避免，问题在于如何使该现象降到最低程度。在正常流化速冻操作中，由于颗粒时上时下无规则的运动，颗粒与周围冷空气密切接触和相对摩擦，大大强化了食品与气流间的传热，加快了食品的制冷速度，从而实现了食品单体快速冻结。

冻结器中有条带孔的传送带，也可以是固定带孔的盘子。从孔下方以较大风速向上吹送－35℃以下的强冷风，使物料几乎悬空飘浮于冷气流中加快冷冻速度。这种速冻法也是小型颗粒产品如青豆、甜玉米及各种切分成小块的蔬菜常用的方法，但要求物料形体大小要均匀，铺放厚度要一致，使冷冻效果迅速、均衡。该法的冷冻效果见表 15－5。

表 15-5 几种产品的冷冻时间

品　　种	冷冻时间/min
豌豆、全粒玉米	3～4
菜　豆	4～5
胡萝卜块	6
四季豆切块	5～12

（三）间接接触冻结法

用制冷剂或低温介质冷却的金属板同食品密切接触并使食品冻结的方法称为间接接触冷冻法。这是一种完全用热传导方式进行冻结的方法，其冻结效率取决于它们的表面相互间密切接触的程度，可用于冻结未包装，或用塑料袋、玻璃纸或是纸盒包装的食品。这是一种常用的速冻方法，其设备结构是由钢或铝合金制成的金属板并排组装起来的，在板内配有蒸发关或制成通路，制冷剂在管内（或冷媒在通路内）流过，各板间放入食品，以液压装置使板与食品贴紧，以提高平板与食品之间的表面传热系数。由于食品的上下两面同时进行冻结，故冻结速度大大加快。厚度 6～8 cm 的食品在 2～4 h 内可被冻好。被冻物的形状一般为扁平状，厚度也有限制。该装置的冻结时间取决于制冷剂或冷媒的温度、金属板与食品密切接触程度、放热系数、食品厚度及食品种类等。制冷剂温度与制冷剂种类有关，当以直接膨胀式供液、当液氨的蒸发温度为－33℃时，平板的温度可在－31℃以下。以冷媒间接冷却时所用的不冻液多为氯化钙，也有用传统氯化钠的。有机溶液不冻液有乙醇、甘油等。当盐水温度为－28℃时，平板的温度在－26℃以下。使用平板冻结装置时必须使食品与板贴紧，如果有空隙，则冻结速度明显下降，如表 15-6 所示。因而包装时食品装载量宜满，以便使之与金属板接触紧密。

表 15-6 空隙度对冻结速度的影响

空隙度/mm	冻结速度比	空隙度/mm	冻结速度比
0	1	5.0	0.405
1.0	0.6	7.5	0.385
2.5	0.485	10	0.360

一般食品与板的接触压力为 0.007～0.03 MPa。另外，冻结时间随食品表面与平板间的传热系数和食品的厚度而变化，厚度越大，食品表面与平板间的传热系数越小，其冻结时间也越长。

金属平板冻结装置有卧式和立式两种，设计类型也很多，有间歇式、半自动及自动化装置。其优点如下。

1）不需通入冷风，占地空间小，每冻结 1 t 食品，装置占 6～7 m^3（鼓风式冻结设备占 12 m^3）。

2）单位面积生产率高，为每日 2～3 t/m^2 以上。

3）制冷剂蒸发温度可采用比空气冻结装置低的温度，因而降低能耗，大约为鼓风冻结装置耗能量的 70%。

（四）直接接触冻结法

散态或包装食品在与低温介质或超低温制冷剂直接接触下进行冻结的方法称为直接接触冻结法。直接接触冻结法中常用的制冷介质可分为两大类：一是与制冷剂间接接触冷却的液态或气态介质，如盐水、甘油、糖液、空气等；二是蒸发时本身能产生制冷效应的超低温制冷剂，如液氮、特种氟里昂、液态二氧化碳及干冰等。与空气或其他气体相比，液态介质的传热性能好，如盐水的传热系数是空气的 7～10 倍，当盐水冷媒静置时，传热系数 $k=233[W/(m^2 \cdot K)]$，盐水冷媒流动时，$k=233+1\ 420v[W/(m^2 \cdot K)]$，$v$ 是冷媒的流速（m/s）。此外，液态介质还能和所有的食品及食品所有的部位密切接触，因而热阻很低，传热迅速，在液态介质中，食品能够在很短时间内完全冻结。

直接接触冻结法中并不是所有介质或超低温制冷剂都能使用，必须满足一定的条件。和未包装食品接触的介质必须无毒、清洁、纯度高、无异味、无外来色素及漂白作用等。对于包装食品，介质也必须无毒并对包装材料无腐蚀作用。

近年来,利用超低温制冷剂进行食品速冻的技术和方法正在逐步被人们重视,并成为冷冻干燥中最有效的冻结方法。所用的超低温制冷剂是沸点非常低的液化气体如沸点为−196℃的液氮和−79℃的二氧化碳等。现在国外很多国家已将液氮作为直接接触冻结食品的最重要的超低温制冷剂。

液氮作为无毒无味的惰性气体,不与食品成分发生化学反应,当液氮取代食品内的空气后,能减轻食品在冻结和冻藏时的氧化作用。在大气压力下,液氮在−196℃时缓慢沸腾并吸收热量,从而产生制冷效应,无须预先用其他制冷剂冷却。液氮的超低温沸点还对食品自然散热有强有力的推动作用,原来用其他方法不能冻结的食品,现在用液氮就可以使其完全冻结。如肉质肥厚的意大利种番茄片,其细胞具有较强免受冻伤的能力,使用液氮冻结,就能制成品质优良的速冻制品。

−196℃的液氮蒸发成−196℃的气体时,每千克液氮将吸收200 kJ蒸发潜热,气体的温度从−195.6℃上升到−18℃还将吸收209 kJ显热。因此,每千克−196℃的液氮蒸发后温度上升到−18℃,吸收的总热量为409 kJ。这在使用液氮速冻装置时要进行相关计算,才能达到所需的效果。

液氮冷冻通常采用以下3种形式:液氮浸渍冷冻、液氮喷射冷冻、利用液氮蒸汽川流于产品之中冷冻。目前,液氮速冻装置中采用液氮喷射冷冻的较多。从原理上来分析,液氮速冻具有传热效率高,冻结速度快;降低氧化变质,冻结质量好;干耗少;设备结构简单,易操作,安装面积小,比变通设备节省约5/6;其优点还在可冻结许多特殊的食品,如豆腐、蘑菇、番茄等高水分、柔软的食品。

二氧化碳也常用作超低温制冷剂。其冻结方式有两种:一是将−79℃升华的干冰和食品混合在一起使其冻结;二是在高压下将液态二氧化碳喷淋在食品表面,液态二氧化碳在压力下降情况下就在−79℃时变成干冰霜。冻后食品的品质和液氮冻结相同。同量干冰气化时吸收的热量为液氮的二倍,因而二氧化碳冻结比用液氮还要经济一些。

现在,国外还有人开发了用高纯度食用级氟里昂作为超低温制冷剂冻结食品的方法。但在低温介质和超低温制冷剂的选择上,一定要非常慎重,要考虑食品安全性因素及环境保护的需要。

第三节　速冻果蔬的冻藏、流通

一、速冻果蔬的冻藏

完成速冻的果蔬制品要及时进行贮藏,对速冻果蔬制品冻藏的主要目的就是尽一切可能阻止食品中的各种变化,保证其速冻的品质。贮藏过程中食品品质变化取决于食品的种类和状态、冻藏工艺和工艺条件的正确性及贮藏时间等。

(一) 速冻果蔬制品在冻藏期间的变化

食品经速冻后,只要在适宜条件下贮藏,可有很长时间的贮藏期。但在贮藏期间由于各种因素的影响,总还会发生一些变化,严重的能影响食品品质。

1. 冰晶体的增长和重结晶

(1) 冰晶体的增长:刚结束速冻的果蔬制品,其内部冰晶体的大小并不是完全均匀一致的。在冻藏期间,由于冻藏的时间比较长,速冻果蔬食品内部的冰晶体会相应发生一系列的变化,微细的冰晶体有的会逐步合并,形成大的冰晶体。冰晶体增大的一个原因是其周围存在一定量未冻结的水或水蒸气,这部分水向冰晶体移动、附着并冻结在冰晶体上。

(2) 重结晶:重结晶是指冻藏过程中,由于环境温度的波动,而造成冻结食品内部反复解冻和再结晶后出现的冰晶体体积增大的现象。重结晶的程度直接取决于单位时间内温度波动的次数和波动的幅度,波动幅度越大,波动的次数越多,重结晶的程度就越深,对速冻食品的危害就越大。

速冻果蔬制品在冻藏期间,当贮温上升时,食品内部的冰晶开始融化,使液相增加,导致水蒸气压力差增大,使水分透过细胞膜扩散到细胞间隙中去。而当温度下降时,这部分水就会附着并冻结到细胞间隙的冰晶体上,使冰晶增大。

为了防止冻藏过程中因冰晶体增大而造成食品质量劣变,应采用以下措施。

1）采用深温速冻方式，冻结中使食品内90%的水分来不及移动，就在原位置上变成细微的冰晶体，这样形成的冰晶体的大小及分布都比较均匀。同时由于深温速冻，冻结食品的终温低，食品的冻结率提高，残留的液相少，能够缓和冻藏中冰晶体的增长。

2）贮藏温度要尽量低，并且减少波动，尤其是要避免在－18℃以上时温度发生波动。因为－18℃以上的温度波动，再加上贮藏期间的缓慢氧化作用，往往使速冻食品析出冰结晶、干耗、变色等，从而使质量下降。

2. 干缩与冻害 速冻食品在冷却、速冻、冻藏过程中都会产生干缩现象。冻藏时间越长，干缩就越突出。干缩的发生主要是速冻食品表面的冰晶直接升华造成。开始时仅仅在冻结食品表面层发生冰晶升华，出现所谓的脱水多孔层，长时间后逐步向里推进，达到深部冰晶升华，并经过脱水多孔层向外扩散，从而使内部的脱水多孔层不断加深。这样不仅使速冻食品脱水减重，造成质量损失，而且由于在冰晶升华的地方形成细微空穴，大大增加了食品与空气的接触面积，使脱水多孔层极易吸收外界向内扩散的空气及环境中的各种气味，容易引起强烈的氧化反应。在氧气的作用下，食品中的多种成分要发生一系列不利于食品质量的反应和变化，如食品表面变黄、变褐，损害食品外观，滋味、风味、营养价值也发生劣变，内部蛋白质脱水变性，食品质量严重下降。

为避免和减轻速冻食品在冻藏过程中的干缩及冻害，首先，要防止外界热量的传入，提高冷库外围结构的隔热效果，使冻藏室内温度保持稳定。如果速冻果蔬产品的品温能与库温一致，可基本上不发生干缩。其次，对食品本身附加包装或包冰衣，隔绝产品与外界的联系，阻断物料同环境的汽热交换。另外，在包装内添加一定量的抗氧化剂，对速冻食品的冻藏也会起到保质的作用。常用的抗氧化剂有两类：一类是水溶性抗氧化剂，如抗坏血酸（AC）和坏血酸钠（ADS）；另一类是脂溶性抗氧化剂，如丁基羟基茴香醚（BHA）、二丁基羟基甲苯（BHT）、天然生育酚（NT）。

3. 变色 速冻果蔬制品色泽发生变化的原因主要有：酶促褐变、非酶促褐变、色素的分解及因制冷剂泄漏造成的食品变色，如氨泄漏时，胡萝卜的红色会变成蓝色，洋葱、卷心菜、莲子的白色会变成黄色等。

果蔬原料在冻结以前，均要进行烫漂处理，破坏组织内部的氧化酶及其他酶系统。但如果烫漂的温度或时间不够，过氧化物酶没有被完全破坏，则产品在速冻后的某个时间内会发生褐变，使色泽变成黄褐色。如果烫漂的时间过长，绿色蔬菜也会发生黄褐变。绿色蔬菜内部含有叶绿素，而叶绿素的性质不稳定，会由于环境理化条件的变化而改变结构并改变颜色。当叶绿素变成脱镁叶绿素时，绿色蔬菜就会失去绿色变成黄褐色。处理后的绿色蔬菜组织，经日光照射、在酸性环境下及烫漂加热时间过长等，都能引发黄褐变。因而必须正确掌握果蔬原料处理的工艺参数，并进行严格控制，才能保证速冻果蔬制品的质量。

（二）冻藏温度的选择

食品的冻结温度及贮运中的冻藏温度应在－18℃以下，这是对食品的质地变化、酶性和非酶性化学反应、微生物学及贮运费用等所有因素进行综合考虑论证后所得出的结论。

对于速冻食品而言，冻藏温度越低，越有利于保持冻藏品质。但考虑到有关的设备费用、能源消耗、日常运转等费用，以及运输过程中的温度控制等诸多因素，过低的温度没有必要也不太现实。

从微生物控制角度分析，病原菌在3℃以下就不再生长繁殖，一般食品腐败菌在－9.5℃以下也无法生长活动，因而选用－18℃似乎没有必要。然而，实际运输和冻藏中不可能始终精确地维持所选的温度，温度的波动很难避免，一些在低温下仍能生产活动的低温菌的控制要有效，而－18℃对控制这类菌比较保险。

控制酶的活性，－18℃这一温度并不能说已足够低了，因为在－73℃的温度下仍有部分酶保持着活力，尽管酶的反应非常缓慢。在同样温度下，酶在过冷水中的活动力比在冻结水中的强。在温度为－9.5℃时，食品中仍然保持着大量未冻结的水分，故在这一温度下长时间贮藏，食品会发生严重的酶性变化，其中尤以氧化反应最为明显，导致食品变质。

－18℃足以延缓食品中大多数酶的活动，但果蔬制品在冻结前，必须采取烫漂或化学处理来破坏酶的活性。实践证明，果蔬速冻制品的质量还受冷藏温度和时间的影响，冷藏温度越低，质量变化越小，冷藏时间越长，质量变化越大。低温对各种冻制品贮藏期的影响见表15－7。

表 15-7　不同贮温下各种冻制食品的贮藏期　单位：月

食　品	贮藏温度/℃			
	-7	-12	-18	-23
蘑　菇	—	3～4	8～10	12～14
甜玉米(带穗轴)	—	4～6	8～10	12～14
芦　笋	—	4～6	8～12	16～18
刀　豆		4～6	8～12	16～18
抱子甘蓝	—	4～6	8～12	16～18
青豆、菜花、花茎、甘蓝	10 d～1 个月	6～8	14～16	24 以上
菠菜、蚕豆	10 d～1 个月	6～8	14～16	24 以上
南瓜、甜玉米、胡萝卜	—	12	24	36 以上
桃(纸盒装,加维生素 C)	6 d	3～4	8～10	12～14
杏(纸盒装,加维生素 C)	—	3～4	8～10	12～14
桃(纸盒装,加维生素 C)	—	6～8	18～24	24
杏(纸盒装,加维生素 C)	—	6～8	18～24	24
草 莓 片	10 d	8～10	18	24
橙　汁	4 d	10	27	—

(三) 速冻果蔬的冻藏管理

为了使速冻食品在较长贮藏时间内不变质，并随时满足市场的需要，必须对保藏的速冻食品进行科学的管理，建立健全的卫生制度，产品出入管理严格控制，库内食品的堆放及隔热都要符合规程的要求。

1. 冻藏库使用前的准备工作　冻藏库应具备可供速冻食品随时进出的条件，并具备经常清理、消毒和保持干燥的条件；冻藏库外室、过道、走廊等场所，都要保持卫生清洁；冻藏库要有通风设施，能随时除去库内异味；库内所有的运输设施、衡器、温度探测仪、脚手架等都要保持完好状态，还应具有完备的消防设备。

2. 入库食品的要求　凡是进入冻藏库的速冻食品必须清洁、无污染，要经严格检验，合格后才能进入库房，如果冻藏库温度为－18℃，则冻结后的食品入库前温度必须在－16℃以下；在速冻食品到达前，应做好一切准备工作，食品到达后必须根据发货单和卫生检验证，进行严格验收，并及时组织入库。入库时，对有强烈挥发性气味和腥味的食品及要求不同贮温的食品，应入专库贮藏，不得混放。已经有腐败变质或异味的速冻食品不得入库；要根据食品的自然属性和所需要的温度、湿度选择库房，并力求保持库房内的温度、湿度稳定。库内只允许在短时间内有小的温度波动，在正常情况下，温度波动不得超过 1℃，在大批冻藏食品入库出库时，一昼夜升温不得超过 4℃。冻藏库的门要密封，没有必要一般不得随意开启；对入库冻藏食品要执行先入先出的制度，并定期或不定期地检查食品的质量。如果速冻食品将要超过贮藏期，或者发现有变质现象，要及时进行处理。

3. 速冻食品贮藏的卫生要求　冻藏食品应堆放在清洁的垫木上，禁止直接放在地面上。货堆要覆盖篷布，以免尘埃、霜雪落入而污染食品。货堆之间应保留 0.2 m 的间隙，以便于空气流通。如系不同种类的货堆，其间隙应不小于 0.7 m。食品堆码时，不能直接靠在墙壁或排管上。货堆与墙壁和排管应保持以下的距离：距设有顶排管的平顶 0.2 m、距设有墙排管的墙壁 0.3 m、距顶排管和墙排管 0.4 m、距风道口 0.3 m。

由于库内货物和人员要出入，微生物污染是难以避免的，而且微生物的污染途径又多种多样。使用的工具、出入的人员、流动的空气等均可将杂菌传播到食品上，因而必须从多方面着手加强冻藏库的日常卫生管理。第一，库内的所有设施、什物、器具、通道、管线及各处死角要定期消毒。冻藏库通风时吸入的空气也应先过滤，通用的过滤器由陶器圈构成，这种过滤器能除去 80%～90%的微生物，但过滤器本身也需定期清洗与消毒。第二，当每次冻藏食品出货后，应将垫木用水或热碱水冲洗干净，并经常保持清洁。第三，严禁闲杂人员进出库房，进出人员必须穿戴整齐，经过消毒，并不得乱带杂物入库。

4. 消除库房异味　库房中的异味一般是由贮藏了具有强烈气味的食品或是贮藏食品发生腐败所致。各种食品都具有各自独特的气味，若将食品贮藏在具有某种特殊气味的库房里，这种特殊气味就会传入食品内，从而改变食品原有的气味。因此，必须对库房中的异味进行消除。

除异味除了加强通风排气外，现在库房广泛使用臭氧进行异味的消除。臭氧有强烈的氧化作用，可以用来杀菌，也可以消除异味。但在使用臭氧的过程中一定要注意安全和用量，不得在有人时使用臭氧。

库房内还要及时灭除老鼠和昆虫，它们除了会造成食品污染外，还会对库内设施造成破坏，因此应设法使库房周围成为无鼠害区。

二、速冻果蔬的流通

果蔬经速冻后，主要是为了进入商业流通渠道，产生社会和经济效益。速冻食品的流通有其特殊性，从运输途中到销售网点，每一个环节都必须维持适宜的低温，即保持不超过－18℃的温度，这是保证速冻食品质量必须满足的基本条件。目前许多国内速冻食品生产企业都具有自己的保温运输交通工具，应保证其设施的完好性能，不至于使速冻食品的质量半途而废。速冻食品的经销网点，一般也具备冻藏设施，关键是要维护其有效性，同时销售人员也应保持良好的职业素质，不得经销过期和不合格的速冻食品。

三、速冻果蔬质量管理

1. 加工过程应遵循3C、3P原则

（1）3C原则：3C原则是指冷却（chilling）、清洁（clean）、小心（care）。要使产品尽快冷却下来或快速冻结，即使产品尽快地进入所要求的低温状态；要保证产品的清洁，不受污染；在操作的全过程中要小心谨慎，避免产品受任何伤害。

（2）3P原则：3P原则是指原料（product）、加工工艺（processing）、包装（package）。要求被加工原料一定要用品质新鲜、不受污染的产品；采用合理的加工工艺；成品必须具有既符合健康卫生规范又不污染环境的包装。

2. 贮运过程应遵循3T原则　3T原则是指产品最终质量还取决于在冷藏链中贮藏和流通的时间（time）、温度（temperature）、产品耐藏性（tolerance）。3T原则指出了冻结食品的品质保持所容许的时间和品温之间存在的关系。冻结食品的品质变化主要取决于温度，冻结食品的品温越低，优良品质保持的时间越长。如果把相同的冻结食品分别放在－20℃和－30℃的冷库中，则放在－20℃冷库中的冻结食品品质下降速度要比－30℃的快得多。3T原则还指出了，冻结食品在流通中因时间—温度的经历而引起品质降低的累积和不可逆性。因此应该针对不同的产品品种和不同的品质要求，提出相应的品温和贮藏时间的技术经济指标。

总之，只有优质的原料、合理的冷冻加工工艺、适宜的贮藏温度及良好的包装材料，才能获得优质的速冻食品。

思考题

1. 果蔬冷冻与纯水的冻结有何不同？
2. 速冻与缓冻对果蔬有什么的影响？
3. 果蔬速冻方法有哪些？
4. 速冻果蔬制品在冻藏期间有哪些变化？

第十六章

果蔬综合利用及其他加工技术

在果蔬贮运加工过程中，还有大量的残次果蔬、皮渣、籽粒及下脚料等，这些是果蔬综合利用的优良原料。随着食品贮运加工技术的发展，在果蔬加工中也得到了应用。本章主要介绍果蔬中果胶、色素、籽仁油、香精油、纤维素及功能成分的提取技术，并介绍了鲜切果蔬产品、超微果蔬产品、新含气调理果蔬产品、果蔬真空浸渍产品等的加工技术。

第一节　果蔬的综合利用

一、果胶的提取

许多果蔬中含有果胶，如果品中的柑橘类、苹果、山楂、杏、李、梨、桃等，蔬菜中的南瓜、马铃薯、胡萝卜、甜菜、番茄等。一般人们所说的果胶是指原果胶(protopectin)、果胶(pectin)和果胶酸(pectic acid)的总称，是存在于植物细胞壁中的一类高分子多糖化合物，分子质量为10 000～400 000。其基本结构是D-吡喃半乳糖醛酸，以α-1,4-糖苷键结合成长链，通常以部分甲酯化状态存在。未成熟的果蔬中，果胶主要以原果胶的状态存在，是果胶和纤维素的化合物；果蔬成熟时，原果胶逐渐分解为果胶与纤维素，以果胶状态存在为主；当果蔬过熟时，果胶又进一步分解为果胶酸及甲醇，因此，过熟的果蔬中，果胶主要以果胶酸的状态存在。在果蔬成熟过程中，3种状态的果胶物质同时存在，只是在果蔬不同的成熟时期，每一种果胶状态含量有所不同罢了。

果胶是一种白色或淡黄色的胶体，在酸、碱条件下能发生水解，不溶于乙醇和甘油。果胶最重要的特性是胶凝化作用，即果胶水溶液在适当的糖、酸存在时能形成胶冻。果胶的这种特性与其酯化度(DE)有关，所谓酯化度就是酯化的半乳糖醛酸基与总的半乳糖醛酸基的比值。DE大于50%(相当于甲氧基含量7%以上)，称为高甲氧基果胶(HMP)；DE小于50%(相当于甲氧基含量7%以下)，称为低甲氧基果胶(LMP)。一般来说，果品中含有高甲氧基果胶，大部分蔬菜中含有低甲氧基果胶。

果胶作为胶凝剂、增稠剂、稳定剂和乳化剂已广泛地用于食品工业，在医药、化妆品等方面也得到了应用。

在果胶提取中，真正富有工业提取价值的是柑橘类的果皮、苹果渣、甜菜渣等，其中最富有提取价值的首推柑橘类的果皮。

(一) 果胶提取的基本工艺流程

原料→提取→分离→提取液→浓缩→沉淀→果胶酸胶体→干燥→粉碎→成品

（分离↓渣）

果胶提取工艺流程中关键是提取和沉淀两道工序。

(二) 果胶提取的工艺要求

1. 原料及其处理　尽量选用新鲜、果胶含量高的原料。柑橘类果实的果胶含量在1.5%～3%以上，其中以柚皮果胶含量最高(6%左右)，其次为柠檬(4%～5%)和橙(3%～4%)；山楂果胶含量为6%左右；苹果果皮的果胶含量为1.24%～2%，苹果渣果胶含量为1.5%～2.5%；梨果胶含量为0.5%～1.4%；李果胶含量为0.2%～1.5%；杏果胶含量为0.5%～1.2%；桃果胶含量为0.56%～1.25%。蔬菜组织中也含有大量的果胶，南瓜果胶含量为7%～17%、甜瓜果胶含量约为3.8%、胡萝卜果胶含量为8%～10%、番茄果胶含量为2%～2.9%，这些都可作为提取果胶的原料。另外，水果罐头厂、果汁加工厂及甜菜糖厂清除出来的果皮、瓤囊衣、果渣、甜菜渣，果园里的落果、残果、次果等也是提取果胶的良好原料。

若原料不能及时进入提取工序，原料应迅速进行95℃以上、5～7 min的加热处理，以钝化果胶酶避免果胶分解；还可以将原料干制后保存，但在干制前也应及时进行热处理。

在提取果胶前，将原料破碎成2～4 mm的小颗粒，然后加水进行热处理钝化果胶酶，然后用温水淘洗，目的是除去原料中的糖类、色素、苦味及杂质等成分。为防止原料中的可溶性果胶的流失，也可用乙醇浸洗，最后压干待用。

2. 提取 提取是果胶制取关键工序之一，方法较多，常用的方法如下。

(1) *酸解法*：将粉碎、淘洗过的原料，加入适量的水，用酸将pH调至2～3，在80～95℃条件下，抽提1～1.5 h，使得大部分果胶抽提出来。所使用的酸可以是硫酸、盐酸、磷酸等，为了改善果胶成品的色泽，也可以用亚硫酸。该法是传统的果胶提取方法，在果胶提取过程中果胶会发生局部水解，生产周期长，效率低。

(2) *微生物法*：将原料加入2倍原料重的水，再加入微生物，如帚状丝孢酵母SNO-3菌种，在30℃左右发酵15～20 h，利用酵母产生的果胶酶，将原果胶分解出来。用此法提取的果胶分子质量大、凝胶强、质量高、提取完全。

(3) *离子交换树脂法*：粉碎、洗涤、压干后的原料，加入30～60倍原料重的水，同时按原料重的10%～50%加入离子交换树脂，调节pH为1.3～1.6，在65～95℃下加热2～3 h，过滤得到果胶液。此法提取的果胶质量稳定、效率高，但成本高。

(4) *微波辅助萃取法*：将原料加酸进行微波加热萃取果胶，然后向萃取液中加入氢氧化钙，生成果胶酸钙沉淀，然后用草酸处理沉淀物进行脱钙，离心分离后用乙醇沉析，干燥即得果胶。这是一种微波技术用于果胶提取的新方法。

3. 分离 提取的果胶溶液中果胶含量为0.5%～2%，可进行过滤除去渣和杂质。必要时可加入1.5%～2%的活性炭，80℃保温20 min之后，再进行过滤，以达脱色的目的。也可以用离心分离的方式取得果胶提取液。

4. 浓缩 将提取的果胶液浓缩至3%～4%以上的浓度，最好用减压真空浓缩，真空度约为13.33 kPa以上，蒸发温度为45～50℃。浓缩后应迅速冷却至室温，以免果胶分解。若有喷雾干燥装置，可不冷却立即进行喷雾干燥取得果胶粉；没有喷雾干燥装置，冷却后进行沉淀。

5. 沉淀 上述提取液经过过滤或离心分离或浓缩后，得到的粗果胶液还需进一步纯化沉淀，一般有以下方法。

(1) *醇沉淀法*：在果胶液中加入乙醇，使得混合液中乙醇浓度达到45%～50%，使果胶沉淀析出。也可以用异丙醇等溶剂代替乙醇。析出的果胶块经压榨、洗涤、干燥和粉碎后便可得到成品。本法得到的果胶质量好、纯度高，但生产成本较高，溶剂回收也较麻烦。

(2) *盐析法*：采用盐析法生产果胶时不必进行浓缩处理。一般使用铝、铁、铜、钙等金属的盐，以铝盐沉淀果胶的方法最多。先将果胶提取液用氨水调整pH为4～5，然后加入饱和明矾[$KAl(SO_4)_2 \cdot 12H_2O$]溶液，然后重新用氨水调整pH为4～5，即见果胶沉淀析出。沉淀完全后即滤出果胶，用清水洗涤除去其中的明矾。

(3) *超滤法*：将果胶提取液用超滤膜在一定压力下过滤，使得小分子物质和溶剂滤出，从而使大分子的果胶得以浓缩、提纯。超滤是利用超滤膜有选择性地使大分子物质得以截留，而使小分子物质得以通过的高新技术。其特点是操作简单、得到的物质纯，但对膜的要求很高。

6. 干燥、粉碎、标准化处理 压榨除去水分的果胶，在60℃以下的温度中烘干，最好用真空干燥。干燥后的果胶水分含量在10%以下，然后粉碎、过筛(40～120目)，即为果胶成品。必要时进行标准化处理，所谓标准化处理，是为了果胶应用方便，在果胶粉中加入蔗糖或葡萄糖等均匀混合，使产品的胶凝强度、胶凝时间、温度、pH一致，使用效果稳定。

(三) 低甲氧基果胶的制取

低甲氧基果胶通常要求其所含的甲氧基为2.5%～4.5%，因此，低甲氧基果胶的制取，主要是脱去一部分果胶中原来所含的甲氧基。一般是利用酸、碱和酶等的作用，促使甲氧基的水解；或用氨与果胶作用，使酰胺基取代甲氧基。这些脱甲氧基的工序可以在稀果胶提取液压滤之后进行。酸化法和碱化法比较简单。

1. 酸化法 在果胶溶液中，添加盐酸将果胶溶液的pH调为0.3，然后在50℃的温度下，进行大约10 h的水解脱脂，然后用乙醇将果胶沉淀，过滤洗涤，并用稀碱液中和，再用乙醇沉淀，再过滤洗净，压干烘干。

2. 碱化法 用2%的氢氧化钠溶液将果胶溶液的pH调为10，在温度低于35℃条件下，进行约1 h的水解脱脂后，用盐酸调整pH为5，然后用乙醇沉淀果胶，过滤并用酸性乙醇浸洗，再用清水反复洗涤除去盐类，压干烘干。

（四）几种果蔬中果胶的提取

1. 从橘皮中提取果胶

（1）工艺流程

橘皮→破碎→洗涤→酸浸提→过滤→{减压浓缩→沉淀→烘干→粉碎→成品；滤液超滤→喷雾干燥→成品}

（2）工艺要求：① 橘皮粉碎后，用5倍原料重的水冲洗2次，再加入2～3倍原料重的水，用盐酸调整pH为2.5左右，85℃条件下加热搅拌1 h。② 浸提液用滚筒式过滤机或压滤机过滤后，在45～50℃条件下减压浓缩，使果胶浓度达3%。③ 若要喷粉干燥制得果胶，需要用阻断分子质量为8 000 Da的超滤膜进行超滤，以精制浓缩果胶。喷粉干燥的条件为：平板旋转速度2 000 r/min，果胶液进料量4 L/h，热风入口温度140℃，热气出口温度70℃，风速5 m^3/s。④ 若不施行喷粉干燥，减压浓缩后加入乙醇沉淀，乙醇浓度达到68%。果胶沉淀物用75%和80%的乙醇溶液各洗涤一次。⑤ 在45～50℃条件下真空干燥2 h，再粉碎过60目筛即得果胶粉。

（3）微波辅助提取柑橘皮中的果胶：① 原料处理。将柑橘皮清洗后破碎成2～5 mm的小块，用温水洗涤2 h后压滤。② 萃取、分离。加入原料重2倍的软水，用浓盐酸调节pH为1.9，在常压下微波加热萃取2次，每次萃取时间为5 min。将萃取液过滤、离心，得到澄清的果胶萃取液。③ 脱色。在果胶萃取液中加入柑橘皮重0.4%的活性炭，在80℃条件下搅拌20 min脱色。④ 沉淀、脱钙。加入氢氧化钙溶液于脱色后的果胶萃取液中，使其pH为14，使果胶以盐的形式沉淀，分离沉淀，沉淀中加入4%的草酸铵溶液，再离心除去草酸钙。⑤ 沉析、干燥。在离心液中加入等体积的95%乙醇溶液，将果胶沉析。微波常压下干燥，即得果胶。

2. 从甜菜渣中提取果胶

（1）工艺流程

脱脂甜菜渣→预处理→酸浸提→过滤→沉析→过滤→沉淀→洗涤离心→烘干→粉碎→成品

（2）工艺要求：① 原料磨碎后加入pH 7.5、0.1 mol/L磷酸盐缓冲液和少量蛋白酶，在37℃条件下保温8 h，用20 μm尼龙网过滤。② 酸浸时调整pH 1.5，在80℃条件下提取4 h，并不断搅拌。③ 用2 μm尼龙网过滤后，在60～70℃条件下，真空浓缩至果胶含量达5%～10%，然后加入4倍体积的95%乙醇溶液，放置1 h使果胶沉淀，离心处理20 min。④ 用95%乙醇溶液洗涤2次，沥干，在50℃条件下烘干后粉碎、混合后，再进行标准化处理，即得果胶成品。⑤ 若使用铝盐沉淀法，对果胶浸提液用氨水调节pH到3～5，然后加入pH 3～5的铝盐溶液，使果胶沉淀后，在pH 3～10内除铝后，烘干粉碎，标准化处理，即得果胶成品。

3. 从马铃薯渣中提取低甲氧基果胶

（1）工艺流程

马铃薯渣→钝化果胶酶→酸化水解→脱脂转化→真空浓缩→沉淀分离→干燥粉碎→成品

（2）工艺要求：① 用水洗涤马铃薯渣2次，除去淀粉及杂质。② 加入温水，在50℃～60℃条件下保持30 min，钝化天然果胶酶，洗涤后压干。③ 加入硫酸溶液调整pH为2，在90℃条件下，酸化水解1 h后，过滤得果胶提取液。④ 将果胶提取液冷却后，加入酸化乙醇，在30℃条件下保持6～10 h，进行脱酯转化，然后进行真空浓缩，然后冷却至室温。⑤ 在浓缩后所得的果胶液中加入乙醇进行沉析，要求果胶液中的最终乙醇浓度达50%左右。⑥ 将果胶沉淀物在60℃条件下真空干燥4 h后，粉碎成为60～80目的粉末，即为低甲氧基果胶。

4. 苹果皮渣中果胶的提取 苹果皮渣及残次果、风落果都能用于提取果胶。苹果皮渣中果胶的含量可达10%～15%。一般从苹果皮渣中提取果胶的方法是酸解法。

（1）工艺流程

苹果皮渣→干燥粉碎→酸化水解→过滤→浓缩→沉析→干燥粉碎→成品

（2）工艺要求：① 苹果皮渣原料来源于苹果浓缩汁厂或罐头厂，一般新鲜的苹果皮渣含水量较高，极易腐烂变质，要及时处理。将苹果皮渣清洗去杂后，在温度为65～70℃的条件下烘干，烘干后，粉碎到80目左右待用。② 向粉碎后的苹果皮渣粉末中加入8倍左右皮渣粉末重的水，用盐酸调节pH为2～2.5进行酸解。在85～90℃条件下，酸解1～1.5 h。③ 酸解完毕后进行过滤，去渣留液。将过滤液在温度为50～54℃、真空度为0.085 MPa条件下进行浓缩。④ 浓缩后得到浓缩液要及时冷却并进行沉析。一般沉析有盐沉析、乙醇沉析等方法，这里用乙醇沉析法。给冷却后的浓缩液按1∶1的比例加入95%的乙醇，待沉析彻底后，过滤或离心分离，脱去乙醇并回收得到湿果胶。⑤ 将所得湿果胶在70℃以下进行真空干燥8～12 h，然后粉碎到80目左右，即成为果胶粉。必要时可添加18%～35%的蔗糖进行标准化处理，以达到商品果胶的要求。

5. 从葡萄皮渣中提取果胶

（1）提取工艺

葡萄皮渣→预处理→酸浸提→过滤→浓缩→乙醇沉析→干燥粉碎→成品

（2）工艺要求：① 葡萄皮破碎至粒度为2～4 mm，在70℃条件下保温20 min钝化酶，再用温水洗涤2～3次，沥干待用。② 加入5倍于原料的水，用柠檬酸调整pH为1.8，在80℃条件下浸提6 h。然后进行过滤，得到滤液。③ 将滤液在温度为45～50℃、真空度为0.133 MPa条件下浓缩至果胶液浓度为5%～8%。④ 向浓缩后的浓缩液中加入乙醇，使得乙醇浓度达到60%，进行沉析。再分别用70%乙醇溶液和75%乙醇溶液洗涤沉淀物2次。⑤ 乙醇沉淀物经洗涤后，沥干并在55～60℃条件下烘干，粉碎至60目大小，再经标准化处理即为果胶成品。

二、色素的提取

果蔬之所以呈现不同的颜色，是因为其体内存在着多种多样的色素。色素按溶解度可分为脂溶性色素和水溶性色素，例如，叶绿素和类胡萝卜素属于脂溶性色素，而花青素和花黄素属于水溶性色素。按化学结构可分为五大类：卟啉衍生物，如叶绿素；异戊二烯衍生物，如类胡萝卜素；苯丙吡喃衍生物，如花青素、花黄素；酮类衍生物，如红曲色素；醌类衍生物，如胭脂虫红色素。在果蔬中，最为常见的色素有叶绿素、类胡萝卜素、花青素及花黄素。

叶绿素普遍存在于果蔬中，并且使果蔬呈现绿色。叶绿素又可分为叶绿素a和叶绿素b，前者显蓝绿色，后者显黄绿色。它们在果蔬体内的含量约为3∶1，是果蔬进行光合作用的重要成分。叶绿素不溶于水，易溶于乙醇、乙醚等有机溶剂；叶绿素在酸性条件下，分子中的镁为氢离子所取代，生成暗绿色至绿褐色的脱镁叶绿素；叶绿素分子中的镁也可为铜、锌等所取代，铜叶绿素色泽亮绿，较为稳定；叶绿素不耐热也不耐光。

类胡萝卜素使果蔬呈现橙黄色，是一大类脂溶性的橙黄色素，又可分为胡萝卜素类及叶黄素类。胡萝卜素类的结构特征为共轭多烯烃，包括α-胡萝卜素、β-胡萝卜素、γ-胡萝卜素及番茄红素，溶于石油醚，微溶于甲醇、乙醇。在胡萝卜、番茄、西瓜、杏、桃、辣椒、南瓜、柑橘等蔬菜水果中普遍存在，其中以β-胡萝卜素分布最广，含量最高；胡萝卜素是维生素A的前体，在人体内可转化成维生素A，而番茄红素则不能转化成维生素A；番茄红素是番茄表现为红色的色素，它是胡萝卜素的同分异构体。叶黄素类为共轭多烯烃的含氧衍生物，在果蔬中的叶黄素、玉米黄素、隐黄素、番茄黄素、辣椒黄素、柑橘黄素、β-酸橙黄素等都属于此类色素，其中隐黄素在人体内可转化成维生素A。一般来说，类胡萝卜素受pH变化的影响较小，具有耐热及着色力强的特点，遇锌、铜、铝、铁等也不易被破坏，但遇强氧化剂容易褪色。

花青素是果蔬呈现红、紫等色的主要色素，以溶液的状态存在于果皮（苹果、葡萄、李等）和果肉（紫葡萄、草莓等）中。在自然状态下以糖苷的形式存在，又有花青素苷之称。花青素稳定性较差，易受pH变化的影响，一般酸性下显红色，较稳定，碱性时呈蓝色，近中性时显紫色，对光和热较敏感，放置过久易变成褐色。

花黄素是最重要的植物色素之一，通常为浅黄色至无色，偶尔为鲜橙色，通常主要是指黄酮及其衍生物，因此也有黄酮类色素之称，广泛存在于果蔬之中。花黄素是水溶性色素，稳定性较好，有些黄酮成分具有较好的活性，有活化和降低血管透性的作用。

（一）果蔬色素提取和纯化

1. 果蔬色素提取工艺　为了保持果蔬色素的固有优点和产品的安全性、稳定性，一般提取工艺大多采用物理方法，较少使用化学方法。目前提取色素的工艺主要有浸提法、浓缩法和先进的超临界流体萃取法等。

（1）果蔬色素提取工艺流程

浸提法色素提取工艺流程为

原料→清洗→浸提→过滤→浓缩→干燥成粉或添加溶媒制成浸膏→成品

天然果蔬汁的直接压榨、浓缩提取色素工艺流程为

原料→清洗→压榨果汁→浓缩→干燥成粉或添加溶媒制成浸膏→成品

超临界流体萃取法色素提取工艺流程为

原料→清洗→超临界流体萃取→分离→干燥成粉或添加溶媒制成浸膏→成品

（2）工艺要求

1）原料处理　果蔬原料中的色素含量与品种、生长发育阶段、生态条件、栽培技术、采收手段及贮存条件等有密切关系。如葡萄皮色素、番茄色素，不同品种及不同成熟度的原料差别很大。浸提法生产收购到的优质原料，需及时晒干或烘干，并合理贮存；有些原料还需进行粉碎等特殊的前处理，以便提高提取效率；提取不同的色素，对原料要进行不同的处理，生产前要严格试验，找出适宜的前处理方法。浓缩法的原料处理及榨汁过程可参考果蔬汁的加工。对于超临界流体萃取法提取色素，也应将原料洗涤、沥干及适当的破碎后，提取色素。

2）萃取　对于用浸提法提取色素，第一，应选用理想的萃取剂，因为优良的溶剂不会影响所提取色素的性质和质量，并且提取效率高、价格低廉，回收或废弃时不会对环境造成污染；第二，萃取的温度要适宜，既要加快色素的溶解，又要防止非色素类物质的溶解增多；第三，大型工业化生产应采用进料与溶剂成相反梯度运动的连续作业方式，以提高效率并节省溶剂；第四，萃取时应随时搅拌。对于超临界流体萃取法，一般所选的溶剂为CO_2，在萃取时应控制好萃取压力和温度。

3）过滤　过滤是浸提法提取果蔬色素的关键工序之一，若过滤不当，成品色素会出现混浊或产生沉淀，尤其是一些水溶性多糖、果胶、淀粉、蛋白质等，不过滤除去，将严重影响色素溶液的透明度，还会进一步影响产品的质量和稳定性。过滤常常采用离心过滤、抽滤，目前还有超滤技术等。另外，为了提高过滤效果，往往采用一些物理化学方法，如调节pH、用等电点法除去蛋白质、用乙醇沉淀提取液中的果胶等。

4）浓缩　色素浸提过滤后，若有有机溶剂，需先回收溶剂以降低产品成本，减少溶剂损耗，大多采用真空减压浓缩先回收溶剂，然后继续浓缩成浸膏状；若无有机溶剂，为加快浓缩速度，多采用高效薄膜蒸发设备进行初步浓缩，然后再真空减压浓缩。真空减压浓缩的温度控制在60℃左右，而且也可隔绝氧气，有利于产品的质量稳定，切忌用火直接加热浓缩。

5）干燥　为了使产品便于贮藏、包装、运输等，有条件的工厂都尽可能地把产品制成粉剂，但是国内大多数产品是液态型。由于多数色素产品未能找到喷雾干燥的载体，直接制成的色素粉剂易吸潮，特别是花苷类色素，在保证产品质量的前提下，制成粉剂有一定的难度，对这类色素可以保持液态。干燥工艺有塔式喷雾干燥、离心喷雾干燥、真空减压干燥及冷冻干燥等。

6）包装　包装材料应选择轻便、牢固、安全、无毒的物质，对于液态产品多用不同规格的聚乙烯塑料瓶包装，粉剂产品多用薄膜包装；包装容器必须进行灭菌处理，以防污染产品。无论何种类型产品和使用何种包装材料，为了色素的质量稳定和长期贮存，一般应放在低温、干燥、通风良好的地方避光保存。

2. 果蔬色素的精制纯化 用果蔬提取的色素，由于果蔬本身成分十分复杂，因此所提色素往往含有果胶、淀粉、多糖、脂肪、有机酸、无机盐、蛋白质、重金属离子等非色素物质。经过以上的提取工艺得到的仅仅是粗制果蔬色素，这些产品色价低、杂质多，有的还含有特殊的臭味、异味，直接影响产品的稳定性、染色性，限制了它们的使用范围。因此必须对粗制品进行精制纯化。精制纯化的方法主要有以下几种。

（1）*酶法纯化*：利用酶的催化作用使色素粗制品中的杂质通过酶的反应被除去，达到纯化的目的。如由蚕沙中提取的叶绿素粗制品，在 pH 7 的缓冲液中加入脂肪酶，30℃条件下搅拌 30 min，以使酶活化，然后将活化后的酶液加入到 37℃的叶绿素粗制品中，搅拌反应 1 h，就可除去令人不愉快的刺激性气味，得到优质的叶绿素。

（2）*膜分离纯化技术*：膜分离技术特别是超滤膜和反渗透膜的产生，给色素粗制品的纯化提供了一个简便又快速的纯化方法。孔径在 0.5 nm 以下的膜可阻留无机离子和有机低分子物质；孔径为 1～10 nm，可阻留各种不溶性分子，如多糖、蛋白质、果胶等。让色素粗制品通过一特定孔径的膜，就可阻止这些杂质成分的通过，从而达到纯化的目的。黄酮类色素中的可可色素就是在 50℃、pH 9、入口压力 490 kPa 的工艺条件下，通过管式聚砜超滤膜分离而得到的纯化产品，同时也达到浓缩的目的。

（3）*离子交换树脂纯化*：利用阴阳离子交换树脂的选择吸附作用，可以进行色素的纯化精制。葡萄果汁和果皮中的花色素就可以用磺酸型阳离子交换树脂进行纯化，除去其粗制品浓缩液中所含的多糖、有机酸等杂质，得到稳定性高的产品。

（4）*吸附、解吸纯化*：选择特定的吸附剂，用吸附、解吸法可以有效地对色素粗制品进行精制纯化处理。意大利对葡萄汁色素的纯化，美国对野樱果色素的精制，我国栀子黄色素、萝卜红色素的纯化都应用此法，取得了满意的效果。

（二）几种果蔬色素的提取

1. 葡萄皮红色素的提取 葡萄皮红色素属花青素，是一种安全、无毒副作用的天然食用色素，可用于酒类、饮料、果冻、果酱等食品中。

（1）*工艺流程*

葡萄皮→浸提→粗滤、离心→沉淀→浓缩→干燥→成品

（2）*工艺要求*：① 选用含有红色素较多的葡萄分离出果皮，或用除去籽的葡萄渣，干燥待用。② 浸提时用酸化甲醇或酸化乙醇，按等量重的原料加入，在溶剂的沸点温度下，pH 3～4 浸提 1 h 左右，得到色素提取液，然后加入维生素 C 或聚磷酸盐进行护色，速冷。③ 粗滤后进行离心，以便去除部分蛋白质和杂质。④ 离心后的提取液加入适量的乙醇，使果胶、蛋白质等沉淀分离。⑤ 在 45～50℃、93 kPa 真空度下，进行减压浓缩，并回收溶剂。⑥ 浓缩后进行喷雾干燥或减压干燥，即可得到葡萄皮红色素粉剂。

2. 类胡萝卜素色素的提取

（1）*工艺流程*

胡萝卜→洗涤、切块→软化→浸提→浓缩→干燥→成品

（2）*工艺要求*：① 选用新鲜胡萝卜，洗涤后切碎，在沸水中热烫 10 min。② 混合溶剂石油醚∶丙酮＝1∶1作为提取溶剂。第一次浸提 24 h 后分离提取液，再进行第二次、第三次至浸提液无色为止，将数次获得的提取液混合后进行过滤。③ 将过滤后的提取液在 50℃、67 kPa 真空度下进行浓缩，得到膏状产品并回收溶剂。④ 膏状产品可在 35～40℃条件下进行干燥，得到粉状类胡萝卜素色素制品。

3. 苋菜红色素的提取 苋菜，属苋科，原产于印度，也是我国最古老的园菜之一，在我国南方的浙江、江苏、江西、湖南、广东、广西等地均有种植，北方较少，其叶及茎可供食用。苋菜中所含的红色素，其主要成分是花色苷色素，所含的绿色素，其主要成分是叶绿素，另外，还含有少量的脂肪、蛋白质、铁、磷、钙等。

苋菜中制取的红色素极易溶于水，不溶于甲醇、乙醇、石油醚、氯仿、丙酮等有机溶剂。水溶液的变色范围为 pH 1～7 玫瑰紫红色，pH 8～12 慢慢由蓝紫色变成黄色，可见天然苋菜红色素为酸性红色素，在波长 540 nm 附近吸收度最大。在低温下，红色素的色泽保持时间较长，因而适用于冷饮、汽水、果冻、冰淇淋等食品的着色。其耐热性较差，适用于短时间加热。在弱酸性条件下，加适量防腐剂，色泽保持时间较长。产品

为玫瑰红色粉末状，不易吸潮。

苋菜中的绿色素是叶绿素，不溶于水，极易溶于乙醇、乙醚等有机溶剂，而其铜钠盐，极易溶于水，微溶于乙醇、甲醇、氯仿，不溶于丙酮、石油醚等有机溶剂，其水溶液绿色透明，变色范围 pH 1～3 时为黄绿色，pH 4～5 为淡绿色，pH 6～12 为亮绿色，可见此绿色素为碱性绿，它的消光比为 3～4.5，可用于食品的着色，如罐头、蜜饯、饮料及蛋糕的裱花着色等。

(1) 工艺流程

苋菜→清洗、切分→热浸提→粗滤→真空浓缩→沉淀→过滤→真空浓缩→干燥→成品

(2) 工艺要求：① 苋菜外观全红，去黄叶、除根，清洗干净，切碎。② 用去离子水作浸提剂，原料与水之比为 1∶2，在 90～100℃条件下浸提 3 min，然后过滤，得到苋菜色素提取液。③ 将苋菜色素提取液在 50～60℃、真空度 80～89 kPa 条件下浓缩。④ 浓缩后，将 95%乙醇加入浓缩提取液中，使得乙醇含量为 60%～70%，沉淀除去杂质，过滤后进行第二次真空浓缩，同时回收乙醇。⑤ 将第二次真空浓缩获得的苋菜色素浓缩提取液，可进行喷雾干燥，进风温度为 150～170℃，出风温度为 60～80℃，使得产品含水量在 10%以下。

4. 番茄红色素的提取 番茄红色素(lycopene)是从成熟番茄中提取的一种常用色素，是不具有环状结构的一种独特的类胡萝卜素，不含氧元素。番茄红色素在自然界中分布广泛，主要存在于番茄中，还存在于西瓜、南瓜、李、柿、胡椒、桃、木瓜、芒果、番石榴、葡萄、葡萄柚、红莓、柑橘等植物的果实中，以及萝卜、胡萝卜、芜菁甘蓝等的根部。番茄及其制品的番茄红色素是西方膳食中类胡萝卜素最主要的来源，人体从番茄中获得的番茄红色素占总摄入量的 80%以上。早在 1873 年，Hartsen 首次从浆果薯蓣中分离出番茄红色素的红色晶体，是自然界中发现的最强的抗氧化剂之一。番茄红色素具有极强的清除自由基的能力，清除单线态氧的能力是目前常用的抗氧化剂维生素 E 的 100 倍，是 β-胡萝卜素的 2 倍多，对防治前列腺癌、肺癌、乳腺癌、消化道癌、子宫癌等有显著效果，并可降低皮肤癌、膀胱癌的发病率。

(1) 工艺流程

番茄→破碎→浸提→过滤→浓缩→干燥→成品

(2) 工艺要求：① 选取新鲜且含有红色素高的番茄，洗涤后破碎。② 以氯仿作为溶剂提取番茄红色素，给破碎后的番茄中加入 90%原料重的氯仿，用盐酸调节 pH 为 6，在 25℃条件下提取 15 min，然后过滤得到番茄红色素提取液。③ 提取液在 45℃、67 kPa 真空度下进行浓缩，得到膏状产品并回收溶剂。④ 真空干燥后可得到番茄红色素产品。

5. 用超临界 CO_2 流体萃取沙棘黄色素

(1) 工艺流程

沙棘果渣→洗涤、沥干→超临界 CO_2 流体萃取→分离→干燥→成品

(2) 工艺要求：① 选用榨汁后的沙棘果渣并去除沙棘籽，洗涤、沥干，适当破碎。② 将处理好的沙棘果渣放入萃取器进行萃取，其条件为萃取压力 25～30 MPa、温度 35～40℃、CO_2 流量 12 kg/h、萃取时间 3 h。③ 常压下分离出 CO_2，得到沙棘黄色素萃取物。④ 将沙棘黄色素萃取物进行喷雾干燥或减压干燥，即可得到沙棘黄色素粉剂。

6. 柑橘皮渣中橙黄色素的提取 从柑橘果皮渣中提取的橙黄色素是一种重要的天然色素，其主要的成分是柠檬烯和类胡萝卜素，还含有维生素 E 和稀有元素硒。这些物质对于防止癌细胞的生长、延缓细胞衰老和增强人体免疫力等有良好的作用。橙黄色素不仅是安全的着色剂，而且是食品的强化营养剂。

(1) 工艺流程

柑橘皮渣→清洗→干燥粉碎→有机萃取→分离→浓缩→真空干燥→成品

(2) 工艺要求：对于从柑橘果皮渣中提取橙黄色素的原料，可以用柑橘加工厂废弃的柑橘皮渣，也可以用提取香精后的渣。粉碎后皮渣的粒度对橙黄色素的提取率有很大影响。一般来说，皮渣粒度越小，溶剂渗透的能力越强，提取率越高。萃取是从柑橘果皮渣中提取橙黄色素的关键工序。一般采用有机溶剂，如丙酮、氯仿、石油醚、乙醇、醋酸乙酯等。萃取以后，先进行有机溶剂的回收，然后进行低温真空浓缩，就可以得

到黏稠、膏状橙黄色素。若要得到粉末状橙黄色素，还需进行真空干燥。

三、纤维素的提取

纤维素是β-Glcp(吡喃葡萄糖)经β-1,4-糖苷键连接而成的直链线性多糖，聚合度是数千，它是细胞壁的主要结构物质。在植物细胞壁中，纤维素分子链由结晶区与非结晶区组成，非结晶结构内的氢键结合力较弱，易被溶剂破坏。纤维素的结晶区与非结晶区之间没有明确的界限，转变是逐渐的。不同来源的纤维素，其结晶程度也不相同。通常所说的“非纤维素多糖”(noncellulosic polysaccharides)泛指果胶类物质、β-葡聚糖和半纤维素等物质。膳食纤维的资源非常丰富，现已开发的膳食纤维共6大类约30种。这6大类包括：谷物纤维、豆类种子和种皮纤维、水果和蔬菜纤维、微生物、其他天然纤维，以及合成和半合成纤准。然而，目前在生产实际中应用的只有10余种，利用膳食纤维最多的是烘焙食品。膳食纤维依据原料及对其纤维产品特性要求的不同，其加工方法有很大的不同，必需的几道加工工序为原料粉碎、浸泡冲洗、漂白脱色、脱水干燥和成品粉碎、过筛等。

食用纤维素有“第七营养素”之称，它是平衡膳食结构的必需营养素之一。其主要功能是防止便秘、结肠炎、动脉硬化、高血脂、肥胖症等。此外，膳食纤维也能吸收肠内有害金属，清扫肠内毒素，防止大肠癌、直肠癌等疾病。

(一) 柑橘皮渣中纤维素的提取

柑橘皮渣经过提取精油、果胶、色素、糖苷等以后，还剩有占柑橘果皮渣重60%左右的残渣，这些残渣的主要成分为纤维素及半纤维素。利用这些残渣或柑橘皮渣可以提取食用纤维素。目前从柑橘果皮渣中直接提取纤维素还没有形成规模化生产，多数是从柑橘果皮渣中提取果胶后，再制取食用纤维素。

1. 工艺流程

柑橘果皮渣→清洗→干燥→粉碎→酸液浸提→压滤→洗涤→脱色→乙醇洗涤→压滤→真空干燥→食用纤维素

2. 工艺要求 ① 柑橘果皮渣经过清洗去杂以后，风干或低温干燥，然后粉碎到粒度为1～2 mm的粉末。② 将柑橘果皮渣粉末加入2～3倍皮渣粉末重的水中，用盐酸浸调节pH为2～2.5，浸提1 h后，进行压滤，去滤液留渣。滤液用于提取果胶，渣用于制取食用纤维素。③ 压滤后的余渣用50～60℃的热水浸泡后反复冲洗至中性，然后用5%的过氧化氢在pH 5～7、30℃左右条件下进行脱色10 min。④ 脱色后压滤去除滤液，用清水及20%～50%的乙醇进行洗涤余渣，再施压滤，滤渣进行真空干燥。⑤ 真空干燥后就成了食用纤维素。

(二) 苹果皮渣中纤维素的提取

苹果皮中纤维素含量是果肉中的2～3倍，且含有丰富的维生素等营养物质。以苹果皮为原料，可以加工成营养丰富的膳食纤维饮料。

1. 工艺流程

原料→选择→清洗→切块→配料→均质→脱色→脱气→杀菌→灌装→成品

2. 工艺要求 ① 苹果加工后的果皮，立即除去虫害、药斑、腐烂部分，然后用0.5%盐酸溶液清洗，再用清水冲掉药液。若加工过程中用药液洗过，可直接用清水冲洗。洗后浸泡到0.1%柠檬酸溶液中，以防果皮褐变。将果皮捞出，立即切成1 cm左右的小方块，然后迅速放入柠檬酸溶液中浸泡。② 按1 kg果皮加水85 kg、葡萄糖15 kg、柠檬酸0.5 kg、维生素C 0.2 kg的比例，把果皮和以上辅料充分混合，使得各辅料彻底溶解。③ 利用高压均质机将上述混合物料在49～50 MPa的压力下均质5～6次，以使混合物料均一、黏稠。④ 由于苹果皮富含花青素，很不稳定，对饮料的色泽有一定的影响，应该除去。方法是：调整pH为3～5，加入0.3%～0.4%含有黑曲霉制备的花青素酶的赋氧剂，边加边搅拌。然后加热至55～60℃，处理40 min后，再加0.1%明胶水解物，使溶液呈现均一、稳定状态，最后冷却至室温。⑤ 利用真空脱气机脱去空气，在真空为82.65～85.32 kPa条件下脱气1～2 min。⑥ 采用高温短时杀菌法进行杀菌，在95℃条件下保温处理30 s，然后进行无菌灌装即可。

四、果蔬中功能性物质的提取

自古以来，食品始终是人类赖以生存的基础，是维持健康的基本条件之一。我国是一个有着悠久文明历史的古国，食用、食养、食疗、食忌及药食同源的民间经典由来已久，可是，过去人们对食品的要求依然是“温饱与味觉”，并且对药食同源的经验缺乏科学系统的分析与评价。随着人类的进步，时代的发展，科学与经济的突飞猛进，人们对食品有了更高的要求，即从“温饱与味觉”转向了“营养与保健”。世界上，随之而来的是各种门类的保健食品应运而生，营养保健食品的研究与发展越来越引起人们的重视。

现代研究认为，食品具有 3 项功能：一是营养功能，即用来提供人体所需的基本营养素；二是感观功能，以满足人们味觉嗜好的需求；三是在具有前两项功能基础上还必须具有对人体生理调节功能。现在所谓的保健食品就是这 3 项功能的完美体现与科学结合。

果蔬功能因子是指果蔬中的具有调节人体机体功能的有效成分，即果蔬中的功效成分。果蔬种类繁多，在人类膳食中是极其重要的一大类食物，它们有刺激食欲、促进消化等作用，并且供给人类所必需的多种维生素、无机盐、纤维素。蔬菜在普通膳食中比水果所占的比例更大，因此是人体所必需的几种维生素的重要来源。

（一）作为多种维生素的重要来源

维生素 C 是人体所必需的重要维生素，当人体严重缺乏维生素 C 时则引起坏血病。膳食中维生素 C 主要由蔬菜、水果来提供，因为在其他食品中含量甚少，动物性食品除牛奶、肝脏、肾脏外也大都不含维生素 C。蔬菜、水果类食物一般以各种叶绿菜含维生素 C 最为丰富，根茎类次之，瓜果类最少。在普通蔬菜中，如辣椒、小白菜、菠菜、大白菜、苋菜、芹菜、甘蓝、花椰菜等每 100 g 可食部分中维生素 C 含量大都在 40 mg 左右；蒜苗、韭菜、黄瓜、藕、茴香菜、番茄、白萝卜等每 100 g 可食部分中为 20 mg 左右；有的辣椒品种维生素 C 含量可高达 196 mg/100 g；维生素 C 含量较低的是南瓜、冬瓜、茄子、洋葱、大蒜、莴苣、芋头、大葱、丝瓜、西瓜、甜瓜等，每 100 g 可食部分中含量大都不超过 15 mg。水果一般以鲜枣、草莓、橘子、凤梨、柠檬、柚、山楂、柿子中含维生素 C 较多，如温州蜜柑、脐橙每 100 g 含 40～50 mg，甜柿中约 30 mg，苹果、葡萄、梨、李子无花果、杏等每 100 g 中一般在 5 mg 左右，樱桃、香蕉、梅子中可达到 10 mg。水果中特别是酸枣、山楂中维生素 C 含量可高达 500 mg 和 600 mg；此外，中华猕猴桃、野生果有的品种维生素 C 含量高达 1 000 mg/100 g。刺梨、沙棘也是含维生素 C 最丰富的野生果实，这两种野生果实每 100 g 含维生素 C 1 000～2 500 mg。

胡萝卜素是人体所必需的一种脂溶性维生素，蔬菜中仍然是绿色、黄色和红色蔬菜含胡萝卜素较多，如韭菜、胡萝卜、菠菜、南瓜等每 100 g 中的含量均在 10 mg 左右。水果以杏、柿、枇杷、李、柑橘等含量较多。

在一般食物中，除动物内脏、豆类、杂粮中含有较多的核黄素外，其余均含的较少。蔬菜中核黄素较丰富的有雪里蕻、油菜、菠菜、青蒜、四季豆等，其余大部分每 100 g 中大约含 0.1 mg。

（二）作为无机盐的主要来源

蔬菜、水果含无机盐较多，如钙、镁、钾、钠、铁、铜等，人体内所需的钙和铁大部分来自蔬菜、水果。

植物性食物虽然无机盐含量很丰富，但由于植物本身含有植酸、草酸等，因此无机盐不能充分被人体吸收利用，如牛皮菜、菠菜、洋葱、毛豆等。有些蔬菜如雪里蕻、油菜、苋菜等不仅含钙较丰富，而且在人体内能较好地被吸收利用。此外，在食品中像铁、锌等微量元素一般并不缺乏，主要是因为有植酸、草酸等影响吸收的因素存在，如蔬菜中的铁在人体内的吸收率较低，大约为 10%。

蔬菜、水果中的无机盐对维持人体内酸碱平衡有十分重要的作用。正常情况下，人体血液的 pH 为 7.35～7.45，但膳食中有些食物如肉类、鱼类、蛋类、豆类等含蛋白质较丰富，而蛋白质中含硫和磷又较多，它们在体内经过代谢最后形成酸性物质，可以降低血液及其他体液的 pH，不利于正常代谢活动的进行；而蔬菜、水果与这类食品相反，因含钾、钠、钙、镁等元素很丰富，经过代谢后则生成碱性物质，能阻止血液的 pH 向酸性方向变化。因此膳食中的成酸性食品与成碱性食品之间在数量上应有一定的比例，才能有利于机体维持正常的酸碱平衡。

（三）膳食纤维素、果胶的食物来源

蔬菜、水果在膳食中可供给人体所必需的食物纤维、果胶等促进人体消化功能的物质，从营养卫生角度上来说，一般认为经常多吃新鲜蔬菜、水果对动脉粥样硬化症的预防具有明显的效果。

(四) 蔬菜、水果中含有大量的酶和有机酸

菠萝和无花果、木瓜等含有蛋白酶，生食可促进消化。水果中含有较多的柠檬酸、酒石酸、苹果酸，能促进食欲及消化液的分泌，利于消化吸收。此外，有些蔬菜具有一些特殊生理学或药理学作用，如大蒜中含有植物杀菌素，对防治痢疾等疾病有良好效果，而且最近又发现大蒜、葱头可以降低血胆固醇。苦瓜有明显降血糖作用，其降血糖物质可能是一种多肽或蛋白质。

(五) 几种果蔬中功能性物质的提取

1. 从柑橘果皮渣中提取橙皮苷 橙皮苷是柑橘果皮渣中的主要成分之一，它是橙皮素的芳香糖苷，属于黄酮类化合物，呈淡黄色，无臭无味，不溶水，微溶于乙醇。橙皮苷具有较高的药用价值，能维持血管的正常渗透压，降低血管脆性，缩短出血时间等，此外还是合成高甜度、低热量新型甜味剂二氢查耳酮的主要原料。目前从柑橘果皮渣中提取橙皮苷主要是用碱溶解、酸沉淀的方法。

(1) 工艺流程

柑橘果皮渣→碱浸泡→过滤→酸化→沉降→分离→烘干→粉碎→成品

(2) 工艺要求：① 柑橘果皮渣清洗、去杂后，加入3～6倍皮渣重的饱和石灰水，调节pH为11～12，浸泡时间为2 h左右。若浸泡时间不足，橙皮苷从柑橘果皮渣溶出不充分；若浸泡时间过长，则橙皮苷在碱性条件下容易分解。碱浸泡后，进行压滤，取得滤液。② 给滤液中加入10%的盐酸，使得pH为4～5，在20℃条件下静置24～36 h进行酸化处理。静置的温度不宜过高，若超过20℃，橙皮苷很容易分解。待到沉淀析出后，进行过滤分离，除去滤液得到滤渣，滤液经烘干、粉碎，即为橙皮苷粗品。③ 橙皮苷粗品再经过15～20倍橙皮苷粗品重的50%乙醇和1%氢氧化钠(1∶1)混合液溶解，然后过滤除去不溶物，加盐酸中和滤液，析出沉淀，再经乙醇结晶，可得到纯度较高的橙皮苷。

2. 从苹果皮渣中提取苹果多酚 最近研究表明，苹果多酚具有抗氧化作用，能够防止维生素、色素等的劣变，对龋齿、高血压等症有预防作用，对变异原性物质有抑制作用。

苹果多酚是从未成熟的苹果及苹果皮中提取出来的一类混合物，含有绿原酸为主的咖啡酸类的酯、(+)-儿茶素类与(−)-表儿茶素类、二氢查儿酮类、栎精苷类等单纯多酚，还含有苹果缩合单宁、根皮苷、芦丁和微量栎精苷、花青素类的色素等。其中单纯多酚与缩合型单宁的比例约为6∶4。在未成熟的苹果中苹果多酚的含量可高达7 800 mg/kg。因此，苹果园中未成熟的风落果及加工厂中剩余的残次果、苹果皮等是提取苹果多酚的优良原料。

3. 其他功能性物质的提取 葡萄皮渣除以上综合利用外，还可以提取单宁、膳食纤维素、白黎芦醇等。尤其是白黎芦醇，在葡萄皮中含量较高。

白黎芦醇化学名称为芪三酚，是存在于葡萄中的一种重要的植物抗毒素。它以游离态(顺式—、反式—)和糖苷结合态(顺式—、反式—)两种形式存在。最近研究表明，白黎芦醇能影响脂类及花生四烯酸代谢，具有抗血小板聚集、抗炎、抗过敏、抗血栓、抗动脉粥样硬化等功能和冠心病、缺血性心脏病、高脂血症的防治作用，明显的抗氧化和抗肿瘤作用。因此，从葡萄皮渣中提取白黎芦醇是葡萄综合利用的一种有效途径。

五、果蔬籽油的提取

凡是油脂含量达10%以上，具有制油价值的植物种子和果肉等均称为油料。作为植物体的一部分，油料中蕴藏了丰富的天然产物，其中很多具有重要的生理活性。在各种油料中，有些油料具有不同于其他油料的特征，其中的油脂产品对人体有特殊的意义或用途。这类油料通常产量稀少或者野生，为了与普通油料相区别，常称为小品种油料，如亚麻籽、红花籽、葡萄籽、核桃仁、沙棘、松籽和番茄籽等。开发野生小品种油料新油源既可丰富食用油的品种，又可在一定程度上缓和人们日益增长的生活需求和供应紧张之间的矛盾。小品种油料具有以下几方面的特征：① 组成特殊，如含有特有的活性物质。② 用途特殊，除了提供能量、改善食品口感外，有些油脂还具有医疗保健、工业原料等作用。③ 经济效益高。有些研究者指出，利用特种油料生产调和油及功能性油脂是繁荣食用油市场，提高经济效益和人民健康水平，以及粮油企业增加出口创汇的重要手段。

（一）从柑橘籽中提取柑橘籽油

柑橘中籽的含量为柑橘整果重的4%～8%。柑橘籽中含油脂量一般可达籽重的20%～25%。粗制柑橘籽油可作为工业用油；精炼后的柑橘籽油，色泽浅黄而透明、无异味、有类似橄榄油的芳香气息，可食用。

1. 工艺流程

原料→炒籽→粉碎去壳→加水拌和→蒸料→制饼坯→压榨→沉淀澄清→过滤→粗制油→碱炼→脱色压滤→干燥脱水→真空脱臭→透明精炼油

2. 工艺要求　① 用清水反复洗涤柑橘籽，以便去除附着在柑橘籽表面上的果肉碎屑、污物等，然后晒干或烘干。将干籽进行筛选去杂。② 将选好的柑橘籽倒入炒锅中进行炒制，控制其温度，炒至柑橘籽外表面呈均匀的橙黄色为度，不得炒焦。③ 炒制后的柑橘熟籽立即冷却，用粉碎机进行粉碎，再用粗筛(20目)或风选机除去干壳。④ 向粉碎去壳的柑橘籽粉中加入8%左右籽粉重的清水，用混合机混合均匀，但以籽粉不成团为度。⑤ 拌和好的籽粉加入蒸料锅，用水蒸气蒸料，蒸至籽粉用手捏成粉团为佳。⑥ 蒸好的籽粉制成籽粉饼进入压榨机进行压榨。⑦ 榨出的柑橘籽油送入贮油罐自然澄清并过滤；或用板框式压滤机进行过滤；或用离心分离机进行分离。过滤后得到柑橘籽油粗品。⑧ 柑橘油粗品，尚含有少量的植物胶质、游离脂肪酸、植物蛋白、苦味成分等，外观色泽较深、稠度大、有不愉快的特殊气味，因而只能作为一般工业原料应用。若要食用，还需以下的精炼处理。⑨ 测定柑橘油粗品的酸价(一般为2.29左右)，通过计算确定浓度为5%氢氧化钠溶液的加入量。给柑橘油粗品加入计算量浓度为5%的氢氧化钠溶液，充分搅拌、乳化，使原油中的杂质发生皂化作用而析出。碱炼的时间一般40 min左右；若碱炼的温度50～55℃，则时间可在15～20 min内完成。然后让其自然澄清，待析出的皂化沉淀物等杂质彻底沉降后，分离出上层澄清的碱炼油。⑩ 在充分搅拌下，向澄清的碱炼油中加入油量4%～5%的粉状活性炭和少量的硅藻土，加热至80～85℃，脱色处理1～2 h。取样检查脱色合格后，用板框式压滤机进行过滤，以达到脱色的目的。⑪ 脱色后，将上述清油加热至105～110℃，维持30～40 min，以便除去清油中所含有的少量水分及低沸点杂质成分。当清油再次呈现透明清晰状态时，即达到干燥脱水终点。⑫ 干燥脱水的清油送入真空脱臭器进行脱臭处理。一般油温为60～65℃，真空度为0.065～0.07 MPa。脱臭处理进行30～35 min后，即可得到合格的柑橘籽油。

（二）葡萄籽油的提取及精炼

葡萄籽油是近年来深受国际市场欢迎的高级营养食用油，因为它含有大量的不饱和脂肪酸和多种维生素，特别是维生素E含量与玉米胚芽油、葵花籽油相似，比花生油、米糠油、棉籽油高0.5～1.0倍。

葡萄籽油的提取方法，一般有压榨法和浸出法。压榨法工艺简单、设备少、投资低，适于小批量生产。浸出法是利用有机溶剂对油脂的溶解特性，将油脂提出，然后分离出籽油，此法是目前较为先进的制油方法。

1. 工艺流程

压榨法工艺流程为

葡萄籽→晒干→筛选→破碎→软化→炒胚→预制饼→上榨→过滤→毛油

浸出法工艺流程为

葡萄籽→晒干→筛选→破碎→软化→贮存→浸提→过滤→贮存→蒸发→汽提→毛油

2. 工艺要求　① 将葡萄籽用风力或人力分选，基本不含杂质后用破碎机破碎。② 破碎后，将破碎的葡萄籽投入软化锅内进行软化，条件是：水分12%～15%，温度65～75℃，时间30 min，必须达到全部软化。③ 若采用浸提法，经过软化后就可以加有机溶剂进行浸提。有机溶剂有己烷、石油醚、二氯乙烷、三氯乙烯、苯、乙醇、甲醇、丙酮等。浸提液经压榨、过滤、分离即可得到毛油，其操作过程与精油的提取过程基本相似。④ 若采用压榨法，软化后要进行炒胚。炒胚的作用是使葡萄籽粒内部的细胞进一步破裂，蛋白质发生变性，磷脂等离析、结合，从而提高毛油的出油率和质量。一般将软化后的油料装入蒸炒锅内进行加热蒸炒，加热必须均匀。用平底锅炒胚时，料温110℃，水分8%～10%，出料水分7%～9%，时间20 min，炒熟炒透，防止焦糊。炒料后立即用压饼机压成圆形饼，操作要迅速，压力要均匀，中间厚，四周稍薄，饼温在100℃为好。压好后趁热装入压榨机进行榨油。榨油时室温为35℃，以免降低饼温而影响出油率。出油的油温在80～85℃

为好,再经过过滤去杂就成为毛油。

葡萄籽油精炼的工艺流程为

毛油→过滤→水化→静置分离→脱水→碱炼→洗涤→干燥→脱色→过滤→脱臭→加抗氧化剂→精油

与其他油脂的精炼方法类似。

(三) 番茄籽油的提取

番茄籽油是一种优质的保健植物油。研究表明,番茄籽油含有较多的必需脂肪酸—亚油酸(含量为60%~70%)和维生素E(含量约为0.9%),其中维生素E的含量高于小麦胚芽油。目前,提取番茄籽油所用的原料主要是番茄酱厂的副产品——番茄籽,提取的方法主要有索氏抽提法、溶剂提取法、超临界流体萃取法等。其中超临界流体萃取番茄籽油的工艺如下。

1. 番茄籽原料及处理 用来自番茄酱厂的番茄渣,放在水中分离出番茄籽,捞出、沥干,然后晒干或烘干,再用粉碎机粉碎成粉状,使之粒度均匀一致待用。

2. 超临界流体萃取 用CO_2作为萃取剂进行提取。将粉碎后的番茄籽原料放入封闭的萃取缸中,通入液体CO_2。其提取条件是:萃取压力15~20 MPa,萃取温度40~50℃,CO_2流量20 kg/h,萃取时间1~2 h。

3. 分离 使提取液减压分离,得到番茄籽油。

(四) 从南瓜中提取南瓜籽油

中国特种油料品种多达上百种,南瓜籽油就是其中的一种,南瓜籽油含有丰富的必需脂肪酸、氨基酸、植物甾醇、胡萝卜素、矿物质、维生素及多糖等,营养价值很高,它不仅能明显降低血清胆固醇和甘油三酯,而且能驱除寄生虫和防治前列腺疾病,由于南瓜籽油香味独特、营养丰富,近年来在国内外已作为一种新型的保健油而深受欢迎。

目前,南瓜籽油的提取方法有热榨法、冷榨法、溶剂萃取法及超临界流体萃取法等。

传统热榨工艺,要将南瓜籽仁蒸炒至120℃,水分控制在1%~1.5%才能进行压榨。温度过高会导致不饱和脂肪酸的破坏,同时榨油后的蛋白质因高温过程而失去生物活性,而且热榨工艺生产的南瓜籽油必须经过脱胶、脱酸、脱色、脱臭等精炼处理后才能食用。经过这样一系列精炼处理,就不可避免地破坏南瓜籽油中的天然微量营养成分,如维生素、胡萝卜素等,大大降低了南瓜籽油的营养价值。若用溶剂浸提,则油脂也必须通过进一步精炼后才能食用,同样也会降低南瓜籽油的营养价值。而超临界流体CO_2萃取技术虽然具有提取温度较低,适用于热敏性有效成分的提取;萃取效率高;工艺流程简单,过程易于调节;CO_2惰性无毒,容易从萃取产物中分离出来,产品中无溶剂残留等优点,但存在生产和维护成本较高的缺点。冷榨法制取的南瓜籽油具有独特的南瓜香味。同时保留了南瓜籽中丰富的营养物质,是很有前景的制取南瓜籽油的有效方法。在国外,冷榨南瓜籽油是一种高档营养保健油。利用冷榨法生产南瓜籽油,既可保证比较高的出油效率,又可保留南瓜籽油中的微量营养物质。目前市面上的南瓜籽油多为冷榨油技术生产的。

六、香精油的提取

果蔬中含有对人体营养和健康十分有益的各种成分,其中就包括芳香物质。所谓芳香物质就是果蔬在成熟过程中形成的各种气味宜人的挥发性香味成分,又称为挥发油、芳香油等。由于这些挥发性香味成分在果蔬中含量极少,故又有精油之称。精油的主要成分一般为酯、醛、酮、醇、烃、萜、烯及挥发性酸类等物质,它们在果蔬中以一定的比例存在,构成了各种果蔬甚至某个品种特有的典型的滋味和香味。尽管果蔬中的芳香物质含量很低,却是区别各种果蔬最重要的一个特征参数。

水果中的芳香物质成分比较简单,但具有浓郁的天然芳香气味,其香气成分中以有机酸酯类、醛类、萜类为主,其次是醇类、酮类及挥发性酸等。它们是由果蔬体内脂肪酸经过生物合成而产生的,大部分未成熟的水果能产生C_2~C_{20}的系列脂肪酸。随着果实的成熟,乙酸、丁酸、己酸、葵酸等短链脂肪酸被转化为一系列具有香气的酯、醇和酸。如香蕉在收获之前不显香气,在收获之后的成熟过程中才逐渐显现出香气来。一般来说,人工催熟的果实的香气不如在果树上自然成熟的香气浓。一些水果的香气成分见表16-1。

表 16-1 一些果蔬的芳香物质成分

果蔬名称	主要成分	其他
苹果	乙酸戊酯、己酸戊酯	挥发性酸、乙醇、乙醛、天竺葵醇等
梨	甲酸异戊酯	挥发性酸等
香蕉	乙酸戊酯、异戊酯	乙醇、乙烯醛
香瓜	葵二酸二乙酯	
桃	醋酸乙酯、沉香醇酯内酯	挥发酸、乙醛、高级醇
杏	丁酸戊酯	
葡萄	邻-氨基苯甲酸甲酯	C_4～C_{12}脂肪酸、挥发酸
柑橘类	苧、辛醛、葵醛、沉香醇、蚁酸、乙醛、乙醇、丙酮、苯乙醇、甲酸、乙酸	

蔬菜的香气虽不如水果香气浓，但有些蔬菜具有独特的气味。如葱、韭菜、大蒜、洋葱等特有辛辣气味，它们都是由硫化丙烯类化合物形成的，主要成分有烯丙基硫醚、二丙烯二硫化物、二丙烯三硫化物等，这些硫化物是由蔬菜本身体内的蒜氨酸（S-烯丙基-L-半光氨酸亚砜）在水解酶的作用下产生，蒜氨酸本身无味，但当鳞茎切碎后，蒜氨酸与蒜氨酸酶相互接触，蒜氨酸被水解成蒜素，蒜素进一步被还原，即形成前述的风味化合物。萝卜的辣味是因为含有甲基硫醇和黑芥子素，它们经酶水解而生成异硫氰酸丙烯酯。姜的芳香物质成分主要有姜酚、姜萜、水芹烯、莰烯、柠檬醛、芳樟醇等。花椒、胡椒、辣椒的辣味物质主要有辣椒素、二氢辣椒素、山椒素、胡椒碱等。许多十字花科蔬菜种子都含具有辛辣味的芥子素。在甘蓝、芦笋等蔬菜中还含有甲硫氨酸，甲硫氨酸经加热可分解为具有清香气味的二甲基硫醚。一些蔬菜的芳香物质成分见表 16-2。

表 16-2 一些蔬菜的芳香物质成分

蔬菜名称	主要成分	气味
萝卜	甲基硫醇、异硫氰酸丙烯酯	刺激辣味
大蒜	二丙烯基二硫化物、丙烯硫醚、甲基丙烯基二硫化物	辛辣气味
葱	丙烯硫醚、甲基硫醇、丙基丙烯基二硫化物、二丙烯基二硫化物	香辛气味
姜	姜酚、姜萜、水芹烯、莰烯、柠檬醛、芳樟醇	香辛气味
芥类	硫氰酸酯、异硫氰酯、二甲基硫醚	刺激辣味
叶菜类	叶醇	青草臭味
黄瓜	壬二烯-2,6 醛、壬烯-2 醛、乙烯-2 醛	青臭气味

早在 12～13 世纪之前，中国、古埃及、古印度等东方文明古国对含有精油的植物就已开发利用，但是真正精油的生产直到 16 世纪水蒸气蒸馏法的发明才成为现实，从而使得精油的生产得到了飞跃发展。从此，精油被广泛地用于化妆品、食品、医药等工业。

（一）果蔬中精油提取方法

精油大多是由几十种甚至几百种化合物组成的十分复杂的混合物，这些混合物中主要有含氮含硫化合物、芳香族化合物（烯、醛、酮、醇等）、脂肪族直链化合物、萜类化合物等。柑橘类、豌豆、青椒的精油中含有含氮化合物，姜、大蒜、芥子的精油中含有含硫化合物；大多数果蔬的精油中都含有萜类化合物，而且含量比较多。不管精油中的成分多么复杂及含量多少，它们的共同特点就是可以随着水蒸气一起被蒸馏出来，因此，一般常用的提取方法就是水蒸气蒸馏法。另外，根据原料的性质不同，又可采用其他方法。

1. 水蒸气蒸馏法 蒸馏原理是精油与水互不相溶，但是将精油与水混在一起受热后，精油与水都会蒸发，产生各自的蒸汽，当精油的蒸汽分压与水的蒸汽分压之和等于大气压时，混合液即沸腾，精油就和水蒸气一起被蒸发出来。通常情况下，在比精油沸点温度低的蒸馏温度下使得精油和水同时馏出，再进行精油与水的分离，即可得到精油。在用果蔬提取精油时，采用水蒸气蒸馏法，水的扩散作用改变了细胞的渗透性，加快了精油的蒸馏，但是蒸馏的同时，水解作用和热力作用会导致精油的少量水解及品质变化，因此，在精油提取时，应根据不同的果蔬原料选用不同的蒸馏方法。水蒸气蒸馏法又包括以下方法。

(1) 间歇式水蒸气蒸馏法：由于所使用的原料、设备等的不同，通常又分为：① 水中蒸馏法。将粉碎的原料放入水中，用直火或封闭的蒸气管道加热，使得精油随水蒸气蒸馏出来。② 直接蒸馏法。蒸锅内无水，只放原料，将水蒸气从另一蒸气锅通过多孔气管喷入蒸馏锅的下部，再经过原料把精油蒸出。③ 水汽蒸馏法。将原料放在蒸馏锅内设置的一个多孔隔板上，锅内放入水，水的高度在隔板以下。加热时，锅内产生的水蒸气通过多孔隔板和原料，精油就可随水蒸气被蒸馏出来。

(2) 连续式水蒸气蒸馏法：原料切碎后，由加料运输机将原料送入加料斗，经加料螺旋输送入蒸馏塔内，通入蒸汽进行蒸馏，馏出物经冷凝器进入油水分离器，料渣从卸料螺旋输送器运出，这样就实现了连续蒸馏。此法机械化程度高，蒸馏效率高，水消耗少，精油品质较好，生产成本低，适合于现代化大生产。

(3) 真空蒸馏法：在真空状态下进行蒸馏，蒸馏温度较低，适合于易挥发、不稳定的精油提取。

2. 溶剂萃取法　利用精油能溶于一些挥发性的有机溶剂的特性，从果蔬中浸提精油，再蒸馏出溶剂，得到精油。这种方法可通过溶剂的选择，有选择性地提取精油成分。

3. 同时蒸馏萃取法　这种方法实质就是蒸馏与萃取的合并。同时进行蒸馏和加热溶剂，使得两种蒸汽混在一起完成萃取精油的工作。它吸收蒸馏法与萃取法二者的特点，并且只需要少量的溶剂就可以有效地提取大量果蔬中精油成分。这种方法已成为一种经典提取果蔬中芳香成分的方法。

4. 吸附法　吸附法就是利用物理吸附，即分子间通过范德华引力作用而达到分离精油的方法。此法由于成本高，目前应用较少，仅在一些名贵的芳香油（玫瑰油、茉莉花油等）上采用。根据所用的吸附剂和吸附的方法不同，又可分为脂肪吸附法、油脂温浸法及吹气吸附法。

5. 压榨法　此法是从含有精油的果蔬中通过压榨直接提取芳香油的传统方法，被压碎的细胞和细胞液，经过离心、过滤，可获得纯的芳香油，而且精油能保持原有的鲜果蔬香味，质量要比水蒸气蒸馏的高。此法多用于柑橘类精油的提取。

6. 顶空法　顶空是指内容物与容器顶部之间的空隙。由于果蔬汁中含有大量的挥发性物质，因此顶空中含有大量挥发物的蒸汽，顶空法提取正是基于这样一个现象而产生的。目前还仅停留在分析精油成分的基础上。

7. 超临界流体萃取法　超临界流体萃取的基本原理是一种性质介于气、液之间的具有优异溶解性的物质（如 CO_2、NO_2等），在一定的压力和温度下，萃取果蔬中的芳香物质，再进行分离以实现精油的提取。这是一种高新技术应用于果蔬精油的提取方法，其主要优点是：低温处理防止对精油中热敏性成分的破坏；完全在封闭的容器中进行，无氧气的介入，避免了精油的氧化变质；通常所选的萃取介质为 CO_2，不会与精油中的成分发生反应，并且无毒；可调节萃取压力和温度，有选择性地、有效地提取精油中的特定成分。但是这种方法在果蔬精油提取上应用时间较短，一些基础操作参数不足，还有待进一步摸索研究；加之整套装置成本高，提取操作处在高压下有安全隐患，这些问题还亟待解决。

8. 微波萃取法　微波萃取法是微波直接与被分离物质作用，使得被分离物质分离出来的一种提取精油的方法，微波的激活作用导致样品基体不同成分的反应差异使被萃取物与基体快速分离，并达到较高的产率。一般在微波萃取时，要适当地加入溶剂，溶剂的极性对萃取效率有很大的影响，不同的基体选用不同的溶剂。这种方法萃取速度快，操作方便，但对容器材料的要求很严格。

（二）果蔬精油提取工艺

1. 柑橘皮精油的提取

(1) 工艺流程

柑橘皮→粉碎→浸提→过滤→蒸馏→成品

(2) 工艺要求：① 选用新鲜或柑橘加工以后余下的皮渣，清洗干净，沥干或烘干，待用。② 用粉碎机将干燥的柑橘皮进行粉碎，粉碎后的物料粒度越细，越有利于溶剂的浸提。③ 选用有机溶剂进行浸提，如己烷、石油醚、异丙醇等，以己烷作为提取溶剂提取的效果最好。浸提温度为 50～55℃，时间为 0.5～1 h。④ 浸提完毕后，进行过滤，去渣留液。⑤ 将滤液进入蒸馏釜进行蒸馏，回收溶剂并蒸馏出精油。再经干燥后即为成品。

2. 乙醇浸提与超临界CO_2萃取结合提取大蒜油

(1) 工艺流程

大蒜→去皮、切分→乙醇浸提→过滤→超临界CO_2萃取→分离→大蒜油

(2) 工艺要求：① 尽量选用含有大蒜油高的大蒜，清洗、分瓣。② 去掉大蒜瓣上的外皮，切成片状。③ 按100 g大蒜加入70 mL的浓度为70%的乙醇溶液，在常温下浸提大蒜片6 h。④ 通过过滤去渣留下乙醇提取液。⑤ 将乙醇提取液加入萃取釜，通入CO_2，CO_2的流量为1.1 L/min，在35℃条件下使萃取压力达到10～14 MPa。⑥ 萃取完成后，进行闪蒸分离，分别取出残留液和萃取物，此萃取物即为大蒜油。

七、酒石的提取

葡萄酒的酒石稳定性是指葡萄酒中含有的酒石酸氢钾和酒石酸钙因各种原因由葡萄酒中结晶析出，造成葡萄酒混浊或使葡萄酒含有大颗粒物质而影响产品感官指标的一种现象。虽然酒石对人体没有任何毒害作用，但由于其影响葡萄酒的感官指标，因此如果葡萄酒中有酒石析出，则认为葡萄酒的质量出现问题。因此，葡萄酒在保质期内应避免酒石的析出。酒石产生的主要原因是酒石酸盐在葡萄酒中因各种原因形成过饱和溶液状态，造成其溶解度降低，从而使葡萄酒中含有的过量的酒石酸盐结晶析出。

利用葡萄酒的皮渣、酒脚、桶壁的结垢及白兰地蒸馏后的废渣提取粗酒石，然后再从粗酒石中提取纯酒石。

（一）粗酒石的提取

1. 从葡萄皮渣中提取粗酒石　葡萄皮渣蒸馏白兰地后，随即加入热水，水盖过皮渣，然后将甑锅严密关好，通入蒸汽，煮沸15～20 min。将煮沸过的水放入开口的木质结晶槽，槽内悬吊很多条麻绳。经过24～48 h的冷却，粗酒石结晶于桶壁、桶底及麻绳上。

2. 从葡萄酒酒脚提取粗酒石　葡萄酒酒脚是葡萄酒发酵以后贮藏换桶时桶底的沉淀物。这个沉淀物不能直接用来提取酒石，而是先要将其中所含的酒滤出，再蒸馏出白兰地，将剩下的酒脚加入甑锅中，按100 kg酒脚添加200 L水进行稀释，用蒸汽直接蒸煮。蒸煮后进行压滤，滤液经冷却后产生沉淀，此沉淀即为粗酒石。

3. 从桶壁提取粗酒石　葡萄酒在贮藏的过程中，其不稳定的酒石酸盐在冷的作用下析出沉淀于桶壁、桶底，时间一久这些酒石酸盐结晶紧贴在桶壁上，成为粗酒石。

（二）从粗酒石提取纯酒石

纯酒石即为酒石酸氢钾。纯的酒石酸氢钾是白色透明的晶体，当含有酒石酸钙时，色泽呈现乳白色。酒石酸氢钾的溶解度随温度的升高而加大，提纯酒石酸氢钾的工艺就是根据这个特点来完成纯化的。

将粗酒石倒入大木桶中，按100 kg粗酒石添加200 L水进行稀释，充分浸泡和搅拌，去除浮于液面的杂物，然后加温至100℃，保持30～40 min，使粗酒石充分溶解。为了加速酒石酸氢钾的溶解，也可以按100 L溶液中加入1～1.5 L的盐酸。当粗酒石充分溶解后，再去除浮在液面的杂物；或用布袋过滤除去杂物。将粗酒石充分溶解的溶解液倒入木质结晶槽中，静置24 h以后，结晶已全部完成。抽去结晶槽中的水，这个水称为母水，作第二次结晶时使用，再取出结晶体。此结晶体再按前法加入蒸馏水溶解结晶一次，但不再使用盐酸，得到第二次结晶体。第二次结晶体用蒸馏水清洗一次，便得到精制的酒石酸氢钾，洗过的蒸馏水倒入母水中作再结晶用。精制的酒石酸氢钾再经过烘干就成了纯的酒石。

第二节　果蔬的其他加工技术

一、鲜切果蔬加工

鲜切果蔬(fresh cut fruit and vegetable)又称最少加工处理果蔬(minimally processed fruit and vegetable)、半成品加工果蔬、轻度加工果蔬、切分(割)果蔬、调理果蔬等，它是指新鲜果蔬原料经过分级、整

理、挑选、清洗、整修、去皮、切分、包装等一系列步骤，然后用塑料薄膜袋或以塑料托盘盛装外覆塑料薄膜包装，供消费者立即食用或餐饮业使用的一种新式果蔬加工产品。其特点是清洁、卫生、新鲜、方便。鲜切果蔬的研究始于20世纪50年代，最初以马铃薯为原料；到20世纪60年代，美国已进入商业化生产，主要供应餐饮业；20世纪90年代，鲜切果蔬产品得到迅猛发展，在美国、欧洲、日本等地十分盛行，鲜切果蔬的加工已进入了工业化、大规模生产。20世纪末，鲜切果蔬的生产在我国才真正起步，但加工规模较小，在广州、深圳、上海、北京等城市的一些超级市场上可以看到鲜切果蔬产品，也深受广大消费者欢迎。目前工业化生产的鲜切果蔬的品种主要有甘蓝、胡萝卜、生菜、韭菜、芹菜、马铃薯、苹果、梨、桃、草莓、菠萝等。

(一) 鲜切果蔬加工的技术基础

1. 低温保鲜 一般鲜切果蔬都需要进行低温保鲜。低温可抑制果蔬的呼吸作用和酶的活性，降低各种生理生化反应速度，延缓衰老和抑制褐变；同时也抑制微生物的活动。温度对果蔬质量的变化，作用最强烈、影响最大。环境温度越低，果蔬的生命活动进行的就缓慢、营养素消耗也少，保鲜效果越好。但是不同果蔬对低温的忍耐力是不同的，每一种果蔬都有其最佳的保存温度。当温度降低到某一程度时会发生冷害，即代谢失调、产生异味及褐变加重等，果蔬的货架期缩短。因此，有必要对每一种果蔬进行冷藏适温试验，以便在保持品质的基础上，延长鲜切果蔬的货架寿命。

鲜切果蔬品质的保持，最重要的是低温保存。但是有些微生物在低温下仍能生长繁殖，为保证鲜切果蔬的安全性，结合低温还需要进行其他防腐处理，如酸化处理、添加防腐剂等。

2. 气调贮藏 气调贮藏主要是降低O_2浓度、增加CO_2浓度。可通过适当包装经由果蔬的呼吸作用而获得气调环境；也可以人为地改变贮藏环境的气体组成。CO_2浓度为5%～10%，O_2浓度为2%～5%时，可以明显降低组织的呼吸速率，抑制酶活性，延长鲜切果蔬的货架寿命。不同的果蔬对最高CO_2浓度和最低O_2浓度的忍耐度不同，如果O_2浓度过低或CO_2浓度过高，将会导致低O_2伤害和高CO_2伤害，产生异味、褐变和腐烂。另外，果蔬组织切割后还会产生乙烯，而乙烯的积累又会导致组织软化等劣变，因此，还需要添加乙烯吸收剂。

3. 食品添加剂处理 鲜切果蔬外观的主要变化就是褐变，褐变是由多酚氧化酶催化多酚与氧气反应造成的，这个反应进行需要3个条件：氧气、多酚氧化酶和底物。根据这些反应条件，防止鲜切果蔬褐变的措施主要有：抑制酶的活性、隔绝氧气或消耗氧气。

研究表明，添加维生素C能够消耗果蔬中的氧，从而有效地抑制鲜切果蔬的褐变；热烫杀酶、利用柠檬酸降低pH、利用EDTA及其他螯合剂等手段抑制酶的活性，也能有效地抑制鲜切果蔬的褐变。

4. 非热加工 非热加工主要包括辐照、脉冲电场、振荡磁场、高压等加工技术的应用。通过这些技术的应用，能够有效地抑制微生物的活动和酶的活性，从而使得鲜切果蔬的风味、感观及营养成分不会发生变化，延长鲜切果蔬的货架寿命。

5. 涂层处理 因为涂层处理可以使果蔬不受外界氧气、水分及微生物的影响，因此，可提高鲜切果蔬的质量和稳定性。涂层的基础物质有4种类型：脂类、树脂、多聚糖、蛋白质。其中脂类和树脂涂层广泛用于水果，有良好的阻水性，但不易附着在亲水性的切割表面，而且容易造成厌氧环境；多聚糖有良好的阻气性，能附着在切割表面；蛋白质成膜性好，能附着在亲水性的切割表面，但不能阻止水分的扩散。根据不同涂层物质的优缺点，在配制涂层配方时，通常进行复合配制；有时也加入适当的防腐剂，如苯甲酸及其盐类、山梨酸及其盐类等；也可以加入适当的抗氧化剂，如BHA、BHT、TBHQ、PG及维生素E等。

6. 添加生物防腐剂处理 生物防腐剂(biopreservative)是与化学防腐剂相对的，是来自生物体中的一类抗菌物质。尤其是来自于微生物中的生物防腐剂，利用一些有益的微生物的代谢产物抑制有害的微生物，能有效防止鲜切果蔬的品质劣变，延长其贮藏期及货架寿命。

(二) 鲜切果蔬加工工艺

1. 一般的工艺流程 根据不同果蔬品种，鲜切果蔬的生产流程可分为两类。

第一类是对无季节性生产的果蔬或不耐贮藏的果蔬，加工以后就立即销售。

其工艺流程为：采收→加工→运销→消费。

第二类是对一些耐藏的季节性果蔬。

其工艺流程为：采收→采后处理→贮藏→加工→运销→消费。

从两类的工艺流程看，第二类的工艺流程比第一类的增加了采后处理和贮藏两个步骤，其目的是延长这类果蔬的供应期。

2. 工艺要求　鲜切果蔬加工工艺主要有挑选、去皮、切割、清洗、冷却、脱水、包装、冷藏等工序。不管是手工加工，还是机械加工，需要注意的是在整个加工过程中，尽可能地减少对果蔬组织的伤害。

(1) *原料挑选*：剔除腐烂、残次果蔬，去除外叶、黄叶，清洗后送下道工序加工。

(2) *去皮*：可以通过手工去皮、机械去皮、加热去皮或化学去皮等方法完成。

(3) *切割*：用手工或机械的办法，按用户的要求可切割成片、粒、条、块、段等形状。

(4) *清洗、冷却*：切割后，用冷水洗涤并冷却。如叶菜类除用冷水浸渍冷却外，也可以用真空冷却。

(5) *脱水*：清洗、冷却后，沥干水分，可以用离心机脱水。

(6) *包装、预冷*：经脱水后的果蔬，即可进行真空包装或普通包装。包装后尽快送冷却装置立即冷却到规定的温度，但真空预冷则先预冷后包装。

(7) *冷藏、运销*：预冷后的产品再包装成箱，然后送冷库贮存或运往销售地。

（三）两种鲜切果蔬加工的实例

1. 鲜切马铃薯的加工

(1) *加工工艺流程*

原料选择→清洗→去皮→切割→护色→包装→冷藏或运销

(2) *工艺要求*：① 原料选择：原料要求大小一致，芽眼小，淀粉含量适中，含糖少，无病虫害，不发芽。采收后马铃薯宜在3～5℃冷库贮存。② 去皮：可以采用化学去皮、机械去皮或人工去皮，去皮后应立即浸渍于清水或0.1%～0.2%焦亚硫酸钠溶液中护色。③ 切割、护色：采用切割机切分成所需的形状，如片、块、丁、条等。切割后的马铃薯随即投入0.2%异维生素C、0.3%植酸、0.1%柠檬酸、0.2%氯化钙混合溶液，浸泡15～20 min进行护色处理。④ 包装、预冷：护色后的原料捞起沥干溶液，立即用PA/PE复合袋抽真空包装，真空度0.07 MPa。然后送预冷装置预冷至3～5℃。⑤ 冷藏、运销：预冷后的产品再用塑料箱包装，送冷库冷藏或配送销售，温度控制在3～5℃。

2. 鲜切菠萝的加工

(1) *加工工艺流程*

原料选择→分级→清洗→去皮、去心→修整→切分→浸渍→包装→预冷→冷藏或运销

(2) *工艺要求*：① 原料选择：要求成熟度8～9成、新鲜、无病虫害、无机械损伤的菠萝。② 洗涤、分级：用清水洗去附着在果皮表面的泥沙和微生物等，按果实的大小进行分级。③ 去皮、去心：用机械去皮捅心，刀筒和捅心筒口径要与菠萝大小相适应。④ 整修：用不锈钢刀去净残皮及果上斑点，然后用水冲洗干净。⑤ 切分：根据用户要求切分，如可以横切成厚度为1.2 cm的圆片、半圆片、扇片等，也可以切成长条状或粒状等。⑥ 浸渍：把切分后的原料用40%～50%糖液浸渍15～20 min。糖液中加入0.5%柠檬酸、0.1%山梨酸钾、0.1%氯化钙。⑦ 包装、预冷：捞起，用PE袋包装，按果肉与糖液之比为4∶1的比例加入糖液。然后送至预冷装置预冷至5～6℃。⑧ 冷藏、运销：产品装箱后在5～6℃的冷库中贮存或在5～6℃的环境下销售。

（四）鲜切果蔬的质量控制

鲜切果蔬的货架期一般为3～10 d，有的长达30 d甚至数个月。产品贮藏过程中的质量问题主要是微生物的繁殖、褐变、异味、腐败、失水、组织结构软化等。如何保证产品质量是延长产品货架期的关键。鲜切果蔬经过加工后，如去皮、切割等，组织结构受到伤害，原有的保护系统被破坏，富有营养的果蔬汁外溢，给微生物的生长提供了良好的基质，使得微生物容易侵染和繁殖。同时果蔬体内的酶与底物的区域化被破坏，酶与底物直接接触，发生各种各样的生理生化发应，导致褐变等不良后果。再者果蔬组织本身存在代谢，当果蔬组织受伤后呼吸加强，乙烯生成量增加，产生次生代谢产物，加快鲜切果蔬的衰老和腐败。因此，为保证鲜切果蔬的质量，延长其货架期，应从以下因素加以控制。

1. 切分的大小与刀刃的状况　切分的大小是影响鲜切果蔬品质的重要因素之一，切分越小，切分面积越大，保存性越差。若需要贮藏时，一定以完整的果蔬贮藏，到销售时再加工，加工后要及时配送，尽可能缩短切分后的贮藏时间。刀刃的状况与鲜切果蔬的保存时间也有很大的关系，锋利的刀切割果蔬的保存时间长，钝刀切割的果蔬切面受伤多，容易引起变色、腐败。

2. 清洗与控水　病原菌数也与鲜切果蔬保存中的品质密切相关，病原菌数多的比少的保存时间明显缩短。清洗是延长鲜切果蔬保存时间的重要工序，清洗干净不仅可以减少病原菌数，而且可以洗去附着在切分果蔬表面汁液减轻变色。

鲜切果蔬洗净后，若放置在湿润环境下，比不洗的更容易变坏或老化。通常使用离心机进行脱水，但过分脱水容易使鲜切果蔬干燥枯萎，反而使品质下降，故离心机脱水时间要适宜。

3. 包装　鲜切果蔬暴露于空气中，会失水萎蔫、切断面发生褐变，通过适合的包装可防止或减轻这些不良变化。然而，包装材料的厚薄、透气率大小及真空度的高低都会依鲜切果蔬种类的不同而不同，在包装时应进行包装适用性试验，以便确定合适的包装材料或真空度。

一般来说，透气率大或真空度低时鲜切果蔬易发生褐变，透气率小或真空度高时易发生无氧呼吸产生异味。在保存中袋内的鲜切果蔬由于呼吸作用会消耗 O_2 生成 CO_2，结果是 O_2 减少 CO_2 增加。因此，要选择厚薄适宜的包装材料来控制合适的透气率或合适的真空度，以便保持最低限度的有氧呼吸和造成低 O_2 高 CO_2 环境，延长鲜切果蔬的货架期。

二、超微果蔬粉

超微粉加工技术是近几十年来开始发展的一项新兴技术。通过该技术的加工，使得被加工的颗粒物微细化，从而使被加工物质的物理化学性能发生特殊变化。由于有了这些性能的特殊变化，超微粉就具有了某些特殊的性能。超微粉加工技术已被广泛地应用于化工、轻工、食品、冶金、电子、陶瓷、复合材料、核工业、生物医药及国防等领域。

（一）超微粉的定义

一般来说，超微粉加工技术是利用各种粉碎方法及设备，通过一定的加工工艺流程，将产品加工成为超微细粉末的粉碎加工过程。与传统的粉碎、破碎、研碎等加工技术相比，超微粉加工技术的重要特征是产品的粉碎粒度微小。由于产品的颗粒粒度微小，这类产品就有超微粉、超细粉、超细微粉等之称。

超微粉的定义国内外尚未有准确一致的表述。有人将粒径小于 100 μm 的粉体称为超细粉体；有人将粒径小于 30 μm 或 10 μm 的粉体称为超细粉体；也有人称小于 1 μm 的粉体为超细粉体。目前，国外较多将粒径小于 3 μm 的粉体称为超细粉体。我国对超细粉体的称谓也不尽相同，有人用“超细粉”，有人用“超微粉”，也有人用“超细微粉”，其实在汉语中也很难对这些词进行严格区别。

超细粉体通常又分为微米级、亚微米级及纳米级粉体。粒径大于 1 μm 的粉体称为微米材料；粒径为 1～0.1 μm 的粉体称为亚微米材料；粒径为 0.001～0.1 μm 的粉体称为纳米材料。

对于食物来说，粉碎物的粒度并不是越细越好。食物的粒度越细，在人体中存留的时间就越短，而且相应食物的舌感也就没有了。一般情况下，食品颗粒径应大于 25 μm，但由于不同的行业、不同的产品对成品粒度的要求不同，因此，在加工时应根据物料特性及其用途来确定成品的粒度。

（二）超微粉的特点

食品超微粉具有很强的表面吸附力及亲和力、具有很好的固香性、很容易被人体消化吸收、最大限度地利用原材料和节约资源等特点，因此食品超微粉的问世，使得食品的结构、形式及人体生物利用度均发生了巨大变化，食品超微粉在食品加工业中将是具有广泛前景的新型产品之一。

果蔬制成粉末状态可以大大提高果蔬内营养成分的利用程度，增加利用率。果蔬粉可以用在糕点、罐头、饮料等制品中及作为各种食品的添加剂，也可直接作为饮料等产品饮用。

在保健食品行业中超细粉体技术的使用特别广泛。如灵芝、鹿茸、三七、珍珠粉、螺旋藻、蔬菜、水果、蚕丝、人参、蛇、贝壳、蚂蚁、甲鱼、鱼类、鲜骨及脏器的细化，为人类提供了大量新型纯天然高吸收率的保健食品。灵芝、花粉等材料需破壁之后才可有效地利用，是理想的制作超微粉的原料。

茶叶是我国传统饮品，含有大量的氨基酸和维生素等有机物，还含有多达27种人体所需的无机矿物质元素，对人体有着重要的营养及保健功效。然而传统的开水冲泡方法不能使茶叶的营养成分全部被人体吸收，如果将茶叶超细化，吸收将更充分，制成茶粉后，冷水、温水冲饮及作为添加剂添加到食品、菜肴中，更是方便且富有营养。

（三）超微粉碎的方法和设备

1. 超微粉碎的方法 一般工业中，超微粉碎的方法有机械法、物理法和化学法。在食品工业中，生产食品超微粉的主要方法是机械法。根据粉碎过程中物料受力情况及机械的运动形式，机械法可分为气流粉碎法、媒体搅拌粉碎法和冲击粉碎法；根据物料的环境介质，机械法又可分为干式粉碎法和湿式粉碎法。

果蔬物料因含有水分、纤维、糖等多种成分，所以在粉碎上比较复杂，采用干式粉碎法较多。在果蔬粉碎时，应注意粉碎的程度、加工过程不被污染、避免加工过程中原料营养成分的损失等问题。

2. 超微粉碎常用的设备

（1）*高速机械冲击式微粉碎机*：利用高速回转子上的锤、叶片、棒体等对物料进行撞击，并使其在转子与定子间、物料颗粒与颗粒间产生高频度的相互强力冲击、剪切作用而粉碎的设备。按转子的设置可分为立式和卧式两种。该机入料粒度3～5 mm，产品粒度为10～40 μm。

（2）*气流粉碎机*：依高速气流（300～500 m/s）或过热蒸汽（300～400℃）的能量，使颗粒相互冲击、碰撞、摩擦而实现超细微粉碎。产品细度可达1～5 μm，具有粒度分布窄、颗粒表面光滑、颗粒形状规整、纯度高、活性大、分散性好的特点。由于粉碎过程中压缩气体绝热膨胀而产生焦耳、汤姆逊效应，因此不适合低熔点、热敏性物料的超细微粉碎。目前工业上应用的有扁平式气流磨、循环管式气流磨、靶式气流磨、对喷式气流磨、流化床对喷式气流磨等。

（3）*辊压式磨机*：物料在一对相向旋转辊子之间流过，在液压装置施加的50～500 MPa压力的挤压下，物料约受到200 kN作用力，从而被粉碎。产品细度可达40～50 μm。

（4）*振动磨机*：用弹簧支撑磨机体，由一带有偏心块的主轴使其振动，磨机通常是圆柱形或槽形。振动磨的效率比普通磨高10～20倍。振动磨的振幅为2～6 mm，频率为1 020～4 500 r/min。

（5）*搅拌球磨机*：搅拌球磨机是超微粉碎机中最有前途而且能量利用率最高的一种超微粉碎设备。它主要由搅拌器、筒体、传动装置及机架组成。工作时搅拌器以一定速度运转带动研磨介质运动，物料在研磨介质中利用摩擦和少量的冲击研磨粉碎，使得在加工粒径小于20 μm的物料时效率大大提高。

（6）*胶体磨机*：胶体磨又称胶磨机、分散磨。主要由一固定表面和一高速旋转表面组成，两表面之间有可以微调的间隙，一般为50～150 μm。当物料通过间隙时，由于转动体以3 000～15 000 r/min的速度高速旋转，在固定体与旋转体之间产生很大的速度梯度，使物料受到强烈的剪切从而产生破碎分散的作用。胶体磨能使成品的粒度达到2～50 μm。我国生产的胶体磨可分为变速胶体磨、滚子胶体磨、砂轮胶体磨、多级胶体磨和卧式胶体磨等。

（7）*超声波粉碎机*：超声波发生器和换能器产生高频超声波。超声波在待处理的物料中引起超声空化效应，由于超声波传播时产生疏密区，而负压可在介质中产生许多空腔，这些空腔随振动的高频压力变化而膨胀、爆炸，真空腔爆炸时产生的瞬间压力可达几千甚至几万个大气压，因此，真空腔爆炸时能将物料震碎。另外，超声波在液体中传播时能产生剧烈的扰动作用，使颗粒产生很大的速度，从而相互碰撞或与容器碰撞而击碎液体中的固体颗粒或生物组织。超声波粉碎机粉碎后的颗粒粒度在4 μm以下，而且粒度分布均匀。

三、新含气调理果蔬产品

1993年，日本小野食品兴业株式会社开发出一项新技术——新含气调理食品加工保鲜技术。自问世以来，已在食品的加工保鲜领域崭露头角，对食品的加工保鲜起到举足轻重的作用。

（一）新含气调理食品加工保鲜技术

新含气调理食品加工保鲜技术是针对目前普遍使用的真空包装、高温高压杀菌等常规方法存在的不足之处而开发出来的一种适合于加工各类新鲜方便食品或半成品的新技术。在不使用任何防腐剂的情况下，通过采用原材料的减菌化处理、充氮包装和多阶段升温的温和式杀菌方式，能够比较完美地保存烹饪食品的品质和营养成分，几乎保持食品原有的色泽、风味、口感和外观。新含气调理食品可在常温下贮运和销售，货架期6～12个月。这不仅解决了高温高压、真空包装食品的品质劣化问题，而且克服了冷藏、冷冻食品的货架期短、流通领域成本高等缺点。

（二）新含气调理食品加工工艺

新含气调理食品加工保鲜技术的工艺流程可分为初加工、预处理（减菌化处理）、气体置换包装和调理灭菌4个步骤。

1. 初加工 包括原材料的筛选、清洗、去涩及切块等。

2. 预处理（减菌化处理） 在预处理过程中，结合蒸、煮、炸、烤、煎、炒等必要的调味烹饪，同时进行减菌化处理，可大大降低和缩短最后杀菌的温度和时间，使食品承受的热损伤限制在最小限度。一般来说，蔬菜、肉类和水产品等1 g原料中有10^5～10^6个细菌，经减菌化处理之后，可降至10～10^2个。减菌化处理是新含气调理食品加工工艺中最具有特色的技术要点之一。

3. 气体置换包装 将预处理后的食品原料及调味汁装入高阻隔性的包装袋或盒中，进行气体（氮气）置换包装，然后密封。气体置换的方式有3种：其一是先抽真空，再注入氮气，置换率一般可达99%以上；其二是向容器内注入氮气，同时将空气排出，置换率一般为95%～98%；其三是直接在氮气的环境中包装，置换率一般为97%～98.5%。通常采用第一种方式。

4. 调理灭菌 调理灭菌一般在调理灭菌锅内进行。调理灭菌锅采用波浪状热水喷淋、均一性加热、多阶段升温、二阶段急速冷却的温和式灭菌方式。在灭菌锅两侧设置的众多喷嘴向被灭菌物喷射波浪状热水，形成十分均一的灭菌温度。由于热水不断向被灭菌物表面喷洒热水，热扩散快，热传递均匀。多阶段升温的灭菌工艺是为了缩短食品表面与食品中心之间的温度差。第一阶段为预热期；第二阶段为调理入味期；第三阶段采用双峰系统法，为灭菌期。每一阶段灭菌温度的高低和时间的长短，均取决于食品的种类和调理的要求。新含气调理灭菌与高温高压灭菌相比，高温域相当窄，从而改善了高温高压（蒸汽）灭菌锅因一次性升温及高温高压时间过长而对食品造成热损伤及出现蒸馏异味和糊味的弊端。一旦灭菌结束，冷却系统迅速启动，5～10 min之内，被灭菌物的温度降至40℃以下，从而尽快解脱高温状态。

（三）新含气调理食品的工艺要求

灭菌是保存食品的首要环节。在新含气调理食品的加工工艺流程中，对食品原材料进行预处理时，结合调味烹饪，同时进行减菌化处理。减菌化处理与多阶段升温的温和式灭菌相互配合，在较低的F值（一般为4以下）条件下灭菌，即可达到商业上的无菌要求，从而很好地保存食品的色、香、味。

隔氧是保存食品的重要条件。新含气调理食品使用高阻隔性的透明包装材料。经调理灭菌处理之后，灭菌后在37℃的条件下保温48 h，1 g食品内的细菌数不超过10个。新含气调理食品因已达到商业上的无菌状态，单纯从灭菌的角度考虑，可在常温下保存一年。但是，货架期还受包装材料的透氧率、包装时气体置换率和食品含水率变化的限制。如果包装材料在120℃的条件下加热20 min后，透氧率不高于2～3 cc/(m^2 · day)，那么当使用的氮气纯度为99.9%以上、气体置换率达到95%以上时，保质期可在常温下达到6个月。

由新含气调理法加工的蔬菜类食品，如莲藕、萝卜，具有清脆口感。而高温高压法处理的蔬菜质地过软，脆感消失。由新含气调理法加工的肉类食品，如牛肉片，与高温高压法加工的相比，肉食品本身富有的弹性和黏性仍然保留。而高温高压法杀菌的牛肉组织过软过绵，口嚼性差。新含气调理食品与高温高压食品口感有差别的重要原因之一是后者承受的高温高压时间过长，不同的食品往往采用同一灭菌模式，食品的质地遭到严重破坏。新含气调理食品在包装前，经过减菌化处理，同时在调理灭菌的过程中，食品内部的温度上升快，加热的温度和时间限定在最低限度，并且根据不同的食品设定相应的最佳灭菌条件。

（四）新含气调理果蔬产品的实例

板栗是营养价值较高的食药兼用的坚果，用新含气调理食品加工保鲜技术进行加工，有效地保持了板栗原有的形状及色、香、味。

1. 工艺流程

原料选择→分级筛选→机械脱壳→修整护色→预煮漂洗→减菌化除水→装袋→气调封口→检验→含气调理杀菌→

冷却→成品

2. 工艺要求

（1）原料选择：选择无虫眼、无霉变、颗粒饱满的成熟新鲜板栗。

（2）机械脱壳：用振动筛进行大小分级后，采用全自动板栗脱壳机进行脱壳。

（3）护色：将脱壳后的板栗立即投入0.5%氯化钠、0.3%柠檬酸、0.15%亚硫酸氢钠的复合溶液中进行护色处理，并及时去除板栗果粒上的残留壳皮及霉烂病虫部分。

（4）预煮：为防止板栗在后序加工产生褐变，本工艺预煮液由0.3%柠檬酸、0.2%明矾、0.05%氯化钙、0.15% EDTA═Na_2组成。按1∶1的比例将去壳板栗修整漂洗后放入预煮液中，进行缓慢升温预煮。方法是分级升温，50～95℃，40 min为限，直到板栗煮熟为止。

（5）漂洗：用40～50℃温水对煮熟后的板栗进行充分漂洗干净后，逐级冷却至常温。

（6）减菌化除水：用真空冷却红外线脱水机对板栗进行辐照和真空降压处理，去除板栗组织中一部分水分，减少原料所携带的细菌数。

（7）气调包装：按每袋净重250 g进行准确称装。采用国产真空充气包装机将袋内抽真空（真空度≥0.095 MPa）后，再充入N_2，使得气体置换率达到99%以上，进行热熔封口。封口时间2～2.5 s，以便封密、封牢、不漏气。

（8）含气调理杀菌：用自动程控含气调理杀菌锅进行处理。采用多阶段升温，第一阶段进行烹饪调理，控制温度60～100℃，维持30 min；第二阶段进行杀菌，控制条件115～125℃、8 s。整个杀菌过程控制在反压状态下，反压压力≥0.15 MPa，并在反压状态下急速分段冷却至常温。

四、果蔬真空浸渍加工技术

浸渍处理的主要目的是将浸渍溶液中的盐、糖等溶质渗透到食品组织内部溶液中，同时脱除其中的部分水分。在此过程中，食品组织的部分溶质（糖、酸、色素、矿物质及维生素等）也会流失到浸渍溶液中，但它们的数量通常可忽略不计。上述溶质扩散和水分渗透的速度受多方因素的影响，如细胞内外各种物质的分压力差，浸渍处理的温度、压力等各种工艺条件。在传统的常压浸渍脱水（osmoticdehydration，OD）工艺下，浸渍效率取决于渗透比，它由浸渍溶液的类型、浓度、温度和处理时间所决定的。但一般来说，溶质的扩散过程比较缓慢，而浸渍温度也不会太高，浸渍操作往往要花费较长的时间和消耗较多的浸渍溶液，因此需要寻求效率更高的浸渍工艺。

真空浸渍技术利用了由压差引起的水动力学机制（hydrodynamic mechanism，HDM）和变形松弛现象（deformation relaxation phenomenon，DRP）来提高浸渍效率。HDM机制是指在真空、低温环境下，食品细胞内的液体易于汽化蒸发，从而在物料内部形成许多压力较低的泡孔，在细胞内外压力差和毛细管效应的共同作用下，外部液体更易于渗入物料结构内部。另外，在真空条件下，物料整体会产生一定的膨胀，导致细胞之间的间距增大，这称为变形松弛现象，这种现象也有利于浸渍溶液更快地渗入固体间质（solid matrix）中。在HDM和DRP的共同作用下，浸渍液的扩散性和渗透性增强，浸渍效率得以提高。真空浸渍工艺最显著的特点在于它可以提高产品的质量。

1）在真空下，由于气体膨胀去除了泡孔中的部分氧气，真空浸渍可以在不使用抗氧化剂的情况下有效地防止褐变过程。

2）真空浸渍处理的操作温度较低，可将植物组织的热损伤降到最低程度，同时还可保护颜色、风味、香味及热敏营养组分，大大提高了多孔结构食品的质量；真空浸渍有利于减少物料塌陷和细胞破裂，降低物料在后续干燥、罐装或冻结过程中的汁液损失，提高食品的品质。

3）真空浸渍工艺可以有选择地将固定剂、抗氧化剂、微生物抑制剂及其他功能性食品成分渗入物料的泡孔结构中，从而提高产品品质并延长货架期，例如，渗入孔中的有些溶质可保护物料原有的组织结构，提高质构。

4）真空浸渍能够创造一个抑制细菌生长的低氧环境，保障了食品的卫生性和安全性。

5）真空浸渍有利于节约能源。第一，无需对产品加热即可去除部分液态水；第二，由于去除了部分水分，可降低后续加工过程中所需的加热量；第三，真空浸渍工艺的应用广泛，除生产各类浸渍食品之外，还可用于如干燥、冻结、罐头制品及油炸加工等的预处理，或用来对物料改性，开发各类新产品。

目前，真空浸渍技术在果蔬加工中的应用非常广泛，不仅可用于生产浸渍食品，而且可用于干燥、冻结前的预处理及功能性食品的开发。

思考题

1. 简述果胶及低甲氧基果胶的提取工艺。
2. 果蔬中有哪些色素？简述其提取和纯化方法及其工艺。
3. 简述苹果皮渣在果蔬综合利用中的应用。
4. 简述果蔬籽的综合利用途径及方法。
5. 阐述果蔬精油提取的方法及其特点。
6. 白黎芦醇有什么功能，查阅有关资料，叙述白黎芦醇的提取工艺。
7. 鲜切果蔬的加工保藏基础、加工工艺延长贺架寿命的方法。
8. 简述超微粉碎加工技术及果蔬超微粉的特点。
9. 简述新含气调理食品概念及加工工艺。

参考文献

叶兴乾.2009.果品蔬菜加工工艺学.第3版.北京：中国农业出版社.

安玉发.2002.食品营销学.北京：中国农业出版社.

北京农业大学.1990.果品贮藏加工学.北京：中国农业出版社.

蔡同一.1989.果蔬加工.北京：中国农业出版社.

陈存坤，贾凝，王文生.2010.不同光照条件对几种类型蔬菜呼吸强度变化的影响.保鲜与加工，10：29～32.

陈红华.2004.我国农产品可追溯系统研究.北京：中国农业出版社.

陈辉.2007.食品原料与资源学.北京：中国轻工业出版社.

陈健初，叶兴乾，席玙芳.2005.抗坏血酸对杨梅花色苷色素稳定性的影响.浙江大学学报(农业与生命科学版)，31(3)：298～300.

陈锦屏.1990.果品蔬菜加工学.西安：陕西科学技术出版社.

陈珊珊，仇农学.2005.国际果汁标准的沿革及对我国果汁标准体系的影响.饮料工业，(3)：43～46.

陈树祥.1984.山楂食品的加工.食品科学，(8)：58.

陈学平.1993.果蔬产品加工工艺学，北京：中国农业出版社.

仇农学.2006.现代果汁加工技术与设备.北京：化学工业出版社.

初乐，赵岩，杨若因，等.2012.太阳能干燥的应用.中国果菜，(5)：62～64.

戴贤远.2006.市场营销原理.北京：北京大学出版社.

邓伯勋.2002.园艺产品贮藏运销学.北京：中国农业出版社.

邓立，朱明.2006.食品工业高新技术设备和工艺.北京：化学工业出版社.

邓汝春.2007.冷链物流运营实务.北京：中国物资出版社.

董全，高晗.2011.果蔬加工学.郑州：郑州大学出版社.

董绍华，刘晓愉.1992.食品罐藏原理与工艺学.杭州：浙江大学出版社.

段长青.1997.园艺产品加工学.西安：世界图书出版公司.

冯双庆.2008.果蔬贮运学.第2版.北京：化学工业出版社.

傅泽田，张小栓，张领先，等.2012.生鲜农产品质量安全可追溯系统研究.北京：中国农业大学出版社.

甘卫华，尹春建.2005.现代物流基础.北京：电子工业出版社.

高福成.1999.速冻食品.北京：中国轻工业出版社.

龚海辉，谢昌，张青，等.2008.真空浸渍在果蔬加工中的应用.食品工业科技，29(5)：291～293.

关文强，阎瑞香，陈绍慧，等.2008.果蔬物流保鲜技术.北京：中国轻工业出版社.

郭宝林.2000.果品营销.北京：中国林业出版社.

郭丽，程建军，马莺，等.2004.青椒冰温贮藏的研究.食品科学，25(11)：323～325.

郭丽，程建军，马莺，等.2004.油豆角冰温贮藏研究.东北农业大学学报，35(5)：568～572.

郭时印，谭兴和，李清明，等.2004.热处理技术在果蔬贮藏中的应用.河南科技大学学报，24：54～58.

国家技术监督局，GB/T 15037—2006.

国家技术监督局，GB/T 17204—1998.

胡位荣，张昭其，蒋跃明，等.2005.采后荔枝冰温贮藏的适宜参数研究.中国农业科学，38(4)：797～802.

华南农学院.1981.果品贮藏加工学.北京：中国农业出版社.

黄利刚，李慧娜，张亮，等.2008.冰温贮藏对莲藕品质的影响.华中农业大学学报，27(2)：317～320.

黄万荣，白景云，韩涛，等.1993.采后热处理对桃果实贮藏效应的影响.果树科学，10：73～76.

黄雪梅，张昭其，季作梁.2002.果蔬采后诱导抗病性.植物学通报，19(4)：412～418.

加工番茄新杂品种示范总结.http://wenku.baidu.com/view/e9c3e11d227916888486d71a.html.

贾先斌，李里特，温旺.1995.自然冷源的开发利用.自然资源学报，10(2)：181～188.

江英，童军茂，陈友志，等.2004.草莓冰温贮藏保鲜技术的研究.食品科技，29(10)：85～87.

蒋爱民，赵丽芹.2007.食品原料学.南京：东南大学出版社.

李富军，翟衡，杨洪强，等. 2004. 1-MCP对苹果果实贮藏期间乙烯合成代谢的影响. 中国农业科学，37：60～66.
李富军，张新华，王相友. 2006. AVG对肥城桃采收品质和采后乙烯合成的影响. 农业机械学报，2：18～22.
李共国，马子骏. 2004. 桑椹贮藏保鲜中糖酸比变化及影响因素的研究. 蚕业科学，30(1)：104～106.
李合生. 2002. 现代植物生理学. 北京：高等教育出版社.
李华，王华，袁春龙，等. 2007. 葡萄酒工艺学. 北京：科学出版社.
李里特，王颉，丹阳，等. 2003. 我国果品蔬菜贮藏保鲜的现状和新技术. 无锡轻工大学学报，22(2)：106～109.
李里特. 2001. 食品原料学. 北京：中国农业出版社.
李玲，王如福. 2007. 果蔬减压贮藏研究进展. 山西农业科学，35(3)：72～75.
李敏，魏弟. 2003. 冬枣保鲜技术研究现状. 保鲜与加工，3(5)：14～16.
李喜宏，陈丽，胡云峰，等. 2003. 果蔬经营与商品化处理技术. 天津：天津科学技术出版社.
历为民. 2003. 荷兰的农业奇迹. 北京：中国农业科学技术出版社.
林坚，陈志钢，傅新红. 2007. 农产品供应链管理与农业产业化经营——理论与实践. 北京：中国农业出版社.
林亲录，邓放明. 2003. 园艺产品加工学. 北京：中国农业出版社.
林自葵，刘建生. 2010. 物流信息管理. 北京：北京大学出版社.
刘北林. 2004. 食品保鲜与冷藏链. 北京：化学工业出版社.
刘江汉，傅丽芳. 1991. 食品工艺学. 上册. 北京：中国轻工业出版社.
刘亮，何雄，施能进，等. 2011. Vc与Cu～(2+)的耦合氧化对桑葚花色苷的降解作用. 食品科技，36(5)：194～198.
刘升，冯双庆. 2001. 果蔬预冷贮藏保鲜技术. 北京：科学技术文献出版社.
刘爽，牛鹏飞，苏肖洁. 2011. 我国苹果及浓缩苹果汁生产贸易变化分析及应对策略. 陕西农业科学，57(1)：206～209.
刘新社，易诚. 2009. 果蔬贮藏与加工技术. 北京：化学工业出版社.
刘兴华，陈维信. 2010. 果品蔬菜贮藏运销学. 第2版. 北京：中国农业出版社.
刘岩，周福君. 2007. 北方自然冷资源利用现状及展望. 农机化研究，(8)：190～192.
龙桑. 1987. 果蔬糖渍工艺学. 北京：中国轻工业出版社.
卢立新. 2005. 果蔬及其制品包装. 北京：化学工业出版.
陆兆新. 2004. 果蔬贮藏加工及质量管理技术. 北京：中国轻工业出版社.
绿色食品-果酒. 中华人民共和国农业部行业标准. NY/T 1508—2007.
罗云波，蔡同一. 2001. 园艺产品贮藏加工学(加工篇). 北京：中国农业大学出版社.
罗云波，蔡同一. 2003. 园艺产品贮藏加工学(贮藏篇). 北京：中国农业大学出版社.
罗云波，蒲彪. 2011. 园艺产品贮藏加工学. 第2版. 北京：中国农业出版社.
罗云波，生继萍. 2010. 园艺产品贮藏加工学(贮藏篇). 第2版. 北京：中国农业大学出版社.
马长伟，曾明勇. 2002. 食品工艺学导论. 北京：中国农业大学出版社.
蒙秋霞，牛宇译. 2007. 食品加工技术—原理与实践. 第2版. 北京：中国农业大学出版社.
孟宪军. 2006. 食品工艺学概论. 北京：中国农业出版社.
孟宪军. 2012. 果蔬加工工艺学. 北京：中国轻工业出版社.
闵宗殿，纪曙春. 1991. 中国农业文明史话. 北京：中国广播电视出版社.
牛广才，姜桥. 2010. 果蔬加工学. 北京：中国计量出版社.
牛丽影，胡小松，赵镭，等. 2009. 稳定同位素比率质谱法在NFC与FC果汁鉴别上的应用初探. 中国食品学报，9(4)：192～197.
农业部市场和经济信息司. 2008. 农产品质量安全可追溯制度建设理论与实践. 北京：中国农业科学技术出版社.
潘静娴. 2007. 园艺产品贮藏加工学. 北京：中国农业大学出版社.
彭丹，邓洁红，谭兴和，等. 2009. 冰温技术在果蔬贮藏中的应用研究进展. 包装与食品机械，27(2)：38～43.
彭德华. 1995. 葡萄酒酿造技术概论. 北京：中国轻工业出版社.
綦菁华，蔡同一，倪元颖. 2003. 活性炭对苹果汁中多酚和混浊物的吸附研究. 食品与发酵工业，29(4)：11～14.
邱栋梁. 2006. 果品质量学. 北京：化学工业出版社.
饶景萍. 2009. 园艺产品贮运学. 北京：科学出版社.
日本食品流通系统协会. 1992. 食品流通技术指南. 中日食品流通开发委员会译. 北京：中国商业出版社.
山东农学院. 1961. 果实蔬菜贮藏加工学. 上卷. 北京：中国农业出版社.
陕西省仪祉农业学校. 1990. 果蔬贮藏加工学. 北京：中国农业出版社.
石志平，王文生，阎师杰. 2003. 果蔬气调库的设计和使用. 天津农业科学，9(2)：42～44.
宋丽丽，段学武，苏新国，等. 2005. NO和N_2O与采后园艺作物的保鲜. 植物生理学通讯，41：121～125.
苏光明，胡小松，廖小军，等. 2009. 果汁鉴伪技术研究新进展. 食品与发酵工业，35(6)：151～156.
孙红. 2006. 物流信息管理. 上海：立信会计出版社.

唐蓉.2009.园艺产品商品化技术.苏州：苏州大学出版社.
田世平,罗云波,王贵禧.2011.园艺产品采后生物学基础.北京：科学出版社.
童莉,王欣,文茜姆,等.2004.辐照对库尔勒香梨贮藏保鲜的研究.核农学报,18：134～136.
屠康.2006.食品物流学.北京：中国计量出版社.
汪凤祖.2000.速冻蔬菜热烫原理及其影响因素.冷饮与速冻食品工业,(1)：29～30,33.
王颉,张子德.2009.果品蔬菜贮藏加工原理与技术.北京：化学工业出版社.
王娟丽,王以强.2006.微波干燥技术在果蔬干制中的应用.食品工程,2：17～18.
王敏,付蓉,赵秋菊,等.2010.近红外光谱技术在果蔬品质无损检测中的应用.中国农学通报,26(5)：174～178.
王仁才.2007.园艺商品学.北京：中国农业出版社.
王世清,张岩,朱英莲,等.2010.自然冷源利用的状况与前景展望.农机化研究,(6)：237～240.
王文辉,徐步前.2003.果品采后处理及贮运保鲜.北京：金盾出版社.
王小丽.2011.物流信息管理.北京：中国物资出版社.
王忠等.1996.植物生理学.北京：中国农业出版社.
无锡轻工业学院,天津轻工业学院.1985.食品工艺学.北京：中国轻工业出版社.
席玙芳,罗自生,徐程,等.2001.气调贮藏对杨梅品质的影响.浙江农业科学,6：56～60.
夏文水.2007.食品工艺学.北京：中国轻工业出版社.
肖春玲,张少颖,孙英.2011.紫玉米色素的抗氧化活性研究.中国粮油学报,26(2)：18～22.
熊同和.1965.水果蔬菜干制的原理和方法.北京：中国轻工业出版社.
徐玲玲.2011.食品可追溯体系中的消费者行为研究.北京：中国社会科学出版社.
薛文通,李里特,赵凤敏.1997.桃的"冰温"贮藏研究.农业工程学报,(4)：216～220.
杨福馨.2011.农产品保鲜包装技术.北京：化学工业出版社.
姚强,张晨,贺家亮,等.2009.减压贮藏在果蔬保鲜中的应用研究进展.农产品加工·学刊,(4)：64～65,72.
叶兴乾.2009.果品蔬菜加工工艺学.第3版.北京：中国农业出版社.
尹明安.2010.果品蔬菜加工工艺学.北京：化学工业出版社.
应铁进.2001.果蔬贮藏学.杭州：浙江大学出版社.
雍兰利,魏凤莲.2011.物流管理概论.杭州.浙江大学出版社.
于新.2011.果蔬加工技术.北京：中国纺织出版社.
苑克俊,梁东田.2002.影响苹果虎皮病发生的因素.落叶果树,(3)：38～40.
曾剑,王景峰,邹敏.2004.物流管理基础.北京：机械工业出版社.
曾丽芬.2008.超声波在食品干燥中的应用.广东化工,35(2)：49～51.
曾庆孝.2002.食品加工与保藏原理.北京：化学工业出版社.
曾顺德,文泽富,谢永红,等.2005.冰温处理对白柚次生代谢产物及相关酶活性的影响.食品科学,26(11)：250～252.
张桂,赵国群.2008.草莓冰温保鲜技术的研究.食品科技,33(3)：237～239.
张辉玲,胡位荣,庞学群,等.2006.冰温与SO_2缓释剂对龙眼贮藏的影响.园艺学报,33(6)：1325～1328.
张娟,娄永江.2006.冰温技术及其在食品保鲜中的应用.食品研究与开发,27(8)：150～152.
张谦,过利敏.2011.太阳能干燥技术在我国果蔬干制中的应用.新疆农业科学,48(12)：2331～2336.
张维一.1993.果蔬采后生物学.北京：中国农业出版社.
张秀玲.2011.果蔬采后生理与贮运学.北京：化学工业出版社.
张子德.2002.果蔬贮运学.北京：中国轻工业出版社.
章建浩.2009.生鲜食品贮藏保鲜包装技术.北京：化学工业出版社.
赵晨霞.2004.果蔬贮藏加工技术.北京：科学出版社.
赵丽芹,张子德.2009.园艺产品贮藏加工学.第2版.北京：中国轻工业出版社.
郑永华.2005.高氧处理对蓝莓和草莓果实采后呼吸速率和乙烯释放速率的影响.园艺学报,32：866～868.
郑永华.2006.食品贮藏保鲜.北京：中国计量出版社.
郑永华.2010.食品保藏学.北京：中国农业出版社.
郑永华.2010.食品贮藏保鲜.北京：中国计量出版社.
中国国家认证认可监督管理委员会.2003.出口罐头生产企业注册卫生规范.北京：中国国家认证认可监督管理委员会.
中华人民共和国商务部.2009.中华人民共和国行业标准气调冷藏库设计规范 SBJ 16—2009.北京：中国计划出版社.
中华人民共和国住房和城乡建设部.2010.中华人民共和国国家标准冷库设计规范 GB 50072—2010.北京：中国计划出版社.
钟立人.1999.食品科学与工艺原理.北京：中国轻工业出版社.
周家春.2008.食品工艺学.北京：化学工业出版社.

周山涛. 1998. 果蔬贮运学. 北京：化学工业出版社.

周新春. 1997. 干白苹果酒的生产工艺，酿酒科技，(5) 56～57.

祝圣沅，王国恒. 2003. 微波干燥原理及其应用. 工业炉，25(3)：42～45.

祝战斌. 2010. 果蔬贮藏与加工技术. 北京：科学出版社.

庄荣福，胡维冀，林光荣，等. 2002. 辐照对青花菜生理生化指标及保鲜效果的影响. 亚热带植物科学，31：16～18.

Adams D O，Yang S F. 1981. Ethylene the gaseous plant hormone：mechanism and regulation of biosynthesis. Trends in Biochemical Sciences，161～164.

Adel A. Kader. 1992. Postharvest Technology of Horticultural Crops，Agriculture and Natural resources publications，USA.

An D S，Park E，Lee D S. 2009. Effect of hypobaric packaging on respiration and quality of strawberry and curled lettuce. Postharvest Biology and Technology，52：78～83.

Burton W G. 1982. Postharvest physiology of food crops. UK：Harlow：339.

Cajuste J F，Lafuent M T. 2007. Ethylene-induced tolerance to non-chilling peel pitting as related to phenolic metabolism and lignin content in 'Navelate' fruit. Postharvest Biology and Technology，45：119～203.

Chen P，Mccarthy M J，Kauten R. 1989. Nmr for internal quality evaluation of fruits and vegetables. Trans of the ASAE，32(5)：1747～1753.

Cheste K S，1993. The problem of acquired physiological immunity in plants. The Quartely Review of Biolgoy，275.

Clive V. J. Dellino. 2000. 冷藏与冻藏工程技术. 张慜译. 北京：中国轻工业出版社.

Codex Stan 179—1991，General Standard for Vegetable Juices.

Codex Stan 247—2005，Codex General Standard for Fruit Juices and Nectars.

Conrath U，Pieterse C M J，Mauch-Mani B. 2002. Priming in plant-pathogen interactions. Trends in Plant Science，7：210～216.

Council Directive 2001/112/EC of 20 December 2001 relating to fruit juices and certain similar products intended for human consumption. Official Journal of European Communities，2002：58～66.

De Vleesschauwer D，Djavaheri M，Bakker PAHM，et al. 2008. *Pseudomonas fluorescens* WCS374r-Induced Systemic Resistance in Rice against *Magnaporthe oryzae* Is Based on Pseudobactin-Mediated Priming for a Salicylic Acid-Repressible Multifaceted Defense Response. American society of Plant Biologists，148：1996～2012.

Dixon R A，Paiva N L. 1995. Stress-induced phenylpropanoid metabolism. Plant Cell，7：1085～1097.

Fu D Q，Zhu B Z，Zhu H L，et al. 2005. Virus-induced gene silencing in tomato fruit. Plant Journal，43：299～308.

GB 18406. 1 - 2001 农产品安全质量　无公害蔬菜安全要求.

GB 18406. 2 - 2001 农产品安全质量　无公害水果安全要求.

Hamilton A J，Lycett G W，Grierson D. 1990. Antisense gene that inhibits synthesis of the hormone ethylene in transgenic plants. Nature，346：284～287.

Janes H W，Rychter A，Frenkel C. 1981. Development of cyanide-resistant respiration in mitochondria from potato tubers treated with ethanol，acetaldehyde，and acetic acid. Planta，151：201～205.

Jiang Y M，Joyce D C，Macnish A J. 1999. Responses of banana fruit to treatment with 1-methylcyclopropene. Plant Growth Regulation，28：77～82.

Kader A A. 1992. Postharvest technology of horticultural corps. California：University of California.

Kende H. 1989. Enzymes of ethylene biosynthesis. Plant Physiology，91：1～4.

Klee H J，Hayford M B，Kretzmer K A，et al. 1991. Control of ethylene synthesis by expression of a bacterial enzyme in transgenic tomato plants. Plant Cell，3：1187～1193.

Lafuent M T，Zacarias L，et al. 2001. Phenylalanine ammonia-lyase as related to ethylene in the development of chilling symptoms during cold storage of citrus fruits. Journal of Agricultural and Food Chemistry，49：6020～6025.

Palanimuthu V. Rajkumar P，Orsat V，et al. 2009. Improving cranberry shelf-life using high voltage electric field treatment. Journal of Food Engineering，90：365～371.

Raija Ahvenainen. 2003. Novel Food Packaging Techniques. USA：CRC Press Inc.

Ross A F. 1961. Systemic acquired resistance induced by localized virus infections in plants. Virology，14：340～358.

Salunkhe D K，Desai B B. 1984. Postharvest biotechnology of fruits Volume 2. Florida：CRC Press Inc.

Smith I，Furness A. 2010. 食品加工和流通领域的可追溯性. 钱和译. 北京：中国轻工业出版社.

Sowa S，Roos E E，Zee F. 1991. Anesthetic storage of recalcitrant seed：nitrous oxide prolongs longevity of lychee and longan. HortScience，26：597～599.

Suzuki I，Murata N. 1999. Transduction of low-temperature signals in plants. Protein，Nucleic Acid and Enzyme，(44)：2151～2157.

Tamagnone L，Merida A，Stacey N，et al. 1998. Inhibition of phenolic acid metabolism results in precocious cell death and altered cell morphology in leaves of transgenic tobacco plants. Plant Cell，10：1801～1816.

Theologis A，Laties G G. 1982. Potentiating effect of pure oxygen on the enhancement of respiration by ethylene in plant storage organs：a comparative study. Plant Phisiology，69：1031～1035.

Tian M S，Prakash S，Elgar H J. 2000. Responses of strawberry fruit to 1-methylcyclopropene（1-MCP）and ethylene. Plant Growth Regulation，32：83～90.

Watada A E，Herner R C，Kader A A，et al. 1984. Terminology for the description of developmental stages of horticultural crops. HortScience，19：20～21.

Wills R B H，Ku V V，Leshem Y Y. 2000. Fumigation with nitric oxide to extend the postharvest life of strawberries. Postharvest Biology and Technology，18：75～79.

Xie Y H，Zhu B Z，Yang X L，et al. 2006. Delay of postharvest ripening and senescence of tomato fruit through virus-induced *LeACS2* gene silencing. Postharvest Biology and Technology，42：8～15.

Yamane A. 1982. Development of controlled freezing-point storage of food. Nippon Shokuhin Kogyo Gakkaishi，(29)：736～743.

Yi C，Jiang Y M，Sun J，et al. 2006. Effects of short-term N_2 treatments on ripening of banana fruit. Journal of horticultural Science and Biotechnology，81：1025～1028.